UG NX 8.0 模型设计实用教程

主　编　李西兵
副主编　胡清明　曹忠亮　李希朝

HEUP 哈爾濱工程大學出版社

内容简介

本书主要介绍Unigraphics模型设计的功能和使用方法，其主要内容包括：UG NX 8.0在各层次应用中常出现的应用功能、基本操作和常用的参数设置；建立实体截面的轮廓线和对其进行几何运算的处理；对绘制的曲线进行修改或编辑；基本体素、扫掠特征、参考特征、造型特征实体、简易特征实体等造型特征的生成；对实体或特征进行修改等特征操作；构造用标准特征建模方法所无法创建的复杂形状的自由形状特征；对实体特征进行编辑或修改；采用参数编辑方法或非参数编辑方法对自由形状特征进行编辑；对实体表面进行编辑；用草图绘制与实体模型相关联的二维图形等；最后通过两个实例来加深对各个功能命令的应用。

本书结构严谨、条理清晰、内容丰富，可作为高等工业院校机械、机电专业本科生与研究生的CAD专业课教材或自学参考书，也可作为机械类工程技术人员再教育的教材或自学参考书，还可作为相关专业的学生、教师及工程技术人员的自学参考书。

图书在版编目(CIP)数据

UG NX 8.0模型设计实用教程/李西兵主编. —哈尔滨：哈尔滨工程大学出版社，2013.12
ISBN 978-7-5661-0727-5

Ⅰ. ①U… Ⅱ. ①李… Ⅲ. ①计算机辅助设计-应用软件 Ⅳ. ①TP391.72

中国版本图书馆CIP数据核字(2013)第313819号

出版发行 哈尔滨工程大学出版社
社　　址 哈尔滨市南岗区东大直街124号
邮政编码 150001
发行电话 0451-82519328
传　　真 0451-82519699
经　　销 新华书店
印　　刷 黑龙江省委党校印刷厂
开　　本 787mm×1092mm 1/16
印　　张 26
字　　数 643千字
版　　次 2014年2月第1版
印　　次 2014年2月第1次印刷
定　　价 47.00元
http://press.hrbeu.edu.cn
E-mail:heupress@hrbeu.edu.cn

前言 PREFACE

Unigraphics 简称 UG，是以 CAD/CAM/CAE 为一体化的一个功能强大的应用软件，现已经成为世界一流的集成化机械 CAD/CAM/CAE 软件，是当前最先进和紧密集成的、面向制造行业的高端软件。

Unigraphics 自从 20 世纪 90 年代进入中国以来，发展迅速，现已经在中国航空航天、造船、汽车、机械、模具、计算机及外设、家用电器等领域广泛应用，对汽车、飞机、消费产品、医疗仪器和机械设置等复杂产品提供了产品造型、设计、分析与制造方面完整的解决方案。

计算机辅助设计（CAD）是企业应用计算机辅助技术的基础，通过 CAD 建立产品零件的三维模型是并行协作产品开发过程的主模型。

《UG NX 8.0 模型设计实用教程》一书旨在提供 UG 用户一个坚实的 UG 模型设计基础，快速有效地掌握 UG 的模型建立，提供给各公司相关技术部门及各大专院校 CAD/CAM 的师生能够以最短的时间熟练掌握一般机械组件及各种非自由曲面外形产品的设计与建构技术。

《UG NX 8.0 模型设计实用教程》一书可以作为高等工业院校在校机械、机电专业本科生与研究生的 CAD 专业课教材或自学参考书，也可以作为机械类工程技术人员再教育的教材或自学参考书，还可以作为相关专业的学生、教师及工程技术人员的自学参考书。

《UG NX 8.0 模型设计实用教程》一书从 UG 的模型设计的应用角度出发，共分 6 章，详细介绍了 UG 模型建立的各层次的应用工具。

《UG NX 8.0 模型设计实用教程》一书得到了国家自然科学基金项目（51075218）、黑龙江省自然科学基金（E200909）、黑龙江省博士后科学基金项目（LBH - Z10006）、黑龙江省新世纪高等教育教学改革工程项目（2011 - 7770）、黑龙江省教育厅科学技术研究项目（11551536）的资助。

本书第 1 章为基础知识，主要介绍了 UG 在各层次应用中常出现的应用功能、基本操作和常用的参数设置。如编辑对象显示、类选择器、坐标系构造器、变换和参数设置等。

第 2 章为曲线，主要介绍了用于建立实体截面的轮廓线，对已存在的曲线进行几何运算的处理，以及对需要修改或编辑的绘制曲线进行修改或编辑。如基本曲线、点、矩形、多边形、圆锥曲线、螺旋线、样条曲线、曲线桥接、曲线投影、接合、简化、包覆展开和交线、编辑曲线、编辑曲线参数、修剪或延伸曲线和分割曲线等功能。

第 3 章为特征建模，主要介绍了生成基本体素、扫掠特征、参考特征、造型特征实体、简易特征实体、抽取几何形体、由曲线生成片体、增厚片体与由边界生成的边界平面片体等造型特征，以及对存在实体或特征进行修改等特征操作来用简单实体建立复杂的实体等特征操作。如基准平面、基准轴、矩形体、圆柱体、圆锥体、球体、拉伸实体、旋转实体、沿轨迹扫掠、管道、孔、圆凸台、型腔、凸垫、键槽、环形槽、抽取、曲线构面、拔锥、边倒圆、面倒圆、软倒圆、倒斜角、特征阵列、比例缩放、实体修剪、实体分割、缝合、螺纹、偏置表面、修补实体、简化实体、挖空、包裹实体以及布尔操作等功能。

第4章为曲面,主要介绍了用于构造用标准特征建模方法所无法创建的复杂形状的自由形状特征,它既能生成曲面,也能生成实体。如直纹面、通过曲线生成面、通过曲线网格生成面、扫掠、截面体、曲面桥接、曲面延伸、曲面扩大、偏置曲面、修剪曲面等功能。

第5章为草图绘制,主要介绍了用草图来绘制与实体模型相关联的二维图形,应用草图工具徒手绘制的近似曲线轮廓,在添加约束精确定义后,可以完整地表达设计意图,怎样建立草图平面、绘制草图、约束草图和管理草图等。如创建草图平面、草图曲线、草图操作、草图约束、草图管理器、草图参数。

第6章为综合实例部分,主要介绍了泵阀、淋浴喷头的三维实体建模,通过实例来加深各种功能命令的应用。

本书由齐齐哈尔大学的李西兵、胡清明、曹忠亮以及山东劳动职业技术学院的李希朝共同编写,其中李西兵编写第2章与第3章(共34万字)、胡清明编写第4章(共12万字)、曹忠亮编写第1章(共11.4万字)、李希朝编写第5章与第6章(共5.8万字)。

作者在编写过程中参考或引用了国内一些专家、学者的论著,在此表示感谢。

由于作者水平有限,书中难免存在缺点和错误,恳请广大读者批评指正。谢谢!

编　者

2013年8月

目录
CONTENTS

第 1 章　UG NX 8.0 建模基础

【本章教学要点】

知识要点	掌握程度	相关知识
建模模块、文件管理	掌握建模模块的用户界面 熟悉文件管理中的相关操作	利用建模模块的用户界面操作相关功能 文件在建模中的应用
工具栏的定制、常用工具	掌握工具栏的定制的基本原理及操作特点 熟悉常用工具使用 了解相关图层用途	UG NX 8.0 的点构造器及其应用 信息查询和几何分析
对象的操作、参数设置	熟悉对象的操作的基本原理及作用方式 了解参数设置及应用	对象的操作的类型及其相关特点 参数设置的应用

UG NX 是 Unigraphics NX 的简称,是美国 UGS 公司的五大主要产品之一,以 CAD/CAM/CAE 一体化而著称,它的功能覆盖了从概念设计到产品生产的整个过程,并且广泛应用于汽车、航空、通用机械、模具加工与设计以及医疗器械等领域。它提供了强大的实体建模能力和高效的曲面重构能力,能够完成复杂的造型设计,在设计过程中,可进行有限元分析、机械运动分析、动力学分析和仿真模拟,从而提高设计的可靠性,另外还可通过 CAM 模块将所建立的三维模型直接生成数控代码,用于产品的加工,其后处理程序支持多种类型的数控机床。

1.1　UG NX 8.0 建模模块

1.1.1　UG NX 8.0 建模模块概述

零件建模应用模块是其他应用模块实现其功能的基础,由它建立的几何模型广泛应用于其他模块。Modeling 模块能够为用户提供一个实体建模的环境,能够使用户快速实现概念设计。用户可以交互式创建和编辑组合模型、仿真模型和实体模型,且可以通过直接编辑实体的尺寸或者通过其他构造方法来编辑和更新实体特征。

建模模块为用户提供了多种创建模型的方法,如草图工具、实体特征、特征操作和参数化编辑等。一个比较好的建模方法是从 Sketch(草图)工具开始的。在草图工具中,用户可以将自己最初的一些想法用概念性的模型轮廓勾勒出来,便于抓住创建模型的灵感。一般来说,用户创建模型的方法取决于模型的复杂程度。用户可以选择不同的方法去创建模型。

1. 实体建模

该模块集成了基于约束的特征建模和显性几何建模两种方法,使用户能方便地实现二维和三维线框模型的创建、体扫掠和旋转、布尔操作以及其他相关编辑。实体建模是

“特征建模”和“自由形状建模”的先决条件。

2. 特征建模

该模块提供对建立和编辑标准设计特征的支持，诸如孔、键槽和腔体、凸台及凸垫等标准设计特征的创建和相关的编辑。该应用允许用户抽空实体模型并创建薄壁对象。为了基于尺寸和位置的尺寸驱动编辑以及参数化定义特征，一个特征可以相对于任何其他特征或对象来设置，也可以被引用复制以建立相关的特征集。

3. 自由形状建模

该模块能够用于复杂曲面和实体模型的设计，它是实体建模和曲面建模技术功能的合并，包括沿曲线的扫描、用一般二次曲线创建二次曲面体以及在两个或更多的实体间用桥接的方法建立光滑曲面，也可以采用逆向工程，通过曲线/点网格定义曲面，通过点拟合建立模型，还可以通过修改曲线参数或通过引入数学方程控制和编辑模型。

UG是知识驱动自动化技术领域中的领先者，实现了设计优化技术与基于产品和过程的知识工程的结合，在产品的设计与生产过程中具有以下优势：

(1) UG是一个完全参数化软件，为零部件的系列化建模、装配和分析提供基础支持；

(2) UG为机械设计、模具设计以及电器设计单位提供一套完整的设计、分析和制造方案；

(3) UG可以管理CAD数据以及整个产品开发周期中所有相关数据，实现逆向工程等先进设计方法；

(4) UG可以创建包括自由曲面在内的复杂模型，有强大的装配功能，并在装配模块中运用了引用集的设计思想。

1.1.2 UG NX 8.0 建模模块启动与退出

1. 启动UG NX 8.0

启动UG NX 8.0有以下两种方法：

(1) 从桌面快捷方式启动

安装UG NX 8.0软件时，系统将自动在桌面上创建一个快捷方式，双击桌面快捷方式，可以打开UG NX 8.0的初始工作界面，如图1-1所示。

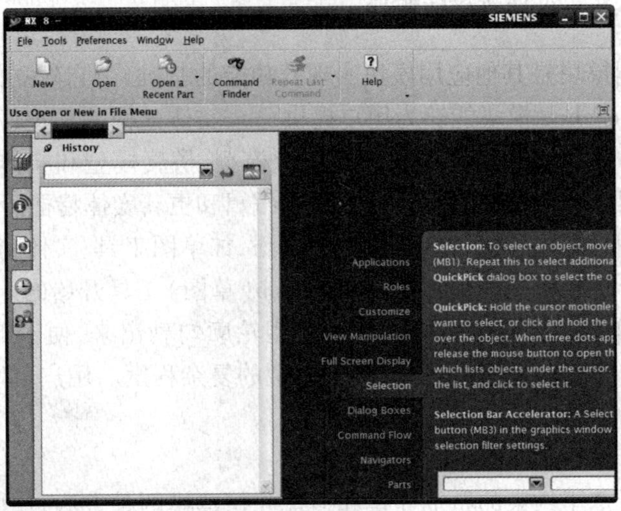

图1-1 UG NX 8.0的初始工作界面

(2)从开始菜单启动

用鼠标依次点击【开始】→【所有程序(P)】→【UG NX 8.0】→【NX 8.0】命令，即可以打开 UG NX 8.0 的初始工作界面。

2. 进入 UG NX 8.0 建模模块

单击标准工具栏中的图标或点击【File】→【New】按钮或使用快捷键 Ctrl + N 打开如图 1 - 2 所示的 New(新建)对话框。在 Templates(模板)中选择 Model(模型)模块并可在 New File Name(新建文件名称)中输入新建文件的名称和设置存储目录，设置好后单击 OK 按钮，系统创建文件，并进入如图 1 - 3 所示的 UG NX 8.0 建模模块界面，此时所新建文件的单位系统默认为 Millimeters(毫米)。

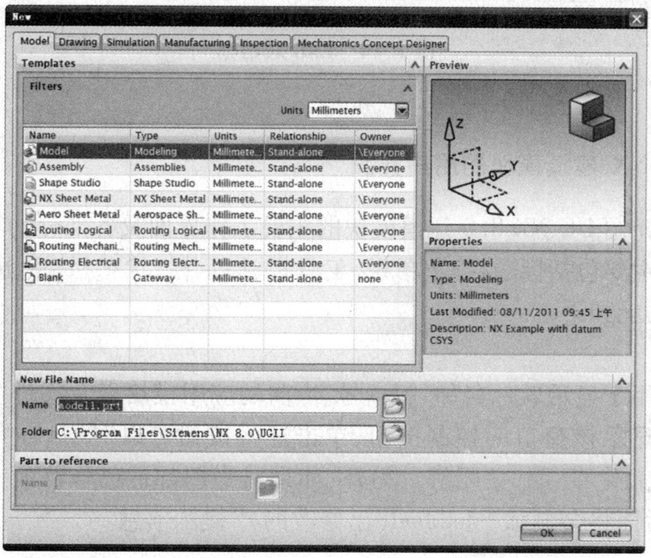

图 1 - 2　New 对话框

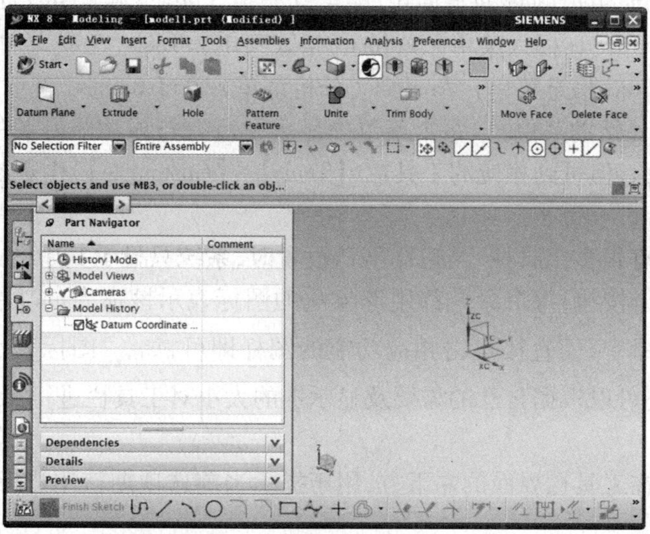

图 1 - 3　UG NX 8.0 建模模块界面

3. UG NX 8.0 的退出

在 UG 操作过程中,需要退出文件时,可通过点击【File】→【Exit】或单击图标退出文件,此时会出现如图 1-4 所示的 Exit 对话框,用户可根据需要进行选择。

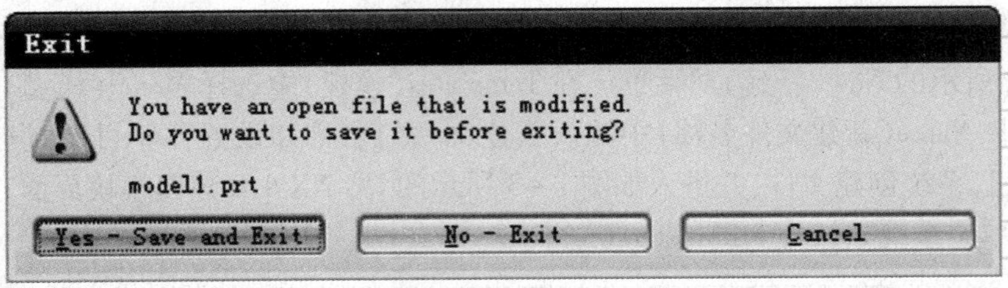

图 1-4　Exit 对话框

1.1.3　UG NX 建模模块的用户界面

本小节主要介绍 UG NX 8.0 建模模块的主要工作界面及各部分的功能,其操作界面如图 1-3 所示,主要包括标题栏、菜单栏、工具栏、提示栏、状态栏、资源栏、绘图区、坐标系等,其各部分功能如下。

1. 标题栏

标题栏主要用于显示软件名称、版本号、当前的应用模块以及文件名等信息,且在标题栏的右上角会显示该窗口的控制按钮,单击这些按钮可以对窗口的显示方式进行控制,如最小化、最大化/还原、关闭等。另外,如果对当前部件已作修改,但还没有进行保存,则在部件名后面将会显示"Modified(已修改的)"提示信息。

2. 菜单栏

菜单栏包括了本软件的主要功能,并且系统对所有的命令进行了分类,分别放置在不同的菜单中,方便用户的查询与使用,主要包含有 File(文件菜单)、Edit(编辑菜单)、View(视图菜单)、Insert(插入菜单)、Format(格式菜单)、Tools(工具菜单)、Assemblies(装配菜单)、Information(信息菜单)、Analysis(分析菜单)、Preferences(首选项菜单)、Window(窗口菜单)、Help(帮助菜单)。每个菜单中显示了所有与该功能有关的命令,有些命令在菜单中并不显示,但可到相应的工具栏(【Tools】→【Customize】)中查找。

3. 工具栏

UG NX 8.0 有很多工具栏,当启动默认设置时,系统只显示其中的几个,工具栏显示一组可视化的命令按钮,每个命令都用形象化的图标表示该命令的功能,这样避免用户在菜单栏中查找命令,而直接点击相应功能的图标即可,如图标表示 Open(打开)功能。另外,用户还可以根据自己的需要及显示屏的大小对工具栏进行灵活设置。

4. 提示栏

提示栏默认在工具栏界面的左下方,用于提示当前选项期待用户下一步所要进行的操作信息。

5. 状态栏

状态栏默认在工具栏界面的右下方,用于显示系统当前执行操作的结果、鼠标的位置、图形的类型或名称等信息。

6. 资源栏

资源栏默认在工作界面的左下侧，主要包括 Assembly Navigator（装配导航器）、Part Navigator（零件导航器）、History（使用记录）以及 System Materials（系统材料）等信息，通过这些菜单，用户可进行零部件的相关信息和对零部件的材料进行设置。

7. 绘图区

绘图区是进行绘图或建模操作的工作区域，模型对象的创建、装配和修改工作都在该区域内完成。

8. 坐标系

UG NX 8.0 的坐标系主要包括 ACS（绝对坐标系）和 WCS（工作坐标系），用户进行建模等相关操作主要是在 WCS 下完成的。

1.2 UG NX 8.0 初始单位的定制

文件的初始单位是在建立 CAD 模型时设置的，若在文件建好后需要对其进行单位转换，可使用 UG NX 8.0 安装目录下的 UG_Convert_part 将所选部件的单位进行公英制之间的转换，其具体操作步骤如下（假设 UG NX 8.0 安装在 D:\Program Files\UGS 目录下）。

（1）依次选择【开始】→【所有程序（P）】→【UGS NX 8.0】→【NX 工具】→【C:\命令提示符】，并单击鼠标左键，系统打开“C:\命令提示符”界面。

（2）若需要转换单位的部件文件存放在 E:\UGCAD\model. prt，则在命令提示符（D:\Program Files\UGS\NX 8.0\UGII >）后输入：

①Ug_convert_part - mm E:\UGCAD\model. prt（由英制转为公制）

②Ug_convert_part - in E:\UGCAD\model. prt（由公制转为英制）

在进行完以上操作后用 Exit 命令退出命令提示符界面，再通过【Analysis】（分析）→【Measure Distance】（测量距离）命令可以看到该部件文的单位已经转换成功。

1.3 UG NX 8.0 文件管理

文件的操作主要包括 New（新建文件）、Open（打开文件）、Close（关闭文件）、Save（保存文件）、Import（导入文件）以及 Export（导出文件）等操作，这些操作可以通过 File（文件）菜单中的选项或“Standard（标准）”工具栏上相应的图标来实现。

1.3.1 新建文件（New）

选择【File】→【New】命令，或在 Standard 工具栏上单击图标，或使用快捷键 Ctrl + N 来打开如图 1 - 2 所示的 New 对话框，在该对话框中对文件的名称和存储目录进行设置，但注意文件名和存储路径中不能包括中文，另外还可以在 Units（单位）下拉菜单中根据需要选择，主要有 Millimeters（公制）、Inches（英制）和 All（全部）三种度量单位，设置完后单击 OK 按钮即可。

1.3.2　打开文件(Open)

选择【File】→【Open】命令,或在 Standard 工具栏上单击图标,或使用快捷键 Ctrl + O来打开如图 1 - 5 所示的 Open 对话框,在该对话框中文件列表中列出了当前目录下存在的部件文件,可利用鼠标左键单击选择部件,也可在"文件名"文本框中输入要打开的部件名称,另外还可以根据需要在查找范围中指定文件所在的路径,然后单击 OK 按钮即可打开文件。

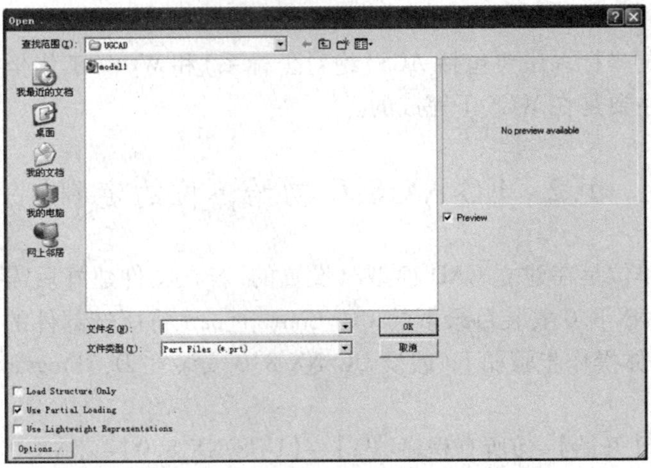

图 1 - 5　Open 对话框

在 Open 对话框中,可以选定"Use Partial Loading(不加载组件)"选项,则在打开一个文装配部件时,不用调用其中的组件,这样对于大型的部件可以快速打开;而且还可以单击该对话框下面的 Option(选项)按钮,系统弹出如图 1 - 6 所示的 Assembly Load Options

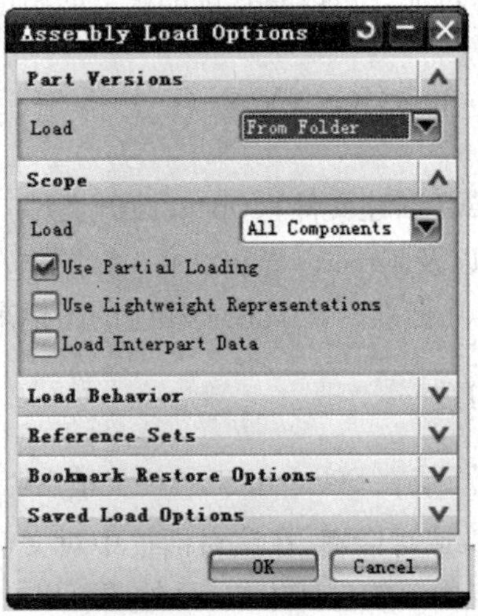

图 1 - 6　Assembly Load Options 对话框

(装配加载选项)对话框,可对载入的方式和组件进行设置。

另外还可以通过【File】→【Recently Opened Files】(最近打开的文件)命令打开最近使用过的文件,也可用窗口右侧资源条中的历史记录图标打开系统最近使用过的文件,选择需要打开的文件即可。

1.3.3 保存文件(Save)

若要对当前文件进行保存操作时,用户可根据需要以保存当前文件或生成文件的副本的形式来实现,即可依次点击【File】→【Save】命令,或按快捷键 Ctrl + S,或单击 Standard 工具栏上的按钮,直接对当前文件进行保存;或通过点击【File】→【Save As】命令或按快捷键 Ctrl + Shift + S 来生成当前文件的副本文件。

在进行文件保持操作时,还可点击【File】→【Options】→【Save Options】打开如图 1 - 7 所示的 Save Options(保存选项)对话框,根据需要对文件保存选项进行设置,如对文件实体数据进行压缩。

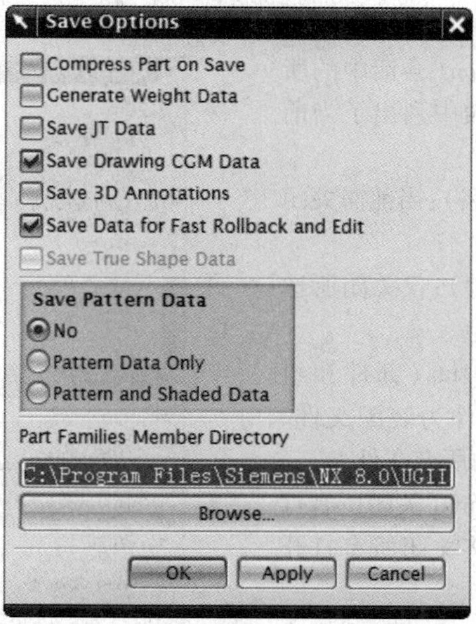

图 1 - 7 Save Options 对话框

1.3.4 关闭文件(Close)

关闭文件可以通过点击【File】→【Close】下的子菜单来完成,如图 1 - 8 所示,执行不同的关闭命令所对应的操作也不同,若要关闭某个部件文件时,可通过点击【File】→【Close】→【Selected Parts】命令弹出如图 1 - 9 所示的 Close Part(关闭部件)对话框并进行设置来实现。

图 1 - 9 Close Part 对话框中各项参数的意义如下。

(1)Top Level Assembly Parts(顶层装配部件):下面的文件列表中只列出了顶层装配

部件而不列出装配中所包含的组件。

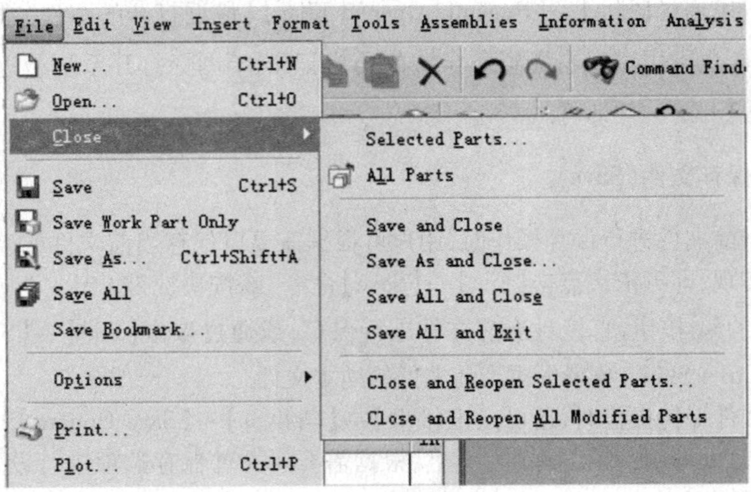

图1-8 Close下拉菜单

(2) All Parts in Session(会话中的所有部件):下面的文件列表中列出了当前进程中的所有文件。

(3) Part Name(部件名):当前需关闭的部件的名称。

(4) Part Only(仅部件):仅关闭所选择的部件。

(5) Part and Components(部件和组件):若所选择的关闭文件为装配文件,则将关闭该装配文件下的所有文件。

(6) Close All Open Parts(关闭所有打开部件):执行该操作后将关闭所有打开的部件。

(7) Force Close if Modified(如果修改则强行关闭):该选项为可选项,若选上后,则文件如果在关闭前未进行保存,系统将强行关闭该部件。

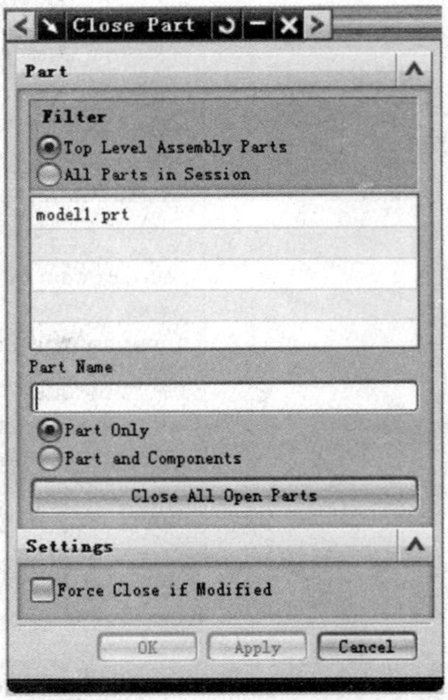

图1-9 Close Part对话框

1.3.5 文件的导入与导出(Import & Export)

Import(导入文件)与Export(导出文件)操作提供了UG NX 8.0与其他应用程序(如CAD/CAM/CAE软件)进行文件的交流和转换接口,如对于较为复杂的零件,在有限元分析软件ANSYS中建模比较麻烦,通常会在UG NX 8.0中建立其实体模型或有限元模型并通过Export功能转换成相应的文件格式,再利用ANSYS中的Import功能将其导入ANSYS中。3D数据转换过程中有时会出现在坏的曲面甚至模型全乱的情况,主要原因是软件之间的算法和精度不同导致的，所以，对于实体来说，通常将其转换成 STP 或 Parasolid 格式，而对于曲面则大多采用 IGES 格式生成 igs 文件，下面以导入和导出 IGES 格式文件为例说明其具体操作步骤。

1. Import（导入文件）

（1）选择【File】→【Import】→【IGES】命令，弹出如图 1－10 所示的 Import from IGES Options－Files（导入至 IGES 选项－文件）对话框。

（2）在 Import from（导入自）选项下单击按钮弹出 IGES File 对话框，从中选择需转换至 UG 中的 IGES 文件的文件名和文件类型（＊.igs）。

（3）在 Import to（导入至）选项下，可根据需要选择导出至 Work Part（当前工作部件）或 New Part（新部件）。

（4）用户还可根据需要在图 1－11 所示的 Data to Import（要导入的数据选项）与图 1－12所示的 Advanced（高级选项）中进行相应的导入的模型数据与参数的相关设置。

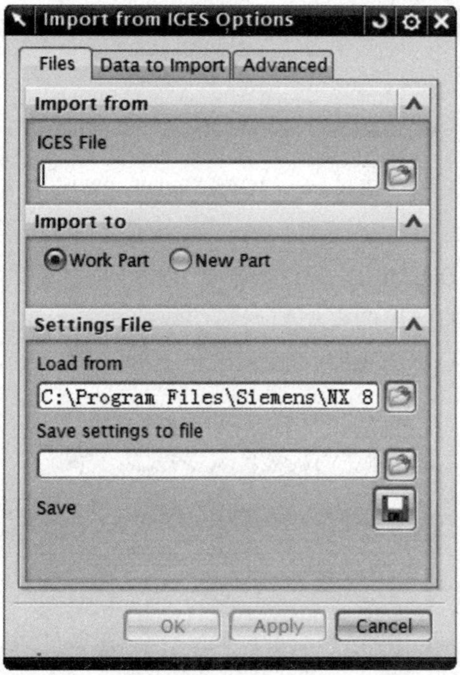

图 1－10　Import from IGES Options－Files 对话框

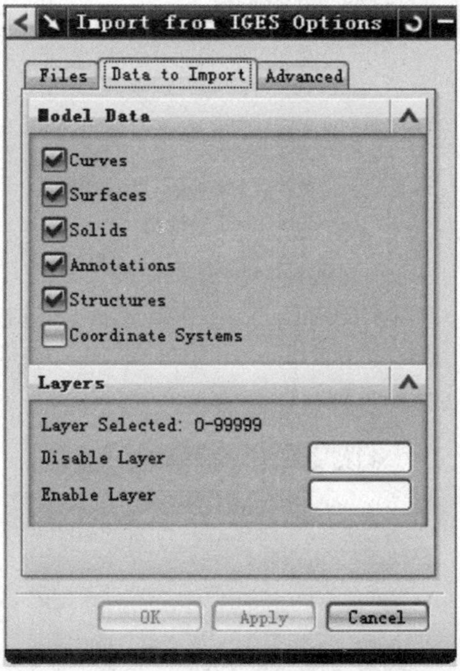

图 1－11　Import from IGES Options－Data to Import 对话框

（5）点击 Import from IGES Options 对话框下的 OK 按钮，系统弹出 DOS 对话框，显示文件转换的过程。

2. Export（导出文件）

（1）选择【Files】→【Export】→【IGES】命令，弹出如图 1－13 所示的 Export to IGES Options－Files（导出至 IGES 选项－文件）对话框。

（2）在 Export from（导出自）选项下从 Displayed Part（当前显示部件）和 Existing Part（现有部件）中进行选择需转换成 IGES 格式的 prt 文件。

（3）在 Export to（导出至）选项下，点击 IGES Files 后面的按钮打开 IGES Files 的

对话框,从中选择需要转换成 IGES 文件的文件名和文件类型(*. igs)。

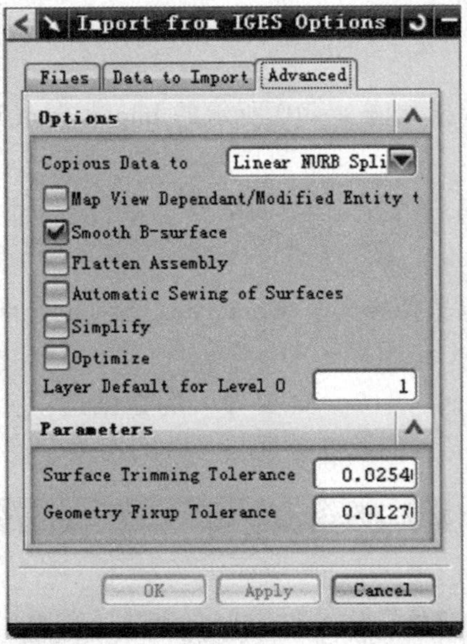

图 1－12　Import from IGES Options－Advanced 对话框

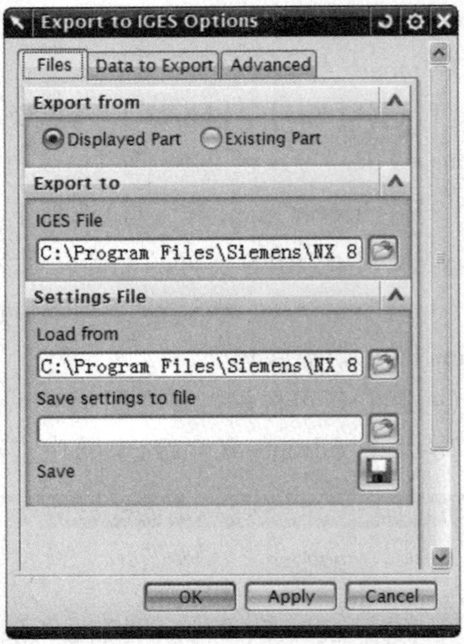

图 1－13　Export to IGES Options－Files 对话框

(4)用户还可根据需要在图 1－14 所示的 Data to Export(要导出的数据选项)与图 1－15 所示的 Advanced(高级选项)中进行相应的导出的模型数据与参数的相关设置。

(5)点击 Export to IGES Options 对话框下的 OK 按钮,系统弹出 DOS 对话框,显示文件转换的过程。

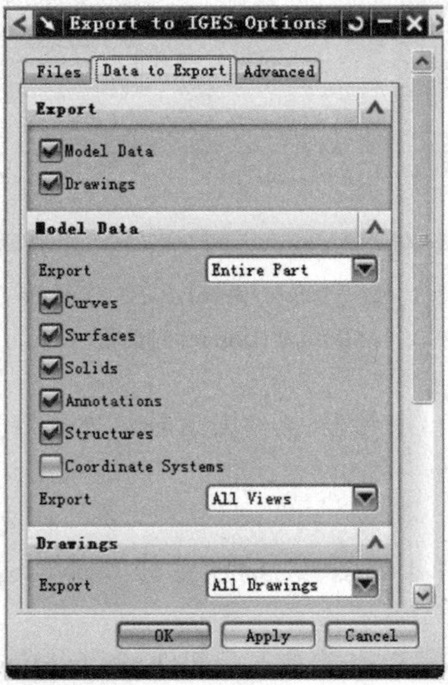

图 1－14　Export to IGES Options－Data to Export 对话框

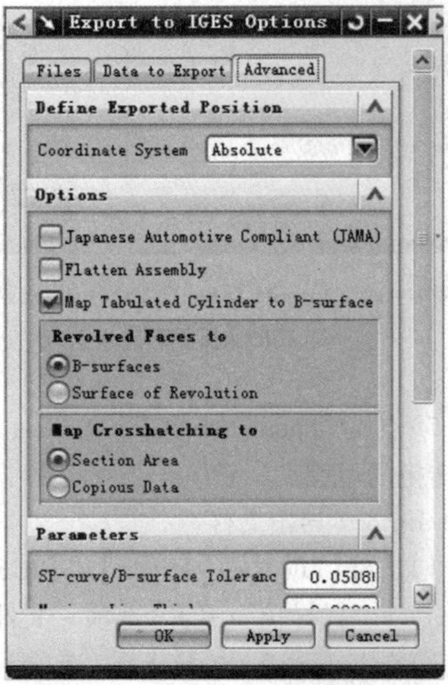

图 1－15　Export to IGES Options－Advanced 对话框

1.4 鼠标与键盘在 UG NX 8.0 中的应用

在 UG NX 8.0 中,熟练掌握鼠标和快捷键的操作,对建模及其他应用模块的相关操作很有帮助,可以大大提高工作效率。

1.4.1 鼠标的使用方法

标准的鼠标键包括鼠标左键、鼠标中键和鼠标右键,鼠标各键在 UG NX 8.0 的常用功能如表 1 - 1 所示。

表 1 - 1 鼠标在 UG NX 8.0 中的应用

鼠标按键	使用区域	功　能
鼠标左键	菜单栏、工具栏	选择菜单、工具栏上的命令按钮
鼠标左键	绘图窗口	选择屏幕上的对象
鼠标中键	绘图窗口	确定当前操作,以及放大和旋转视图功能
鼠标右键	绘图窗口	弹出快速视图菜单
鼠标右键	对话框区或图标区	弹出工具条定制菜单

1.4.2 快捷键

在 UG NX 8.0 工作环境下,用户除了可以用鼠标操作以外,还可以使用键盘上的按键来进行系统的操作和设置。各命令的快捷键都在菜单命令的后面加了标识符,用户使用这些快捷键可以提高工作效率,常用的一些快捷键见书后的附录 1,如 Ctrl + O 就是常用的打开文件的快捷键。

鼠标和键盘配合使用时主要有以下几种。

Ctrl + 鼠标中键:在绘图区使用该操作可对当前视图进行放大和缩小操作,也可同时按住鼠标的左键和鼠标中键通过拖曳来实现该功能。

Shift + 鼠标中键:在绘图区使用该操作可对当前视图进行平移操作,也可同时按住鼠标的右键和鼠标中键通过拖曳来实现该功能。

1.5 UG NX 8.0 工具栏的定制

1.5.1 工具栏的概述

在 UG NX 8.0 中,除了下拉菜单和快捷键以外,还提供了大量的工具栏以提高工作效率。工具栏是一行图标,每一个图标都对应着菜单中的一个命令。在模块应用中,为使用户拥有较大的绘图窗口,默认状态下只显示一些常用的工具栏及常用的图标,而不显示所有工具栏及其所有图标,但用户可以根据需要对其进行添加与删除。

1. 工具栏的显示与隐藏

工具栏的显示与隐藏主要有两种方法：一种是在工具栏区域的任何位置单击鼠标右键，弹出如图 1－16 所示的工具栏菜单，菜单中列出所有当前装载的一系列工具栏的名称，其中包括系统工具栏和用户自定制的工具栏，工具栏中标记表示该工具处于显示状态，反之为隐藏状态；另一种是若想显示某个工具栏，则在需要显示的工具栏选项上单击鼠标左键将其勾选上即可，并可移动到相应的位置，若要隐藏某个工具栏，则只需在已勾选的该工具栏上单击鼠标左键即可。

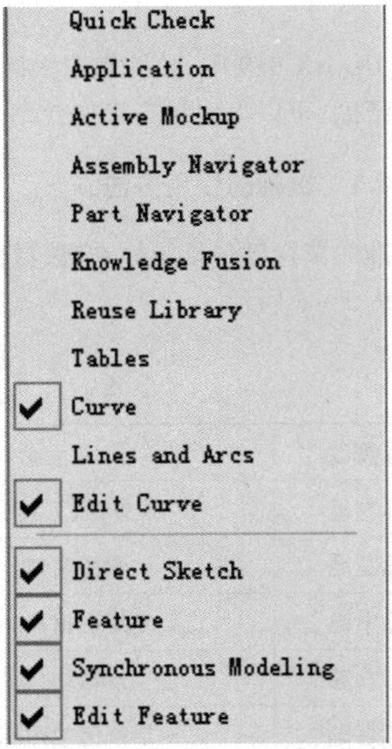

图 1－16　工具栏菜单

2. 添加和删除工具条按钮

工具栏中每个图标对应菜单栏中的一个命令，系统默认状态下，并不是每个工具栏上的所有按钮都显示出来，但用户可根据需要对其添加与删除，下面介绍两种常用的添加和删除工具栏按钮的操作方法。

(1)级联菜单法

以 Edit Curve(编辑曲线)为例，单击该工具栏最右边的▼按钮，将弹出 Add or Remove Buttons(添加或删除按钮)下拉菜单，将鼠标移至该菜单项再次出现如图 1－17 所示的下拉菜单，可从中选择需要显示或隐藏的工具栏按钮。

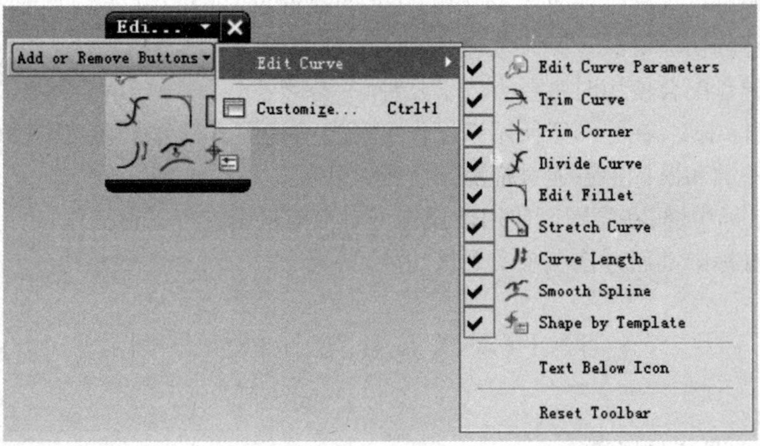

图 1－17　级联菜单法添加和删除工具条上的按钮

(2)自定义法

在工具栏区域任意位置单击鼠标右键，弹出如图 1－16 所示的工具栏菜单，从中选择 Customize(自定义)选项，系统将弹出如图 1－18 所示的 Customize 对话框，用户可根据需要在 Commands(命令)选项卡中添加和删除工具栏按钮。以添加 Edit Curve 下的 Trim Curve(修剪曲线)为例,在 Commands 选项的 Categories(目录)选项卡中点击【Edit】→【Curve】命令,在右侧在 Commands 选项卡中用鼠标左键选中 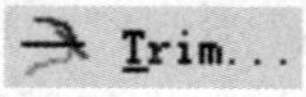

图标并将其拖至 Edit Curve 工具栏中即可完成实现工具栏按钮的添加功能。

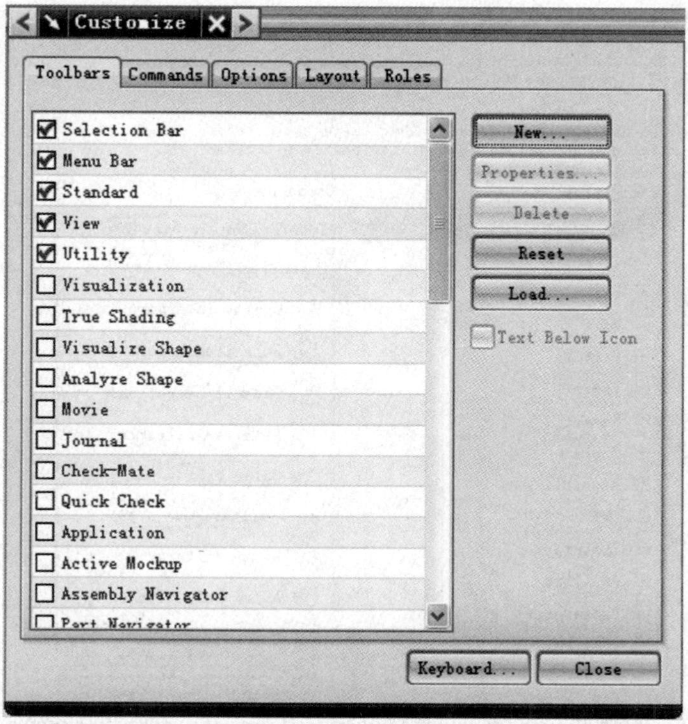

图 1－18　Customize－Toolbars 对话框

1.5.2　工具栏的定制

用户可以根据自己的需要,将常用的操作定制成一个新的工具栏,使操作更为简便。在工具栏任意区域单击鼠标右键并从中选择 Customize,或单击【Tools】→【Customize】命令,或使用快捷键 Ctrl＋1 弹出图 1－18 所示的 Customize 对话框,该对话框包括 Toolbars(工具栏)、Commands(命令)、Options(选项)、Layout(布局)以及 Roles(角色)5 个功能选项,其各部分意义如下。

(1)Toolbars(工具栏)

如图 1－18 所示,该选项主要用于显示或隐藏某些工具条,在复选框中打"√"表示显示,反之表示隐藏。选择"New(新建)"可新建一个新的工具栏,并可在该工具栏中添加常用的工具栏命令;选择"Reset(重置)"选项系统将恢复缺省时的工具栏显示界面;选择"Load(加载)"选项将弹出 Load Toolbar File 对话框,从中选择工具栏定义文件(＊.tbr)可装入工具条定制文件;在"Text Below Icon(文本在图标下面)"复选框前打"√"将综合显示工具栏图标及该图标的意义,且文本在图标下显示。

(2)Commands(命令)

如图1-19所示,该选项主要用于添加和隐藏工具栏按钮。在该对话框中,可从左侧的"Categories(类型)"中选择菜单,右侧"Commands(命令)"将显示该菜单下的所有命令,用户可根据需要选择所需命令按钮并将其拖至工具栏中合适的位置即可;也可从工具栏中将某个命令按钮拖出以隐藏该命令。

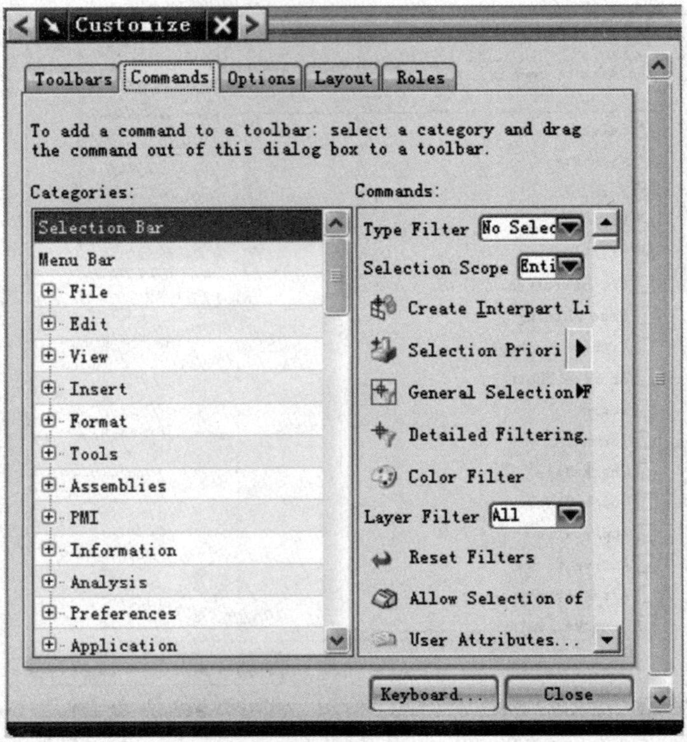

图1-19 Customize-Commands对话框

(3)Options(选项)

该选项主要用于定制个性化菜单、工具提示以及工具栏的尺寸等,如图1-20所示,其各项参数的意义如下。

①Personalized Menus(个性化菜单):包括Always Show Full Menus(始终显示完整的菜单)复选框和Show Full Menus After a Short Delay(在短暂的延迟后显示完整的菜单),该命令是针对下拉菜单而言,当选择Always Show Full Menus选项时,将显示下拉菜单中所有的命令;而选择Show Full Menus After a Short Delay选项时,下拉菜单将隐藏一些不常用的菜单命令,此时若将鼠标放置在下拉菜单中的 ≫ 图标上,则将会显示完整的菜单。另外,还可以通过Reset Folded Menus(重置折叠菜单)将菜单中命令的可见性恢复为系统默认状态。

②Tool Tips(工具提示):主要是设置鼠标移置菜单栏和工具栏中的某一命令图标时,是否提示该命令的功能,若将Show Screen Messages on Menus and Toolbars(显示菜单和工具栏上的屏幕信息)复选框选中时,则当鼠标移置某一命令时,将显示其功能信息,反之则不显示。另外还可以单独对工具栏的Show ScreenTips(显示屏幕提示)和Show Shortcut

Keys(显示快捷键)复选框进行设置,若选中该复选框,当鼠标移置工具栏后的命令按钮时,将显示该命令的功能信息和该命令的快捷键。如将鼠标移置 图标时,将提示信息 Creates a new file(Ctrl + N),即创建一个新文件,其快捷键为 Ctrl + N。

③Toolbar Icon Size(工具栏图标大小):用于设置工具栏中图标的大小,有 Extra Small(16)、Small(24)、Medium(32)和 Large(48)四种规格,系统默认为 Small 状态。

④Menu Icon Size(菜单图标大小):用于设置右击绘图弹出的快捷菜单和右击工具栏弹出的下拉菜单的图标的大小,也有四种规格。

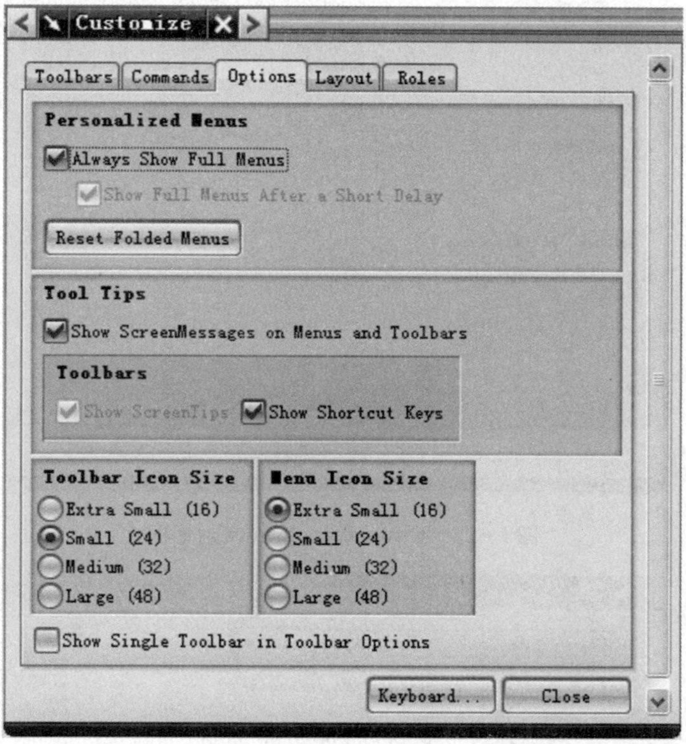

图 1 - 20 Customize - Options 对话框

(4)Layout(布局)

主要用于设置工具栏的布局以及提示栏和状态栏的位置等,如图 1 - 21 所示,其中各项参数意义如下。

①Current Application(当前应用模块):若点击 Reset Layout(重置布局),则会将当前应用模块下的工具栏的命令状态恢复为初始默认状态。

②Cue/Status Position(提示/状态位置):用于设置提示栏和状态栏的位置为 Top(顶部)或 Bottom(底部),系统默认为顶部。

③Docking Priority(停靠优先级):用于设置工具栏位置为 Horizontal(水平)或 Vertical(垂直),设置该选项后,须重启 UG NX 8.0 才能生效。

④Selection Bar Position(选择栏按钮):用于设置选择栏位置为 Top(顶部)或 Bottom(底部),系统默认为顶部,在提示栏和状态栏的上方。

(5) Roles(角色)

用于创建工具栏和将用户自定义的个性化工具栏进行加载,以便后续使用过程中调用,如图 1－22 所示。

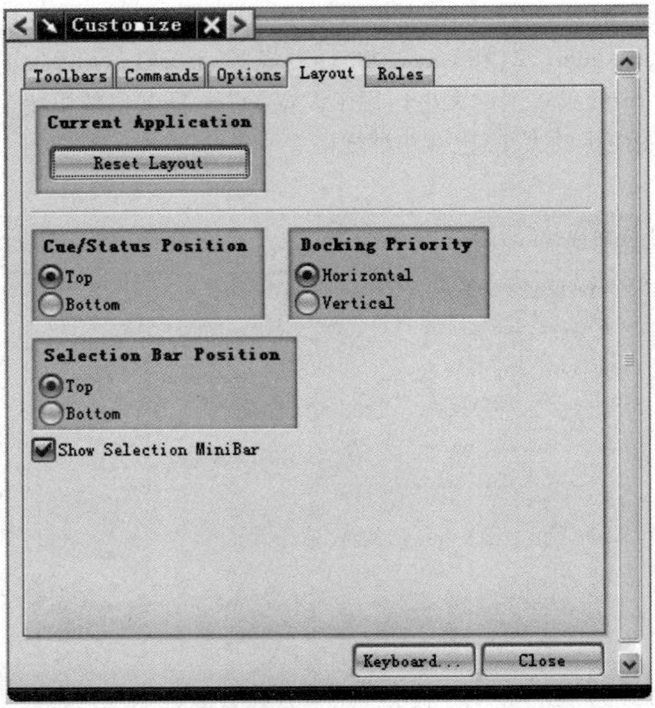

图 1－21　Customize－Layout 对话框

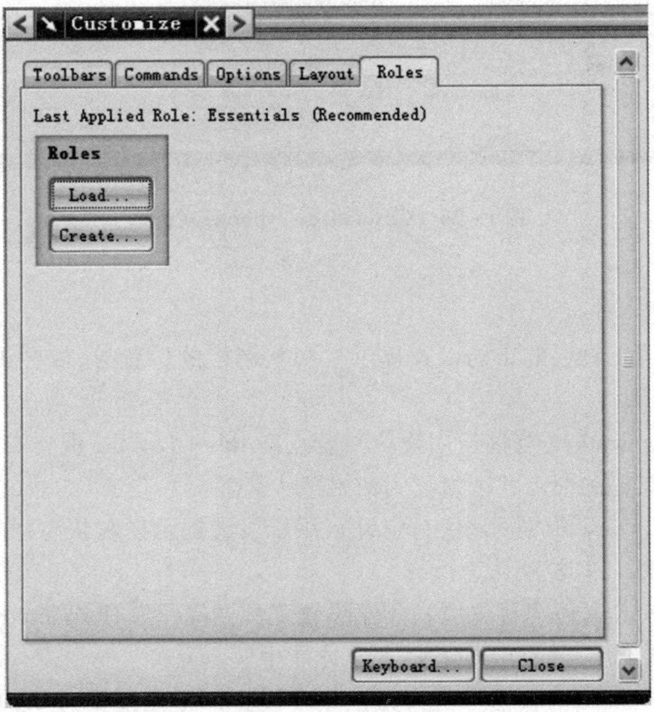

图 1－22　Customize－Roles 对话框

1.6 UG NX 8.0 常用工具

1.6.1 UG NX 8.0 的点构造器

点构造器为用户在三维空间创建点对象和确定点位置提供了标准方式。点对象一种情况是单独使用，用于创建独立的点对象；另一种情况是根据建模需要自动出现，用于建立一个临时的点标记。点击【Insert】→【Datum/Point】→【Point】或单击工具栏上的图标，系统弹出如图 1－23 所示的 Point 对话框，其各项参数意义如下。

(1) Type(类型)

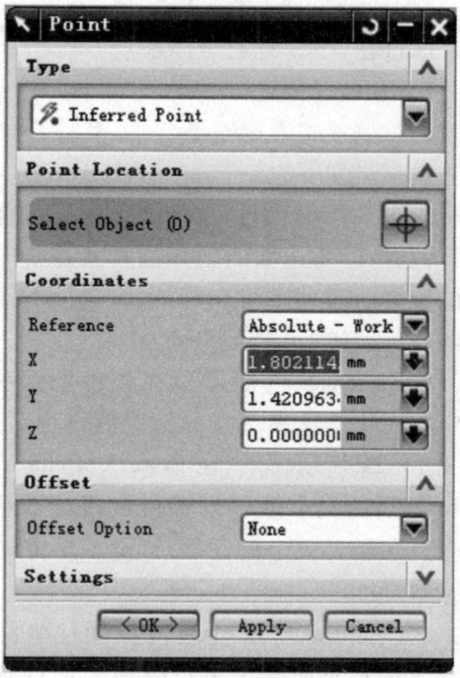

图 1－23 Point 对话框

通过设定点的类型来进行指定点，主要有以下几种方式。

① Inferred Point(智能点)：由系统根据鼠标所在的位置自动判断点所在的位置，所以可选点局限于光标位置点、现有的点、端点、中点以及控制点等。

② Cursor Location(任意点)：通过鼠标十字中心所在位置创建点。

③ Existing Point(存在点)：在绘图区域中已经存在的点处创建一个新点，或通过选择某个存在点指定一个新点的位置，该方式是将一个图层上的点复制到另一个图层最方便的方法。

④ End Point(端点)：在任何曲线的端点处创建一个新点，如果所选择对象为一个整圆，则端点位置在零极限点处。

⑤ Control Point(控制点)：在任何几何对象的控制点处创建一个点，控制点与几何对象类型有关，如对直线来说，为直线的中心和端点。

⑥ Intersection Point(交点)：在两相交曲线或曲线与平面或曲线与曲面的交点处创建一个点。

⑦ ⊙ Arc/Ellipse/Sphere Center(圆弧/椭圆/球的中心点)：在所选的圆弧、椭圆或球的中心点处创建一个新点。

⑧ Along on Arc/Ellipse(圆/椭圆上某个角度的点)：在与坐标轴 *XC* 正向成一定角度的圆弧或椭圆上创建一个点，其角度以逆时针为正。

⑨ Quadrant Point(象限点)：在圆或椭圆的象限点(即四分点)处创建一个点。

⑩ Point on Curve/Edge(曲线/边上的点)：选定该选项后，需在 Location on Curve

选项对 U Parameter(U 参数值)进行设置,以在曲线或边上创建一个点。

⑪ Point on Face(曲面上的点):在指定面上定义点,需对其 U Parameter(U 参数值)和 V Parameter(V 参数值)进行设置。

⑫ Between Two Points(在两点之间):在选定的两点之间创建新点,可根据具体需求设置 Location Between Two Points 选项下的 Location 文本框中的值,该值为百分比,即起点到指定点与起点到终点的百分比。

⑬ By Expression(通过表达式):通过输入的数学表达式来创建点。

⑭ Show Shortcuts(显示快捷键):点选该选项后,将在 Type 选项下直接显示以上部分命令的图标,直接点选相应的图标也可完成以上功能操作。

(2) Coordinate(坐标)

通过在 ACS(绝对坐标系)和 WCS(工作坐标系)上确定的坐标值来定义点。

(3) Offset(偏置)

通过偏置的方式创建点,即相即于坐标系中已经存在的点进行偏置来确定新点,各项参数意义如下。

①None(无):对所选取的点坐标位置不进行偏置,即所选取的坐标位置就是新点所在的位置。即直接在 Coordinate 选项下输入点的坐标后按 OK 得到新点。

②Rectangular(矩形):在直角坐标系下指定相对于所选参考点的偏置值得到新点,如图 1-24 所示,分别在 Delta X, Delta Y 和 Delta Z 后的文本框中设置新点相对于所选参考点在所对应坐标系 X, Y 和 Z 轴方向的坐标增量即可。

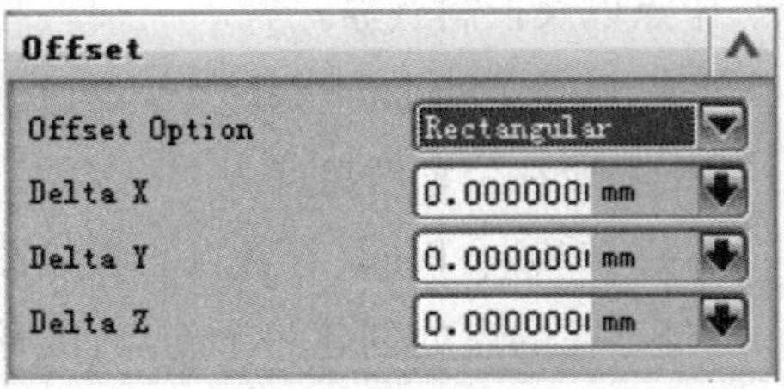

图 1-24　Rectangular 偏置对话框

③Cylindrical(圆柱形):在圆柱坐标系下指定相对于所选参考点的偏置值得到新点,如图 1-25 所示,此时柱形坐标系的中心为所选参考点且底面平行于 $XC-YC$ 平面。在捕捉到参考点后,只需在该选项下输入 Radius, Angle 和 Delta Z 值后按 OK 即可得到新点,其各项参数意义如下。

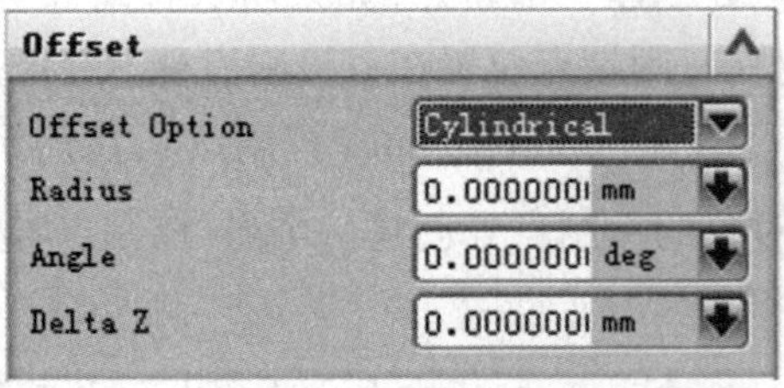

图 1-25　Cylindrical 偏置对话框

(a) Radius(半径):所选参考点在底面中心的投影到坐标原点的距离为所选参考点形成圆柱体的半径值。

(b) Angle(角度):新点与所选参考点的连线在底面(或 $XC-YC$ 平面)上的投影相对于 XC 轴正方向的夹角,逆时针方向为正。

(c) Delta Z(Z 增量):新点与底面在 Z 轴方向的相对距离,沿 ZC 轴正方向为正,反之为负。

④Spherical(球面):在球坐标系下指定相对于所选参考点的偏置值得到新点,如图

1－26所示，此时球坐标系的中心为所选参考点。在捕捉到参考点后，只需在该选项下输入 Radius，Angle 1 和 Angle 2 值后按 OK 即可得到新点，其各项参数意义如下。

(a)Radius(半径)：以所选点为球心，新点到球心的距离形成球体的半径。

(b)Angle 1(角度 1)：新点与所选取点的连线在 *XC*－*YC* 平面上的投影相对于 *XC* 轴正方向的夹角，逆时针方向为正。

(c)Angle 2(角度 2)：新点与所选取点的连线与 *XC*－*YC* 平面的夹角，逆时针方向为正。

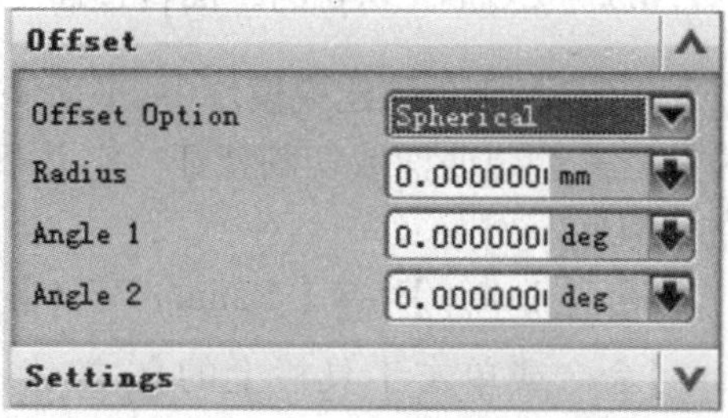

图 1－26　Spherical 偏置对话框

⑤Along Vector(沿矢量)：采用向量偏置法在所选取点坐标位置上进行偏置，即偏置是从所选取点开始沿着向量的方向进行偏置，得到所需要的新点，如图 1－27 所示。在选取一条直线向量后，在 Distance 文本框中输入偏置距离值后得到新点。其偏置方向以所选取的点在向量上的投影为分界点，选取直线时鼠标在分界点那侧为正。如图 1－28 所示，其中右方的点是通过左方的点沿直线向量进行偏置后得到的。

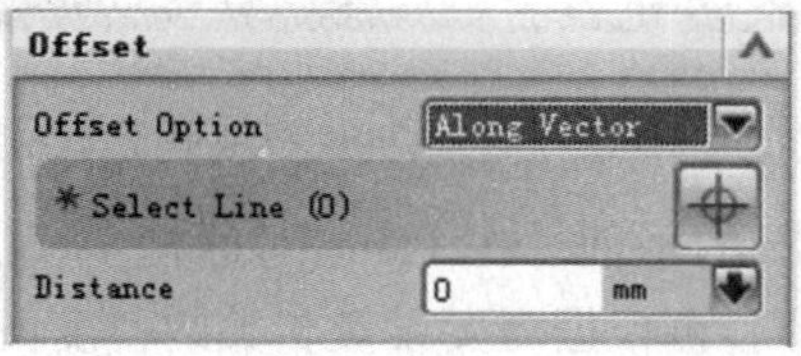

图 1－27　Along Vector 偏置对话框

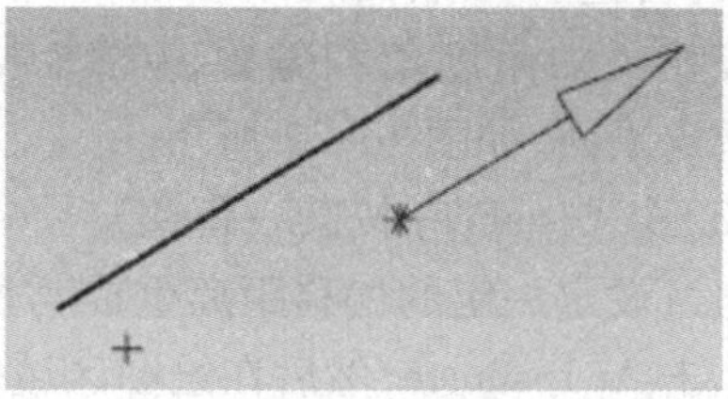

图 1－28　沿 Vector 方向偏置生成的点示意图

⑥Along Curve(沿曲线)：采用沿曲线偏置法在曲线上进行偏置，其偏置是从所选取点在曲线上的法向投影开始沿着曲线的方向进行偏置，得到所需要的新点，如图 1－29 所示。在选取一条曲线后，系统提示可根据 Arc Length(弧长)或 Percent(百分比)进行偏置。若选择 Arc Length 复选框，则在 Arc Length 文本框中输入在曲线上偏置的弧长值，如果输入负值则反方向偏置。若点选 Percent 复选框，则在 Percentage 文本框中输入在曲线上偏置的百分比值，如果输入负值则反方向偏置。其偏置方向以所选取的点在线上的投影为分界点。如图 1－30 所示，其中曲线上的点是通过曲线外的点沿曲线进行偏置后得到的。

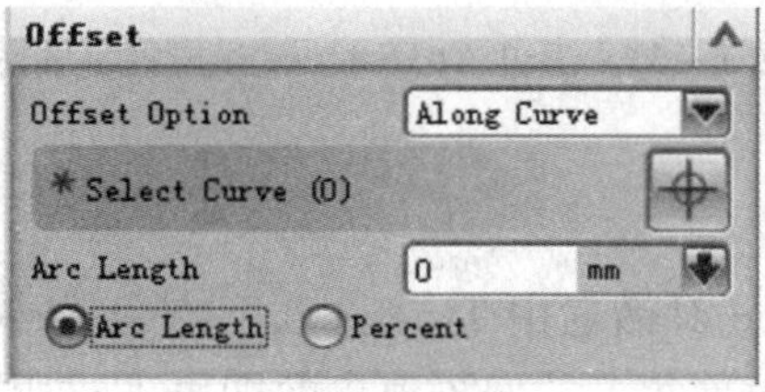

图 1－29　Along Curve 偏置对话框

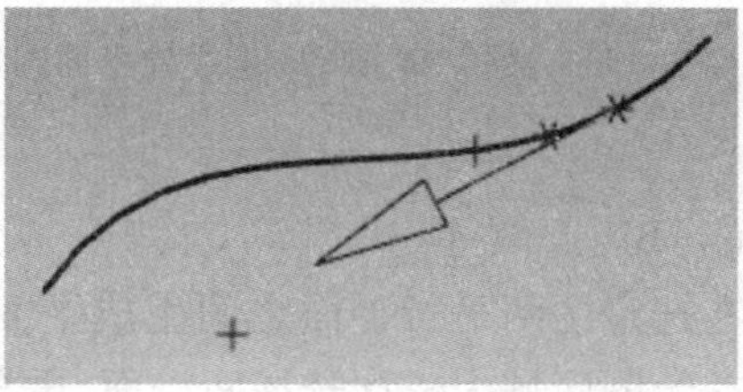

图 1－30　沿 Along Curve 偏置生成的点示意图

1.6.2　UG NX 8.0 的平面构造器

在 UG NX 8.0 的建模模块中，平面工具常用作辅助平面，如经常需要构建一个平面作为特征来创建曲面或切割特征。它并不是一个基准平面，但与基准平面在某种程度上存在相似性。

点击【Insert】→【Datum/Point】→【Plane】命令或单击工具栏上的按钮，系统弹出如图 1－31 所示的 Plane 对话框，其各项参数意义如下。

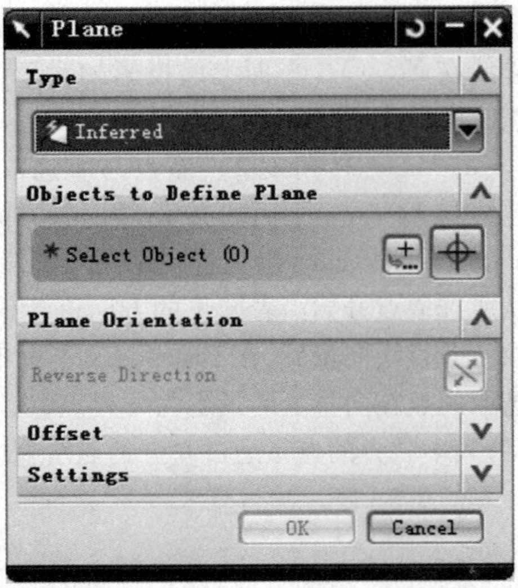

图 1－31　Plane 对话框

（1）Inferred（自动判断）

根据所选对象的不同，系统自动判断生成平面。

（2）At Angle（成一角度）

通过一条边线或轴线与一个面或基准面成一定角度。在 Plane 对话框中 Type 选项下点击 Two Lines，然后在绘图区域内选择一个面，再选择一条曲线或轴线，再根据需要设置相关的角度值和偏置值等参数即可生成所需平面，如图 1－32 所示。

（3）At Distance（按某一距离）

通过设定一定的偏移距离生成与所选平面平行的平面。在 Plane 对话框中 Type 选项下点击 At Distance，然后在绘图区域内选择一个面，再根据需要设置相关的角度值和偏置值等参数即可生成所需平面，如图 1－33 所示。

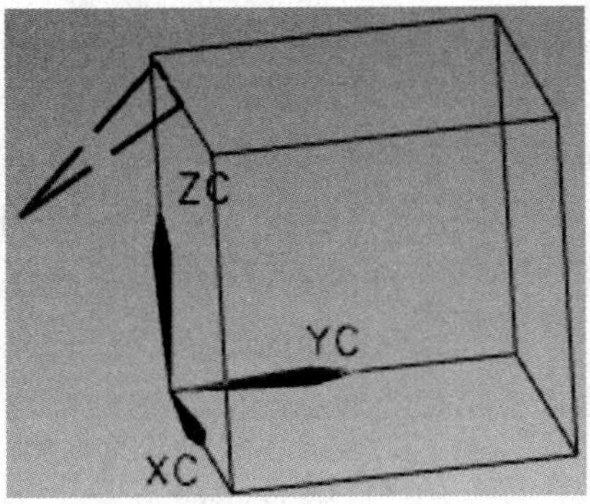

图 1－32　通过 At Angle 生成的平面图

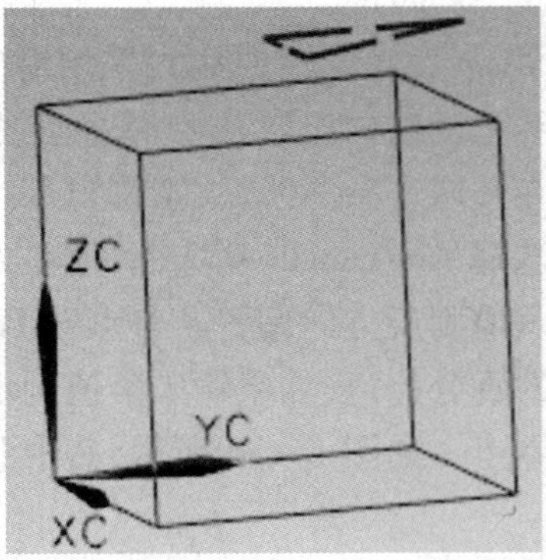

图 1－33　通过 At Distance 生成的平面图

（4）Bisector（平分）

在选定的两平行平面之间生成平面。在 Plane 对话框中 Type 选项下点击 Bisector，然后在绘图区域内依次选择两个面，再根据需要设置相关的偏置值参数即可生成所需平面，如图 1－34 所示。

(5) Curves and Points(曲线和点)

通过选定的曲线和点生成平面。在 Plane 对话框中 Type 选项下点击 Curves and Points,然后在 Subtype 选项下选择相应的曲线和点的创建方法,在绘图区域内选择一个面,再选择一条曲线或轴线,再根据需要设置相关的角度值和偏置值等参数即可生成所需平面,如图 1 - 35 所示。

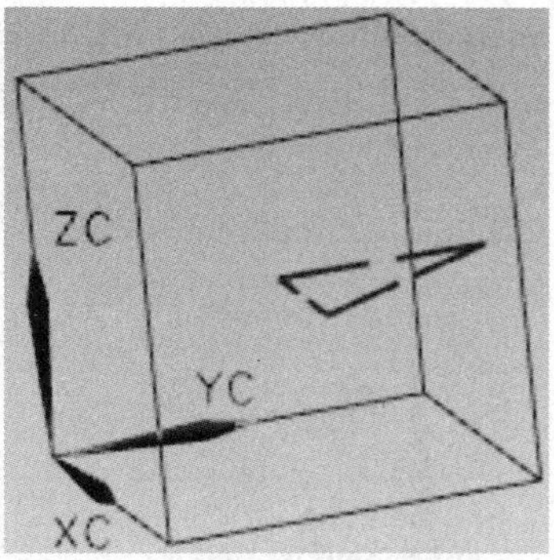

图 1 - 34　通过 Bisector 生成的平面示意图

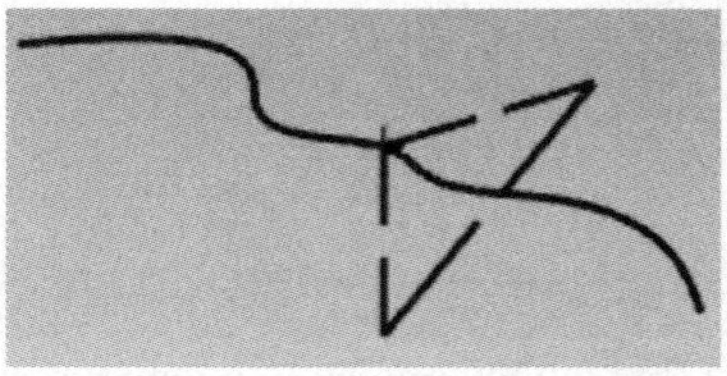

图 1 - 35　通过 Curves and Points 生成的平面示意图

(6) Two Lines(两条直线)

由两条不重合的直线构成一个平面。在 Plane 对话框中 Type 选项下点击 Two Lines,然后在绘图区域依次选取两直线,则生成由这两条直线所构成的平面。当两直线不共面时,则把所选取的第二条直线依最短距离向所选取的第一条直线平移构成平面,所构成的平面通过所选取的第一条直线,如图 1 - 36 所示。

(7) Tangent(相切)

通过点或线与实体面相切来生成平面。在 Plane 对话框中 Type 选项下点击 Tangent,然后在 Subtype 选项下选项相应的相切创建方法,在绘图区域内选择一个面,再选择一点或一条线,再根据需要设置相关的角度值和偏置值等参数即可生成所需平面,如图 1 - 37 所示为通过一个点和实体面生成的平面。

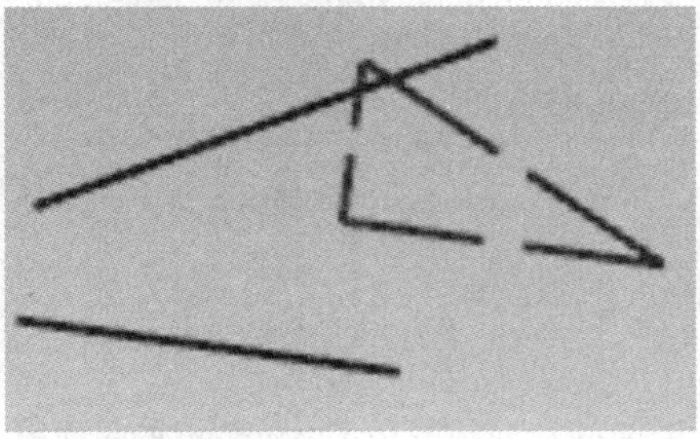

图 1 - 36　通过 Two Lines 生成的平面示意图

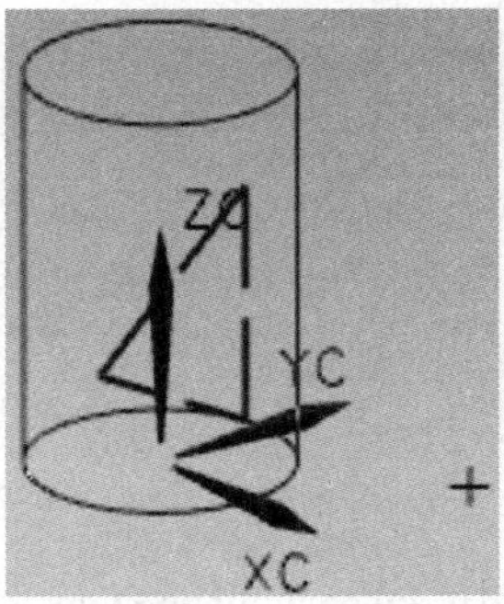

图 1 - 37　通过 Tangent 生成的平面示意图

(8)Through Objects(通过对象)

通过空间一条曲线来生成一个平面,但注意该曲线不能为直线。在 Plane 对话框中 Type 选项下点击 Through Objects,然后在绘图区域内选择一条曲线,再根据需要设置偏置值等参数即可生成所需平面,如图 1 – 38 所示。

(9)Coefficients(系数)

通过指定平面方程 $AX + BY + CZ = D$ 的系数 A,B,C 和 D 来生成一个平面,但注意 A,B,C 不能同时为零。在 Plane 对话框中 Type 选项下点击 Coefficients,然后在对话框中分别设置 A,B,C 和 D 的值,再根据需要设置偏置值等参数即可生成所需平面,如图 1 – 39 所示,系数 A,B,C 和 D 分别为 1,2,3,4。

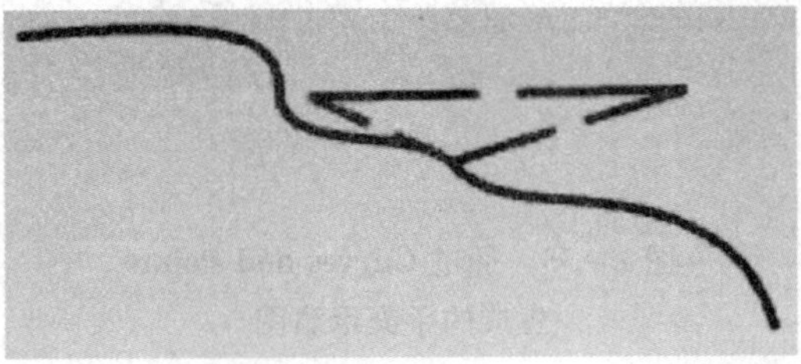

图 1 – 38　通过 Through Objects 生成的平面图

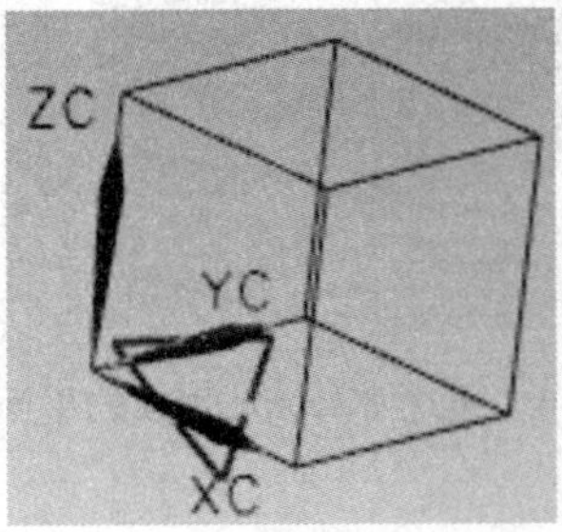

图 1 – 39　通过 Coefficients 生成的平面图

(10)Point and Direction(点和方向)

通过一个点、曲线和矢量方向来生成平面,生成的平面与矢量方向或曲线垂直。在 Plane 对话框中 Type 选项下点击 Point and Direction,然后在绘图区域内选择一个点,再选择一个矢量方向,并根据需要设置偏置值等参数即可生成所需平面,如图 1 – 40 所示。

(11)On Curve

在选定的曲线上和通过 Location 或 Arc Length 在曲线上指定点的位置来生成平面。在 Plane 对话框中 Type 选项下点击 On Curve,然后在绘图区域内选择一条曲线,再通过 Location 或 Arc Length 选项来设置点位置,系统默认在曲线的起点处,并可根据需要设置偏置值等参数即可生成所需平面,如图 1 – 41 所示。

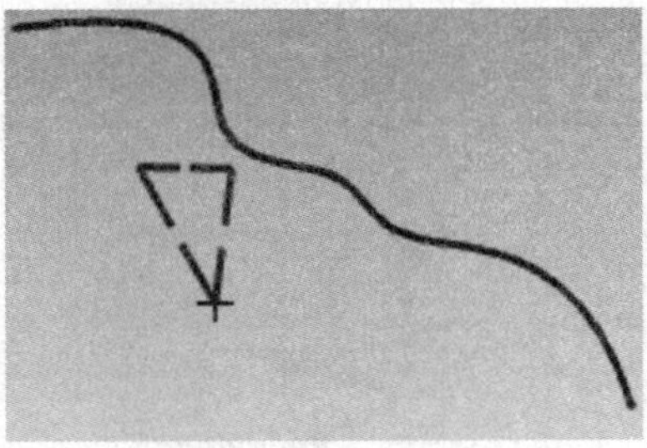

图 1 – 40　通过 Point and Direction 生成的平面图

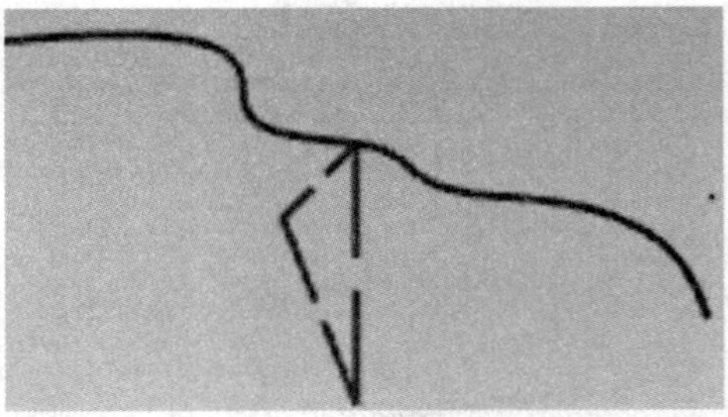

图 1 – 41　通过 On Curve 生成的平面图

(12)YC – ZC Plane,XC – ZC Plane,XC – YC Plane(YZ,XZ,XY 平面)

通过现有的坐标系来创建平面,具体如下所示。

YC - ZC Plane:在当前指定的坐标系中创建一个与 YZ 平面平行的平面,如图 1 - 42 所示。

XC - ZC Plane:在当前指定的坐标系中创建一个与 XZ 平面平行的平面,如图 1 - 43 所示。

XC - YC Plane:在当前指定的坐标系中创建一个与 XY 平面平行的平面,如图 1 - 44 所示。

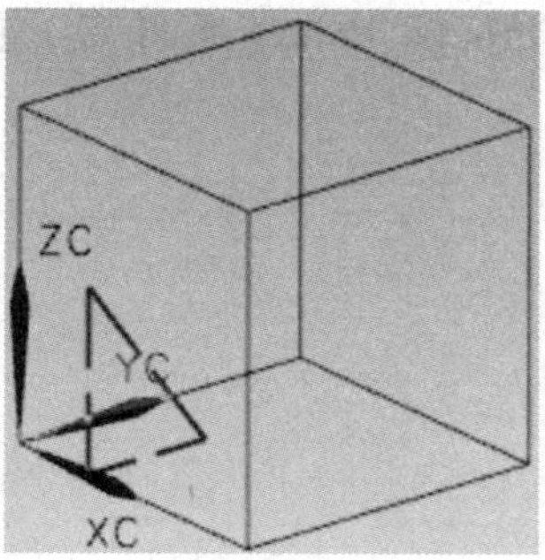

图 1 - 42 通过 YC - ZC Plane 生成的平面图

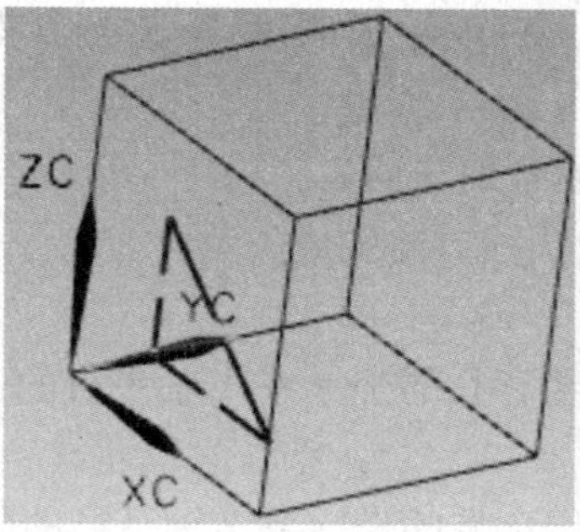

图 1 - 43 通过 XC - ZC Plane 生成的平面图

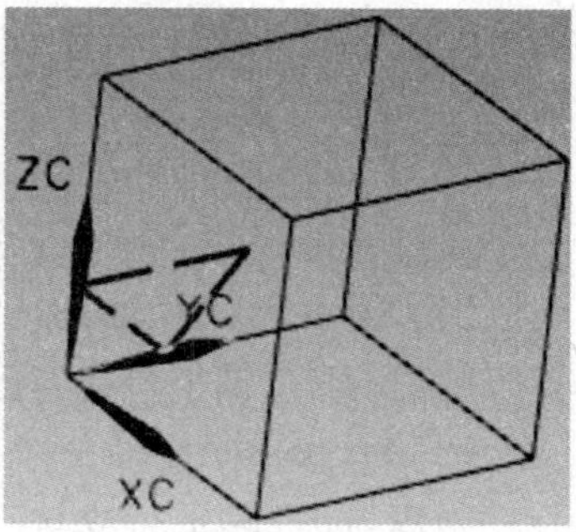

图 1 - 44 通过 XC - YC Plane 生成的平面图

(13) View Plane(视图平面)

通过视图平面来确定平面的位置。

1.6.3 UG NX 8.0 的矢量构造器

在实体建模时,常需要通过创建一个单位方向的矢量来指定特征或对象的方向,如进行拉伸操作时拉伸方向的确定以及旋转操作时其旋转轴线的确定等。矢量方向定义方式有多种,可以直接输入各坐标分量来确定,也可以用矢量定义方式来确定。

定义矢量时,不能单独使用“矢量构造器”来创建,即在菜单中和工具栏中没有该命令按钮,而是在建模过程中系统根据需要弹出 Vector 对话框,如在创建圆柱时需要指定轴线方向时,如图 1 - 45 所示,其各种创建方式如下。

图 1 - 45 Vector 对话框

(1) Inferred Vector(自动判断的矢量)

系统根据所选对象自动推断定义的矢量。

(2) Two Points(两点)

通过选定两点来定义矢量,其方向默认为由第一点指向第二点,但可通过 Reverse Direction 来改变其方向。

(3) At Angle to XC(与 XC 成一角度)

在 XC - YC 平面上定义与 XC 轴有一定夹角的矢量,沿逆时针方向角度为正。

(4) Curve/Axis Vector(曲线/轴矢量)

通过选择曲线/轴来定义一个矢量。当选择直线时,定义的矢量由选择点指向与其距离最近的端点;当选择圆或圆弧时,定义的矢量为通过圆或圆弧的中心且垂直于圆或圆弧所在的平面;当选择平面样条曲线或二次曲线时,定义的矢量为离选择点较近的端点指向另一端点。

(5) On Curve Vector(曲线上矢量)

在选定曲线的切线方向或法线方向生成矢量,矢量在曲线上的起点位置可以通过 Arc Length(弧长)、% Arc Length(弧长百分比)以及 Through Point(通过点)来指定。

(6) Face/Plane Normal(面/平面法向)

通过在选定的面或平面的法线方向生成矢量。

(7) XC Axis(XC 轴)

创建与 *XC* 轴平行或与已经存在的坐标系 *X* 轴平行的矢量。

(8) YC Axis(*YC* 轴)

创建与 *YC* 轴平行或与已经存在的坐标系 *Y* 轴平行的矢量。

(9) ZC Axis(ZC 轴)

创建与 *ZC* 轴平行或与已经存在的坐标系 *Z* 轴平行的矢量。

(10) - XC Axis(- XC 轴)

创建与 *XC* 负向轴平行或与已经存在的坐标系 *X* 轴负向平行的矢量。

(11) - YC Axis(- YC 轴)

创建与 *YC* 负向轴平行或与已经存在的坐标系 *Y* 轴负向平行的矢量。

(12) - ZC Axis(- ZC 轴)

创建与 *ZC* 负向轴平行或与已经存在的坐标系 *Z* 轴负向平行的矢量。

(13) View Direction(视图方向)

根据视图方向来确定矢量方向。

(14) By Coefficients(按系数)

在 UG NX 8.0 中,可以通过指定 Cartesian(直角坐标系)和 Spherical(球面坐标系),并在相应的坐标系下输入坐标分量建立矢量。

①Cartesian(直角坐标系):在直角坐标系下,一个矢量在 *X*,*Y*,*Z* 三个坐标上的投影可以得到一个实数分量,同时用各个分量大小也可以确定一个矢量方向。在如图 1 - 46 所示的 Vector 对话框的 Type 选项中选择 By Coefficients,并在 Coefficients 选项下选择 Cartesian,然后在 *X*,*Y*,*Z* 坐标的对应坐标分量 *I*,*J*,*K* 的文本框中输入值即可定义新矢量,如 $I=0$,$J=-1$,$K=0$ 表示 *Y* 的负方向。

②Spherical(球坐标系):在球坐标系中输入各坐标分量来确定矢量的方向,在如图 1 - 47所示的 Vector 对话框的 Type 选项中选择 By Coefficients,并在 Coefficients 选项下选择 Spherical,然后在 Phi 和 Theta 文本框中输入值即可定义新矢量,Phi 表示 *ZC* 轴的正向角度,Theta 表示 *XC* - *YC* 平面旋转的角度,沿 *XC* 的正向,如 Phi = 90,Theta = 90 表示在 *YC* - *ZC* 平面内 *ZC* 平面的正方向。

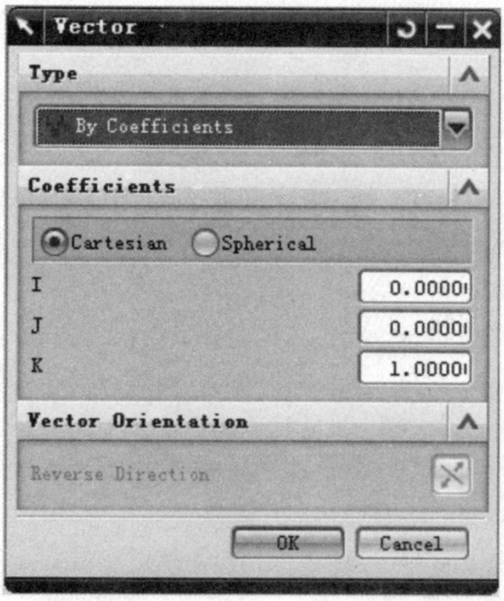

图 1－46　通过 Cartesian 定义矢量对话框

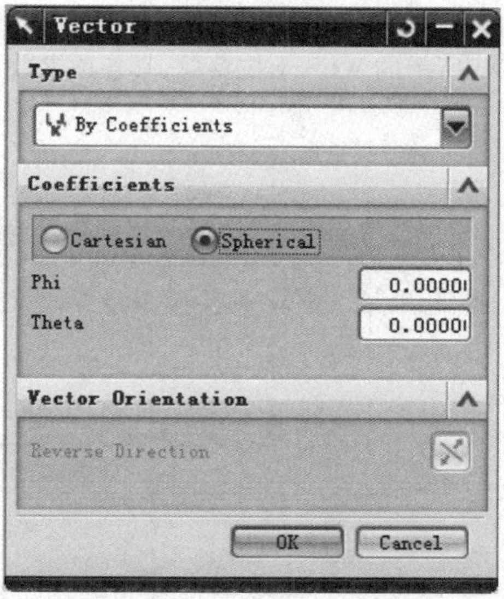

图 1－47　通过 Spherical 定义矢量对话框

(15) By Expression

通过输入表达式来生成矢量，如图 1－48 所示。

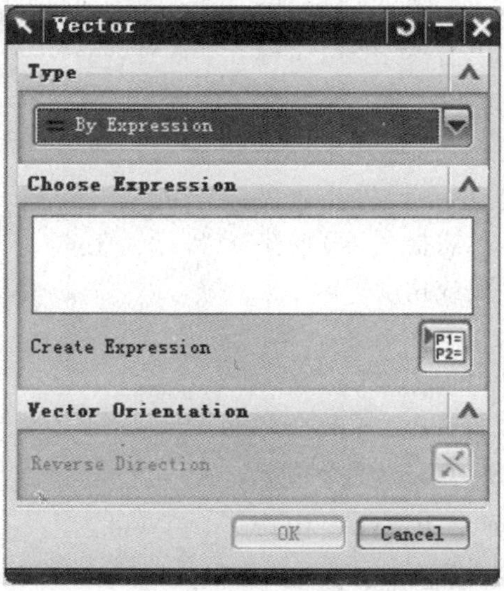

图 1－48　通过 Expression 定义矢量对话框

1.6.4　UG NX 8.0 的坐标系构造器

UG NX 8.0 一般在部件文件中存在多个坐标系，但只有一个是工作坐标系，如绝对坐标系(ACS)、工作坐标系(WCS)和机械坐标系(MCS)。绝对坐标系是系统默认的，为了定义实体的坐标参数，在文件建立时它就存在且在使用过程中不能被更改，从而确保实体在文件中的坐标是固定的并且是唯一的。工作坐标系就是用户坐标系，用户可以根据自己的需要进行更改和旋转等操作以方便建模。点击【Format】→【WCS】可出现如图1－49所示的WCS下拉菜单，其各项参数意义如下。

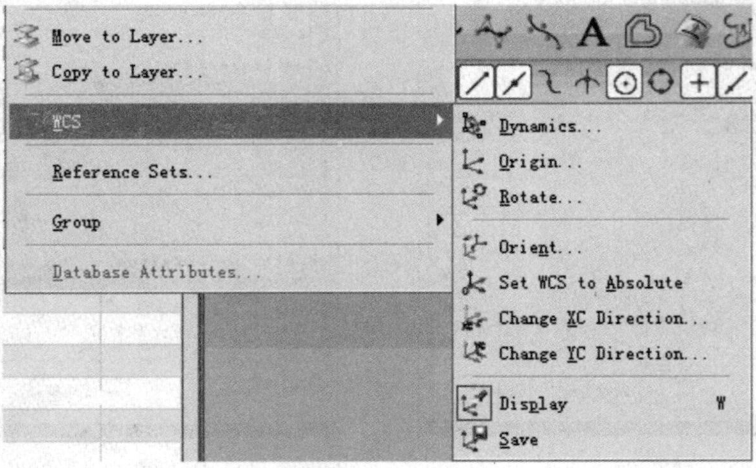

图1－49　WCS下拉菜单对话框

(1) Dynamics（动态）

该选项可以通过步进的方法来移动或放置当前的工作坐标系。选择WCS→Dynamics命令或在工具栏中单击图标，坐标系将处于可移动和可转动状态，如图1－50所示，用户也可以在绘图工件区拖动坐标系到指定位置或直接双击坐标系设置步进参数Distance（距离）和Snap（捕捉角度）使坐标系移动或旋转指定的距离或角度。

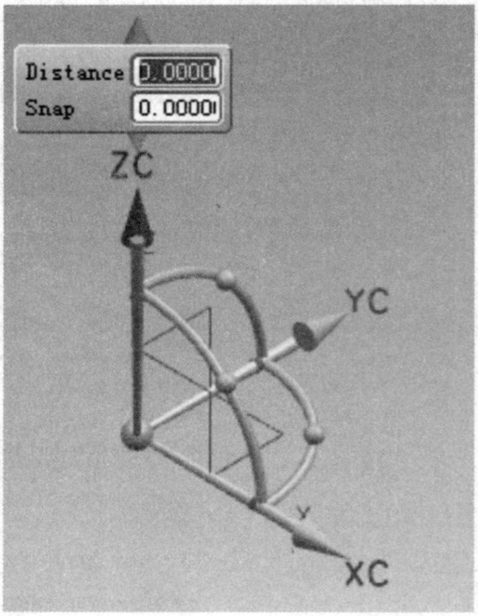

图1－50　Dynamics示意图操作

(2) Origin（原点）

该选项用于移动WCS的原点来定义一个新的WCS，此选项只移动WCS，不改变各坐标轴的方向。点击WCS→Origin命令或单击工具栏图标，系统弹出Point（点构造器）对话框，用户可通过点构造器对话框中输入新的坐标原点或直接在绘图区域指定坐标原点位置，再单击点构造器对话框中的OK按钮即可。

(3) Rotate（旋转）

该选项用于将当前的WCS绕其某坐标轴放置一个角度来定义一个新的WCS，此选项只改变各坐标轴的方向，不改变坐标原点的位置。点击WCS→Rotate命令或单击工具栏图标，系统将弹出如图1－51所示的Rotate WCS about对话框，该对话框提供了6

个确定旋转方向的单选项,即旋转分别为 3 个坐标轴的正、负方向,旋转方向的正向用右手定则来判定。确定旋转方向以后,在 Angle(角度)文本框中输入旋转角度值即可。

(4) Orient(定向)

该选项用于建立一个新的 WCS。点击 WCS→Orient 命令或单击工具栏图标,系统将弹出如图 1-52 所示的 CSYS 构造器对话框,在该对话框进行相应的设置从而建立一个新的 WCS。

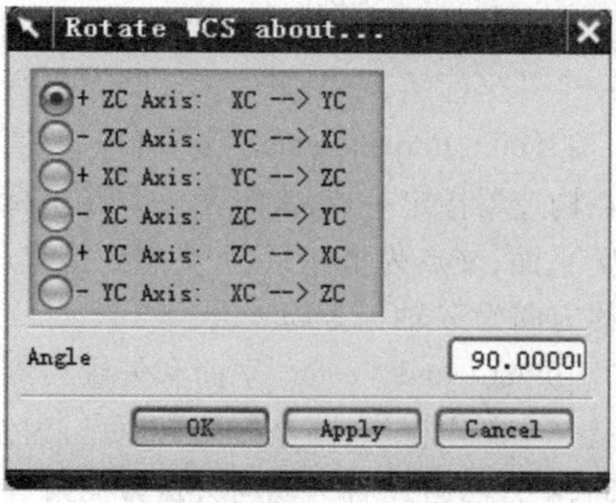

图 1-51 Rotate WCS about 对话框

①Dynamic(动态):该选项可以通过步进的方法来移动或放置当前的工作坐标系,前面已经介绍。

②Inferred(自动判断):该选项用于相对于选择的对象或通过输入沿 *X*,*Y*,*Z* 坐标轴方向的集团值后定义一个新坐标系。

③Origin, X-Point, Y-Point(原点,*X* 点,*Y* 点):该选项利用点构造器先后指定三个点来定义一个新坐标系,三个点所在平面为 *XOY* 平面,第一点为原点,第一点指向第二点的方向为 *X* 轴正方向,通过已确定的 *X* 轴方向和第一点与第三点之间的方向按右手定则确定 *Z* 轴正方向。

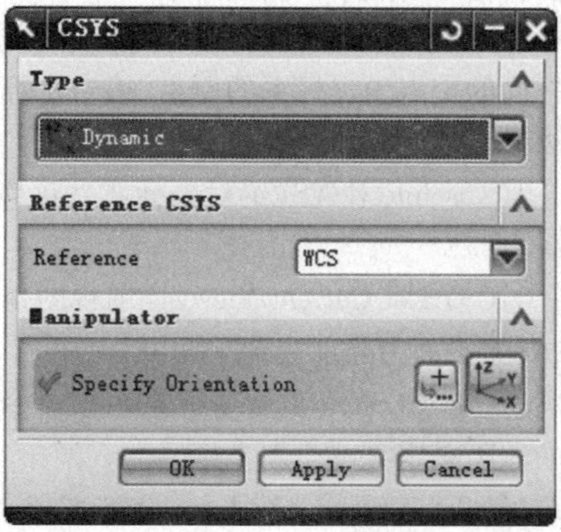

图 1-52 CSYS 构造器对话框

④X-Axial, Y-Axial(*X* 轴,*Y* 轴):该命令利用矢量构造器先后选择或定义两个矢量来定义一个新坐标系,此坐标系的原点为第一矢量与第二矢量的交点,*XOY* 平面为第一矢量与第二矢量决定的平面,*X* 轴正方向为第一矢量方向,由从第一矢量至第二矢量按右手定则确定 *Z* 轴正方向。

⑤X-Axial, Y-Axial, Origin(*X* 轴,*Y* 轴,原点):该命令用于通过点构造器指定一点作为原点,再用矢量构造器先后选择或定义两个矢量来定义一个新坐标系,*X* 轴正方向平行于第一矢量方向,*XOY* 平面平行于第一矢量及第二矢量,*Z* 轴正方向由从第一矢量在 *XOY* 平面上的投影矢量至第二矢量在 *XOY* 平面上的投影矢量按右手定则确定。

⑥Z-Axial, X-Axial, Origin(*Z* 轴,*X* 轴,原点):该命令用于通过点构造器指定一点作为原点,再用矢量构造器先后选择或定义两个矢量来定义一个新坐标系,*Z* 轴正方向平行于第一矢量方向,*XOZ* 平面平行于第一矢量及第二矢量,*Y* 轴正方向由从第一矢量在 *XOZ* 平面上的投影矢量至第二矢量在 *XOZ* 平面上的投影矢量按右手定则确定。

⑦Y-Axial, Z-Axial, Origin(*Y* 轴,*Z* 轴,原点):该命令用于通过点构造器指定一点作为原点,再用矢量构造器先后选择或定义两个矢量来定义一个新坐标系,*Y* 轴正方向平行于第一矢量方向,*YOZ* 平面平行于第一矢量及第二矢量,*X* 轴正方向由从第一矢量在 *YOZ* 平面上的投影矢量至第二矢量在 *YOZ* 平面上的投影矢量按右手定则确定。

⑧Z - Axial, X - Point(*Z* 轴,*X* 点):该命令用于先通过矢量构造器选择或定义一个矢量作为 *Z* 轴,再用点构造器指定一点,来定义一个新坐标系,过指定点作 *Z* 轴的法平面作为 *XOY* 平面,交点为坐标原点,交点到指定点的方向为 *X* 轴正方向。

⑨CSYS of Object(对象坐标系):该命令用选择的平面曲线、平面或工程图坐标系定义一个新坐标系,*XOY* 平面为选择对象所在平面。

⑩Point, Perpendicular Curve(点,垂直曲线):该命令用于先选择一条曲线或边缘,再用点构造器指定一点,来定义一个新坐标系,过指定点作选择曲线或边缘的法平面作为 *XOY* 平面,交点为坐标原点,交点到指定点的方向为 *X* 轴正方向,曲线或边缘在交点处的切线方向为 *Z* 轴正方向。

⑪Plane and Vector(平面和矢量):该命令通过先后选择一个平面和设定一个矢量来定义一个新坐标系,新坐标系为原点,为矢量与平面的交点,*X* 轴的正方向为平面的法线方向,*Z* 方向由 *X* 轴方向与矢量方向按右手定则确定。

⑫Plane, X - Axial, Point(平面,*X* 轴,点):该命令通过先选择一个平面作为 *XOY* 平面,设定一个矢量方向作为 *X* 轴方向,最后指定一个点来定义新坐标系,且新坐标系的原点由所指定的点在平面上的投影来确定。

⑬Three Planes(三个平面):该命令通过先后选择三个平面来定义一个新坐标系,三个平面的交点为坐标系的原点,第一个面的法向为 *X* 轴,第一个面与第二个面的交线方向为 *Z* 轴。

⑭Absolute CSYS(绝对坐标系):该命令用于在绝对坐标为(0,0,0)处定义一个新坐标系。

⑮CSYS of Current View(当前视图坐标系):该命令用于将当前视图定义一个新坐标系,*XOY* 平面为当前视图平面。

⑯Offset CSYS(偏置坐标系):该命令通过输入沿 *X*,*Y*,*Z* 坐标轴方向相对于选择坐标系的偏距来定义一个新坐标系。

(5)Set WCS to Absolute(设置 WCS 为绝对坐标系):该选项用于设置 WCS 的方向和位置与绝对坐标系相同。

(6)Change XC Direction(改变 *XC* 方向):该选项用于改变 *XC* 方向。点击 WCS→Change XC Direction 命令或单击工具栏图标,系统将弹出 Point 构造器对话框,可在该对话框设置一点或直接在绘图区指定一点,则系统将以坐标原点指向该点的方向作为 *XC* 轴的正方向建立新的坐标系,但坐标原点保持不变。

(7)Change YC Direction(改变 *YC* 方向):该选项用于改变 *YC* 方向。点击 WCS→Change YC Direction 命令或单击工具栏图标,系统将弹出 Point 构造器对话框,可在该对话框设置一点或直接在绘图区指定一点,则系统将以坐标原点指向该点的方向作为 *YC* 轴的正方向建立新的坐标系,但坐标原点保持不变。

(8)Display(显示):该选项用于显示或隐藏当前 WCS。点击 WCS→Display 命令或单击工具栏图标,该图标下凹表示显示,反之表示隐藏。

(9)Save(保存):该选项用于保持当前 WCS。点击 WCS→Save 命令或单击工具栏图标则执行保存操作。

1.6.5 Class Selection(类选择器)

在复杂的建模中,用鼠标直接选取对象是很麻烦的,因此在 UG NX 8.0 中通常是通过 Class Selection(类选择器)来选择对象,它提供了一种限制选择对象和设置过滤方式的方法,特别是在零部件比较多的情况下,可达到快速选择对象的目的。当使用某些功能时,即可进入如图 1-53 所示的 Class Selection 对话框,用户可直接利用系统过滤器设置(所有对象均可选)选择对象,也可根据具体需求,通过分别设置 Type(类型)、Layer(层)、Color(颜色)或 Attribute(属性)过滤器,来限制选择对象的范围,所选择的对象在绘图区域以高亮显示,该对话框中各参数意义如下。

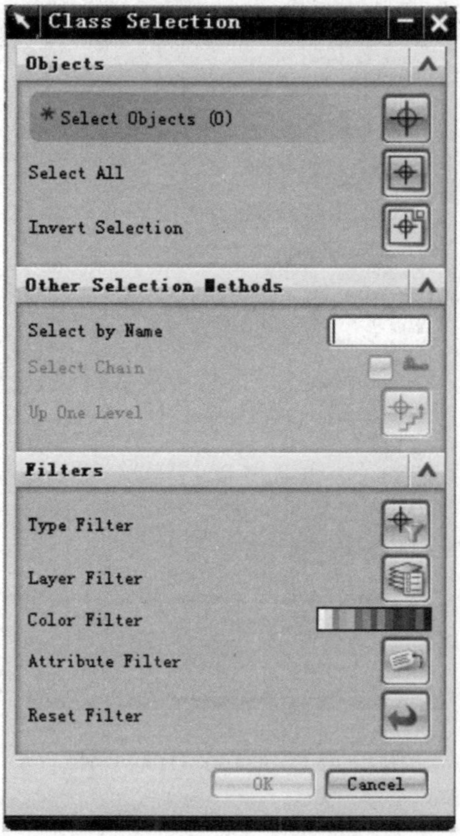

图 1-53 Class Selection 对话框

(1)Objects(对象)

直接对绘图区的相关对象进行选择操作,主要包括 Select Objects(直接选择对象)、Select All(选择所有对象)以及 Invert Selection(反选对象)功能。

(2)Other Selection Methods(其他选择方法)

可以通过 Select by Name(通过对象名称选择)、Select Chain(通过链选择)进行选择操作。

(3)Filters(过滤器)

使用过滤器选择对象时,过滤与选择类型不相关的对象可提高选择效率,主要包括以下几种过滤器。

①Type Filter(类型过滤器):通过指定对象的类型来限制选择对象的范围,选择此选项后的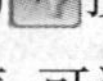按钮,则进入如图 1-54 所示的 Select by Type(根据类型选择)对话框,利用此对话框,可设置在选择对象中需包括或排除的对象类型,其中有些类型还可以通过选择 Detail Filtering(详细过滤)选项作进一步的限制,且类型的选择可以是单选也可以是多选(按下 Ctrl 键,选择多个类型)。

②Layer Filter(层过滤器):通过指定层来限制选择对象的范围,选择此选项后的按钮,则进入如图 1-55 所示的 Select by Layer(根据层选择)对话框,用此对话框可设置在对象选择中需包括或排除的对象所在的层,可以在 Range or Category(范围或类目)中输入需要修改的层后单击 OK 按钮选定指定层上的对象。

③Color Filter(颜色过滤器):通过指定对象的颜色来限制选择对象的范围,选择此选

项后的按钮，则进入如图 1－56 所示的 Color 对话框，可以直接指定颜色或通过 Palette（调色板）等操作来限制选择范围。

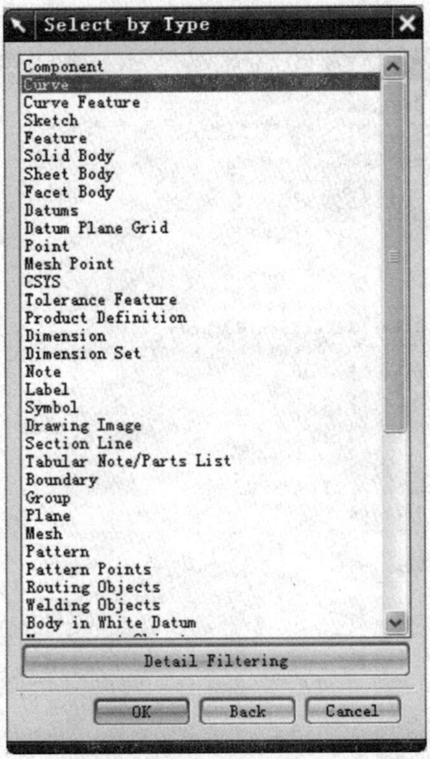

图 1－54　Select by Type 对话框

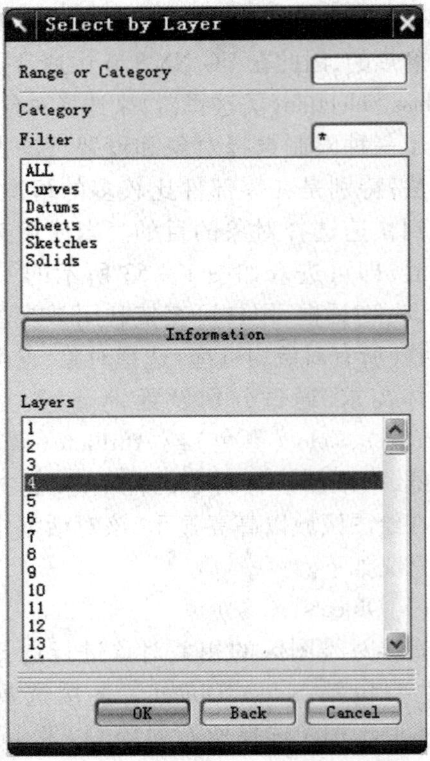

图 1－55　Select by Layer 对话框

④Attribute Filter（属性过滤器）：通过指定对象的属性来限制选择对象的范围，选择此选项后的按钮，则进入如图 1－57 所示的 Select by Attribute 对话框，可以指定线型或线宽或用户自定义属性来限制选择范围。

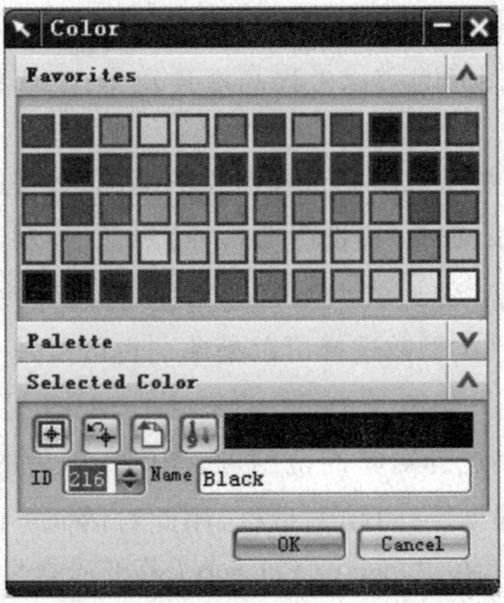

图 1－56　Color 对话框

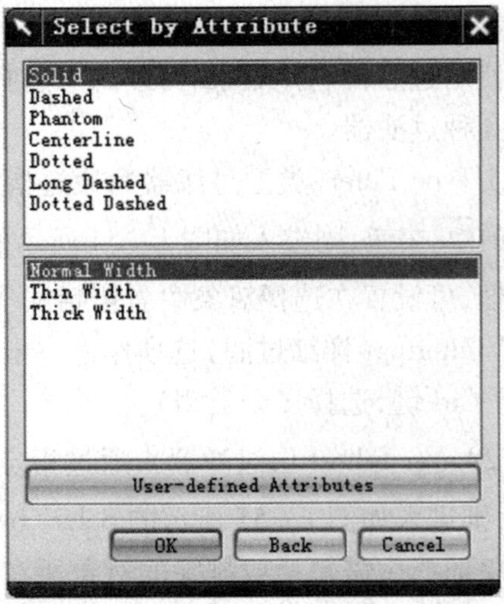

图 1－57　Select by Attribute 对话框

⑤Reset Filter（重置过滤器）：解除先前所设置的过滤方式，使各过滤器恢复到系统缺省状态。解除后用户即可选取任意的图素，但先前以过滤方式选择的图素仍维持选取的状态。

1.6.6 UG NX 8.0 图层（Layer）

在 UG NX 8.0 建模时常用图层来控制对象的显示、编辑和状态。UG NX 8.0 提供了 256 个图层供用户使用，每个图层可以包含任意数量的对象，一个图层上可以包含部件中所有的对象，但一个对象上的部件也可以分布在一个或多个图层上，但只有一个图层是当前工作图层，所有的操作只能在工作图层上进行，其他图层可以通过可见性或选择性等设置进行辅助工作以达到设计的目的和效果。所以说如果要在某层中创建对象，则应在创建对象前使其成为工作图层。

在 UG NX 8.0 中，通常对图层进行分类，主要为以下几种类型：1 ~ 10 为 Solids（实体层）、11 ~ 20 为 Sheets（片体层）、21 ~ 40 为 Sketches（草图层）、41 ~ 60 为 Curves（曲线层）、61 ~ 80 为 Datums（基准层），81 ~ 256 为用户定义图层，用户可根据需要对其进行设置，故在进行设计过程中，应养成习惯，对所构建的对象进行层管理。

1. Layer Category（图层类别）

在 UG 产生设计过程中，分类仅靠层号区分是不够的，也是非常麻烦的，可以通常对相关层分类管理，以提高操作效率。用户可以根据习惯来进行层的类目设置，当需要对某一类目中的对象进行操作时，可很方便地通过类目来实现对其中各层的选择。点击【Format】→【Layer Category】或图标，则进入如图 1 – 58 所示的 Layer Category 对话框。

（1）建立一个新类别图层

在图 1 – 58 中的 Category（类别）输入框中输入新类别名称后，在 Description（描述）输入框中输入相应的描述信息。输入描述信息后，选择 Create/Edit（创建/编辑）选项，则进入如图 1 – 59 所示的 Layer Category 对话框，从 Layer（层）列表框中选取此类目要包括的层后，按 Add（增加）选项，然后按 OK，则可以创建一个新的类目。

（2）编辑一个存在的类别

在图 1 – 58 中的 Category 输入框中输入类别名称，或直接在类别列表框中选择要编辑的类别，则可以对其进行编辑。若在 Description 输入框中输入相应的描述信息后，选择 Apply Description（应用描述）选项，则可以修改编辑类目的描述信息。若选择 Create/Edit 选项，则进入如图 1 – 59 所示的 Layer Category 对话框，从 Layer 列表框中选取要对此类别中增加或从此类别中移去的图层后，选择 Add 或 Remove（移去）选项，然后按 OK，则可以向所选类别中增加某些图层或从所选类目中移去某些图层。

（3）删除存在类别

在图 1 – 58 中的 Category 输入框中输入类别名称，或直接在类别列表框中选择要删除的类别后，选择 Delete（删除）选项，则可以删除所选择的类别。

（4）重命名存在类别

在图 1 – 58 中的 Category 输入框中输入类别名称，或直接在类别列表框中选择要重命名的类别后，在 Category 输入框中输入新的类别名称，然后选择 Rename（重命名）选项，则可以对所选择的类别重命名。

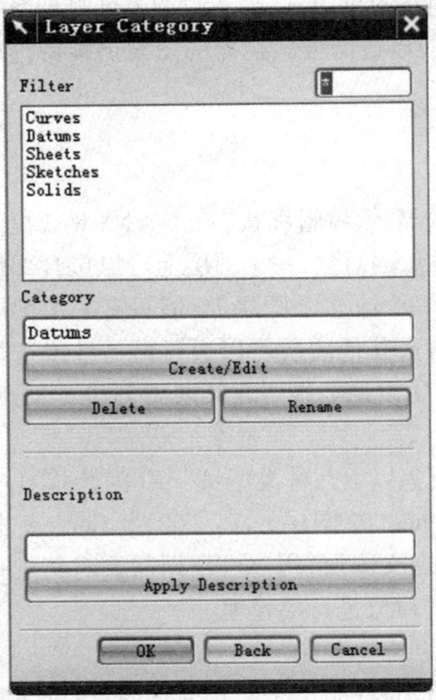

图 1－58　Layer Category 对话框

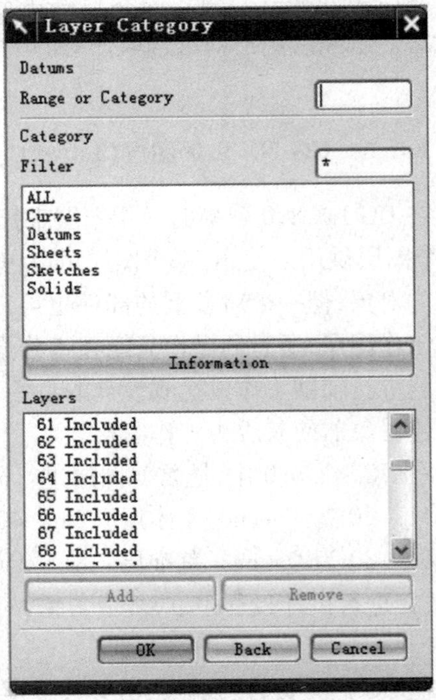

图 1－59　Layer Category 创建 Datum 时的对话框

2. Layer Settings（图层设置）

对部件中所有层或 1～256 层中任意层进行工作层、可选取性、可见性等设定，并可进行层的信息查询和对层的类别进行编辑。点击【Format】→【Layer Settings】或按快捷键 Ctrl＋L 或点击图标，则进入如图 1－60 所示的 Layer Settings 对话框。

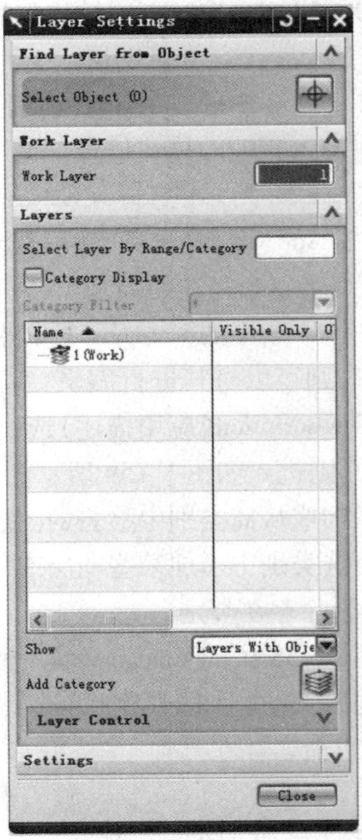

图 1－60　Layer Settings 对话框

（1）选择层的方法

在图 1－60 中选择图标，再在绘图区选择对象，即可选择当前对象所在的图层，对多个对象进行选择后，则在 Layer 选择下将各个所选对象进行归类，并能显示其可见性。

（2）对所选择的层进行设置

选择了要设置的层后，便可对其进行设置，完成设置后按 OK 或 Apply。在图 1－60 中选择层名称后选择 Make Work（设置为工作层）选项，则将所选择的层设置为工作层；或选择 Selectable（可选择）选项，则将所选择的层设置为可选层；或选择 Invisible（不可见）选项，则将所选择的层设置为不可见层；或选择 Visible Only（仅可见）选项，则将所选择的层设置为可见层且为不可选层。在设定为工作层时,还可以通过直接在图 1-60 中的 Work Layer(工作)文本框中输入工作层后按回车键,或在 UG 主界面的 Work Layer(工作层)输入框中输入工作层后按回车键。另外,在以上设置选项中,除设置工作层外,其他均可对多个层进行设置。

(3)层的类别编辑

在图 1-60 中的层类别列表框中选择层类别后,选择 Edit Category(编辑类目)选项,则进入如图 1-58 所示的 Layer Category 对话框,可以对所选择的层类别进行编辑。

(4)设置层中的相关辅助选项

在图 1-60 中的对话框下部提供了控制在 Layer/Status 列表框中显示哪些层的过滤器,有:All Layers(选择此选项,则在 Layer/Status 列表框中显示出所有层)、Layers with Objects(选择此选项,则在 Layer/Status 列表框中显示出所有包含对象的层)、All Selected Layers(选择此选项,则在 Layer/Status 列表框中显示出所有可选择的层)以及 All Visible Layer(选项此选择后,则在 Layer/Status 列表框中显示出所有的可见的层)4 个选项。

3. Layer Visible(在视图中的可见性)

用来设置层在视图中的可见性。点击【Format】→【Visible in View】或按快捷键 Ctrl + Shift + V或点击图标,则进入如图 1-61 所示 Layers Visible in View 对话框,用来选择要操作的视图。在视图列表框中选择要操作的视图后按 OK,则进入如图 1-62 所示 Layer Visible in View 对话框,用来设置层在视图中的可见性。在 Layer 列表框中选择要设置可见性的图层后,选择 Visible(可见)或 Invisible(不可见)选项,然后按 OK 或 Apply,则把所选择图层设置为可见或不可见。另外,也可以在图 1-61 中选择要操作的视图后,选择 Reset to Global(恢复至全局图层)选项,则用全局图层设置状态代替选择视图的个别层的设置。

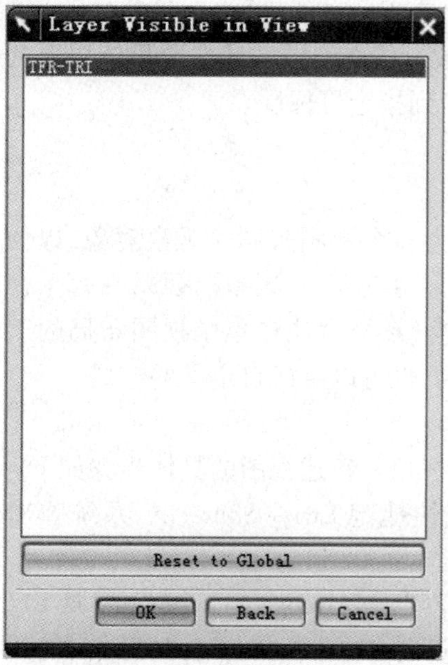

图 1-61 Layer Visible in View 对话框

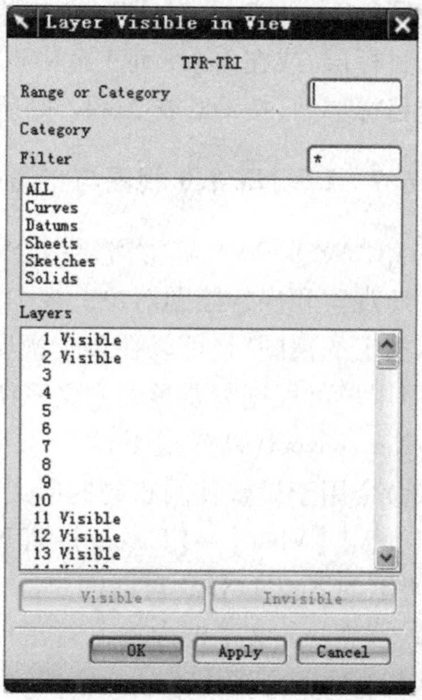

图 1-62 Layer Visible in View 设置层在视图中的可见性的对话框

4. Move to Layer(图层移动)

用于将对象移动至目标层。点击【Format】→【Move to Layer】或单击工具栏图标,则进入如图1－53所示的Class Selection对话框,用来选择要移动的对象。选择完要移动的对象后按OK,则进入如图1－63所示的Layer Move对话框,用来指定目标层。在Destination Layer or Category(目标层或类别)输入框中输入目标层,或在Layer列表框中选择目标层,或直接在绘图区域选取目标层上的对象来确定目标层后,按OK或Apply,则所选对象移动到指定目标层。当所选取的对象没有显示时,可以选择Re－highlight Objects(重新高亮对象)选项,则所选取的对象高亮显示。选择Select New Objects(选择新对象)选项,可以再选择其他对象进行层移动操作。

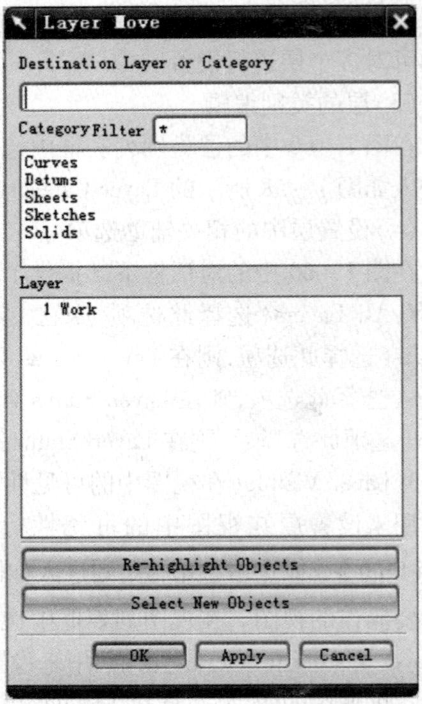

图1－63　Layer Move对话框

5. Copy to Layer(图层复制)

用于将对象复制至目标层。点击【Format】→【Copy to Layer】或单击工具栏的图标,则进入如图1－53所示的Class Selection对话框,用来选择要复制的对象。选择完要复制的对象后按OK,则进入与图1－63内容相同的Layer Copy对话框,用来指定目标层。在Destination Layer or Category输入框中输入目标层,或在Layer列表框中选择目标层,或直接在绘图区域选取目标层上的对象来确定目标层后,按OK或Apply,则所选对象复制到指定目标层。

1.6.7　UG NX 8.0 视图与布局

在UG NX 8.0中,经常需要将绘图窗口分解为多个视图来同时观察对象,以便于用户更好地观察和操作绘图对象。视图布局将屏幕划分为若干个视图区域,在每个视图区域显示指定的视图,且可以在多个视图间进行切换,系统默认在单个视图布局的工作环境中,但用户可根据需要重新定义系统默认的布局,也可以生成自定义的布局。

1. New Layout(新建视图)

该命令用于设置视图布局的形式和各视图的视角。新建视图的具体步骤如下。

(1)点击【View】→【Layout】→【New】命令或快捷键Ctrl＋Shift＋N,系统弹出如图1－64所示的New Layout对话框。

(2)在Name文本框内输入新建布局的名称,再点击Arrange的下拉菜单,从L1(单个视图)、L2(两个视图、横向分布)、L3(三个视图、竖向分布)、L4(四个视图)、L6(六个视图)和L9(九个视图)中选择一种视图布置模式。

(3)在(2)所选的视图布局中设置各个视图的相应的布局中,再单击OK或Apply按键即可完成布局的创建。

2. Open Layout(打开视图)

该命令用于在当前文件的布局名称中选择要打开的某个布局,系统按布局的方式来显示图形。打开视图的具体步骤如下:

(1)点击【View】→【Layout】→【Open】命令或快捷键 Ctrl + Shift + O,系统弹出如图 1 - 65所示的 Open Layout 对话框;

(2)在 Open Layout 对话框从 L2 - side by side, L3 - upper and lower, L4 - four views 和 L6 - six views 中选择一种布局模式,再单击 OK 或 Apply 按键即可打开布局。

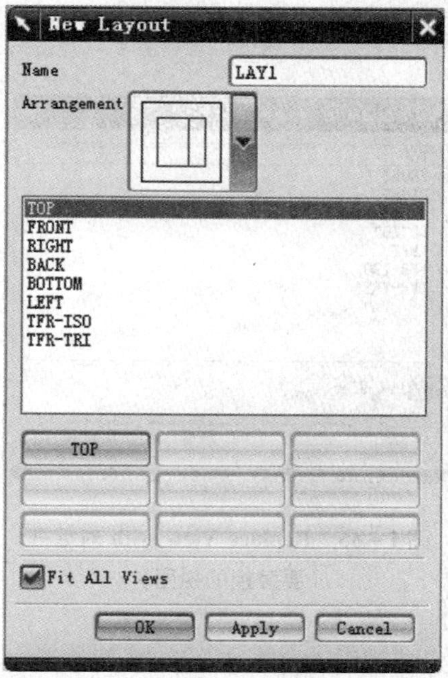

图 1 - 64　New Layout 对话框

3. Fit All Views(拟合所有视图)

该命令用于调整当前布局中所有视图的中心和比例,使实体模型最大程度地拟合在每个视图边界内。点击【View】→【Layout】→【Fit All Views】命令或快捷键 Ctrl + Shift + F 即可对所有的视图进行拟合操作。

4. Update Display(更新显示)

该命令用于对所有视图的模型进行实时更新显示,点击【View】→【Layout】→【Update Display】命令即可对所有的视图进行更新显示。

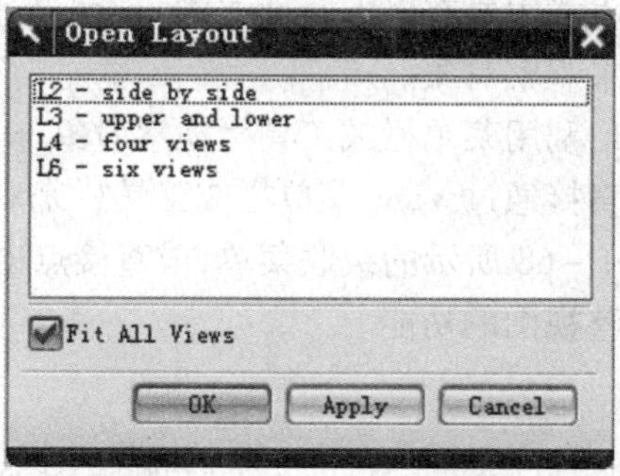

图 1 - 65　Open Layout 对话框

5. Regenerate(重新生成)

该命令用于重新生成布局中的每一个视图,点击【View】→【Layout】→【Regenerate】命令即可对所有的视图进行重新生成操作。

6. Replace View(替换视图)

该命令用于替换布局中的某个视图,点击【View】→【Layout】→【Replace View】命令,系统弹出如图 1 - 66 所示的 Replace View with 对话框(要替换的视图),在该选项下选择一种布局模式单击 OK 按钮,系统弹出如图 1 - 67 所示的 Replace View with 对话框(替换视图用的),单击 OK 即可替换视图。

7. Delete(删除布局)

该命令用于删除视图中的某一布局,点击【View】→【Layout】→【Delete】命令,系统将弹出 Delete View(删除布局)对话框,在该选项下选择一种布局模式单击 OK 按钮即可完成布局删除操作。

8. Save/Save As(保存/另存为布局)

该命令用于将用户创建的布局进行保存以便需要时重新调用。保存方法有两种,一种是按新建的名称保存,点击【View】→【Layout】→【Save】命令即可;另一种是采用其他名称保存,点击【View】→【Layout】→【Save As】命令并在系统弹出的 Save Layout As(布局另存为)对话框中输入新的名称即可。

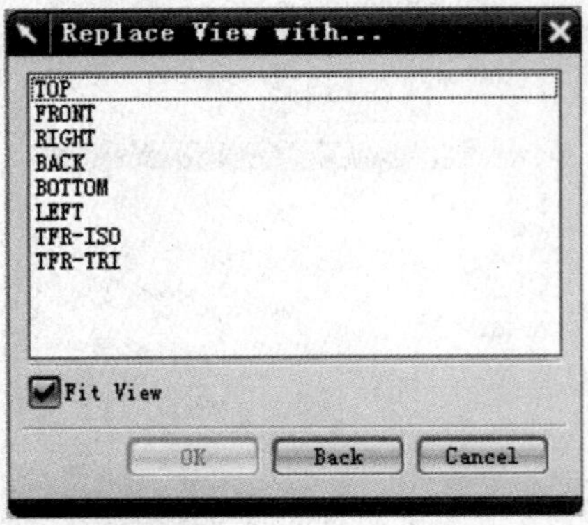

图 1-66 Replace View with 对话框
(要替换的视图)

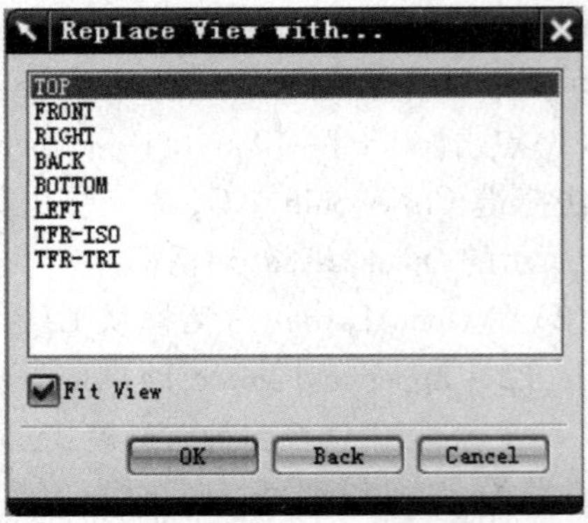

图 1-67 Replace View with 对话框
(替换视图用的)

1.6.8 视图控制

在 UG NX 8.0 中需灵活掌握操作视图和模型调整的显示方式以提高工作效率,视图控制方式主要有以下两种方式:一种是通过菜单栏或工具栏观察对象;另一种是用快速菜单来观察对象。

1. 利用菜单栏或工具栏观察对象

直接通过 View 菜单栏或工具栏来观察和调整视图,点击【View】→【Operation】出现如图 1-68 所示的级联菜单,或直接点击如图 1-69 的 View 工具栏上的命令来实现观察和调整视图的功能。

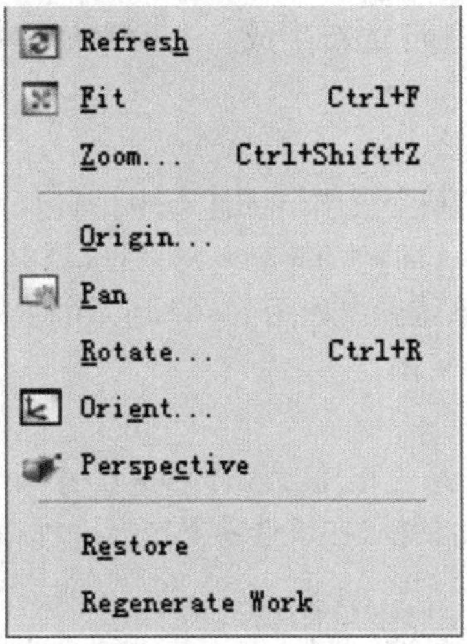

图1-68 View-Operation 菜单的级联菜单对话框

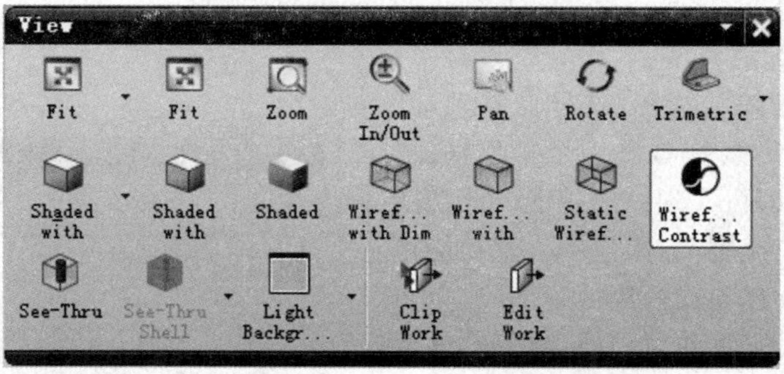

图 1 - 69　View 工具栏

2. 利用快速菜单观察对象

通过在快捷菜单来观察对象，在绘图区单击鼠标右键产生如图 1 - 70 所示的快捷菜单或在绘图区按住鼠标右键不放将产生如图 1 - 71 所示的快捷菜单，点击相应的命令将实现调整视图功能。

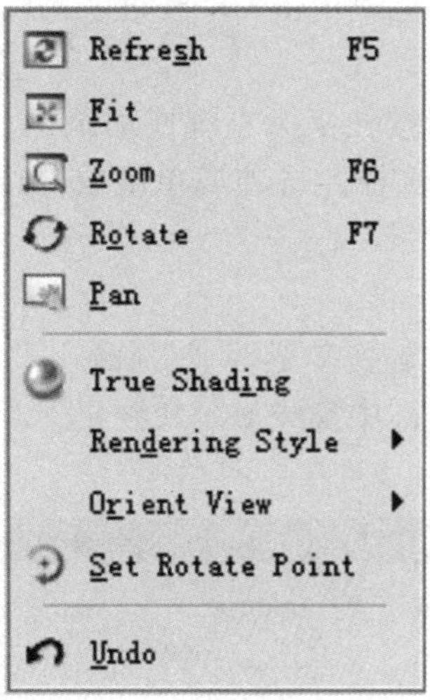

图 1 - 70　绘图区右击的快捷菜单对话框

图 1 - 71　快捷菜单对话框

图 1 - 69、图 1 - 70、图 1 - 71 中各项参数意义如下。

(1) Refresh(更新)

该命令用于刷新图形窗口，选择此选项后，系统会消除由隐藏或删除对象在绘图区域中留下的孔，清理绘图区域并显示某些修改功能的结果，消除临时显示项目，如醒目指示符和星号等。此功能也可以通过按快捷键 F5 来选择。

(2) Fit(拟合)

该命令用于拟合视图，即调整视图中心和比例，使整个部件拟合在视图的边界内，拟合的百分率在【Preferences】→【Visualization】→【View/Screen】中设置。此功能也可以通过按快捷键 Ctrl + F 来选择。另外还可以通过视图工具栏中的 Fit View to Selection(将视图拟合到选中区域)来进行对象的局部拟合操作，但该选项只有在视图中有对象被选中时才自动激活。

(3)Zoom(缩放)

该命令用于缩放视图,选择此选项后,按住鼠标左键不放,拖拉出一个矩形框,再释放鼠标左键,即可实现缩放视图。此功能也可以通过按快捷键 F6 来选择。此功能可通过再次选择此选项或按快捷键 F6 或单击鼠标中键或 Esc 来终止。另外,对象的缩放还可以通过视图工具栏上的 Zoom In/Out(整体综合)或菜单栏【View】→【Operation】→【Zoom】命令来实现,当点击按钮使对象处于缩放状态时,按住鼠标左键从图形区中心向外或向内拖动,对象将被放大/缩小;当通过菜单栏使对象处于缩放状态时,系统将弹出如图 1-72 所示的 Zoom View 对话框,可以通过选择对话框内的一个选项或在文本框内输入比例单击 OK 按钮来完成操作。

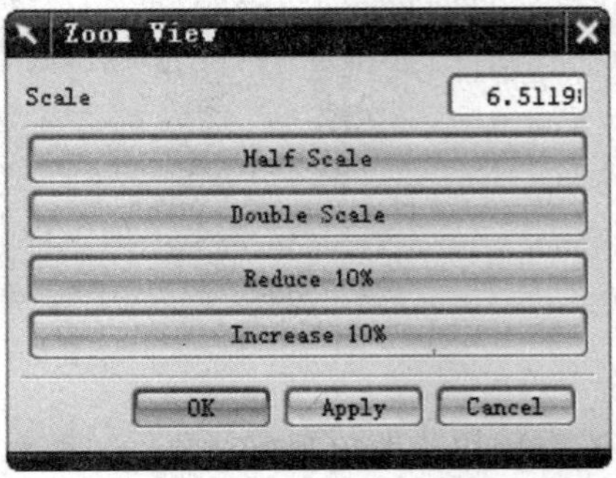

图 1-72　Zoom View 对话框

(4)Zoom In/Out(实时缩放)

该命令用于对视图进行实时缩放,选择此选项后,按住鼠标左键拖动鼠标,便可实时缩小或放大视图,直到满意为止。此功能可通过再次选择此选项或单击鼠标中键或 Esc 来终止。

(5)Pan(平移)

该命令用于平移视图,选择此选项后,按住鼠标左键拖动鼠标,将对象平移至所需位置再释放。此功能可通过再次选择此菜单项或单击鼠标中键或 Esc 来终止。

(6)Rotate(旋转)

该命令用于旋转视图,选择此选项后,按住鼠标左键拖动鼠标,即可实现旋转视图。此功能也可通过按快捷键 F7 或按住鼠标中键在绘图区域拖动来实现,当点击【View】→【Operation】→【Rotate】命令或快捷键 Ctrl + R 时,系统弹出如图 1-73 所示的 Rotate View 对话框,通过对其进行相应的设置后来实现旋转视图功能。此功能可通过再次选择此菜单项或按快捷键 F7 或单击鼠标中键或 Esc 来终止。

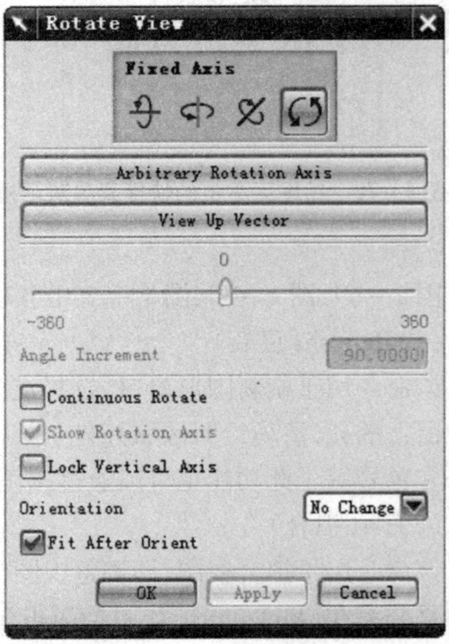

图 1-73　Rotate View 对话框

图 1-73 中各参数意义如下。

①Fixed Axis(固定轴):从中选择对象绕 X 轴、Y 轴、Z 轴或 XY 轴旋转。选择任一轴后,Angle Increment(角度增量)选项被激活,可用滑块或直接在文本框内输入数值来设置角度增量。

②Arbitrary Rotation Axis(任意旋转轴):用于定义对象绕一矢量旋转,选择该选项后,系统将弹出如图1-46所示的矢量构造器对话框,设置一个矢量进行旋转。

③View Up Vector(竖直向上矢量):用于设置任意轴方向向上,选择该选项后,系统弹出如图1-46所示的矢量构造器对话框,选择一种方式确定矢量,单击OK按钮后,系统将调整视图,使得所建立的矢量方向朝上。

④Continuous Rotate(连续旋转):主要用于动态演示。选中该复选框后,单击Apply按钮,视图或模型将围绕所选择的矢量轴连续旋转,每次旋转的角度为Angle Increment文本框中的数值。

⑤Show Rotation Axis(显示旋转轴):选中该复选框后,矢量将以箭头形式在图形区中显示出来。

⑥Lock Vertical Axis(锁定竖直轴):选择*Y*轴作为旋转矢量时,该选项将被激活。系统只能围绕垂直于*Y*轴的平面进行旋转。

(7)Orient(视角)

该命令用于通过一个特定的坐标系统来观察视图,点击该命令后,系统弹出CSYS构造器对话框以供用户设定一个坐标系,再根据所设定的坐标系来调整视图。

(8)Restore(恢复)

该命令用于恢复到上一个系统认定的视图,当用户改变视角后,可利用此选项恢复到上一个系统认定的视图,系统认定的视图为Replace View中的8个视图。

(9)Regenerate Work(重生成)

该命令用于重新生成视图以删除临时显示对象或更新修改后的对象。

(10)Rendering Style(渲染样式)

该命令用于更换视图的显示模式,选择此选项后,出现一个如图1-74所示的级联菜单,其各项参数意义如下。

①Shaded with Edges(带边着色):选择此选项,将对绘图区的对象进行平滑着色并显示面的边缘,显示和刷新速度慢。

②Shaded(着色):选择此选项,则显示三维模型表面的情况,可以设置不同的显示颜色,轮廓线不可见。

③Wireframe with Dim Edges(以特定的边缘线框显示):选择此选项,则将以线框的形式显示对象但将隐藏不可见线框,且当鼠标移到对象时,将显示对象的全部线框。

④Wireframe with Hidden Edges(以隐藏边缘线框显示):选择此选项,则将以线框的形式显示对象但将隐藏不可见线框,且当鼠标移到对象时,也不显示隐藏线框。

⑤Static Wireframe(静态线框):选择此选项,则将以线框的形式显示整个对象。

⑥Studio(艺术外观):与Shaded显示类似,不同的是添加了背景,使其更接近于真实模型,一般用工业造型模块中显示设计的模型。

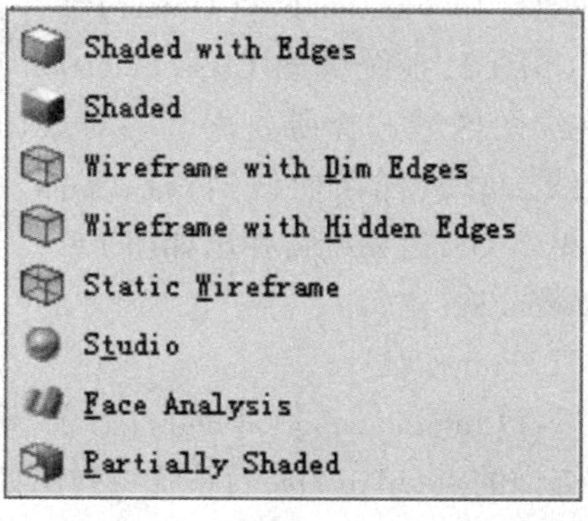

图1-74 Rendering Style级联菜单对话框

⑦Face Analysis(面分析):该选项用于用不同的颜色、线条和图案等方式显示出对象的指定表面上各处的变形、曲率半径等情况。

⑧Partially Shaded(局部着色):选项此选择,将对部分表面用着色方式显示,其他表面用线框方式显示,一般用于突出表现对象的某一部分,特别是内部的形状,适用于复杂零件或装配图上的显示。

(11)Orient View(调整视角)

该命令用于改变对象观察点的位置,选择此选项后,出现一个如图1-75所示的级联菜单,其中包括以下9个视图菜单项:Trimetric(正二测视图)、Isometric(正等测视图)、Top(俯视图)、Front(主视图)、Right(右视图)、Back(后视图)、Bottom(仰视图)、Left(左视图)、Custom Views(用户自定义的视角)。选择其中的任一菜单项,系统会立即相应地改变对象观察点的位置,但视图名称不会改变。

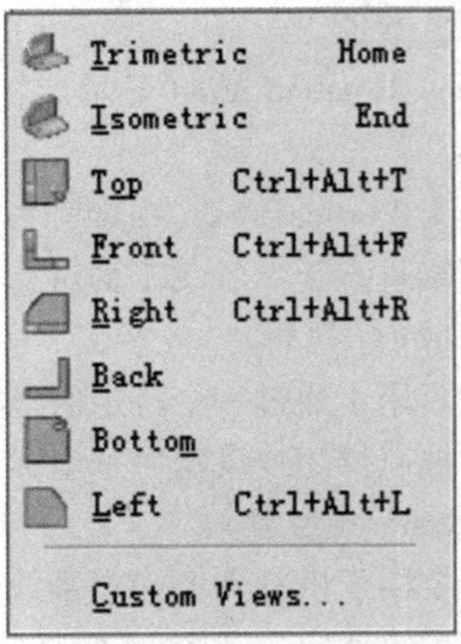

图1-75 Orient View对话框

(12)Set Rotation Point(设置旋转点)

该命令用于通过鼠标在绘图区选择合适旋转点再通过旋转命令以观察对象。

1.6.9 Information(信息查询)

信息查询主要用于查询几何对象和零件的信息,查询内容主要包括对象的属性(包括名称、图层、颜色和线型等)。查询对象可以是点、实体、曲线和曲面,也可以是基准面和坐标系,还可以是部件、装配和表达式等,如图1-76所示。

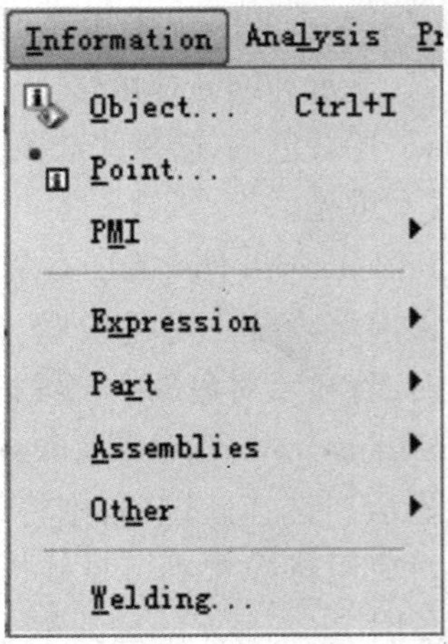

图1-76 Information下拉菜单对话框

下面介绍几种常用的查询方式。

(1)Object(对象)

选择【Information】→【Object】命令或快捷键Ctrl+I,系统弹出Class Selection对话框,在绘图区域选择所要查询的对象(可以是直线、曲线、样条曲线、特征、实体、曲面等),单击OK后系统将弹出如图1-77所示的Information窗口。

(2)Point(点)

选择【Information】→【Point】命令,系统弹出Point对话框,在绘图区域的对象上选择所要查询的点,单击OK后系统将弹出如图1-78所示的Information窗口。

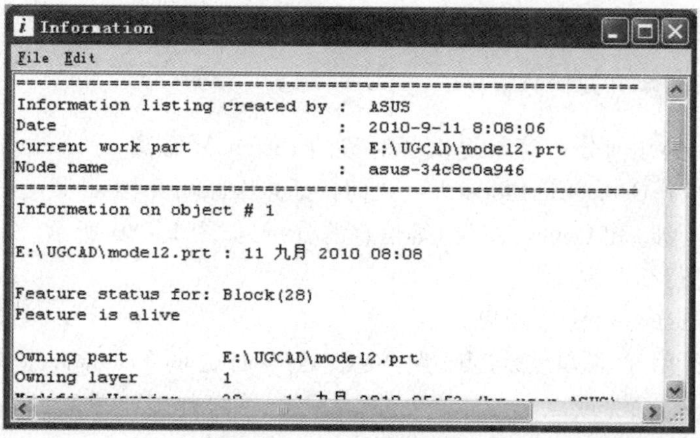

图 1 – 77 **Information 窗口 – Object 对话框**

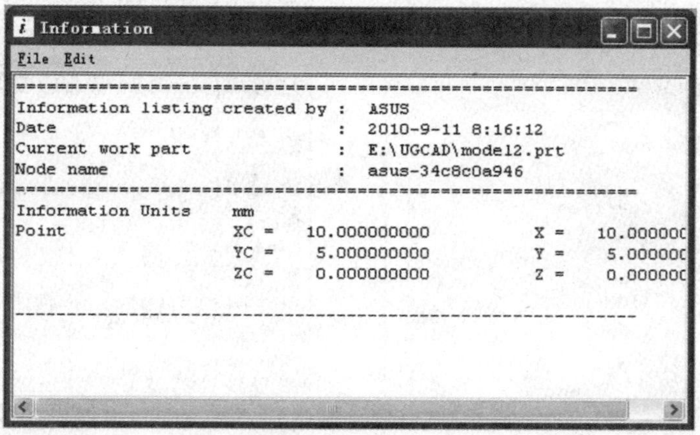

图 1 – 78 **Information 窗口 – Point 对话框**

(3)Expression(表达式)

选择【Information】→【Expression】命令,从其级联菜单中选项所要查询表达式的方式,系统将弹出如图 1 – 79 所示的 Information 窗口。

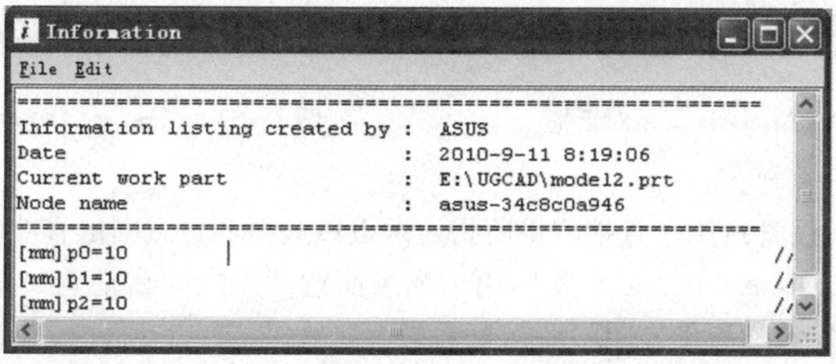

图 1 – 79 **Information 窗口 – Expression 对话框**

另外，还可采用同样的方法来查询 Part（部件）、Assembly（装配件）、Layer（图层）、View（布局）等信息。

1.6.10 Analysis（几何分析）

UG NX 8.0 的几何分析菜单提供了对象的 Distance（距离）、Angle（角度）、Minimum Radius（最小半径）、Geometric Properties（几何特征）、Section Inertia（截面惯性）、Simple Interference（简单干涉）和 Unites（单位）等信息的分析，如图 1－80 所示。下面对最常用的几个分析工具进行简要说明。

1. Measure Distance（测量距离）

该选项主要用于测量点与点、点与线、点与面之间的距离，选择【Analysis】→【Measure Distance】命令或点击工具栏上的按钮，系统弹出如图 1－81 所示的 Measure Distance 对话框，主要可以对以下几种类型进行距离测量。

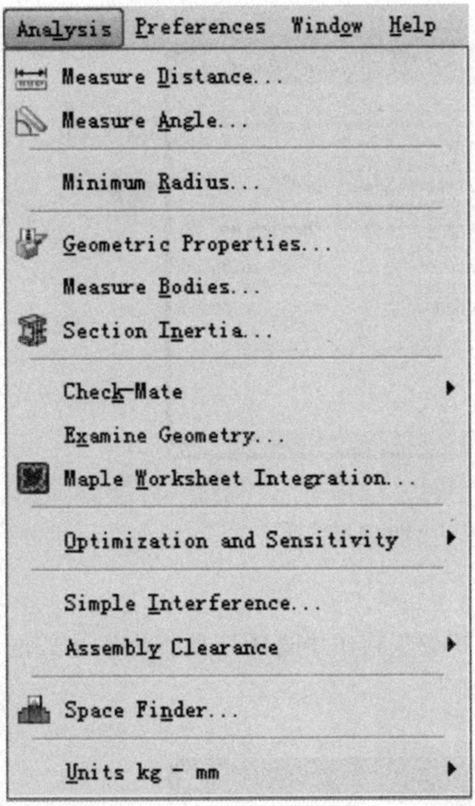

图 1－80 Analysis 菜单对话框

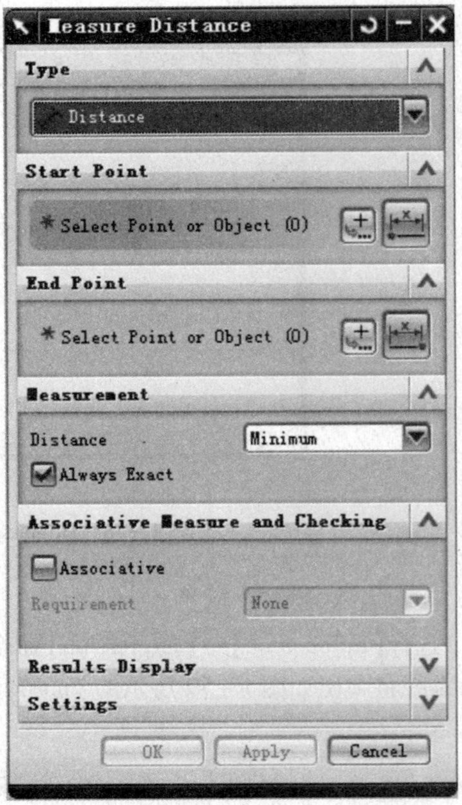

图 1－81 Measure Distance 对话框

①Distance（距离）：用于直接测量所指定两点以获得两点之间的直线距离。

②Projected Distance（投影距离）：用于测量所选两点之间在指定矢量方向上的投影距离，使用时需先定义矢量方向。

③Screen Distance（屏幕距离）：用于测量将指定的两点投影到当前屏幕所在的观察平面上得到的距离。

④Length(长度):用于测量曲线的长度,在指定模型中的边线后,自动测量其相切的整个串联图形的长度。

⑤Radius(半径):用于测量曲线的半径。在选定模型中的弧或圆弧后,自动测量其显示弧或圆弧的半径。

⑥Point on Curves(点在曲线上):用于测量部分曲线的长度,即测量曲线上一点到该曲线起点之间的距离。

2. Measure Angle(测量角度)

该选项主要用于测量曲线与曲线、曲线与平面、平面与平面之间的角度,选择【Analysis】→【Measure Angle】命令或点击工具栏上的按钮,系统弹出如图1-82所示的Measure Angle对话框,主要可以对以下几种类型进行角度测量。

①By Objects(按对象):用于测量所选对象之间的夹角,如果选择的对象中有曲线,

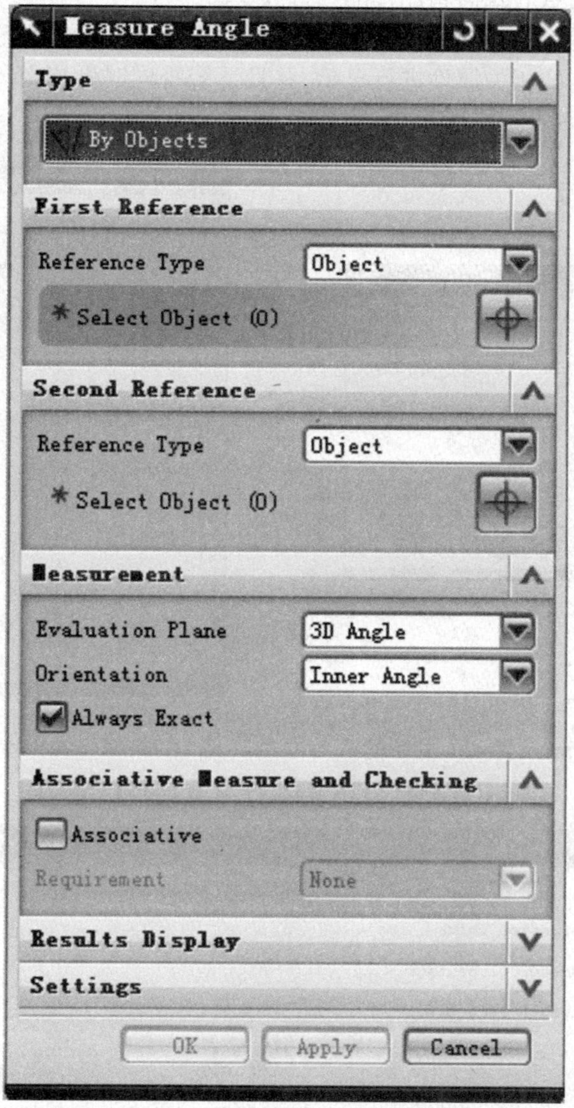

图1-82 Measure Angle对话框

则以曲线起点处的切向为测量依据。

②By 3 Points(按3点):用于测量使用3点方式来分析角度,第一个点为角的顶点,第二点为基线的终点,第三点为量角器的终点。

③By Screen Points(按屏幕点):用于测量根据模型在当前屏幕中的方向来定义角度,第一点为测量角的顶点,第二点为基线的终点,第三点为量角器的终点。

3. Minimum Radius(最小半径)

该选项用于测量曲线或曲面的最小半径(特别在数控加工时,可根据曲面的最小半径来选择最小刀具半径),选择【Analysis】→【Minimum Radius】命令,系统弹出如图1-83所示的Minimum Radius对话框,进行最小半径查询,当勾选Create Points at Minima(在最小半径处创建点)选项时,将在最小半径处生成一个点,并用实心锥形箭头标注显示。

4. Geometric Properties(几何属性)

该选项用于所选点的几何属性查询,选择【Analysis】→【Geometric Properties】命令,系统弹出如图1-84所示的Geometric Properties对话框,在绘图区域选择需查询的点,则在该对话框中将对该点的相关属性进行显示,并且系统将同时弹出Information窗口来显示该点的相关属性,如图1-85所示。

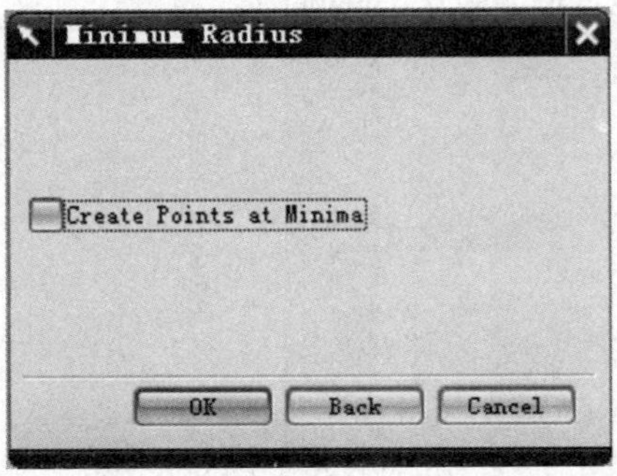

图1-83 Minimum Radius对话框

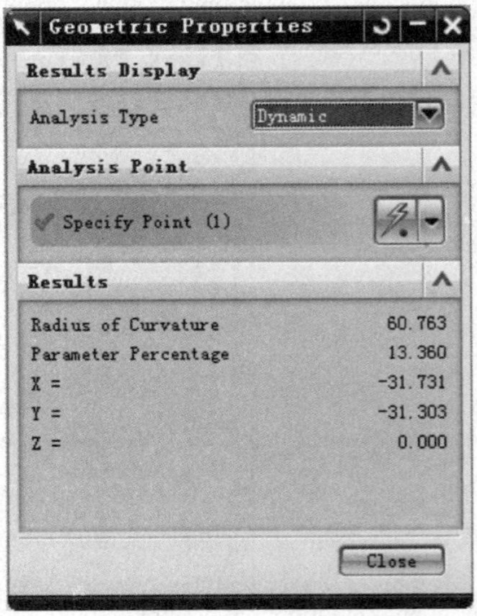

图1-84 Geometric Properties对话框

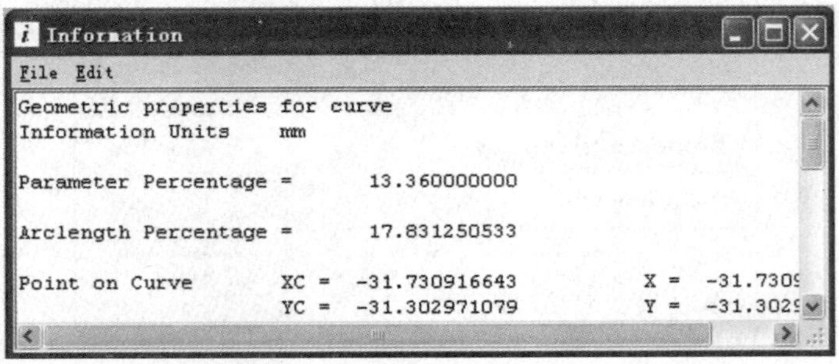

图1-85 Information窗口-Geometric Properties对话框

5. Measure Bodies(测量实体)

该选项用于查询所选实体的相关特性,如 Volume(体积)、Surface Area(表面面积)、Mass(质量)、Radius of Gyration(回转半径)以及 Weight(重量)查询。选择【Analysis】→【Measure Bodies】命令,系统弹出如图 1-86 所示的 Measure Bodies 对话框,在绘图区域选择需查询的实体,选择一个正方体,其显示信息如图 1-87 所示,用户还可根据需要对其表面面积、重量等其他信息进行查询。

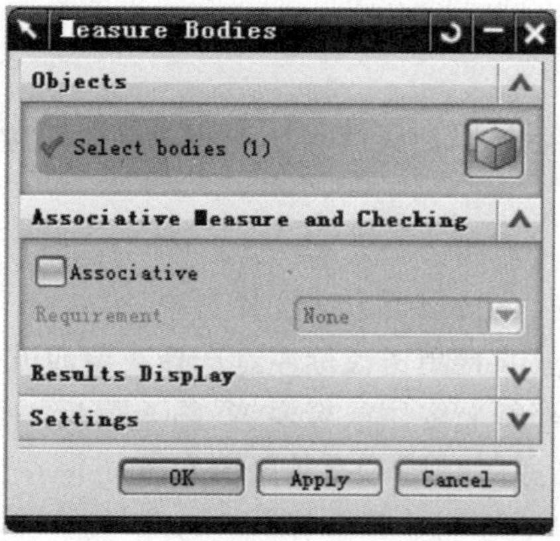

图 1-86　Measure Bodies 对话框

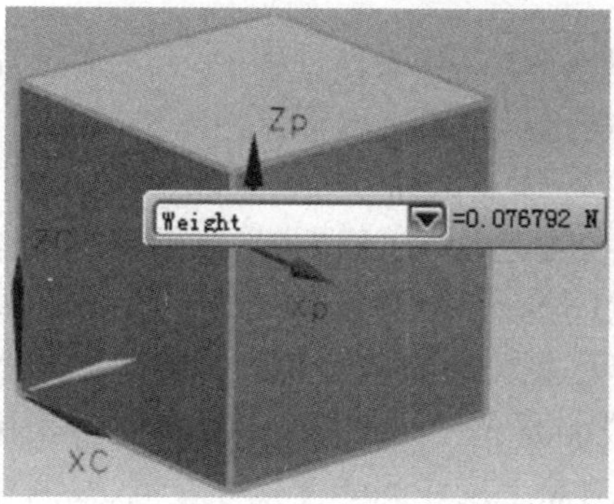

图 1-87　实体的相关属性查询图

6. Simple Interference(简单干涉)

该选项用于查询绘图区的两对象之间是否有干涉,在模具设计模块中作用非常大,可通过该功能来分析模具是否能进行分模操作,若有干涉,则系统高亮度显示干涉部分。选择【Analysis】→【Simple Interference】命令,系统弹出如图 1-88 所示的 Simple Interference 对话框,在绘图区域选择需进行干涉查询的两实体即可。

图 1-88　Simple Interference 对话框

1.7 UG NX 8.0 对象的操作

对象是一个广义的概念,泛指 UG NX 8.0 环境中的各种元素。它包含几何对象和非几何对象,如点、线、面、片体、实体、特征等被称为几何对象,用于表示模型中的各种几何元素;而尺寸、文字标记等几何对象以外的元素统称为非几何对象。以下对基于对象的常用操作进行简单介绍。

1.7.1 对象的选择

UG NX 8.0 操作过程中,经常要选择对象(点、线、面和实体等),如删除某个对象时,对象的选择主要有以下几种方法。

(1)通过鼠标方式来选取

在构造各类过滤器时,当系统提示选择对象时,可按以下方法选择对象。

①选择一个对象:将鼠标移至要选择的对象上,直接单击鼠标左键选择对象即可。

②选择多个连续对象:在要选区域的第一个对象上按住鼠标左键,拖至最后一个对象;或在要选区域的第一个对象上单击鼠标左键(或同时按 Ctrl 及鼠标左键),再在最后一个对象上按住 Shift + 鼠标左键,则两对象间的所有条目全部选择。

③选择多个不连续对象:按住 Ctrl 键,用鼠标左键逐个选择任意对象。

④取消已选对象:按住 Ctrl 键,再用鼠标左键选择已选对象。

(2)QuickPick(快速选择)方式

若在选择过程中,需要选择的对象位于多个对象中,可在选择的对象上按住光标不放,直至调出如图 1 – 89 所示的 QuickPick 对话框,移动光标在列表中的某一对象上并单击鼠标左键即可。

图 1 – 89 QuickPick 对话框

(3)通过菜单来选择

选择【Edit】→【Selection】命令,可从如图 1 – 90 所示的下拉菜单中通过指定对应的选项来选择对象,其常用参数意义如下。

①Top Selection Priority – Feature/Face/Body/Edge/Component(最高选择优先级 – 特征/面/体/边/组件):用户可以利用这些功能控制哪种类型的对象首先高亮显示,从而更好地选择对象。

②Polygon(多边形):利用多边形在绘图区域选择对象,多边形所包围的对象将被全部选中。

③Select All(选择全部):当选择一个或多个对象时,这个按钮将高度显示,它可以取消图形界面中当前已经选中的对象,而选中的那些未选中的对象。

④Deselect All(全不选):该命令将释放所有已选对象。

⑤Restore(恢复):当要对所选对象进行特征操作后,选择 Restore 命令后系统将重新

恢复对象选择。

(4)通过 Class Selection 选择对象

在复杂建模中,用鼠标直接选择对象是比较麻烦的,所以通常采用 Class Selection 来完成对象的选取,主要可以通过以下几种类型过滤器来选择对象。

①Type Filter(类型过滤器):通过指定对象的类型来限制选择范围。

②Layer Filter(层过滤器):通过指定对象所在图层来限制选择范围。

③Color Filter(颜色过滤器):通过指定对象的颜色来限制选择范围。

④Attribute Filter(属性过滤器):通过指定对象的属性来限制选择范围。

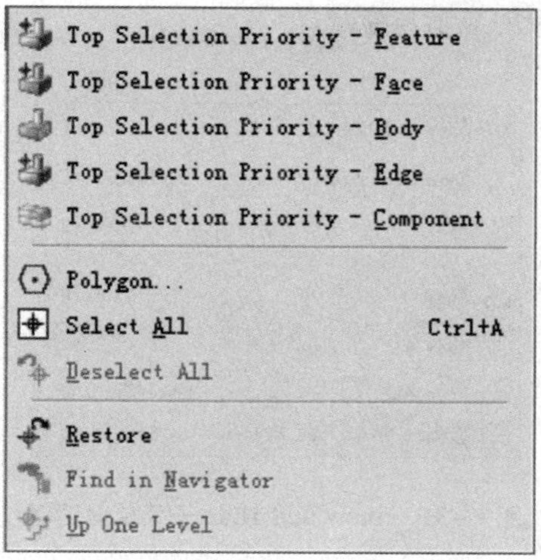

图 1-90　Selection 子菜单对话框

各种过滤器可以组合使用,即分别在各个过滤器中设置各相关过滤要求,再选择符合要求的对象。对于复杂模型,当可选择的对象比较多,不便直接选择需要的对象时,可用过滤器和鼠标结合进行选择,即先用过滤器限制选择对象的类型,再用鼠标直接选择,这样可加快选择对象的速度和提高选择的准确性。

1.7.2 对象的删除与撤销(Delete and Undo)

删除模型中的对象必须是相互独立的,如点、曲线、实体等,以下两种情况不能执行对象删除操作。

(1)实体的棱、表面以及键槽、沟槽等成型特征。

(2)被参考(或被引用的)元素,如拉伸体引用的曲线或草图。

对象的删除可以通过直接点击工具栏上的图标或快捷键 Ctrl + D 或执行菜单中的【Edit】→【Delete】命令后,通过在系统弹出的 Class Selection 对话框进行相关的设置后选择所要删除的对象。

对象的撤销操作可以直接点击工具栏上的图标或快捷键 Ctrl + Z 或执行菜单中的【Edit】→【Undo Lists】命令来实现。

1.7.3　对象的显示/隐藏(Show and Hide)

当工作窗口的图形太多时,为方便操作,需将一些暂时不需要的对象(如草图、基准面等)隐藏,但其与对控制图层的可见性不同,控制图层的可见性的操作是针对整个图层而言,而对象的隐藏则可直接针对图层中的某些对象来操作,不受图层的限制。选择【Edit】→【Show and Hide】命令后,系统弹出如图 1-91 所示的子菜单,其各项参数意义如下。

(1)Show and Hide(显示和隐藏)

该命令用于通过类型(All, Geometry, Bodies 和 Datum 等)来显示和隐藏对象。在图 1-91中选择 Show and Hide 选项或直接点击工具栏中的图标或快捷键 Ctrl + W,系统将弹出如图 1－92 所示的 Show and Hide 对话框，在对应的类型后选择＋和－即可实现对象的显示与隐藏。

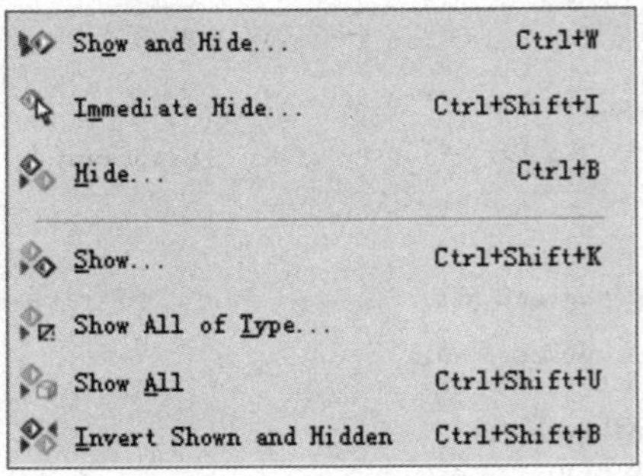

图 1－91　Show and Hide 子菜单对话框

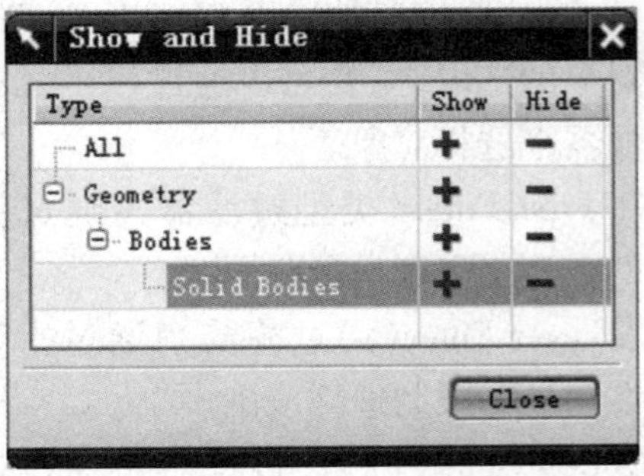

图 1－92　Show and Hide 对话框

（2）Immediate Hide（快速隐藏）

该命令用于对所选对象快速隐藏，即一旦对象被选中即被隐藏。在图 1－91 中选择 Immediate Hide 选项或直接点击工具栏中的图标或快捷键 Ctrl＋Shift＋I，系统将弹出如图 1－93 所示的 Immediate Hide 对话框，在绘图区选择对象后，对象立即被隐藏。

图 1－93　Immediate Hide 对话框

（3）Hide（隐藏）

该命令用于隐藏绘图区所选的对象。在图 1－91 中选择 Hide 选项或直接点击工具栏中的图标或快捷键 Ctrl＋B，系统将弹出 Class Selection 对话框，在绘图区选择对象后，点击对话框中的 OK 按钮后对象被隐藏。

（4）Show（显示）

该命令用于重新显示所选择的隐藏对象。在图 1－91 中选择 Show 选项或直接点击工具栏中的图标或快捷键 Ctrl＋Shift＋K，系统将弹出 Class Selection 对话框，同时在绘图区将显示先前已经隐藏的选择，根据需要选中欲重新显示的对象，点击对话框中的 OK 按钮后即可将对象重新显示。

（5）Show All of Type（显示所有此类型）

该命令用于重新显示某类型的所有隐藏对象。在图 1－91 中选择 Show All of Type 选项或直接点击工具栏中的图标，系统将弹出如图 1－94 所示的 Selection Methods 对话框，可利用 Type，Layer，Color 等过滤方法选择欲重新显示的对象。

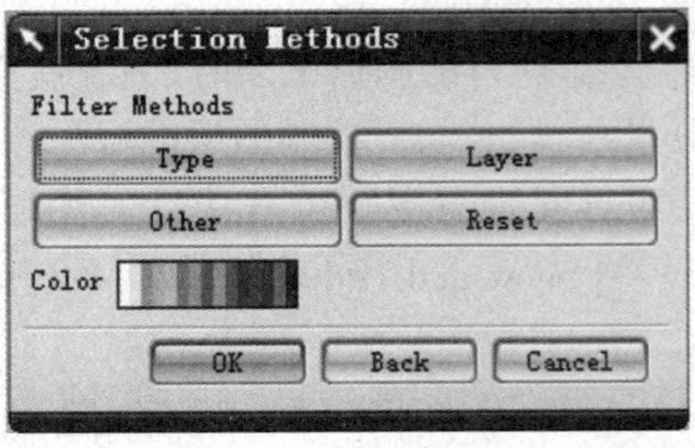

图 1－94　Selection Methods 对话框

（6）Show All（全部显示）

该命令用于重新显示所有隐藏对象。在图 1－91 中选择 Show All 选项或直接点击工具栏中的图标或快捷键 Ctrl + Shift + U 即可实现该功能。

(7) Invert Shown and Hidden(颠倒显示与隐藏)

该命令用于反转当前所有对象的显示或隐藏状态,即当前显示的全部对象将被隐藏,当前隐藏的对象将会被全部显示。在图 1 - 91 中选择 Invert Shown and Hidden 选项或直接点击工具栏中的图标或快捷键 Ctrl + Shift + B 即可实现该功能。

1.7.4 对象的移动(Move Object)

对象的移动命令用于对曲线、草图、实体和片体等各种二维或三维几何对象进行移动、复制和旋转等操作。选择【Edit】→【Move Object】命令或单击工具栏上的图标或快捷键 Ctrl + T,系统将弹出如图 1 - 95 所示的 Move Object 对话框,其主要参数意义如下。

(1) Objects(对象)

该选项用于在绘图区选择需要进行移动操作的对象。

(2) Transform(变换)

该选项用于设置改变对象的变换类型,并且可以在该选项下根据变换类型的需要设置移动的矢量方向、移动的起点和终点以及移动的距离等,另外还可以根据需要改变移动的方向。

(3) Result(结果)

该选项用于设置变换的结果,如变换形式为 Move Original(移动原先的)或 Copy Original(复制原先的),即变换形式为移动还是复制,另外还可通过该选项下的 Layer Option(层选项)来指定变换对象目标层,主要有:Work(工作),即当前工作层,选择此选项,系统将变换对象置于当前工作层上;Original(初始),即初始层,选择此选项,由系统将变换对象置于其初始层上;Specify(指定),即指定层,选择此选项,则可通过 Layer 文本框后输入指定层(1 ~ 256)来将变换对象置于当前指定层。

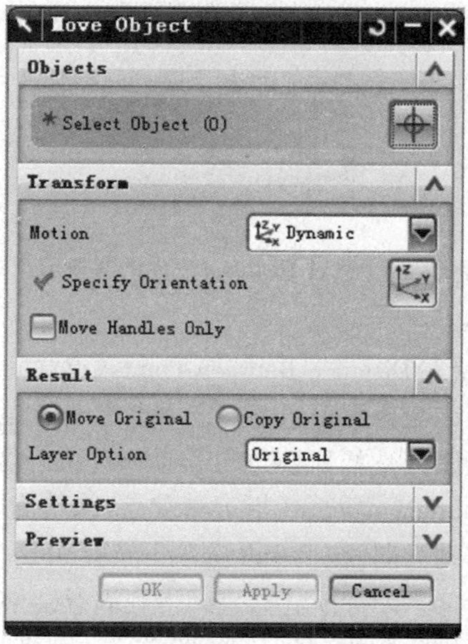

图 1 - 95 Move Object 对话框

下面对各种移动类型作简要说明。

(1) Distance(距离)

该命令用于指定所选对象沿着矢量方向移动一定距离生成新对象。选择此选项后,在绘图区选择所要进行移动操作的对象,定义移动的矢量方向和移动距离,根据需要更改移动方向,在 Result 选项下选择 Move Original 或 Copy Original,用户还可根据需要对其进行 Preview(预览),直到得到满意结果后点击 OK 按钮确定,如图 1 - 96 所示。

(2) Angle(角度)

该命令用于指定对象沿某一矢量方向旋转一定的角度生成新对象。选择此选项后,在绘图区选择所要进行移动操作的对象,定义矢量方向为旋转轴,通过 Specify Axial Point 来指定旋转支点,在角度文本框内输入旋转角度,用户可根据需要更改移动方向,在 Result 选项下选择 Move Original 或 Copy Original，另外还可根据需要对其进行 Preview（预览），直到得到满意结果后点击 OK 按钮确定，如图 1－97 所示为预览通过复制生成的对象。

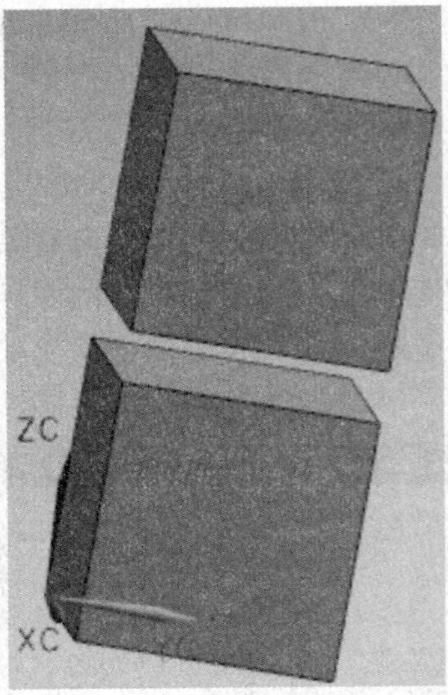

图 1－96　通过 Distance 生成的对象示意图

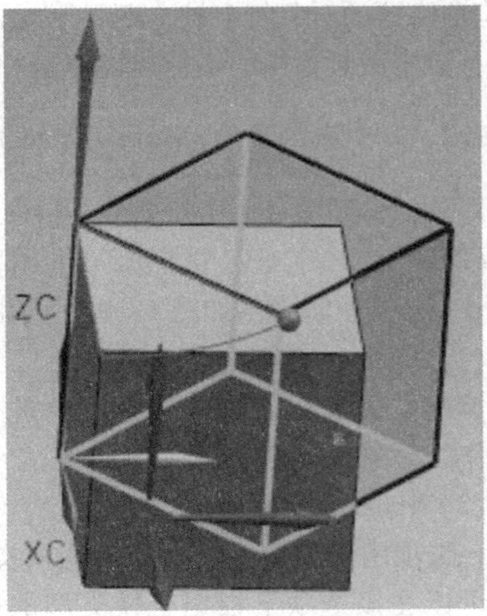

图 1－97　通过 Angle 生成的对象示意图

（3）Distance Between Points（点之间的距离）

该命令用于通过指定两点之间的距离以及移动方向来生成新对象。选择此选项后，在绘图区选择所要进行移动操作的对象，通过 Specify Origin Point（指定原点）和 Specify Measurement Point（指定测量点）来精确确定移动距离，定义矢量方向，用户可根据需要更改移动方向，在 Result 选项下选择 Move Original 或 Copy Original，另外还可根据需要对其进行 Preview（预览），直到得到满意结果后点击 OK 按钮确定，如图 1－98 所示为预览通过复制生成的对象，另外定义移动距离时也可以通过在 Distance 文本框来重新输入需要移动的距离值来实现。

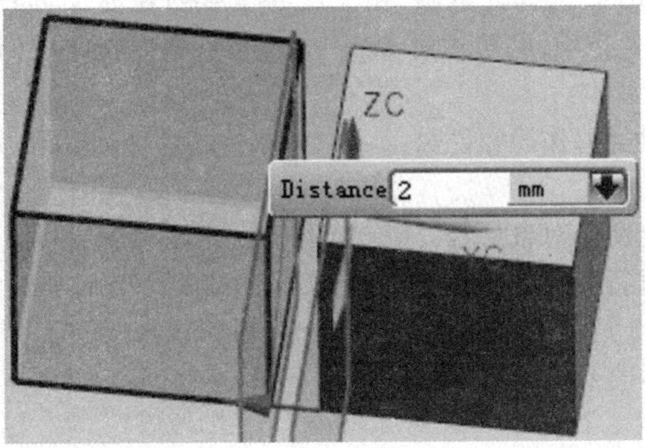

图 1－98　通过 Distance Between Points 生成的对象图

(4) Radial Distance(径向距离)

该命令用于通过指定移动矢量方向垂直于定义的矢量方向,并沿由指定轴点和指定测量点所确定的方向移动。选择此选项后,在绘图区选择所要进行移动操作的对象,定义一个与欲移动的矢量方向相垂直的矢量,通过 Specify Axial Point 和 Specify Measurement Point 来指定轴点与测量点,并在距离文本框中输入移动的距离值,用户可根据需要更改移动方向,在 Result 选项下选择 Move Original 或 Copy Original,另外还可根据需要对其进行 Preview(预览),直到得到满意结果后点击 OK 按钮确定,如图 1-99 所示为预览通过复制生成的对象。

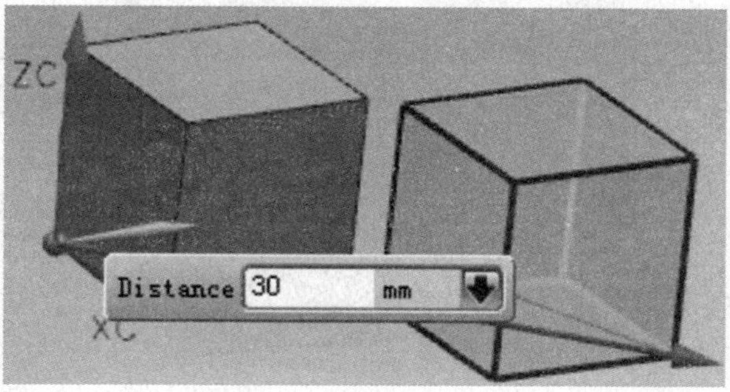

图 1-99 通过 Radial Distance 生成的对象示意图

(5) Point to Point(点到点)

该命令用于通过指定移动的起点和终点来移动对象,对象的移动方向由所指定的起点指向终点的矢量方向来决定,移动的距离由所指定的起点与终点的距离来确定。选择此选项后,在绘图区选择所要进行移动操作的对象,通过 Specify From Point 和 Specify to Point 来定义移动的起点和终点,用户可根据需要更改移动方向,在 Result 选项下选择 Move Original 或 Copy Original,另外还可根据需要对其进行 Preview(预览),直到得到满意结果后点击 OK 按钮确定,如图 1-100 所示为预览通过复制生成的对象。

图 1-100 通过 Point to Point 生成的对象示意图

(6) Rotate by Three Points(根据三点旋转)

该命令用于通过指定旋转轴、旋转支点和旋转的起点和终点来移动对象。选择此选项后，在绘图区选择所要进行移动操作的对象，通过 Specify Vector 定义旋转轴，通过 Specify Pivot Point，Specify Start Point 和 Specify End Point 分别指定旋转支点、旋转的起点和终点，从而将几何对象从指定的起点所确定的位置旋转到指定的终点所确定的位置。用户可根据需要更改移动方向，在 Result 选项下选择 Move Original 或 Copy Original，另外还可根据需要对其进行 Preview（预览），直到得到满意结果后点击 OK 按钮确定，如图 1－101所示为预览通过复制生成的对象。

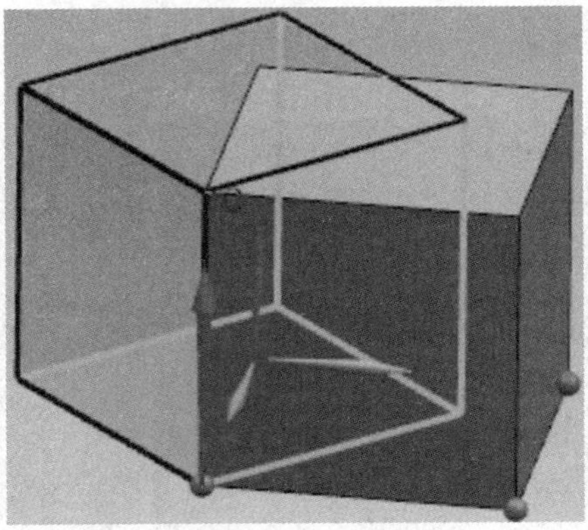

图 1－101　通过 Rotate by Three Point 生成的对象示意图

（7）Align Axial to Vector（将轴与矢量对齐）

该命令用于指定对象的轴线与指定的矢量方向对齐。选择此选项后，在绘图区选择所要进行移动操作的对象，通过 Specify from Vector 和 Specify to Vector 分别指定对象的轴线方向和欲移动到与该轴线对齐的矢量方向，通过 Specify Pivot Point 指定旋转支点，用户可根据需要更改移动方向，在 Result 选项下选择 Move Original 或 Copy Original，另外还可根据需要对其进行 Preview（预览），直到得到满意结果后点击 OK 按钮确定，如图 1－102所示为预览通过复制生成的对象。

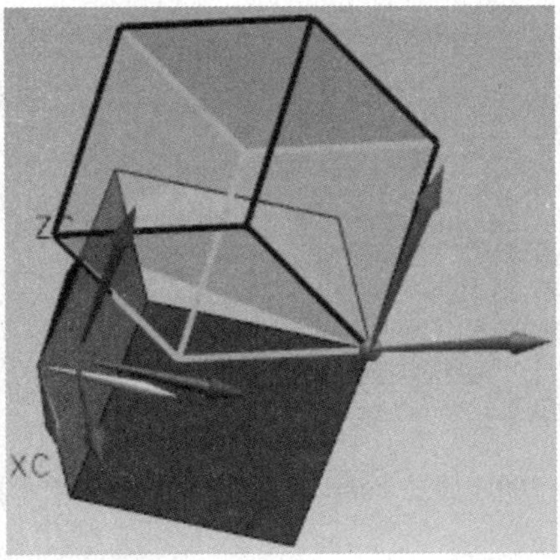

图 1－102　通过 Align Axial to Vector 生成的对象示意图

(8)CSYS to CSYS(从 CSYS 到 CSYS)

该命令用于将几何对象沿一个坐标系移动到另一个坐标系。选择此选项后,在绘图区选择所要进行移动操作的对象,通过 Specify from CSYS 和 Specify to CSYS 分别指定两个坐标系,在 Result 选项下选择 Move Original 或 Copy Original,另外还可根据需要对其进行 Preview(预览),直到得到满意结果后点击 OK 按钮确定即可。

(9)Dynamics(动态)

该命令用于通过坐标系的移动和旋转来移动对象。选择此选项后,在绘图区选择所要进行移动操作的对象,如图 1 - 103 所示,用户可以在动态坐标系下输入欲移动的 X,Y,Z 和 Angle 值,在 Result 选项下选择 Move Original 或 Copy Original,另外还可根据需要对其进行 Preview(预览),直到得到满意结果后点击 OK 按钮确定即可。

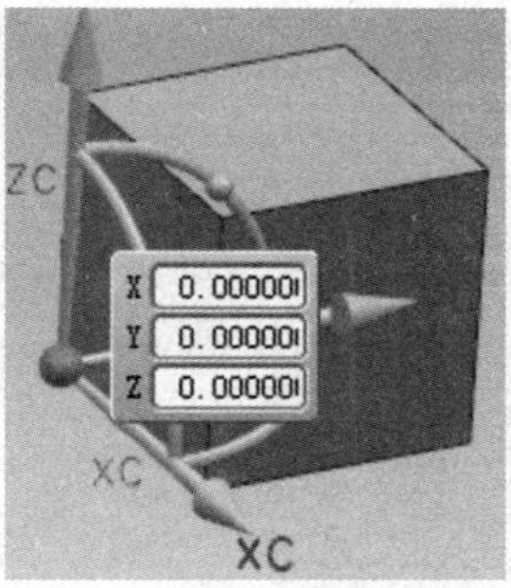

图 1 - 103 通过 Dynamics 生成的对象示意图

(10)Delta XYZ(XYZ 方向增量)

该对象用于通过分别指定 X,Y 和 Z 方向的增量来移动对象。选择此选项后,在绘图区选择所要进行移动操作的对象,并分别在 XC,YC 和 ZC 文本框中输入欲移动的增量值,在 Result 选项下选择 Move Original 或 Copy Original,另外还可根据需要对其进行 Preview(预览),直到得到满意结果后点击 OK 按钮确定即可。

1.7.5 对象的变换(Transform)

变换工具,可进行对象的多种编辑操作,用于对独立存在的对象进行缩放、镜像、阵列、移动、旋转和复制等操作,选择【Edit】→【Transform】命令或单击工具栏上的图标,系统弹出如图 1 - 104 所示的 Transform 对话框,提示选择进行变换操作的对象,在绘图区选择要进行变换的对象后按 OK 进入如图 1 - 105 所示的 Transformations 对话框,其各项参数意义如下。

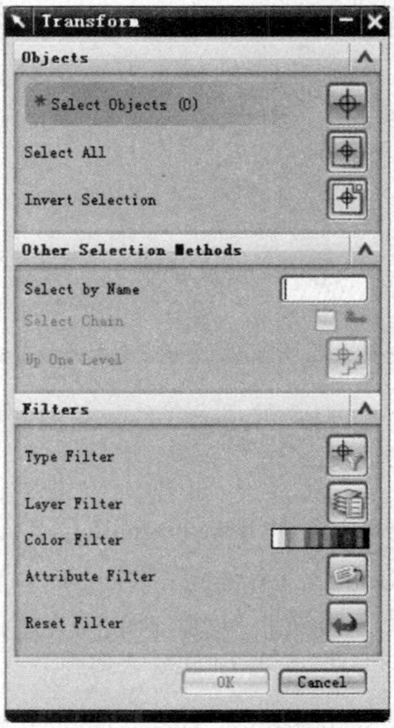

图 1 - 104 Transform 对话框

(1)Scale(缩放)

该命令用于将选取的对象相对于指定参考点成比例地缩放。选择该选项后,系统弹出如图 1 - 23 所示的 Point 对话框,在绘图区选择参考点后单击 OK 系统弹出如图 1 - 106所示的 Transformations 对话框用来设置比例因子,在 Scale 文本框中输入均匀变换比例,或选择 Non - uniform Scale(不均匀比例)选择进入如图 1 - 107 所示的 Transformations 对话框,分别在 XC - Scale,YC - Scale,ZC - Scale 文本框中输入 *XC*,*YC*,*ZC* 坐标方向的比例,单击 OK 选项后进入如图 1 - 108所示的 Transformations 对话框用来设定相关的选项。设定相关选项后,则可以选择 Move 选项来移动对象,或选择 Copy 选项来复制对象,或选择 Multiple Copies 选项来多重复制等。另外,当选取不同的参考点位置,其比例变换效果不同;当选取不均匀比例时,圆弧变换后为样条曲线。

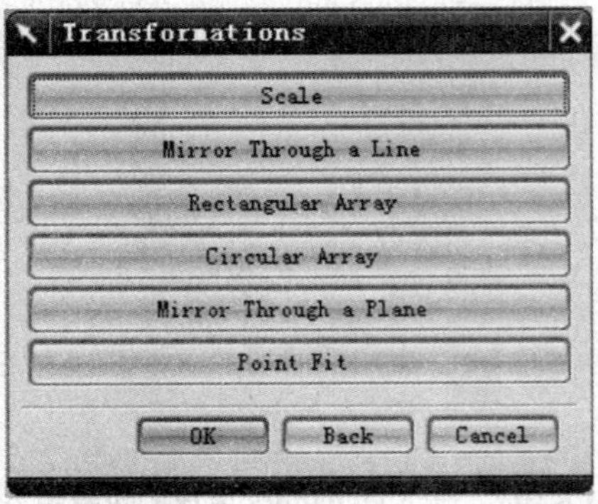

图 1 - 105　Transformations 对话框

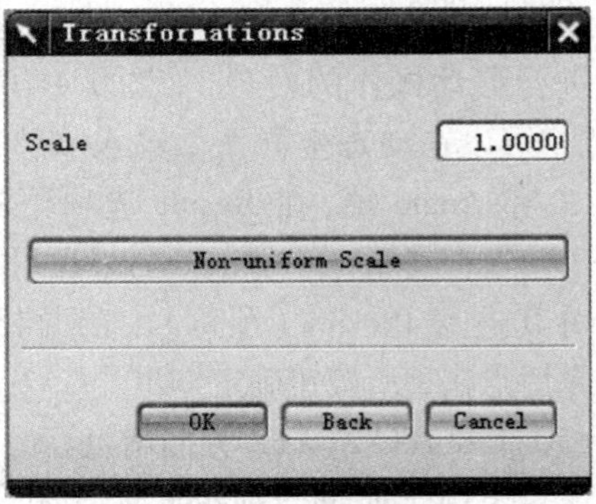

图 1 - 106　Transformations 对话框

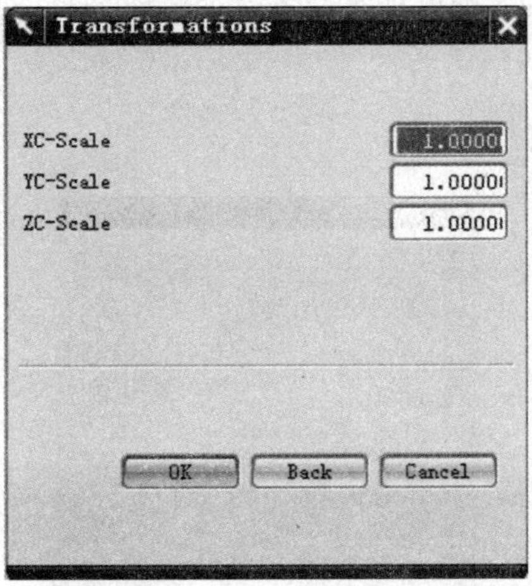

图 1 - 107　Transformations 对话框

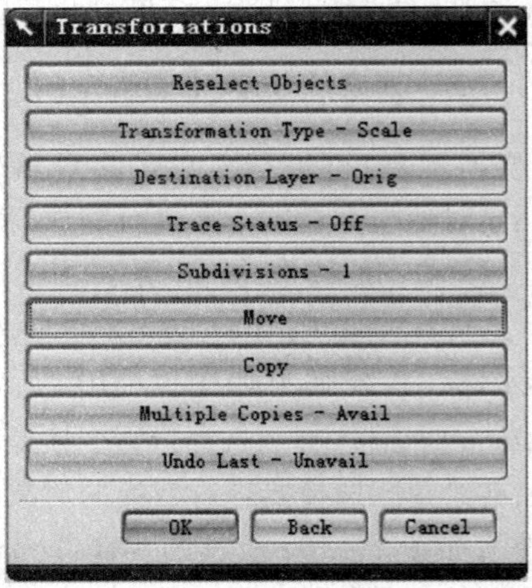

图 1 - 108　Transformations 对话框

图 1 - 108 的 Transformations 对话框中各选项意义如下。

①Reselect Objects(重新选择对象):该选项用于重新选择对象进行变换,并保持变换方式不变。选择此选项,则进入如图 1 - 104 所示的 Transform 对话框,用来选择要进行变换的新对象。选择新对象后按 OK,则返回到图 1 - 108 中。

②Transformation Type - Scale(变换类型 - 比例):该选项用于改变对象的变换类型,显示的类型为当前有效的变换类型,当前为比例变换类型。选择此选项,则进入如图 1 - 109所示的 Transformations 对话框,用来重新选择变换类型。选择欲改变的变换类型

后，则逐步响应系统的相应提示（变换类型不同，提示内容也不同），最后又回到图 1－108 中，若不重新选择对象，则当前对象仍然有效。

③Destination Layer－Orig（目标层－原先的）：该选项用于指定放置变换对象的层，选择此选项，则进入如图 1－109 所示的 Transformations 对话框，用来指定变换对象放置的目标层。指定变换对象的目标层后，则返回到图 1－108 中。图 1－110 各选项意义如下。

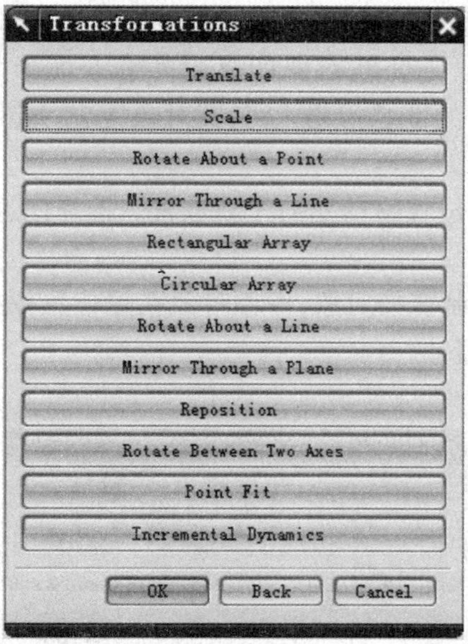

图 1－109　Transformations 对话框

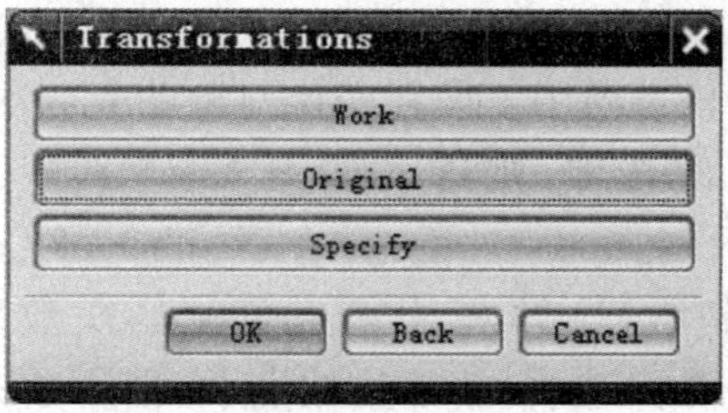

图 1－110　Transformations 对话框

（a）Work（工作）：即当前工作层，选择此选项，则系统将变换对象置于当前工作层上。

（b）Original（原先）：即初始层，选择此选项，则系统将变换对象置于其初始层上。

（c）Specify（指定）：即指定层，选择此选项，则进入如图 1－111 所示的 Transformations 对话框，用来指定层。在 Layer（层）文本框中输入指定层（1～256）后按 OK，则将变换对象置于指定层上。

图 1－111　Transformations 对话框

④Trace Status－Off（追踪状态－关）：该选项用来决定在复制变换对象时是否绘出轨迹线。选择此选项，使其显示为 Trace status－On，则绘出复制的变换对象与原对象间的轨迹线。此选项不能用于实体、片体和边界对象，当选择 Translate，Scale，Rotate，Mirror，Reposition 等变换类型时，利用此选项可生成封闭的形状，轨迹线总是位于当前工作层上，而与设定的 Destination Layer 无关。

⑤Subdivisions－1（细分－1）：该选项用于对变换距离、角度或比例等变换参数进行等分设置。在 Translate 变换中，此选项用于将平移距离 Subdivisions 等分；在 Rotate 变

换中,此选项用于将旋转角度 Subdivisions 等分;在 Scale 变换中,此选项用于将使比例系数减小为 Subdivisions 分之一,Subdivisions 不能用于不均匀比例变换中。Subdivisions 选项的设置并不会在等分段处显示选定对象,选择此选项,则进入如图 1－112所示的 Transformations 对话框,在 Subdivisions 文本框中输入等分数后按 OK,则返回到图 1－108 中。然后可配合选择 Multiple Copies 选项,设定变换对象的复制次数,则变换对象的复制件的变换参数为原变换参数的 Subdivisions 分之一,且按等分后的变换参数将变换对象复制 Multiple Copies 次。

图 1－112　Transformations 对话框

⑥Move(移动):该选项用于设置将对象由原位置移动变换至新位置。选择此选项,则将选择的对象移动到指定位置。

⑦Copy(复制):该选项用于设置在新位置复制变换对象,而原对象在原位置保持不变。选择此选项,则将选择的对象复制到指定位置。

⑧Multiple Copies－Avail(多重复制－可用):该选项用于设置变换对象的复制次数。选择此选项,则进入如图 1－113 所示的 Transformations 对话框,在 Number of Copies (复制数)文本框中输入复制的次数后按 OK,则将选择的对象按相同的参数复制多次。

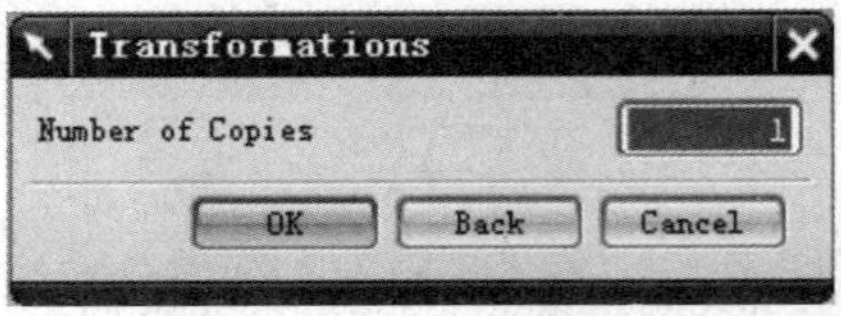

图 1－113　Transformations 对话框

⑨Undo Last－Unavail(撤销上一个－不可用):该选择用于撤销最近一次变换操作。选择该选项后,最后一次变换将变撤销,但继续保持原先的选定状态。

(2)Mirror Through a Line(通过一直线镜像)

该选项用于将所选对象相对于指定的参考直线进行镜像。选择此选项,则进入如图 1－114 所示的 Transformations 对话框,用来选择设定镜像线的方式。

①Two Points(两点):由指定的两点连线作为镜像线。选择此选项,则进入如图 1－23所示的 Point 对话框,用来指定两点。先后指定两点后,则进入如图 1－108 所示的 Transformations 对话框,用来设定相关选项(也可以采用默认设置)。设定相关选项后,则可以选择 Move 选项来移动对象,或选择 Copy 选项来复制对象,或选择 Multiple Copies 选项来多重复制。

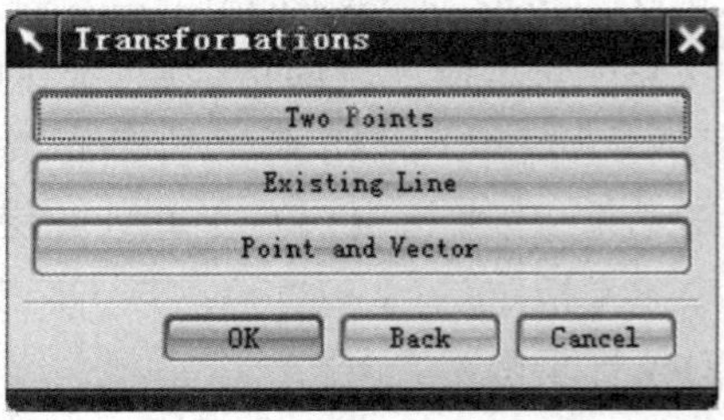

图 1－114　Transformations 对话框

②Existing Line(存在线):选择一条存在的直线作为镜像线。选择此选项,则进入如图 1－115 所示的 Transformations 对话框,用来选择一条直线。在绘图区选择直线后,则进入如图 1－108 所示的 Transformations 对话框,用来设定相关选项(也可以采用默认设置)。设定相关选项后,则可以选择 Move 选项来移动对象,或选择 Copy 选项来复制对

象，或选择 Multiple Copies 选项来多重复制。

③Point and Vector（点和矢量）：该选项指定一点和一矢量，在指定点且平行于指定矢量的方向线作为镜像线，选择此选项，则进入如图 1－23 所示的 Point 对话框，用来指定一点。指定一点后，则进入如图 1－45 所示的 Vector 对话框，用来指定一矢量。指定一矢量后按 OK，则进入如图 1－108 所示的 Transformations 对话框，用来设定相关选项（也可以采用默认设置）。设定相关选项后，则可以选择 Move 选项来移动对象，或选择 Copy 选项来复制对象，或选择 Multiple Copies 选项来多重复制。

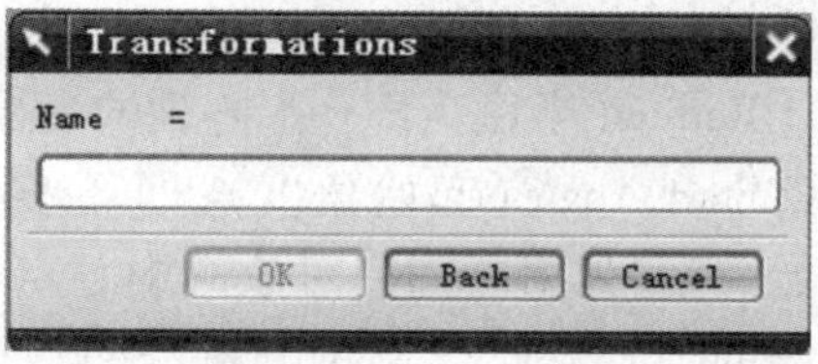

图 1－115 Transformation 对话框

（3）Rectangular Array（矩形阵列）

该命令用于对所选对象进行矩形阵列，矩形阵列的起始位置为用指定的参考点和目标点的距离作为平移距离，及参考点指向目标点的方向作为平移方向来对对象进行平移后的位置。选择此选项，则进入如图 1－23所示的 Point 对话框，用来指定参考点和目标点，依次指定参考点和目标点后，则进入如图 1－116 所示的 Transformations 对话框，用来设定矩形阵列的参数。设定好参数后按 OK，则进入如图 1－108 所示的 Transformations 对话框，用来设定相关选项（也可以采用默认设置）。设定相关选项后，则可以选择 Move 选项来移动对象，或选择 Copy 选项来复制对象，或选择 Multiple Copies 选项来多重复制。

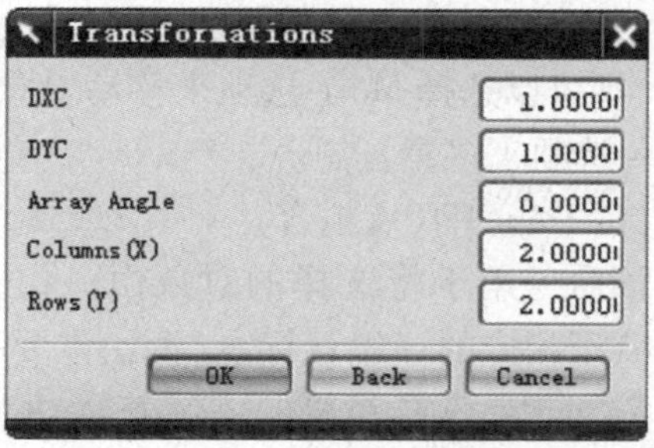

图 1－116 Transformations 对话框

图 1－116 的 Transformations 对话框中各参数意义如下。

①DXC（列间距）：即与 *XC* 轴成 Array Angle 角度方向的间距。

②DYC（行间距）：即与 *YC* 轴成 Array Angle 角度方向（或与列垂直方向）的间距。

③Array Angle（阵列角度）：即阵列的行与 *XC* 轴的夹角（逆时针方向为正）。

④Columns（X）（列数）：即阵列对象的列数。

⑤Rows（Y）（行数）：即阵列对象的行数。

（4）Circular Array（圆形阵列）

该命令用于对所选择的对象进行环形阵列，环形阵列的中心点为用指定的参考点和目标点的距离作为平移距离，及参考点指向目标点的方向作为平移方向来对对象进行平移后对象中心点的位置。选择此选项，则进入如图 1－23 所示的 Point 对话框，用来指定参考点和目标点，依次指定参考点和目标点后，则进入如图 1－117 所示的 Transformations 对话框，用来设定环形阵列的参数。设定好参数后按 OK，则进入如图 1－108 所示的 Transformations 对话框，用来设定相关选项（也可以采用默认设置）。设定相关选项后，则可以选择 Move 选项来移动对象，或选择 Copy 选项来复制对象，或选择 Multiple Copies 选项来多重复制。

图 1－117 Transformations 对话框中各项参数意义如下。

①Radius(半径):即环形阵列的半径。

②Start Angle(起始角度):即环形阵列的起始角度,为第一阵列对象的中心点与环形阵列的中心点连线与 *XC* 轴的夹角(逆时针方向为正)。

③Angle Increment(角度增量):即相邻阵列对象之间的夹角。

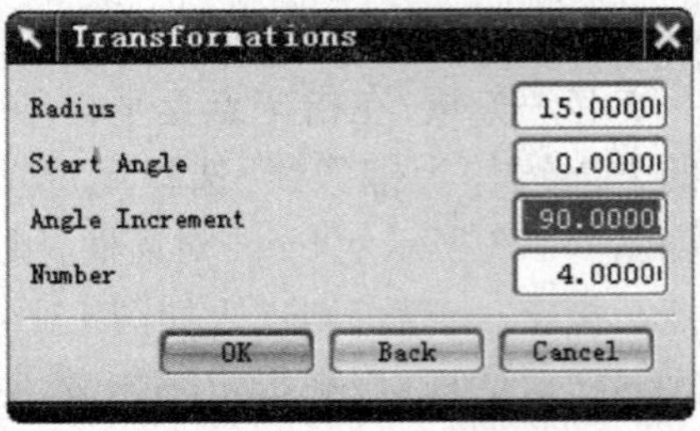

图 1－117　Transformations 对话框

④Number(数目):即阵列对象的数目。

(5)Mirror Through a Plane(通过一平面镜像)

该命令用于将选择的对象相对于指定参考平面进行镜像。选择此选项,则进入如图 1－31 所示的 Plane 对话框,用来设定镜像平面。设定完镜像平面后,则进入如图 1－108 所示的 Transformations 对话框,用来设定相关选项(也可以采用默认设置)。设定相关选项后,则可以选择 Move 选项来移动对象,或选择 Copy 选项来复制对象,或选择 Multiple Copies 选项来多重复制。

(6)Point Fit(点拟合)

该命令用于将选择的对象由一组参考点变换至相应的一组目标点(两组点要一一对应),实现对选择对象的比例变换、重定位或修剪。选择此选项,则进入如图 1－118 所示的 Transformations 对话框,用来选择点拟合方式。若选择 3－Point Fit(3 点拟合)选项,则进入如图 1－23 所示的 Point 对话框,依次指定 3 个参考点及 3 个相应的目标点;若选择 4－Point Fit(4 点拟合)选项,则进入如图 1－23 所示的 Point 对话框,依次指定 4 个参考点及 4 个相应的目标点。指定完所有参考点及相应的目标点后按 OK,则进入如图 1－108 所示的 Transformations 对话框,用来设定相关选项(也可以采用默认设置)。设定相关选项后,则可以选择 Move 选项来移动对象,或选择 Copy 选项来复制对象,或选择 Multiple Copies 选项来多重复制。

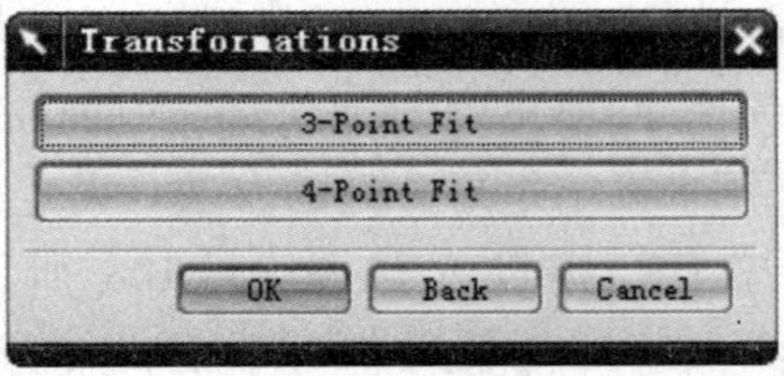

图 1－118　Transformations 对话框

(7)Translate(平移)

该命令用于对所选择的对象进行平移变换,即将选定对象由原位置平移或复制至新位置。选择此选项,则进入如图 1－119 所示的 Transformations 对话框,用来选择平移方式及设置平移参数。逐步响应系统的提示,最后在图 1－108 中设定相关选项(也可以采用默认设置)后选择 Move 选项来移动对象,或选择 Copy 选项来复制对象,或选择 Multiple Copies 选项来多重复制。

图 1－119 中各参数意义如下。

①To A Point(至一点):该选项用于将所选择的对象平移至某点,选择此选项,则进入如图 1－23 所示的 Point 对话框,用来指定参考点和目标点,平移对象时,以这两点间的距离及参考点指向目标点的方向作为对象平移的距离和方向。依次指定参考点和目

标点后,则进入如图 1－108 所示的 Transformations 对话框。

②Delta(增量):该选项用于按坐标增量平移所选对象。选择此选项,则进入如图 1－120所示的 Transformations 对话框,分别在 DXC,DYC,DZC 输入框中输入对象在 *XC*,*YC*,*ZC* 坐标轴方向平移时的坐标增量值,则所选择的对象按指定的增量值平移。输入坐标增量值后按 OK,则进入如图 1－108 所示的 Transformations 对话框。

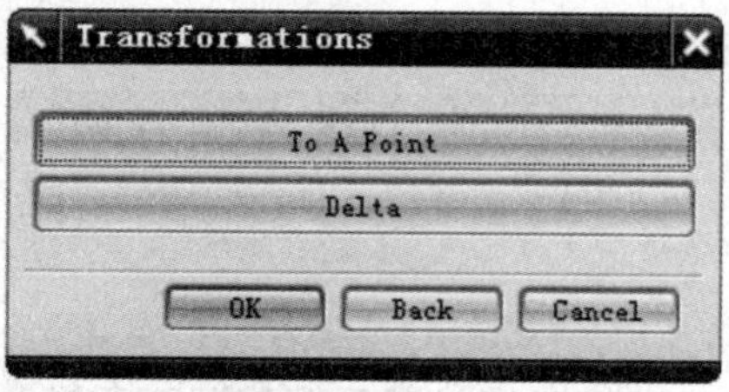

图 1－119　Transformations 对话框

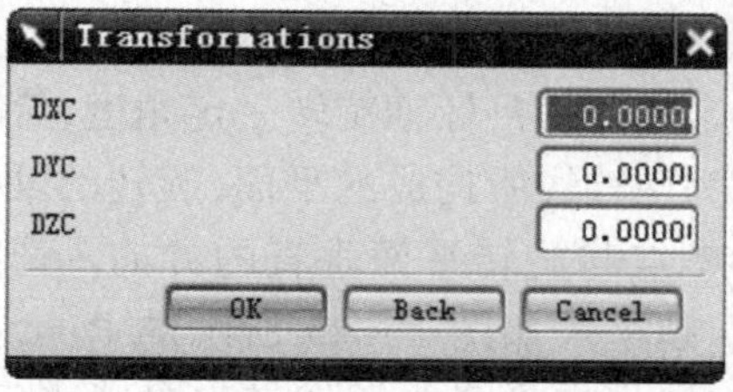

图 1－120　Transformations 对话框

(8)Rotate About a Point(绕一点旋转)

该命令用于将所选择的对象绕指定参考点并平行于 *ZC* 轴的轴线进行旋转变换,即在 *XOY* 平面内旋转变换。选择此选项,则进入如图 1－23 所示的 Point 对话框,用来指定旋转中心点。指定旋转中心点后,则进入如图 1－121 所示的 Transformations 对话框,用来设置旋转角度。在 Angle(角度)输入框中输入旋转角度(逆时针方向为正)后按 OK,或选择 Two Point Method(两点方法)选项,进入如图 1－23 所示的 Point 对话框来选定两点,以第一点及第二点分别与旋转中心的连线沿逆时针方向测量的角度作为旋转角度,则进入如图 1－108 所示的 Transformations 对话框,用来设定相关选项(也可以采用默认设置)。设定相关选项后,则可以选择 Move 选项来移动对象,或选择 Copy 选项来复制对象,或选择 Multiple Copies 选项来多重复制。

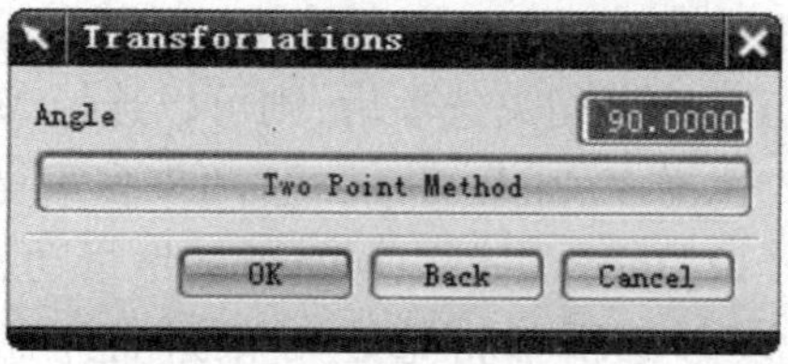

图 1－121　Transformations 对话框

(9)Rotate About a Line(绕一直线旋转)

该命令用于将选定对象绕一轴线进行旋转变换。选择此选项后,则进入如图 1－114 所示的 Transformations 对话框,用来选择设定旋转轴线的方式。指定旋转轴线后,则进入如图 1－122 所示的 Transformations 对话框,用来设置旋转角度。在 Angle(角度)输入框中输入旋转角度后,则进入如图 1－108 所示的 Transformations 对话框,用来设定相关选项(也可以采用默认设置)。设定相关选项后,则可以选择 Move 选项来移动对象,或选择 Copy 选项来复制对象,或选择 Multiple Copies 选项来多重复制。

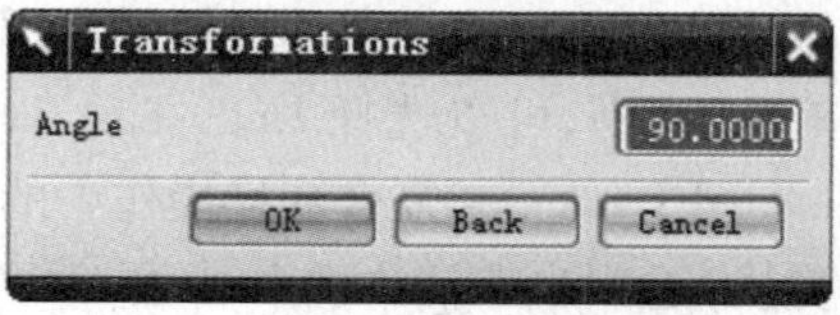

图 1－122　Transformations 对话框

(10)Reposition(重定位)

该命令用于将选择的对象或其复制件由其在参考坐标系中的原始位置移至目标

坐标系中，且保持对象在两坐标系中的相对方位不变。选择此选项，则进入如图1－52所示的CSYS对话框，先后用来构造参考坐标系和目标坐标系，构造完目标坐标系后按OK，则进入如图1－108所示的Transformations对话框，用来设定相关选项（也可以采用默认设置）。设定相关选项后，则可以选择Move选项来移动对象，或选择Copy选项来复制对象，或选择Multiple Copies选项来多重复制。

（11）Rotate About Two Axes（在两轴之间旋转）

该命令通过选择的对象绕一参考点由一参考轴向一目标轴旋转一定角度，旋转的平面为两轴线所构成的平面，旋转的轴线为过参考点与旋转平面垂直的方向。选择此选项，则进入如图1－23所示的Point对话框，用来指定参考点。指定完参考点后，则进入如图1－45所示的Vector对话框，用来构造参考轴。构造完参考轴后按OK，则还处于图1－45，用来构造目标轴。构造完目标轴后按OK，则进入如图1－123所示Transformations对话框，用来输入旋转角度。在Minor Angle输入框中输入旋转角度后按OK，则进入如图1－108所示的Transformations对话框，用来设定相关选项（也可以采用默认设置）。设定相关选项后，则可以选择Move选项来移动对象，或选择Copy选项来复制对象，或选择Multiple Copies选项来多重复制。

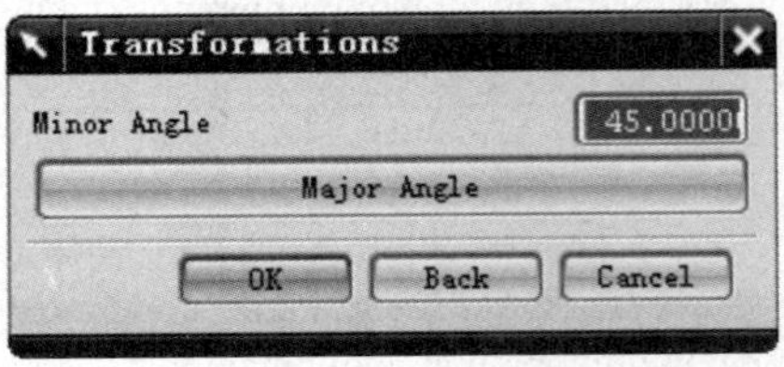

图1－123　Transformations对话框

（12）Incremental Dynamics（增量动态编辑）

该命令用于将选定对象进行平移、比例、旋转等变换的任意组合来变换对象。选择此选项，则进入如图1－108所示的Transformations对话框，用来设定相关选项（也可以采用默认设置）。设定相关选项后，则可以选择Move选项来移动对象，或选择Copy选项来复制对象，或选择Multiple Copies选项来多重复制。随之进入如图1－124所示的Dynamic Transformations（动态变换）对话框，用来先后从中选择相应的一种或几种变换类型来对对象进行变换。在完成每一次简单变换并确认后，需按Back才能返回图1－124中，来再选择另一种变换类型进行操作，直至完成所有变换操作。在变换过程中若不选择Update Model（更新模型）选项，则不会生成新对象。当对所作变换结果预览后，若满意，则可以选择Update Model选项生成新对象；否则，可以选择Undo Last Transformation（撤销上一次变换）选项来取消本次Incremental Dynamics复合变换操作中的前一次变换或选择Undo All Transformation（取消所有变换）选项来取消本次Incremental Dynamics复合变换操作中的所有变换。

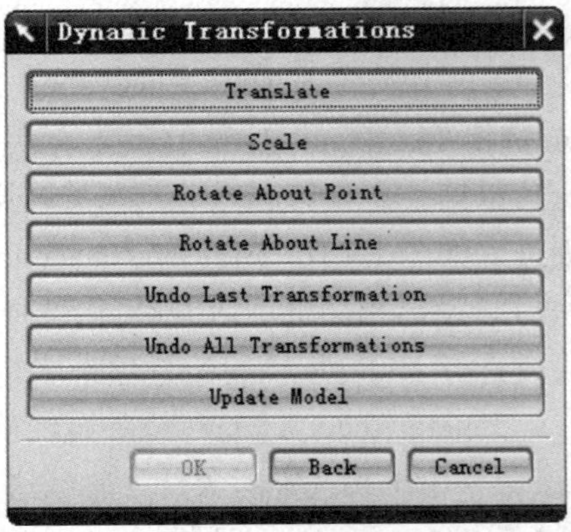

图1－124　Dynamics Transformations对话框

1.7.6 Edit Object Display（编辑对象显示）

该命令用于改变存在对象的显示状态，如层、颜色、线型、网格数、透明度和着色等状态。选择【Edit】→【Object Display】命令或按快捷键 Ctrl + J 或点击图标，则进入如图 1 – 53所示的 Class Selection 对话框，用来选择要编辑显示的对象。选择对象后按 OK，则进入如图 1 – 125 所示的 Edit Object Display 对话框，此对话框显示所选对象的当前设置，通过对话框中的选项，可编辑所选对象的层、颜色、线型、网格数、透明度或着色状态等参数，编辑后按 OK 或 Apply，则按指定参数改变对象的显示状态。在改变所选择对象显示状态的过程中，当设置某参数后，最好先按 Apply 观察设置的效果，如果不合要求，可以重新设置而不必退出对话框。

（1）Layer（层）

用于指定所选择对象要放置的目标层，允许的层为 1 ~ 256。

（2）Color（颜色）

用于改变所选择对象的显示颜色，选择此选项右侧的箭头，则进入 Color 对话框，可从中选择某种颜色，用作所选择对象的颜色。

（3）Line Font（线型）

用于修改所选择对象（文本除外）的线型，有 Solid（实线）、Dashed（虚线）、Phantom（双点虚线）、Centerline（中心线）、Dotted（点线）、Long Dashed（长虚线）和 Dotted Dashed（点虚线）等 7 种线型。

（4）Width（线宽）

用于修改所选择对象的线宽，有 Thin Width（细线）、Normal Width（正常宽度，即 2 个像素宽）和 Thick Width（粗线，即 3 个像素宽）等 3 种线宽。

（5）Translucency（透明度）

用于控制选择对象着色后光线的穿透度，百分比数越大，则允许通过的光越多。

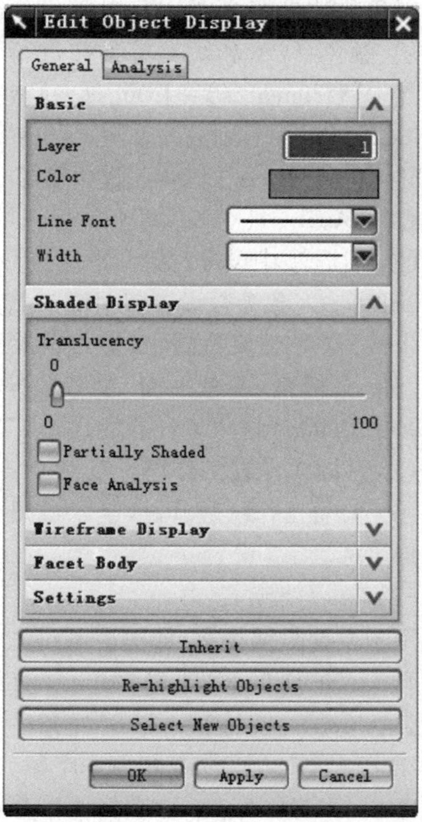

图 1 – 125　Edit Object Display 对话框

（6）Partially Shaded

部分着色。用于设置是否部分着色对象，有：No Change（不改变原有设置）、Yes（部分着色所选择的对象）和 No（不对所选择的对象执行部分着色）3 种选项。

（7）Face Analysis（面分析）

用于设置是否对面进行分析，有：No Change（不改变原有设置）、Yes（对面进行分析）和 No（不对面进行分析）3 种选项。

（8）Inherit（继承）

用于继承其他选择对象的显示设置，并应用到所选择的对象上。

(9) Re - highlight Objects(重新高亮对象)

用于重新高亮显示所选对象。

(10) Select New Objects(选择新对象)

选择此选项后,则进入图 1 - 53 所示的 Class Selection 对话框,再选择新的对象进行显示编辑。

1.8　UG NX 8.0 参数设置(Preferences)

参数设置主要用于对一些缺省的控制参数进行设置。

1.8.1　Object Preferences(对象参数设置)

对象参数设置主要用于对随后新建对象的层、颜色、线型和线宽等参数进行预设置。点击【Preferences】→【Object…】或按快捷键 Ctrl + Shift + J,则进入如图 1 - 126 所示的 Object Preferences 对话框,提供了 General(常规)和 Analysis(分析)两个属性选项,在对应的属性选项中设置对象参数后按 OK 或 Apply 即可。对象参数设置仅对随后新建的对象生效,这些对象包括点、直线、曲线、实体、片体、坐标系、参考平面、参考轴等。图 1 - 126中 General 选项下各参数意义如下。

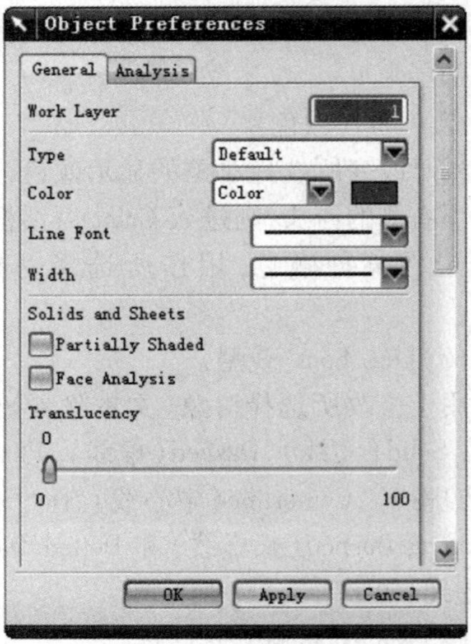

图 1 - 126　Object Preferences 对话框 - General

(1) Work Layer(工作层)

用于设置工作图层,可指定 1 ~ 256 编号的图层名称。

(2) Type(类型)

用于设置图素型态,即更改系统默认的元素型态,有 Default(缺省)、Line(直线)、Arc(弧)、Conic(圆锥)、Spline(样条曲线)、Solid Body(实体)、Sheet Body(片体)、Datum/Plane(基准/平面)、Point(点)、Coordinate System(坐标系)、Datum CSYS(基准坐标系)、Traceline(轨迹线)和 All but Default(除缺省之外所有)等选项。

(3) Color(颜色)

用于更改系统默认的颜色,有 No Change(不变)、Default(缺省)和 Color(颜色)等 3 种选项,点击右侧的颜色图框,则进入图 1 - 127 所示的 Color 对话框,在该对话框中选择需要的颜色即可。

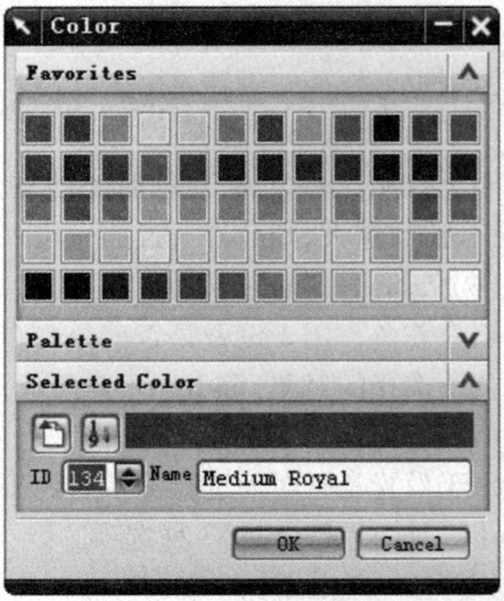

图 1 - 127　Color 对话框

(4) Line Font(线型)

用于更改系统默认的线型,有 No Change(不变)、Default(缺省)、Solid(实线)、Dashed(虚线)、Phantom(双点虚线)、Centerline(中心线)、Dotted(点线)、Long Dashed(长虚线)和 Dotted Dashed(点虚线)等 9 种选项。

(5) Width(线宽)

用于更改系统默认的线型宽度,有 No Change(不变)、Default(缺省)、Thin Width(细线)、Normal Width(正常宽度)和 Thick Width(粗线)等 5 种选项。

(6) Solids and Sheets(实体与片体)

用于更改系统对实体和片体的默认设置。

①Partially Shaded(局部着色):用于对象局部着色设置。

②Face Analysis(面分析):用于设置是否对面进行分析。

(7) Transparency(透明度)

用于通过滑动标尺以控制选择对象着色后,光线的穿透度;百分比数越大,则允许通过的光越多。

(8) Inherit(继承)

用于继承某设置的对象的设置,点击此图标,则需选择要继承其设置的对象。

(9) Information(信息)

用于显示设置的信息,点击此图标,则进入 Information 对话框显示信息。

图 1-128 为 Object Preferences 对话框中 Analysis 选项,主要用于对 Surface Continuity Display(表面连续性显示)、Section Analysis Display(截面分析显示)、Surface Intersection Display(表面相交显示)、Deviation Gauge Display(偏离标记显示)和 Highlight Line Display(高亮度线显示)进行设置。

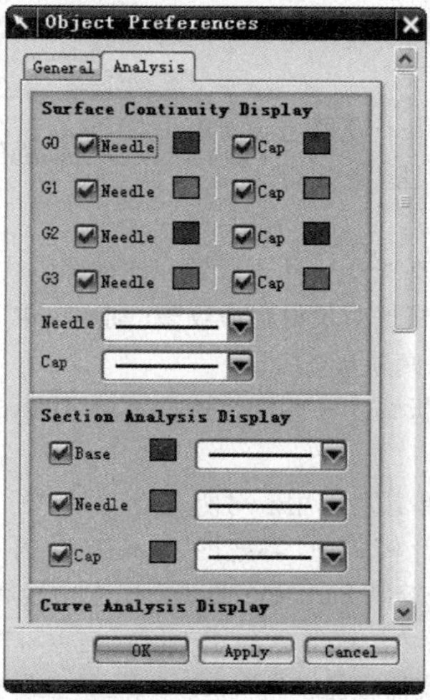

图 1-128 Object Preference 对话框-Analysis

1.8.2 Visualization Preferences(显示参数设置)

显示设置主要用于控制影响绘图区域的显示属性。点击【Preferences】→【Visualization…】或图标，则进入如图 1－129 所示的 Visualization Preferences 对话框，提供了 Visual(显示)、Faceting(着色)、Color(颜色)、Names/Borders(名称/边框)、Line(线)、Special Effects(特殊效果)、View/Screen(视图/屏幕)和 Handles(手柄)8 种显示属性设置选项。选择要进行设置的显示属性选项并进行相关设置后，按 OK 或 Apply 则可。

(1)Visual(显示)

该选项用于视图的显示设置。图 1－129 为选择 Visual 选项的设置对话框，从视图列表框中选择要设置的一个或多个视图后，则可对视图列表框下方的参数作相应的设置，最后按 OK 或 Apply 则可，图中各项参数意义如下。

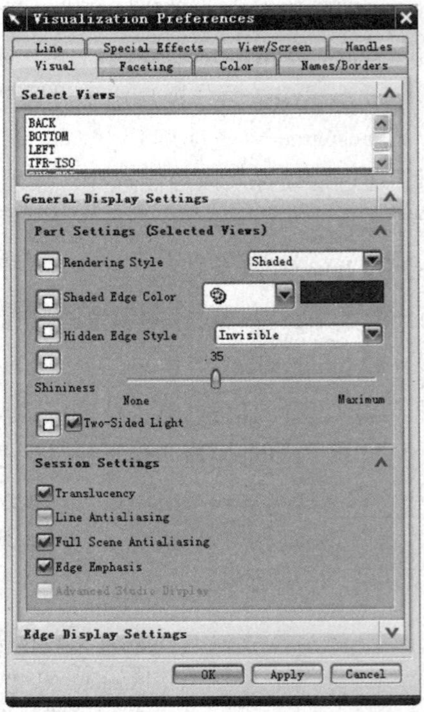

图 1－129 Visualization Preference 对话框－Visual

①Select Views(选择视图)：用于设置视图方式，有 Top(俯视)、Front(前视图)、Right(右视图)、Back(后视图)、Bottom(仰视图)、Left(左视图)等视图方式。

②Rendering Style(显示模式)：用于设置当前视图的显示模式，主要有以下几种显示模式。

(a)Shaded(着色)：用于三维模型表面显示设置，可以设置不同的显示颜色，轮廓线不可见。

(b)Wireframe(线框)：用于设置当前视图以线框形式显示，但隐藏不可见线。

(c)Static Wireframe(静态线框)：用于设置当前视图以线框形式显示。

(d)Studio(渲染)：用于根据对象材料或纹理(利用菜单 Vew Visualization→Materials/Textures 设定)来对所选对象高质量渲染。

(e)Face Analysis(面分析)：用于利用在选择菜单 Analysis→Face 进行面分析后产生的彩色分析数据来显示面。

(f)Partially Shaded(局部着色)：用于对所选择视图中所选择对象的面或实体部分着色，而不是全部对象。选择此模式前，需把图 1－126 中的 Partially Shaded 选项设置为 Yes(也可直接利用此选项来控制 Partially Shaded 与否)，然后设置此模式方可生效。

③Shaded Edge Color(着色边缘颜色)：用于设置是否对边缘进行着色，有 Specify Color(指定颜色)、Body Color(实体颜色)和 None(不显示)三种选项。

④Hidden Edge Style(隐藏边缘形式)：用于设置隐藏边缘有显示形式，有 Invisible(不可见)、Hidden Geometry Color(由隐藏的几何颜色决定)和 Dashed(虚线)三种选项。

⑤Shininess(亮度):用于设置着色亮度,可以通过拖动该选项右侧的光亮度滑尺来控制对象着色显示时的亮度,其取值范围为 0 ~ 1。

⑥Two - Sided Light(两面光):用于设置从两个不同方向给对象着色。

⑦Translucency(透明度):用于设定对象着色显示时,透明显示与否,当勾选此复选项后,则对象着色显示时,可以通过拖动图 1 - 125 中的 Translucency 滑尺来设定光线的穿透度,即透明度,透明度百分比越高,则光线的穿透性愈强。

⑧Line Antialiasing(线保真):选择此复选项后,可消除线条走样现象,使线条显示更逼真。

⑨Full Screen Antialiasing(全屏保真):用于设置窗口中的所有对象保真显示。

⑩Edge Emphasis(边缘强调):当着色表面或分析表面边缘以断开的线或虚线显示时,勾选此选项,则可以使着色表面或分析表面边缘以可见的缝合线显示。

(2)Faceting(着色)

该选项用于设置着色质量,在图 1 - 129 中选择 Shade 选项后,则为如图 1 - 130 所示的 Visualization Preferences 对话框,设置好其中的相应选项后按 OK 或 Apply 则可,图 1 - 130 中各项参数的意义如下。

①Shaded Views(着色视图):用来对着色的视图进行设置。

(a)Tolerance(公差):用于设置对象着色显示或部分着色显示的公差,有 Coarse(粗糙)、Standard(标准)、Fine(好)、Extra Fine(精细)、Ultra Fine(超精细)和 Customize(用户定义)等 6 个选项。当选择 Customize 选项时,可以通过设定 Edge Tolerance(边缘公差)、Face Tolerance(面公差)和 Angle Tolerance(角度公差)等 3 个公差值来控制对象着色显示质量。公差越小,则着色质量越精细,但显示速度也越慢。

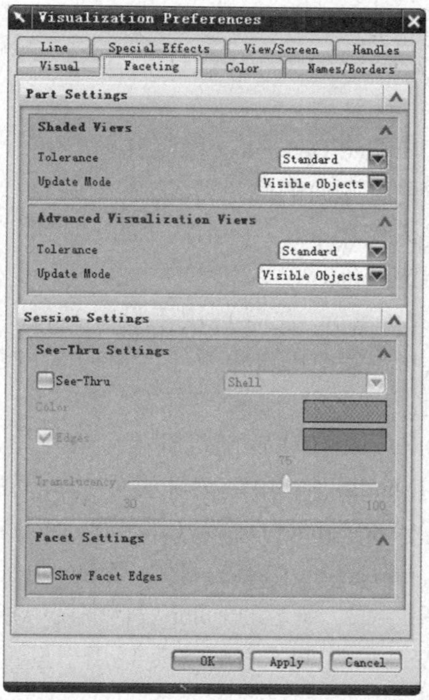

图 1 - 130　Visualization Preference 对话框 - Faceting

(b)Update Mode(更新模式):用于设定着色显示对象时,哪些对象在更新显示的操作中重新划分小面片后,再着色显示。有 Visible Objects(可见对象)、All Objects(所有对象)和 None(无)3 种选项。

②Advanced Visualization Views(高级可视化视图):在对象为着色显示或部分着色显示时,用于调整显示公差,以得到更好的表面分析效果和视觉效果。该选项下的 Tolerance 和 Update Mode 与 Shaded Views 选项下相同,这里不再介绍。

③See - Thru Settings(穿透设置):用于穿透视图、边缘以及透明度待的可视化设置。

④Show Facet Edges(显示小面片边缘):用于设置显示用于渲染着色表面的三角形小面片的边缘或轮廓。

(3) Color(颜色)

该选项用于设置预选对象、选择对象、非工作平面对象及非工作部件等的颜色,在图 1-129 中选择 Screen 选项后,则为如图 1-131 所示的 Visualization Preferences 对话框,设置好其中的相应选项后按 OK 或 Apply 则可。

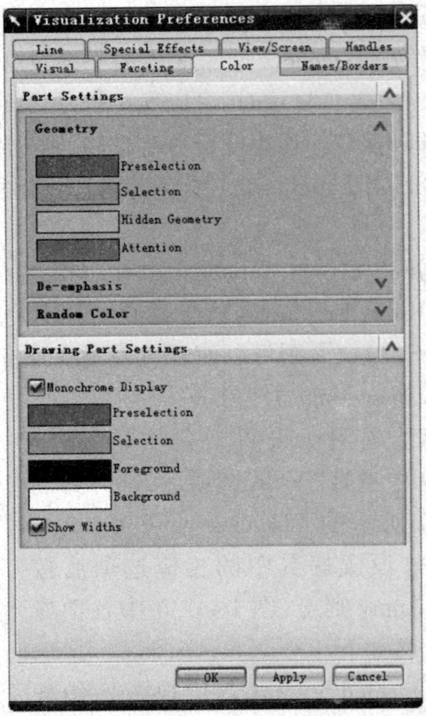

图 1-131 Visualization Preference 对话框 - Color

图 1-131 中各项参数意义如下。

①Preselection(预选):用于设置预选对象的颜色,点击左侧颜色框图进入图1-127 所示的 Color 对话框中指定颜色。

②Selection(选择):用于设置选择对象的颜色,点击左侧颜色框图进入图 1-127 所示的 Color 对话框中指定颜色。

③Hidden Geometry(隐藏几何):用于设置隐藏几何的颜色,点击左侧颜色框图进入图 1-127 所示的 Color 对话框中指定颜色。

④Attention(注意):用于设置当操作过程中出错时的对角颜色,点击左侧颜色框图进入图 1-127 所示的 Color 对话框中指定颜色。

⑤Random Color(随机颜色显示):勾选此选项,则 Faces(面)与 Bodies(体)有效,用于采用 shuffle(拖曳)随机显示面或体的颜色。

⑥Monochrome Display(单色显示):用于设置 Preselection(预选对象)、Selection(选择对象)、Foreground(前景)和 Background(背景)的颜色,点击相应选项后的颜色框即可进入如图 1-127 所示的 Color 对话框用中指定颜色。

⑦Show Widths(显示宽度):用于设置图纸中图形的宽度显示与否。

(4) Names/Borders(名称/边框)

该选项用于设置是否显示对象名、视图名或视图边框,在图 1-129 中选择 Names/Borders 选项后,则为如图 1-132 所示的 Visualization Preferences 对话框,设置好其中的相应选项后按 OK 或 Apply 即可。

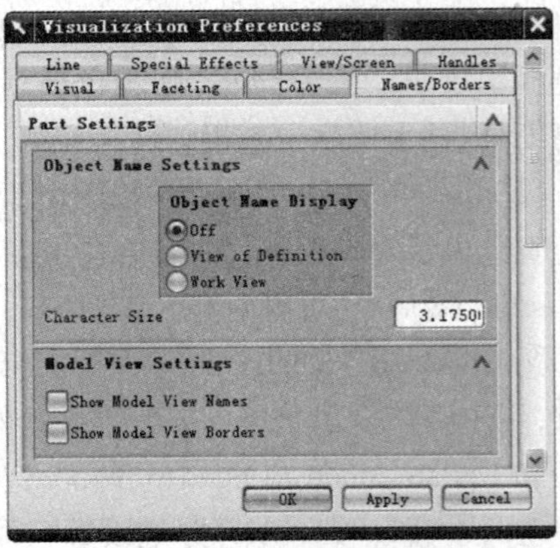

图 1-132 Visualization Preference 对话框 - Names/Borders

图 1-132 中各项参数意义如下。

①Object Name Display(对象名称显示):用于设置对象名、属性名、图样名、组名等显示与否或在哪个视图中显示,主要有以

下几种类型。

(a) Off(不显示):选择该选项,则不显示对象、属性、图样及组名。

(b) View of Definition(定义视图):选择该选项,则在当时定义对象、属性、图样及组的当前视图中显示其名字。

(c) Work View(工作视图):选择该选项,则在当前视图中显示对象、属性、图样及组的名字。

②Character Size(字符尺寸):用于输入对象名显示文本字符的尺寸。

③Show View Names(显示视图名):勾选此选项,则显示视图名。

④Show View Borders(显示视图边框):勾选此选项,则显示视图边框。

(5) Line(线)

该选项用于设置在显示对象时,非实线线型的各组成部分尺寸、曲线的显示公差及是否按线型宽度显示对象等,在图 1 - 129 中选择 Line 选项后,则为如图 1 - 133 所示的 Visualization Preferences 对话框,设置好其中的相应选项后按 OK 或 Apply 即可。

图 1 - 133 中各项参数的意义如下。

①Line Font Display(线型显示):用于设置线型显示的实现途径,有 Hardware(硬件)和 Software(软件)2 个选项,即线型的显示可以选择利用硬件或软件途径来实现。若选择 Hardware 选项,则利用系统的 7 种标准线型来显示对象,其显示速度会比较快一点,但非实线线型的各组成部分不能设置;若选择 Software 选项,则其下的 Dash Size, Space Size 和 Symbol Size 有效。

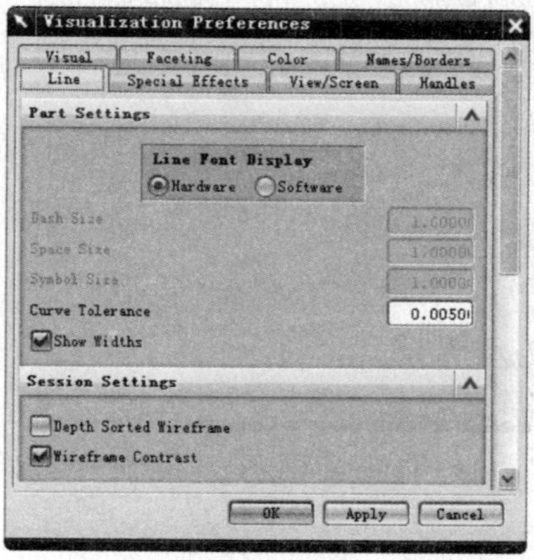

图 1 - 133 Visualization Preferences 对话框 - Line

②Dash Size(虚线尺寸):用于设置虚线中短线的长度。

③Space Size(空格尺寸):用于设置虚线中两短线间距。

④Symbol Size(符号尺寸):用于设置由直线或文本构成的图形符号(即 *. sbf 文件中定义的符号)的尺寸。

⑤Curve Tolerance(曲线公差):用于输入曲线的显示公差,即显示曲线与精确曲线之间的误差,其值愈小,则显示的曲线愈精细。

⑥Show Widths(显示宽度):勾选此选项,则系统按对象的各表达线型宽度来显示;否则,都用细实线来显示各对象。

⑦Depth Sorted Wireframe(分选线框深度):勾选此选项,则系统按线框视图的深度来对对象排序。

⑧Wireframe Contrast(线框对比):勾选后,不同线框显示不同样式,否则显示一样。

(6) Special Effects(特殊效果)

该选项用于设置使用特殊效果来显示对象,在图 1 - 129 中选择 Special Effects 选项后,则为如图 1 - 134 所示的 Visualization Preferences 对话框,设置好其中的相应选项后按 OK 或 Apply 即可。

图 1-134 中各参数意义如下。

①Stereo(立体):用于设置立体感显示模式。

②Fog(雾):用于着色显示对象时,设置雾状显示,勾选此选项,则距离较近的对象与较远的对象着色显示效果不同。

③Fog Setting(雾设置):只有勾选 Fog 选项时才有效,选择此选项,则进入如图 1-135所示的 Fog 对话框,用来进行雾状显示的设置。

图 1-134 Visualization Preference 对话框 - Special Effects

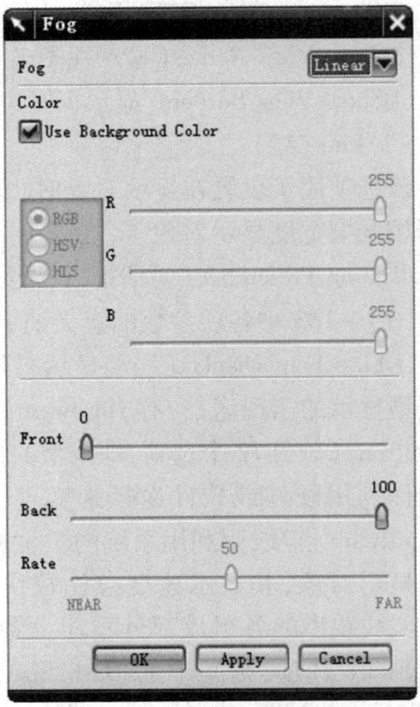

图 1-135 Fog 对话框

图 1-135 中各参数意义如下。

(a)Fog(雾):用于设定雾的类型,有 Linear(线性)、Light(轻)和 Heavy(重)3 种雾的类型。若选择 Linear 类型,则对话框下部的 Front(前)和 Back(后)滑尺有效,此类型根据观察者与对象各部分的距离,呈线性改变颜色的亮度来生成雾状效果,利用 Front 和 Back 滑尺可以设置起雾位置和最大雾的位置,而在最大雾的位置对应 Z 坐标值以后的部分与最大雾处显示效果相同;若选择 Light 或 Heavy 两类型,则生成非线性雾状效果,其中 Light 较 Heavy 类型生成较淡一点的非线性雾状效果,选择这两类型时,则对话框下部的 Rate(比率)滑尺有效,Rate 滑尺用于设定雾的浓度效果,当 Rate 滑尺移向 Near(近)一侧时,雾的浓度减退,反之则加深。

(b)Color(颜色):用于设置雾的颜色,可以选择 Use Background Color(使用背景颜色)来使用系统背景色,也可以选择颜色定义方式选项:RGB,HSV 或 HLS,再利用其右侧的滑尺来设置雾的颜色。

(7)View/Screen(视图/屏幕)

该选项用于设置视图拟合比例或校准显示器的物理尺寸,在图 1-129 中选择 Screen 选项后,则为如图 1-136 所示的 Visualization Preferences 对话框,拖动 Fit Percentage(拟合百分比)滑尺可改变视图拟合比例,选择 Calibrate Screen(校准屏幕)选项可以用来校准显示器的物理尺寸,设置好其中的相应选项后按 OK 或 Apply 即可。

(8)Handles(手柄)

该选项用于设置手柄在视图平面内的大小以及执行相应的选取操作时的颜色等。在图 1－129 中选择 Handles 选项后,则为如图 1－137 所示的 Visualization Preferences 对话框,设置好其中的相应选项后按 OK 或 Apply 即可。

图 1－137 中各参数意义如下:

①Handles Sizes(手柄大小):用于设置手柄在绘图区域的大小,主要有 Small(小)、Medium(中)、Large(大)3 种,系统默认为 Medium。

②Color(颜色):用于设置 Preselection(预选)、Selection(选择)、Handles(手柄)等参数的颜色。

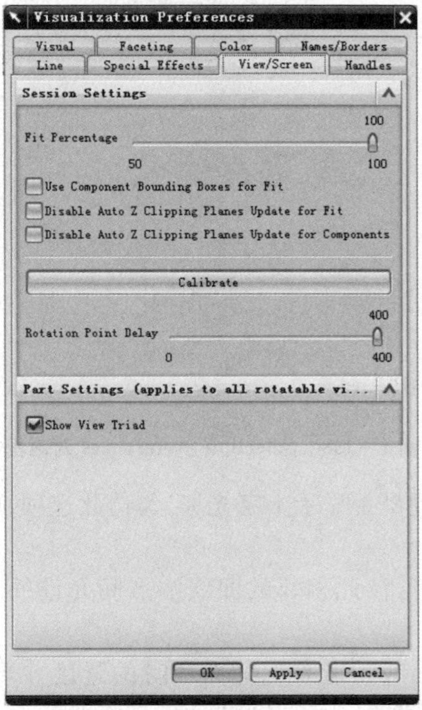

图 1－136 Visualization Preference 对话框－View/Screen

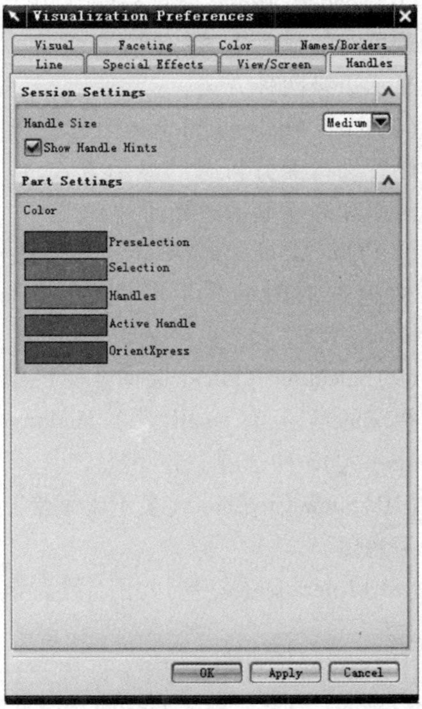

图 1－137 Visualization Preference 对话框－Handles

1.8.3 Selection Preferences(选择参数设置)

该选项用于预设置系统的颜色、十字光标及空间球的大小、预选对象的颜色、选取对象的类型等。点击【Preferences】→【Selection】或按快捷键 Ctrl + Shift + T,则进入如图 1－138所示的 Selection Preferences 对话框,设置选择参数后按 OK 或 Apply 即可。

图 1－138 中各参数意义如下。

(1)Mouse Gesture(鼠标方式):用于设置通过鼠标选取多个对象时的选择方式,有 Rectangle(矩形)、Polygon(多边形)和 Circle(圆形)。

(2)Selection Rule(选取规则):用于设置所选对象的范围,有 Inside(内侧)、Outside

(外侧)、Crossing(相交)、Inside/Crossing(内侧/相交)、Outside/Crossing(外侧/相交)5 种选项。

(3) Highlight Selection On Rollover(翻转选择时显示):应用在浇铸翻转中显示翻转内容,显示时间在 Rollover Delay 中设置。

(4) Highlight With Thick Width(宽度显示):用于设置是否用宽度较大的线条显示所选对象。

(5) Highlight Hidden Edges(显示隐藏线):用于设置是否高亮显示隐藏边线。

(6) Shaded Views(着色视图):用于设置进行着色时的显示方式,包括高亮显示面和高亮显示边缘两种方式。

(7) Face Analysis Views(面分析视图):用于设置进行面分析时的显示方式,包括高亮显示面和高亮显示边缘两种方式。

(8) QuickPick on Delay(快速选取延时):快速选取时的延迟时间,在 Delay 中设置。

(9) Selection Radius(选择半径):用于设定选择球的半径,有 Small(小)、Medium(中)和 Large(大)3 种选项。

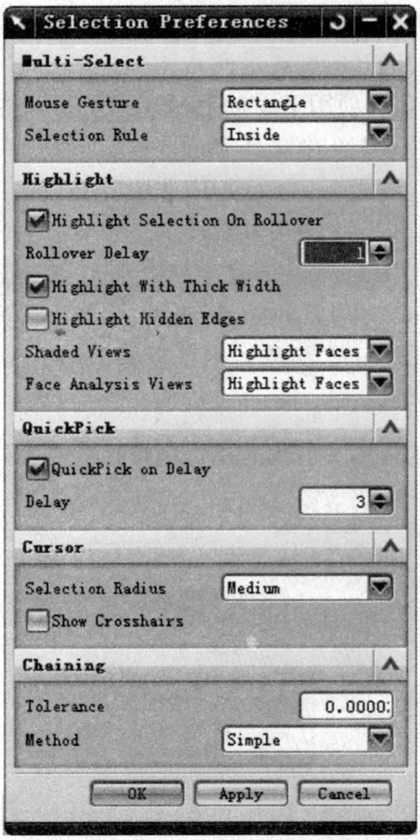

图 1-138 Selection Preferences 对话框

(10) Show Crosshairs(显示十字形):用于设置是否显示十字光标,勾选此选项,则显示十字光标。

(11) Tolerance(公差):用于设置链接曲线时,彼此相邻的曲线端点间允许的最大空隙。

(12) Method(方法):用于设置当选择链接曲线功能来选择曲线时的链接方式,有 Simple(简单:用于选择彼此首尾相连的曲线串)、WCS(用于在当前 XC-YC 坐标面上选择彼此首尾相连的曲线串)、WCS-Left(WCS-左:用于在当前 XC-YC 坐标面上,从链接开始点至结束点沿左侧路线选择彼此首尾相连的曲线串)和 WCS-Right(WCS-右:用于在当前 XC-YC 坐标面上,从链接开始点至结束点沿右侧路线选择彼此首尾相连的曲线串)4 种链接方式。

1.8.4 Sketch Preference(草图参数设置)

草图参数设计主要用于更改标注尺寸的尺寸标签、文本高度、捕捉角、草图图素的颜色等。点击【Preferences】→【Sketch】,则进入如图 1-139 所示的 Sketch Preferences 对话框,提供了 Sketch Style(草图样式)、Session Settings(会话设置)和 Part Settings(零件设置)3 种草图属性设置选项。选择要进行设置的显示属性选项并进行相关设置后,按 OK 或 Apply 则可。

(1)Sketch Style(草图样式)

该选项主要用于设置草图中标注尺寸的尺寸标签、文本高度等,图 1 - 139 为 Sketch Style 对话框,其各项参数意义如下。

①Dimension Label(尺寸标签):用于设置如何显示草图尺寸方式,主要有 Expression(表达式)、Name(名称)和 Value(值)三种方式。当选择 Expression 时,可同时显示尺寸名称和尺寸数值;当选择 Name 时,只能显示尺寸名称;当选择 Value 时,只能显示尺寸数值。

②Fixed Text Height on Screen(屏幕上固定文本高度):当勾选此选项时,草图中的尺寸约束使标注文本高度固定,否则文本高度根据情况变化。

③Text Height(文本高度):用于设置尺寸约束时文字高度尺寸值,系统会根据输入值自动更改所有的尺寸标注的文本高度。

④Create Inferred Constraints(创建自动判断的约束):用于设置是否由系统自动判断绘图区中各对象之间的关系。

⑤Continuous Auto Dimensioning(连续自动标注):用于设置是否由系统自动标出各对象的尺寸。

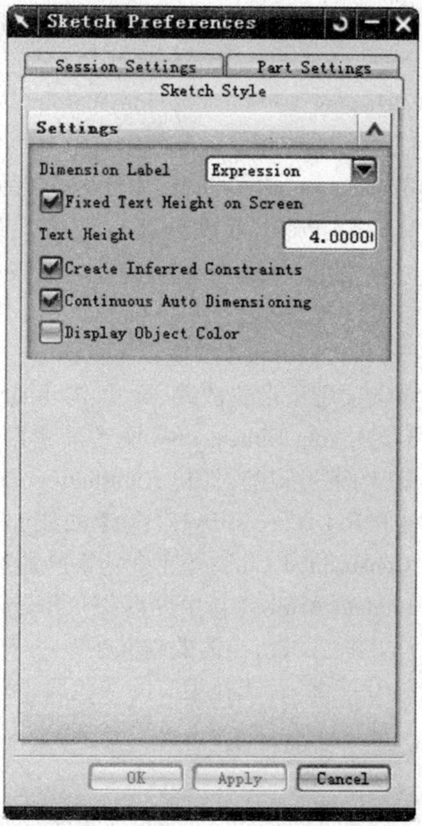

图 1 - 139 Sketch Preferences 对话框 - Sketch Style

⑥Display Object Color(显示对象颜色):用于设置是否由系统自动显示对象的颜色。

(2)Session Settings(会话设置)

该选项主要用于设置草图中捕捉角度、草图几何对象的名称前缀等,图 1 - 140 为 Session Settings 对话框,其各项参数意义如下。

①Snap Angle(捕捉角):用于设置绘制直线时两条直线之间的夹角,当两直线之间的夹角小于设置的捕捉角值时,系统会自动生成平行线,当两直线之间的平角大于设置的捕捉角值时,则保持两直线之间的原有关系。如果绘制的是水平方向或竖起方向的直线,则它设定的是一个误差范围,在这个误差范围内的直线被确定为水平线或垂直线。

②Display Degree - of - Freedom Arrows(显示自由度箭头):用于设置在绘图过程中是否考虑对象本身的自由度,勾选时,对象的自由度方向将显示出来。

③Dynamic Constraint Display(动态约束显示):用于设置是否显示对象的约束情况。

④Change View Orientation(改变视图方位):用于设置是否改变激活草图的视图方向。

⑤Maintain Hide Status(维持隐藏状态):用于设置工作环境是否保持隐藏状态。

⑥Maintain Layer Status(保持图层状态):用于在工作环境中对图层的状态进行设置。

⑦Display Section Mapping Warning(显示部分绘图警告):勾选后,当绘图过程中发生冲突时,弹出警告窗口。

⑧Background(背景):用于设置会话设置的背景。

⑨Name Prefixes(默认名称前缀):用于设置草图几何对象的名称指定前缀,包括Sketch(草图)、Vertex(顶点)、Line(直线)、Arc(圆弧)、Conic(二次曲线)和Spline(样条)的前缀名设置。

(3)Part Settings(零件设置)

该选项用于设置曲线、尺寸、参考约束等的颜色,如图1-141所示,主要包括Curves(曲线)、Driving Dimensions(驱动尺寸)、Automatic Dimensions(自动尺寸)、Overconstrained Objects(约束过多的对象)、Conflicting Constraints(冲突的约束)、Reference Dimensions(参考尺寸)、Reference Curves(参考曲线)、Partially Constrained Curves(部分约束的曲线)、Fully Constrained Curves(完全约束的曲线)、Out-of-date Objects(过期对象)、Degree-of-Freedom Arrows(自由度箭头)、Recipe Curves(配方曲线)和Inactive Sketches(不活动草图)的颜色设置,当需要对其中某一个项或某几项进行设置时,单击其后的颜色框后进入Color对话框后选择相应的颜色后,单击OK或Apply按钮即可完成颜色的设置。

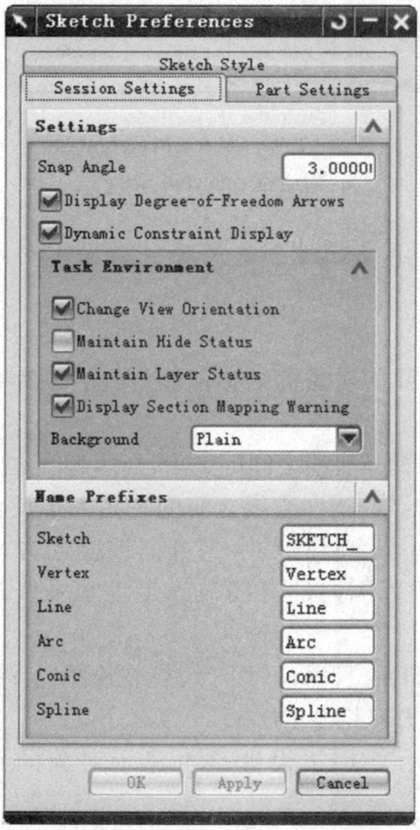

图1-140 Sketch Preferences对话框-Session Settings

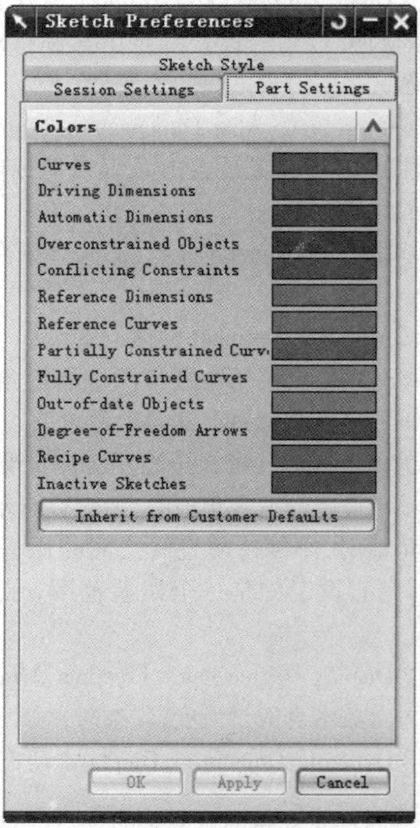

图1-141 Sketch Preferences对话框-Part Settings

习　题

1. 在 UG NX 8.0 中,图层的操作包含哪些方面的内容?
2. 在 UG NX 8.0 软件中,机械产品的通用设计流程是什么?
3. 工程机械产品在设计时,哪些因素将影响产品的设计意图?
4. 在 UG NX 8.0 中如何定制快捷键,其基本步骤是什么?
5. 矢量构造器主要用于什么场合?
6. UG NX 8.0 中常用的导入导出文件格式有哪些?
7. 图层的定义是什么? 系统提供了多少个图层供用户使用?

第 2 章　曲　　线

【本章教学要点】

知识要点	掌握程度	相关知识
曲线类型	掌握多种曲线的定义及创建方法 熟悉艺术样条曲线等的应用	利用创建命令对话框建立曲线 典型曲线的创建流程
来自曲线集的曲线	掌握各种曲线类型的原理及特点 熟悉创建曲线的方法 了解各种曲线的应用	典型曲线创建的命令 曲线参数设定
来自体的曲线	熟悉交线、截面线的特点及类型 了解析出曲线的应用	自由曲面功能中，还可以通过所建立的曲线创建曲面等

曲线是 UG NX 8.0 软件的基础功能，在 CAD 功能模块中应用十分广泛。利用曲线功能可以建立点、直线、圆弧与圆、样条曲线等；建立的曲线通过拉伸、旋转等操作还可以创建三维实体或者片体；在自由曲面功能中，还可以通过所建立的曲线创建曲面等。

2.1　Curve（曲线）

在 UG NX 8.0 中，曲线为建构 2D 曲线的工具，通常用于建立实体截面的轮廓线，如基本曲线、点、矩形、多边形、圆锥曲线、螺旋线、样条曲线等；对已存在的曲线进行几何运算的处理，如曲线桥接、曲线投影、接合、简化、包覆展开、交线等功能。曲线的工具栏如图 2 – 1 所示，也可以通过选择【Insert（插入）】→【Curve（曲线）】命令选择这些曲线绘制实体工具。

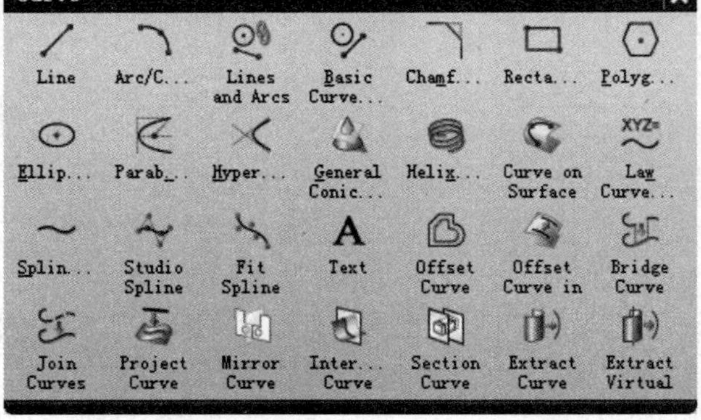

图 2 – 1　Curve 工具栏

2.1.1 Point，Point Set（点、点集）

点功能在前面的章节中已经对其进行了介绍，本小节主要介绍点集功能，选择【Insert（插入）】→【Datum/Point（基准/点）】→【Point Set…（点集）】命令或单击工具栏上的按钮，系统弹出如图 2-2 所示的 Point Set 对话框，系统提供了三种创建点集的方法。

1. Curve Point（曲线上的点）

该方法用于在一条曲线上创建点集，其生成点集的方式主要有 Equal Arc Length（等弧长）、Equal Parameters（等参数）、Geometric Progression（几何级数）、Chordal Tolerance（弧弦误差）、Incremental Arc Length（弧长增量）、Projecting Point（投影点）、Curve Percentage（弧长百分比）七种方法。

（1）Equal Arc Length（等弧长）：按在曲线上截取的弧长相等的方法生成点集，其弧长由输入的点数决定。

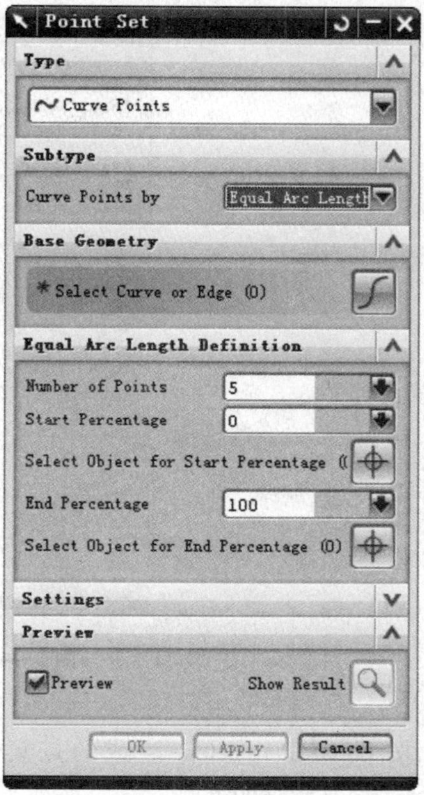

图 2-2 Point Set 对话框

图 2-2 中各项参数的意义如下。

◆ Select Curve or Edge（选择曲线或边）：用于选择生成点集的曲线或边缘。

◆ Number of Points：点数。在曲线上截取的点的总数目。

◆ Start Percentage：开始百分数。确定取点时的开始点是从曲线上长度的百分之多少开始。开始端在选取曲线时是与选取点最近的那个端点。

◆ End Percentage：终止百分数。确定取点时的终止点是到曲线上长度的百分之多少为止。

按 Equal Arc Length 生成的点集如图 2-3 所示，其步骤如下。

◆在图 2-2 中 Subtype 选项下选择 Equal Arc Length 选项；

◆在 Number of Points 中输入点集的总数；在 Start Percentage 中输入始点在曲线中的相对位置；在 End Percentage 中输入终点在曲线中的相对位置；

◆在绘图区域中选取一条曲线；

◆单击 Apply 或 OK 按钮即可。

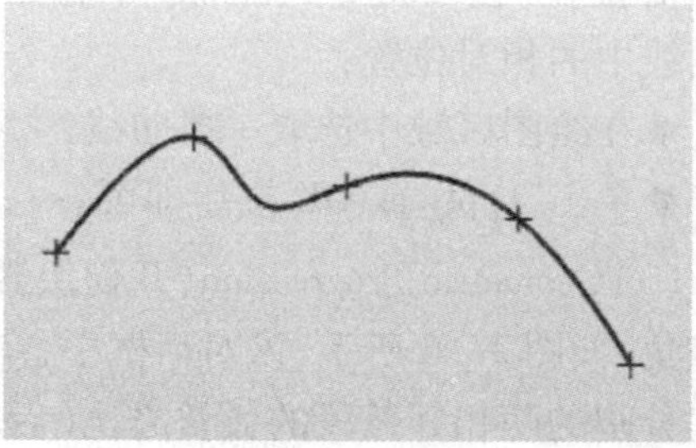

图 2-3 按 Equal Arc Length 生成的点集图

（2）Equal Parameters（等参数）：把曲线用参数方程表示，在曲线上按参数相等来生成点集，如图 2－4 所示，该对话框中各项参数意义与图 2－2 相同。

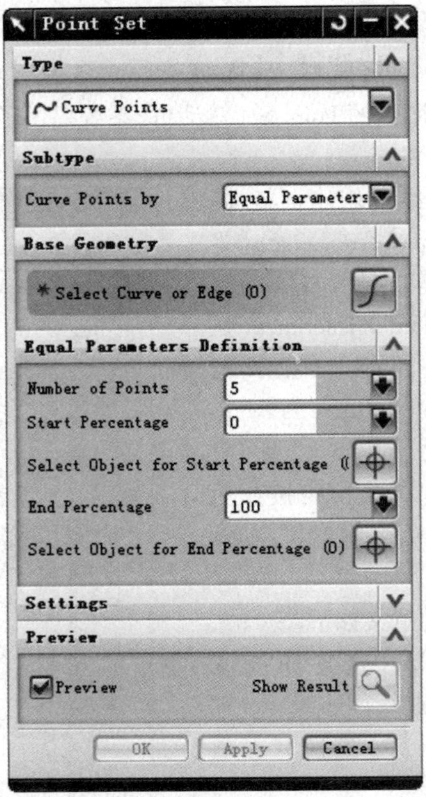

图 2－4　Point Set 对话框

按 Equal Parameters 生成的点集如图 2－5所示，其步骤如下：

◆在图 2－2 中 Subtype 选项下选择 Equal Parameters 选项；

◆在 Number of Points 中输入点集的总数；在 Start Percentage 中输入始点在曲线中的相对位置；在 End Percentage 中输入终点在曲线中的相对位置；

◆在绘图区域中选取一条曲线；

◆单击 Apply 或 OK 按钮即可。

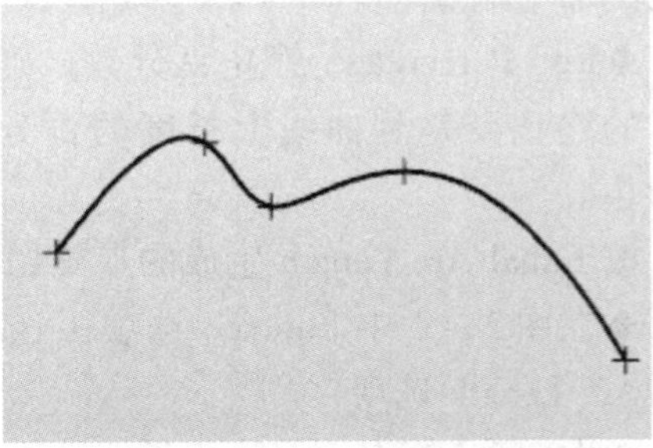

图 2－5　按 Equal Parameters 生成的点集图

（3）Geometric Progression（几何级数）：按在曲线上截取的弧长成几何级数的关系生成点集，如图 2－6 所示，该对话框中各项参数意义与图 2－2 相同，其中 Ratio（比率）指用点集分割的两相邻弧段的弧长之比（后段弧长与前段弧长之比）。

按 Geometric Progression 生成的点集如图 2－7 所示，其步骤如下：

◆在图 2－2 中 Subtype 选项下选择 Geometric Progression 选项；

◆在 Number of Points 中输入点集的总数；在 Start Percentage 中输入始点在曲线中的

相对位置；在 End Percentage 中输入终点在曲线中的相对位置；

◆在 Ratio 中输入分割后段弧长与前段弧长之比值；

◆在绘图区域中选取一条曲线；

◆单击 Apply 或 OK 按钮即可。

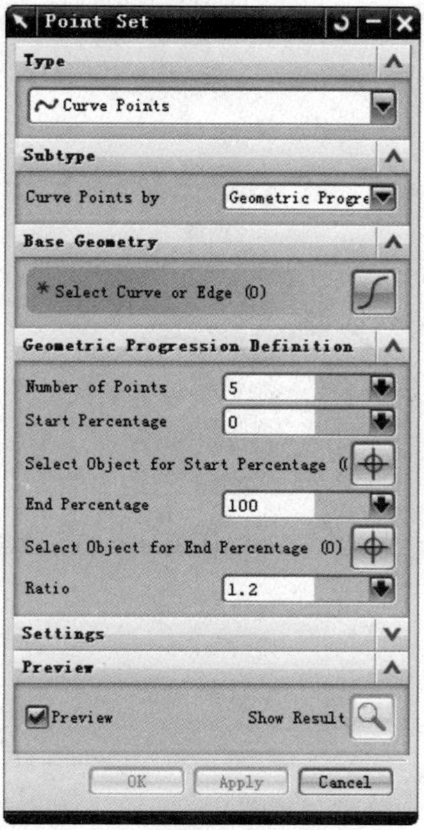

图 2-6　Point Set 对话框

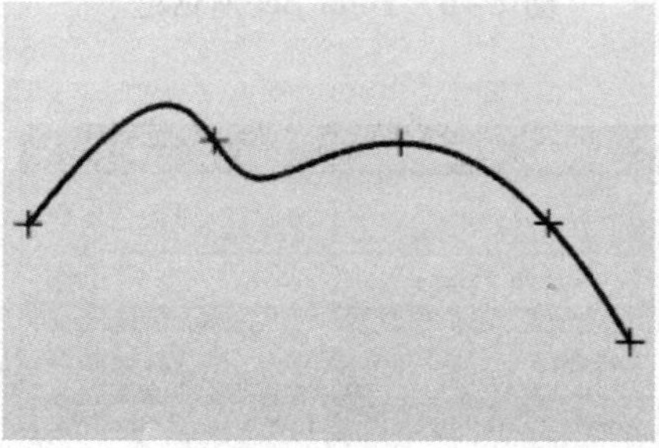

图 2-7　按 Geometric Progression 生成的点集图

(4) Chordal Tolerance(弧弦误差)：从端点开始，按在曲线上截取相邻两点的弧长与其弦长之间的距离值等于弧弦误差来生成点集，此时生成的点集数目与弧弦误差有关，而且必须在曲线的两端点之间生成，且最后两点的弧弦误差小于或等于所设置的值。如图 2-8 所示，其中 Chordal Tolerance(弧弦误差)用于设置弧弦之间的误差值。

按 Chordal Tolerance 生成的点集如图 2-9 所示，其步骤如下：

◆在图 2-2 中 Subtype 选项下选择 Chordal Tolerance 选项；

◆在 Chordal Tolerance 中输入弧弦之间的误差值；

◆在绘图区域中选取一条曲线；

◆单击 Apply 或 OK 按钮即可。

(5) Incremental Arc Length(弧长增量)：从曲线的开始端开始，按在曲线上截取固定弧长的方法来生成点集，其点数由输入的弧长决定，若最后剩下的弧长不够，则最后一段不再生成点。如图 2-10 所示，其中 Arc Length(弧长)指在曲线上截取弧长值。

按 Incremental Arc Length 生成的点集如图 2－11 所示，其步骤如下：

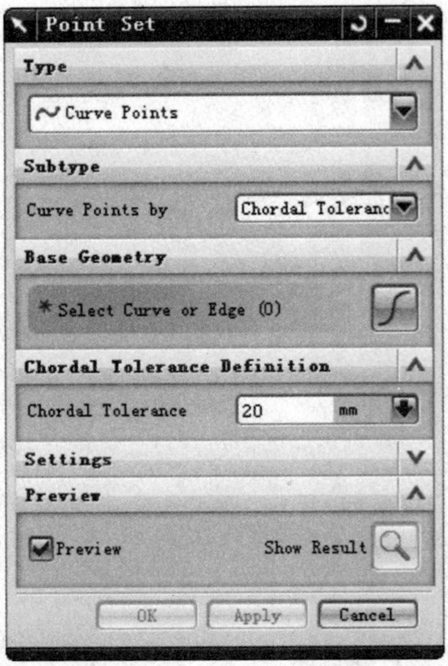

图 2－8　Point Set 对话框

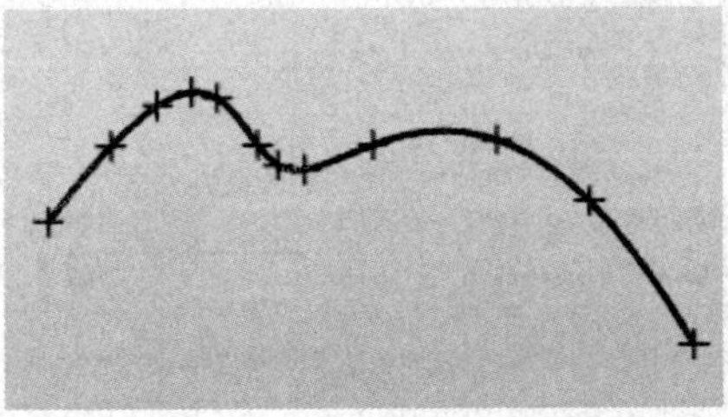

图 2－9　按 Chordal Tolerance 生成的点集图

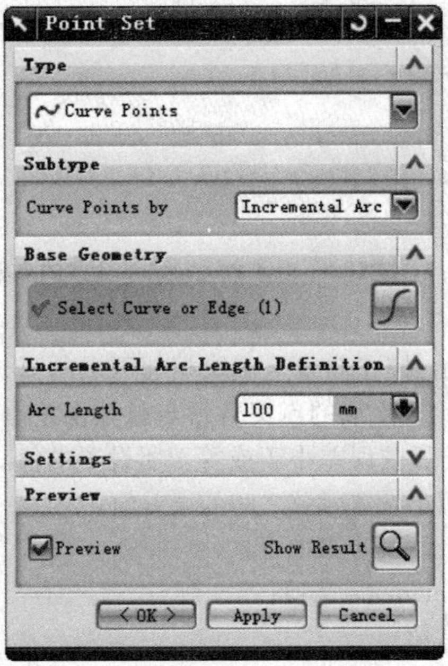

图 2－10　Point Set 对话框

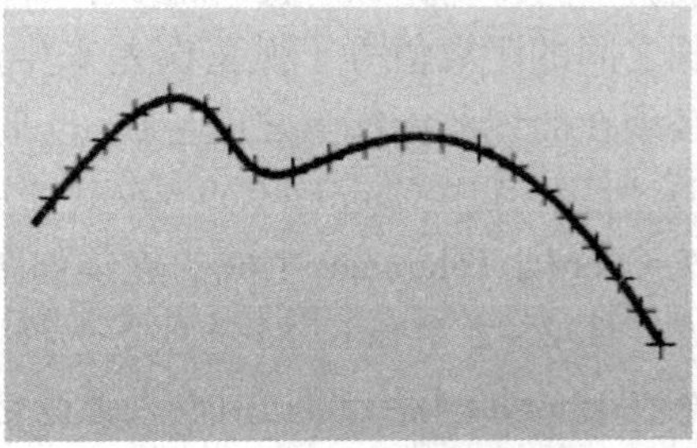

图 2－11　按 Incremental Arc Length 生成的点集

◆在图 2－2 中 Subtype 选项下选择 Incremental Arc Length 选项；

◆在 Arc Length 中输入弧长值；

◆在绘图区域中选取一条曲线；

◆单击 Apply 或 OK 按钮即可。

(6) Projecting Point（投影点）：将不在曲线上的点通过投影的方式投影到所选曲线上。如图 2－12 所示。

按 Projecting Point 生成的点集如图 2－13 所示，其步骤如下：

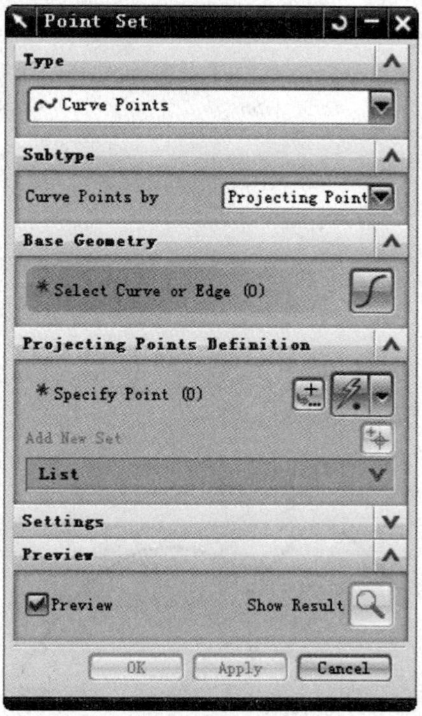

图 2－12　Point Set 对话框

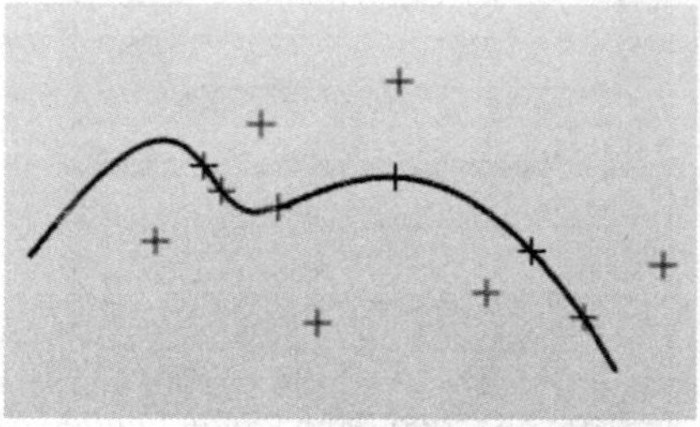

图 2－13　按 Projecting Point 生成的点集图

◆在图 2－2 中 Subtype 选项下选择 Projecting Point 选项；

◆在绘图区域中选取一条曲线；

◆在绘图区域中选取点；

◆单击 Apply 或 OK 按钮即可。

(7) Curve Percentage（弧长百分比）：从曲线的开始端开始，根据百分比来确定点集。如图 2－14 所示，其中 Curve Percentage（曲线百分比）用来输入取点在曲线上按弧长的百分比位置，百分比的计算起点为绘制曲线时的起点。

按 Curve Percentage 生成的点集如图 2－15 所示，其步骤如下：

◆在图 2－2 中 Subtype 选项下选择 Curve Percentage 选项；

◆在 Curve Percentage 中输入百分比值，也可单击来新加入点集；

◆在绘图区域中选取一条曲线；

◆单击 Apply 或 OK 按钮即可。

2. Spline Points（样条曲线上的点）

该方法用于在一条样条曲线上创建点集，其生成点集的方式主要有 Defining Points

(定义点)、Knot Points(节点)和 Poles(极点)三种方法。

(1) Defining Points(定义点):输出一条样条曲线的原始定义点。这种方法只能用于用 Through Points(通过点)方法产生的样条曲线。如图 2-16 所示。

按 Defining Points 生成的点集如图 2-17 所示,其步骤如下:

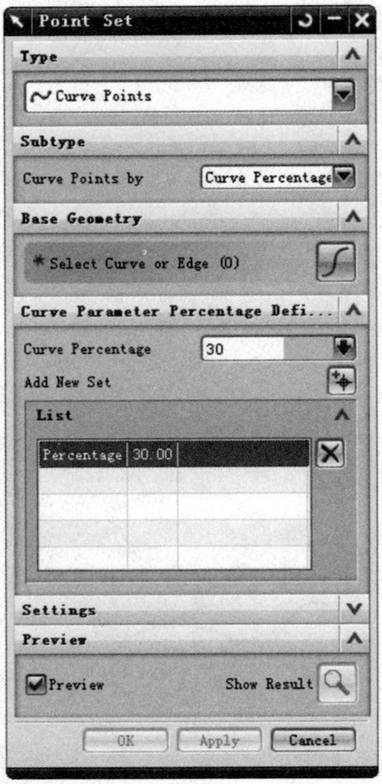

图 2-14　Point Set 对话框

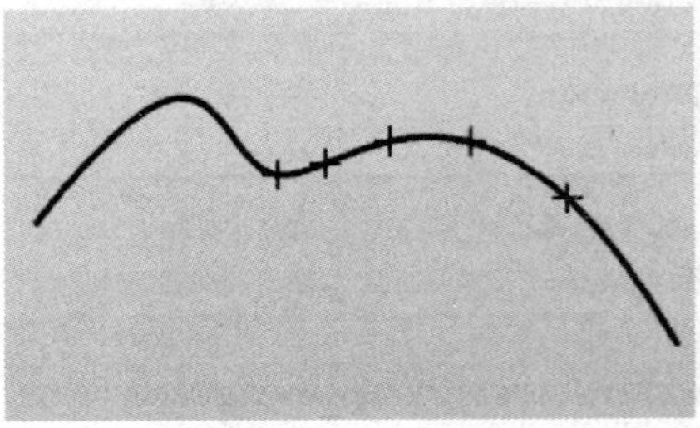

图 2-15　按 Curve Percentage 生成的点集图

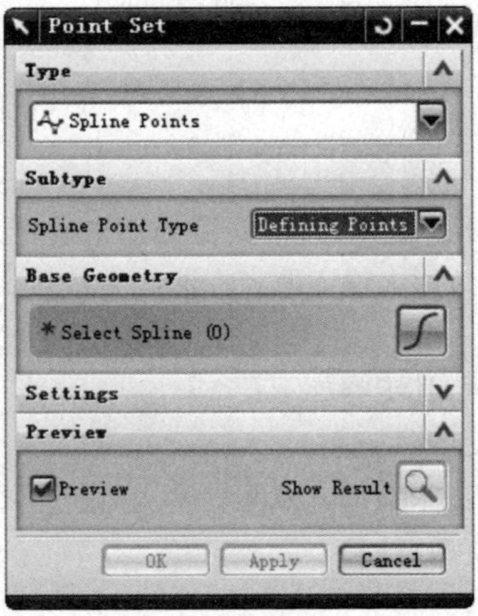

图 2-16　Point Set 对话框

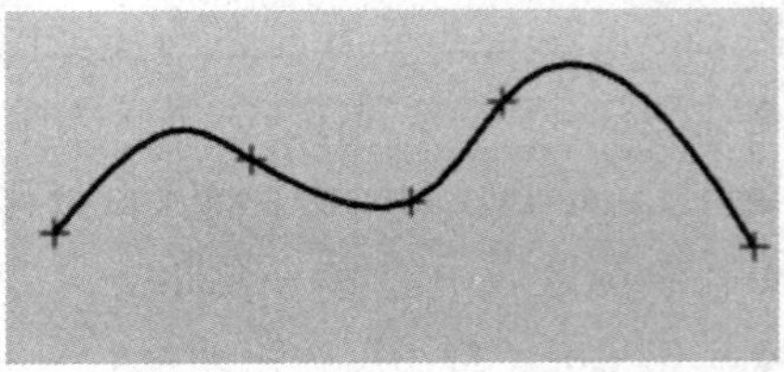

图 2-17　按 Defining Points 生成的点集图

◆在图 2－16 中 Subtype 选项下选择 Defining Points 选项。

◆选取一条用 Through Points 方法产生的样条曲线。

◆单击 Apply 或 OK 按钮即可。

(2) Knot Points(节点)：输出一条样条曲线的节点。样条曲线的节点是指多段样条曲线相邻的交接点，如果一条样条曲线是由 7 段组成，由此样条曲线就有 8 个节点，如果是单段样条曲线，则有 2 个节点(即始点与终点)。在图 2－16 中点击 Knot Points，则进入如图 2－18 所示的对话框。

按 Knot Points 生成的点集如图 2－19 所示，其步骤如下：

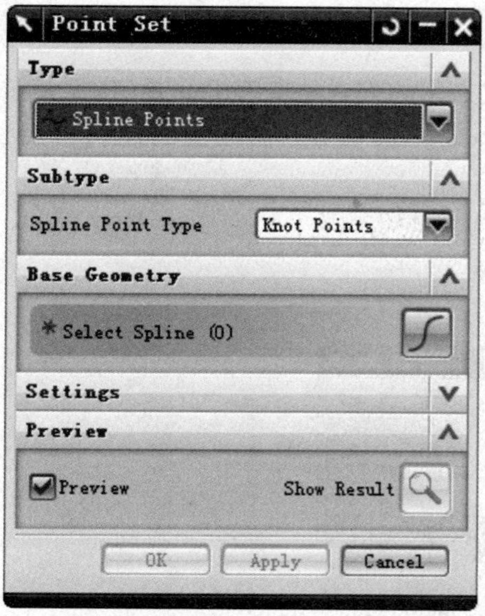

图 2－18　Point Set 对话框

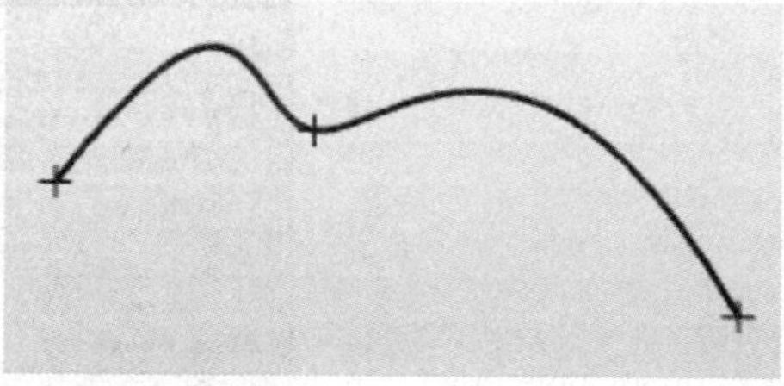

图 2－19　按 Knot Points 生成的点集图

◆在图 2－16 中 Subtype 选项下选择 Knot Points 选项。

◆在绘图区域选取一条样条曲线。

◆单击 Apply 或 OK 按钮即可。

(3) Poles(极点)：输出一条样条曲线的控制点。在图 2－16 中点击 Poles，则进入如图 2－20 所示的对话框。

按 Poles 生成的点集如图 2－21 所示，其步骤如下：

◆在图 2－16 中 Subtype 选项下选择 Poles 选项。

◆在绘图区域选取一条样条曲线。

◆单击 Apply 或 OK 按钮即可。

图 2－20　Point Set 对话框

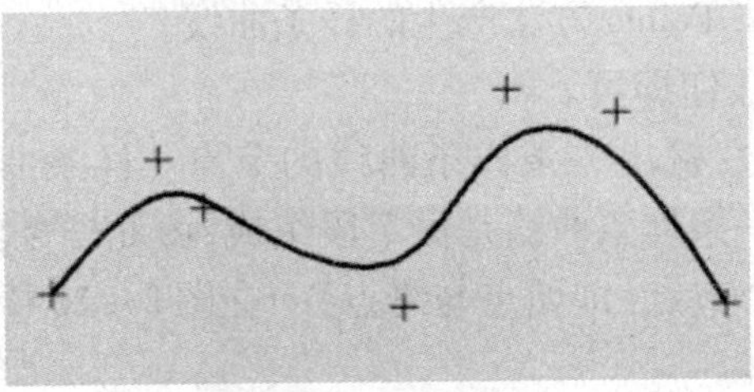

图 2－21　按 Poles 生成的点集图

3. Face Points（面上的点）

该方法用于在一个曲面上创建点集，其生成点集的方式主要有 Pattern（图案）、Face Percentage（面上百分比的点）和 Face （B－Surface） Poles（B－曲面上的控制点）三种方法。

（1）Pattern（图案）：在面上指定的范围内生成点集。在图 2－2 中点击 Points on Face，则进入如图 2－22 所示的 Points Set 对话框。

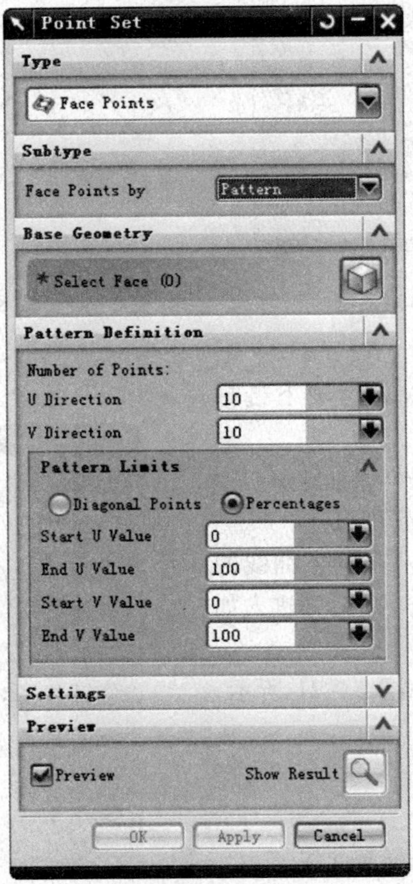

图 2－22　Point Set 对话框

图 2-22 中各项参数的意义如下：

◆Numbers of Points（点的数目）：用于分别在参数坐标系 $U-V$ 中确定 U 方向和 V 方向产生点的数目；

◆Diagonal Points：对角点。通过指定对角的两点来确定产生点集的范围；

◆Percentages：百分比。通过指定面中 U,V 方向的百分比来确定范围。

按 Pattern 生成的点集如图 2-23 所示，其步骤如下：

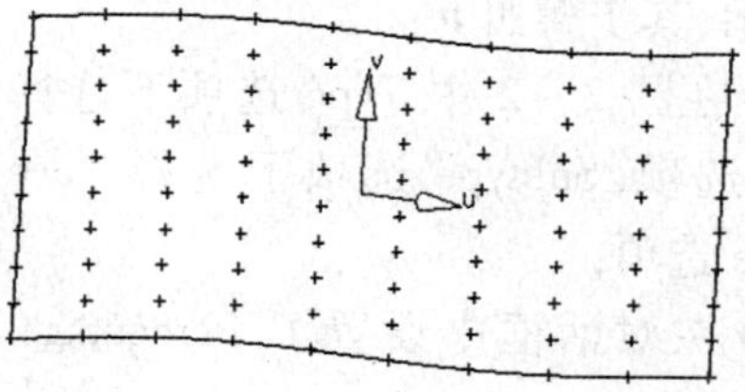

图 2-23 按 Pattern 生成的点集图

◆在图 2-2 中 Type 选项下选择 Face Points 选项，Subtype 选项下选择 Pattern 选项；

◆在绘图区域中选取一个面；

◆分别设置 U,V 方向点的数目；在 Pattern Limits 下选取 Diagonal Points，在面上分别指定两对角点，则生成点集；或在 Pattern Limits 下选取 Percentages，在 Start U Value，End U Value，Start V Value，End V Value 中分别设置 U,V 方向取点集的范围；

◆单击 Apply 或 OK 按钮即可。

（2）Face Percentage（面上百分比的点）：在 U,V 方向指定百分比位置，在面上或面的延伸面上产生点集。在图 2-22 中点击 Face Percentage，则进入如图 2-24 所示的对话框。

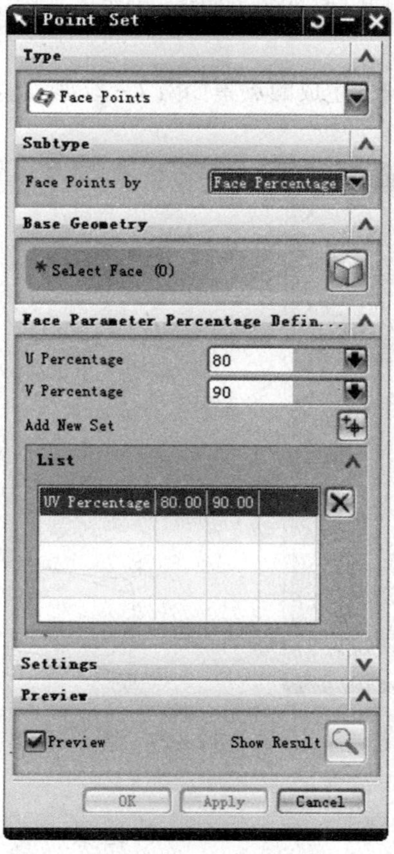

图 2-24 Point Set 对话框

图 2－24 中各项参数的意义如下。

◆U Percentage(*U* 方向的百分比)：在参数坐标 *U*－*V* 中设置 *U* 方向的百分比数，其值可以小于 0，也可以大于 100；

◆V Percentage(*V* 方向的百分比)：在参数坐标 *U*－*V* 中设置 *V* 方向的百分比数，其值可以小于 0，也可以大于 100。

按 Face Percentage 生成的点集如图 2－25 所示，其步骤如下：

◆在图 2－2 中 Type 选项下选择 Face Points 选项，Subtype 选项下选择 Face Percentage 选项；

◆在对话框中设置 U Percentage 和 V Percentage；

◆分别在绘图区域选取要生成点集的所有面(可以多个面)，按 Apply；

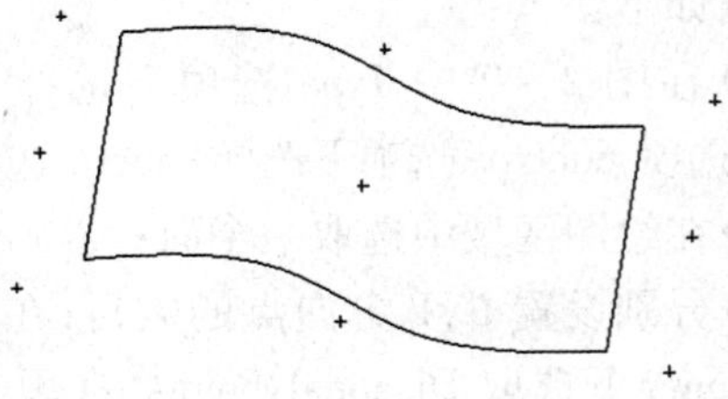

图 2－25　按 Face Percentage 生成的点集图

◆若这些面上还有其他按百分比的点，则改变 U Percentage 和 V Percentage 中设置值；

◆单击 Apply 或 OK 按钮即可。

(3) Face (B－Surface) Poles(B－曲面上的控制点)：用 B－曲面上的控制点生成点集。在图 2－22 中点击 Face (B－Surface) Poles，则进入如图 2－26 所示的 Point set 对话框。

按 Face (B－Surface) Poles 生成的点集如图 2－27 所示，其步骤如下：

图 2－26　Point Set 对话框

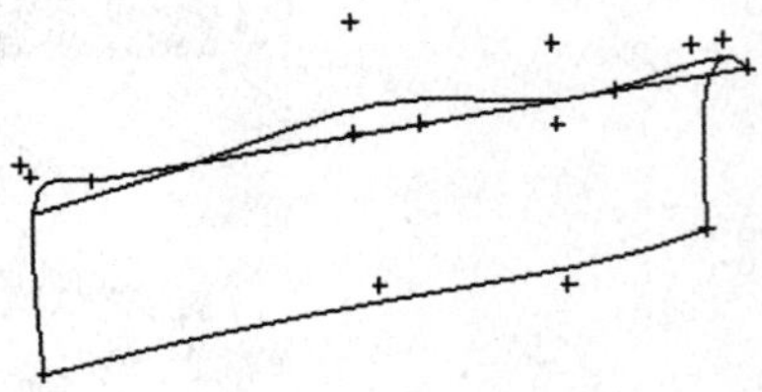

图 2－27　按 Face (B－Surface) Poles 生成的点集图

◆在图 2－2 中 Type 选项下选择 Face Points 选项，Subtype 选项下选择 Face (B－Surface) Poles 选项。

◆选取一个 B – Surface(B – 曲面),则生成由 B – Surface 上控制点所形成的点集。

◆单击 Apply 或 OK 按钮即可。

2.1.2 Line(直线)

该功能用于在视图区域绘制直线,选择【Insert(插入)】→【Curve(曲线)】→【Line…(直线)】命令或单击工具栏上的按钮,系统弹出如图 2 – 28 所示的对话框,该对话框中主要参数意义如下。

(1)Start Point(起点):该选项用于定义直线的起点,可直接在视图区域随意单击鼠标左键定义一点,或单击。

(2)End Point or Direction(终点或方向):该选项用于定义直线的终点或定义直线的方向,在定义完起点后,终点选项如图 2 – 29 所示,即可以分别定义生成直线与 *XC*,*YC*,*ZC* 平行或与沿平面的法线方向。

(3)Support Plane(支持平面):该选项用于定义生成的直线位于何种平面。

(4)Limits(限制):该选项用于对通过前面的定义生成的直线进行起点和终点位置的编辑,如图 2 – 30 所示。

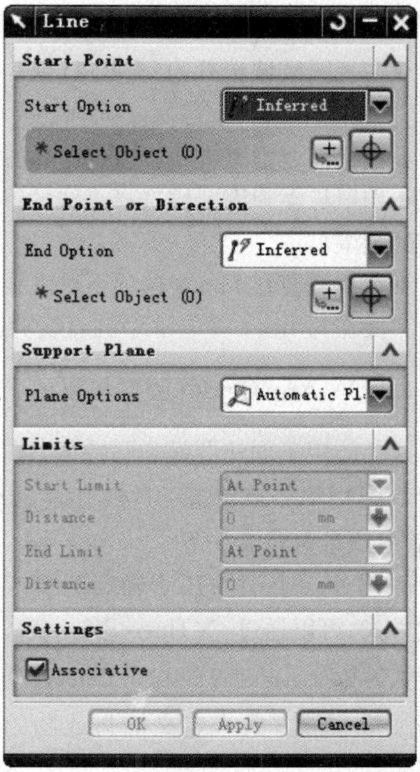

图 2 – 28　Line 对话框

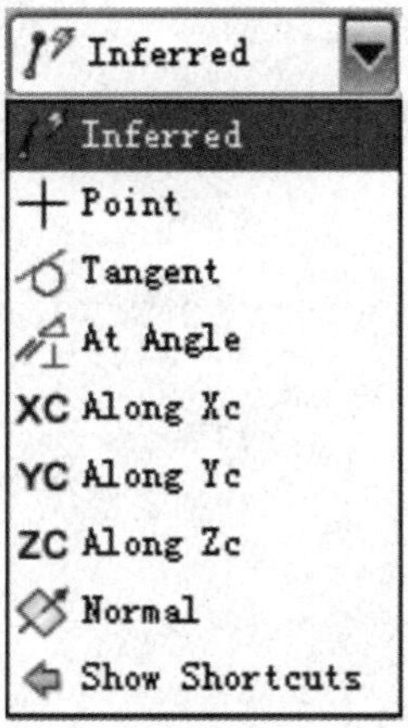

图 2 – 29　终点选项对话框

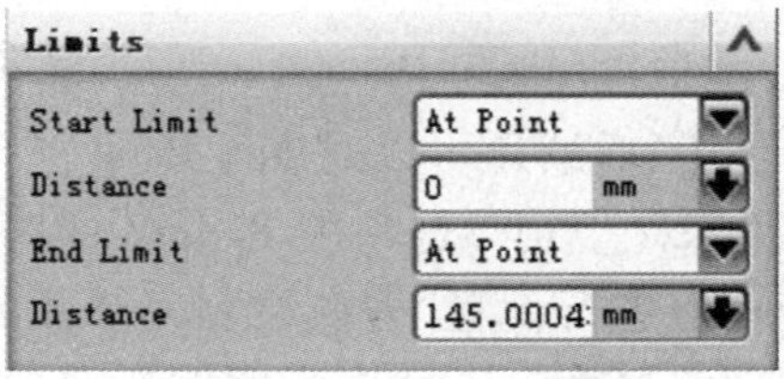

图 2 – 30　限制选项对话框

(5) Associative(关联性):该选项用于设置生成曲线的关联性,当选中该复选框时,则生成的直线具有关联性,能够根据输入参数的改变而自动更新,即在绘制完该直线后,选中该直线单击鼠标右键,可从中选择 Edit Parameters(编辑参数)选项,在弹出的直线对话框中对该直线进行编辑,编辑后自动更新曲线,否则只能通过 Edit Curve(编辑曲线)命令来对曲线进行编辑。

利用该功能来绘制曲线,其基本步骤如下:

◆在视图区域选择直线起点,或单击按钮在系统弹出的点构造器中定义直线起点;

◆根据需要定义直线终点的定位方式;

◆用鼠标在视图区域选择直线的终点,系统会根据定义终点的定位方式约束可选择对象的范围;

◆根据需要在 Limits 选项下对直线的起点和终点位置进行编辑。

其操作与 Basic Curves 中的直线功能基本相似,本章将在后续部分对其一起介绍。

2.1.3 Arc/Circle(圆弧与圆)

该功能用于创建圆弧和圆特征,选择【Insert(插入)】→【Curve(曲线)】→【Arc/Circle(圆弧/圆)】命令或单击工具栏上的按钮,系统弹出如图 2-31 所示的 Arc/Circle 对话框,其各项参数意义如下。

(1) Type(类型):用于确定圆弧或圆的生成方式,可以通过 Three Point Arc(三点画圆弧)或 Arc/Circle from Center(通过圆心画圆弧/圆)方式来定义圆弧或圆的生成方式。

(2) Start Option(起点选项):用于在视图内对圆弧的起点或圆的圆心进行设置,主要有 Inferred(自动判断)、Point(点)和 Tangent(相切)三个选项。

(3) End Option(终点选项):用于设置圆弧的终点选项,主要有 Inferred(自动判断)、Point(点)、Tangent(相切)、Radius(半径)和 Diameter(直径)选项。

同上,后续还可以对 Mid Point(中点选项)和 Size(大小)选项中 Radius,即对圆弧的半径值进行设置,另在绘制完圆弧之后,若视图窗口中显示的圆弧并非所希望得到的圆弧,可以通过对 Limits(限制选项)中的 Full Circle(整圆)和 Complement Arc(互补圆弧)来设置。

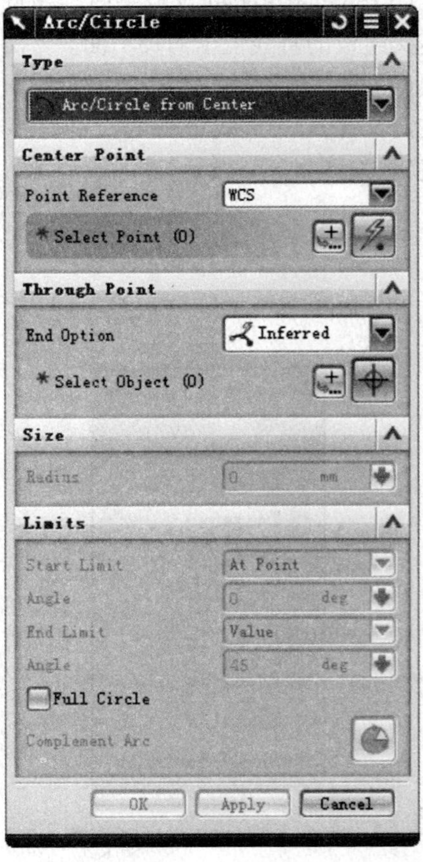

图 2-31 Arc/Circle 对话框

利用该功能来绘制圆或圆弧基本步骤如下：

◆在对话框中的 Type 选项下选择圆弧或圆的生成方式，即 Three Point Arc（三点画圆弧）或 Arc/Circle from Center（通过圆心画圆弧/圆）方式。

◆若选择为 Three Point Arc 方式时，则在视图区域分别定义圆弧的起点、终点和半径值，若选择为 Arc/Circle from Center 方式时，则在视图区域先指定圆弧的圆心位置，再指定圆弧的起点位置和终点位置。

◆单击 OK 或 Apply 即可获得所需圆弧或圆。

其操作与 Basic Curves 中的圆弧与圆功能基本相似，本章将在后续章节对其介绍。

2.1.4 Lines and Arcs（直线与圆弧）

该功能用于创建直线、圆弧和圆的特征。选择【Insert（插入）】→【Curve（曲线）】→【Lines and Arcs（直线和圆弧）】的下一级命令或单击工具栏上的按钮，系统弹出如图 2－32 所示的 Lines and Arcs 对话框，其各项参数意义如下。

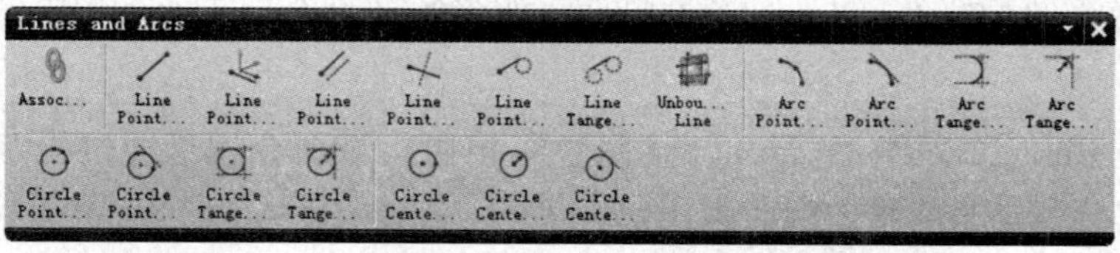

图 2－32 Lines and Arcs 对话框

（1）Line Point－Point 直线（点－点）：该命令用于在两点间建立一条直线。

（2）Line Point－XYZ 直线（点－XYZ）：该命令用于过一点创建一条沿 X 轴、Y 轴或 Z 轴的直线。

（3）Line Point－Parallel 直线（点－平行）：该命令用于过一点创建一条与已知直线平行的直线。

（4）Line Point－Perpendicular 直线（点－垂直）：该命令用于过一点创建一条与已知直线垂直的直线。

（5）Line Point－Tangent 直线（点－相切）：该命令用于过一点创建一条与已知曲线相切的直线。

（6）Line Tangent－Tangent 直线（相切－相切）：该命令用于创建一条直线同时相切于两条曲线。

（7）Arc Point－Point－Point 圆弧（点－点－点）：该命令用于过三点创建一条圆弧，其指定点的顺序为先指定圆弧的起点，再指定圆弧的终点，最后定义圆弧所通过的点。

（8）Arc Point－Point－Tangent 圆弧（点－点－相切）：该命令用于指定圆弧的起点和终点，并使圆弧与指定曲线相切。

（9）Arc Tangent－Tangent－Tangent 圆弧（相切－相切－相切）：该命令用于定义一条圆弧同时与视图平面内已存在的三条曲线相切。

(10) Arc Tangent – Tangent – Radius 圆弧(相切 – 相切 – 半径):该命令用于通过指定一圆弧的半径,并使该圆弧同时与视图平面内的两条曲线相切。

(11) Circle Point – Point – Point 圆(点 – 点 – 点):该命令用于通过三点确定一个圆。

(12) Circle Point – Point – Tangent 圆(点 – 点 – 相切):该命令用于定义一圆过两点且与一曲线相切。

(13) Circle Tangent – Tangent – Tangent 圆(相切 – 相切 – 相切):该命令用于定义一个圆与已知的三条曲线同时相切。

(14) Circle Tangent – Tangent – Radius 圆(相切 – 相切 – 半径):该命令用于通过设定一个半径值定义圆,并使该圆与平面内的两条曲线同时相切。

(15) Circle Center – Point 圆(圆心 – 点):该命令用于通过两个点来定义圆,先指定的点为圆的圆心,圆的半径为两点之间的距离。

(16) Circle Center – Radius 圆(圆心 – 半径):该命令用于通过指定圆心和半径值来定义圆。

(17) Circle Center – Tangent 圆(圆心 – 相切):该命令用于通过指定圆心和直线来定义一圆,且该圆与所指定的曲线相切。

2.1.5 Basic Curves(基本曲线)

该功能用于提供非关联性曲线的创建和编辑特性,通过该功能可以实现直线、圆弧、圆的绘制,以及对曲线进行倒圆角和修剪、曲线编辑等。选择【Insert(插入)】→【Curve(曲线)】→【Basic Curves(基本曲线)】命令或单击工具栏上的按钮,系统弹出如图2–33所示的Basic Curves对话框和如图2–34所示的Tracking Bar(跟踪条)对话框。

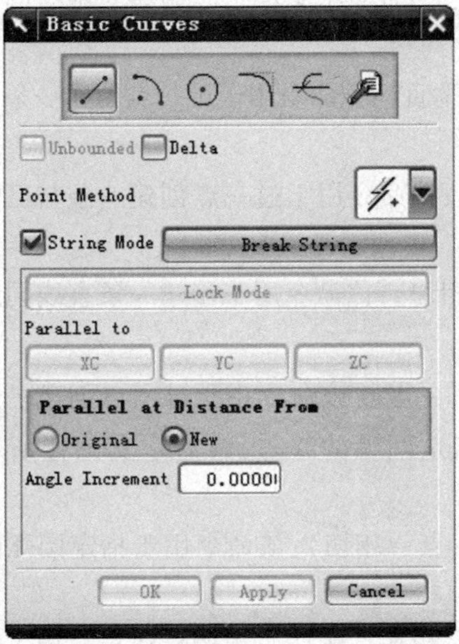

图2–33 Basic Curves对话框

图2–34 Tracking Bar工具条图

1. 直线

单击图 2－33 的直线图标图标，则为如图 2－33 和图 2－34 所示。

图 2－33 中各项参数的意义如下。

（1）Unbounded（没有边界）：即所画直线无限长地延伸到以绘图区域为边界的直线（两端同时到绘图区域边界），若对所绘图形进行缩放，将不再延伸此直线。此选项不能与画连续线（String Mode）模式同时使用。

（2）Delta（增量）：使用增量方式（相对坐标）输入直线的端点坐标值，即所输入的坐标位置（包括所显示的数值）以增量的形式出现，此时需关闭 Unbounded 选项。

（3）Point Method（点选取方法）：指定点选取方式为智能点、任意点、存在点、端点、中点、控制点、交叉点、角度点、四分点、圆心点或通过点对话框输入点坐标作为画直线的端点。注意：绘图区域中必须存在指定点选取方式的点，否则无法选取。

（4）String Mode（画连续线模式）：当此选项被选上时，第一条直线的结束点即第二条直线的起始点。

（5）Break String（中断连续线）：点击此图标时，结束 String Mode 模式，即所绘制的连续直线结束。

（6）Lock Mode（锁定模式）：画一直线希望与一已存在线平行、垂直或夹一特定角时，当选取了第一点及选此存在线后，即产生此种功能。这时可以在绘图窗口中移动光标位置以选定想要的直线方式。选择所需要的直线方式后，通过 MB2（鼠标中键）来切换 Lock/Unlock（锁定/不锁定）的模式来确定所用的直线形式。

（7）Parallel to（平行于）：产生平行于 *XC*，*YC*，*ZC* 轴的直线。首先指定一个点，然后选择希望平行的轴向按键，最后点取直线的终点。即可以绘制出平行于所需要轴的直线。

（8）Parallel at Distance From（平行于要求的直线且长度相等）：绘制时首先要选择相对的平行线作为基准线。

①Original（原始直线）：直线是由原始线（即偏置时首先高亮的直线）依指定偏置量和偏置方向所产生的。采用此方法时必须通过输入不同的偏置值才能产生不重合的直线，否则产生的直线为与前一直线重合的直线。

②New（新偏置线）：每一条偏置的直线都是由前一条偏置直线（即最后一条得到的偏置直线）依指定偏置量和偏置方向所产生的。

（9）Angle Increment（角度增量）：当鼠标在绘图区域中相对直线的第一点进行旋转时，所显示的图形将以角度增量值的方式显示。例如，当输入一个值给角度增量，如 5，则光标每次移动的角度为 5 度，这样对绘制与 *XC* 轴的夹角为特定角度的直线时，可以在角度增量中输入此角度值来绘制直线。

图 2－34 中各项参数的意义如下：

（1）*XC*，*YC*，*ZC* 为直线端点的三维空间坐标值，若为在 Delta 方式下，则为相对于前一点的坐标的相对坐标值，若是第一点，则为相对于绝对坐标零点的相对坐标值。

（2）79.845 为所输入直线的长度，当要求所绘制的直线的长度为某一固定值时，可以在此直线处于高亮时，在此对话框中输入直线的长度值，然后回车即可。

（3）14.534 为所输入直线相对于 *XC* 轴的夹角，当要求所绘制的直线相对于 *XC*

轴的夹角为某一固定值时，可以在此直线处于高亮时，在此对话框中输入角度值，然后回车即可。

(4) 1.000 为所输入直线相对于前一直线的相对偏置距离值，当要求所绘制的直线相对于前一直线的偏置距离为某一固定值时，可以在选择前一直线使其处于高亮，在此对话框中输入偏置距离值，然后回车即可。若 Parallel at Distance From 中的选项为 Original 时，可以接着改变偏置距离值得到不同的偏置直线；若为 New，是可以接着按回车得到相等距离值的偏置直线。

使用直线功能产生直线的方法：

(1)画单一直线或连续直线，如图 2－35 所示。

方法一：在图 2－34 中所对应的对话框中分别输入两点坐标。

◆在 *XC* 对话框中输入始点的 *X* 坐标值后，按键盘上的 Tab 键，然后在 *YC* 对话框中输入始点的 *Y* 坐标值，此时 *ZC* 对话框中的坐标值默认为 0，若不为 0 则按键盘上的 Tab 键，在 *ZC* 对话框中输入始点的 *Z* 坐标值，输入完后按 Enter(回车)键。

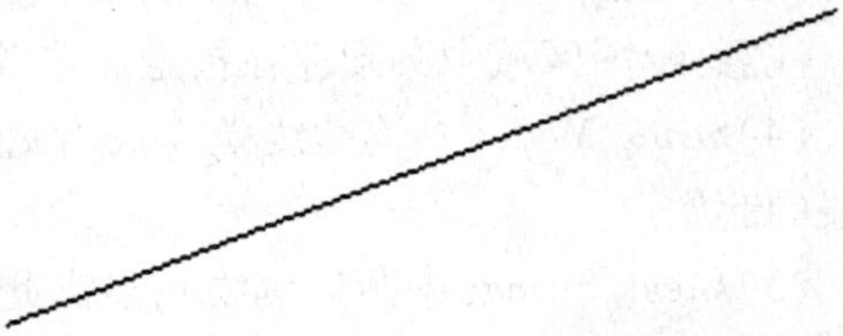

图 2－35　绘制一般直线图

◆方法同步骤 1，在所对应的对话框中输入终点的坐标值。

方法二：通过图 2－33 中的 Point Method 对话框，分别选择端点的类型。

◆选择 Point Method 对话框所需的点选方式，然后在绘图区域选取所对应的始点。

◆选择 Point Method 对话框所需的点选方式(若选取方式与始点，则可忽略此项)，然后在绘图区域选取所对应的终点。

方法三：通过图 2－33 中的 Point Method 对话框中 Point Constructor(点构造器)进行坐标值的输入。

◆在 Point Constructor 对话框中的 *XC*，*YC*，*ZC* 中分别输入始点的 *X*，*Y*，*Z* 坐标值，按 OK(确认)按钮。

◆同步骤 1，在对话框中的 *XC*，*YC*，*ZC* 中分别输入终点的 *X*，*Y*，*Z* 坐标值，按 OK 按钮。

◆若为一条单一直线，则按 Back(后退)按钮退出 Point Constructor 对话框，若为连续直线，则重复步骤 2，在对话框中的 *XC*，*YC*，*ZC* 中分别输入第二直线的终点 *X*，*Y*，*Z* 坐标值，按 OK 按钮。直到按 Back 按钮退出 Point Constructor 对话框为止。

方法四：采用极坐标方式设置直线的长度与角度。

◆通过前三种方法中的一种输入直线的始点坐标。

◆在绘图区域中任意选一点作为直线的终点。

◆在此直线处于高亮时，在图 2－34 中的长度输入对话框 80.524 中输入直线的实际长度，在角度输入对话框 29.427 中输入直线与 *X* 轴的实际夹角，然后按 Enter 键。

(2)由点画分别平行于 *X* 轴、*Y* 轴或 *Z* 轴的直线，如图 2－36 所示。

◆定义始点。

◆在图 2 - 33 中的 Parallel To 选项中点击 XC（平行于 X 轴）或 YC（平行于 Y 轴）或 ZC（平行于 Z 轴）。

◆定义终点。

(3)由一点画与 X 轴成特定夹角的直线，如图 2 - 37 所示。

◆定义始点。

◆定义终点。

◆在图 2 - 34 中的 △ 15.000 输入与 X 轴所成的夹角并按 Enter。

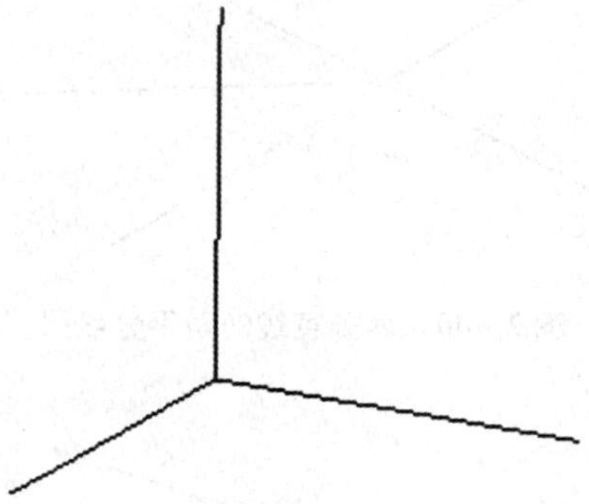

图 2 - 36　绘制平行于 X,Y 或 Z 轴的直线图

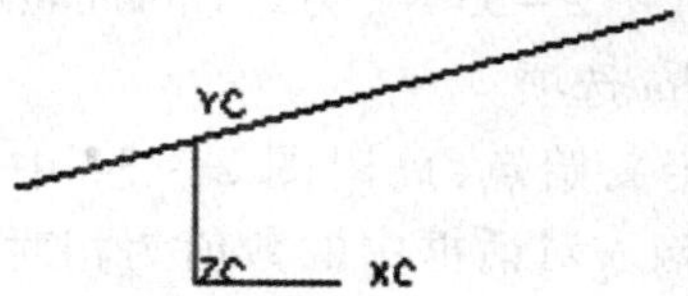

图 2 - 37　与 X 轴成特定夹角的直线图

(4)通过一点画与某一参考线成一特定夹角的直线，如图 2 - 38 所示。

◆定义始点。

◆选取需与其成特定夹角的直线，注意：不能选控制点，以后没有特别说明则指不选控制点。

◆在图 2 - 34 中的 80.000 输入所需直线的长度并按 Tab 键。

◆在图 2 - 34 中的 △ 30.000 输入与两直线的夹角并按 Enter。

(5)通过一点画与某一参考线平行或垂直的直线，如图 2 - 39 所示。

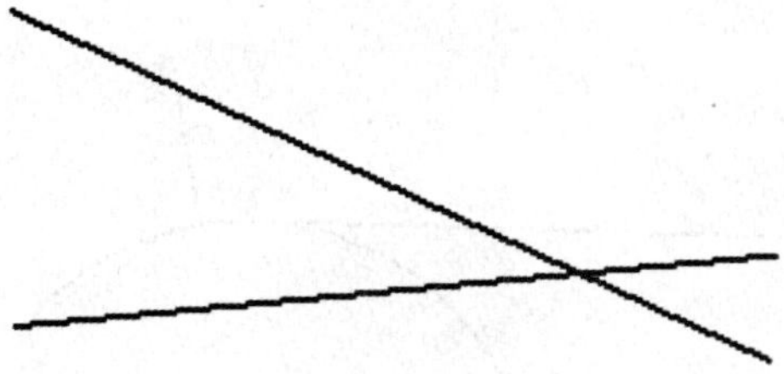

图 2 - 38　与某一参考线成一特定夹角的直线图

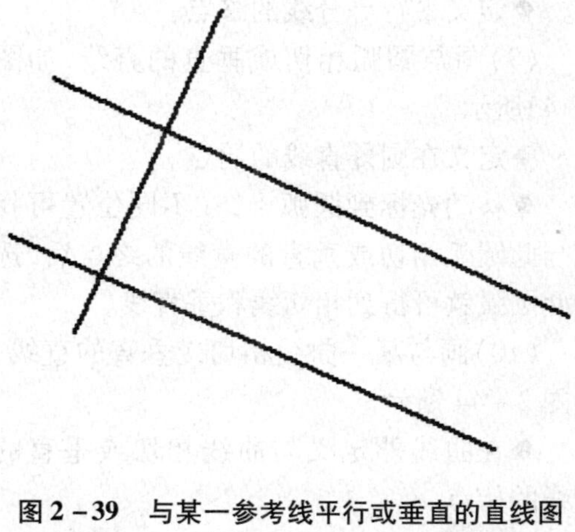

图 2 - 39　与某一参考线平行或垂直的直线图

◆定义始点。

◆选取需与其平行或垂直的直线,注意:不能选控制点。

◆围绕始点旋转鼠标到平行或垂直的位置(在旋转过程中只会出现与参考线平行、垂直或系统默认的特定角度三种情况)。

◆定义终点(在此方向上的任意一点)。

◆在图2－34中的 80.000 输入所需直线的长度并按Enter键。

(6)画两条直线的角平分线,如图2－40所示。

◆选取第一条直线。

◆选取第二条直线。

◆旋转鼠标,选择所需要的角平分的方向后定义终点。

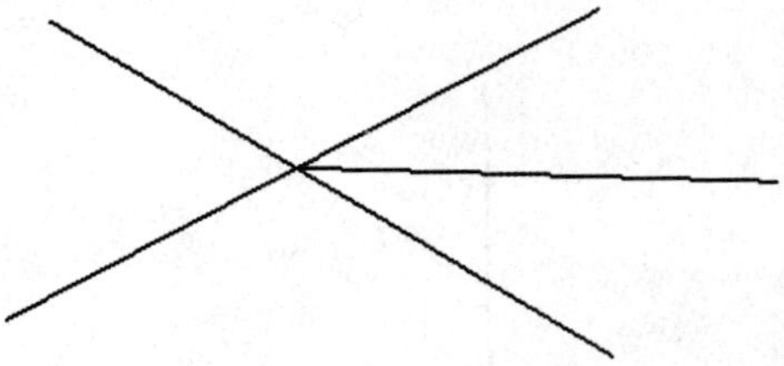

图2－40　两条直线的角平分线图

(7)用相对坐标值(增量方式)画直线,如图2－41所示。

◆在图2－33中,关闭Unbounded选项,打开Delta选项。

◆定义始点,此时图2－34中的XC,YC,ZC输入对话框中的数值为相对于前一点的相对坐标值。

◆在图2－34中的XC,YC,ZC对话框中输入相对于始点的相对坐标值后,按Enter键。

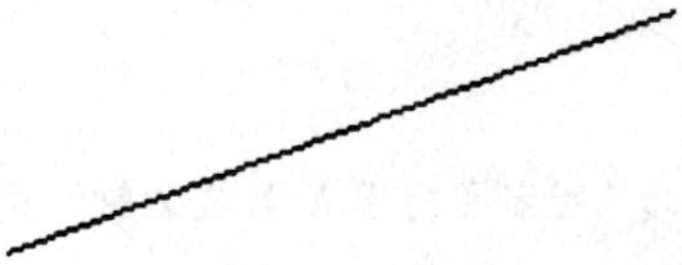

图2－41　用相对坐标值画直线图

(8)画两条平行线的平行等分线,如图2－42所示。

◆选取第一条直线,选取点靠近选取线的那个端点作为平行等分线的始点,如图中的上方直线。

◆选取平行于第一条直线的另一条直线,此时则出现一条平行等分线。

◆定义平行等分线的终点。

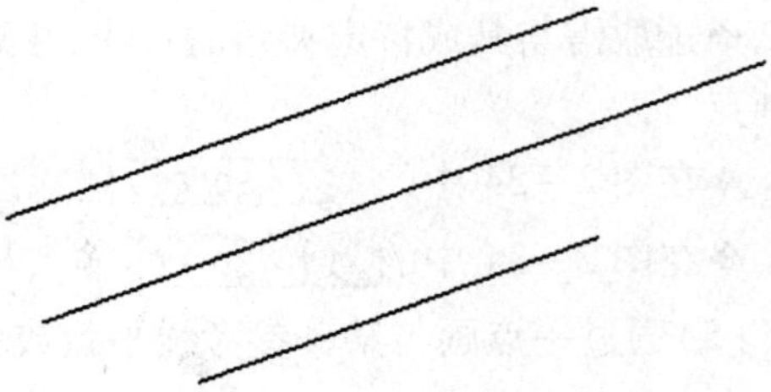

图2－42　两条平行线的平行等分线图

(9)画与圆弧相切或垂直的直线,如图2－43所示。

◆定义在圆外直线的始点。

◆移动光标到圆弧上,在不同位置可找到与此圆弧相切或垂直的直线的终点后,选取此圆弧就可得到相切线和垂直线。

(10)画与某一曲线相切或垂直的直线,如图2－44所示。

◆在曲线外定义与曲线相切或垂直的直线的始点。

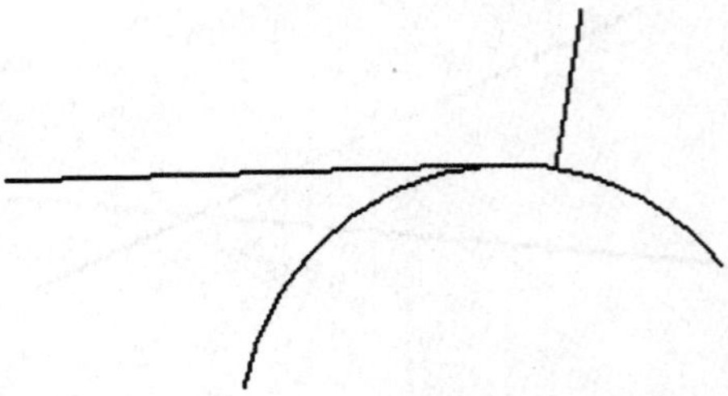

图2－43　与圆弧相切或垂直的直线图

◆移动光标到曲线上，在不同位置可找到与此曲线相切或垂直的直线的终点后，选取此曲线就可得到相切线或垂直线。

（11）画一平行于某一直线且与另一曲线相切的直线，如图2－45所示。

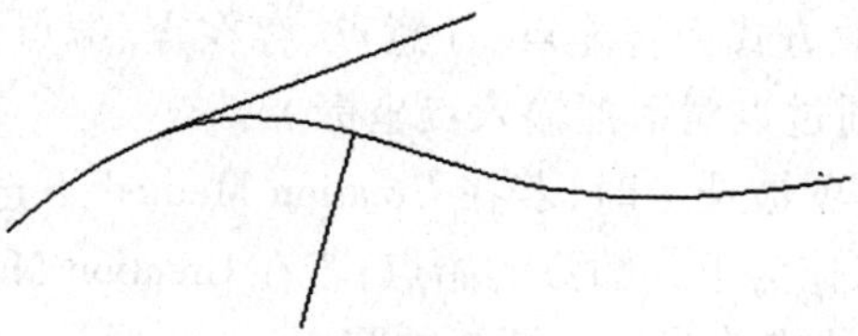

图2－44　与曲线相切或垂直的直线图

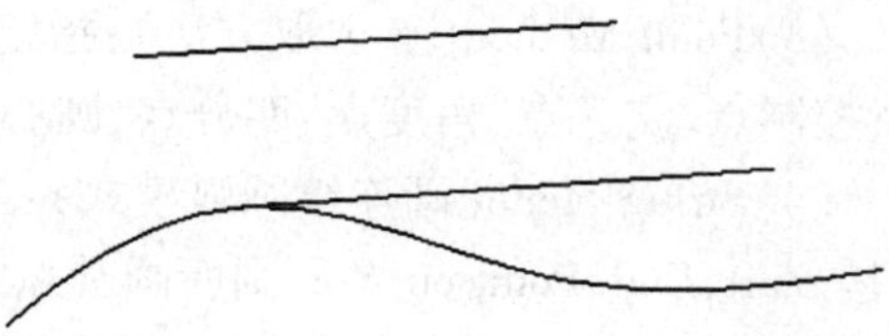

图2－45　平行于某一直线且与另一曲线相切的直线图

◆选取所需平行的直线。

◆选取需相切的曲线。

◆定义切线的终点。

（12）画一直线与某一曲面垂直，如图2－46所示。

◆定义曲面上或曲面外一点。

◆把图2－33中的Point Method对话框中设置成（选曲面）。

◆选取要作垂直线的曲面，如果“点”在曲面上，即可拉出一条垂直线，在绘图区域中点取垂直线的终点则可。

◆如果“点”在曲面外，选定曲面后，即可产生一条由面外的点到面的垂直线。

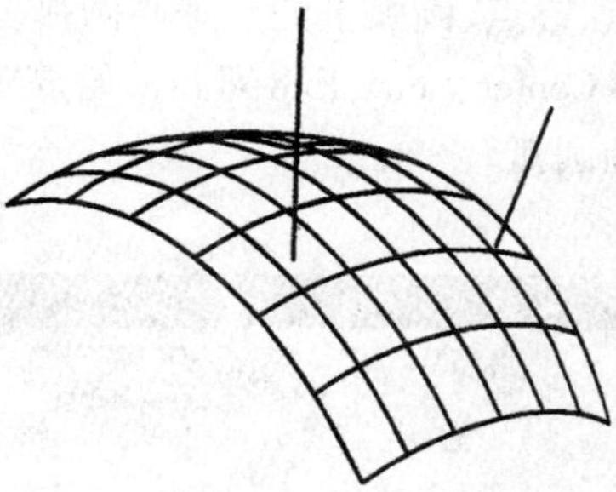

图2－46　与某一曲面垂直图

（13）画一系列等距线，如图2－47所示。

◆在图2－33中的Parallel at Distance From下选择Original或New。

◆选择在等距线的直线，且选择时选择球的中心位于直线要偏置的一侧。

◆在图2－34中的 1.000 输入要偏置的距离值后，按Enter键，若步骤1中选择的是New，则继续按Enter键，将得到一系列等距线；若选择的是Original，则需改变偏置的距离值，否则将与前一偏置线重合。

图2－47　一系列等距线图

2. 圆弧

点击图2－33中的图标，则为如图2－48和图2－49所示。

图2－48中各项内容的意义如下。

(1) Full Circle(全圆):当此选项打开时,不管使用哪种画圆弧功能,画出来的都是封闭的圆。此选项不能与画连续线(String Mode)模式同时使用。

(2) Delta(增量):使用增量方式(相对坐标)输入圆弧参数的坐标值,即所输入的坐标位置(包括所显示的数值)以增量的形式出现。

(3) Point Method(点选取方法):指定点选取方式为智能点、任意点、存在点、端点、中点、控制点、交叉点、角度点、四分点、圆心点或通过点对话框输入点坐标。

(4) String Mode(画连续圆弧模式):当此选项被选上时,若在 Creation Method 下选择的是 Start,End,Point on Arc,则所画圆弧的终点作为下一圆弧的始点;若在 Creation Method 下选择的是 Center,Start,End,则所画圆弧的终点作为下一圆弧的圆心。

(5) Break String(中断连续线):点击此图标时,结束 String Mode 模式,即所绘制的连续圆弧结束。

(6) Alternate Solution(切换结果):在选取了第一点及第二点(Start,End,Point on Arc 下为圆弧的始点与终点,Center,Start,End 下为圆弧的中心与始点)后,在选择第三点的位置用 MB2 键(鼠标中键)代替 MB3 键(鼠标右键)时,Alternate Solution 就起作用,此时就会产生目前预览圆弧和互补圆弧。

(7) Creation Method(画圆弧的方法)。

◆Start,End,Point on Arc(始点、终点、圆弧上的点):在绘图区域中依次选择圆弧上的始点、终点、圆弧上的点来画圆弧。

◆Center,Start,End(圆心、始点、终点):在绘图区域中依次选择圆弧的圆心、始点、终点来画圆弧。

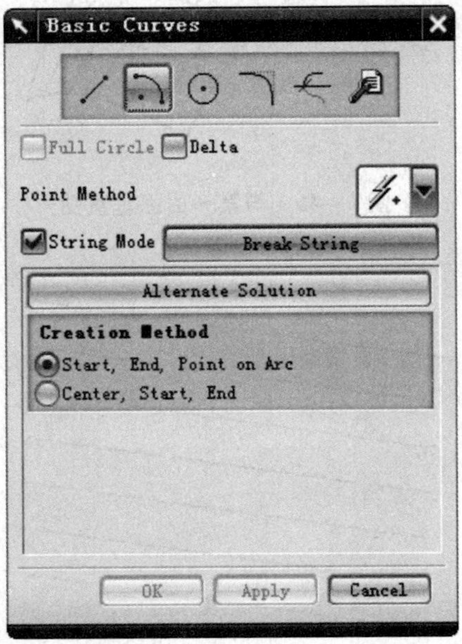

图 2-48　圆弧对话框

图 2-49　圆弧绘制相关参数值输入对话框

图 2-49 中各项参数的意义如下:

(1) *XC*,*YC*,*ZC* 为点的三维空间坐标值,若为在 Delta 方式下,则为相对于前一点的坐标的相对坐标值,若是第一点,则为相对于绝对坐标零点的相对坐标值。

(2) 41.037 为所输入圆弧的半径值。

(3) 82.075 为所输入圆弧的直径值。

(4) 189.267 为所输入圆弧始点与水平夹角值。此对话框只在 Center,Start,End 下起作用。

(5) 126.469 为所输入圆弧终点与水平夹角值。此对话框只在 Center,Start,End 下起作用。

使用圆弧功能产生圆弧的方法如下。

(1)三点画一圆弧(始点、终点、圆弧上的点):如图 2-50 所示。Creation Method 中设置为 Start,End,Point on Arc。

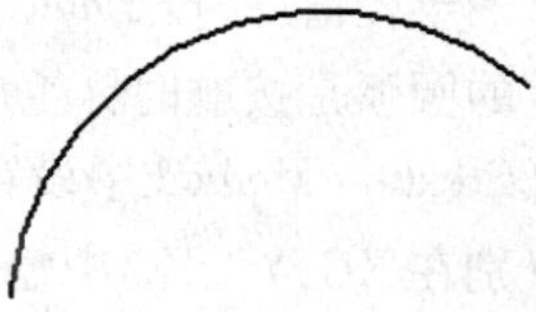

图 2-50 三点画一圆弧图

◆定义圆弧的始点。

◆定义圆弧的终点。

◆定义圆弧上的一点。

(2)三点画弧与某圆或线相切(始点、终点、相切圆或线),如图 2-51 所示。Creation Method 中设置为 Start,End,Point on Arc。

◆定义圆弧的始点。

◆定义圆弧的终点。

◆选取相切圆弧或直线。

(3)由一线端点与此线相切作一圆弧(始点、相切线、终点),如图 2-52 所示。Creation Method 中设置为 Start,End,Point on Arc。

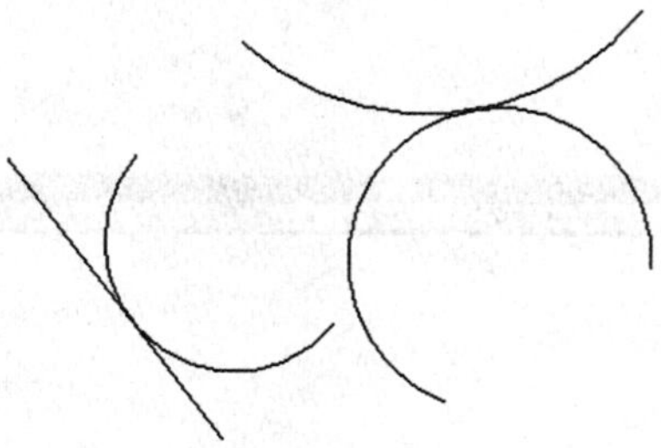

图 2-51 三点画弧与某圆或线相切图

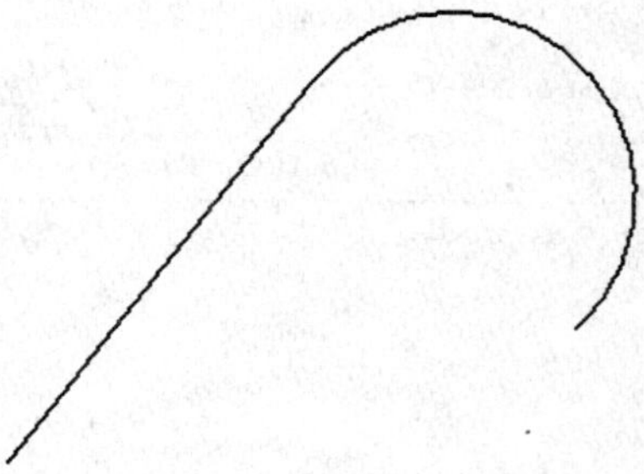

图 2-52 由一线端点与此线相切作一圆弧图

◆选取线的端点。

◆选取线。

◆定义圆弧的终点。

(4)圆心、始点、终点画圆弧,如图 2-53 所示。Creation Method 中设置为 Center,Start,End。

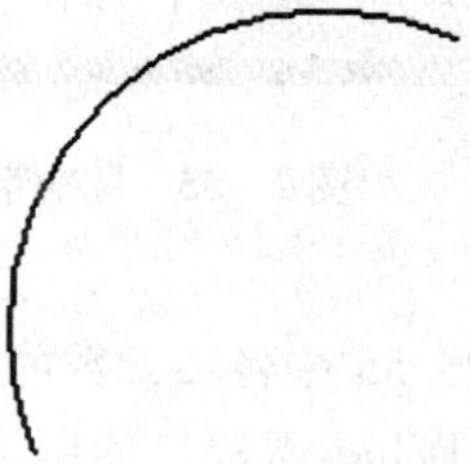

图 2-53 圆心、始点、终点画圆弧图

◆定义圆弧的圆心。

◆定义圆弧的始点。

◆定义圆弧的终点。

(5)使用图 2-49 所示的对话框画圆弧。如图

2－54 所示。

①Creation Method 中设置为 Start，End，Point on Arc。

◆分别在 XC，YC，ZC 中输入始点的 *X*，*Y*，*Z* 坐标值后，按 Enter 键。

◆分别在 XC，YC，ZC 中输入终点的 *X*，*Y*，*Z* 坐标值后，按 Enter 键。

◆分别在 XC，YC，ZC 中输入圆弧上一点的 *X*，*Y*，*Z* 坐标值后，按 Enter 键；或在 41.037 中输入圆弧的半径值后，按 Enter 键；或在 82.075 输入圆弧的直径值后，按 Enter 键。此时产生的圆弧是按顺时针生成的。

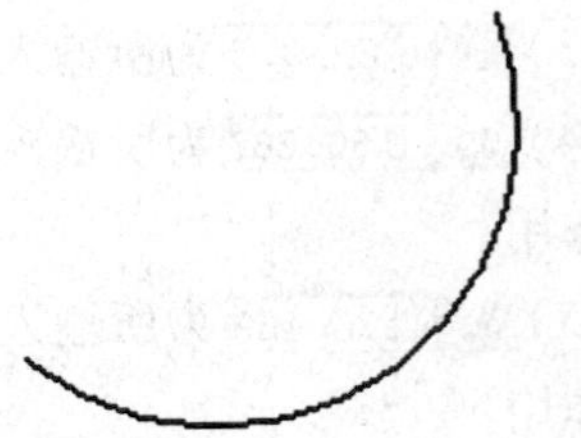

图 2－54　使用对话框画圆弧图

②Creation Method 中设置为 Center，Start，End。

分别在 XC，YC，ZC 中输入圆弧圆心坐标，在 41.037 中输入圆弧的半径值或在 82.075 输入圆弧的直径值，在 189.267 中输入圆弧始点与水平轴的夹角值，在 126.469 中输入圆弧终点与水平轴的夹角值后，按 Enter 键。

3. 圆

点击图 2－33 中的图标，则为如图 2－55，2－56 所示。

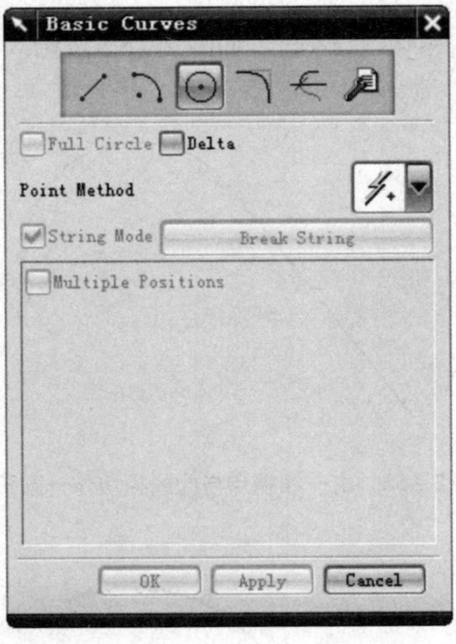

图 2－55　圆对话框

图 2－56　圆绘制相关参数值输入对话框

图 2－55 中各项参数的意义如下。

（1）Delta（增量）：使用增量方式（相对坐标）输入圆弧参数的坐标值，即所输入的坐标位置（包括所显示的数值）以增量的形式出现。

（2）Point Method（点选取方法）：指定点选取方式为智能点、任意点、存在点、端点、中点、控制点、交叉点、角度点、四分点、圆心点或通过点对话框输入点坐标。

(3) Multiple Positions(多个位置):在不同位置创建多个相同的圆。

图 2-56 中各项参数的意义如下:

(1) *XC*, *YC*, *ZC* 为点的三维空间坐标值,若为在 Delta 方式下,则为相对于前一点的坐标的相对坐标值,若是第一点,则为相对于绝对坐标零点的相对坐标值。

(2) 41.037 为所输入圆弧的半径值。

(3) 82.075 为所输入圆弧的直径值。

使用圆功能产生圆的方法:

(1) 圆心和圆上的一点画圆。如图 2-57 所示。

◆定义圆心点。

◆定义圆弧上的一点。

(2) 圆心和相切元素(直线、圆弧、圆、曲线等)画相切圆。如图 2-58 所示。

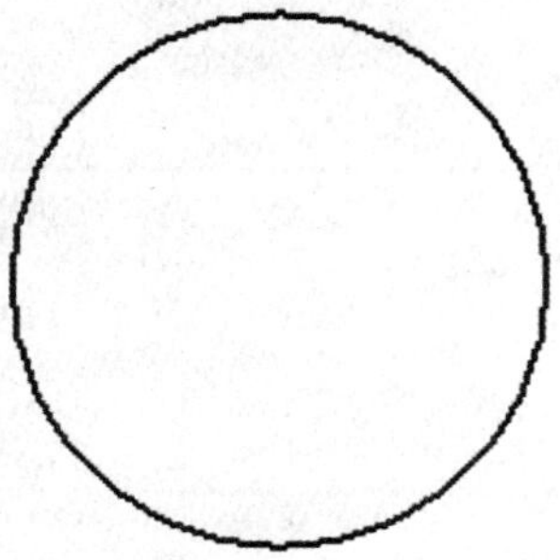

图 2-57 圆心和圆上的一点画圆图

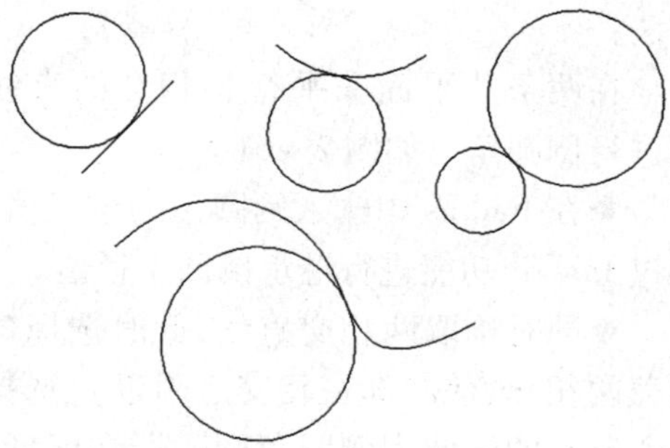

图 2-58 圆心和相切元素画相切圆图

◆定义圆心。

◆选取相切元素。

(3) 使用图 2-56 所示的对话框画圆。如图 2-58 所示。

分别在 XC, YC, ZC 中输入圆心坐标,在 41.037 中输入圆弧的半径值或在 82.075 输入圆弧的直径值后,按 Enter 键。

(4) 使用 Multiple Positions 功能在多个位置画相同大小的圆。如图 2-59 所示。

◆采用上述三种方法中的一种画出一个圆。

◆勾选 Multiple Positions 功能。

◆定义需画与所画圆相同大小圆的位置。

◆不勾选 Multiple Positions 功能,则才可画其他大小的圆。

4. 倒圆角

点击图 2-33 中的图标,则为如图 2-60 所示。

Fillet 功能是在两曲线或三条曲线间进行倒圆角,同时还可指定倒完圆角后的曲线是否需要进行 Trim(修剪)。在倒圆功能中有 Simple Fillet(简单倒圆角)、2 Curve Fillet(两曲线倒圆角)、3 Curve Fillet(三曲线倒圆角)。

(1)Simple Fillet:简单倒圆角。仅适用于两相交直线。

点击图标进行入 Simple Fillet 功能。如图 2－60 所示。

图 2－60 中各项参数的意义如下:

●Radius(半径):输入所倒圆的圆角半径值。

●Inherit(继承):用来继承已知圆弧或圆的半径值,通过点击 Inherit 按钮后,选取用来继承的圆弧或圆,则在 Radius 的输入栏中输入所选取圆弧或圆的半径值,此时倒圆半径将为所继承的圆弧或圆的半径值。

使用 Simple Fillet 功能进行倒圆角的方法:

在两条共平面非平行且相交的直线之间进行倒圆角。如图 2－61 所示。

◆在 Radius 中输入倒圆角的半径值,或通过 Inherit 功能进行继承倒圆半径值。

◆同时选取两相交直线,此时选择球需覆盖两相交直线(即在相交点附近),选择球中心所在的区域为倒圆角圆心所在区域,同时对两相交直线进行修剪。

(2)2 Curve Fillet:两曲线倒圆角。

点击图标进入 2 Curve Fillet 功能。如图 2－62 所示。

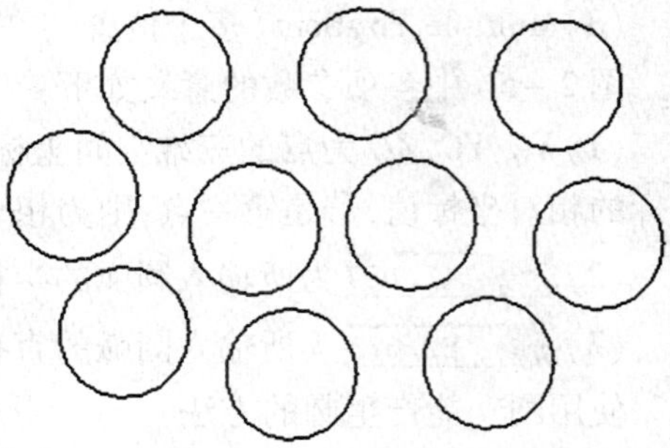

图 2－59　在多个位置画相同大小的圆图

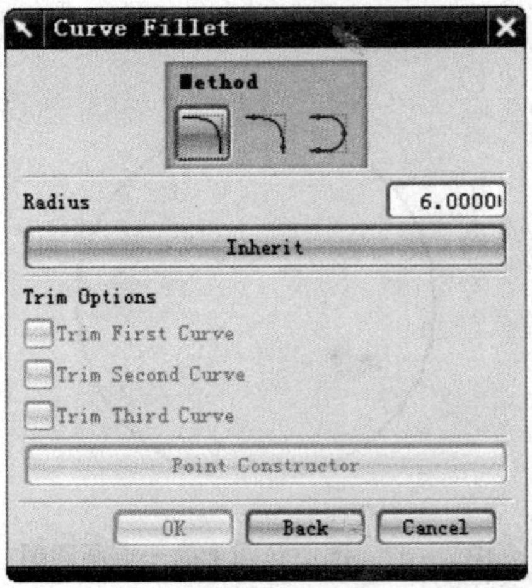

图 2－60　倒圆角对话框

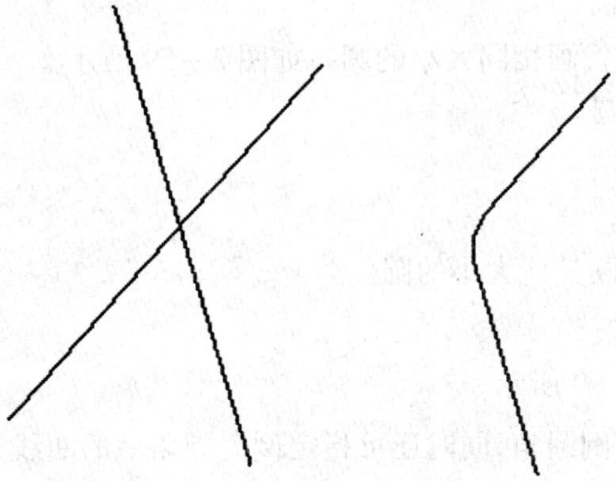

图 2－61　在两相交直线之间进行倒圆角图

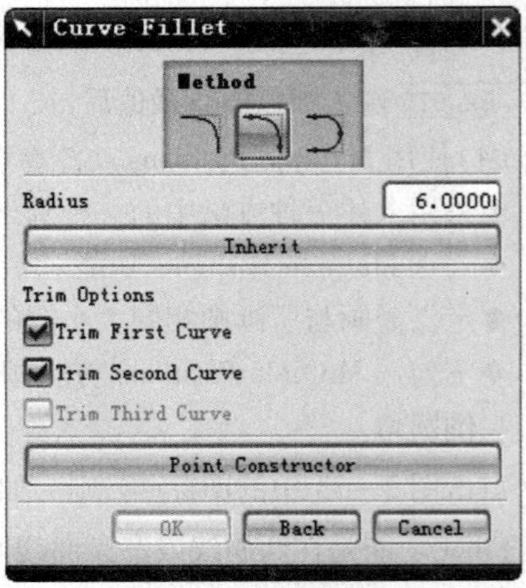

图 2－62　2 Curve Fillet 对话框

图 2－62 中各项参数的意义如下。

●Radius（半径）：输入所倒圆角的圆角半径值。

●Inherit（继承）：用来继承已知圆弧或圆的半径值，通过点击 Inherit 按钮后，选取用来继承的圆弧或圆，则在 Radius 的输入栏中出现所选取圆弧或圆的半径值，此时倒圆半径将为所继承的圆弧或圆的半径值。

●Trim First Curve（修剪第一条曲线）：在倒圆角的过程中，同时对选取的第一条曲线进行修剪。

●Trim Second Curve（修剪第二条曲线）：在倒圆角的过程中，同时对选取的第二条曲线进行修剪。

●Point Constructor（点对话框）：用于指定倒圆角曲线为点的情况，或倒圆角的圆心所在大概区域的位置。

在两曲线间进行倒圆角，曲线包括点、线、圆及自由曲线，两曲线倒圆角是从第一条曲线到第二曲线间按逆时针方向产生的一个圆弧。当两曲线的选择相反时，则产生的圆弧正好互补。如图 2－63 所示。

使用 2 Curve Fillet 功能进行倒圆角的方法：

①两点间倒圆角。如图 2－64 所示。

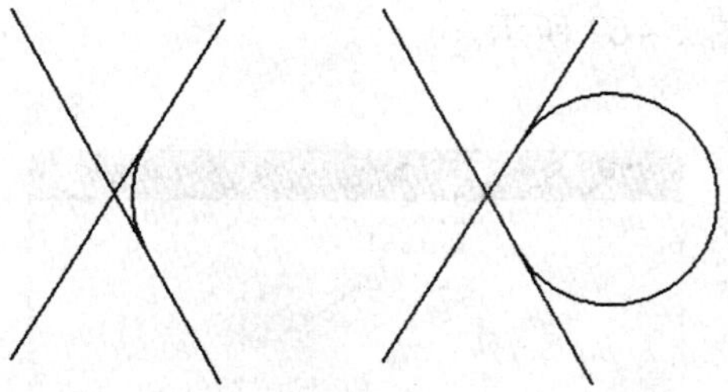

图 2－63　两曲线间进行倒圆角图

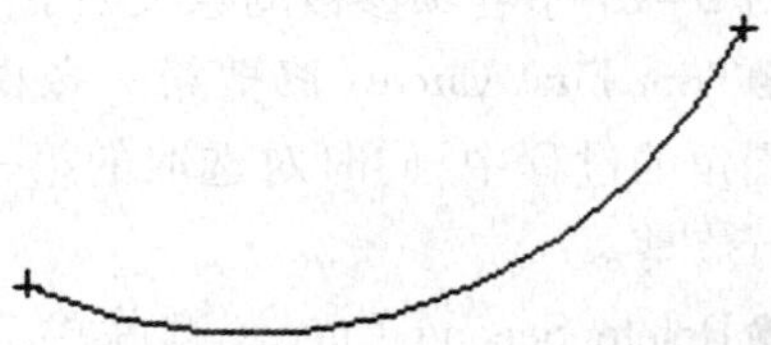

图 2－64　两点间倒圆角图

在两点之间产生的倒圆角端点会位于此两点。第一点与第二点构成向量 $\boldsymbol{A}$；系统根据第二点往 Z 方向产生向量 $\boldsymbol{B}$，向量 $\boldsymbol{A}$ 与向量 $\boldsymbol{B}$ 构成一个参考平面；倒圆角会根据此参考平面，产生在与此参考平面垂直的平面上。

◆定义第一点。

◆定义第二点。

◆在图 2－62 中的 Radius 输入框中输入所倒圆角的圆角半径值或在 Inherit 下继承已知圆弧或圆的半径值。

◆定义倒圆角的圆心所在的大概位置。

②一点与一曲线间倒圆角。如图 2－65 所示。

倒圆产生在点与曲线所构成的平面内。

◆定义点。

◆选取曲线。

◆在图 2－62 中的 Radius 输入框中输入所倒圆角的圆角半径值或在 Inherit 下继承已知圆弧或圆的半径值。

◆在 Trim First Curve 和 Trim Second Curve 中勾选，确定是否对曲线进行修剪（左图未修剪，右图已修剪）。

◆定义倒圆角的圆心所在的大概位置。

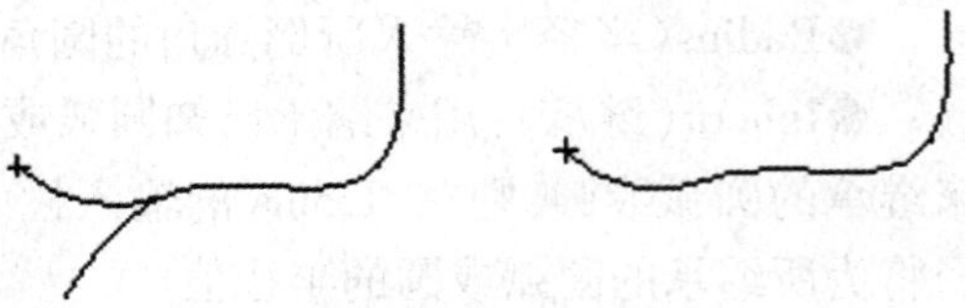

图 2－65　一点与一曲线间倒圆角图

③两曲线间倒圆角。如图 2－66 所示。

倒圆角产生在选取的第一条曲线所在的平面内。

◆选取第一条曲线。

◆选取第二条曲线。

◆在图 2－62 中的 Radius 输入框中输入所倒圆角的圆角半径值或在 Inherit 下继承已知圆弧或圆的半径值。

◆在 Trim First Curve 和 Trim Second Curve 中勾选，确定是否对曲线进行修剪（左图未修剪，右图已修剪）。

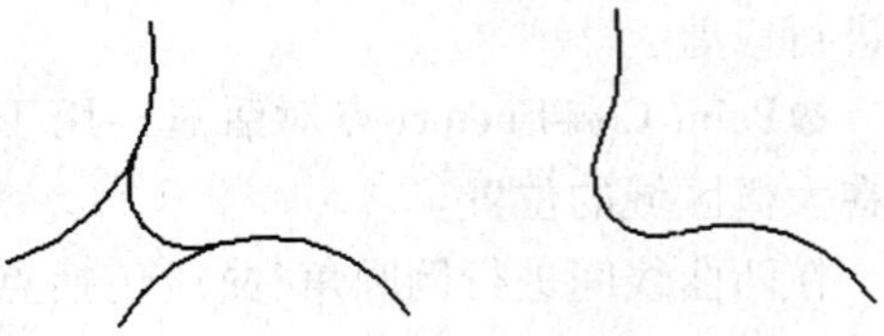

图 2－66　两曲线间倒圆角图

◆定义倒圆角的圆心所在的大概位置。

④3 Curve Fillet：三曲线倒圆角。

点击图标进入 3 Curve Fillet 功能。如图 2－67 所示。

图 2－67 中各项参数的意义如下。

●Trim First Curve（修剪第一条曲线）：在倒圆角的过程中，同时对选取的第一条曲线进行修剪。

●Delete Second Curve（删除第二条曲线）：在倒圆角的过程中，同时对选取的第二条曲线进行删除。

●Trim Third Curve（修剪第三条曲线）：在倒圆角的过程中，同时对选取的第三条曲线进行修剪。

●Point Constructor（点对话框）：用于指定倒圆角曲线为点的情况，或倒圆角的圆心所在大概区域的位置。

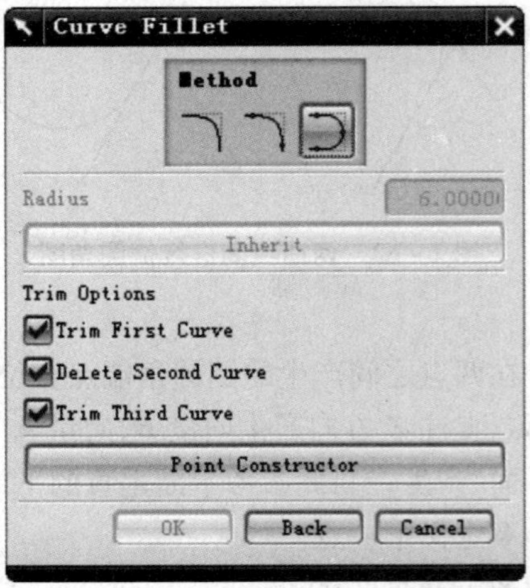

图 2－67　3 Curve Fillet 对话框

使用 3 Curve Fillet 功能进行倒圆角的方法如下：

①在三曲线间产生倒圆角，这三个元素可以是点、直线、圆及自由曲线的任意组合。所倒的圆弧是从第一条曲线到第三条曲线按逆时针方向产生的圆弧，倒圆角的中心距三个元素的垂直距离相等；而且这三个元素可以不共面。如图 2－68 所示（左图未修剪和删除，右图已修剪和删除）。

◆选取第一条曲线。

◆选取第二条曲线。

◆选取第三条曲线。

◆ 在 Trim First Curve, Delete Second Curve 和 Trim Third Curve 中勾选,确定是否对曲线进行修剪和删除(左图未修剪和删除,右图已修剪和删除)。

◆定义倒圆角的圆心所在的大概位置。

②在使用三曲线进行倒圆角时,当选取的三个元素中有圆弧时,必须再提供额外的信息给系统来判断如何进行倒圆角。当选择的是圆弧或圆时,会出现如图 2 -69 所示的对话框。

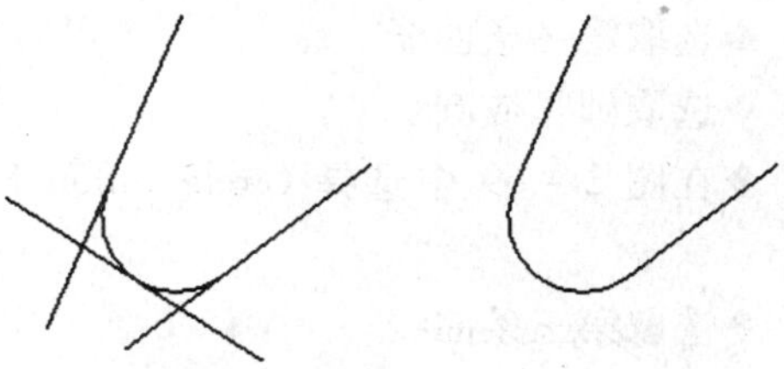

图 2 -68　三曲线倒圆角图

图 2 -69 中各项参数的意义如下。

(1)Tangent Outside(外切):所产生的倒圆与选取的圆弧或圆外切。

(2)Fillet within Circle(倒圆内切于圆):所产生的倒圆内切于所选取的圆弧或圆,即倒圆在所选取的圆弧或圆内部。

(3)Circle within Fillet(圆内切于倒圆):所选取的圆弧或圆内切于所产生的倒圆,即所选取的圆弧或圆在倒圆的内部。

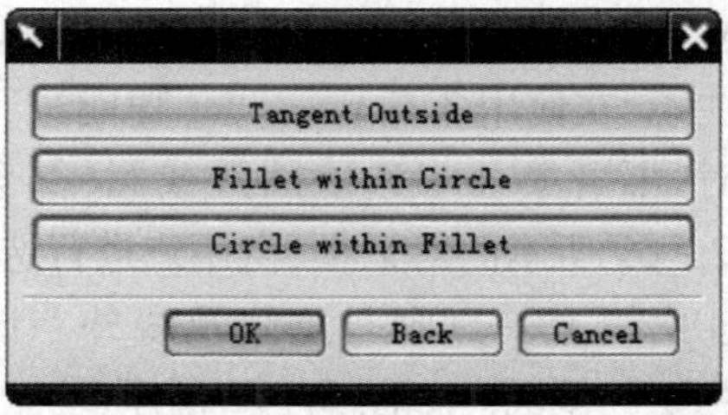

图 2 -69　圆弧或圆与倒圆的关系对话框

①Tangent Outside:外切。如图 2 - 70 所示(左图未修剪和删除,右图已修剪和删除)。注意:圆的始点与终点是重合的,都为水平夹角为 0 度时的位置。

◆选取圆弧或圆。

◆此时出现图 2 -69 所示的对话框,在此对话框中选择 Tangent Outside。

◆选取第二条曲线。

◆选取第三条曲线。

◆ 在 Trim First Curve, Delete Second Curve 和 Trim Third Curve 中勾选,确定是否对曲线进行修剪和删除(左图未修剪和删除,右图已修剪和删除)。

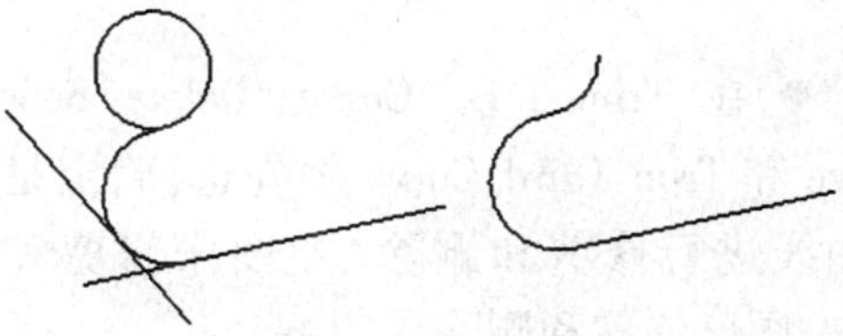

图 2 -70　与所选取的圆弧或圆外切示意图

◆定义倒圆角的圆心所在的大概位置。

②Fillet within Circle:倒圆内切于圆。如图 2 -71 所示(左图未修剪和删除,右图已修剪和删除)。

◆选取第一条曲线。

◆选取圆弧或圆。

◆在图 2 -69 中选择 Fillet within Circle。

◆选取第三条曲线。

◆在 Trim First Curve,Delete Second Curve 和 Trim Third Curve 中勾选,确定是否对曲线进行修剪和删除(左图未修剪和删除,右图已修剪和删除)。

◆定义倒圆角的圆心所在的大概位置。

③Circle within Fillet:圆内切于倒圆。如图 2 -72 所示(左图未修剪和删除,右图已

修剪和删除)。

◆选取第一条曲线。

◆选取圆弧或圆。

◆在图 2 - 69 中选择 Circle within Fillet。

◆选取第三条曲线。

◆在 Trim First Curve, Delete Second Curve 和 Trim Third Curve 中勾选,确定是否对曲线进行修剪和删除(左图未修剪和删除,右图已修剪和删除)。

◆定义倒圆角的圆心所在的大概位置。

注意:在使用 3 Curve Fillet 功能进行倒圆角时,不管第几步选取圆弧或圆,都会出现图 2 - 69 所示的对话框,供用户进行选择。

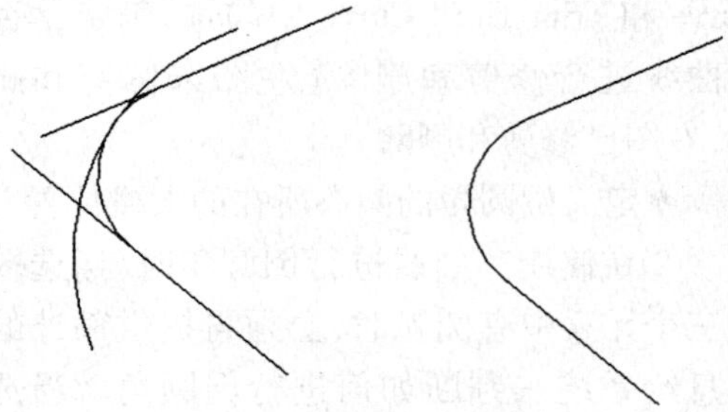

图 2 - 71　倒圆内切于所选取的圆弧或圆示意图

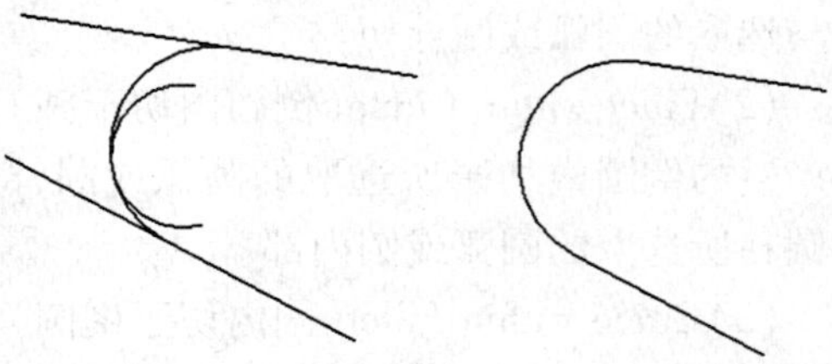

图 2 - 72　所选取的圆弧或圆内切倒圆图

④由线上一点画与此线及线外一圆或曲线相切的倒圆。如图 2 - 73 所示。

◆选取直线。

◆用 Point Constructor 对话框选取直线上的端点,然后按 Back 退回倒圆角界面。

◆选取圆弧或圆。

◆在图 2 - 69 中选择 Circle within Fillet。

◆在 Trim First Curve, Delete Second Curve 和 Trim Third Curve 中勾选,确定是否对曲线进行修剪和删除(左图未修剪和删除,右图已修剪和删除)。

◆定义倒圆角的圆心所在的大概位置。

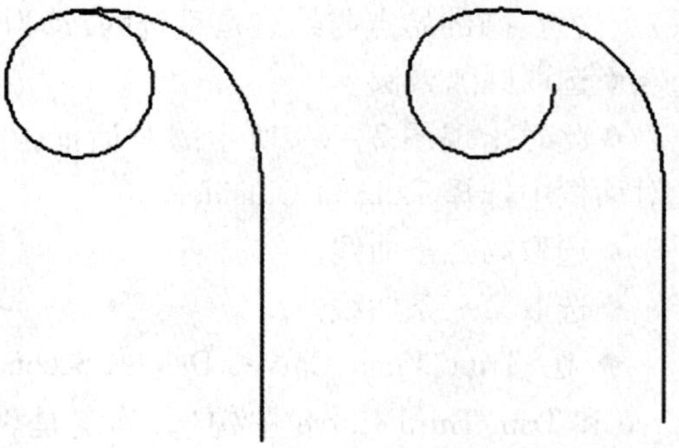

图 2 - 73　由线上一点与此线及线外圆或曲线相切倒圆

(5)修剪

Trim 功能是将直线、圆弧或自由曲线的端点修剪或延伸至一个或两个边界元素、在绘图区中的任何元素都可以作为边界元素,如实体的边缘、点、线、曲面、平面、实体等。三维视角中也可用沿 Along View Normal(视角正交)来修剪或延伸曲线。如果被修剪的是一曲线,系统将会出现一个信息,警告定义这条曲线的原始数据将被删除,这时可以按 Cancel(取消)键来结束修剪或延伸,或 OK(同意)键来继续修剪或延伸操作。在修剪或延伸选项中,也可以指定修剪或延伸边界曲线以及曲线修剪或延伸的交点位置。在图 2 - 33 中点击图标 ,则进入如图 2 - 74 所示的 Trim Curve 对话框。

图 2 - 74 中主要参数的意义如下:

(1)Curve to Trim(需要修剪的曲线):用于定于进行修剪的曲线。

(2)Bounding Object 1(第一个修剪或延伸边界):选取要执行修剪或延伸的第一个边界,第一个边界可以由许多条边界组成(最少为一条边界),当第一个边界选择完后,按

MB2 键进行下一步操作。

(3) Bounding Object 2(第二个修剪或延伸边界):选取要执行修剪或延伸的第二个边界,第二个边界可以由许多条边界组成,也可以没有,当第二个边界选择完后,按 MB2 键进行下一步操作。

(4) Direction(方向):寻找交点方式。系统计算的方式为寻找物体的交集。

●Shortest 3D Distance(最短的 3D 距离):使用三维空间内最短的距离。

●Along View Normal(沿视图正交):即视图点的方式,此选项适合用于在等角视角中修剪或延伸曲线。

●Relative to WCS(相对于工件坐标系):相对于工件坐标系中的最短距离,为系统默认的方式。

●Along a Vector(沿一向量):沿着指定向量的最短距离。

(5) Trim Bounding Object(修剪边界物体):在选取要修剪的对象及位置后,连同边界物体一起修剪;此选项与 Trim/Extend 选项搭配使用,决定边界物体修剪的位置。

使用 Trim 功能进行修剪或延伸的方法如下。

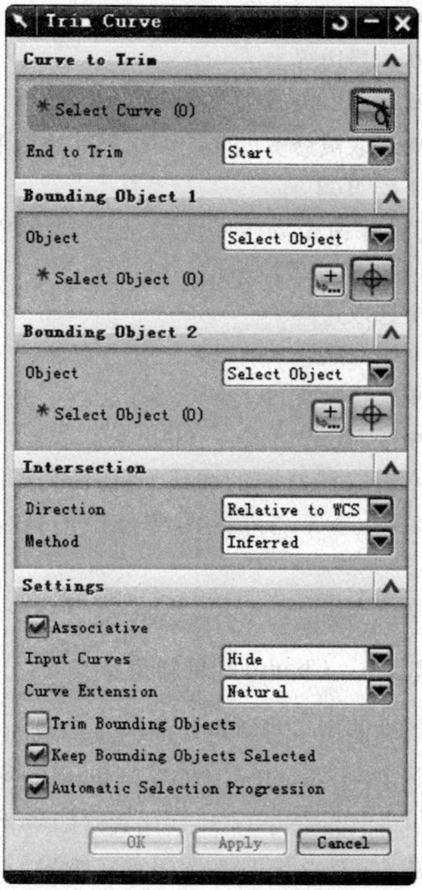

图 2-74 Trim Curve 对话框

(1)修剪边界曲线。如图 2-75 所示。

◆选取边界曲线(左边这一条),选取时选择球在此边界曲线要修剪的一侧。

◆按 MB2。

◆勾选 Trim Bounding Object。

◆选取要修剪的曲线。

◆按 MB2。

(2)保留边界外侧线段,删除边界内侧线段。如图 2-76 所示。

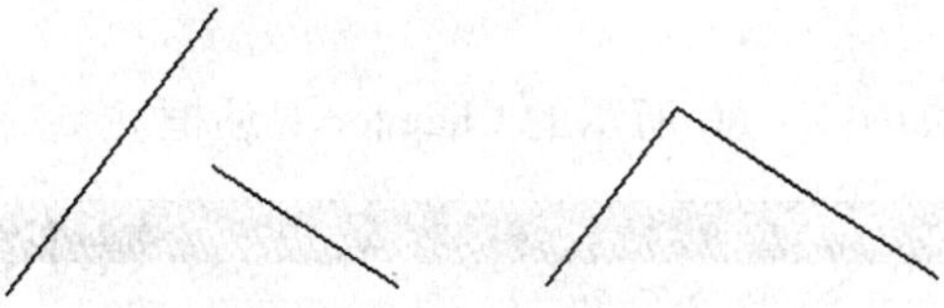

图 2-75 修剪边界曲线图

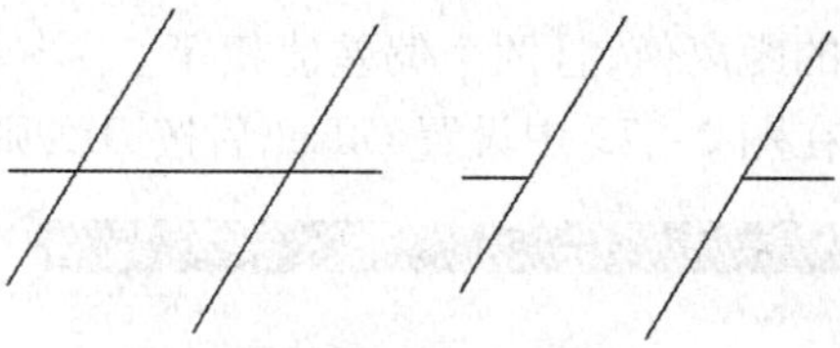

图 2-76 保留边界外侧线段,删除边界内侧线段示意图

◆选取边界一。

◆按 MB2。

◆选择边界二。

◆按 MB2。

◆选取被修剪的曲线。选择球选取的位置在两边界之间的部分。

◆按 MB2。

(3)保留边界内侧线段,删除边界外侧线段。如图 2－77 所示。

◆选取边界一。

◆按 MB2。

◆选择边界二。

◆按 MB2。

◆选取被修剪的曲线。选择球选取的位置在两边界之外的两部分中的任何一部分。

◆按 MB2。

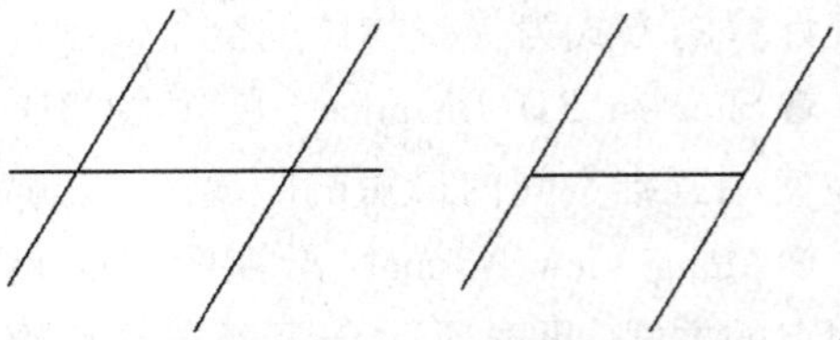

图 2－77　保留边界内侧线段,删除边界外侧线段示意图

2.1.6　Chamfer(倒斜角)

该功能用于对两条共面的直线或曲线间产生倒斜角。选择【Edit(编辑)】→【Curve(曲线)】→【Chamfer…(曲线倒角)】命令或单击 Curve 工具栏上的按钮,进入如图 2－78 所示的 Chamfer 对话框,用来对两条共面的直线或曲线间产生倒斜角。

图 2－78 中各项参数的意义如下:

(1)【Simple Chamfer】简单倒斜角。

(2)【User－Defined Chamfer】用户自定义倒斜角。

下面分别加以说明:

1. imple Chamfer(简单倒斜角)

简单倒斜角只能作直线之间的倒斜角,两直线的倒斜角偏差值相等,且对两直线都进行修剪。

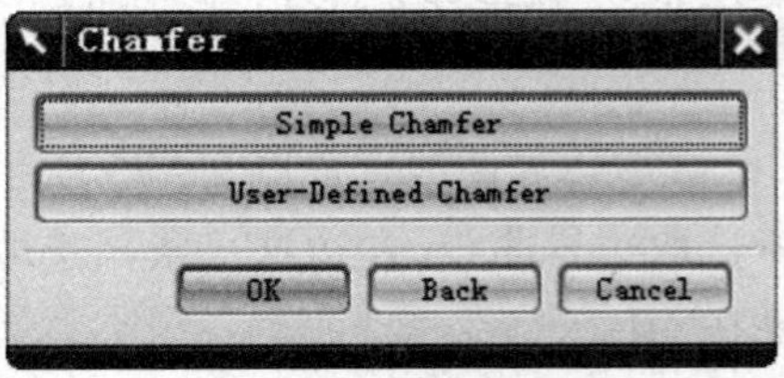

图 2－78　Chamfer 对话框

在图 2－78 中点击 Simple Chamfer 后,则进入如图 2－79 所示的 Chamfer 对话框,其中 Offset(偏差)定义两直线倒斜角的偏差值,其偏差大小等于两直线的交点到直线倒斜角处的距离值,且两个偏差值相等。

在图 2－79 中设置 Offset 后按 OK,则进入如图 2－80 所示的 Chamfer 对话框。

图 2－79　Chamfer 对话框

图 2－80　Chamfer 对话框

在图 2-80 状态下，在绘图区域中同时选取两直线，则产生倒斜角，倒斜角产生在选取两直线时选择球中心所在区域，同时对两直线进行修剪，如图 2-81 所示，同时出现如图 2-82 所示的 Chamfer 对话框。若对图 2-81 所倒的斜角不满意，则可以在图 2-82 中点击 Undo 对所倒斜角进行取消。由于在倒斜角过程中要同时选取两直线，所以当两直线没有相交时，可以通过用 Zoom In/Out 进行缩放，使选择球同时覆盖两直线。

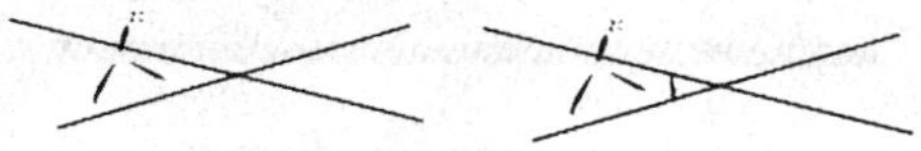

图 2-81　用 Simple Chamfer 进行倒斜角示意图

图 2-82　Chamfer 对话框

用 Simple Chamfer 进行倒斜角的步骤如下。

◆在图 2-78 中点击 Simple Chamfer。

◆在图 2-79 中设置 Offset 值。

◆按 OK。

◆同时选取两直线。

2. User-Defined Chamfer（用户自定义倒斜角）

由用户自己定义倒斜角的各个参数值和对曲线的修剪功能。

在图 2-78 中点击 User-Defined Chamfer 后，则进入如图 2-83 所示的 Chamfer 对话框。

图 2-83 中各项参数的意义如下。

●Automatic Trim（自动修剪）：对两条曲线进行自动修剪。

●Manual Trim（人工修剪）：通过用户自己定义是否对两条曲线进行修剪。

●No Trim（不修剪）：对两条曲线不进行修剪。

图 2-83　Chamfer 对话框

（1）采用 User-Defined Chamfer 中的 Automatic Trim 倒斜角

在图 2-83 中点击 Automatic Trim，则进入如图 2-84 所示的 Chamfer 对话框。

图 2-84 中各项参数的意义如下。

●Offset（偏置）：倒斜角过程中，选取的第一条曲线所对着的偏置值，即为选取的第二条曲线所倒去的值。即从两曲线的交点到第二条曲线倒斜角处的弧长值。

●Angle（角度）：倒斜角过程中，倒斜角直线与第二条曲线的夹角，其值为第二条曲

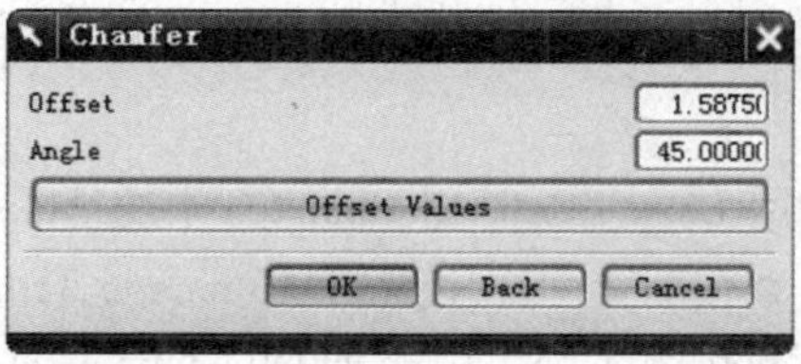

图 2-84　Chamfer 对话框

线所倒去部分在倒斜角点处的切线与倒斜角直线的夹角值。

●Offset Values(偏置值):此按钮是一个功能切换按钮,与 Offset and Angle(偏置与角度)功能进行切换,用来指定倒斜角的偏置功能,点击此按钮则把当前的 Offset and Angle 功能切换为 Offset Values 功能,即如图 2－85 所示的 Chamfer 对话框。

图 2－85 中各项参数的意义如下。

●Offset 1(偏置 1):倒斜角过程中,选取的第一条曲线所对着的偏置值,即为选取的第二条曲线所倒去的值。即从两曲线的交点到第二条曲线倒斜角处的弧长值。

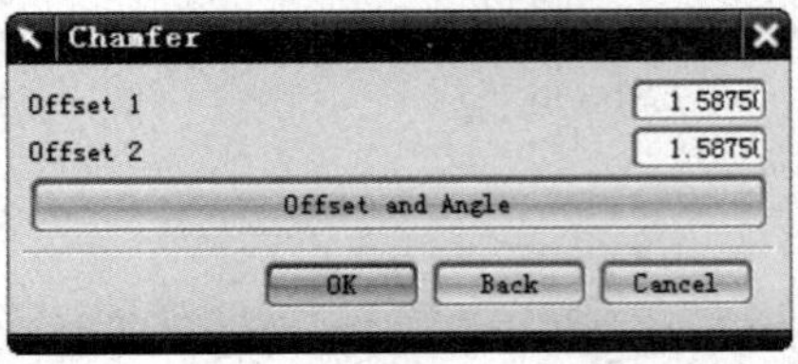

图 2－85　Chamfer 对话框

●Offset 2(偏置 2):倒斜角过程中,选取的第二条曲线所对着的偏置值,即为选取的第一条曲线所倒去的值。即从两曲线的交点到第一条曲线倒斜角处的弧长值。

●Offset and Angle(偏置与角度):此按钮是一个功能切换按钮,与 Offset Values(偏置值)功能进行切换,用来指定倒斜角的偏置功能,点击此按钮则把当前的 Offset Values 功能切换为 Offset and Angle 功能,如图 2－84 所示。

在图 2－84 或图 2－85 中输入设置值后按 OK,则出现如图 2－86 所示的 Chamfer 对话框。

图 2－86　Chamfer 对话框

在绘图区域按要求依次选取两条曲线或在图 2－86 中依次输入第一条曲线的名字按 OK 和输入二条曲线的名字按 OK,则出现如图 2－87 所示的 Chamfer 对话框,此时在绘图区域中指定倒斜角的大约位置,则对两条曲线进行倒斜角,同时出现如图 2－88 所示的 Chamfer 对话框。若对所进行的倒斜角不满意,则可在图 2－88 中按 Undo 进行取消,若满意且还有相同参数设置的倒斜角,则可在图 2－88 中依次输入两条曲线按 OK 或在绘图区域依次选取两条曲线进行倒斜角。

图 2－87　Chamfer 对话框

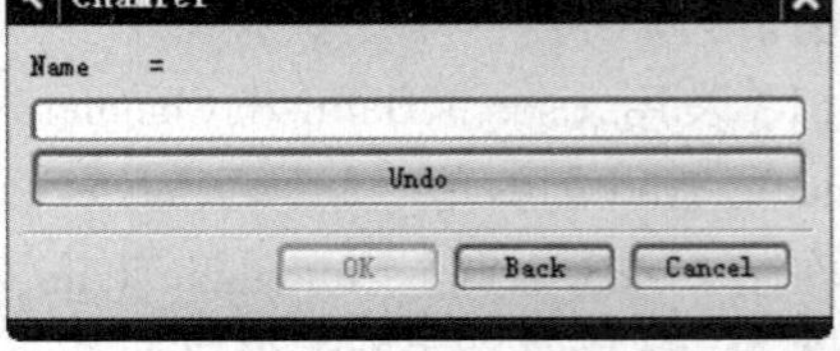

图 2－88　Chamfer 对话框

用 User－Defined Chamfer 中的 Automatic Trim 倒斜角如图 2－89 所示,其步骤如下:

◆在图 2－83 中点击 Automatic Trim。

◆在图 2－84 中设置 Offset 和 Angle 值;或点击 Offset Values,在图 2－85 中设置 Offset 1 和 Offset 2 值。

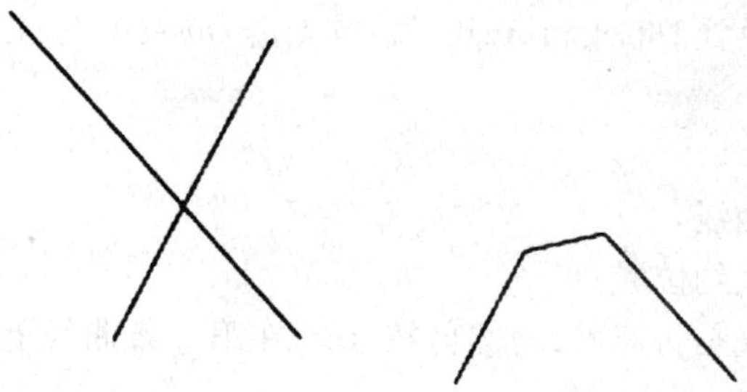

图 2 – 89　用 User – Defined Chamfer 中的 Automatic Trim 倒斜角图

◆按 OK。

◆依次选取两条曲线。

◆指定倒斜角的大约位置。

(2)采用 User – Defined Chamfer 中的 Manual Trim 倒斜角

在图 2 – 83 中点击 Manual Trim,则进入如图 2 – 84 所示对话框。在图 2 – 84 中输入设置值后按 OK,或在图 2 – 84 中按 Offset Values 进入图 2 – 85 中输入设置值后按 OK,则进入如图 2 – 84 所示对话框用来选取两条曲线。依次选取两条曲线后,则出现如图 2 – 85所示对话框用来指定倒斜角的大约位置。指定大约位置后则出现如图 2 – 90 所示 Trim(修剪)对话框。

若不对第一条曲线进行修剪,则在图 2 – 90中按 No;若对第一条曲线进行修剪,则在图 2 – 90 中按 Yes,同时出现如图 2 – 91 所示对话框,用指定第一条曲线的修剪端。指定第一条曲线的修剪端后则返回到图 2 – 90所示对话框中对第二条曲线进行修剪。对两条曲线进行 Manual Trim 后,则出现图2 – 88所示对话框,让用户选择是否接受倒斜角和重新选取曲线进行倒斜角。

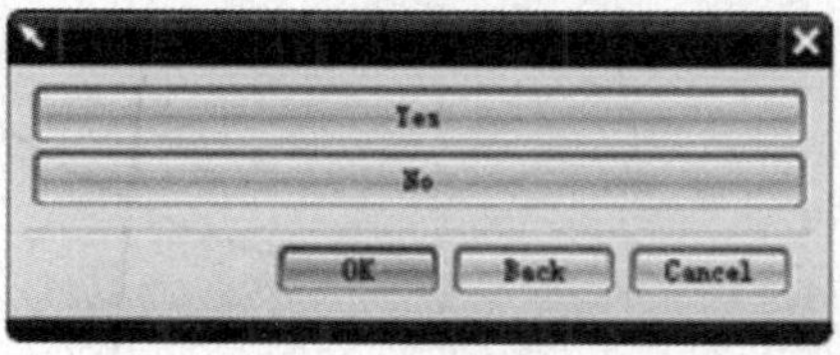

图 2 – 90　Trim 对话框

图 2 – 91　指定曲线的修剪端

用 User – Defined Chamfer 中的 Manual Trim 倒斜角如图 2 – 92 所示,其中只对第二条曲线进行了修剪,其步骤如下:

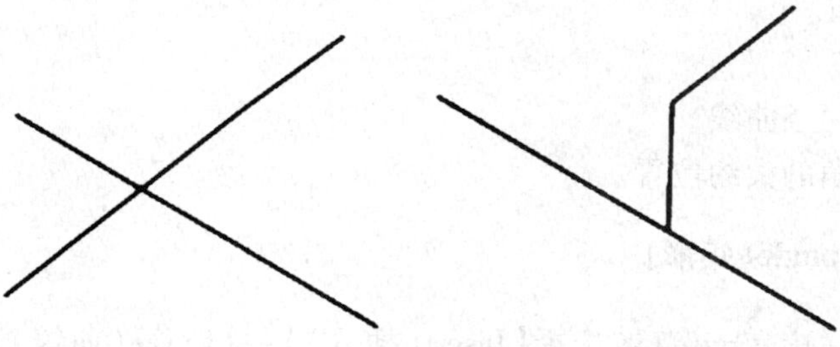

图 2 – 92　用 User – Defined Chamfer 中的 Manual Trim 倒斜角图

◆在图 2－83 中点击 Manual Trim。

◆在图 2－84 中设置 Offset 和 Angle 值；或点击 Offset Values，在图 2－85 中设置 Offset 1 和 Offset 2 值。

◆按 OK。

◆依次选取两条曲线。

◆指定倒斜角的大约位置。

◆指定第一条曲线是否修剪，若修剪按 Yes，在第一条曲线上指定修剪端；若不修剪则按 No。

◆指定第二条曲线是否修剪，若修剪按 Yes，在第二条曲线上指定修剪端；若不修剪则按 No。

(3)采用 User－Defined Chamfer 中的 No Trim 倒斜角

在图 2－83 中点击 No Trim，则进入如图 2－84 所示对话框。在图 2－84 中输入设置值后按 OK，或在图 2－84 中按 Offset Values 进入图 2－85 中输入设置值后按 OK，则进入如图 2－86 所示对话框用来选取两条曲线。依次选取两条曲线后，则出现如图 2－87 所示对话框用来指定倒斜角的大约位置。指定大约位置后则出现如图 2－88 所示对话框，让用户选择是否接受倒斜角和重新选取曲线进行倒斜角。

用 User－Defined Chamfer 中的 No Trim 倒斜角如图 2－93 所示，其步骤如下：

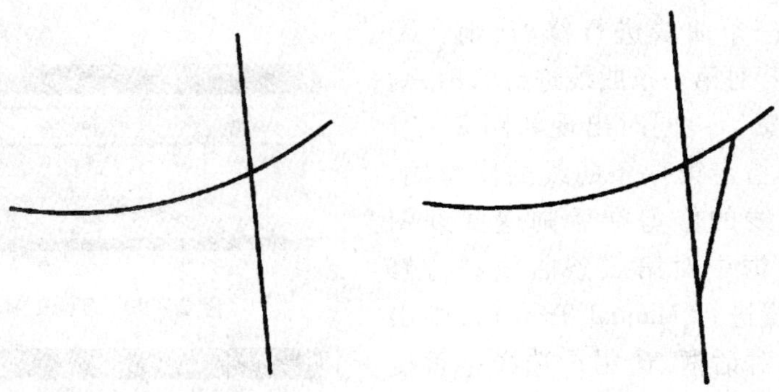

图 2－93　用 User－Defined Chamfer 中的 No Trim 倒斜角图

◆在图 2－83 中点击 No Trim。

◆在图 2－84 中设置 Offset 和 Angle 值；或点击 Offset Values，在图 2－85 中设置 Offset 1 和 Offset 2 值。

◆按 OK。

◆依次选取两条曲线。

◆指定倒斜角的大约位置。

2.1.7　Rectangle(矩形)

可通过工具栏中单击▭或选择【Insert(插入)】→【Curve(曲线)】→【Rectangle(矩形)】进入矩形创建功能。此时系统会弹出 Point 对话框，通过指定矩形的两个对角点位置，可完成一个矩形的创建。该功能较为简单，在此不作赘述。

2.1.8 Polygon(多边形)

多边形功能通过指定多边形的中心点、边数和尺寸来绘制多边形,可通过选择菜单【Insert(插入)】→【Curve(曲线)】→【Polygon(多边形)】进入或单击 Curve 工具栏上的 按钮,系统弹出如图 2－94 所示的 Polygon 对话框,该对话框中的 Number of Sides(边数)指的是多边形的边数,在该对话框中输入多边形的边数后,单击 OK 按钮,系统弹出如图 2－95 所示的 Polygon 对话框,其中共有三种尺寸定义方式来确定多边形的大小。

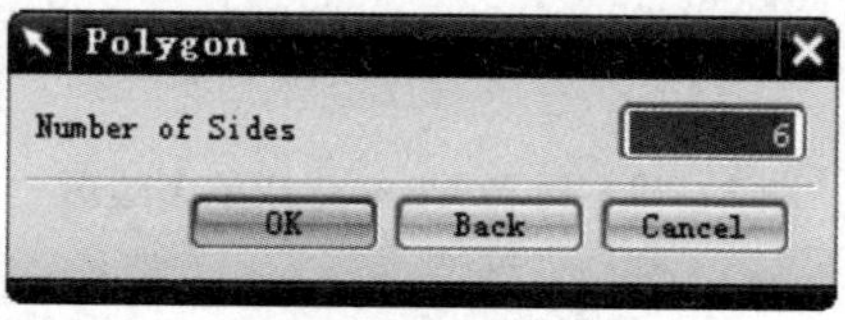

图 2－94 Polygon 对话框

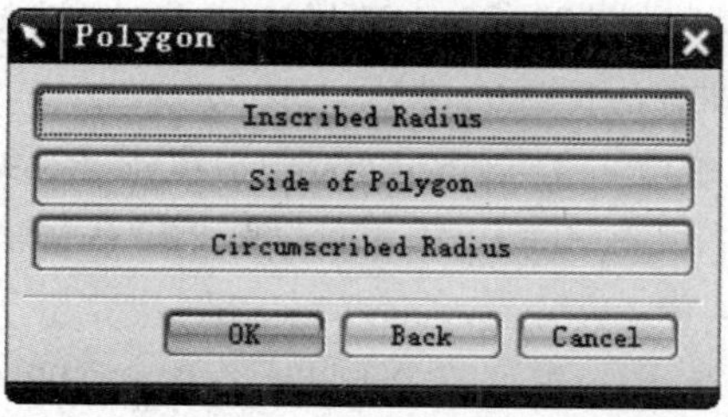

图 2－95 Polygon 对话框

(1) Inscribed Radius(内接半径):选择该选项后系统弹出如图 2－96 所示对话框,各项参数意义如下。

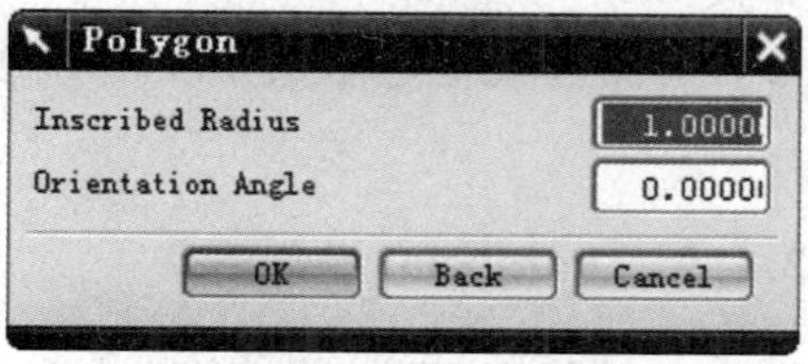

图 2－96 Polygon 对话框

● Inscribed Radius(内接半径):设置多边形内切圆半径值。

● Orientation Angle(方向角):设置多边形的起始角度。

在该对话框中输入数值后,按 OK 则进入 Point Constructor 对话框,用来指定多边形中心点所在位置。

(2) Side of Polygon(多边形边数):选择该选项后,系统会提示用户输入多边形的边长和方向角度定义参数,如图 2－97 所示,各项参数意义如下。

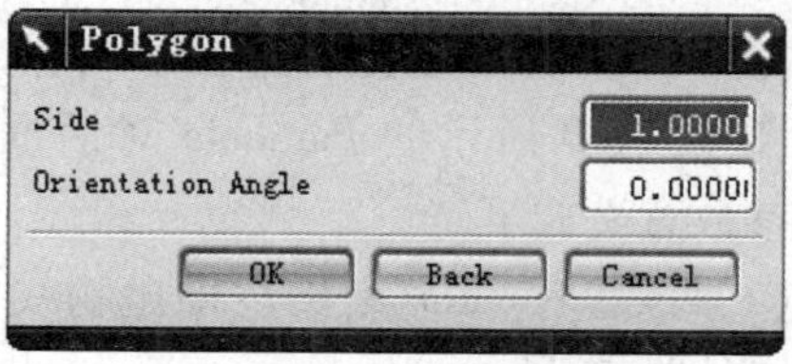

图 2－97 Polygon 对话框

● Side(边长):设置多边形的长度。

● Orientation Angle(方向角):设置多边形的起始角度。

在该对话框中输入数值后,按 OK 则进入 Point Constructor 对话框,用来指定多边形中心点所在位置。

(3) Circumscribed Radius(外切圆半径):选择该选项后,会进入如图 2－98 所示对话框,各项参数意义如下。

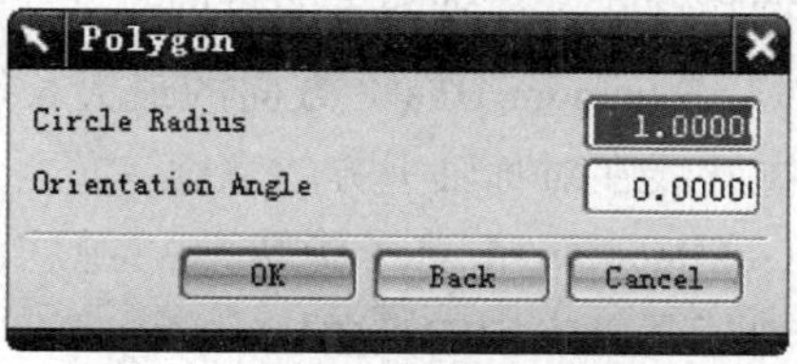

图 2－98 Polygon 对话框

● Circle Radius(圆半径):设置多边形

外接圆的半径值。

●Orientation Angle(方向角):设置多边形的起始角度。

在该对话框中输入数值后,按 OK 则进入 Point Constructor 对话框,用来指定多边形中心点所在位置。

用 Polygon 生成的多边形如图 2 - 99 所示,其中左图的 Orientation Angle 为 0,右图的 Orientation Angle 为 30,其步骤如下:

◆在图 2 - 94 中设置多边形的边数。

◆按 OK。

◆在图 2 - 95 中选择生成多边形的方法(三种方法任选一种)。

●点击 Inscribed Radius,在图 2 - 96 中设置 Inscribed Radius 值和 Orientation Angle 值。

●点击 Side of Polygon,在图 2 - 97 中设置 Side 值和 Orientation Angle 值。

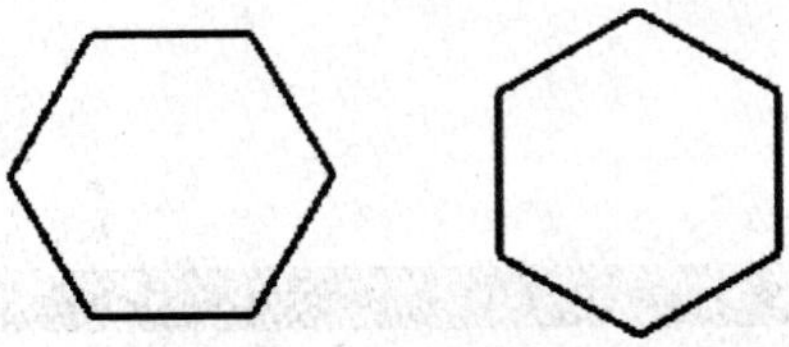

图 2 - 99　用 Polygon 生成的多边形

●点击 Circumscribed Radius,在图 2 - 98 中设置 Circle Radius 值和 Orientation Angle 值。

●按 OK。

●在绘图区域指定多边形中心位置,或在 Point 对话框中输入多边形的中心点坐标值。

2.1.9　Parabola(抛物线)

抛物线是指平面内到一个定点和一条定直线距离相等的点的轨迹,画出的抛物线对称轴默认为平行于 *X* 轴。单击菜单栏中的【Insert(插入)】→【Curve(曲线)】→【Parabola…(抛物线)】命令弹出 Point 对话框,输入抛物线顶点的位置后单击 OK,系统弹出如图 2 - 100 所示的 Parabola 对话框,其中各参数意义如下。

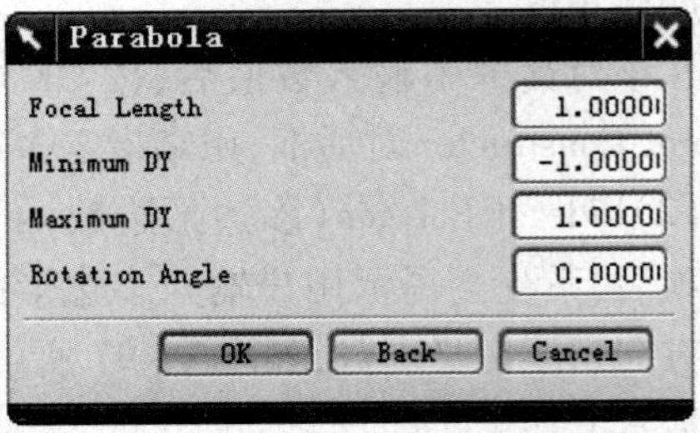

图 2 - 100　Parabola 对话框

(1) Focal Length(焦长):即抛物线定点到焦点的距离。

(2) Minimum DY(*Y* 方向的最小长度):指定抛物线在对称轴下方的宽度。

(3) Maximum DY(*Y* 方向的最大长度):指定抛物线在对称轴上方的宽度。

(4) Rotation Angle(旋转角):抛物线的对称轴与 *X* 轴方向的夹角。

图 2 - 101　用 Parabola 生成的抛物线图

用 Parabola 生成的抛物线如图 2 - 101 所示,其中左图的 Rotation Angle 为 0;右图

的 Rotation Angle 为90;其步骤如下:

◆在绘图区域中指定抛物线的顶点,或在 Point 对话框中输入抛物线顶点的坐标值后按 OK。

◆在图2-100中设置抛物线的参数值。

2.1.10 Hyperbola(双曲线)

双曲线的中心点是其两条渐近线的交点,双曲线是落于该点两侧的对称曲线,在绘制双曲线时,只需确定 X 大于0的一侧,另一侧可通过镜像得到。双曲线从 XC 轴的正向绕中心旋转而来,位于平行于 $CX-YC$ 平面的一个平面上。

通过单击菜单栏中的【Insert(插入)】→【Curve(曲线)】→【Hyperbola…(双曲线)】命令或单击 Curve 工具栏上的按钮,系统弹出 Point 对话框,在绘图区域指定双曲线的中心或在对话框中输入双曲线中心点的坐标值。指定双曲线的中心后,则进入如图2-102所示的 Hyperbola 对话框,其中各参数意义如下。

(1)Semitransverse(横向半轴长):即双曲线公式中的 a。

(2)Semiconjugate(共轭半轴长):即双曲线公式中的 b。

(3)Minimum DY(Y 方向的最小长度):指定双曲线在对称轴下方的宽度,即公式中 y 值的最小值,与 Maximum DY 一起构成双曲线的宽度。

(4)Maximum DY(Y 方向的最大长度):指定双曲线在对称轴上方的宽度,即公式中 y 值的最大值,与 Minimum DY 一起构成双曲线的宽度。

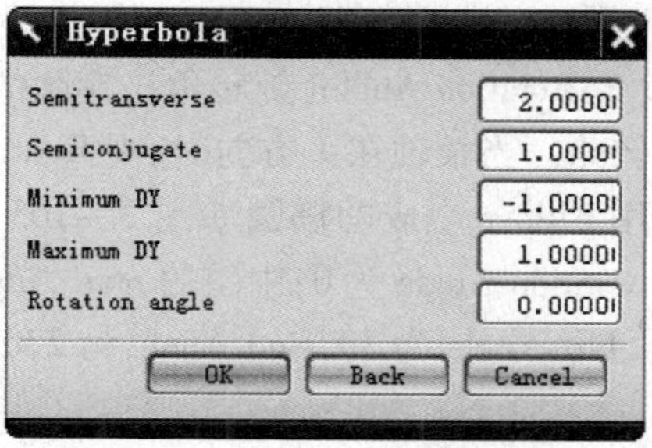

图2-102 Hyperbola 对话框

(5)Rotation Angle(旋转角):双曲线的对称轴与 X 轴方向的夹角。当双曲线的对称轴平行 Y 轴时,则 Rotation Angle 为90。

用 Hyperbola 生成的双曲线如图2-103所示,其中左图的 Rotation Angle 为0,右图的 Rotation Angle 为90。其步骤如下:

◆在绘图区域中指定双曲线的中心,或在 Point 对话框中输入双曲线中心的坐标值后按 OK。

◆在图2-102中设置双曲线的参数值。

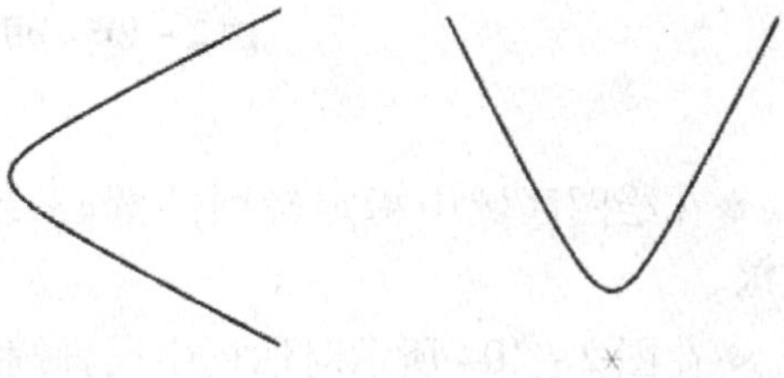

图2-103 用 Hyperbola 生成的双曲线图

2.1.11 Ellipse(椭圆)

椭圆功能是用来绘制一个单向缩短圆的方法,椭圆是由指定的半长轴直径和半短轴直径所决定的,长轴直径通常为圆的真实直径,而短轴直径则代表圆在压缩方向的直径,其中长轴平行于 X 轴,短轴平行于 Y 轴。

选择【Insert(插入)】→【Curve(曲线)】→【Ellipse(椭圆)】命令或单击 Curve 工具栏

上的按钮，系统弹出 Point 对话框，提示用户指定一点作为椭圆的中心点，确定完椭圆的中心点后，系统弹出如图 2-104 所示的 Ellipse 对话框，各参数意义如下。

(1) Semimajor（半长轴）：即椭圆公式中的 a，当其值小于 Semiminor 中的值时，则与 Semiminor 中的值交换；当其值等于 Semiminor 中的值时，则画出来的是圆。

(2) Semiminor（短长轴）：即椭圆公式中的 b，当其值大于 Semimajor 中的值时，则与 Semimajor 中的值交换；当其值等于 Semimajor 中的值时，则画出来的是圆。

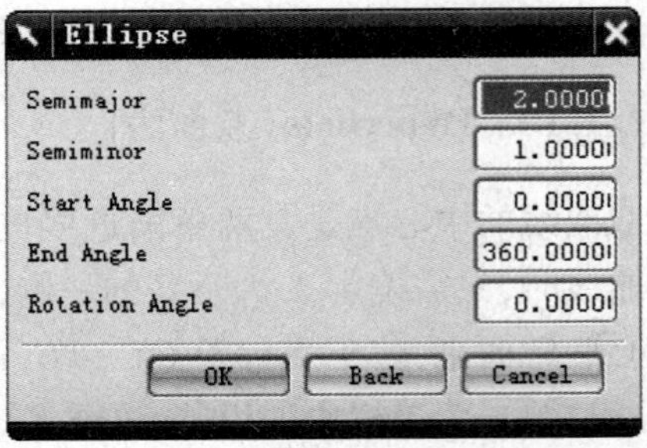

图 2-104　Ellipse 对话框

(3) Start Angle（起始角）：椭圆起始点与 X 轴方向的夹角，与 End Angle 决定椭圆的角度范围。

(4) End Angle（终止角）：椭圆终止角与 X 轴方向的夹角，与 Start Angle 决定椭圆的角度范围。

(5) Rotation Angle（旋转角）：椭圆的长轴与 X 轴方向的夹角，即椭圆长轴相对椭圆心的旋转角。当长轴在 Y 方向时，则 Rotation Angle 为 90。

用 Ellipse 生成的椭圆如图 2-105 所示，其中左图的 Start Angle 为 0，End Angle 为 360，Rotation Angle 为 0；中图的 Start Angle 为 0，End Angle 为 360，Rotation Angle 为 30；右图的 Start Angle 为 30，End Angle 为 270，Rotation Angle 为 0。其步骤如下：

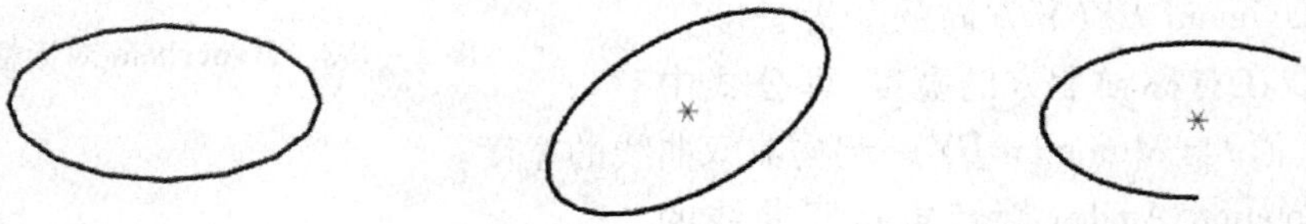

图 2-105　用 Ellipse 生成的椭圆图

◆在绘图区域中指定椭圆的圆心，或在 Point 对话框中输入椭圆中心的坐标值后按 OK。

◆在图 2-104 所示对话框中设置椭圆的参数值后按 OK。

2.1.12　General Conic（圆锥曲线）

圆锥曲线是用一个平面与圆锥体进行相交所得到的轮廓轨迹线，并根据平面通过圆锥体的角度不同而有不同的形态，即圆、椭圆、抛物线、双曲线，如图 2-106 所示。

设圆锥曲线的方程为

$$Ax^2 + Bxy + Cy^2 + Dx + Ey + F = 0$$

由公式可知，只要给定 A,B,C,D,E,F 中参数值，或给定相关条件来求出参数方程，就可以画圆锥曲线。由于圆锥曲线的方程中的系数最少有一个不为 0，设 A 不等于 0，则曲线方程可转化为：

$$x^2 + \frac{B}{A}xy + \frac{C}{A}y^2 + \frac{D}{A}x + \frac{E}{A}y + \frac{F}{A} = 0$$

即只需要五个相关条件就可以求出参数方程。

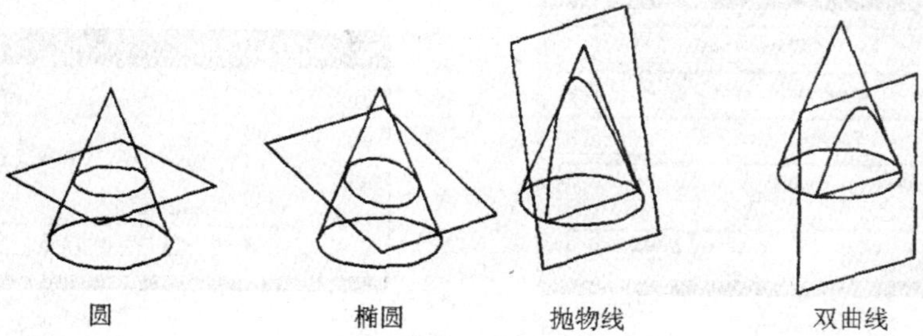

图 2－106　圆锥曲线的形态

通过菜单选项【Insert(插入)】→【Curve(曲线)】→【General Conic…(圆锥曲线)】或单击工具栏上的按钮,系统弹出如图 2－107 所示的对话框,系统提供了以下七种方式创建圆锥曲线。

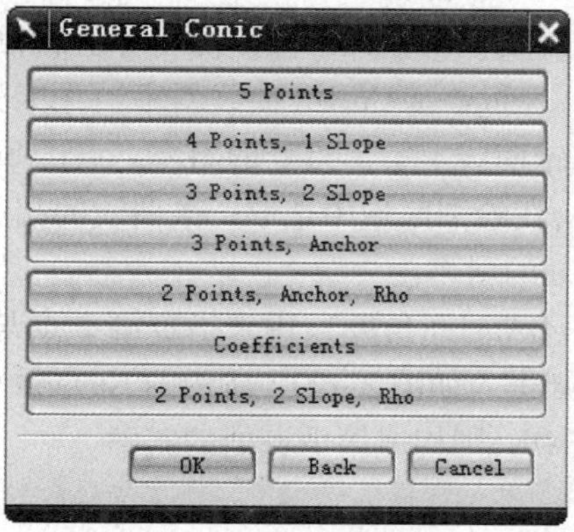

图 2－107　General Conic 对话框

(1)5 Points(5 点)

该方式通过给定 5 个点来生成圆锥曲线,因为给定 5 个点可以求出圆锥曲线的方程。在图 2－107 中点击 5 Points,则进入 Point Constructor 对话框,在绘图区域指定 5 个点或在对话框中分别输入 5 个点的坐标值,就生成圆锥曲线。

用 5 Points 生成的圆锥曲线如图 2－108 所示,其步骤如下:

◆在图 2－107 中点击 5 Points 选项。

◆在绘图区域中指定 5 点,或在 Point 对话框中分别输入 5 点的坐标值后按 OK。

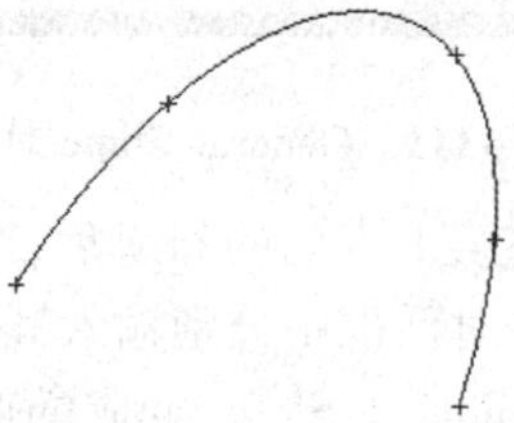

图 2－108　用 5 Points 生成的圆锥曲线

(2)4 Points,1 Slope(4 点,1 斜率)

该方法通过给定 4 个点和第 1 个点的斜率,来生成圆锥曲线。在图 2－107 中点击 4 Points,1 Slope 选项,则进入 Point Constructor 对话框,在绘图区域指定第 1 个点或在对话框中输入第 1 个点的坐标值后,进入指定第 1 个点的斜率对话框,如图 2－109 所示。

图 2－109 中各项参数的意义如下。

①Vector Components(向量组件):用来指定向量的增量值,点击 Vector Components,则进入如图 2－110 所示的 General Conic 对话框,在对话框中输入相对于第 1 点的坐标

增量值 DXC,DYC,DZC,这样就可以在第 1 点处形成一个斜率矢量,即提供第 1 点处的斜率。

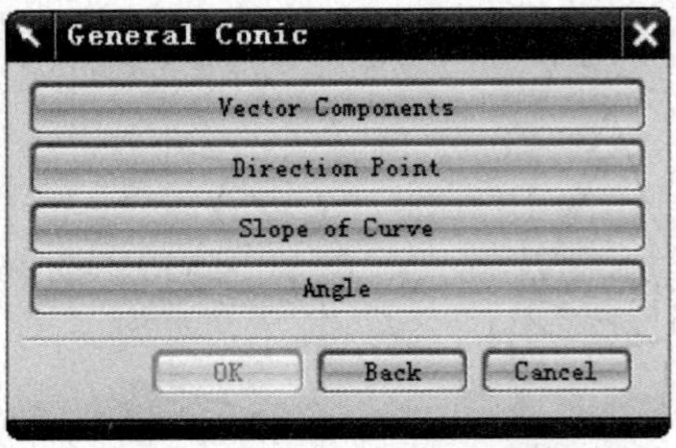

图 2-109　General Conic 对话框

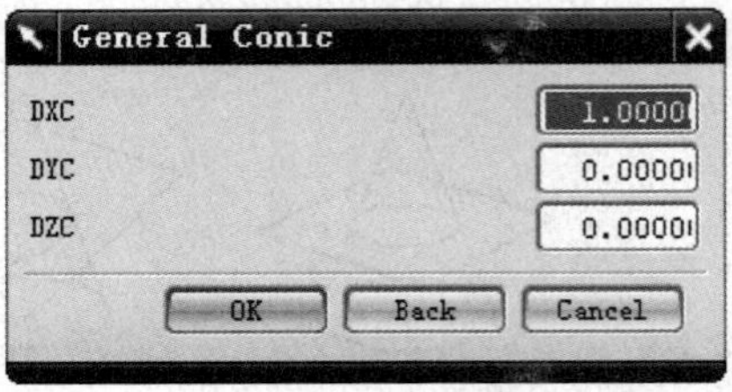

图 2-110　General Conic 对话框

②Direction Point(方向点):用来指定另外一点与第 1 点构成一个矢量来作为第 1 点处的斜率。点击 Direction Point,则进入 Point Constructor 对话框,在绘图区域指定一个点或在对话框中输入一个点的坐标值后,则构成第 1 点处的斜率。

③Slope of Curve(曲线斜率):用来选取一条曲线的端点,此端点在曲线上的斜率作为圆锥曲线上第 1 点处的斜率。点击 Slope of Curve,则进入如图 2-111 所示的 Slope 对话框,在绘图区域中选取一条曲线的端点或在对话框中输入曲线的名字按 OK,则构成第 1 点处的斜率。

④Angle(角度):用来指定第 1 点与 *X* 轴的夹角来作为第 1 点处的斜率。点击 Angle,则进入如图 2-112 所示的 General Conic 对话框,在对话框中指定第 1 点与 *X* 轴的夹角按 OK,则构成第 1 点处的斜率。

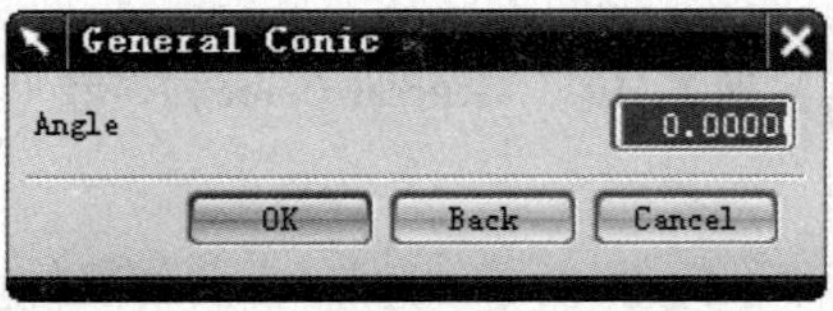

图 2-111　General Conic 对话框

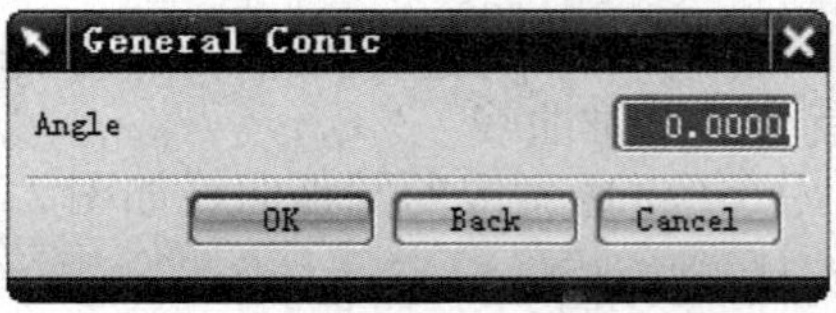

图 2-112　General Conic 对话框

指定完第 1 点处的斜率后,则返回到 Point Constructor 对话框,在绘图区域指定其余三个点或在对话框中分别输入其余三个点的坐标值按 OK,就生成圆锥曲线。

用 4 Points,1 Slope 生成的圆锥曲线如图 2-113 所示,图中采用 Slope of Curve 的方法来指定第 1 点处的斜率,其步骤如下:

◆在图 2-107 中点击 4 Points,1 Slope。

◆在绘图区域中指定第 1 点,或在 Point 对话框中输入第 1 点的坐标值后按 OK。

◆在图 2-109 中选择指定第 1 点斜率的方法。

◆在图 2-109 中若选择 Vector Compo-

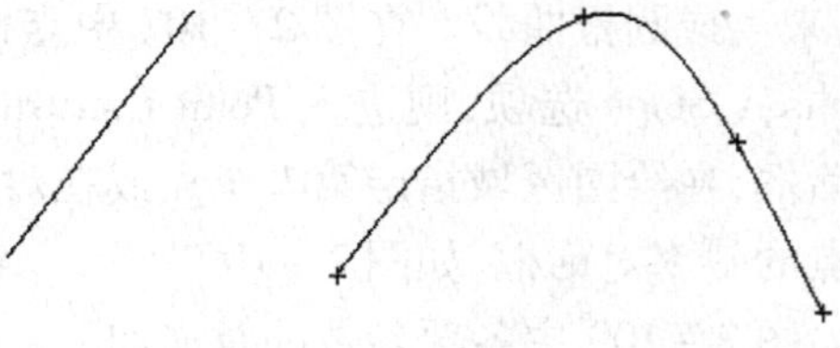

图 2-113　用 4 Points,1 Slope 生成的圆锥曲线

nents，则在图 2－110 中输入相对于第 1 点的坐标增量值 DXC，DYC，DZC 来构成第 1 点的斜率；若选择 Direction Point，则在 Point 对话框中选取另外一点来与第 1 点构成第 1 点的斜率；若选择 Slope of Curve，则在图 2－111 状态下，在绘图区域中选取一条曲线的端点或在对话框中输入曲线的名字按 OK，则用此端点的斜率构成第 1 点处的斜率；若选择 Angle，则在图 2－112 中指定第 1 点与 *X* 轴的夹角后按 OK，构成第 1 点处的斜率。

◆在绘图区域中指定其余三个点，或在 Point 对话框中输入剩余三个点坐标值后按 OK。

(3)3 Points，2 Slope（3 点，2 斜率）

该方法通过给定 3 个点和第 1 个点的斜率、第 3 个点的斜率来生成圆锥曲线。在图 2－107 中点击 3 Points，2 Slope，则进入 Point Constructor 对话框，在绘图区域指定第 1 个点或在对话框中输入第 1 个点的坐标值后，进入指定第 1 个点的斜率对话框，如图 2－109 所示，指定方法同 4 Points，1 Slope 中指定第 1 点的斜率；指定第 1 点的斜率后，则进入 0 Point Constructor 对话框，在绘图区域指定第 2 个点和第 3 个点或在对话框中分别输入第 2 个点和第 3 个点的坐标值按 OK，则进入指定第 3 个点的斜率对话框，如图 2－109 所示，指定方法同 4 Points，1 Slope 中指定第 1 点的斜率；指定完后则生成圆锥曲线。

用 3 Points，2 Slope 生成的圆锥曲线如图 2－114 所示，图中都采用 Slope of Curve 的方法来指定第 1 点和第 3 点处的斜率，其步骤如下：

◆在图 2－107 中点击 3 Points，2 Slope。

◆在绘图区域中指定第 1 点，或在 Point 对话框中输入第 1 点的坐标值后按 OK。

◆在图 2－109 中选择指定第 1 点斜率的方法。指定方法同 4 Points，1 Slope 中指定第 1 点处的斜率。

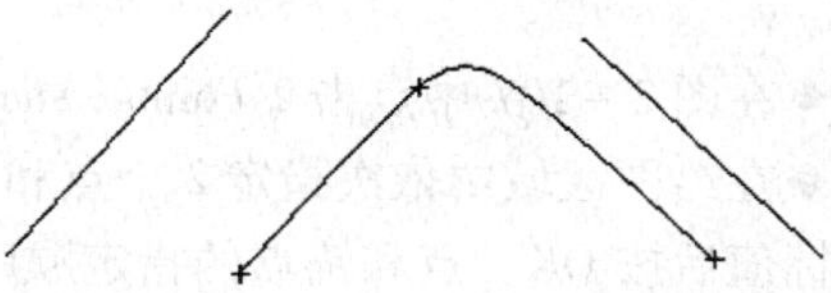

图 2－114　用 3 Points，2 Slope 生成的圆锥曲线

◆在绘图区域中指定第 2 点和第 3 点，或在 Point 对话框中分别输入第 2 点和第 3 点的坐标值后按 OK。

◆在图 2－109 中选择指定第 3 点斜率的方法。指定方法同 4 Points，1 Slope 中指定第 1 点处的斜率。

(4)3 Points，Anchor（3 点，锚点）

该方法通过给定 3 个点和锚点来生成圆锥曲线。锚点是第 1 点处斜率直线与第 3 点处的斜率直线的交点。因此，提供锚点就相当于提供了第 1 点和第 3 点处的斜率。在图 2－107 中点击 3 Points，Anchor，则进入 Point Constructor 对话框，在绘图区域指定 3 个点和锚点或在对话框中分别输入 3 个点和锚点的坐标值按 OK 后，则生成圆锥曲线。

用 3 Points，Anchor 生成的圆锥曲线如图 2－115 所示，其步骤如下：

◆在图 2－107 中点击 3 Points，Anchor。

◆在绘图区域中依次指定 3 个点和锚点，或在 Point 对话框中分别输入 3 个点和锚点的坐标值后按 OK。点和锚点的指定顺序为第 1 点、第 2 点、第 3 点、锚点。

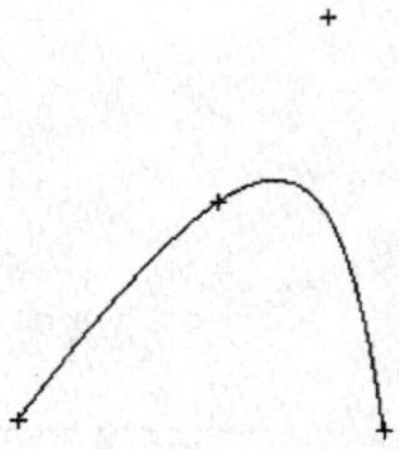

图 2－115　用 3 Points，Anchor 生成的圆锥曲线

(5)2 Points,Anchor,Rho(2 点,锚点,Rho 值)

该方法通过给定 2 个点、锚点和 Rho 值来生成圆锥曲线。锚点是第 1 点处的斜率直线与第 2 点处的斜率直线的交点。因此,提供锚点就相当于提供了第 1 点和第 2 点处的斜率。提供 Rho 值就相当于提供了圆锥曲线最大值(一阶导数等于 0)处的 Y 坐标值。在图 2 - 107 中点击 2 Points,Anchor,Rho,则进入 Point Constructor 对话框,在绘图区域指定 2 个点和锚点或在对话框中分别输入 2 个点和锚点的坐标值按 OK 后,则进入如图 2 - 116所示的 General Conic 对话框,在对话框中输入 Rho 值后按 OK,则生成圆锥曲线。

用 2 Points,Anchor,Rho 生成的圆锥曲线如图 2 - 117 所示,其中 Rho = 0. 5,其步骤如下:

图 2 - 116　General Conic 对话框

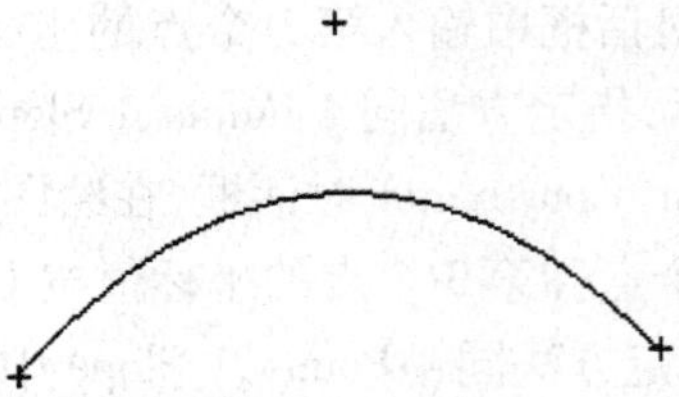

图 2 - 117　用 2 Points,Anchor,Rho 生成的圆锥曲线

◆在图 2 - 107 中点击 2 Points,Anchor,Rho。

◆在绘图区域中依次指定 2 个点和锚点,或在 Point 对话框中分别输入 2 个点和锚点的坐标值后按 OK。点和锚点的指定顺序为第 1 点、第 2 点、锚点。

◆在图 2 - 116 中输入 Rho 值后按 OK。

(6)Coefficients(系数)

该方法通过给定圆锥曲线公式中的系数 A,B,C,D,E,F 定义一条圆锥曲线。在输入的 6 个系数中,必须保证公式中实平面中有解,否则就无法画出圆锥曲线。在图 2 - 107 中点击 Coefficients,则进入如图 2 - 118 所示的 General Conic 对话框。在图 2 - 118 中输入对应的系数值后按 OK,则生成圆锥曲线。

用 Coefficients 生成的圆锥曲线如图 2 - 119 所示,其中左下图圆锥曲线的系数分别为 2,2,2,2,2, - 3,右上图圆锥曲线的系数分别为 3,12,5, - 2, - 4, - 7,其步骤如下:

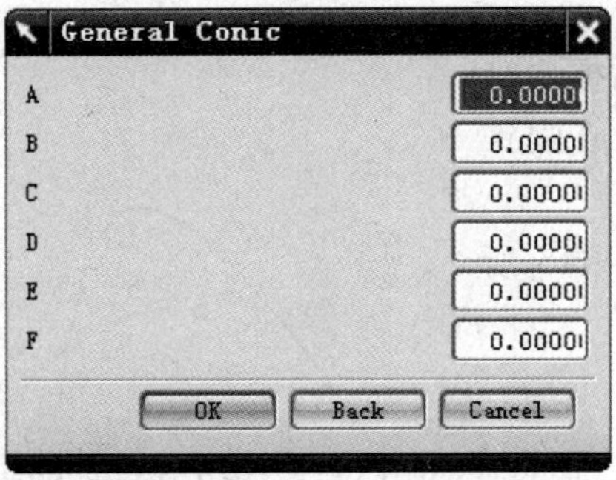

图 2 - 118　General Conic 对话框

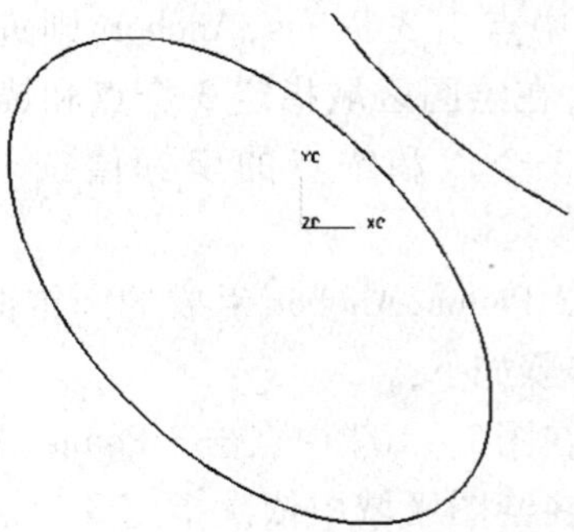

图 2 - 119　用 Coefficients 生成的圆锥曲线

◆在图 2 - 107 中点击 Coefficients。

◆在图 2 - 118 的对话框中输入对应的系数 A,B,C,D,E,F 的值后按 OK。

(7)2 Points,2 Slope,Rho(2 点,2 斜率,Rho 值)

该方法通过给定 2 个点、这 2 个点的斜率和 Rho 值来生成圆锥曲线。提供 Rho 值就相当于提供了圆锥曲线最大值(一阶导数等于 0)处的 Y 坐标值。在图 2 - 107 中点击 2 Points,2 Slope,Rho,则进入 Point Constructor 对话框,在绘图区域指定第 1 个点或在对话框中分别输入第 1 个点的坐标值按 OK,则进入指定第 1 个点的斜率对话框,如图 2 - 109 所示,指定方法同 4 Points,1 Slope 中指定第 1 点的斜率;指定第 1 点的斜率后,则进入 Point Constructor 对话框,在绘图区域指定第 2 个点或在对话框中分别输入第 2 个点的坐标值按 OK,则进入指定第 2 个点的斜率对话框,如图 2 - 109 所示,指定方法同 4 Points,1 Slope中指定第 1 点的斜率;指定完第 2 点的斜率后,则进入如图 2 - 116 所示的 General Conic 对话框,在对话框中输入 Rho 值后按 OK,则生成圆锥曲线。

用 2 Points,2 Slope,Rho 生成的圆锥曲线如图 2 - 120 所示,图中都采用 Slope of Curve 的方法来指定第 1 点和第 2 点处的斜率,中间那条曲线为圆锥曲线,Rho = 0.8,其步骤如下:

◆在图 2 - 107 中点击 2 Points,2 Slope,Rho。

◆在绘图区域中指定第 1 点,或在 Point 对话框中输入第 1 点的坐标值后按 OK。

◆在图 2 - 109 中选择指定第 1 点斜率的方法。指定方法同 4 Points,1 Slope 中指定第 1 点处的斜率。

◆在绘图区域中指定第 2 点,或在 Point 对话框中分别输入第 2 点的坐标值后按 OK。

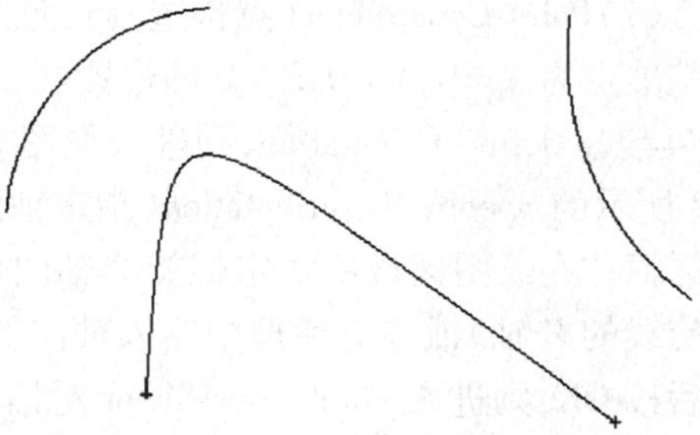

图 2 - 120 用 2 Points,2 Slope,Rho 生成的圆锥曲线

◆在图 2 - 109 中选择指定第 2 点斜率的方法。指定方法同 4 Points,1 Slope 中指定第 1 点处的斜率。

◆在图 2 - 116 中输入 Rho,按 OK。

2.1.13 Helix(螺旋线)

螺旋线是一条自由曲线,可以通过定义其圈数、间距、半径方法、旋转方向及螺旋原点来生成。点击图标或单击菜单栏中的【Insert(插入)】→【Curve(曲线)】→【Helix…(螺旋线)】命令则进入 Helix 对话框,如图 2 - 121 所示。

图 2 - 121 中各项参数的意义如下。

(1)Number of Turns(螺旋数目):即螺旋线的圈数。

(2)Pitch(螺距):即螺旋线的节距。

(3)Radius Method:半径方法。

●Use Law(使用规律):使半径按一定的规律变化,即得到变半径的螺旋线。

勾选 Use Law 则进入 Law Curve 对话框,后续章节将对其进行介绍。

●Enter Radius(输入半径):在下面的Radius(半径)对话框中输入一个半径值。这时的螺旋线为固定不变的半径。

(4)Radius(半径):在采用 Enter Radius 方向时,用来输入一个固定半径值。

(5)Turn Direction(旋转方向):指定螺旋线的旋转方向。

●Right Hand(右手):螺旋线在基准点按逆时针旋转(从另一侧朝基准点看)。

●Left Hand(左手):螺旋线在基准点按顺时针旋转(从另一侧朝基准点看)。

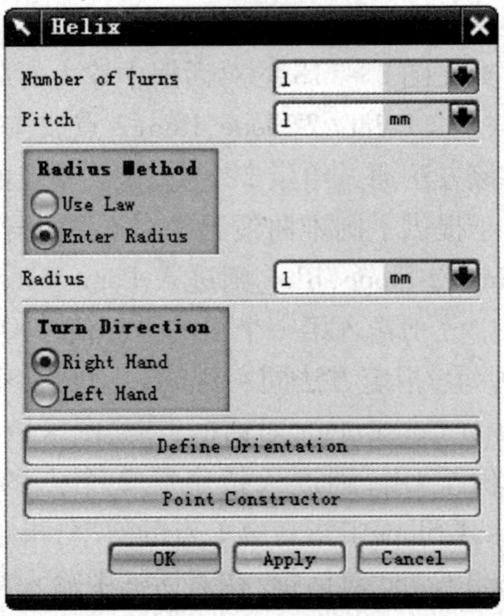

图 2-121 Helix 对话框

(6)Define Orientation(定义方向):定义螺旋线的轴向、螺旋起始的方位角和螺旋线的基准点。如果不定义,则默认螺旋线的轴向为 Z 轴,螺旋起始的方位角为 X 轴,螺旋线的基准点为 $X=0, Y=0, Z=0$ 的位置。

(7)Point Constructor(点构造器):定义螺旋线的基准点,如果不定义,则默认螺旋线的基准点为 $X=0, Y=0, Z=0$ 的位置。

点击 Define Orientation,则进入如图 2-122 所示的 Specify the orientation(指定轴向)对话框。在绘图区域中指定螺旋线轴向(即螺旋线的 Z 轴)或在对话框中输入轴向的名字后按 OK,则进入 Point Constructor 对话框,指定一点,则此点到指定轴的最短距离线段与 X 轴的夹角为起始角(即螺旋线的 X 轴),再指定一点作为螺旋线的基准点,则相当于构成螺旋线的坐标系。

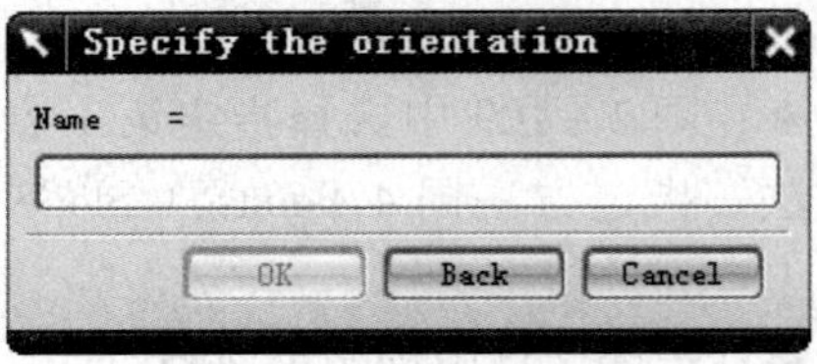

图 2-122 Specify the orientation 对话框

默认轴向、起始方位角和基准点的螺旋线如图 2-123 所示。

采用 Define Orientation 指定轴向、起始方位角和基准点的螺旋线如图 2-124 所示,图中的直线为轴向。

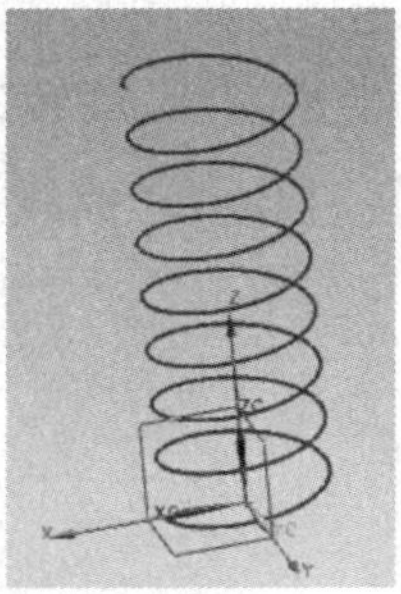

图 2-123 采用默认值的螺旋线

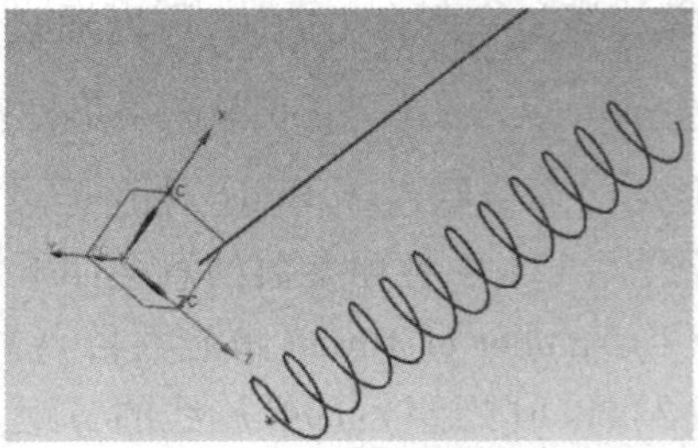

图 2-124 采用 Define Orientation 指定轴向、起始方位角和基准点的螺旋线

采用 Pitch = 0，半径为线性变化的螺旋线如图 2 - 125 所示。

采用半径为三次方变化的螺旋线如图 2 - 126 所示。

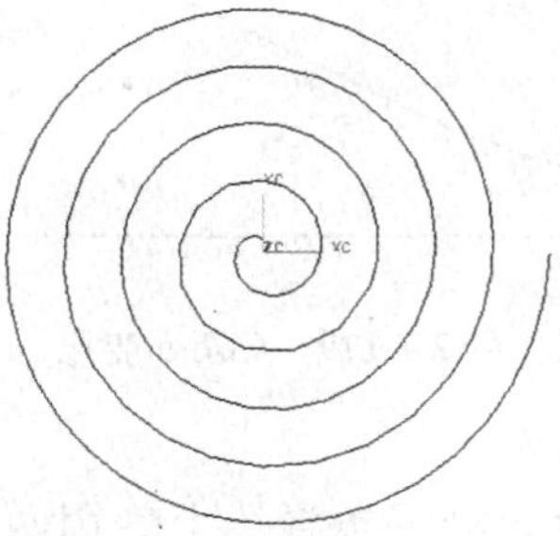

图 2 - 125 采用螺距为 0，半径为线性变化的螺旋线

图 2 - 126 采用半径为三次方变化的螺旋线

生成螺旋线的步骤如下：

◆在图 2 - 121 中输入螺旋线的圈数和螺距。

◆在图 2 - 121 中指定半径产生的方法。

◆在图 2 - 121 中选择螺旋的旋转方向。

◆点击 Define Orientation，指定螺旋线的轴向、起始方位角和基准点。此步骤可不执行，采用默认值。

◆点击 Point Constructor，仅指定基准点位置。此步骤可不执行，采用默认值。

◆按 OK 或 Apply。

2.1.14 Law Curve（规律曲线）

规律曲线是根据一定的规律或按用户定义的公式而建立的样条曲线，规律曲线可以是二维曲线，也可以是三维曲线。使用规律定义曲线在 X, Y, Z 三个分量上的变化规律。对于各种规律曲线，常常需要组合使用不同的变化规律，例如，X 分量是线性的变化规律，Y 分量是根据某个公式规律变化，而 Z 分量是常数。规律曲线在根据公式建立曲线时非常实用，同时也是参数化控制曲线的好方法。规律曲线可以控制螺旋线的半径规律，控制样条曲线的形状，控制面圆角的截面线，定义扫描体的角度规律和面积规律等。

点击图标，或单击菜单中的【Insert（插入）】→【Curve（曲线）】→【Law Curve（规律曲线）】命令则进入 Law Function 对话框，如图 2 - 127 所示。

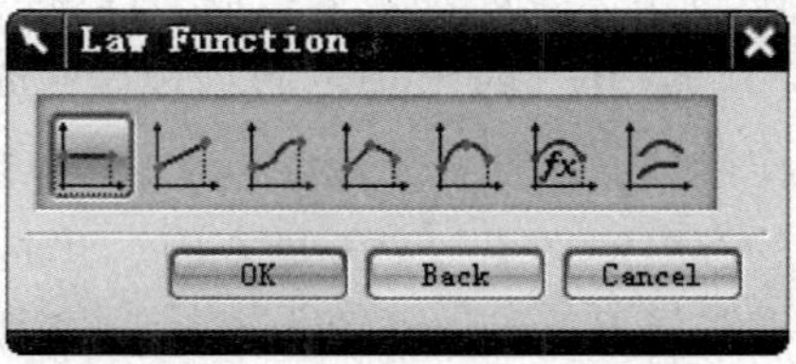

图 2 - 127 Law Function 对话框

图 2 - 127 中各项参数的意义如下。

（1） Constant：常数。变化规律为常数，参数值只有一个值。

（2） Linear：线性。起点到终点的变化规律为线性变化，如图 2 - 128 所示。

（3）Cubic：三次方。起点到终点的变化规律为三次方变化，如图 2－129 所示。

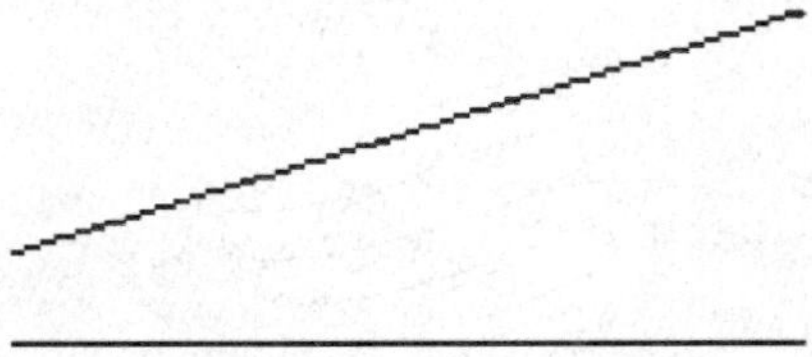

图 2－128　**Linear** 变化

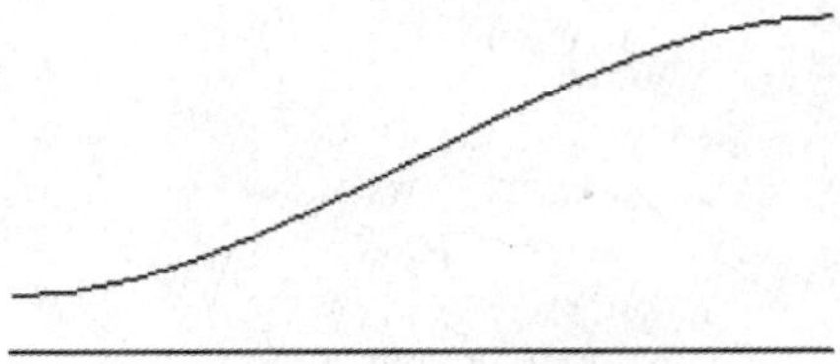

图 2－129　**Cubic** 变化

（4）Values Along Spine－Linear：值沿脊线线性。沿一条脊线上使用两点或多个点定义线性变化规律函数。选择脊线后，可以在脊线上指定多个点，分别在每个点处输入一个参数来指定此点处的值。如图 2－130 所示。

（5）Values Along Spine－Cubic：值沿脊线三次方。沿一条脊线上使用两点或多个点定义三次方变化规律函数。选择脊线后，可以在脊线上指定多个点，分别在每个点处输入一个参数来指定此点处的值。如图 2－131 所示。

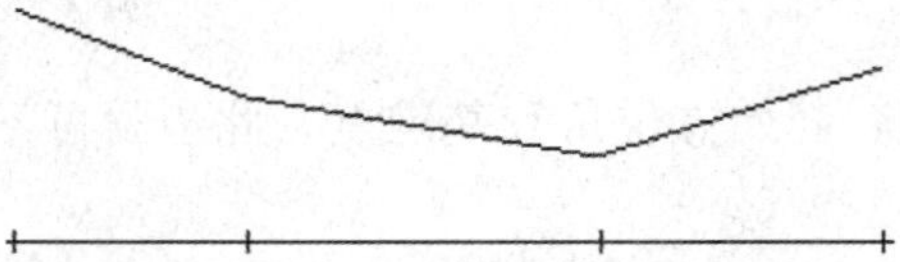

图 2－130　**Values Along Spine－Linear** 变化

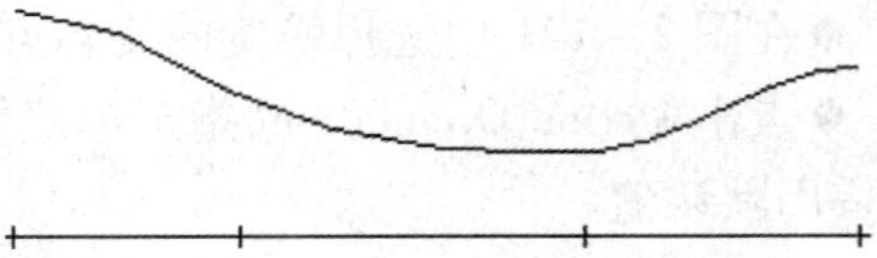

图 2－131　**Values Along Spine－ Cubic** 变化

（6）By Equation：根据方程。使用表达式和“参数表达式变量”定义变化规律，所有的变量必须预先使用【Tool】→【Expression】定义，并且表达式必须使用“参数表达式变量”。

例如，参数表达式变量：$t=0$

表达式函数：$y = 2 + (\cos(720 * t) * 0.5)$

每当需要估算表达式函数的值时，系统就会采用参数表达式变量（默认为 t）。参数表达式变量的值为 0～1，它用来描述函数的参数空间，输入的初始值是无关紧要的。也就是说，无论将 t 赋予什么数值，系统都会忽略，其数值永远等于 0～1。

（7）By Law Curve：根据规律曲线。根据规律曲线通过选择一串连续的曲线来定义规律函数。当选择了曲线以后，系统要求再选择一条直线作为基线，这条直线为规律函数的方向定义了一个矢量方向。此时系统显示一方向矢量，代表基线的方向，改变方向可以选择 Reverse the Direction。此时规律函数的值为所选择的曲线相对于基线上所对应的距离。如果不选择基线，则默认的方向是绝对坐标的 X 轴方向，这时必须在绝对坐标的 XY 平面构造一条规律曲线，曲线的 Y 坐标值就是函数值。

在用 Law Curve 进行曲线绘制时，要在图 2－127 中分别对 X,Y,Z 坐标值进行设置。点击图 2－127 中的各项参数将出现如下对话框：

(1)点击 Constant,将出现 Law Controlled 对话框,如图 2-132 所示。在 Law Value 输入框中输入要求坐标变量的常数值。输入完后按 OK,则返回到图 2-127 所示对话框中对其他坐标变量进行设置。

(2)点击 Linear 或 Cubic,将出现如图 2-133 所示的 Law Controlled 对话框。在对话框中的 Start Value 中输入要求坐标变量的起始值,再在对话框中的 End Value 中输入要求坐标变量的终点值。输入完后按 OK,则返回到图 2-127 所示对话框中对其他坐标变量进行设置。

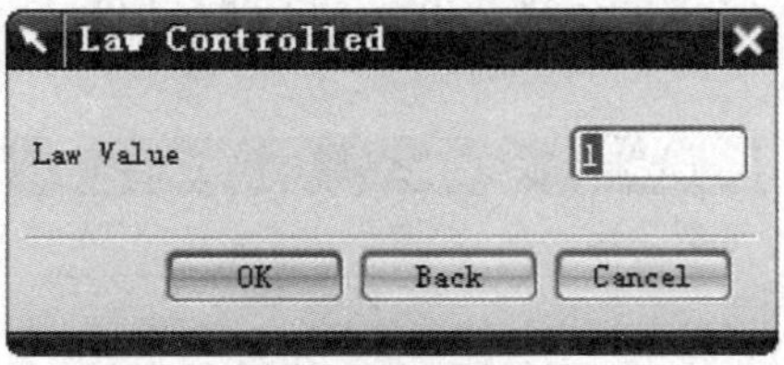

图 2-132 Law Controlled 对话框

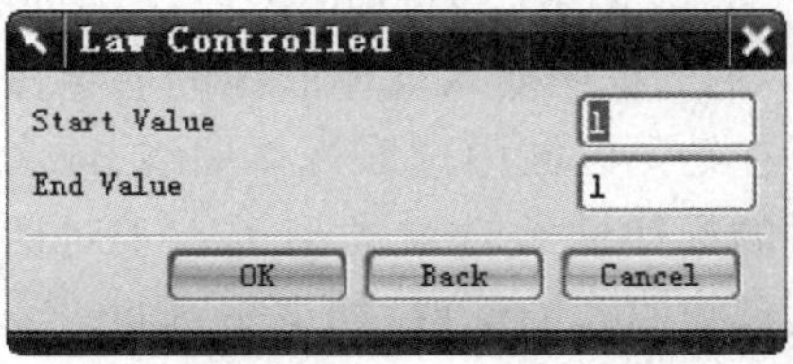

图 2-133 Law Controlled 对话框

(3)点击 Values Along Spine - Linear 或 Values Along Spine - Cubic,将出现 Law Curve 对话框,如图 2-134 所示。在对话框的 Name 输入框中输入脊线的名字按 OK,或者在绘图区域中选取脊线,或者点击提供的脊线选取类型进入子对话框中进行脊线的选取,如点击 Solid Face(实体表面),则选取 Solid Face 的边界作为脊线,点击 Solid Edge(实体边),则选取的 Solid Edge 作为脊线,点击 Curve(曲线),则选取的 Curve 作为脊线,Chain Curves(线串),则选取的 Curves 作为脊线。脊线选完后按 OK,则进入如图 2-135 所示的 Law Controlled 对话框,在此状态下通过点击 Point Constructor 进入 Point Constructor 对话框进行点指定或直接在绘图区域中指定点,指定点时,将会把点按法线投影到脊线上,同时进入如图 2-132 所示的 Law Controlled 对话框,在 Law Value 输入框中输入要求坐标变量在投影点处的坐标值。输入完后按 OK,返回到如图 2-135 所示的对话框,接着进行指定第二点,直到所有的点指定完后,则在如图 2-135 所示的对话框中按 OK,则返回到图 2-127 所示对话框中对其他坐标变量进行设置。

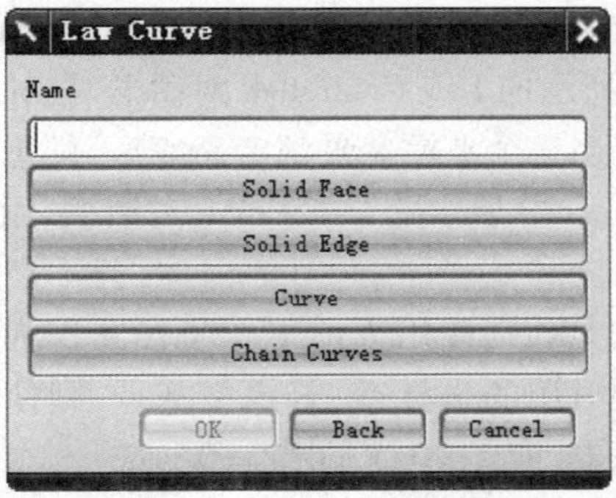

图 2-134 Law Curve 对话框

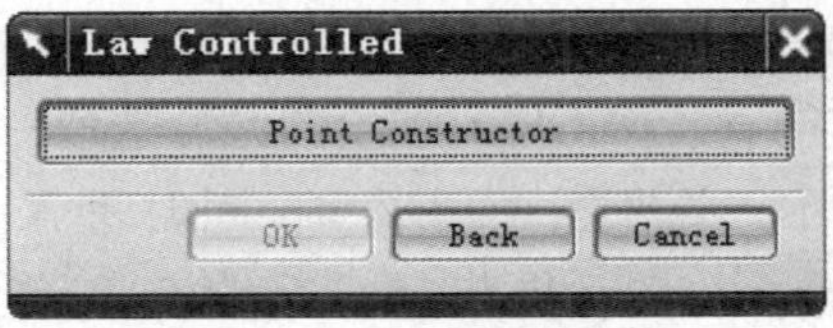

图 2-135 Law Controlled 对话框

(4)点击 By Equation,将出现 Law Curve 对话框,如图 2-136 所示,用来输入使用方程时的参数变量,系统默认为 t,因此在此对话框中,直接按 OK 就行。按 OK 后,则出现如图 2-137 所示的 Define X 对话框,用来输入 *X* 所使用的变量,一般使用 xt。按 OK 后返回到图 2－137 所示对话框中。

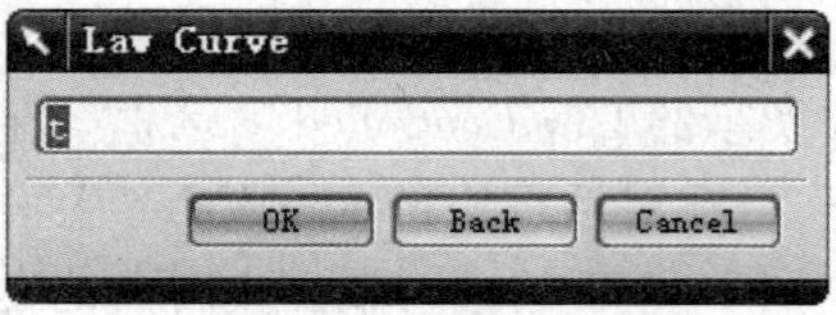

图 2－136　Law Curve 对话框

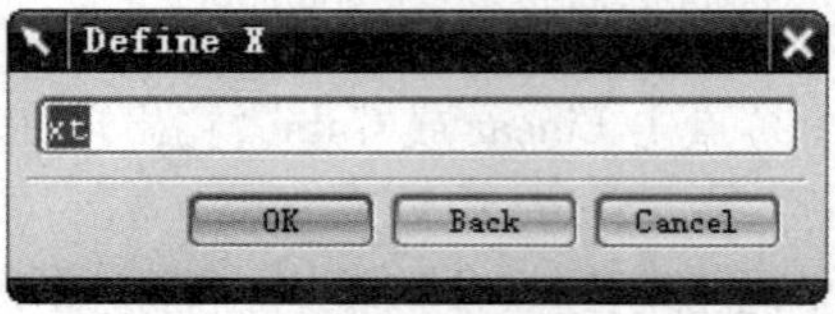

图 2－137　Define X 对话框

(5)点击 By Law Curve，将出现如图 2－134 所示的 Law Curve 对话框，在对话框的 Name 输入框中输入规律曲线的名字按 OK，或者在绘图区域中选取规律曲线，或者点击提供的规律曲线选取类型进入子对话框中进行规律曲线的选取，如点击 Solid Face(固体表面)，则选取 Solid Face 的边界作为规律曲线，点击 Solid Edge(固体边)，则选取的 Solid Edge 作为规律曲线，点击 Curve(曲线)，则选取的 Curve 作为规律曲线，Chain Curves(线串)，则选取的 Curves 作为规律曲线。规律曲线选完后按 OK，则进入如图 2－138 所示的 Law Controlled 对话框，在对话框中按 OK 则接受基线的方向。

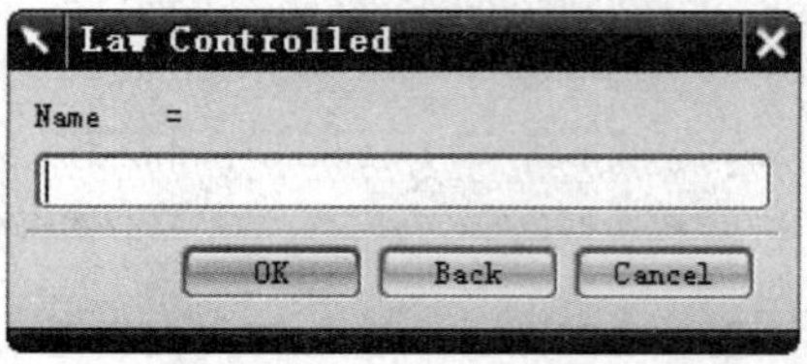

图 2－138　Law Controlled 对话框

当三个坐标变量都定义完后，则进入如图 2－139 所示的 Law Curve 对话框，用来定义方向和基点，在此对话框中，若不定义直接按 OK，则使用当前工作坐标系作为曲线绘制时用的坐标系，若定义基点，则使用坐标原点，即 $X=0, Y=0, Z=0$。

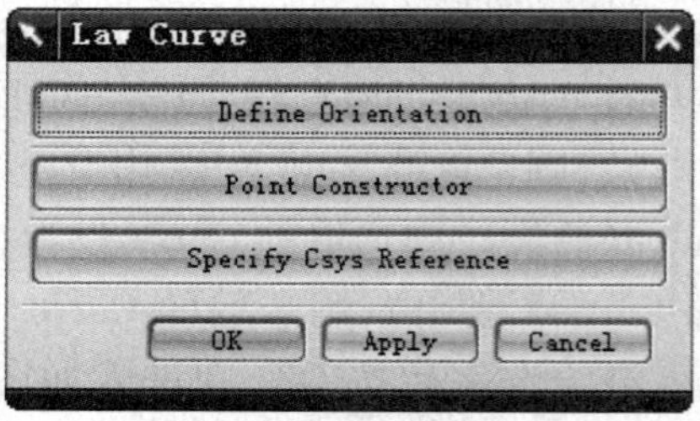

图 2－139　Law Curve 对话框

图 2－139 中各项参数的意义如下。

(1)Define Orientation(定义方向)：通过定义一个方向与两个点来确定曲线绘制时用的坐标系。点击它，则进入如图 2－140 所示的 Law Curve 对话框，在对话框中输入一条方向直线按 OK 或在绘图区域选取一条曲线，则定义坐标系的 Z 轴，同时进入 Point Constructor 对话框指定两点，第一点与 Z 轴的法线为 X 轴，点所在侧为 X 轴的正方向，第二为坐标系的基点。定义完后则返回到图 2－139 中。

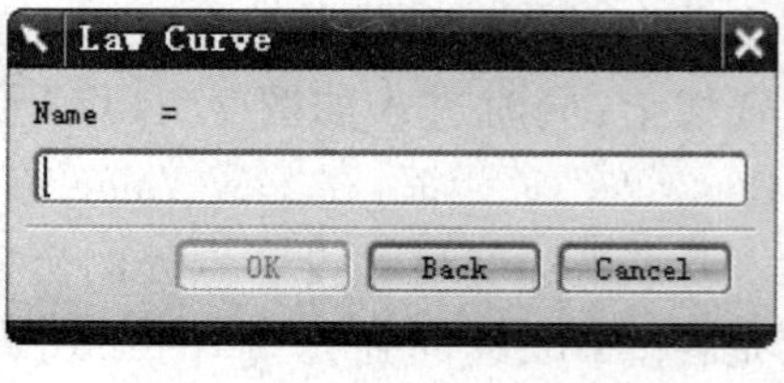

图 2－140　Law Curve 对话框

(2)Point Constructor(点构造器)：坐标系的方向采用工作坐标系的方向，只是基点(原点)位置不同，因此是用来定义基点的。点击它，则进入 Point Constructor 对话框，选取一点作为绘制曲线时的基点，点选完后，则自动返回到图 2－139 中。

(3)Specify Csys Reference：指定参考坐标系。通过指定一个坐标系来控制规律曲线的方向，该坐标系可以使用三个基准面，或两个基准面和一个基准轴来定义。采用该方法时，曲线和基准面相关联，一旦基准面编辑后，曲线则会自动更新。点击它，则进入如图2－141所示的Specify Csys Reference对话框，此时绘图区域选取基准面或基准轴，若需对选取基准面的法线进行反向时，则在图2－141中点击Reverse Placement Normal（平面法向反向），若需对选取基准轴的方向进行反向时，则在图2－141中点击Reverse Horizontal Reference（水平参考反向）。

用Law Curve进行绘制曲线的步骤如下：

◆在图2－137中选取对 X 坐标变量的定义方法，定义完后返回到图2－137中。

◆在图2－137中选取对 Y 坐标变量的定义方法，定义完后返回到图2－137中。

◆在图2－137中选取对 Z 坐标变量的定义方法。

◆在图2－139中定义绘制曲线时用的坐标系。

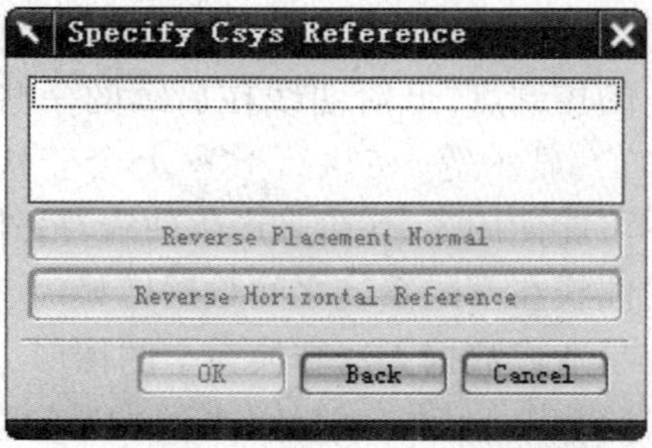

图2－141 Specify Csys Reference对话框

2.1.15 Spline（样条曲线）

样条曲线是通过多项式方程来生成的曲线或根据设定的点来拟合的曲线，该功能用于绘制样条曲线，选择【Insert（插入）】→【Curve（曲线）】→【Spline（样条曲线）】命令或单击Curve工具栏上的～按钮，系统弹出如图2－142所示的Spline对话框。

图中各项参数的意义如下：

（1）By Poles（依控制点作样条曲线）：把所输入的点当作控制点，依B－Spline/Bezier参数曲线算出样条曲线的位置。

（2）Through Points（通过点）：依通过点作样条曲线。

（3）Fit（拟合）：产生与吻合点在公差范围内的样条曲线。

（4）Perpendicular to Planes（垂直于平面）：垂直于选取的平面产生样条曲线。

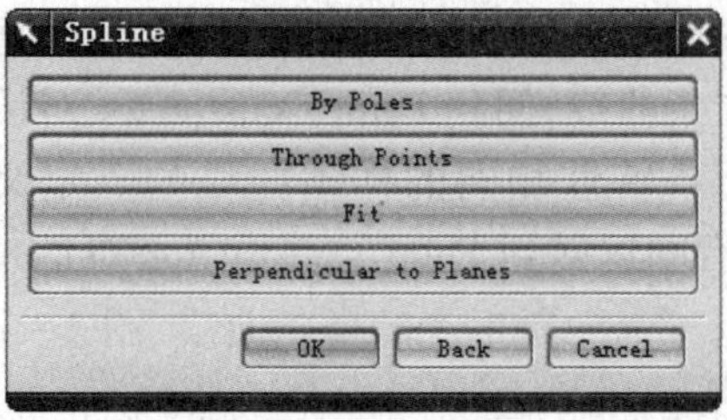

图2－142 Spline对话框

1.采用By Poles进行依控制点作样条曲线。

当在图2－142中点击By Poles时，则进入如图2－143所示的Spline By Poles对话框。

图2－143中各项参数的意义如下。

（1）Multiple Segments（多段曲线）：Curve Type（曲线类型）为多段曲线，多段曲线为B曲线（B－Spline），看不到曲线线段间的相接位置。其中，每一段曲线的点数为Degree（次数）加1。

（2）Single Segment（单段曲线）：其Degree（次数）等点数减1，但是其Degree最多为24，即所输入的点数不超过25个数据点。

(3) Curve Degree(曲线的次数方(1≤Degree≤24)):Curve Degree 只有在选择 Multiple Segments 时才能起作用,否则无效。每一条曲线都有它的次数方,因为自由曲线线段是由数学多项式函数所决定的,且次数方一般比定义曲线的点数少 1。如果有一条曲线的定义点有 4 点,则它就是一条 3 阶曲线。高阶曲线感觉上较难弯曲,曲线也较接近它的控制点,低阶曲线在后续的一些操作如加工、显示等,在执行效率上会较快。通常尽可能使用 3 ~ 5 阶来产生曲线,另外使用高阶曲线在不同系统之间数据转换时,因为其他系统可能没有支持如此高阶的曲线,因此容易造成数据无法转换完全的情形。

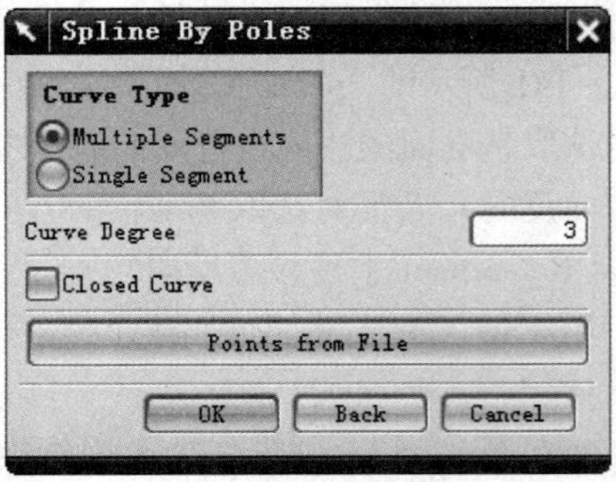

图 2 - 143　Spline By Poles 对话框

(4) Close Curve(封闭曲线):当勾选此选项时,将产生一条封闭的样条曲线,此时所选择的第一点作为样条曲线的最后一点。当不勾选此选项时,将产生一条开放的样条曲线,此时所选择的最后一点作为样条曲线的最后一点。

(5) Points from File(点来自于文件):通过数据文件来读取点坐标。

当在图 2 - 143 中设置好后,点击 OK 后进入 Point Constructor 对话框。通过 Point Constructor 对话框定义样条曲线上的控制点后,按 OK 将出现如图 2 - 144 所示的 Specify Points(指定点)对话框。若接受所定义的点,则按 Yes,否则按 No。按 Yes 后则直接生产样条曲线,回到 Point Constructor 对话框进行下条特性相同的样条曲线的点定义。按 No 后则返回到 Point Constructor 对话框进行增加控制点的数目。图 2 - 145 为未勾选 Close Curve 所生产的样条曲线,图 2 - 146 为勾选 Close Curve 所生产的样条曲线。

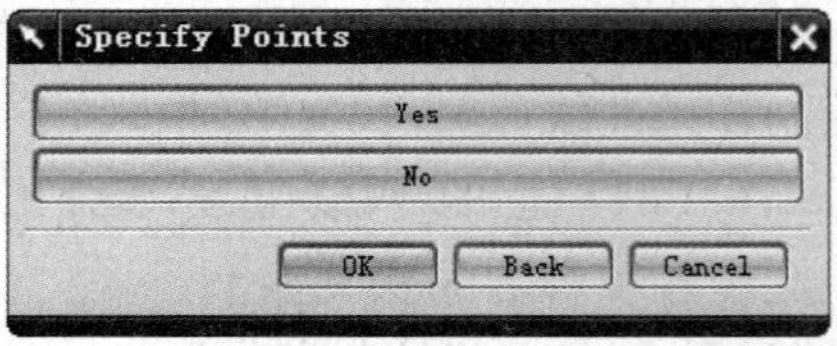

图 2 - 144　Specify Points 对话框

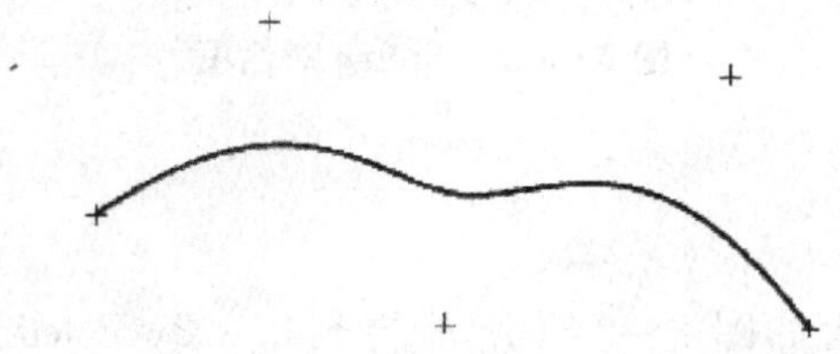

图 2 - 145　依 By Poles,未勾选 Close Curve 所生产的样条曲线

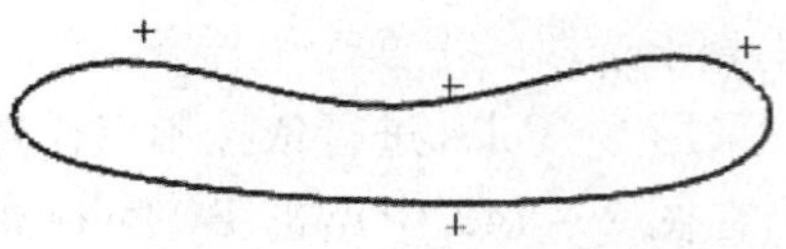

图 2 - 146　依 By Poles,勾选 Close Curve 所生产的样条曲线

用 By Poles 生成样条曲线的步骤如下:

◆在图 2 - 142 中点击 By Poles。

◆在图 2 - 143 中进行设置,设置后按 OK。

◆在 Point 对话框中,在绘图区域中定义点。所有的点定义完后按 OK。

◆在图 2－144 中,若所有的点定义完按 Yes,则生产样条曲线,若未定义完,则按 No,返回 Point 对话框中继续定义点。

2. 采用 Through Points 进行依通过点做样条曲线。

当在图 2－142 中点击 Through Points 时,则进入如图 2－147 所示的 Spline Through Points 对话框。

当在图 2－147 中设置好后,点击 OK 后进入如图 2－148 所示的 Spline 对话框进行点的选择设置。

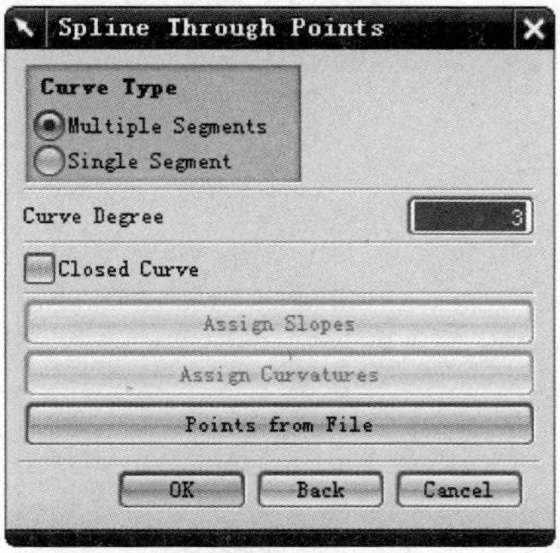

图 2－147　Spline Through Points 对话框

图 2－148　Spline 对话框

图 2－148 中各项参数的意义如下。

(1)Chain from All(连接所有点):其选择点的范围在整个绘图区域中(此时绘图区域必须存在点),在指定起始点和终止点后,系统自动找出两点之间的所有点(按最短路径找,有时会出现本应属于样条曲线上的点,而没有被选上)。

(2)Chain within Rectangle(用矩形框来指定所选点的范围):用矩形框指定所选点的范围(此时绘图区域必须存在点)后,指定起始点和终止点,然后系统自动找出两点之间的所有点(按最短路径找,有时会出现本应属于样条曲线上的点,而没有被选上)。

(3)Chain within Polygon(用多边形框来指定所选点的范围):用多边形框指定所选点的范围(此时绘图区域必须存在点)后,指定起始点和终止点,然后系统自动找出两点之间的所有点(按最短路径找,有时会出现本应属于样条曲线上的点,而没有被选上)。

(4)Point Constructor(点构造器)用点构造来进行点的定义。

点击 Chain from All,进入如图 2－149 所示的 Specify Points 对话框,进行起始点与终止点的指定。

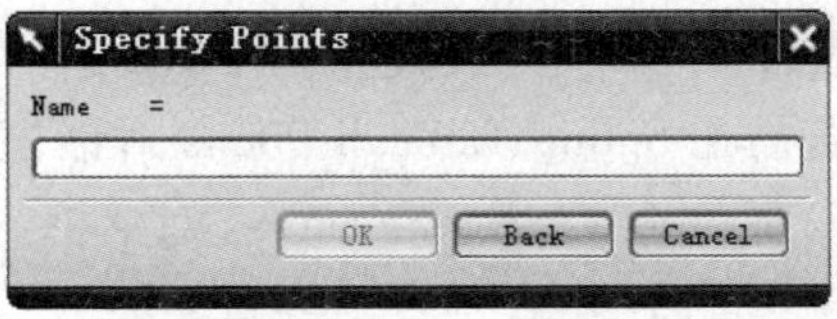

图 2－149　Specify Points 对话框

在 Specify Points 对话框下在绘图区域中先后指定起始点和终止点,或在对话框中分别输入起始点的名字按 OK 和终止点的名字按 OK。此时系统选取符合要求的所有点,同时进入如图 2-150 所示的 Spline Through Points 对话框,用来进行 Assign Slopes(指定斜率)和 Assign Curvatures(指定曲率)设置。

若需在 Spline Through Points 对话框下指定斜率,则点击 Assign Slopes 进入如图 2-151 所示的 Assign Slopes 对话框。

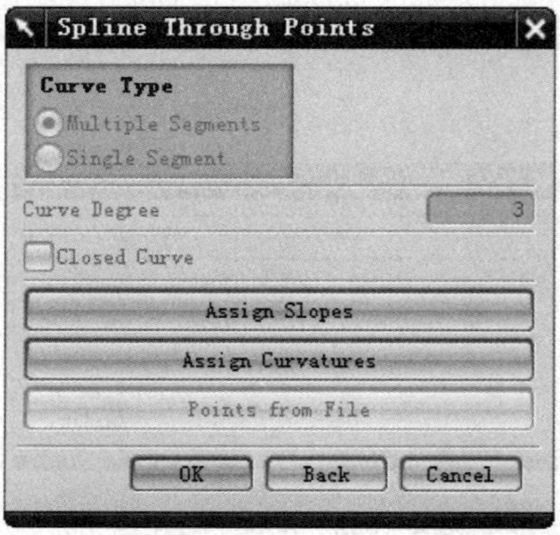

图 2-150 Spline Through Points 对话框

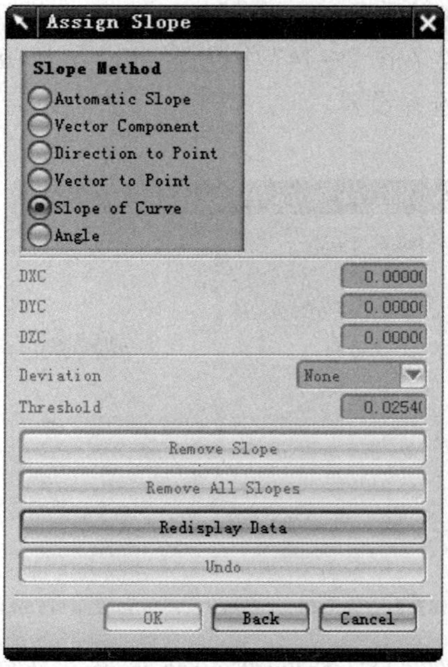

图 2-151 Assign Slopes 对话框

图 2-151 中各项参数的意义如下。

(1)Automatic Slope(自动斜率):系统根据所输入的点自动定义其斜率。

(2)Vector Component(矢量增量):勾选此设置时,DXC,DYC,DZC 中可以输入矢量的增量值,用来确定斜率的方向。

(3)Direction to Point(指向点):通过指向某一个点来确定斜率的方向。

(4)Vector to Point(矢量于点):通过指向某一个点来确定斜率的方向,但两点的距离影响斜率的大小。

(5)Slope of Curve(曲线的斜率):在曲线上选择一个,此点在曲线上的斜率为指定点的斜率。

(6)Angle(角度):此时 Angle 中可以输入一个角度值,此角度值为与水平方向的夹角来设置斜率方向。

在图 2-151 中设置完后按 OK 返回到图 2-150 中。

若需在 Spline Through Points 对话框下指定曲率,则点击 Assign Curvatures 进入如图 2-152所示的 Assign Curvatures 对话框。

图 2-152 中各项参数的意义如下。

(1)Curvature of Curve:曲线曲率。在曲线上选择一个,此点在曲线上的曲率为指定点的曲率。

(2)Enter Radius:输入半径。在 Radius 下输入曲率的半径值作为指定点的曲率半径值。

在图 2－152 中设置完后按 OK 返回到图 2－150 中。

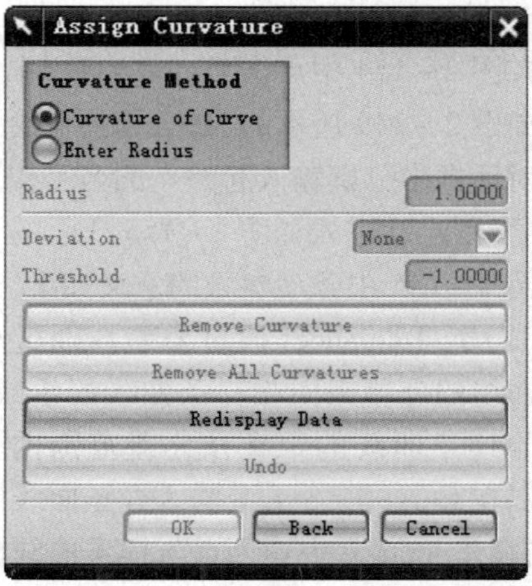

图 2－152　Assign Curvatures 对话框

在图 2－151 和图 2－152 中指定斜率和指定曲率的步骤如下:

◆在图 2－151 或图 2－152 对话框下,在绘图区域中选取要指定斜率或指定曲率的点。

◆在图 2－151 或图 2－152 对话框中设置指定斜率或指定曲率的方法后按 OK。

◆根据不同的方法指定斜率或指定曲率,直到再次出现图 2－151 或图 2－152 对话框为止。如 Automatic Slope 下直接按 OK 就行。在图 2－151 对话框中,Vector Component 和 Angle 只需在对话框中设置后按 OK 就行;Direction to Point 和 Vector to Point 必须在按 OK 后,在绘图区域中选取一个点才能再次出现图 2－151 对话框;而 Slope of Curve 则在按 OK 后,在绘图区域中选取曲线上的一个点才能再次出现图 2－151 对话框。在图 2－152 对话框中,Curvature of Curve 必须在按 OK 后,在绘图区域中选取曲线上的一个点才能再次出现图 2－152 对话框;Enter Radius 只需在对话框中设置后按 OK 就行。

按 OK 后则生成如图 2－153 所示依通过点的样条曲线。左图为未封闭的样条曲线,右图为封闭的样条曲线。

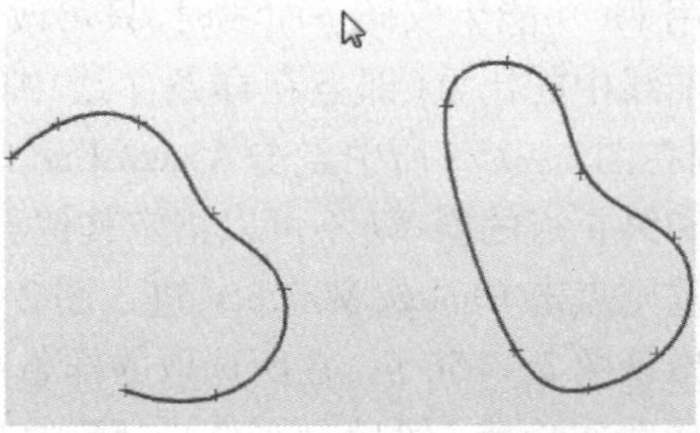

图 2－153　依 Through Points 生成的样条曲线

3. 采用 Fit 产生与吻合点在公差范围内的样条曲线。

依一定方式使定义的点在生成的样条曲线附近,且误差在公差范围之内。当在图 2－142 中点击 Fit 时,则进入如图 2－154 所示的 Spline 对话框。

图 2－154 中各项参数的意义如下。

(1)Chain from All:连接所有点。

(2)Chain within Rectangle:用矩形框来指定所选点的范围。

(3)Chain within Polygon:用多边形框来指定所选点的范围。

(4)Point Constructor:用点构造器来定义点。

(5)Points from File:从点数据文件中按顺序取出点。

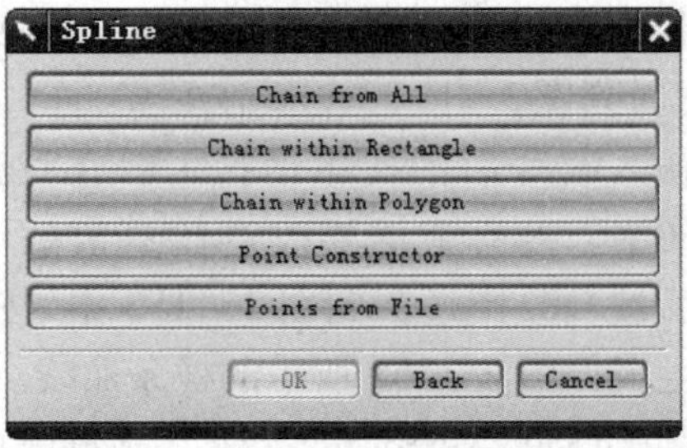

图 2－154　Spline 对话框

因方法相同,这里介绍用 Chain from All

方法。

在图 2－154 中点击 Chain from All，进入如图 2－149 所示的 Specify Points 对话框。进入如图 2－149 所示的对话框后，在绘图区域中分别指定样条曲线的起始点和终止点，或在对话框中分别输入起始点的名字按 OK 和终止点的名字按 OK。起始点和终止点指定完后，则自动进入如图 2－155 所示的 Create Spline by Fit 对话框。

图 2－155 中各项参数的意义如下。

(1) By Tolerance（通过公差）：通过点与样条曲线的公差来限制样条曲线的生成，此时点与样条曲线的距离在公差范围内。这时可以在 Curve Degree 中输入样条曲线的次数，与在 Tolerance 中输入点与样条曲线的公差值。

(2) By Segments（通过段数）：通过生成多段样条曲线的段数来限制样条曲线的生成，这时可以在 Curve Degree 中输入样条曲线的次数，与在 Segments 中输入段数。

(3) By Template（通过模板）：通过模板样条曲线来控制样条曲线的生成，此时生成的样条曲线的参数与模板样条曲线的参数相同。在这种情况下需选取一条已知的样条曲线作为模板样条曲线。

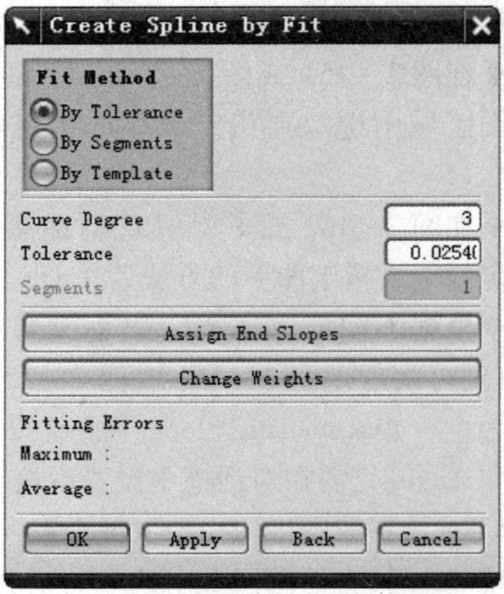

图 2－155　Create Spline by Fit 对话框

用 Fit 功能生成样条曲线时，只可改变样条的曲线的起始点和终止点的斜率和点在样条曲线中的比重（即点在样条曲线中的重要性），不可改变曲率。若要指定端点的斜率，则在图 2－155 所中点击 Assign End Slopes，则出现如图 2－151 所示的对话框，指定起始点和终止点的斜率（不可以指定其他点的斜率）后，按 OK 返回到图 2－155 中。若要改变比重则点击 Change Weights，进入图 2－156 所示的 Change Weights 对话框。

出现图 2－156 后，在所选取的样条曲线点上选取一个点，然后在图 2－156 中点击 Redisplay Points 则显示此点在将要生成的样条曲线中的比重，如图 2－157 所示，在此对话框中可以改变点的比重。

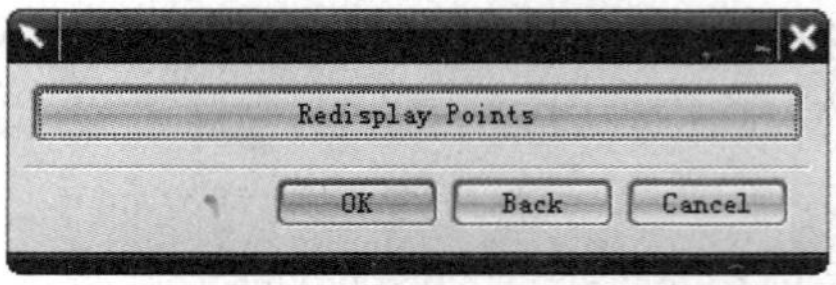

图 2－156　Change Weights 对话框

若接受如图 2－157 所示的比重值，则按 OK 返回到图2－156中，否则在 Weight 对话框中输入改变后的比重值按 OK 返回到图 2－156中。把所有需要改变比重值的点改变完后按 OK，则返回到图 2－155 中，按 OK 后则生成如图 2－158 所示的样条曲线。

图 2－157　Weight 设置对话框

用 Fit 中的 Chain from All 生成样条曲线的步骤如下：

◆在图 2－142 中点击 Fit。

◆在图 2 – 148 中点击 Chain from All。

◆在图 2 – 149 下分别选取样条曲线的起始点和终止点。

◆在图 2 – 154 中设置所作样条曲线的方法。

◆在图 2 – 154 中，若对端点有斜率指定，则点击 Assign End Slopes 进入图 2 – 150 所示的对话框进行斜率指定；若有比重改变，则点击 Change Weights，进入图 2 – 155 所示的对话框，通过改变比重值后按 OK 返回到图 2 – 154 所示的对话框中。

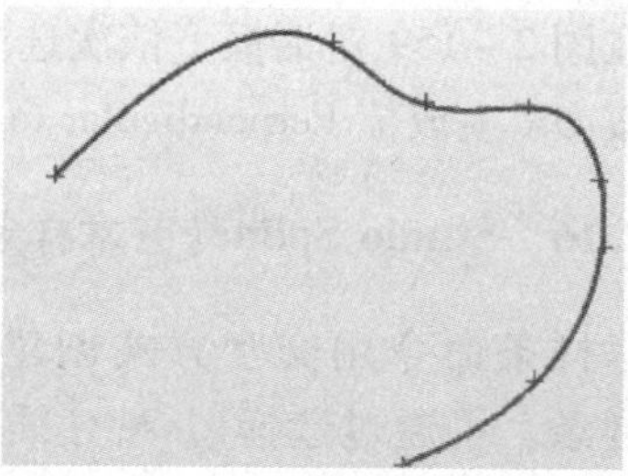

图 2 – 158　依 Fit 生成的样条曲线

◆按 OK 生成依 Fit 的样条曲线。

4. 采用 Perpendicular to Planes 生成样条曲线。正交并通过数个平面做样条曲线。

当在图 2 – 142 中点击 Perpendicular to Planes 时，则进入如图 2 – 159 所示的 Spline 对话框。

在图 2 – 159 状态下，在绘图区域中选取平面，或在图 2 – 159 对话框中点击 Plane Subfunction（平面函数）进行平面设定，或在对话框中输入平面的名字按 OK。选取起始平面，出现 Point Constructor 对话框，在起始平面中指定样条曲线的起始点。指定后自动返回到图 2 – 159 所示的 Spline 对话框。然后，选取第二个平面，选取完后出现如图 2 – 160 所示的样条曲线生成方向对话框，同时绘图区域中出现方向箭头。

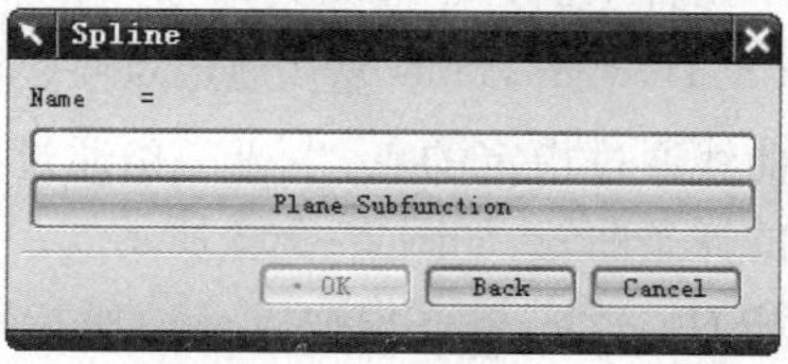

图 2 – 159　Spline 对话框

在图 2 – 160 中，若接受绘图区域中的方向，则按 Accept Default Direction（接受缺省方向），若不接受绘图区域中的方向，则按 Reverse Default Direction（缺省方向反向）。

依次选取其他平面，所有平面选取完后按 OK，则生成如图 2 – 161 所示的样条曲线。

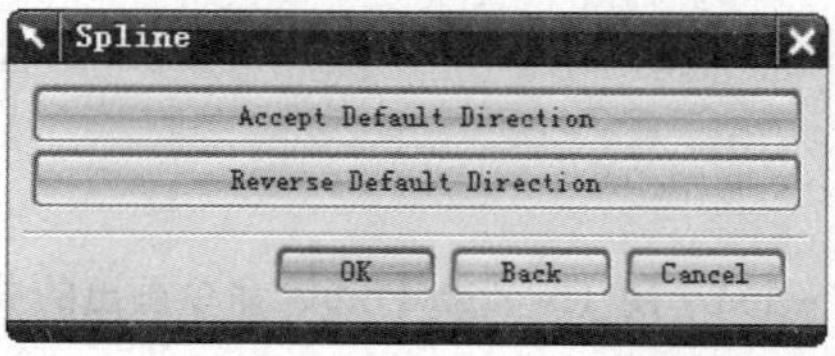

图 2 – 160　样条曲线生成方向对话框

依 Perpendicular to Planes 生成的样条曲线的步骤如下：

◆在图 2 – 142 中点击 Perpendicular to Planes。

◆在图 2 – 159 对话框下选取起始平面。

◆在 Point 对话框下选取在起始平面中样条曲线起始点。

◆在图 2 – 159 对话框下选取第二个平面。

◆在图 2 – 160 中选取样条曲线生成方向。

图 2 – 161　依 Perpendicular to Planes 生成的样条曲线

◆在图 2－159 对话框下依次选取其他平面。

◆按 OK 生成依 Perpendicular to Planes 的样条曲线。

2.1.16 Studio Spline(艺术样条曲线)

艺术样条命令用交互方式创建关联或非关联样条。可通过选择【Insert(插入)】→【Curve(曲线)】→【Studio Spline(艺术样条)】或单击图标打开。拖动定义点或极点创建样条,可以在给定的点处或者对结束极点指定斜率或曲率。艺术样条曲线有两种创建方式:通过点和通过极点,如同 2－162 所示。

图 2－162 艺术样条对话框

图中各项参数意义如下。

(1)Through Points (通过点):创建的样条曲线通过指定的点,生成一条通过各定义点的样条曲线,如图 2－163 所示。

(2)By Poles (根据极点):所指定的点为曲线的极点或控制点,样条曲线受到极点的引力作用,但除端点外,不通过其他极点,如图 2－164 所示。

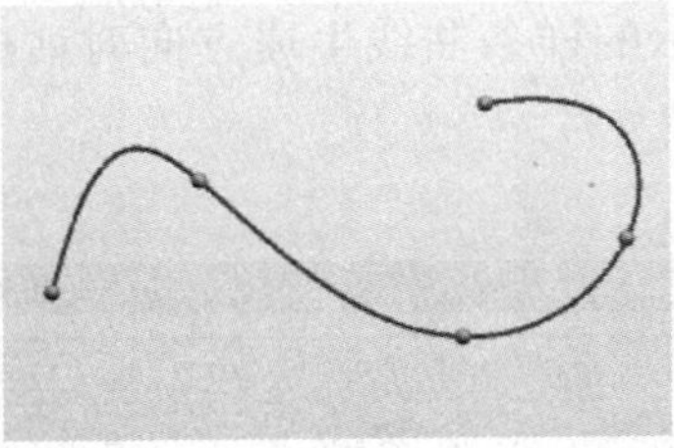

图 2－163 用 Through Points 命令画出的曲线

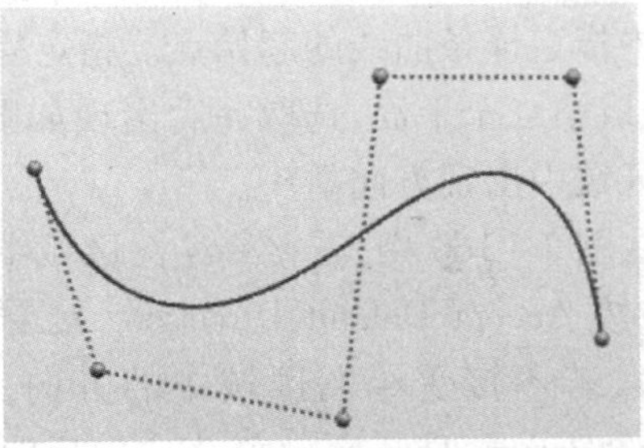

图 2－164 用 By Poles 命令画出的曲线

(3)Degree(阶次):样条平滑的因子,阶次越低,曲线越弯曲;阶次越高,曲线越平滑。如图 2－165 所示。

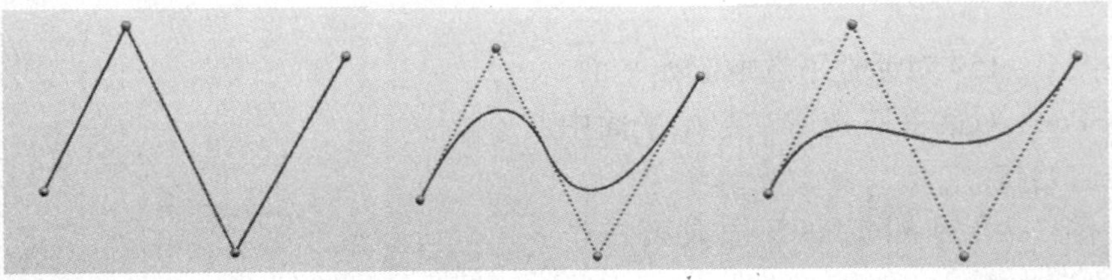

图 2－165 阶次逐渐增大

(4) Single Segment(单段):样条曲线的分段数目,只有在 By Poles 命令下才能点选,选择后样条由一段曲线组成,形状变化较大,有两个节点。

(5) Matched Knot Position(匹配的极点位置):调整内部节点的位置使线条更平滑。只有在 Through Points 命令下才能点选。

(6) Closed(封闭的):选择该选项后,样条将通过给定的点形成一个封闭的曲线,如图 2-166 所示。

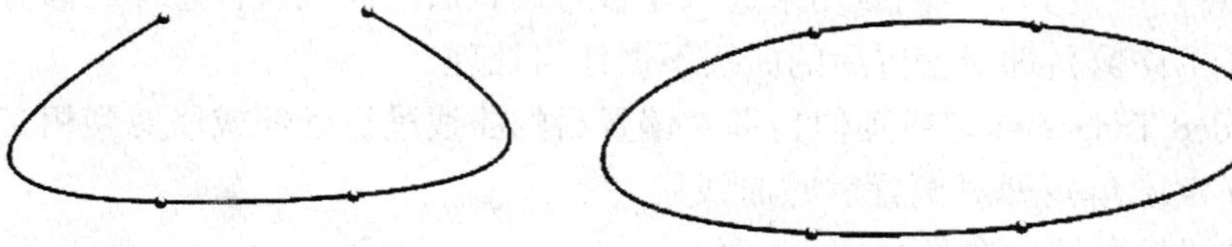

图 2-166 封闭的艺术样条曲线

2.2 Curve from Curves(来自曲线集的曲线)

2.2.1 Offset Curve(偏置曲线)

偏置后的曲线是根据通过距原始曲线一偏置距离的所有点所产生的,可以用来偏置直线、圆弧、圆锥曲线、自由曲线及边缘线等。可通过【Insert(插入)】→【Curve From Curves(来自曲线集的曲线)】→【Offset Curve(偏置曲线)】或单击图标打开如图 2-167所示命令对话框。

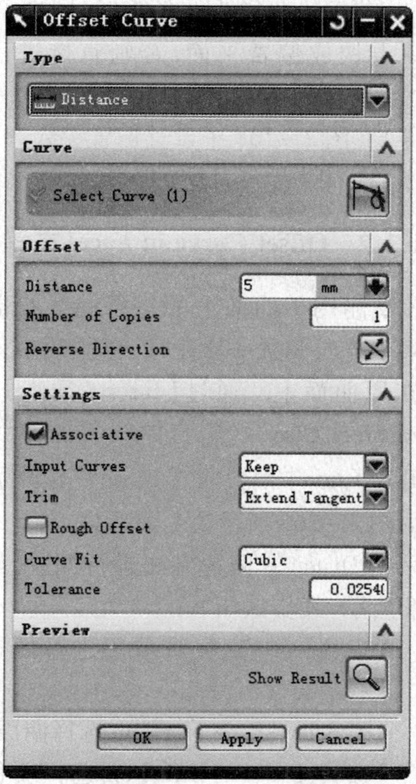

图 2-167 Offset Curve 命令对话框

偏置曲线的偏置方法共有四种,即 Distance(距离偏置)、Draft(拔模偏置)、Law Control(规律曲线偏置)、3D Axial(3D 轴向偏置),此处只对最常用的 Offset by Distance(根据距离偏置)进行介绍。在 Type 下拉列表中选 Distance 时,出现如图 2-167 所示的 Offset Curve 对话框。

图 2-167 中主要参数的意义如下:

(1) Distance(距离):曲线的偏置距离,在此对话框中输入偏置后的曲线相对原始曲线的相对距离值。

(2) Number of Copies(复制数量):即指定一次偏置多条等距离的偏置线。此功能只能在 Rough Offset 不勾选的情况下有效。

(3) Reverse Direction(偏置方向反向):即对系统提供的偏置方向进行反向。

(4) Input Curve(输入曲线):在其下拉列表中设置原始曲线在完成偏置后的状况。

①Retain(保留):偏置后保留原始曲线。

②Bland(隐藏):偏置后隐藏原始曲线。

③Delete(删除):偏置后删除原始曲线。

④Replace(替换):偏置后替换原始曲线。

(5) Trim(修剪):其下拉列表用来选取是否对偏置后的曲线进行怎样的修剪。

①None(不修剪):即对偏置后的曲线不做任何处理。

②Extended Tangents(切线延伸):即对偏置后的曲线进行延伸或修剪到相交为止。

③Fillet(倒圆角):即对偏置后的曲线用圆弧连接,其圆弧半径为输入 Distance 值。

(6) Rough Offset(粗略偏置):当此设置被勾选时,即偏置后的曲线是原始曲线的粗略偏置。

采用 Distance 偏置方法进行偏置,如图 2-168所示,其步骤如下:

(1) 选取要进行偏置的曲线。

(2) 按 OK。

(3) 若原始曲线为一条直线,则在 Point 选取一点构成偏置平面,否则直接进入下一步。

(4) 在图 2-168 中设置偏置参数。

(5) 按 OK 或 Apply。

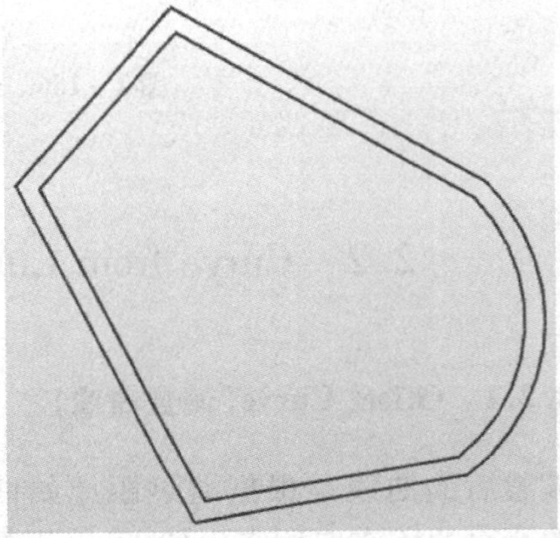

图 2-168 采用 Distance 偏置方法进行偏置

2.2.2 Offset Curve in Face(在面上偏置曲线)

该功能用于曲面上的一条曲线在曲面中按某个方向偏置一段距离,偏置后得到的曲线在原曲面上。通过【Insert(插入)】→【Curve From Curves(来自曲线集的曲线)】→【Offset Curve(偏置曲线)】或单击图标打开如图 2-169 所示命令对话框。

采用 Distance 偏置方法进行偏置,如图 2-170所示,其步骤如下:

(1) 按 Select Curve 选取要进行偏置的曲线。

(2) 按 Select Face or Plane 选择曲面。

(3) 通过 Reverse Direction 选择要偏置的方向。

(4) 按 OK 或 Apply 完成偏置操作。

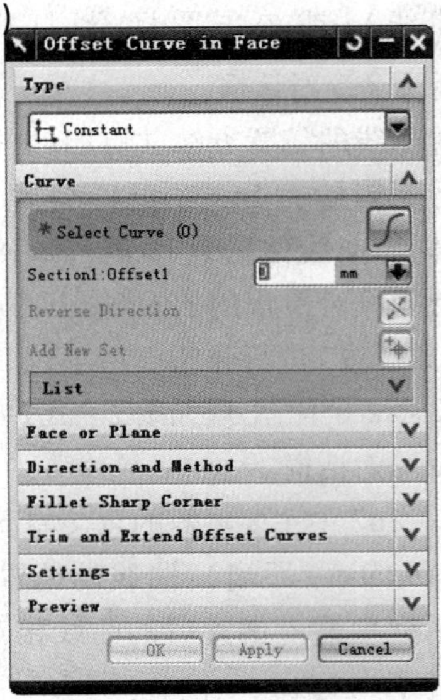

图 2-169 Offset Curve in Face 对话框

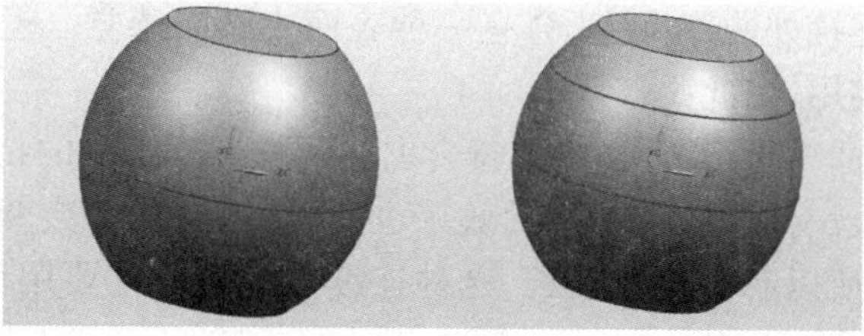

图2-170 利用 Offset Curve in Face 偏置曲面上的曲线

2.2.3 Bridge Curve(桥接曲线)

在产品设计中有时由于设计数据不完整,会使两条曲线之间不相连,有一条缝隙,此时用户需要补充一段曲线,并且使其能与两条原始曲线的连接可通过控制连续条件、连续部位和方向来光滑过渡。Bridge Curve(桥接曲线)命令便可实现该功能。

选择【Insert(插入)】→【Curve From Curves(来自曲线集的曲线)】→【Bridge Curve(桥接曲线)】或点击图标,则进入如图2-171所示的Bridge Curve对话框。桥接曲线是通过一定的方式把两条分离的曲线(包括实体与曲面的边缘)桥接或顺接起来,桥接曲线开始时为横越两曲线的端点,可以根据需要使用拉杆沿着曲线拖动其桥接位置。

图2-171中各项参数的意义如下:

(1)Start Object:选取要被桥接的第一条曲线。

(2)End Object:选取要被桥接的第二条曲线。

(3)Bridge Curve Attributes:桥接曲线属性。桥接曲线属性选项卡中各参数含义如下:

①Start/Stop(开始/结束):单击按钮,用于切换起始/终止对象的连续性、位置等设置。

②Continuity(连续性):曲线光顺连接的过渡程度直接影响曲面的连续性。根据产品的外观要求,常用的连续性有:位置连续(G0)、倾斜连续(G1)、曲率连续(G2)、曲率的变化连续(G3)4种类型,具体含义如下:

●G0 通常称为位置连续,指两曲线断点连接或两曲面边缘重合。这种连续性的表面有一个很尖锐的接缝属于连续性中最低的一种。

●G1 通常称为切线连续,他们不仅仅在

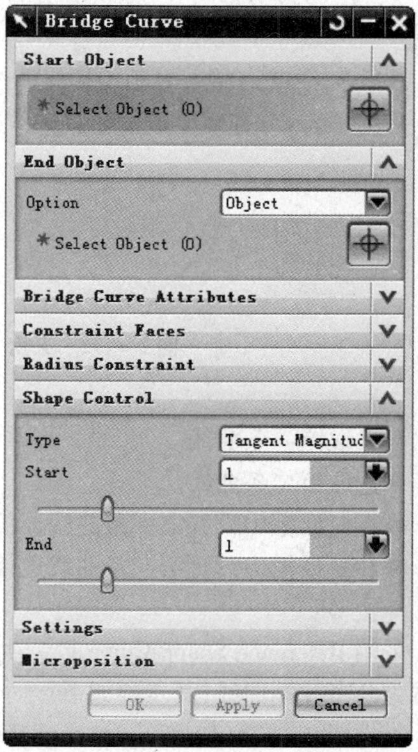

图2-171 Bridge Curve对话框

连接处的端点重合，而且切线方向一致。这种连续性的表面不会有尖锐的连续接缝，但是由于两种表面在连接处曲率突变，会有一种表面中断的感觉。但是由于成功率较高，而且在某些地方很实用，因此比较常用。

●G2 通常称为曲率连续，他们不但符合上述两种连续级别的特征，而且在连接点处的曲率也是相同的，没有曲线突变，视觉效果也光滑流畅，没有突变中断的感觉，但是由于视觉效果非常好，所以制作比较困难，这种连续性的表面主要用于制作模型的主面和主要过渡面。

●G3 通常称为曲率变化连续，这种连续级别除具有上述连续级别的特征之外，在连接处曲率可以用一个一次方程表示为一条直线。这种连续级别的表面具有比 G2 更流畅的视觉效果。但是由于需要高阶曲线或需要更多的曲线片段，所以通常只用于汽车的设计。

③Position（位置）：桥接曲线断点处于对象的位置。连接断开曲线一般都在对象的断点。调节时输入百分比位置或拖动位置滑块在 0 ~ 100 之间调节。

④Direction（方向）：参数选择和界面选项可用于制定起点或终点处的“桥接曲线”方向。

（5）Shape Control（形状控制）：用来控制桥接曲线的形状，它的各参数含义如下：

①Type（类型）：用于以交互方式变换桥接曲线的形状，它包含 Tangent Magnanent（相切幅值）、Depth and Skew（深度和歪斜）、Conic（二次曲线）、Reference Shape Cure（参考成型曲线）4 种，其中以默认的相切幅值使用得最多。

②Start（开始）：开始时相切幅值的控制，可以在 0 ~ 5 之间调节，值越大相切的程度越大。

③End（结束）：结束时相切幅值的控制。

采用 Tangent 连续生成的桥接曲线如图 2 – 172 所示，其步骤如下：

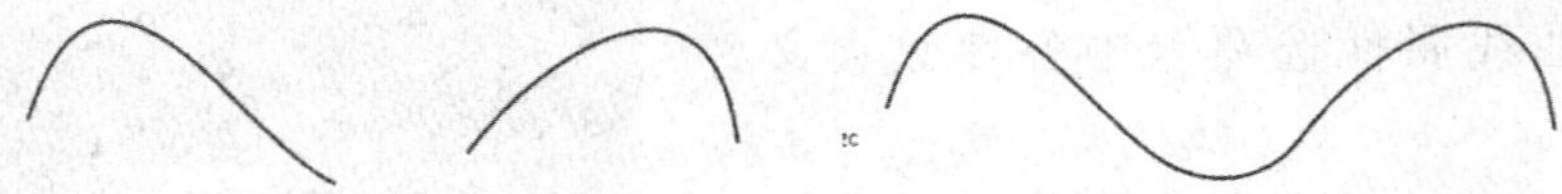

图 2 – 172　采用 Tangent 连续生成的桥接曲线

◆选取第一条曲线。

◆选取第二条曲线。

◆在对话框中设置第一条曲线连接点的控制方式。

◆在对话框中设置第二条曲线连接点的控制方式。

◆按 OK。

采用 Reference Shape Curve 控制生成的桥接曲线如图 2 – 173 所示，图中最上方样条曲线为参考控制曲线，其步骤如下：

◆在图 2 – 171 中，把 Continuity Method 设置为 Tangent。

◆选取第一条曲线。

◆选取第二条曲线。

◆选取参考形状曲线。
◆在对话框中设置第一条曲线连接点的控制方式。
◆在对话框中设置第二条曲线连接点的控制方式。
◆在对话框中设置参考形状曲线的控制方式。
◆按 OK。

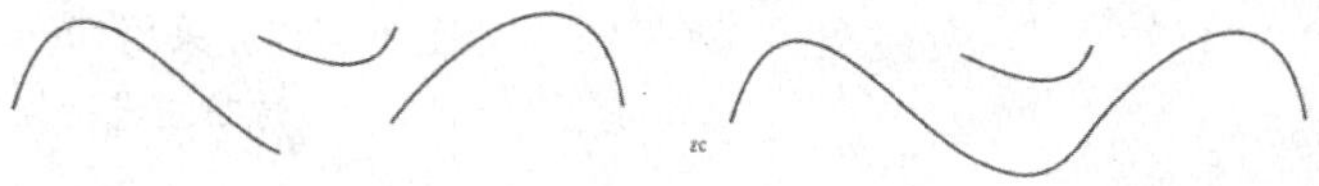

图 2－173 采用 Reference Shape Curve 控制生成的桥接曲线

2.2.4 Simplify Curve（简化曲线）

将一条复合曲线简化成数段直线或圆弧，简化后的误差量以系统设置的精度为准。选择【Insert（插入）】→【Curve From Curves（来自曲线集的曲线）】→【Simplify Curve（简化曲线）】或点击图标，将出现如图 2－174 所示的 Simplify Curve 对话框，用来指定简化时，对所选取的需要简化的曲线在经过简化处理后的状态。

图 2－174 中各项参数的意义如下：

（1）Maintain（保留）：把所选取的需要简化的曲线保留在原处。

（2）Delete（删除）：把所选取的需要简化的曲线删除掉。

（3）Hide（隐藏）：把所选取的需要简化的曲线隐藏起来。

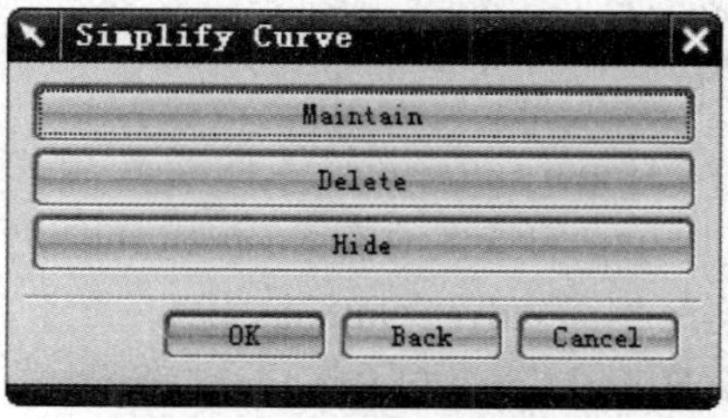

图 2－174 Simplify Curve 对话框

在图 2－174 中选择曲线在简化后原有曲线的状态后，出现如图 2－175 所示的 Select curves to approximate（选择需要简化的曲线）对话框。在绘图区域中选取需要简化的曲线，若为线串，还可以通过在图 2－175 中点击 Chaining，进入如图 2－176 所示的 Select curves to approximate 对话框，在此状态下，在绘图区域中分别选取线串的起始端与终止端。

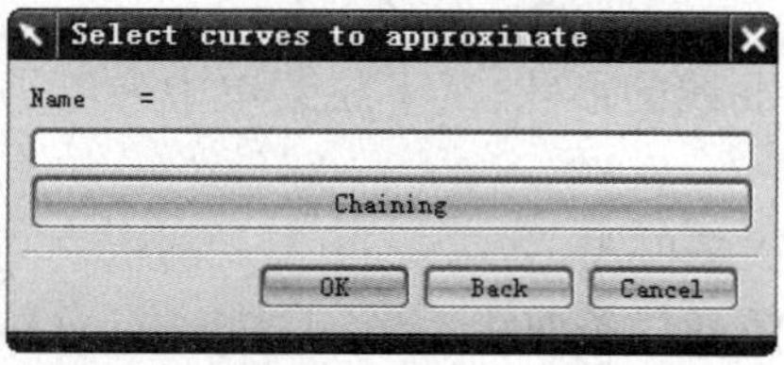

图 2－175 Select curves to approximate 对话框

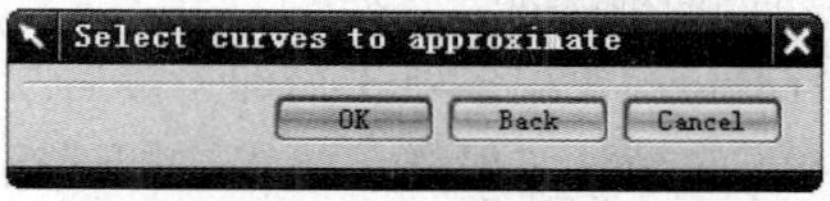

图 2－176 Select curves to approximate 对话框

采用 Simplify Curve 对曲线进行简化如图 2－177 所示，其步骤如下：

◆在图 2－174 中选择需要简化的曲线在经过简化处理后的状态，这里我们选择保留。

◆在绘图区域中选取需要简化的所有曲线，或通过点击图 2－175 中的 Chaining 进入图 2－176 状态选择曲线的起始端和终止端。

◆按 OK。

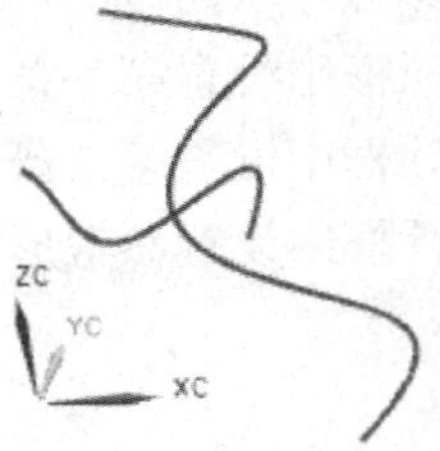

图 2－177　采用 Simplify Curve 对曲线进行简化

2.2.5　Join Curves（连接曲线）

该指令将一串相连在一起的曲线或边缘连接成一条单一的曲线，连接后的曲线可以是一个近似原始曲线的三次方多项式曲线，也可以是一条 B 样条曲线。如果选取的曲线形成一个封闭回路，但在封闭回路的起始点和终止点的曲线并没有连续相切，则结合后的曲线为开放曲线，如果起始点和终止点的曲线有连续相切，则结合后的曲线为封闭曲线。

选择【Insert（插入）】→【Curve From Curves（来自曲线集的曲线）】→【Join Curves（连接曲线）】或点击图标，进入 Join Curves 对话框，如图 2－178 所示。此时可以在绘图区域中选取曲线或边界。

图 2－178 Settings 选项中各项参数的意义如下：

（1）Input Curves（输入曲线）：当 Associative Output 勾选上时有 Keep 和 Hide 两种状态；当 Associative Output 未勾选上时有 Keep，Hide，Delete 和 Replace 四种状态。

①Keep（保留）：把所选取的需要连接的曲线保留在原处。

②Hide（隐藏）：把所选取的需要连接的曲线隐藏起来。

③Delete（删除）：把所选取的需要连接的曲线删除掉。

④Replace（取代）：把所选取的需要连接的曲线用连接曲线取代。

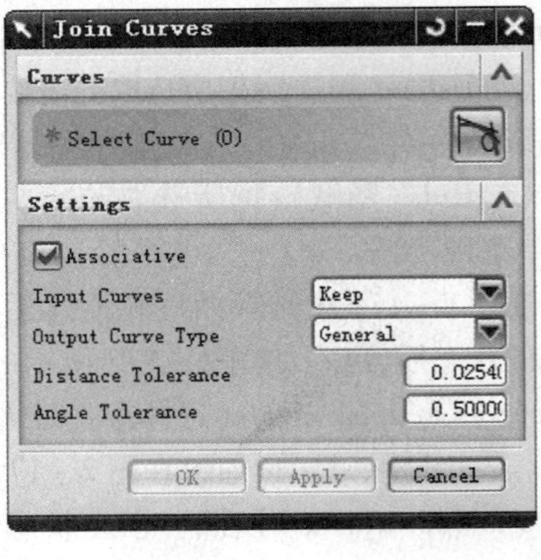

图 2－178　Join Curves 对话框

（2）Output Curve Type（输出曲线类型）：连接曲线的形状，其下拉菜单中列出了以下四类连接曲线类型。

①Cubic（3 次多项式）：即连接后的曲线为 3 次多项式。

②General（一般样条曲线）：即连接后的曲线为 B 样条曲线。

③Quintic（5 次多项式）：即连接后的曲线为 5 次多项式。

④Advanced（高级修整）：用户可根据需要确定【Advanced】选项中 Maxnum Degree（最大角度）和 Maxnum Segments（最大分割段数）输入相应的值进行高级修整。

采用 Join 对曲线进行连接，如图 2－179 所示，其步骤如下：

◆在绘图区域中选取要连接的曲线，通过图 2－178 中的子功能来选取要连接的曲线。

◆按 OK。

◆在图 2－178 中设置连接曲线的形状和所选取用来连接曲线在连接后的状态。

◆按 OK。

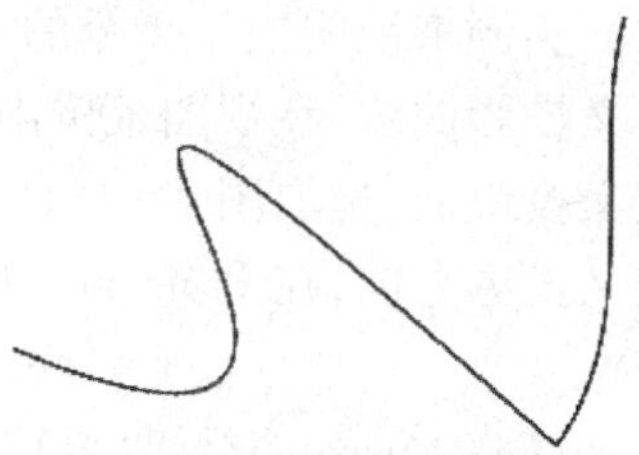

图 2－179　采用 Join 对曲线进行连接

2.2.6　Project Curve(投影曲线)

该功能用于将曲线、点或草图沿指定方向投影到片体、面、平面或基准平面上。选择【Insert(插入)】→【Curve From Curves(来自曲线集的曲线)】→【Project Curve(投影曲线)】或点击图标，则进入如图 2－180 所示的 Project Curve 对话框。

图 2－180 中主要参数的意义如下：

(1) Curves or Points to Project(选择需要投影的曲线或点)：在进行投影操作过程中，对象的选取步骤，单击可对所选取的对象进行过滤。

(2) Objects to Project to：定义投影所指的面平面、实体、曲面等。可以通过自动捕捉、指定坐标平面、选取现有平面、曲面等来实现。

(3) Projection Direction：定义投影方向。此命令下拉菜单中列出了以下选项：

①Along Face Normal(沿着面的法向)：此方式是沿着所选投影面的法向，向投影面投影曲线。

②Toward Point(朝向点)：此方式用于从原定义曲线沿着一条曲线，向选取的投影面投影曲线。

③Toward Line(朝向直线)：此方式用于原定义曲线朝着一条直线，向选取的投影面投影曲线。

④Along Vector(沿矢量)：此方式用于沿设定的矢量方向，向选取的投影面投影曲线。

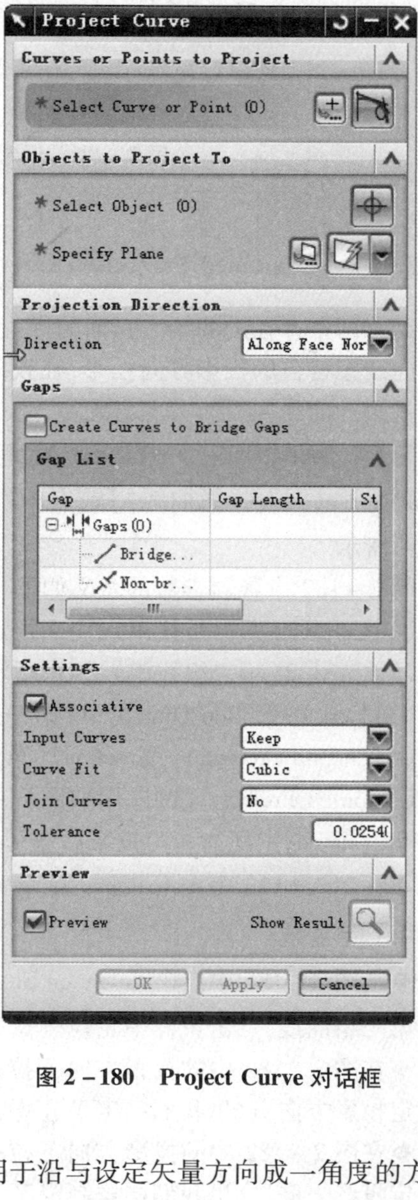

图 2－180　Project Curve 对话框

⑤Angel to Vector(与矢量成角度)：此方式用于沿与设定矢量方向成一角度的方向，

向选取的投影面投影曲线。

下面以实例来说明投影指令的应用：

◆定义投影曲线，在视图范围内选取目标曲线，单击中键即可。

◆定义投影面，选取图 2－181 中目标曲面作为投影曲面。

◆定义投影方向，在 Projection Direction（投影方向）下拉列表中选择 Along Vector（沿矢量）选项。

◆在 Project Curve（投影曲线）对话框中点击 OK 按钮，完成投影曲线的创建。

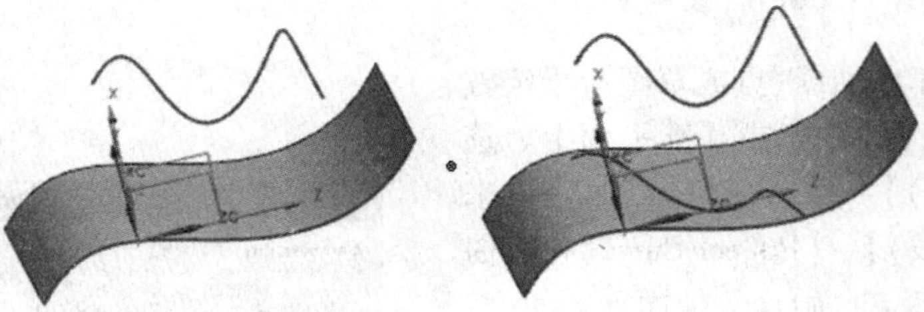

图 2－181　通过 Project Curve 生成的曲线

2.2.7　Combined Projection Curve（混合投影曲线）

结合两条存在的曲线、边、面的周边、草图、线串的投影效果生成一条投影线，即被投影的曲线按各自的投影方向投影，在投影过程中的交点的集合为生成的投影线，此时两条被投影的曲线在投影方向必须是相交的。

选择【Insert（插入）】→【Curve From Curves（来自曲线集的曲线）】→【Combined Projection Curve（混合投影曲线）】或点击图标，则进入 Combined Projection 对话框，如图 2－182所示。

图 2－182 中各项参数的意义如下：

（1）Curve 1（第一组线串）：用来指定第一组用来投影的线。

（2）Curve 2（第二组线串）：用来指定第二组用来投影的线。

（3）First Projection Direction1（第一投影矢量）：用来指定第一组线串的投影方向。

（4）Second Projection Direction2（第二投影矢量）：用来指定第二组线串的投影方向。

Combined Projection 的应用如图 2－183 所示，两组曲线的投影方向都为 Normal to Plane of Curves，中间曲线为投影后得到的曲线，其步骤如下：

◆在图 2－182 中点击 Selection Step 下的图标，并在绘图区域中选取所有要被投影的第一组曲线。

◆在图 2－182 中点击 Selection Step 下的图标，并在绘图区域中选取所有要被投影的第二组曲线，点击鼠标中轮。

◆在图 2－182 中的投影方向下拉列表中选择第一组曲线的投影方向的设定方法，并指定投影方向，这里我们制定 Y 正向点击鼠标中轮。

◆在图 2－182 中的投影方向下拉列表中选择第二组曲线的投影方向的设定方法，并指定投影方向，这里我们同样制定 Y 正向。

◆按 OK 或 Apply。

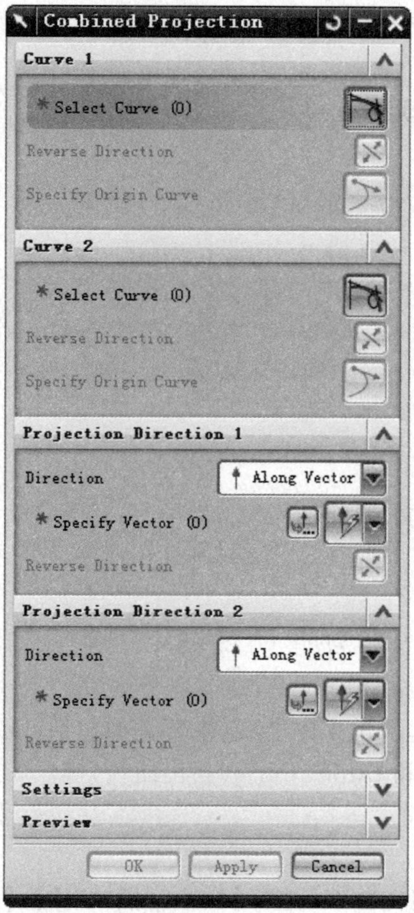

图 2-182 Combined Projection 对话框

图 2-183 Combined Projection 的应用

2.2.8 Mirror Curve(镜像曲线)

曲线的镜像是指将源曲线相对于一个平面或基准平面(称为镜像中心平面)进行复制,从而得到一个源曲线关联或者非关联的曲线。选择【Insert(插入)】→【Curve From Curves(来自曲线集的曲线)】→【Mirror Curve(镜像曲线)】或点击图标 即弹出镜像曲线对话框,如图 2-184 所示。

图 2-184 Mirror Curve 对话框

如图 2-185(a)所示,对其进行镜像曲线操作,其基本操作步骤如下:

◆选择下拉菜单【Insert(插入)】→【Curve From Curves(来自曲线集的曲线)】→【Mirror Curve(镜像曲线)】弹出图 2-184

所示对话框。

◆定义镜像曲线。在图形区选取图 2 - 185(a)所示曲线,单击鼠标中键。

◆选取镜像平面。确认“Mirror Curve”对话框中选择平面按钮被激活,选取 Y - Z 面作为镜像平面;其他参数采用系统默认设置。

◆单击 OK 按钮(或鼠标中键),完成镜像的创建。

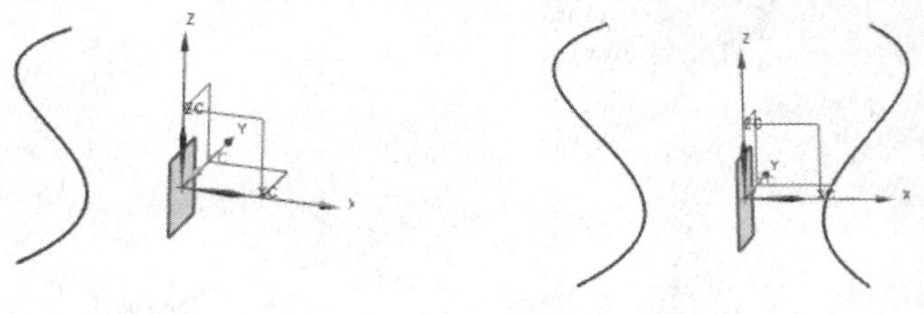

(a)　　　　　　　　　　　　(b)

图 2 - 185　镜像操作前后对照图

2.3　Curve from Bodies(来自体的曲线)

来自实体集的曲线主要是从已有的模型中提取出来的曲线,主要类型包括:Intersection Curve(相交曲线)、Section Curve(截面曲线)和 Extract Curve(析出曲线)等。

2.3.1　Intersection Curve(交线)

交线为两组相交物体的表面之间产生的相交曲线,选择【Insert(插入)】→【Curve From Bodies(体的曲线)】→【Intersection Curve(交线)】或点击图标,弹出图 2 - 186 所示的 Intersection Curve 对话框。

图 2 - 186 中主要参数的意义如下:

(1)First Set(第一组设置):用来选取第一组相交的物体。其选取内容包括 Any、Faces(任意面)、Datum Planes(基准平面)、Sheet Body(片体)、Solid Body(实体)。

(2)Second Set(第二组设置):用来选取第二组相交的物体。其选取内容与第一组设置一样。

如图 2 - 187(a)所示图形,作其交线的步骤如下:

◆定义第一组平面。

◆定义第二组平面,确定。即可完成两个平面的求交,得到所需交线,如图 2 - 187

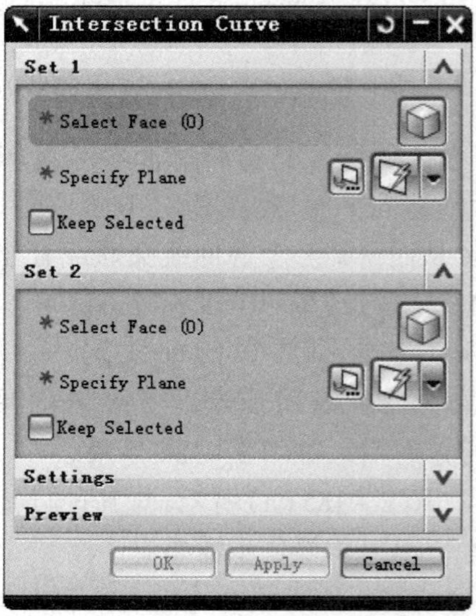

图 2 - 186　Intersection Curve 对话框

(b)所示。

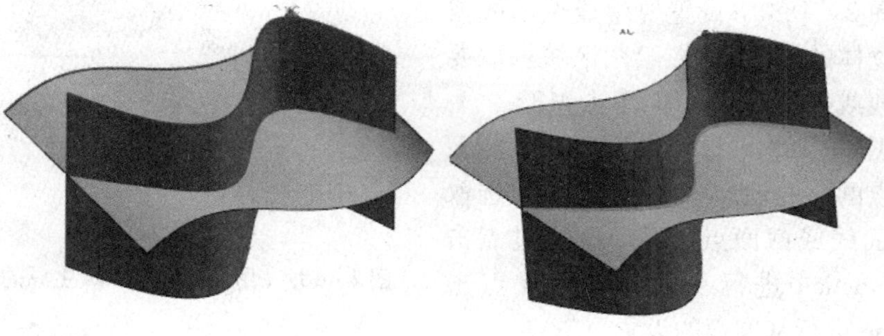

(a)　　　　　　　　　　(b)

图 2-187　Intersection Curve 的应用

2.3.2　Section Curve(截面线)

截面线由平面或基准面与物体之间产生相交的曲线。选择【Insert(插入)】→【Curve From Bodies(体的曲线)】→【Section Curve(截面线)】或点击图标，则进入 Section Curve 对话框，如图 2-188 所示。在 Type 选项的下拉菜单中列出了产生截面线的 Section Method(截面方法)，下面依次加以说明：

(1)Selected Planes(选择平面)

该方法通过选择平面或基准面来与物体之间产生相交的曲线或点，如图 2-188 所示，对话框中主要参数意义如下：

①Object to Section(截面物体)：用来选取需要进行提取截面线操作的物体。

② Section Plane(截面平面)：用来选取需要进行提取截面线操作的平面，包括 Any Plane(任意平面)、Plane(平面)、Datum Plane(基准面)。

③Join(连接)：对生成的截面线进行连接处理。主要包括：

●No(不)：对生成的截面线不进行连接处理。

●Polynomial(多项式)：对生成的截面线用 3 次多项式曲线进行连接处理。

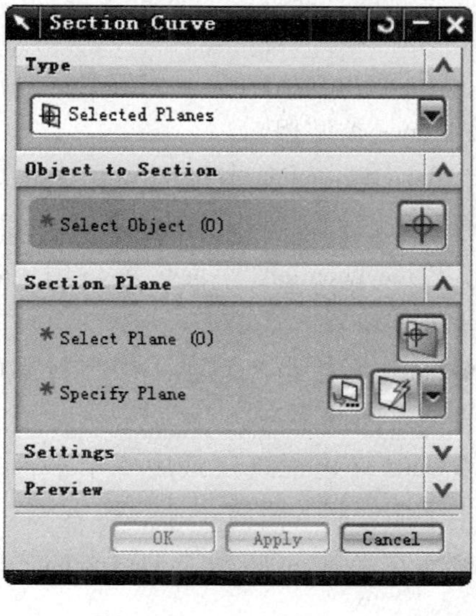

图 2-188　Section Curve 对话框

●General Spline(基本样条曲线)：对生成的截面线用 B 样条曲线进行连接处理。

④Tolerance(公差)：用来设置物体与平面或基准面的公差，当其值小于等于 tolerance 中的设置值时，则认为可以形成截面线。

用 Select Planes 生成的截面线如图 2-189 所示，其步骤如下：

◆在图 2－188 中的 Type 选项下点击图标 Selected Plalnes。

◆在图 2－188 中设置要生成截面线或截面点的物体的性质，并在绘图区域选取要生成截面线或截面点的物体，单击 MB2。

◆在图 2－188 中设置选取要生成截面线或截面点的面的性质，并在绘图区域选取要生成截面线或截面点的面。或通过点击 Plane Subfunction 进行平面的设置或点击 Datum Plane 进行基准面的设置。

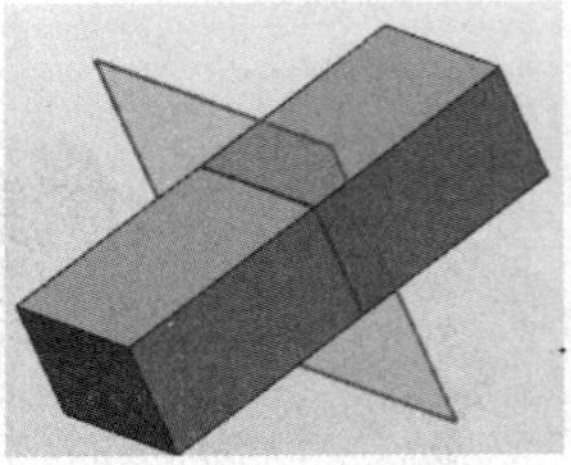

图 2－189　用 Select Planes 生成的截面线

◆在图 2－188 中设置其他参数。

◆按 OK 或 Apply。

(2) Parallel Planes(平行平面)

该方法通过一系列等距离的平行平面或基准面来与物体之间产生相交的曲线或点。定义平行平面或基准面时，首先需指定一个平面或基准面作为基本平面，然后沿基本平面的垂直方向，指定平行平面的间距、起始距离和终止距离。在图 2－188 对话框中的 Type 选项下选择 Parrallel Planes，系统弹出如图 2－190 所示的对话框，该对话框中主要参数意义如下：

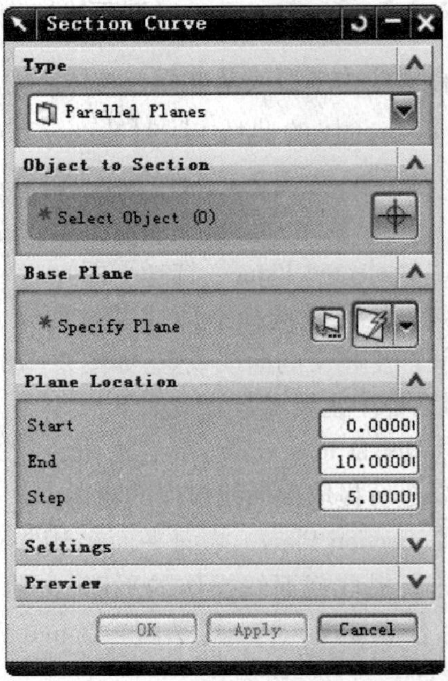

图 2－190　Section Curve 对话框

①Object to Section(截面物体)：与 Selected Planes 类型相同。

②Base Plane(基本平面)：用来选取需要进行提取截面线操作的基本平面。

③Plane Location(平面位置)：用于定义平行平面的位置。

●Start(起始距离)：第一个平行平面与基本平面之间的距离。

●End(终止距离)：最后一个平行平面与基本平面之间的距离。

●Step(步距)：两相邻平行平面之间的距离。

用 Parallel Planes 生成的截面线如图 2－191所示，其步骤如下：

◆在图 2－188 中的 Section Method 下点击图标。

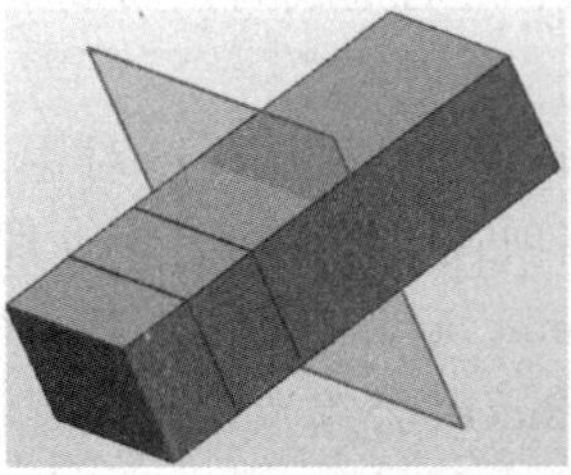

图 2－191　用 Parallel Planes 生成的截面线

◆在图 2－190 中的 Filter 下拉列表中设置选取要生成截面线或截面点的物体的

性质,并在绘图区域选取要生成截面线或截面点的物体,单击 MB2 键。

◆在图 2－190 中的 Filter 下拉列表中设置选取基本平面的性质,并在绘图区域选取基本平面。或通过点击 Plane Subfunction 进行平面的设置或点击 Datum Plane 进行基准面的设置。

◆在图 2－190 中设置 Step Distance,Start Distance 和 End Distance 值。

◆按 OK 或 Apply。

(3) Radial Planes(放射平面)

该方法通过一系列等角度的放射平面来与物体之间产生相交的曲线或点。定义放射平面时,首先指定放射平面的基准轴及基准点,基准轴与基准点所形成的平面作为基本平面,然后按此平面绕基准轴根据输入放射平面的增量角度、起始角度和终止角度作放射平面。在图 2－188 对话框中的 Type 选项下选择 Radial Planes,系统弹出如图 2－192 所示的对话框,该对话框中主要参数意义如下:

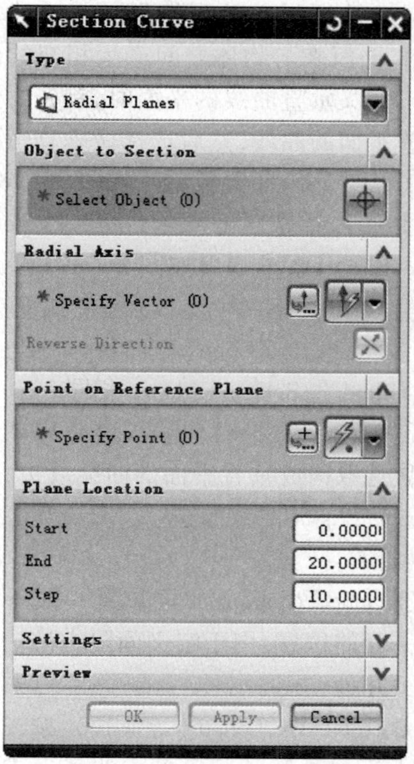

图 2－192 Section Curve 对话框

①Object to Section(截面物体):与 Selected Planes 类型相同。

② Radial Axis(放射轴):用来在绘图区域选取构成基本平面的基准轴,或通过 Vector Method(矢量方法)来构成基本平面的基准轴。

③Point on Reference Plane(点在参考平面上):用来在绘图区域选取构成基本平面的基准点,或通过 Point Method(点方法)来构成基本平面的基准点。

④Plane Location(平面位置):用于定义平行平面的位置。

●Start(开始角度):第一个放射平面与基本平面之间的夹角。

●End(终止角度):最后一个放射平面与基本平面之间的夹角。

●Step(增量角度):两相邻放射平面之间的夹角。

用 Radial Planes 生成的截面线如图 2－193所示,其步骤如下:

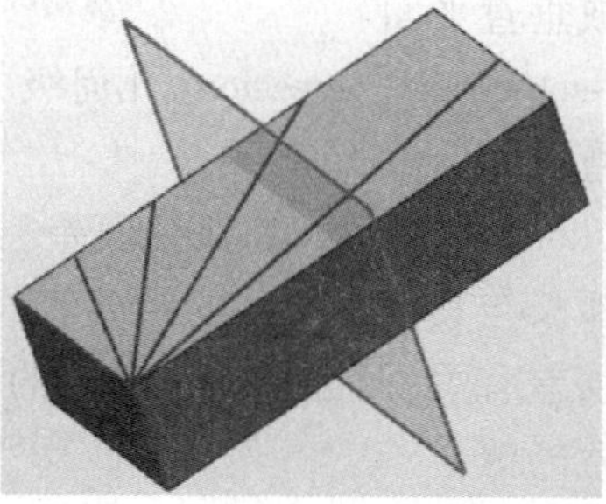

图 2－193 用 Radial Planes 生成的截面线

◆在图 2－188 中的 Section Method 下点击图标。

◆在图 2－192 中的 Filter 下拉列表中设置选取要生成截面线或截面点的物体的性质,并在绘图区域选取要生成截面线或截面点的物体。

◆在绘图区域选取一个基准轴或通过 Vector Method 构造一个基准轴。

◆在绘图区域选取一个基准点或通过 Point Method 构造一个基准点。

◆在图 2－192 中设置 Step Angle,Start Angle 和 End Angle 值。

◆在图 2－192 中设置其他参数。

◆按 OK 或 Apply。

(4) Planes Perpendicular to Curve(垂直曲线平面)

该方法通过一系列等间隔方法的垂直曲线的平面来与物体之间产生相交的曲线或点。定义垂直曲线的平面时,首先要选取做垂直平面的曲线,然后选择做垂直平面的间隔方法并输入间隔数量。在图 2－188 对话框中的 Type 选项下选择 Planes Perpendicular to Curve,系统弹出如图 2－194 所示的对话框,该对话框中主要参数意义如下:

①Object to Section(截面物体):与 Section Method 为 Selected Planes 相同。

②Curve or Edge(曲线或边):用来在绘图区域选取构成垂直平面的曲线或边,包括 Curve or Edge(曲线或边)、Curve(曲线)、Edge(边)。

③Plane Location(平面位置):用于定义平行平面的位置,用于定义间隔方法。主要有以下几种:

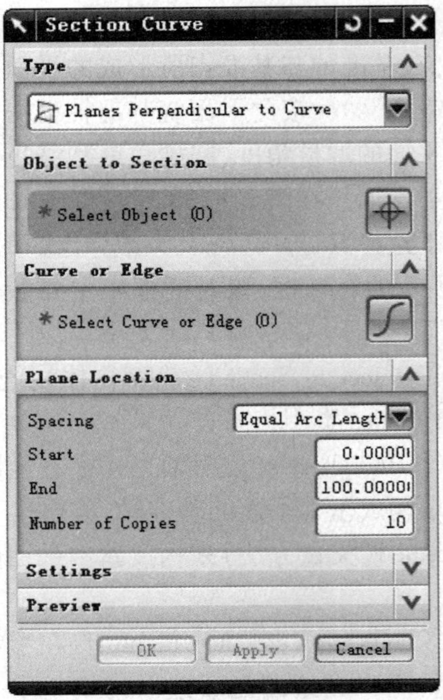

图 2－194 Section Curve 对话框

●Equal Arc Length(等弧长):按在曲线或边上截取的弧长相等的方法来生成垂直平面。

●Equal Parameters(等参数):把曲线或边用参数方程表示,在曲线或边上按参数相等来生成垂直平面。

●Geometric Progression(几何级数):按在曲线或边上截取的弧长成几何级数的关系生成垂直平面。

●Chordal Tolerance(弧弦误差):从端点开始,按在曲线或边上用垂直平面截取相邻两点的弧长与其弦长之间的距离值等于弧弦误差来生成垂直平面,此时生成的垂直平面与弧弦误差有关,而且必须在曲线的两端点之间生成,且最后两点的弧弦误差小于或等于所设置的值。

●Incremental Arc Length(弧长增量):从曲线或边的开始端开始,按在曲线或边上截取固定弧长的方法来生成垂直平面,其点数由输入的弧长决定,若最后剩下的弧长不够,则最后一段不再生成垂直平面。

用 Planes Perpendicular to Curve 生成的截面线如图 2－195 所示(Spacing Along Curve

选择的是 Incremental Arc Length),其步骤如下:

◆在图 2 - 188 中的 Section Method 下点击图标。

◆在图 2 - 194 中的 Filter 下拉列表中设置选取要生成截面线或截面点的物体的性质,并在绘图区域选取要生成截面线或截面点的物体。

◆在图 2 - 194 中的 Spacing Along Curve 下拉列表中选择生成垂直平面的方法。并在所对应的参数输入对话框中输入相关参数。

◆按 OK 或 Apply。

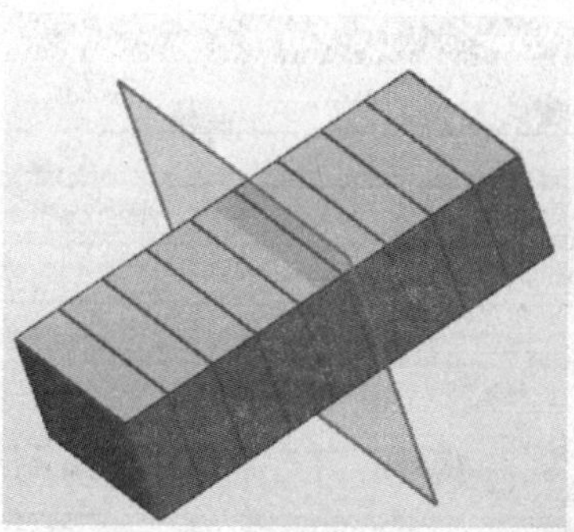

图 2 - 195 用 Planes Perpendicular to Curve 生成的截面线

2.3.3 Extract Curve(析出曲线)

由一个或多个存在的实体或面析出曲线。原来的实体或面不发生改变,析出的曲线与原来的实体或面也没有相关性。选择【Insert(插入)】→【Curve From Bodies(来自体的曲线)】→【Extract Curve(析出曲线)】或点击图标,系统弹出如图 2 - 196 所示 Extract Curve 对话框,系统主要提供以下几种析出曲线的方式:

(1) Edge Curves(边缘线)

该方法用于析出所选取的边缘,在图 2 - 196中点击 Edge Curves,则进入如图 2 - 197 所示的 Single Edge Curve(单一边缘线)对话框,在 Single Edge Curve 对话框状态下,可以在绘图区域选取边缘线,也可以通过点击其中的各项选项进入其他对话框中进行选取。

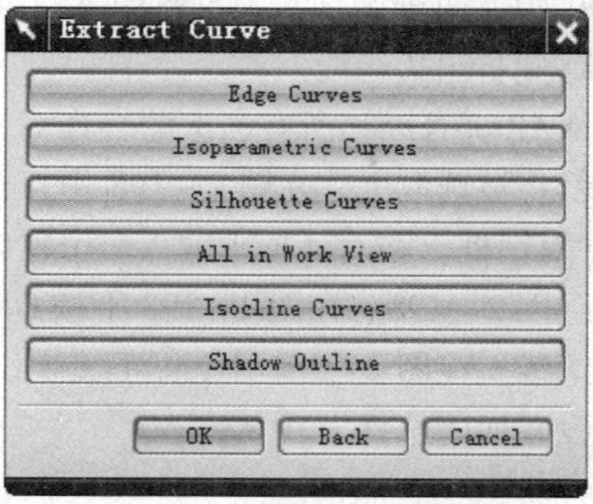

图 2 - 196 Extract Curve 对话框

图 2 - 197 中各项参数意义如下:

①All in Face(所有在面上的):选取一个面,其面的所有边缘线都被析出来。在图 2 - 197 中点击 All in Face,则进入如图 2 - 198 所示的 All Edges in Face(面上的所有边缘线)对话框,在 All Edges in Face 对话框状态下,可以在绘图区域选取面,也可以通过点击其中的各项选项进入其他对话框中进行选取。

❖All Adjacent to Face(所有与面相邻的):选取一个面,则与所选取面相邻的所有面都将自动被选取上。在图 2 - 198 中点击 All Adjacent to Face,则进入如图 2 - 199 所示的 Adjacent Faces(相邻面)对话框。在 Adjacent Faces 对话框下,在绘图区域选取面后,按 OK,则与所选取面相邻的面都将被选取上,并返回到图 2 - 198。在图 2 - 198 下按 OK,则返回到图 2 - 197,在图 2 - 197 下按 OK,则析出边缘线。

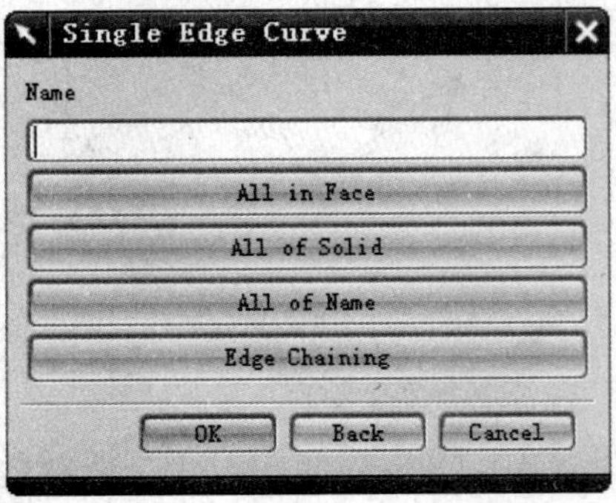

图 2－197　Single Edge Curve 对话框

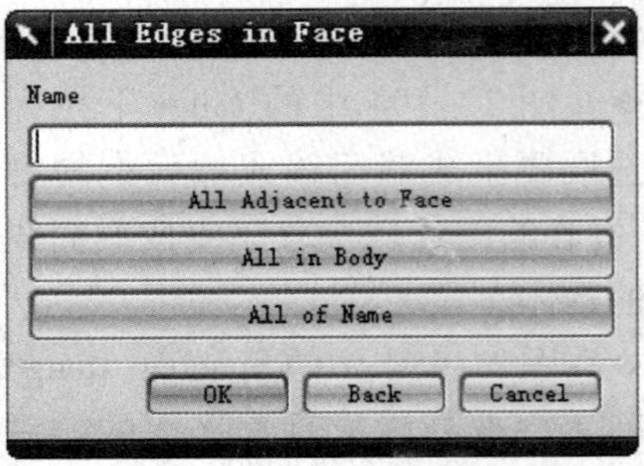

图 2－198　All Edges in Face 对话框

❖All in Body(所有在实体上的):选取一个实体,则实体上所有面都将被选取上。在图 2－198 中点击 All in Body,则进入如图 2－200 所示的 Faces in Body(实体上的面)对话框。在图 2－200 下,在绘图区域选取实体后,按 OK,则选取实体的所有面都将被选取上,并返回到图 2－198。在图 2－198 下按 OK,则返回到图 2－197,在图 2－197 下按 OK,则析出边缘线。

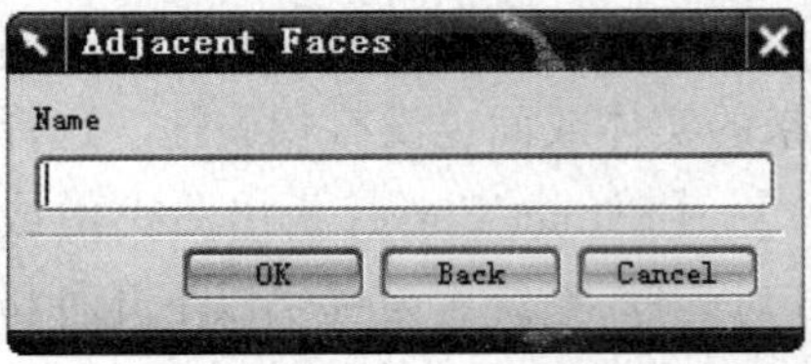

图 2－199　Aduacent Faces 对话框

❖All of Name(所有名上的):在对话框中输入一个物体的名,按 OK 后,则物体上所有面都将被选取上。在图 2－198 中点击 All of Name,则进入如图 2－201 所示的 All of Name 对话框。在对话框中输入一个物体的名,按 OK,则物体上所有面都将被选取上,并返回到图 2－198。在图 2－198 下按 OK,则返回到图 2－201,在图 2－197 下按 OK,则析出边缘线。在图 2－201 中,也可以点击 Alternate Action(改变作用)返回到图 2－198 中重新设置面的选择方式。

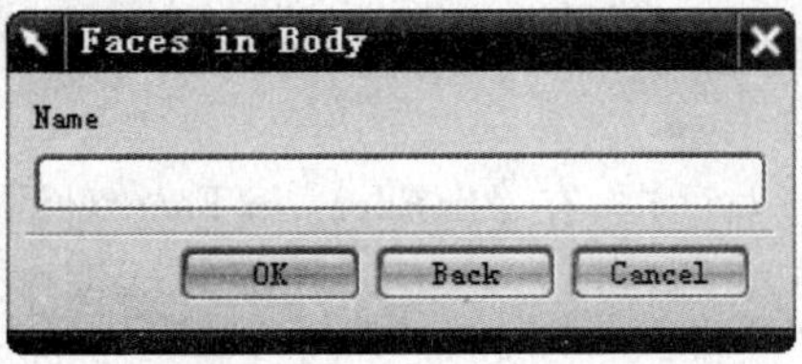

图 2－200　Aduacent Faces 对话框

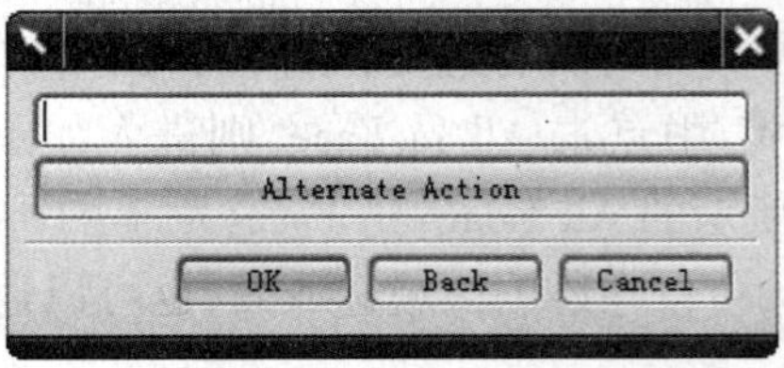

图 2－201　All of Name 对话框

②All of Solid(所有实体上的):选取一个实体,则实体上所有的边缘线都将被选取上。在图 2－197 中点击 All of Solid,则进入如图 2－202 所示的 All Edges in Solid(实体上的所有边缘线)对话框,在绘图区域选取实体后,按 OK,则实体上的所有边缘线都将被选取上,并返回到图 2－197,在图 2－197 下按 OK,则析出边缘线。

③All of Name(所有名上的):在对话框中输入一个物体的名,按 OK 后,则物体上所有面都将被选取上。在图 2－197 中点击 All of Name,则进入如图 2－201 所示的 All of Name 对话框。在对话框中输入一个物体的名,按 OK,则物体上所有边缘线都将被选取上,并返回图 2－197,在图 2－197 下按 OK,则析出边缘线。在图 2－201 中,也可以点击 Alternate Action(改变作用)返回到图 2－197 中重新设置边缘线的选择方式。

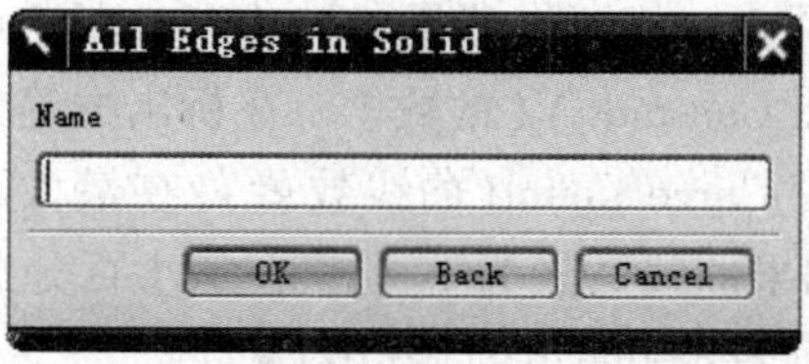

图 2－202　All Edges in Solid 对话框

④Edge Chaining(边缘线串):选取一条边缘线后,则与此边缘线构成线串的边缘线也将被选取上。在图 2－197 中点击 Edge Chaining,则进入如图 2－203 所示的 Chaining(串)对话框,在绘图区域选取一条边缘线后,按 OK,则与所选取边缘线构成线串的边缘线都将被选取上,并返回到图 2－197,在图 2－197 下按 OK,则析出边缘线。

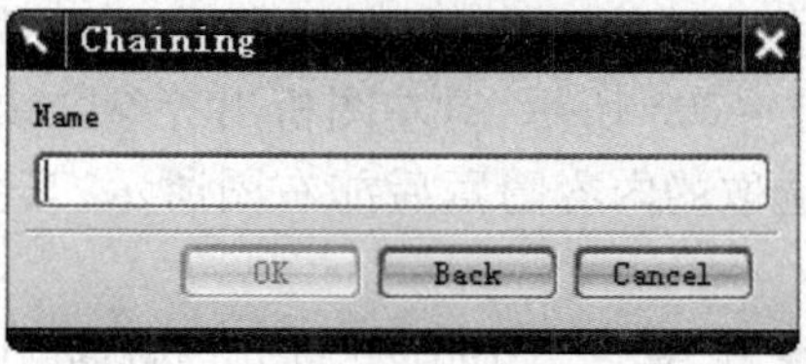

图 2－203　Chaining 对话框

用 Edge Curves 来 Extract Curve 如图 2－204 所示,对左图析出边缘线后,把所选取的内容隐藏后如右图所示,其步骤如下:

◆在图 2－196 中点击 Edge Curves。

◆在图 2－197 中选择选取边缘线方法。并按选择方法所对应的步骤选取所需要的内容,直到返回到图 2－197。

◆按 OK。

(2)Isoparametric Curves(等参数线)

该方法按等参数方程的性质析出等参数线。在图 2－196 中点击 Isoparametric Curves,则进入如图 2－205 所示的 Isoparametric Curves 对话框,在绘图区域中选取一个面后,在所选取的面上出现 $U-V$ 参考坐标系,接着在图 2－205 中设置各项参数后按 OK,则析出等参数线。

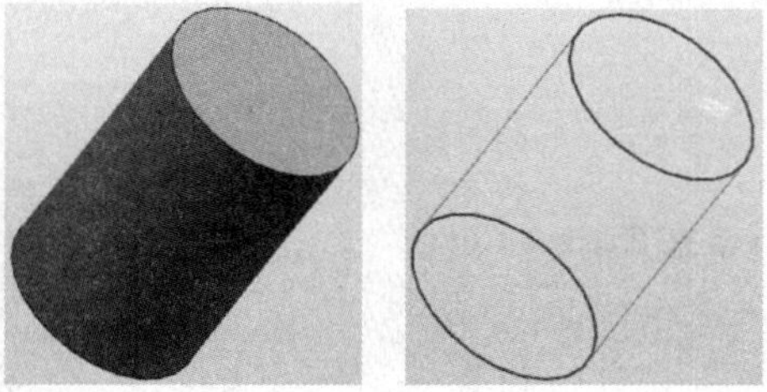

图 2－204　用 Edge Curves 来 Extract Curve

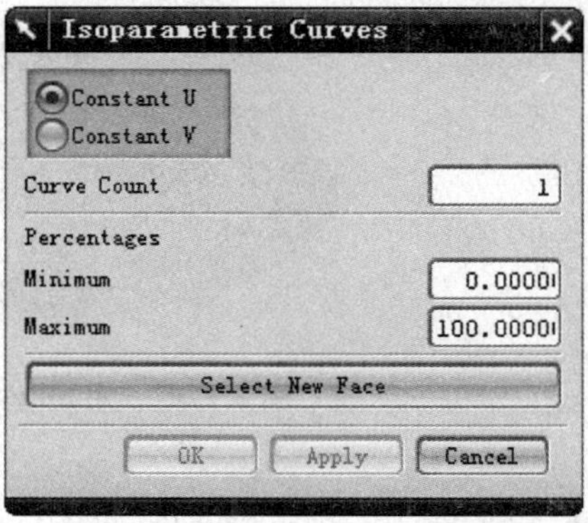

图 2－205　Isoparametric Curves 对话框

图 2－205 中各项参数的意义如下：

①Constant U(常数 *U*)：在析出的等参数线中，*U* 参考数是一个固定不变的常数。

②Constant V(常数 *V*)：在析出的等参数线中，*V* 参考数是一个固定不变的常数。

③Curve Count(曲线数量)：在最大百分比与最小百分比之间析出等参数线的总数量，如果曲线数量为 1，则只在最小百分比位置处析出等参数线。

④Percentages(百分比)

❖Minimum(最小)：在不为常数方向上的最小百分比位置。

❖Maximum(最大)：在不为常数方向上的最大百分比位置。

⑤Select New Face(选择新面)：当在图 2－205 中设置完参数后按 Apply，则可以再通过点击 Select New Face 来选取另一个面来进行等参数线析出。

用 Isoparametric Curves 来 Extract Curve 如图 2－206 所示，对左图析出等参数线后，把所选取的内容隐藏后如右图所示，其步骤如下：

◆在图 2－196 中点击 Isoparametric Curves。

◆在绘图区域选取一个面。

◆在图 2－205 中设置析出等参数线的参数值。

◆按 OK 或 Apply。

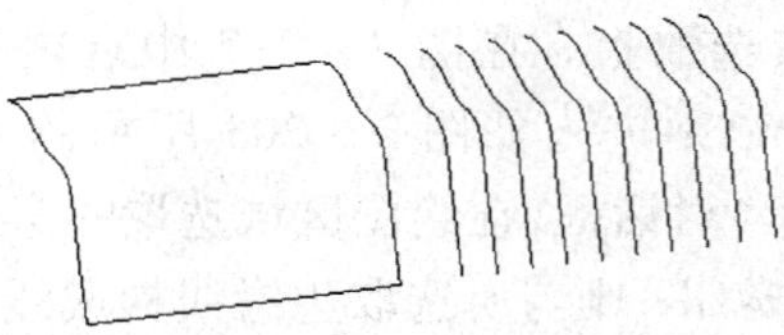

图 2－206 用 Isoparametric Curves 来 Extract Curve

(3) Silhouette Curves(轮廓线)

该方法用于析出实体或曲面的外形轮廓线。由于轮廓线是物体本身不存在的线，因此，圆球可析出轮廓线，圆柱体只能析出侧面的轮廓线，而长方体则不能析出轮廓线。工作视角的位置不同，生成的外形轮廓线也不一样。在图 2－196 中点击 Silhouette Curves，则进入如图 2－207 所示的 Silhouette Curves 对话框，在绘图区域中选取一个实体或曲面后，则析出实体或曲面的外形轮廓线。

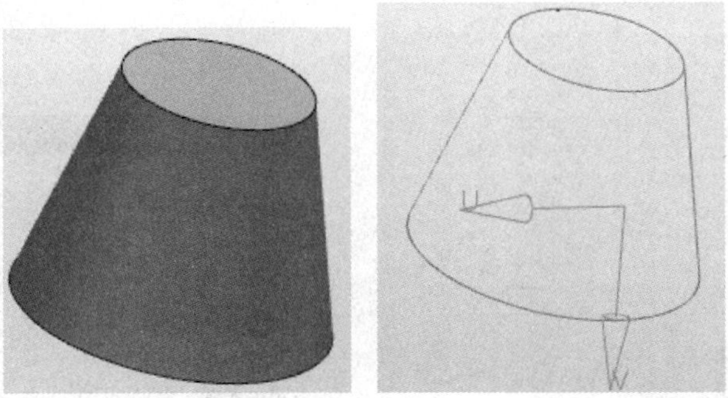

图 2－207 用 Silhouette Curves 来 Extract Curve

◆在图 2－196 中点击 Silhouette Curves。

◆在绘图区域选取实体或曲面。

(4) All in Work View(所有工作窗口中的线)

该方法用于析出目前窗口所有显示物体的边缘线、网格线和外形轮廓线。在图 2－196 中点击 All in Work View,则析出目前窗口所有显示物体的边缘线、网格线和外形轮廓线,如图 2－208 所示。

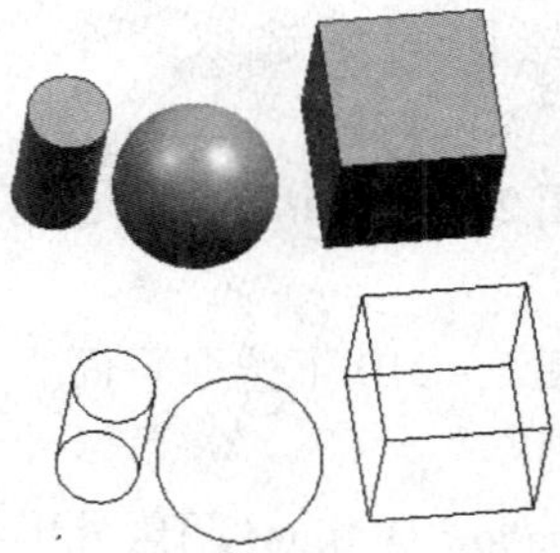

图 2－208 用 All in Work View 来 Extract Curve

(5) Isocline Curves(等斜角线)

该方法用于析出等斜角线。即用与给定参考矢量成一定夹角且与选取面相切的系列平面的切点轨迹。在图 2－196 中点击 Isocline Curves,系统弹出 Vector Constructor 对话框,选取一个参考矢量后按 OK,则进入如图 2－209 所示的 Isocline Angle(s) 对话框,在对话框中设置各项参数后按 OK,则进入如图 2－210 所示的 Select Faces(选择面)对话框,选取一个面后,则析出一条或一族等斜角线。

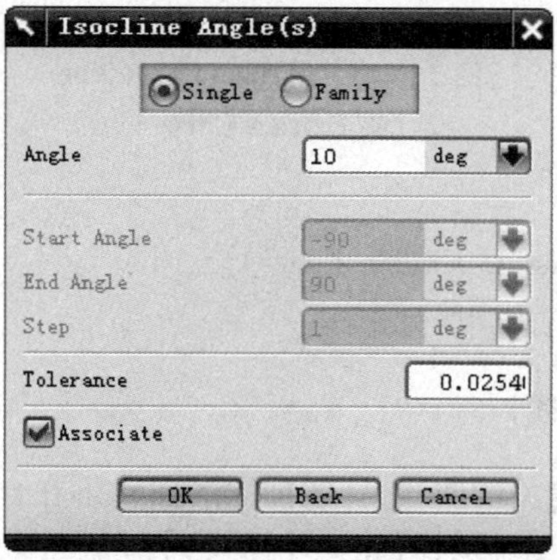

图 2－209 Isocline Angle(s) 对话框

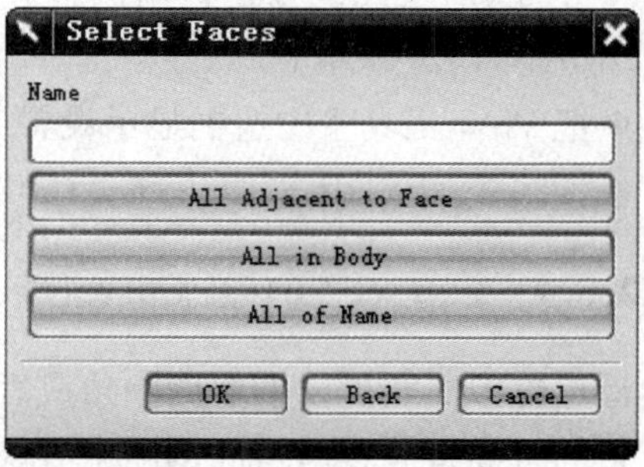

图 2－210 Select Faces 对话框

图 2－209 中各项参数的意义如下:

①Single(单一):析出给定角度的一条等斜角线。

②Family(家族):析出按角度增量从起始角度至终止角度的一族等斜角线。

③Angle(角度):等斜角线的给定角度,只有当 Single 勾选上才有效。

④Start Angle(起始角度):一族等斜角线的起始角度,只有当 Family 勾选上才有效。

⑤End Angle(终止角度):一族等斜角线的终止角度,只有当 Family 勾选上才有效。

⑥Step(增量):一族等斜角线的角度增量,只有当 Family 勾选上才有效。

⑦Tolerance(公差):析出的实际等斜线与理论等斜角线的误差范围。

⑧Associate(相关):析出的等斜角线与所选取的面具有相关性,即面发生改变,则等斜角线也发生改变。

用 Isocline Curves 来 Extract Curve,如图 2－211 所示,图中为对一个圆球面析出一族

等斜角线,其步骤如下:

◆在图 2－196 中点击 Isocline Curves。

◆在绘图区域选取一个参考向量,按 OK。

◆在图 2－209 中设置析出等斜角线的参数值。

◆在图 2－210 下选取平面。

◆按 OK。

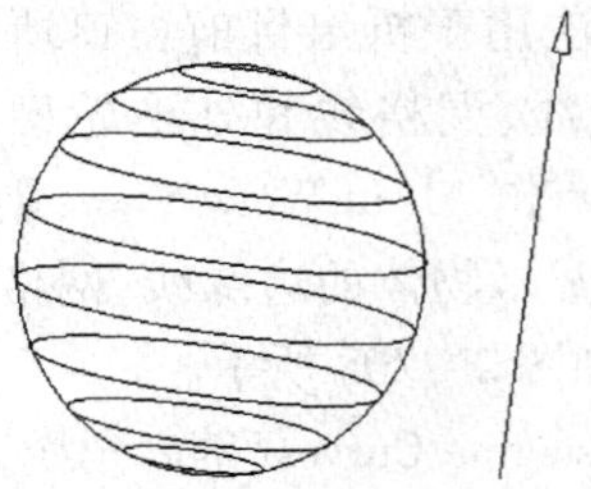

图 2－211　用 Isocline Curves 来 Extract Curve

(6) Shadow Outline(阴影外形线)

该方法用于析出阴影外形线。在使用 Shadow Outline 前,必须把 View 工具条中边框显示设置为(Invisible Hidden Edges:隐藏边不可见)。阴影外形线不仅包括外形轮廓线,而且还包括可见的外形边界线。在图 2－196 中点击 Shadow Outline,则析出目前窗口所有显示物体的阴影外形线,且析出的阴影外形线与物体具有相关性。

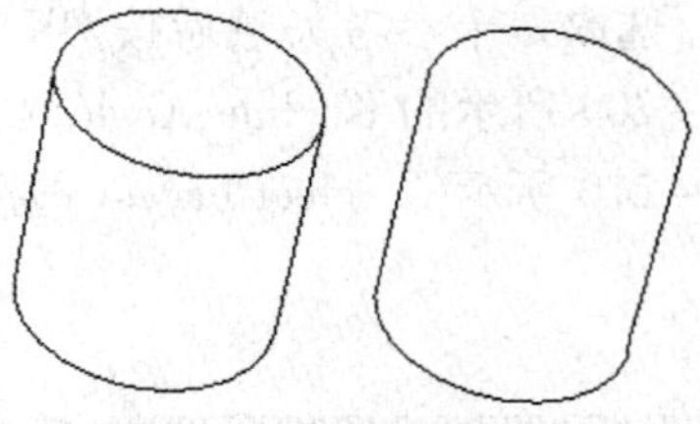

图 2－212　用 Shadow Outline 来 Extract Curve

用 Shadow Outline 来 Extract Curve 如图 2－212 所示,对左图圆柱体析出阴影外形线如右图所示,其步骤如下:

◆把 View 工具条中边框显示设置为(Invisible Hidden Edges)。

◆在图 2－196 中点击 Shadow Outline 即可析出阴影外形线。

2.3.4　Extract Virtual Curve(析出虚拟曲线)

析出虚拟曲线可以抽取倒圆角或者回转体相关的曲线,一般抽取的曲线不在自身表面。它的子类型有:旋转轴、倒圆中心线、虚拟相交。选择【Insert(插入)】→【Curve From Bodies(来自体的曲线)】→【Extract Virtual Curve(析出虚拟曲线)】或点击图标弹出 Extract Virtual Curve 对话框,如图 2－213 所示。

主要包括以下几种方式:

(1) Rotation Axis(旋转轴):抽取回转体面的旋转轴曲线。

(2) Blend Centerline(倒圆中心线):抽取实体或片体的倒圆所产生的曲线。

(3) Virtual Intersection(虚拟相交):抽取实体或片体的倒圆之前的相交曲线。

下面以实例说明 Extract Virtual Curve 命令的运用:

◆选择【Insert(插入)】→【Curve From Bodies(来自体的曲线)】→【Extract Virtual

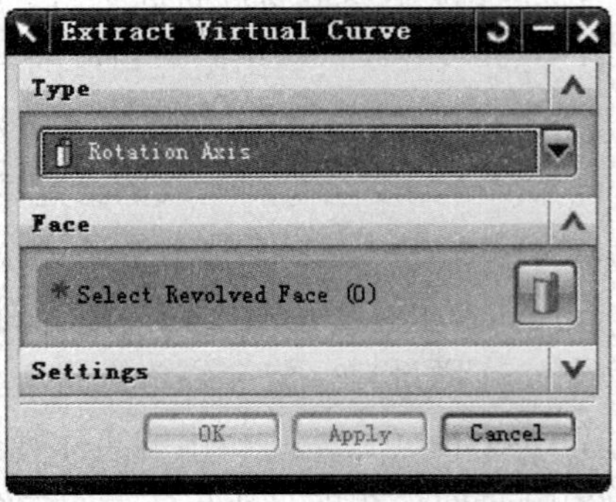

图 2－213　Extract Virtual Curve 对话框

Curve(析出虚拟曲线)】弹出 Extract Virtual Curve 对话框,如图 2－213 所示。

◆选择所要抽取的面,单击【Apply】按钮,推出“Extract Virtual Curve”对话框,即可完成对虚拟面的析出,如图 2－214 所示。

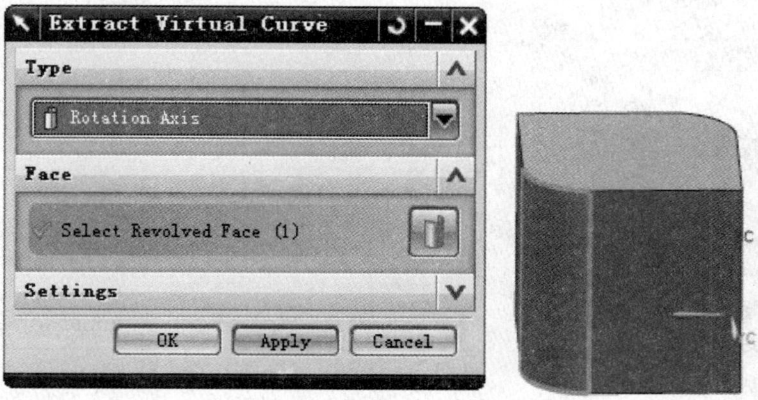

图 2－214　析出虚拟曲线

2.4　实 用 例 题

例 1　创建如图 2－215 所示的钩子,其绘制步骤如下:

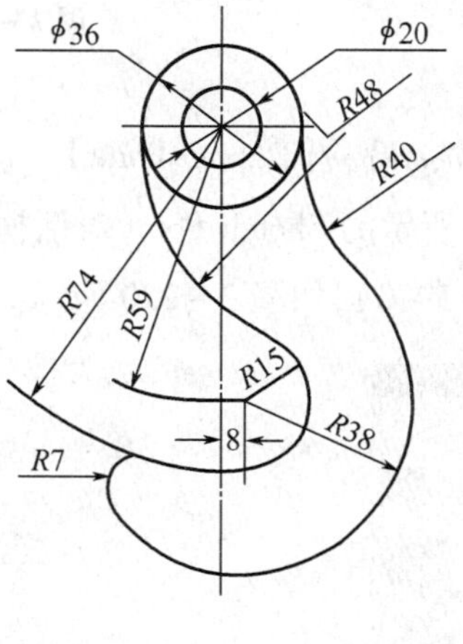

图 2－215　钩子

(1)启动 UG NX 8.0,选择【File】→【New】命令,在弹出的新建文件对话框中选择 Model,并在 Name 中输入部件的名称为 gouzi,并设置文件的存储路径。

(2)在曲线模块中,选择【Insert】→【Sketch】→【Basic Curves】命令,系统弹出如图 2－216所示的 Basic Curves 对话框,绘制两个圆,圆心为(0,0,0)直径分别为 20 和 36,如图 2－217 所示。

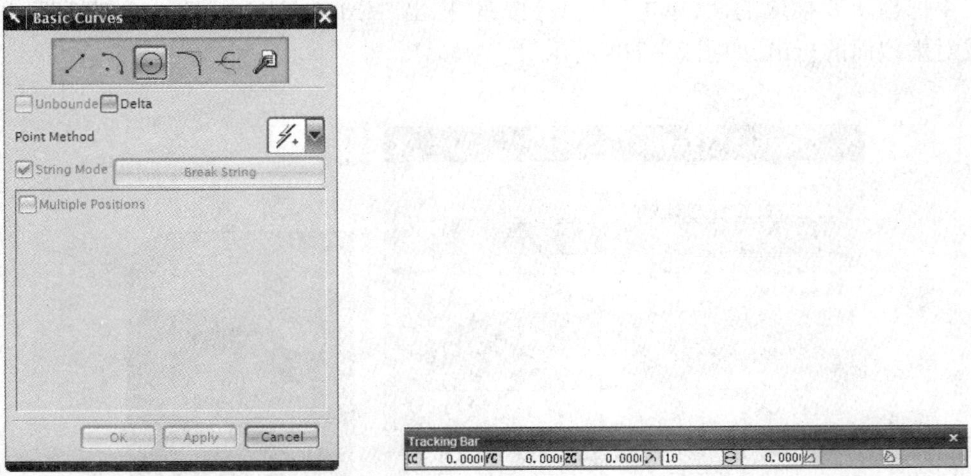

图 2－216　Basic Curves 对话框

(3)在预览模块中,选择按钮中的 top 面,用鼠标中轮调整图形到合适的大小。

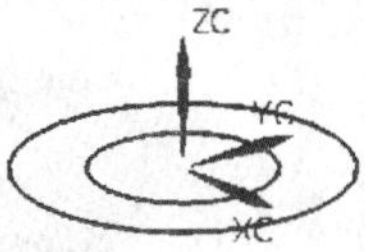

图 2－217

图 2－218　Sketch Point 对话框

(4)在曲线模块中,选择【Insert】→【Datum/Point】→【Point】命令或单击工具栏上的＋按钮,系统弹出如图 2－218 所示的 Sketch Point 对话框,选择,弹出如图 2－219 所示 Point 对话框,创建点 $A(8, -59, 0)$,如图 2－220 所示。

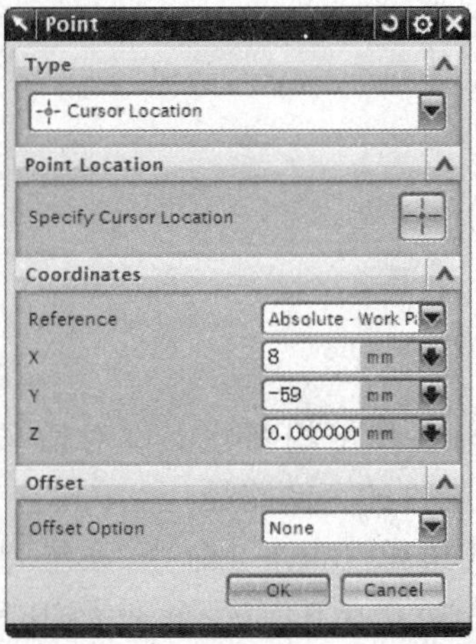

图 2－219　Point 对话框

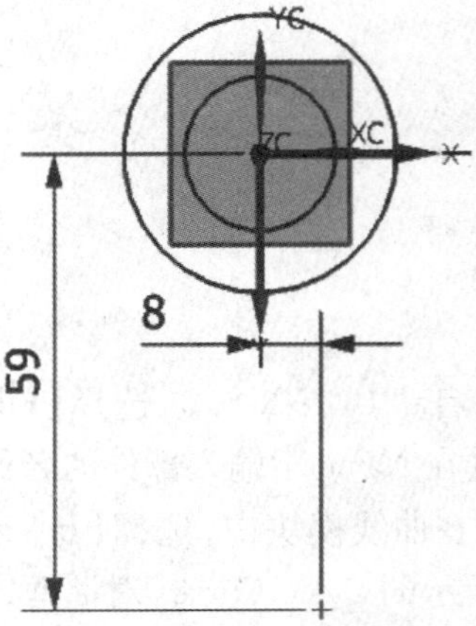

图 2－220

(5)用(2)的方法,在 A 点分别绘制半径为 15 和 38 的同心圆,如图 2-221 所示。

(6)确定半径 40 圆弧的圆心 C(与半径 38 的圆外接),绘制以 A 为圆心,半径 78 的圆,创建点 B(60,0,0),绘制通过 B 的延长线,与外接圆相交的有两点,确定其中一点为 C 的圆心,如图 2-222 所示。

(7)采用(2)的方法,在 C 点绘制半径 40 的圆,如图 2-223 所示。

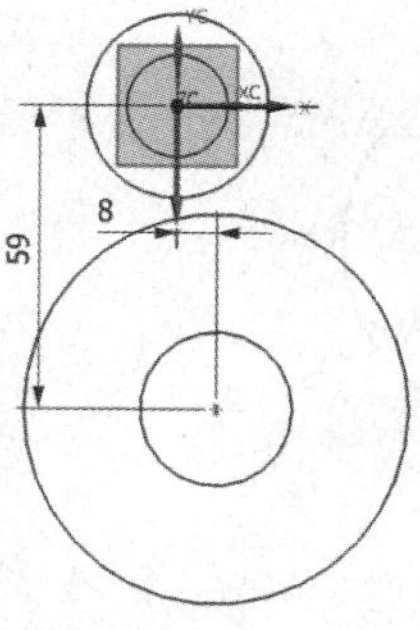

图 2-221

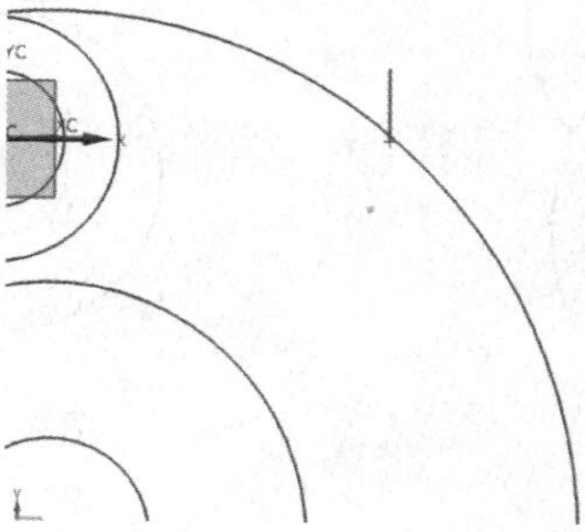

图 2-222

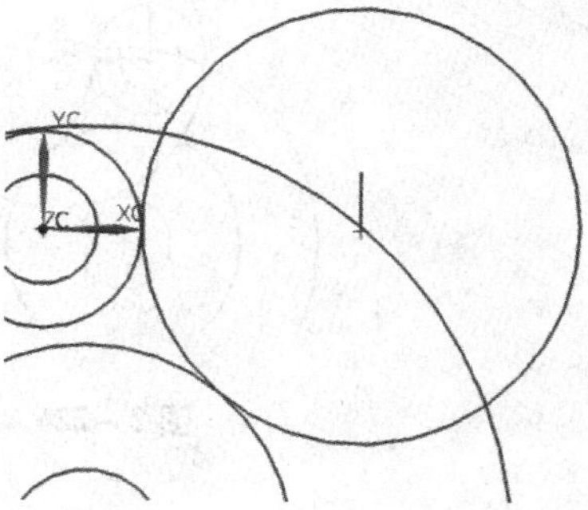

图 2-223

(8)在【Basic Curves】命令上的按钮中选择【Trim】按钮,弹出 Trim Curve 对话框,如图 2-224 所示,将 Settings 中的 Associative(关联)的对号去掉,将多余的线修剪掉,修剪后如图 2-225 所示。

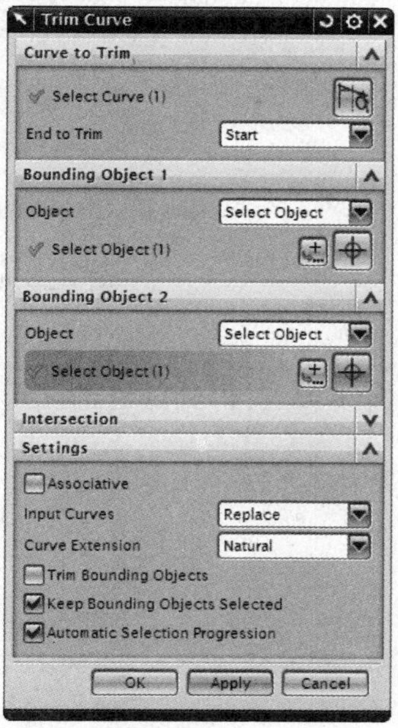

图 2-224 Trim Curve 对话框

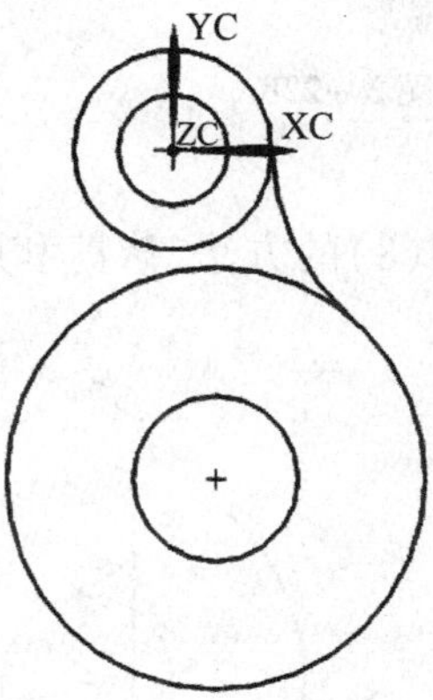

图 2-225

(9)确定半径 48,圆弧的圆心 D(与半径 15 的圆外接),绘制以 A 为圆心,半径 63 的圆,创建点 $E(30,0,0)$,绘制通过 E 的延长线,与外接圆相交的有两点,确定其中一点为 D 的圆心,并绘制出半径 48 的圆,如图 2 – 226 所示。

(10)采用(8)的方法,修剪多余的线,得到如图 2 – 227 所示。

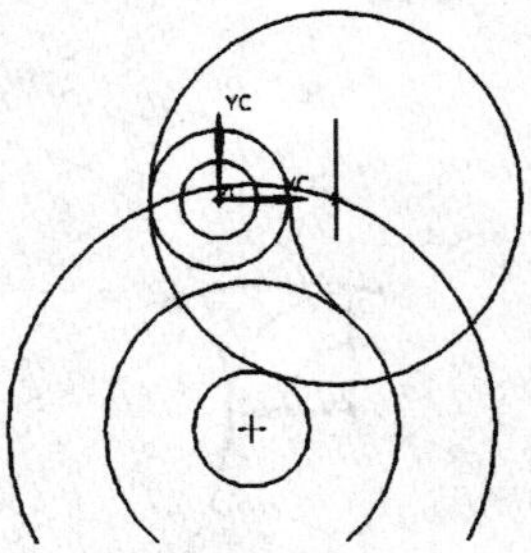

图 2 – 226

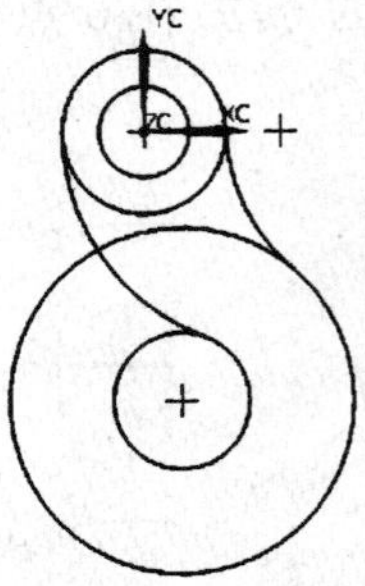

图 2 – 227

(11)在原点绘制半径 74 的圆,如图 2 – 228 所示。

(12)在【Basic Curves】命令上的按钮中选择【Fillet】按钮,弹出 Curve Fillet 对话框,选择第二个按钮,如图 2 – 229 所示,绘制半径为 7 的圆角,如图 2 – 230 所示。

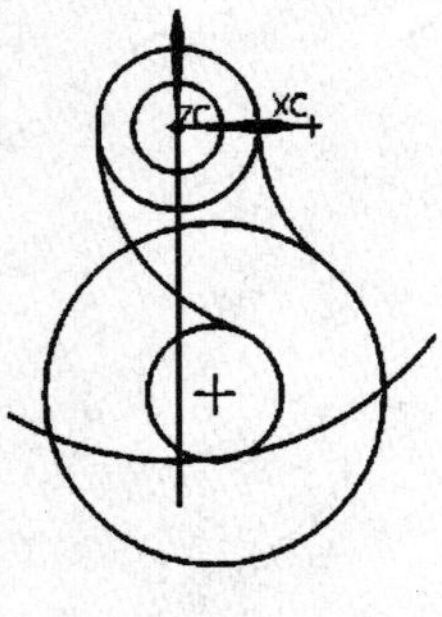

图 2 – 228

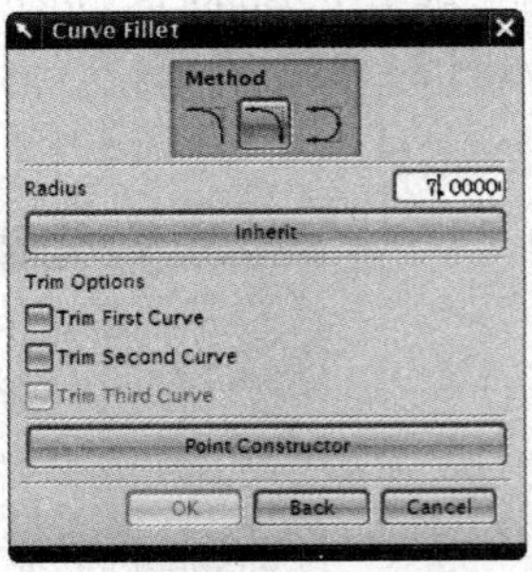

图 2 – 229

(13)采用(8)的方法,修剪和删除多余的曲线和点,得到最终的图形,如图 2 – 231 所示。

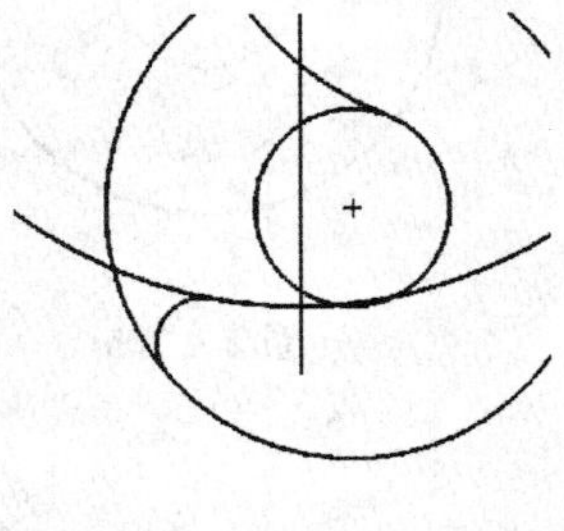

图 2 – 230

图 2 – 231

例 2 创建如图 2 - 232 所示的钩子,其绘制步骤如下:

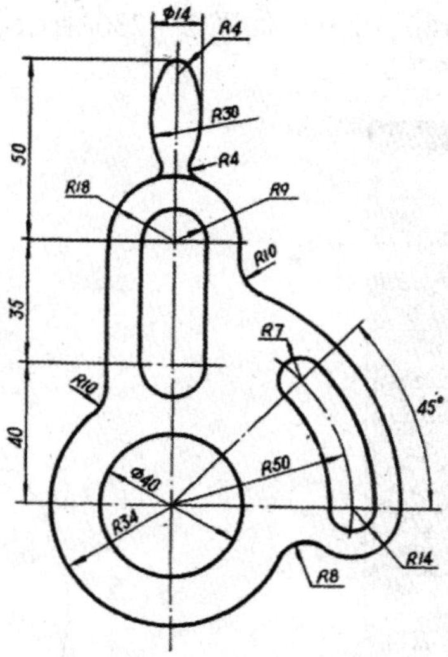

图 2 - 232

(1)启动 UG NX 8.0,选择【File】→【New】命令,在弹出的新建文件对话框中选择 Model,并在 Name 中输入部件的名称为 tuxing,并设置文件的存储路径。

(2)在预览模块中,选择按钮中的 top 面,用鼠标中轮调整图形到合适的大小。

(3)在曲线模块中,选择【Insert】→【Sketch】→【Basic Curves】命令上的按钮,系统弹出如图 2 - 233 所示的 Basic Curves 对话框,绘制两个圆,圆心为(0,0,0)直径分别为 40 和 68,如图 2 - 234 所示。

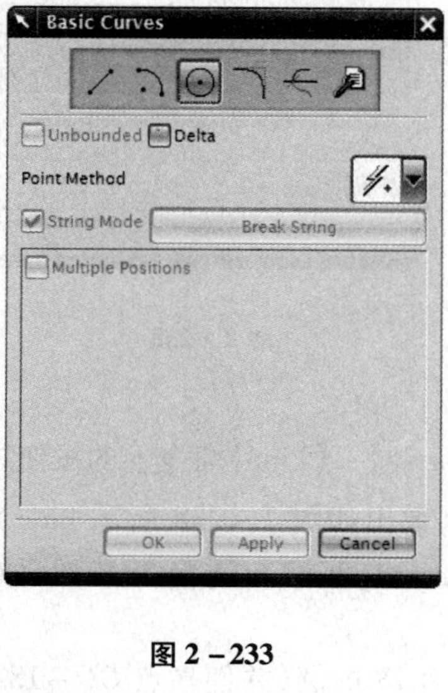

图 2 - 233

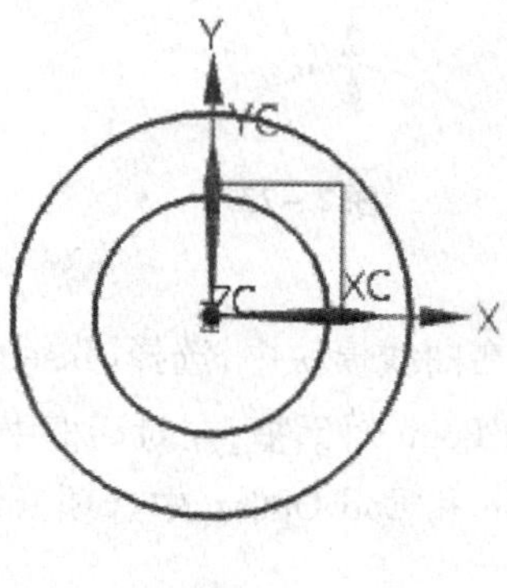

图 2 - 234

(4)在曲线模块中，选择【Insert(插入)】→【Datum/Point】→【Point】命令上的按钮＋，系统弹出 Sketch Point 对话框，在对话框中选择按钮，弹出如图 2－235 所示 Point 对话框，创建点 $A(0,40,0)$，$B(0,75,0)$，如图 2－236 所示。

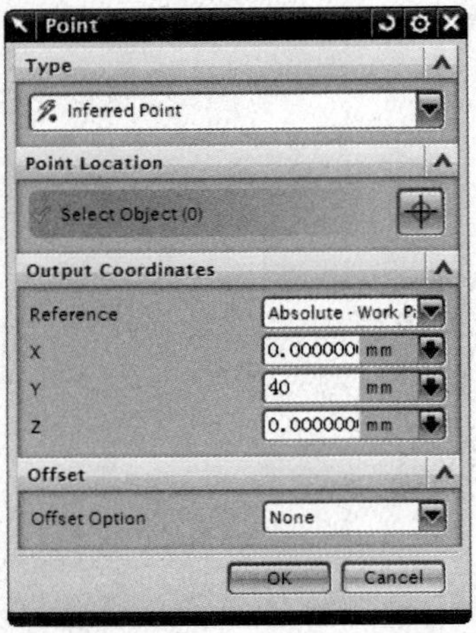

图 2－235

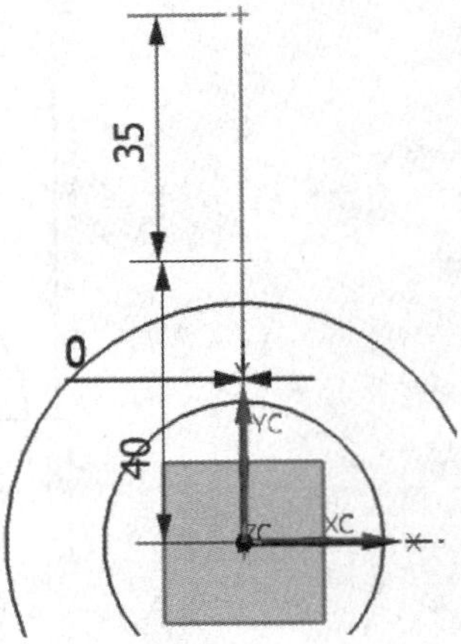

图 2－236

(5)用(3)的方法，分别以 A，B 两点为圆心，绘制半径为 9 的圆，如图 2－237 所示。

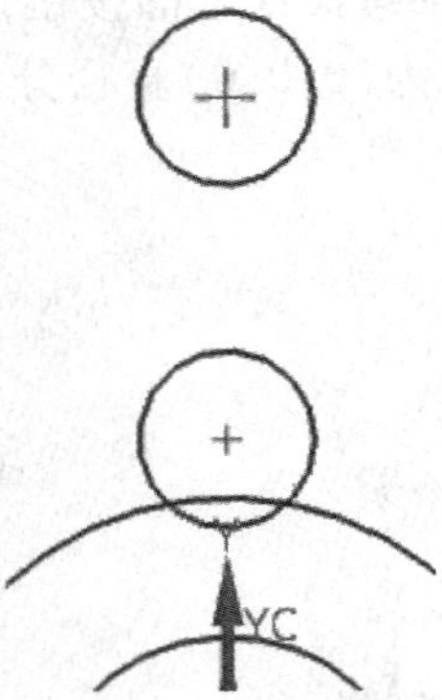

图 2－237

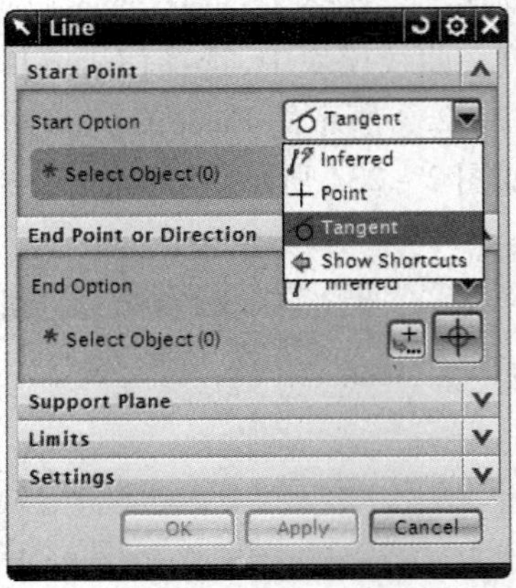

图 2－238

(6)在曲线模块中，选择【Insert】→【Sketch Curve】→【Line】命令上的按钮，系统弹出 Sketch Point 对话框，在对话框中选择按钮，弹出如图 2－238 所示 Line 对话框，将 Start Optin 和 End Option 中选项 Inferred 改为 Tangent(相切)，连接 A，B 圆，如图 2－239 所示。

(7)用(3)的方法，以 B 点为圆心，绘制半径为 18 的圆，并创建点 $C(-18,75,0)$，作直线与 R 为 34 的圆相交，如图 2－240 所示。

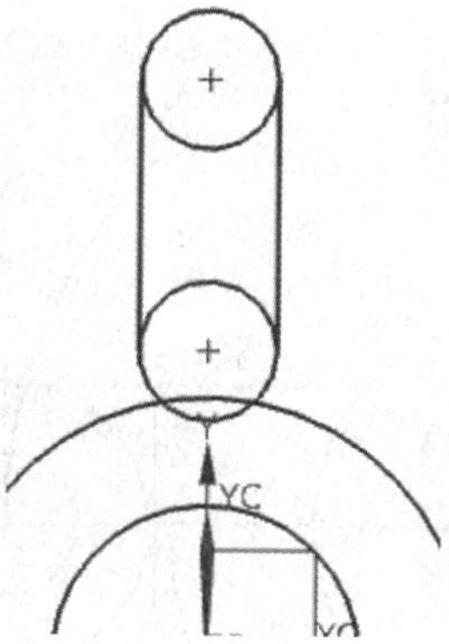

图 2－239

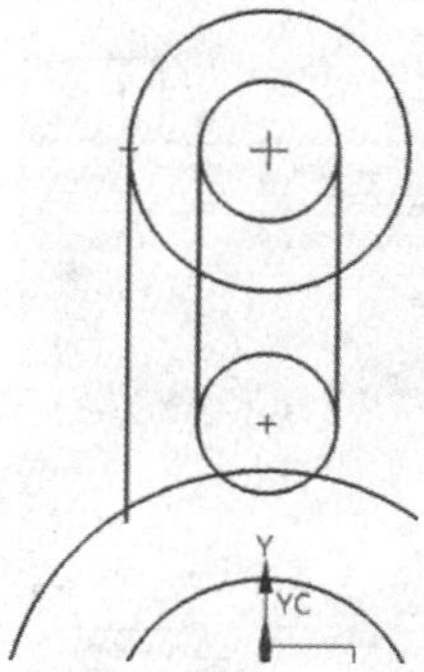

图 2－240

(8)在【Basic Curves】命令上的按钮中选择【Fillet】按钮，弹出 Curve Fillet 对话框，选择第二个按钮，如图 2－241 所示，绘制半径为 10 的圆角，如图 2－242 所示。

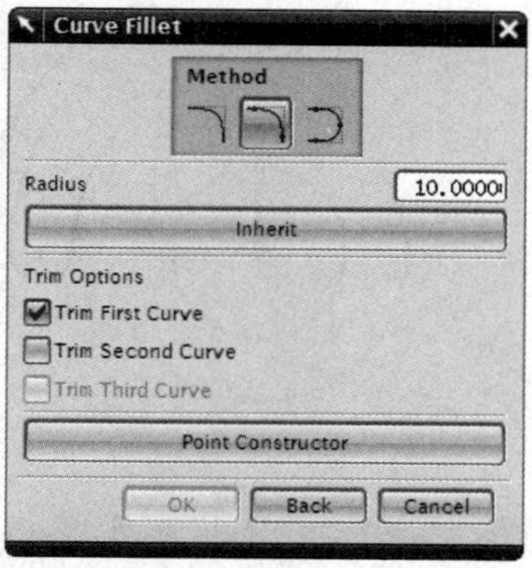

图 2－241

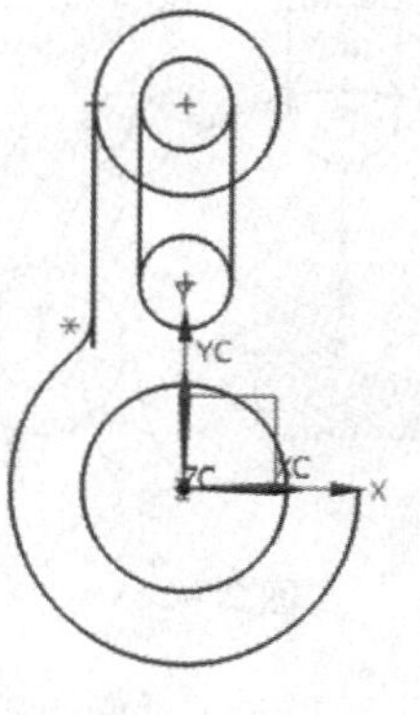

图 2－242

(9)创建点 D(50,0,0)，并以 D 点为圆心，分别绘制半径 7 和 14 的圆。

(10)在【Basic Curves】命令上的按钮中选择【Arc】按钮，如图 2－243，将 Creating Method 选到 Center，Start，End，绘制一个以 50 为半径，弧度 45°的圆弧，如图 2－244 所示。

(11)以圆弧上端点为圆心，绘制半径为 7 的圆，在原点分别绘制半径为 43，57，64 的圆，如图 2－245 所示。

(12)用(8)的方法，分别绘制两个半径为 8 和 10 的圆弧，并修剪多余的线，如图 2－246 所示。

(13)创建点 E(0,121,0)，并以 E 为圆心，半径为 4，绘制圆 E 和半径 26 的圆 Z(与圆 E 相内接)如图 2－247 所示。

(14)创建点 F(23,93,0)，通过 F 作延长线，交圆两个点，选其中一合适的交点，以其为圆心，绘制半径为 30 的圆，如图 2－248 所示。

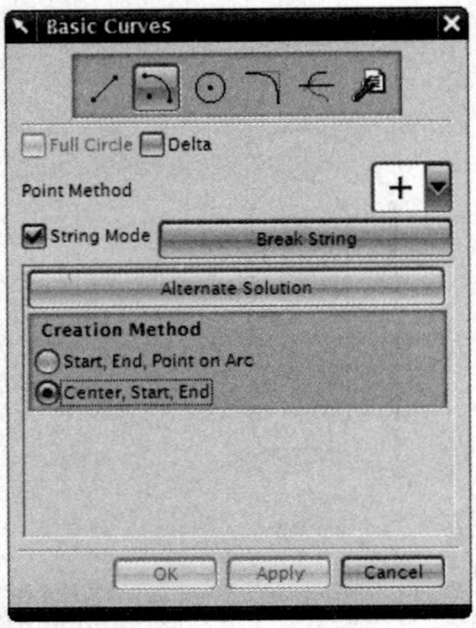

图 2-243

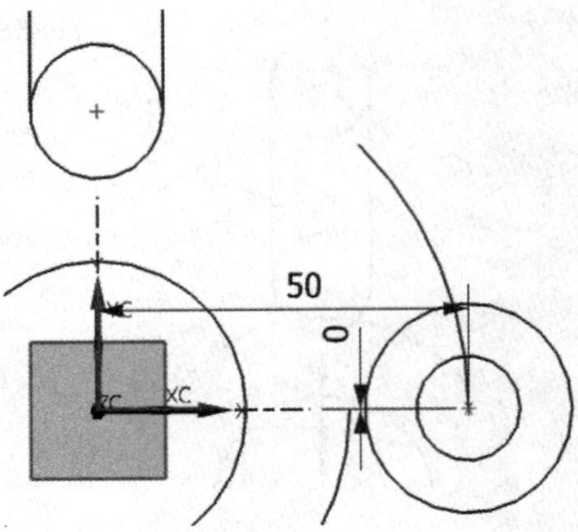

图 2-244

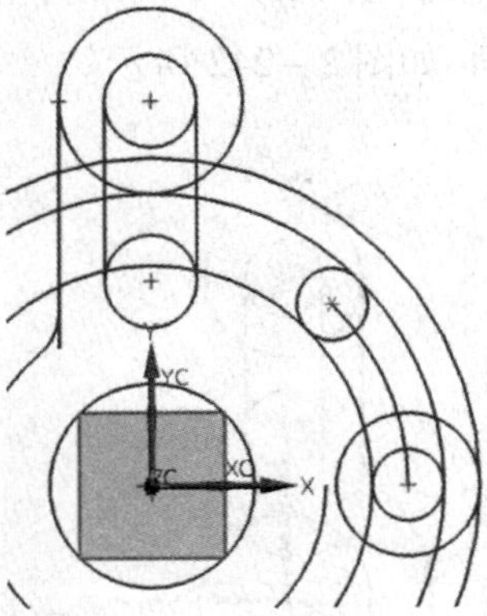

图 2-245

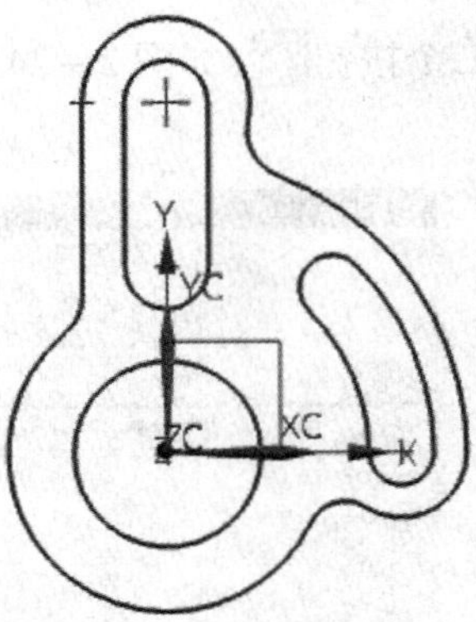

图 2-246

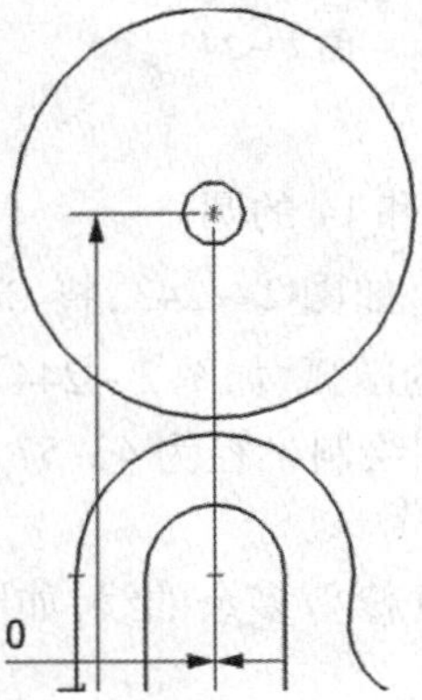

图 2-247

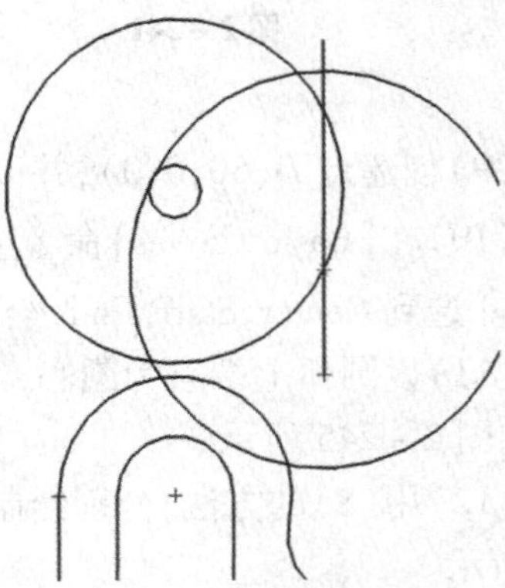

图 2-248

(15)创建点 G(-23,93,0)如(14)的方法,在左侧对称画出另一个圆,修剪多余的线和点,再用(8)的方法,绘制半径为 4 的两个对称圆角,如图 2-249 所示。

(16)修剪多余的线。得到最终图 2-250 所示。

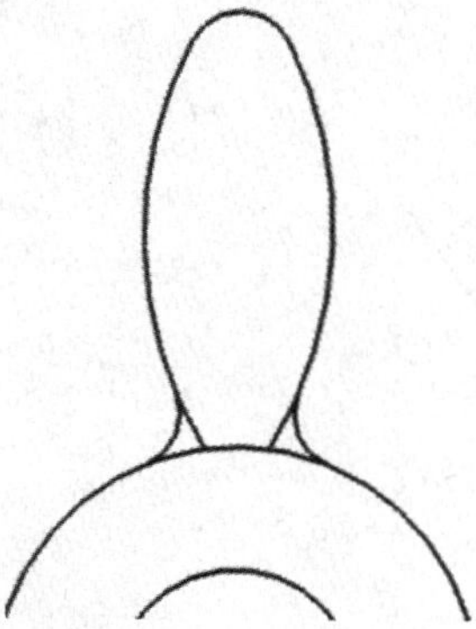

图 2－249

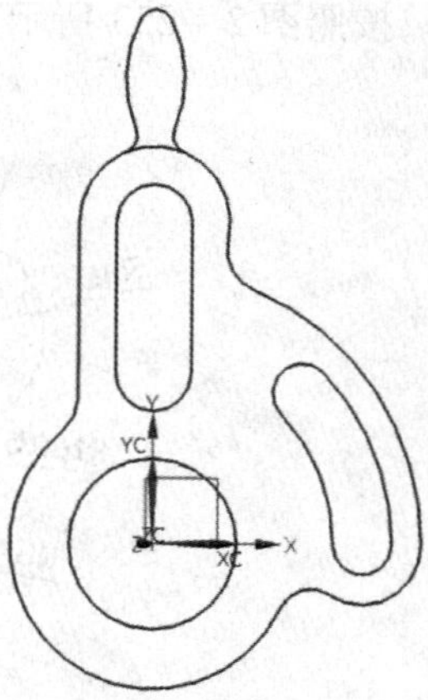

图 2－250

习　　题

1. 按照图 2－251 所示，利用二维曲线设计功能，完成机床摇手柄轮廓曲线的创建。

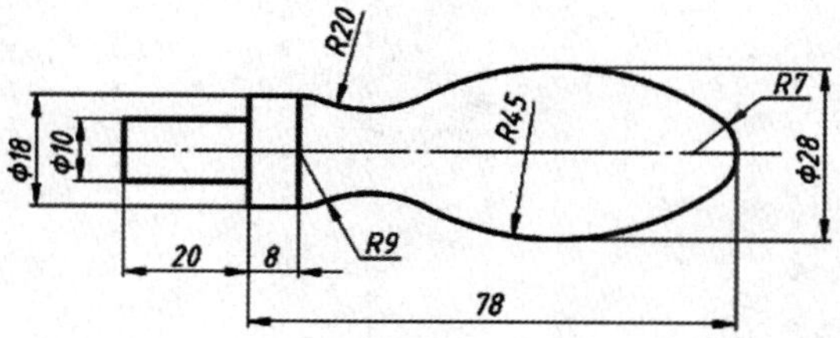

图 2－251　机床摇手柄

2. 按照图 2－252 所示，利用二维曲线设计功能，完成吊钩轮廓曲线的创建。

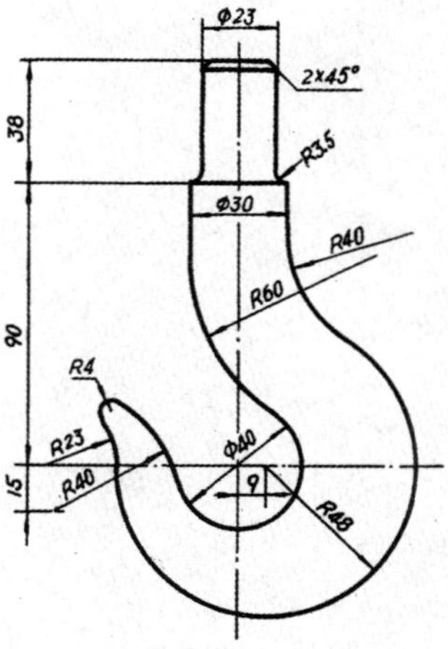

图 2－252　吊钩

3. 按照图 2－253 所示,利用二维曲线设计功能,完成腹板轮廓曲线的创建。

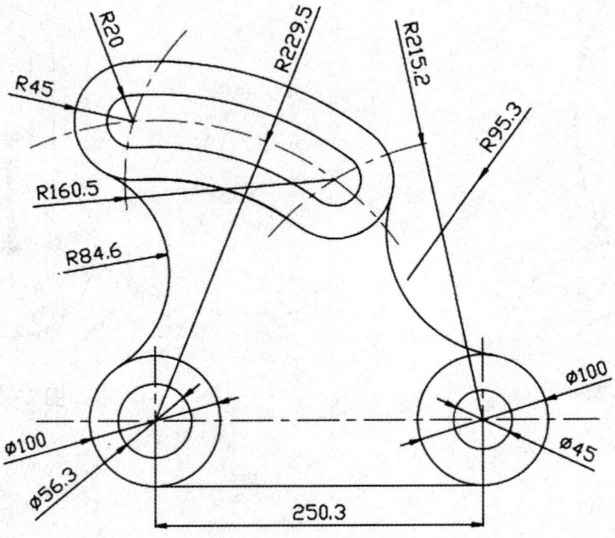

图 2－253　腹板

第3章　特征建模

【本章教学要点】

知识要点	掌握程度	相关知识
特征建模类型	掌握特征建模的基本原理及特点 熟悉特征建模的创建及应用	基准特征的类型及组成 典型加工模型的分类
特征详细设计	掌握各种特征的创建命令对话框及特点 熟悉参数的设计	多种特征设计的类型及特点 特征设计的步骤
特征操作、编辑特征	熟悉各种特征操作和编辑特征的方式 了解相关特征的应用	交集、并集、差集类型 典型特征参数的设定及应用

3.1　UG NX 8.0 特征建模概述

UG NX 8.0 实体造型充分继承了传统意义上的线、面和体造型特点及长处，能够方便地创建二维和三维实体模型，而且还可以通过其他特征操作如 Extrude（拉伸）和 Revolve（旋转）实体等，并可运用布尔操作和参数化进行更广范围的实体造型。

UG NX 8.0 的操作界面友好，各实体造型功能菜单除了可以通过菜单来实现外，还可以使用工具的图标来调用。特征建模相关命令主要集中在两个工具栏上，即 Feature（特征）工具栏和 Edit Feature（编辑特征）工具栏上。

（1）Feature（特征）工具栏

Feature 模块主要用于创建基准特征、基本形状的体素建模特征、拉伸、旋转以及对实体的各种操作等，如图 3－1 所示。该工具栏主要提供了（拉伸）、（旋转）、（阵列）、（求和）等功能。

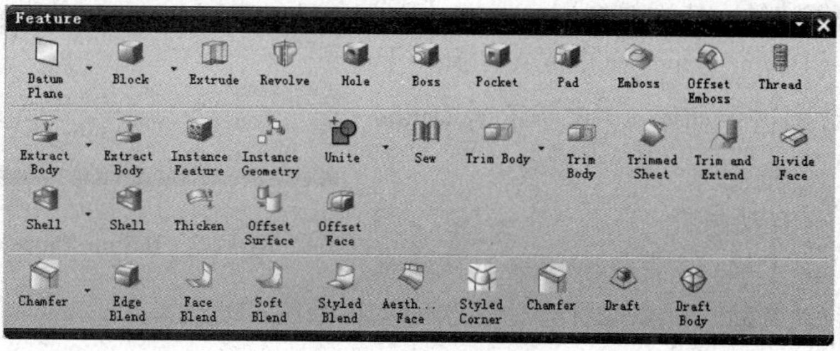

图 3－1　Feature 工具栏

(2)Edit Feature(编辑特征)工具栏

Edit Feature 模块主要用于对实体进行各种编辑,将复杂的实体造型大大简化,如图3－2所示。该工具栏主要包括(编辑特征参数)、(特征尺寸)、(编辑定位)以及(移动特征)等功能。

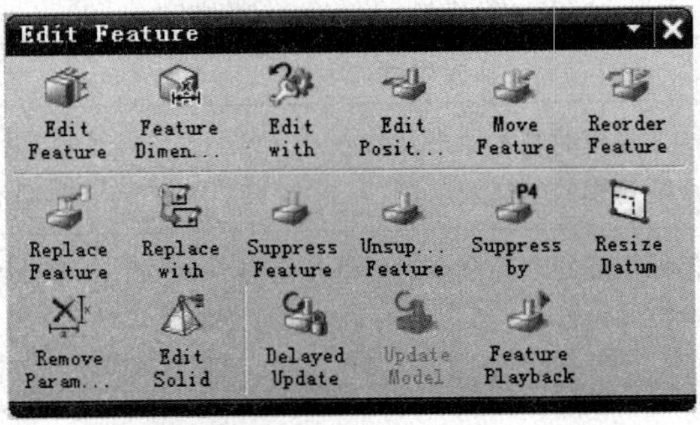

图3－2　Edit Feature 工具栏

3.2　基准特征

基准特征是建立其他特征的辅助工具,主要包括 Datum Plane(基准平面)、Datum Axis(基准轴)和 Datum CSYS(基准坐标系)三种。在实体建模过程中,利用基准特征可以在所需的方向和位置上绘制草图生成实体或者直接创建实体。

3.2.1　Datum Plane(基准平面)

在 UG NX 8.0 建模过程中,为了在非平面上创建特征或为草图提供工作平面,经常需要用到 Datum Plane(基准平面)。基准平面是创建几何特征的辅助平面,当在已存在的面上无法满足建模要求时,可以建立一个基准平面作为辅助平面。如借助基准平面可以在圆柱面、圆锥面、球面等不易创建特征的表面上,方便地创建孔、键槽等特征。依次单击【Insert】→【Datum/Point】→【Datum Plane】命令或在工具栏上单击图标,则进入如图 3－3 所示的 Datum Plane 对话框。

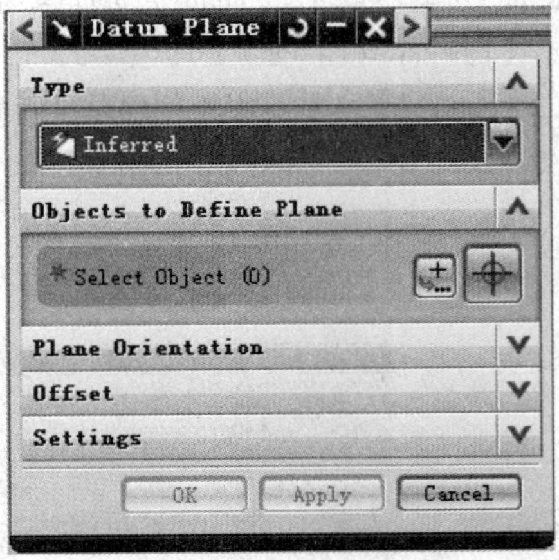

图3－3　Datum Plane 对话框

1. Inferred(自动判断)

打开 Datum Plane 对话框时,系统默认状态为 Inferred(自动判断),即根据所选对象的不同,由系统自动选择方式来创建基准平面。

2. At Angle(成一角度)

该选项用于通过一条边线、轴线或草图线来创建一个与所选平面成指定角度的基准平面。其操作步骤如下:

(1)在绘图区域 Select Planar Object(选取一个平面对象)。

(2)在绘图区域 Select Linear Object(选取一个线对象)。

(3)在 Angle 选项下设置基准平面与所选参考平面是 Parallel(平行)、Perpendicular(垂直)或是过所选线对象与参考平面成一定角度。

(4)单击 OK 或 Apply 生成基准平面。

图 3-4 利用 At Angle 生成的基准平面

3. At Distance(按某一距离)

该选项用于根据用户设置的 Offset Distance(偏置距离)来创建一个与所选平面成一定距离的基准平面。其操作步骤如下:

(1)在绘图区域 Select Planar Object(选取一个平面对象)。

(2)在 Offset 选项下设置 Distance(偏置距离)、Number of Planes(平面数),并可根据需要对 Reverse Direction(更改偏置方向)进行设置。

(3)单击 OK 或 Apply 生成基准平面。

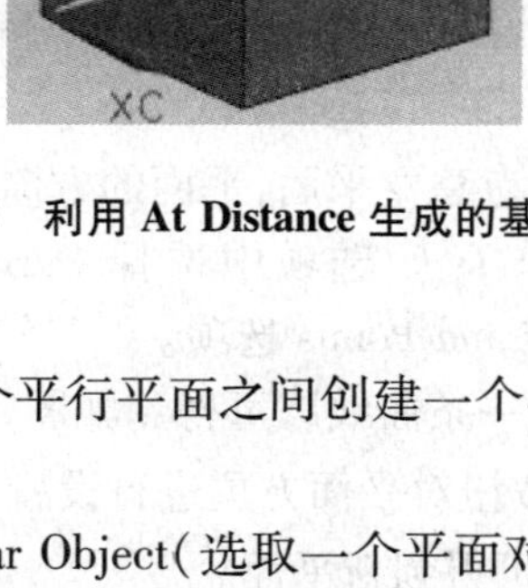

图 3-5 利用 At Distance 生成的基准平面

4. Bisector(平分)

该选项用于在所选取的两个平行平面之间创建一个与它们平行的平面,其操作步骤如下:

(1)在绘图区域 Select Planar Object(选取一个平面对象)。

(2)在绘图区域 Select Planar Object(选取一个平面对象),且该平面与①中所选平面平行。

(3)系统将在上述所选的两个平行平面之间产生一个平面,用户还可以根据需要对产生的平面设置 Plane Orientation(平面方位)和它的 Offset Distance(偏置距离)。

(4)单击 OK 或 Apply 生成基准平面。

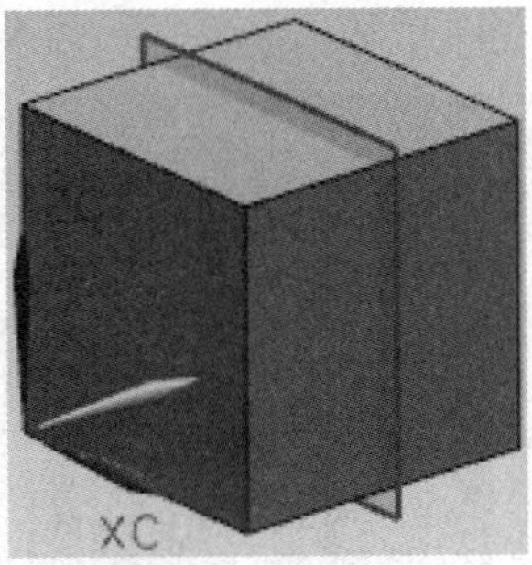

图 3-6 利用 **Bisector** 生成的基准平面

5. Curves and Points(曲线和点)

该选项用于根据所选点和曲线或边来创建平面,系统提供了以下几种创建方式。

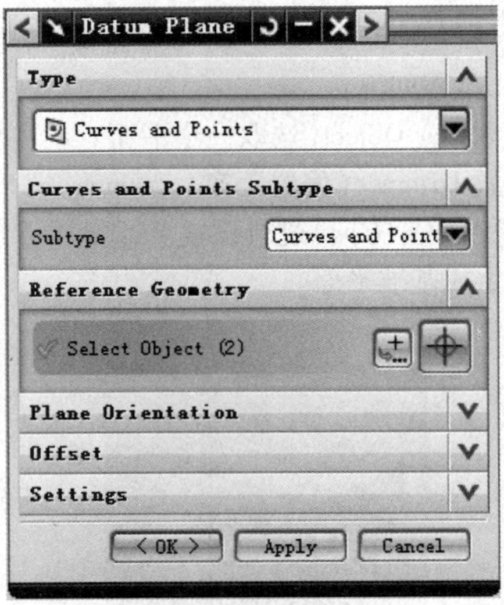

图 3-7 **Datum Plane** 对话框

(1)Curves and Points

该选项用于根据一条曲线和点建立平面,平面的方向指向点,其操作步骤如下:

①在 Datum Plane 对话框的 Type 选项中选择 Curves and Points,且在 Curves and Points Subtype 选项下选择 Curves and Points 选项。

②在绘图区域选取一个点和一条曲线即可得到如图 3-8 所示。

③可根据需要通过单击按钮对平面方位进行设置,以及使平面偏置一定的距离。

④单击 OK 或 Apply 按钮即可得到新平面。

(2)One Point(一点)

该选项用于根据一点创建平面,且所创建的平面是与 *XY*,*YZ* 或 *XZ* 平面平行的,其操作步骤如下:

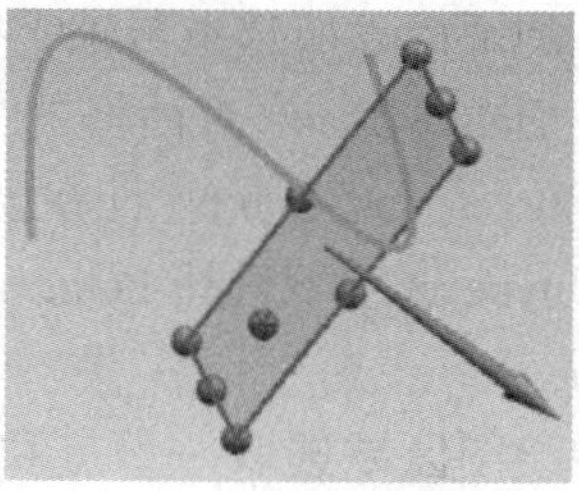

图 3-8 通过 Curves and Points 生成的平面

①在 Datum Plane 对话框的 Type 选项中选择 Curves and Points,且在 Curves and Points Subtype 选项下选择 One Point 选项。

②在绘图区域选取一个点,即可得到如图 3-9 所示的平面。

③可根据需要通过单击和按钮来改变平面方位。

④单击 OK 或 Apply 按钮即可得到新平面。

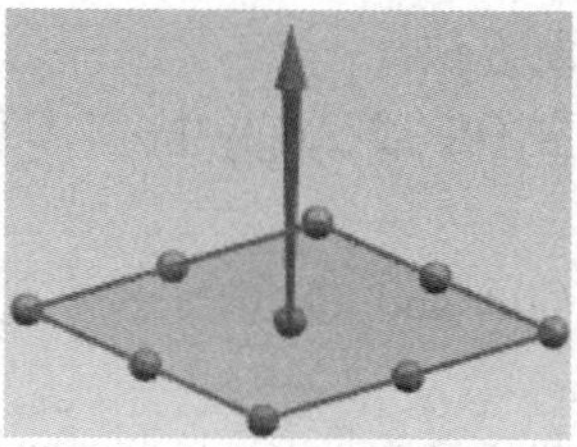

图 3-9 通过 One Point 生成的平面

(3)Two Points(两点)

该选项用于根据两点创建平面,且所创建的平面垂直两点的连线,平面方向由一点指向另一点,其操作步骤如下:

①在 Datum Plane 对话框的 Type 选项中选择 Curves and Points,且在 Curves and Points Subtype 选项下选择 Two Points 选项。

②在绘图区域选取两个点即可得到如图 3-10 所示的平面。

图 3-10 通过 Two Points 生成的平面

③可根据需要通过单击和按钮来改变平面方位。

④单击 OK 或 Apply 按钮即可得到新平面。

(4)Three Points(三点)

该选项用于根据三点创建平面,其操作步骤如下:

①在 Datum Plane 对话框的 Type 选项中选择 Curves and Points,且在 Curves and Points Subtype 选项下选择 Three Points 选项。

②在绘图区域选取三个点即可得到如图 3-11 所示的平面。

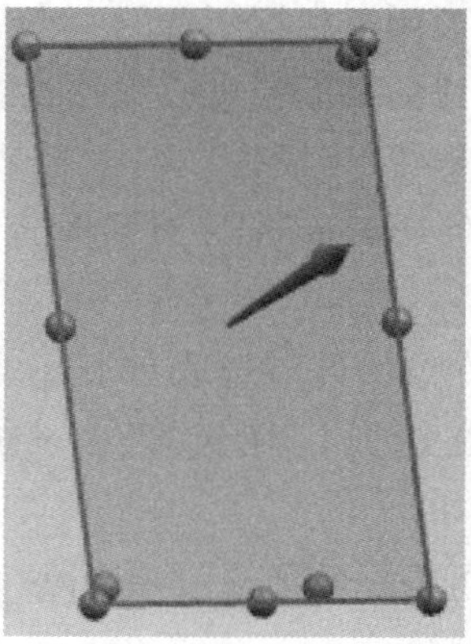

图 3-11 通过 Three Points 生成的平面

③可根据需要通过单击按钮来改变平面方向。

④单击 OK 或 Apply 按钮即可得到新平面。

(5)Point and Curve/Axis(点和曲线或轴)

该选项用于根据所选点和曲线/轴创建平面，且所生成的平面过所选点与曲线垂直，或所生成的平面过所选点与轴平行或垂直，其操作步骤如下：

①在 Datum Plane 对话框的 Type 选项中选择 Curves and Points，且在 Curves and Points Subtype 选项下选择 Point and Curve/Axis 选项。

②在绘图区域选取一个点和一条曲线或一轴即可得到如图 3－12 所示的平面。

③可根据需要通过单击或按钮来改变平面方位。

④单击 OK 或 Apply 按钮即可得到新平面。

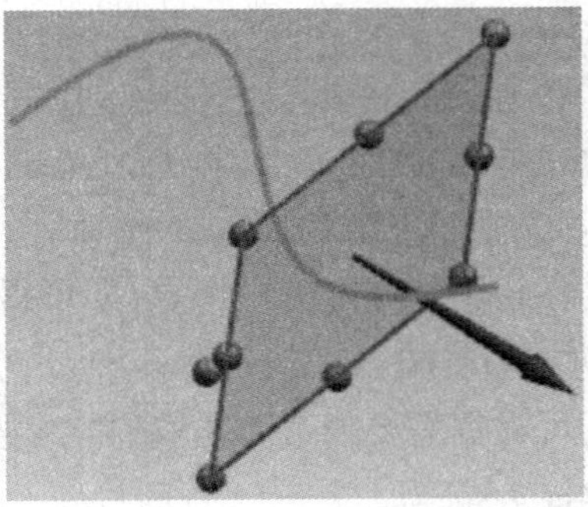

图 3－12　通过 Point and Curve 生成的平面

(6) Point and Plane/Face（点和平面/面）

该选项用于根据所选点和平面/面创建平面，使新平面过点与所选平面或面平行，其操作步骤如下：

①在 Datum Plane 对话框的 Type 选项中选择 Curves and Points，且在 Curves and Points Subtype 选项下选择 Point and Plane/Face 选项。

②在绘图区域选取一个点和一平面或面即可得到如图 3－13 所示的平面。

③可根据需要通过单击按钮来改变平面方位。

④单击 OK 或 Apply 按钮即可得到新平面。

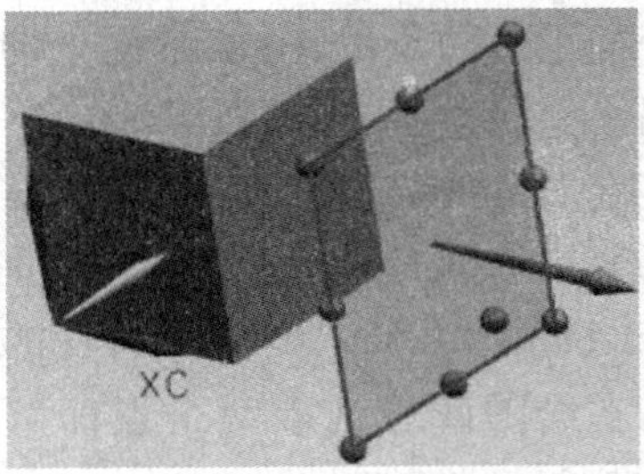

图 3－13　通过 Point and Face 生成的平面

6. Two Lines（两直线）

该选项用于根据所选的两直线来创建新平面。如果所选直线共面，那么新平面是包含两条直线的平面或过其中一直线与另一直线平行，否则新平面包含其中一条直线且垂直于另一直线，其操作步骤如下。

(1) 在 Datum Plane 对话框的 Type 选项中选择 Two Lines。

(2) 在绘图区域选取一条直线。

(3) 在绘图区域选取另一条即可得到如图 3－14所示的平面。

(4) 可根据需要通过单击和按钮来改变平面方位。

单击 OK 或 Apply 按钮即可得到新平面。

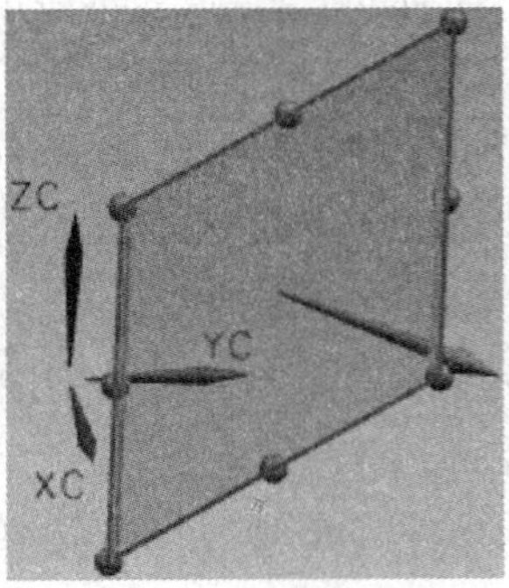

图 3－14　通过 Two Lines 生成的平面

7. Tangent(相切)

该选项用于通过一个点或线或平面与一个实体面来创建新平面,系统提供以下几种方法创建新平面。

(1)Face(面)

该选项用于生成一个与实体表面相切的基准平面,其操作步骤如下:

①在 Datum Plane 对话框的 Type 选项中选择 Tangent,且在 Tangent Subtype 选项下选择 Face 选项。

②在绘图区域选取一实体面即可得到如图 3－15所示的平面。

③可根据需要通过单击按钮来改变平面方位。

④单击 OK 或 Apply 按钮即可得到新平面。

图 3－15　通过 Face 生成的平面

(2)Though Point(通过点)

该选项用于生成过所选点与实体表面相切的基准平面,或生成与平面相切且平面法向指点所选点的基准平面,其操作步骤如下:

①在 Datum Plane 对话框的 Type 选项中选择 Tangent,且在 Tangent Subtype 选项下选择 Through Point 选项。

②在绘图区域选取一实体面。

③在绘图区域选择一点即可得到如图 3－16 所示的平面。

④可根据需要通过单击和按钮来改变平面方位。

⑤单击 OK 或 Apply 按钮即可得到新平面。

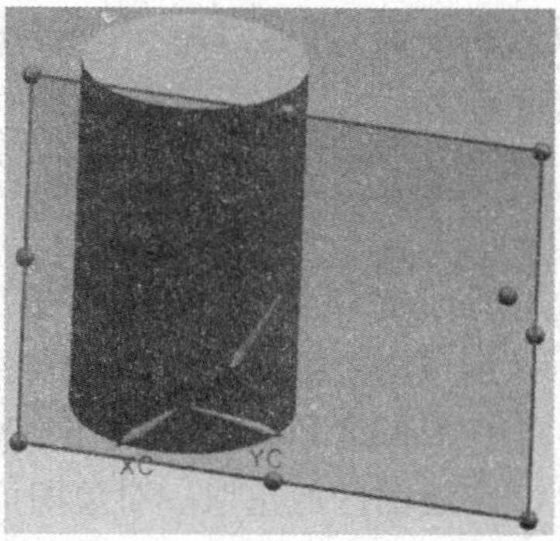

图 3－16　通过 Through Point 生成的平面

(3)Though Line(通过直线)

该选项用于生成过所选直线与实体表面相切的基准平面,其操作步骤如下:

①在 Datum Plane 对话框的 Type 选项中选择 Tangent,且在 Tangent Subtype 选项下选择 Through Line 选项。

②在绘图区域选取一实体面。

③在绘图区域选取一直线即可得到如图 3－17 所示的平面。

④可根据需要通过单击和按钮来改变平面方位。

⑤单击 OK 或 Apply 按钮即可得到新平面。

(4)Two Faces(两个面)

该选项用于生成与所选的两个实体面相切的基准平面,其操作步骤如下:

①在 Datum Plane 对话框的 Type 选项中选择 Tangent,且在 Tangent Subtype 选项下选择 Two Faces 选项。

②在绘图区域选取一实体面。

③在绘图区域选取另一实体面即可得到如图 3 – 18 所示的平面。

④可根据需要通过单击和按钮来改变平面方位。

⑤单击 OK 或 Apply 按钮即可得到新平面。

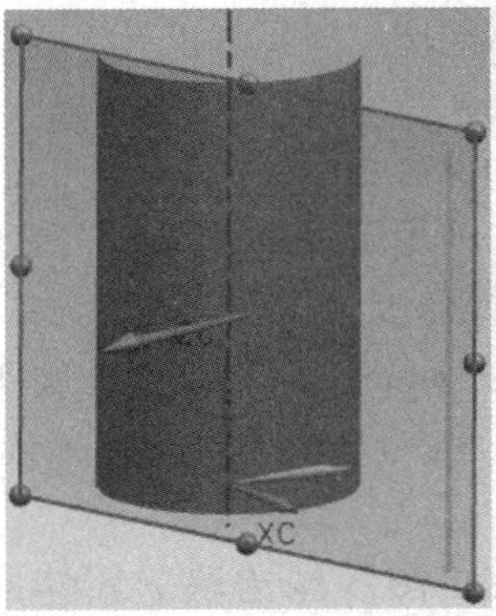

图 3 – 17　通过 Through Line 生成的平面

(5) Angle to Plane(与平面成一角度)

该选项用于生成与所选的实体面相切且与所选平面成一角度的基准平面，其操作步骤如下：

①在 Datum Plane 对话框的 Type 选项中选择 Tangent，且在 Tangent Subtype 选项下选择 Angle to Plane 选项。

②在绘图区域选取一实体面。

③在绘图区域选取一平面即可得到如图 3 – 19 所示的平面。

④可根据 Value，Perpendicular 或 Parallel 来设置新平面，且通过单击和按钮来改变平面方位。

⑤单击 OK 或 Apply 按钮即可得到新平面。

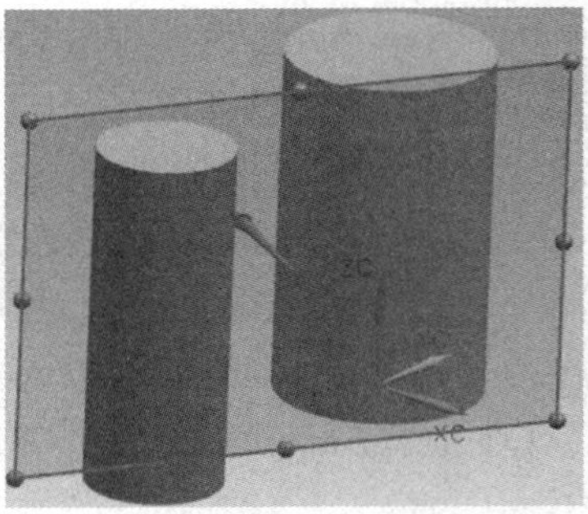

图 3 – 18　通过 Two Faces 生成的平面

8. Though Object(通过对象)

该选项用于根据用户所选取的对象来创建基准平面，其具体操作如下：

①在 Datum Plane 对话框的 Type 选项中选择 Through Object 选项。

②在绘图区域选取一对象即可得到如图3 – 20所示的平面。

③可根据需要单击按钮或输入偏置距离来设置新平面。

④单击 OK 或 Apply 按钮即可得到新平面。

9. Coefficients(系数)

该选项通过指定平面方程 $aX + bY + cZ = d$ 的系数 a，b，c 和 d 来定义平面，但注意系数 a，b，c 不可以同时为零，d 可以为零，其操作步骤如下：

①在 Datum Plane 对话框的 Type 选项中选择 Coefficients 选项。

②选择欲在 WCS 或 Absolute 坐标系下建立平面。

③分别在 a、b、c 和 d 文本框后输入数字即

图 3 – 20　通过 Through Object 生成的平面

可生成平面，图3-21为系数分别为1,2,3和5时所生成的平面，用户还可④单击按钮来改变平面方位。

④单击OK或Apply按钮即可得到新平面。

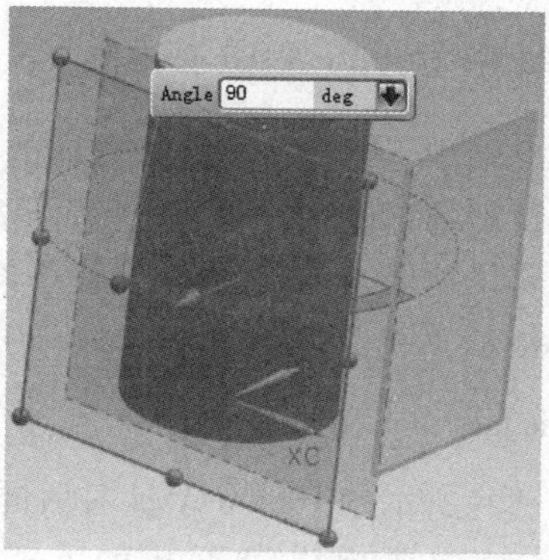

图3-19 通过Angle to Plane生成的平面

10. Point and Direction（点和方向）

该选项用于通过一点和指定的矢量方向来创建平面，生成的平面与所选矢量方向平行，其操作步骤如下：

①在Datum Plane对话框的Type选项中选择Point and Direction选项。

②在绘图区选择一点。

③在绘图区选择一矢量，即可得到如图3-22所示的平面。

④用户还可根据需要单击按钮来改变平面方位和平面的法向方向。

⑤单击OK或Apply按钮即可得到新平面。

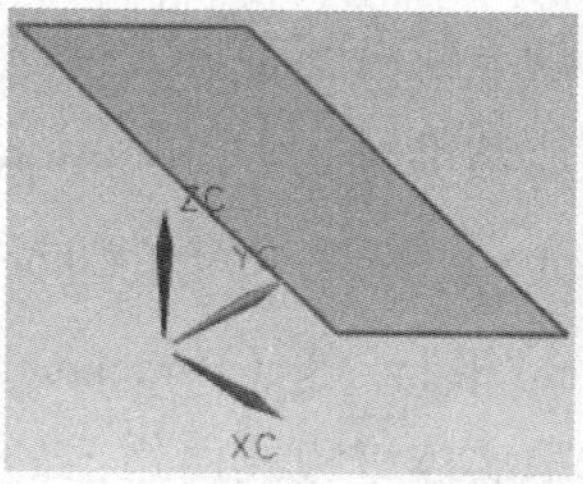

图3-21 通过Coefficients生成的平面

11. On Curve（在曲线上）

该选项用于通过选取曲线并在设定的曲线位置创建一个平面，生成的平面过该设置点与曲线垂直，其操作步骤如下：

①在Datum Plane对话框的Type选项中选择On Curve选项。

②在绘图区选择一曲线即可得到如图3-23所示的平面。

③用户可通过Arc Length或Through Point来指定欲生成的平面所需的点，且还可根据需要单击按钮来改变平面方位。

④单击OK或Apply按钮即可得到新平面。

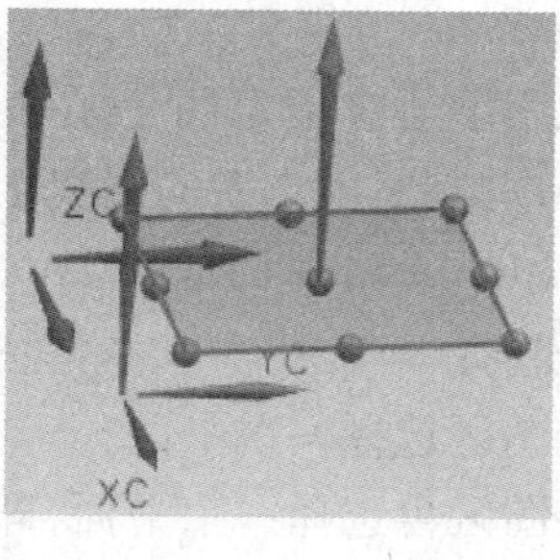

图3-22 通过Point and Direction生成的平面

12. YC-ZC Plane（*YZ*平面）、XC-ZC Plane（*XZ*平面）、XC-YC Plane（*XY*平面）

这3选项分别用于在当前坐标下生成与*YZ*,*XZ*和*XY*平面平行的平面，其操作步骤如下。

①在Datum Plane对话框的Type选项中选择YC-ZC Plane,XC-ZC Plane或XC-ZC Plane选项。

②用户可根据需要设置平面的偏置距离和单击按钮来改变平面方位。

③单击OK或Apply按钮即可得到新平面。

13. View Plane（视图平面）

该选项用于根据视图位置生成平面。

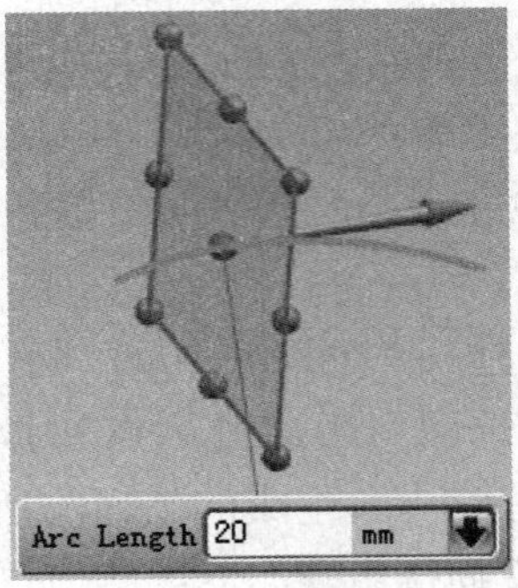

图 3－23　通过 On Curve 生成的平面

3.2.2　Datum Axis(基准轴)

基准轴用于创建一个单位方向的矢量，可以作为创建特征的辅助轴线以确定特征或对象的方向。例如在实体拉伸、旋转和定位过程中经常要使用基准轴。依次单击【Insert】→【Datum/Point】→【Datum Axis】命令或在工具栏上单击图标，则进入如图 3－24 所示的 Datum Axis 对话框，从该对话框可知，系统主要提供以下几种方式用于创建基准轴。

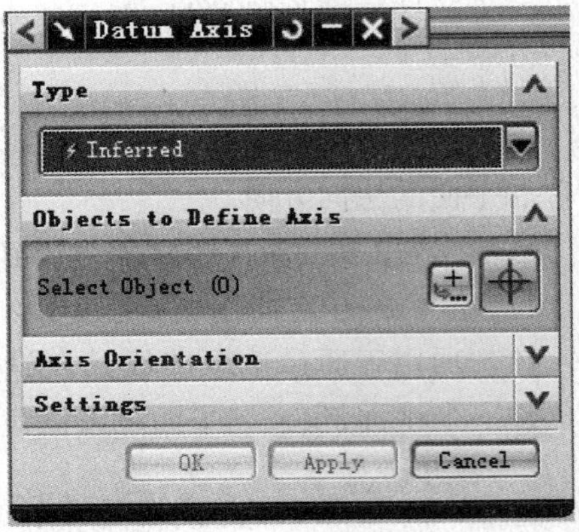

图 3－24　Datum Axis 对话框

(1)Inferred(自动判断)

该功能用于根据用户所选择对象的不同，由系统自动推断由哪种方式创建基准轴。通过约束来生成基准轴，其中 Constraint(约束)有：(Inferred)推断的、(Coincident)重叠、(Parallel)平行、(Perpendicular)垂直。可以通过选取实体直边或曲边上的两个端点来生成基准轴，选取圆柱、圆锥或旋转特征的轴线来生成基准轴，也可以选取两相交平面来生成基准轴。

(2)Intersection(相交线)

该功能用于通过指定两个平面或两个基准平面，系统自动判断出二者的交线作为基准轴方向，其具体操作步骤如下：

①在 Datum Axis 对话框的 Type 选项中选择 Intersection 选项。

②在绘图区选择一个平面。

③在绘图区再选择一个平面，即可得到如图 3－25所示的基准轴。

④用户还可根据需要单击按钮来改变基准轴的方向。

⑤单击或按钮即可得到新基准轴。

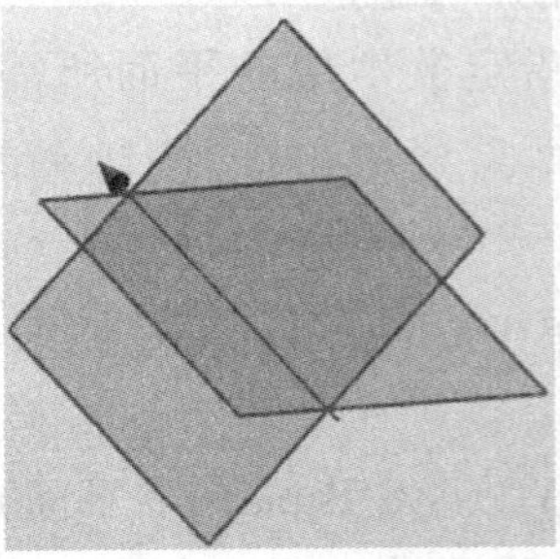

图 3－25　通过 Intersection 生成的基准轴

(3)On Curve Vector(点在曲线矢量上)

该功能生成的基准轴通过点且与曲线相切或垂直，其操作步骤如下：

①在 Datum Axis 对话框的 Type 选项中选择 On Curve Vector 选项，弹出如图 3－26 所示的对话框。

②在绘图区选择曲线矢量。

③在图 3 - 26 所示的对话框中对基准轴的起点通过 Arc Length（弧长）或% Arc Length（百分比弧长）来设置起点位置。

④根据需要在对话框中 Orientation On Curve（曲线上方位）中的 Tangent（相切）、Normal（法线）、Perpendicular to Object（与某对象垂直）、Parallel to Object（与某对象平行）选项来定义基准轴的方位，如图 3 - 27 为过曲线矢量上点并与该曲线矢量相垂直和过曲线矢量上点与该曲线矢量相切所得的基准轴。

⑤用户还可根据需要单击按钮来改变基准轴的方向。

⑥单击 < OK > 或 Apply 按钮即可得到新基准轴。

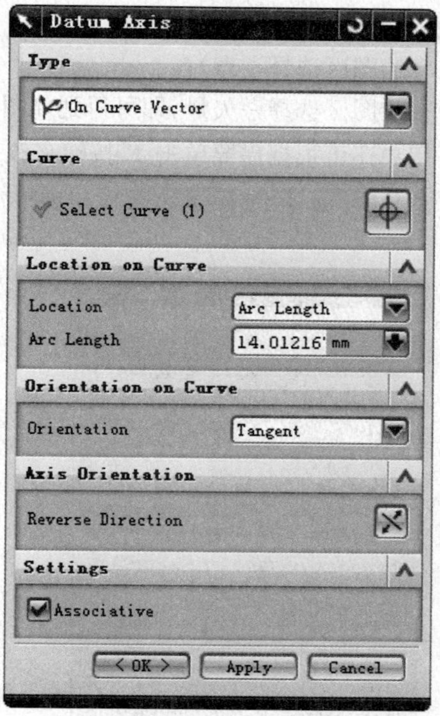

图 3 - 26　Datum Axis 下 On Curve Vector 对话框

（4）*XC* - Axis（*XC* 轴）、YC - Axis（*YC* 轴）、ZC - Axis（*ZC* 轴）

这 3 功能分别用于在当前坐标下生成 *XC*, *YC* 和 *ZC* 轴的基准轴，其操作步骤如下：

①在 Datum Plane 对话框的 Type 选项中选择 XC - Axis, YC - Axis 或 ZC - Axis 选项。

②用户可根据需要设置单击按钮来改变基准轴的方向。

③单击 < OK > 或 Apply 按钮即可得到新的基准轴，如图 3 - 28 所示。

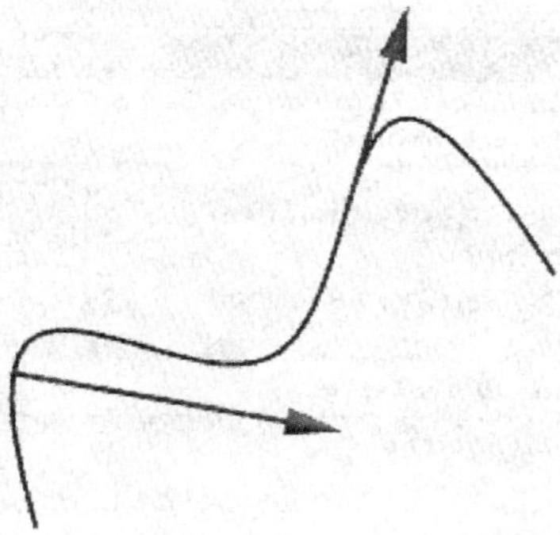

图 3 - 27　通过 Point On Curve 生成的基准轴

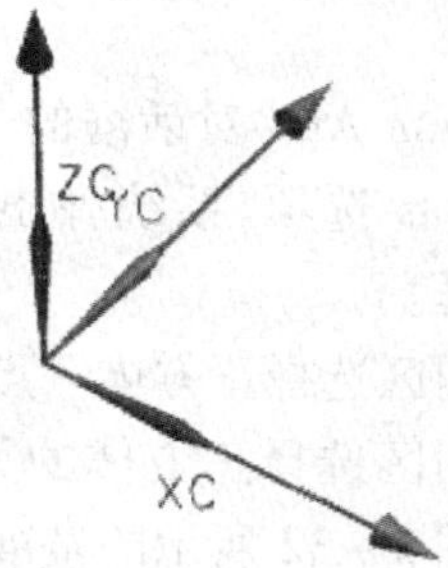

图 3 - 28　通过坐标轴 *XC*, *YC*, *ZC* 生成的基准轴

（5）Point and Direction（点和方向）

该功能用于由一个点和一个方向来生成基准轴，生成的基准轴通过点且与方向平行。其操作步骤如下：

①在 Datum Axis 对话框的 Type 选项中选择 Point and Direction 选项，系统弹出如图 3－29所示的对话框。

②在绘图区选择一点。

③在绘图区选择一矢量，即可得到如图 3－30 所示的基准轴。

④用户还可根据需要单击按钮来改变基准轴的方向。

⑤单击 < OK > 或 Apply 按钮即可得到新基准轴。

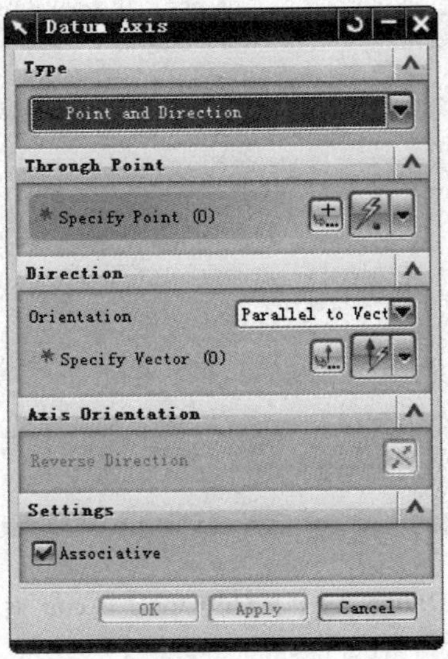

图 3－29　Datum Axis 下 Point and Direction 对话框

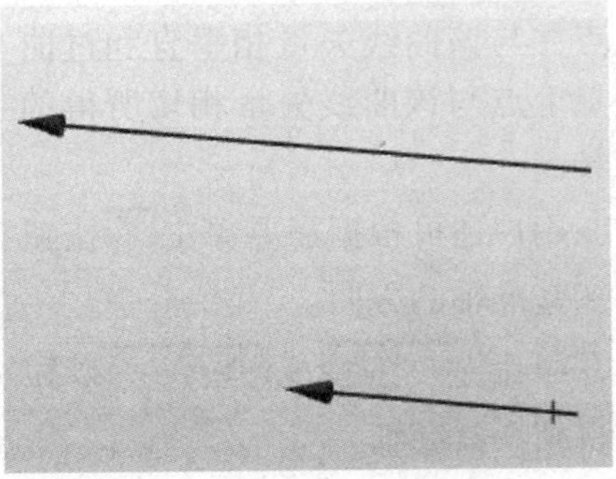

图 3－30　通过 Point and Direction 生成的基准轴

(6) Two Points（两个点）

该功能用于通过两点生成基准轴，生成的基准轴通过所选取的两个点。如选择正方体的两个对角点创建一基准轴，其操作步骤如下：

①在 Datum Axis 对话框的 Type 选项中选择 Two Points 选项，系统弹出如图 3－31 所示的对话框。

②在绘图区选择正方体一点。

③在绘图区选择正方体的另一对角点，即可得到如图 3－32 所示的基准轴。

④用户还可根据需要单击按钮来改变基准轴的方向。

⑤单击 < OK > 或 Apply 按钮即可得到新基准轴。

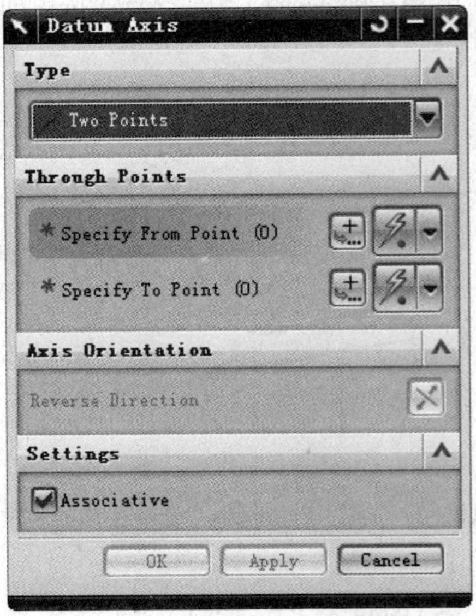

图 3－31　Datum Axis 下 Two Points 对话框

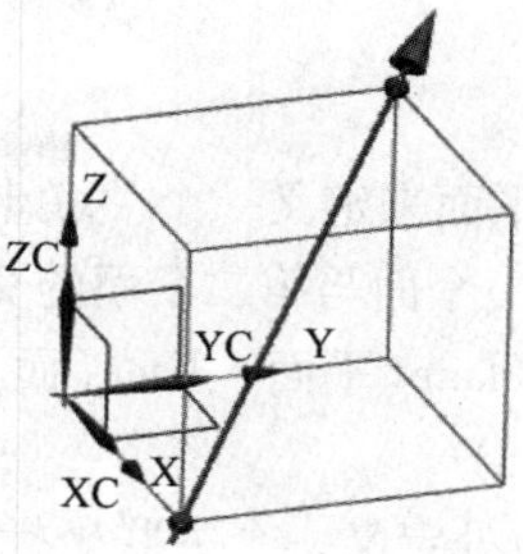

图 3 - 32 通过 Two Points 生成的基准轴

3.2.3 Datum CSYS(基准坐标系)

基准坐标系用于设定一个关联坐标系,以便在使用某些功能的过程中应用。基准坐标系提供一组三平面、三轴、一个坐标系加一个原点的相关对象约束。选择【Insert】→【Datum/Point】→【Datum CSYS】命令或在工具栏上单击按钮,系统弹出如图 3 - 33 所示的 Datum CSYS 对话框,由于基准坐标系的建立与前面所述的坐标系的建立方式基本相似,此处只对其相应选项的含义进行叙述,不再举例说明。

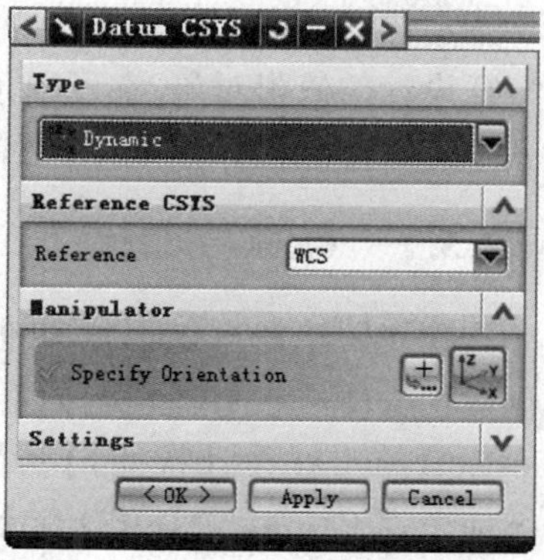

图 3 - 33 Datum CSYS 对话框

该对话中 Type 选项下的各项意义如下:

(1) Inferred(自动判断)

由系统根据用户选取的内容进行推断,相对于选择对象或通过输入沿 X,Y,Z 坐标轴方向的偏置值后定义一个关联坐标系。其 Filter 有 Any(任意,即以下所有内容都可以)、Point(点)、Vector(矢量)、Plane(平面)、Face(面)、CSYS(坐标系)、Arc(圆弧)、Spline(样条曲线)、Conic(圆锥曲线)、Edge(边缘)、Line(直线)、Section Edge(截面边缘)、Section Segment(截片)、Drafting Object(拉伸物体)等。

(2) X - Axis, Y - Axis, Origin(X 轴、Y 轴和原点)

该方法先选取两个矢量或用矢量构造器构造两个矢量,再选取一个点或用点构造器构造一个点来定义一个关联坐标系,X 轴正向平行于第一个矢量方向,XOY 平面平行于第一个矢量及第二个矢量,Z 轴正向由从第一个矢量在 XOY 平面上的投影矢量至第二个矢量在 XOY 平面上的投影矢量按右手定则确定。

(3) CSYS of Current View(当前视图的 CSYS)

该方法用当前视图定义一个关联坐标系,XOY 平面为当前视图平面,原点工件坐标系的原点。

(4) Offset CSYS(偏置 CSYS)

该方法通过输入沿 X,Y,Z 坐标轴方向相对于选择坐标系的偏距来定义一个关联坐标系。

(5) Origin, X - Point, Y - Point(原点、X 点和 Y 点)

该方法通过选取三个点或用点构造器构造三个点来定义一个关联坐标系,三点所在

的平面为 *XOY* 平面，第一点为原点，第一点指向第二点的方向为 *X* 轴正向，从第二点至第三点按右手定则确定 *Z* 轴正向。

(6) Three Planes(三平面)

该方法通过先后选取的三个平面来定义一个关联坐标系，三个平面的交点为坐标系的原点，第一个面的法向 *X* 轴，第一个面与第二个面的交线方向为 *Z* 轴。其 Filter 有 Any(任意，即以下所有内容都可以)、Plane(平面)、Face(面)等。

(7) Absolute CSYS(绝对 CSYS)

该方法在绝对坐标为(0,0,0)处定义一个关联坐标系，新坐标系的 *X*，*Y* 和 *Z* 轴方向与绝对坐标系的 *X*，*Y* 和 *Z* 轴方向相同。

3.3 基本体素特征

基本体素特征操作功能主要用于创建产品的主体结构，使其作为后续加工特征和细节特征设计的依附对象，它可用于建立各种零部件产品的基本实体模型，包括 Block(块体)、Cylinder(圆柱体)、Cone(圆锥体)和 Sphere(球体)等特征形式。

3.3.1 Block(矩形体)

该功能用于根据矩形体基准点及大小位置来创建正方体或长方体，选择【Insert(插入)】→【Design Feature(设计特征)】→【Block…(块)】命令或单击 Feature 工具栏上的按钮，系统弹出如图 3-34 所示的 Block 对话框，该对话框提供了三种创建长方体的方法，用户在对话框中选择一种长方体生成方式后，在对话框下部的可变显示区中就会出现相应的长方体参数设置选项，设置好长方体的参数，并指定其创建位置后，系统即可创建长方体特征。

1. Origin and Edge Lengths(原点和边长)

该方法通过指定矩形体的左下角的那个基准点和输入三个边长值来生成矩形体，生成的矩形体的各个边分别与 XC 轴、YC 轴和 ZC 轴平行。图 3-34 所示 Block 对话框的 Type 选项下 Origin and Edge Lengths 对话框。该对话框中各项参数的意义如下：

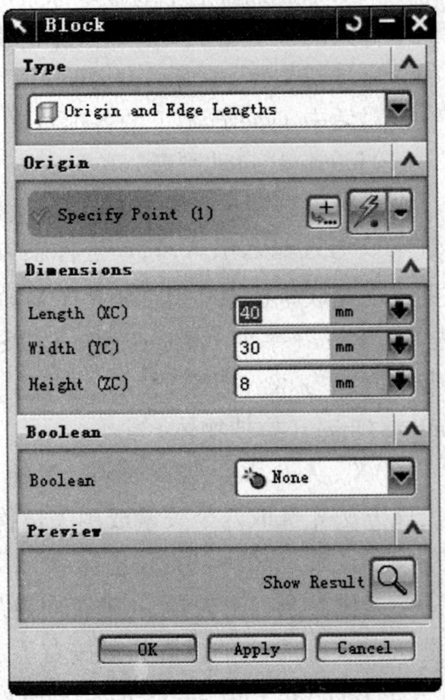

图 3-34　Block 对话框

(1) Origin(原点)：用于指定块体的第一个角点，即指定矩形体的左下角的那个基准点位置，可直接利用点功能创建点，或从左边的下拉列表中选取指定基准点位置。

(2) Dimensions(尺寸)：用于设定块体的长、宽、高尺寸。用户可分别在 Length(XC)、Width(YC)、Height(ZC)文本框中输入矩形体的在 *XC*，*YC*，*ZC* 轴方向的长度。

(3) Boolean Operation(布尔运算)：用于指定当前生成体与视图区域中已存在体之间

的关系。

①(Create):创建。创建一个矩形体,当绘图区域内没有实体时,则只能进行创建运算。

②(Unite):合并。创建一个矩形体后与所选取的实体进行合并布尔运算,这时按 OK 或 Apply 后,会提示选取用来合并的实体。

③(Subtract):相减。创建一个矩形体后与所选取的实体进行相减布尔运算,这时按 OK 或 Apply 后,会提示选取用来被减掉的实体。

④(Intersect):相交。创建一个矩形体后与所选取的实体进行相交布尔运算,这时按 OK 或 Apply 后,会提示选取用来进行相交的实体。

用 Origin,Edge Lengths 创建 Block 的应用如图 3-35 所示,其步骤如下:

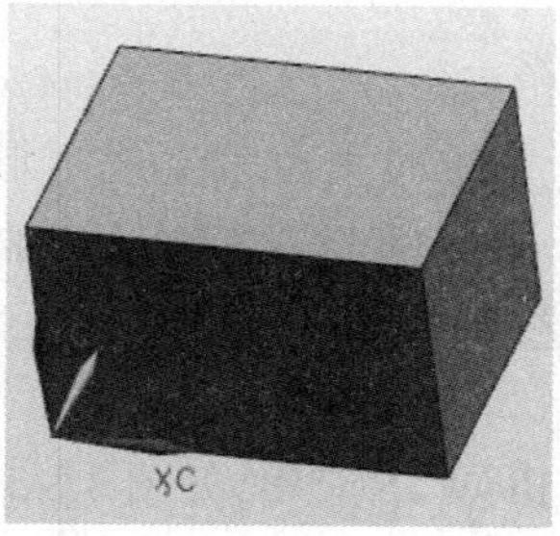

图 3-35　通过 Origin and Edge Lengths 生成的块体

①在绘图区域指定矩形体的基准点。

②在图 3-34 对话框中的 Length(XC),Width(YC),Height(ZC)对话框分别输入所对应的边长值。

③在图 3-34 对话框中单击 OK 或 Apply 按钮即可得到块体。

2. Two Points and Height(两点和高度)

该方法通过指定矩形体的两个底部对角点和输入一个高度值来生成矩形体,生成的矩形体的各个边分别与 *XC* 轴、*YC* 轴和 *ZC* 轴平行,在图 3-34 所示的对话框中 Type 选项下选择 Two Points and Height 选项,则进入如图 3-36 所示的 Block 对话框。矩形体的高度值为正值,它使矩形体沿着工作坐标的 *ZC* 轴方向生成矩形体。

用 Two Points and Height 创建 Block 的应用如图 3-37 所示,其步骤如下:

(1)在绘图区域指定矩形体底面对角线上的一个对角点。

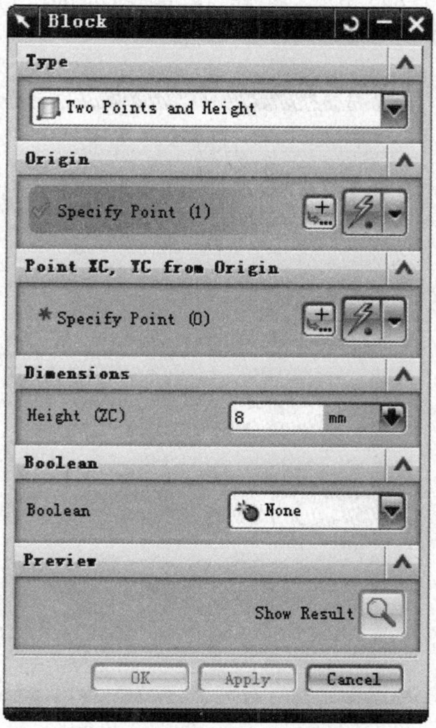

图 3-36　Block 对话框

(2)在绘图区域指定矩形体底面对角线上的另一个对角点。

(3)在图 3－36 中的 Height(ZC)文本框中输入所对应的高度值。

(4)单击 OK 或 Apply 按钮,即可得到所需的块体。

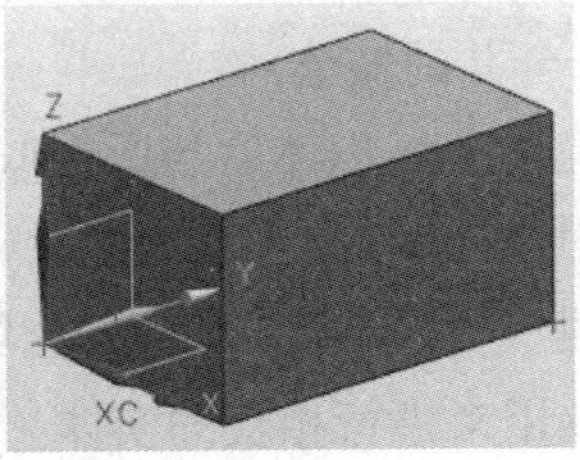

图 3－37　通过 Two Points and Height 生成的块体

3. Two Diagonal Points(两对角点)

该方法通过定义矩形体两个三维对角点来生成矩形体。系统根据两个对角点的三维空间距离关系,生成一个各个边分别与 *XC* 轴、*YC* 轴和 *ZC* 轴平行的矩形体。在图 3－34对话框中的 Type 选项下选择 Two Diagonal Points 后,则进入如图 3－38 所示的 Block 对话框。

用 Two Diagonal Points 创建 Block 的应用,如图 3－39 所示,其步骤如下:

(1)在绘图区域指定矩形体三维空间对角线上的一个对角点。

(2)在绘图区域指定矩形体三维空间对角线上的另一个对角点。

(3)单击 OK 或 Apply 按钮,即可得到所需的块体。

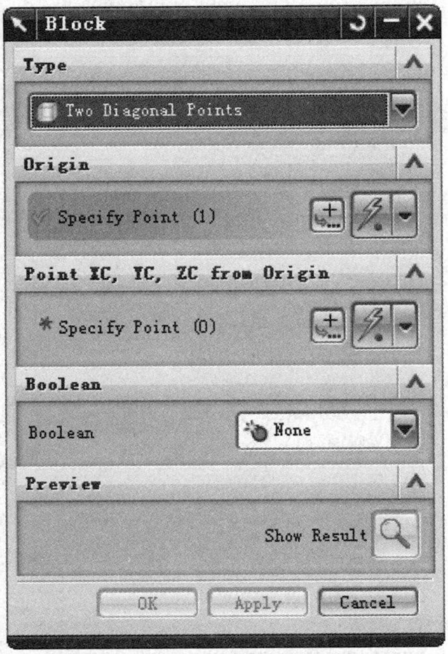

图 3－38　Block 对话框

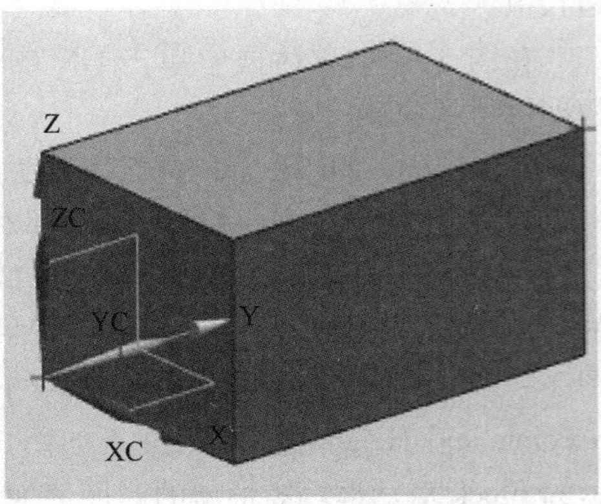

图 3－39　通过 Two Diagonal Points 生成的块体

3.3.2 Cylinder(圆柱体)

圆柱体主要用于通过用户设定的创建方式来创建圆柱体形式的实体特征,其各具体参数与选取的创建方式有关。选择【Insert(插入)】→【Design Feature(设计特征)】→【Cylinder…(圆柱体)】命令或单击 Feature 工具栏上的按钮,系统弹出如图 3－40 所示的 Cylinder 对话框,该对话框提供了以下两种创建圆柱体的方法,如图 3－40 与图 3－41所示。

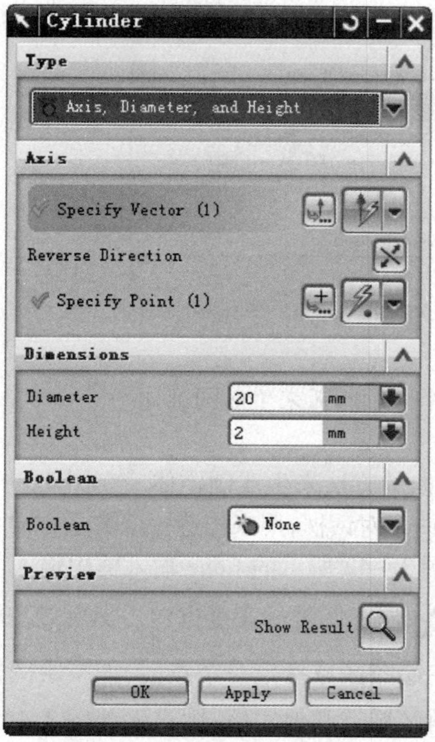

图 3－40 Cylinder 对话框

图 3－41 Cylinder 对话框

3.3.3 Cone(圆锥体)

通过指定底面圆心、直径、高度及方向来生成圆锥体,当顶面直径不为 0 时,则为圆台体。选择【Insert(插入)】→【Design Feature(设计特征)】→【Cone(圆锥体)】或点击图标,则进入如图 3－42 所示的 Cone 对话框。

图 3－42 中各项参数的意义如下:

(1)Diameters and Height(直径,高度):指定底面和顶面直径、高度来生成圆锥体。

(2)Diameters and Half Angle(直径,半角):指定底面和顶面直径、半锥角来生成圆锥体。

(3)Base Diameter,Height and Half Angle:底面直径、高度、半角。指定底面直径、高度和半锥角来生成圆锥体。

(4)Top Diameter,Height and Half Angle:顶面直径、高度、半角。指定顶面直径、高度

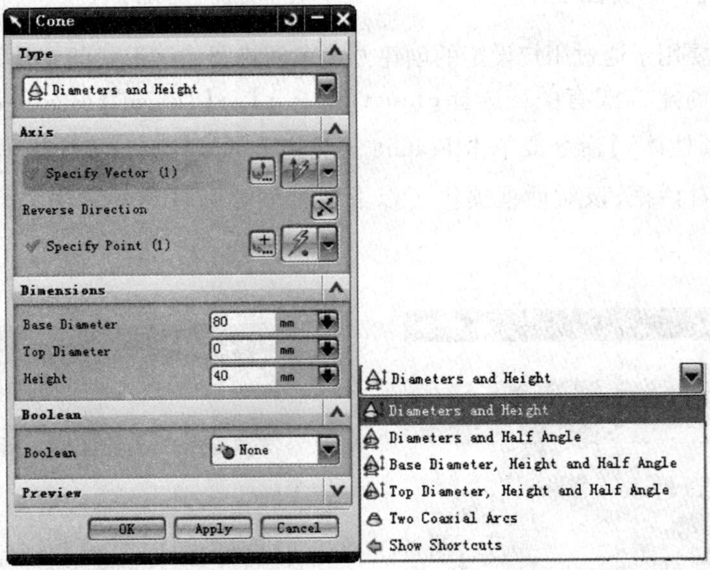

图 3－42　Cone 对话框

和半锥角来生成圆锥体。

(5) Two Coaxial Arcs：两同轴圆弧。指定两个同轴圆弧来生成圆锥体。

1. Diameters and Height（直径、高度）

按指定底面直径、顶面直径、高度及生成方向的方法来生成圆锥体。在图 3－42 中点击 Diameters and Height，则进入 Vector Constructor 对话框，用来构造一个矢量方向作为圆锥体的轴线方向，指定轴线方向矢量后，在如图 3－42 所示的 Cone 输入框中输入 Base Diameter 值、Top Diameter 值和 Height 值，点击，制定圆锥的高度方向。然后点击图标指定一个点作为圆锥体底面的圆心位置，在绘图区域指定一个点后，如果绘图区域没有其他实体，则按要求生成圆锥体。如果绘图区域有其他实体，则进入如图 3－43 所示的 Boolean Operation（布尔运算）选项，选择所需的布尔运算和选取与其运算的实体后，则按要求生成圆锥体与所选取的实体进行布尔运算。

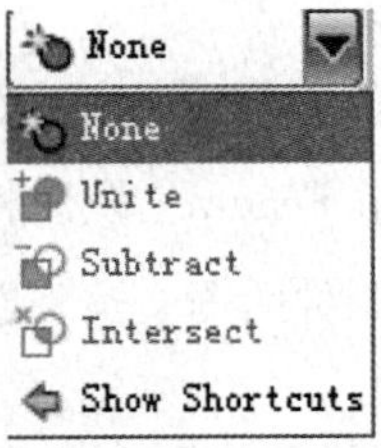

图 3－43　Boolean Operation（布尔运算）选项

图 3－43 中各项参数的意义如下：

(1) Unite：求和。将两实体作求和运算。

(2) Subtract：求差。

(3)Intersect:求交。

用 Diameters and Height 生成 Cone 如图 3－44 所示,其步骤如下:

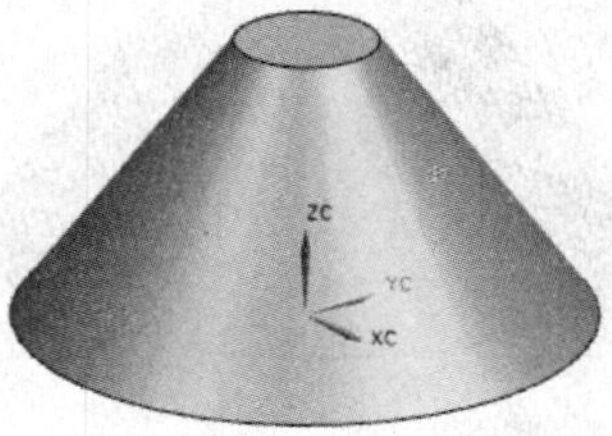

图 3－44　用 Diameters and Height 生成 Cone

①在图 3－42 Type 下拉菜单中选择 Diameters and Height。

②在图 Vector Constructor 对话框中,构造一个矢量方向作为圆锥体的轴线方向。

③在图 3－42 中的输入框中输入 Base Diameter 值、Top Diameter 值和 Height 值。

④在绘图区域选取一个点作为圆锥体底面圆心的放置位置按 OK。

⑤在图 3－43 中选取一种布尔运算。

2. Diameters and Half Angle(直径、半角)

按指定底面直径、顶面直径、半角及生成方向的方法来生成圆锥体。在图 3－42 中点击 Diameters and Half Angle,则进入如图 3－45 所示的 Vector Constructor 对话框,用来构造一个矢量方向作为圆锥体的轴线方向,指定轴线方向矢量后,在如图 3－42 所示的 Cone 对话框中的输入框中输入 Base Diameter 值、Top Diameter 值和 Half Angle 值,然后指定一个点作为圆锥体底面的圆心位置,在绘图区域指定一个点后,如果绘图区域没有其他实体,则按要求生成圆锥体。如果绘图区域有其他实体,则进入如图 3－43 所示的 Boolean Operation(布尔运算)对话框,选择所需的布尔运算和选取与其运算的实体后,则按要求生成圆锥体与所选取的实体进行布尔运算。

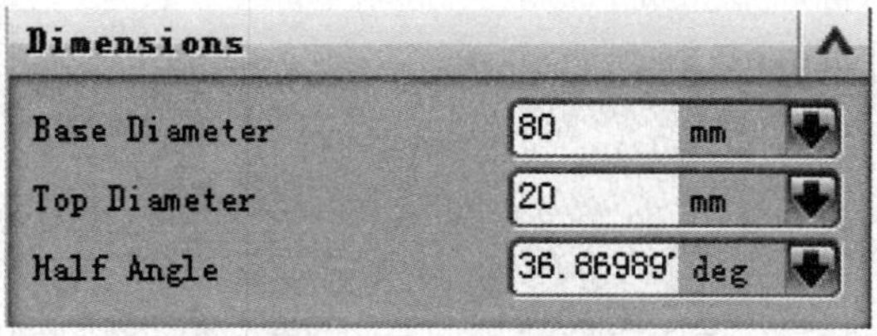

图 3－45　Vector constructor 对话框

图 3－45 中各项参数的意义如下:

(1)Base Diameter:底面直径。圆锥体的底面圆的直径。

(2)Top Diameter:顶面直径。圆锥体的顶面圆的直径。

(3)Half Angle:半角。圆锥体的半锥角,即圆锥体母线与轴线的夹角。

用 Diameters and Half Angle 生成 Cone 如图 3－46 所示,其步骤如下:

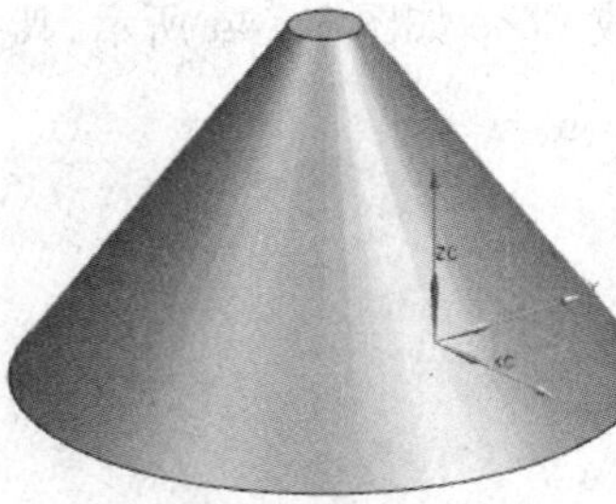

图3－46　用 Diameters and Half Angle 生成 Cone

◆在图 3－42 Type 下拉菜单中选择 Diameters and Half Angle。

◆在图 3－42 下，构造一个矢量方向作为圆锥体的轴线方向。

◆在图 3－45 中的输入框中输入 Base Diameter 值、Top Diameter 值和 Half Angle 值。

◆在绘图区域选取一个点作为圆锥体底面圆心的放置位置。

◆在图 3－43 中选取一种布尔运算按 OK。

3．Base Diameter，Height and Half Angle（底面直径、高度、半角）

按指定底面直径、高度、半角及生成方向的方法来生成圆锥体。在图 3－42 中点击 Base Diameter，Height and Half Angle，则进入如图 3－45 所示的 Vector Constructor 对话框，用来构造一个矢量方向作为圆锥体的轴线方向，指定轴线方向矢量后，在图 3－45 中按 OK，则进入如图 3－47 所示的 Cone 对话框，在对话框中的输入框中输入 Base Diameter 值、Height 值和 Half Angle 值后按 OK，则进入 Point Constructor 对话框，用来指定一个点作为圆锥体底面的圆心位置，在绘图区域指定一个点后，如果绘图区域没有其他实体，则按要求生成圆锥体。如果绘图区域有其他实体，则进入如图 3－43 所示的 Boolean Operation（布尔运算）对话框，选择所需的布尔运算和选取与其运算的实体后，则按要求生成圆锥体与所选取的实体进行布尔运算。

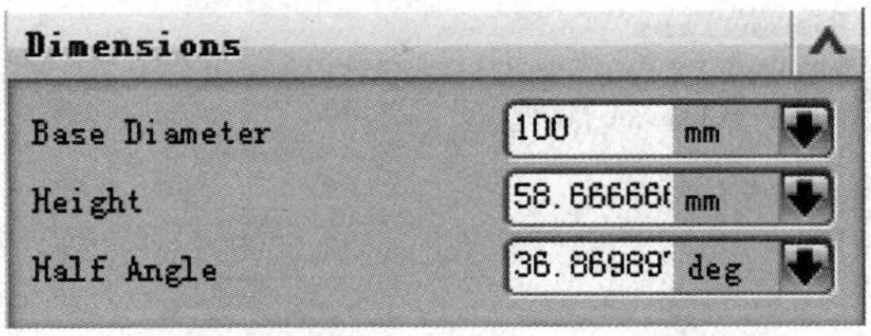

图 3－47　Cone 对话框

图 3－47 中各项参数的意义如下：

（1）Base Diameter：底面直径。圆锥体的底面圆的直径。

（2）Height：高度。圆锥体的高度，即顶面圆心到底面圆心的距离。

（3）Half Angle：半角。圆锥体的半锥角，即圆锥体母线与轴线的夹角。

用 Base Diameter，Height and Half Angle 生成 Cone 如图 3－48 所示，其步骤如下：

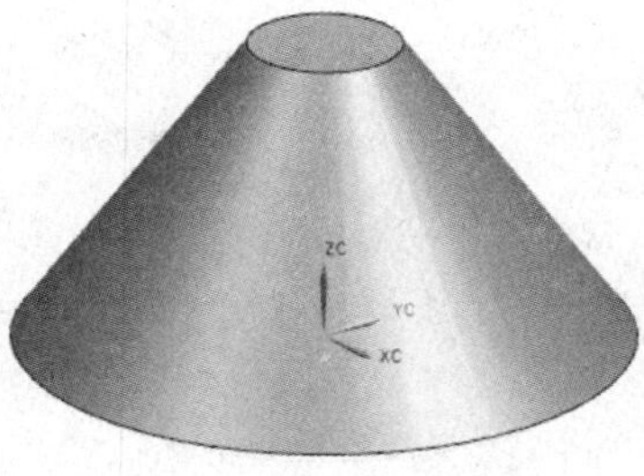

图 3 - 48　用 Base Diameter, Height and Half Angle 生成 Cone

◆在图 3 - 42 中点击 Base Diameter, Height and Half Angle。

◆在图 3 - 42 下，构造一个矢量方向作为圆锥体的轴线方向。

◆在图 3 - 47 中的输入框中输入 Base Diameter 值、Height 值和 Half Angle 值。

◆在绘图区域选取一个点作为圆锥体底面圆心的放置位置或在图中输入一个点坐标。

◆在图 3 - 43 中选取一种布尔运算后按 OK。

4. Top Diameter, Height and Half Angle（顶面直径、高度、半角）

按指定顶面直径、高度、半角及生成方向的方法来生成圆锥体。在图 3 - 42 中点击 Top Diameter, Height and Half Angle，则进入 Vector Constructor 对话框，用来构造一个矢量方向作为圆锥体的轴线方向，指定轴线方向矢量后，在图中按 OK，则进入如图 3 - 49 所示的 Cone 对话框，在对话框中的输入框中输入 Top Diameter 值、Height 值和 Half Angle 值后按 OK，则进入 Point Constructor 对话框，用来指定一个点作为圆锥体底面的圆心位置，在绘图区域指定一个点后，如果绘图区域没有其他实体，则按要求生成圆锥体。如果绘图区域有其他实体，则进入如图 3 - 43 所示的 Boolean Operation（布尔运算）对话框，选择所需的布尔运算和选取与其运算的实体后，则按要求生成圆锥体与所选取的实体进行布尔运算。

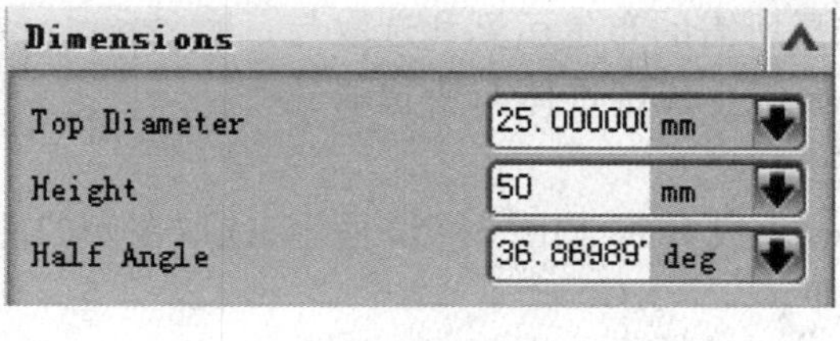

图 3 - 49　Cone 对话框

图 3 - 49 中各项参数的意义如下：

（1）Top Diameter：顶面直径。圆锥体的顶面圆的直径。

（2）Height：高度。圆锥体的高度，即顶面圆心到底面圆心的距离。

（3）Half Angle：半角。圆锥体的半锥角，即圆锥体母线与轴线的夹角。

用 Top Diameter, Height and Half Angle 生成 Cone 如图 3 - 50 所示，其步骤如下：

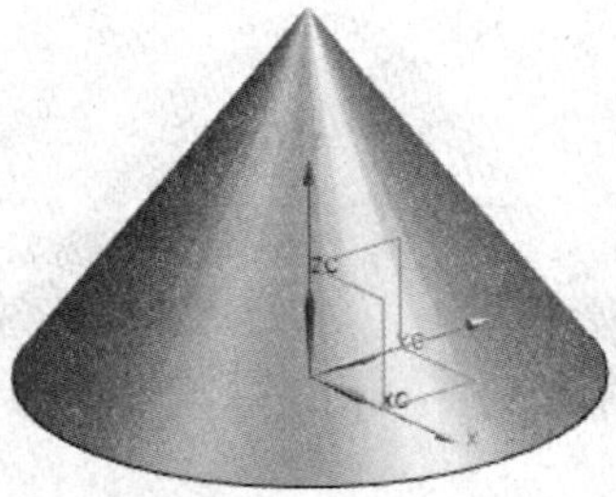

图 3－50　用 Top Diameter，Height and Half Angle 生成 Cone

◆在图 3－42 中点击 Top Diameter，Height，Half Angle。

◆在图 Vector constructer 中，构造一个矢量方向作为圆锥体的轴线方向。

◆在图 3－49 中的输入框中输入 Top Diameter 值、Height 值和 Half Angle 值。

◆在绘图区域选取一个点作为圆锥体底面圆心的放置位置或在图中输入一个点坐标。

◆在图 3－43 中选取一种布尔运算后按 OK。

5．Two Coaxial Arcs（两同轴圆弧角）

使用两个不同半径的圆弧来生成圆锥体。这两个圆弧不需要是平行或在同一个圆心垂直轴上，选取的第一个圆弧可决定圆锥体的底面圆心位置以及圆锥体的底面直径，选取的第二个圆弧可决定圆锥体的顶面直径以及圆锥体的高度，其高度值为两圆弧的圆心在圆锥体轴方向的距离。在图 3－42 中点击 Two Coaxial Arcs，则进入如图 3－51 所示的 Cone 对话框，用来指定两圆弧，在绘图区域依次选取底面圆弧和顶面圆弧后，如果绘图区域没有其他实体，则按要求生成圆锥体。如果绘图区域有其他实体，则进入如图 3－43 所示的 Boolean Operation（布尔运算）对话框，选择所需的布尔运算和选取与其运算的实体后，则按要求生成圆锥体与所选取的实体进行布尔运算。

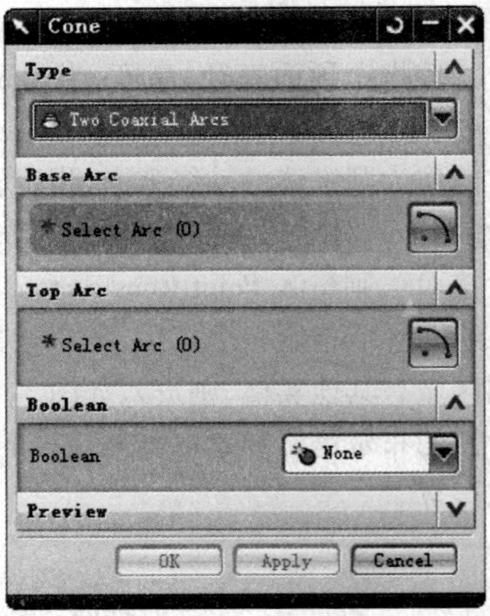

图 3－51　Cone 对话框

用 Two Coaxial Arcs 生成 Cone 如图 3－52 所示，选取左侧的两圆弧后生成的圆锥体如右图所示，其步骤如下：

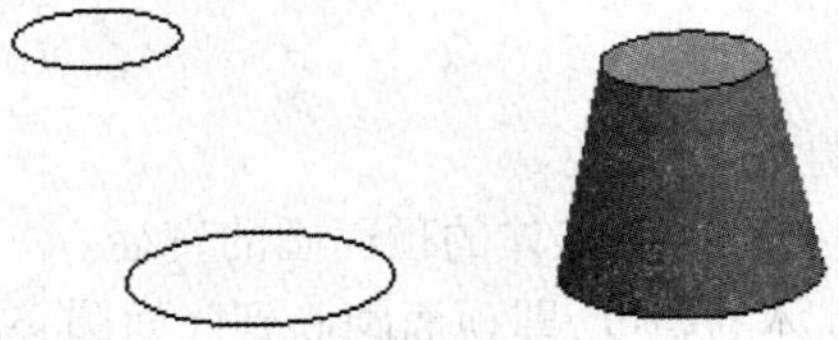

图 3－52　用 Two Coaxial Arcs 生成 Cone

◆在图 3－42 中点击 Two Coaxial Arcs。

◆在图 3－51 下，在绘图区域选取底面圆弧。

◆在图 3－51 下，在绘图区域选取顶面圆弧。

◆在图 3－43 中选取一种布尔运算后点击 OK。

3.3.4 Sphere(球体)

通过指定直径和中心点位置来生成球体。

选择【Insert(插入)】→【Design Feature(设计特征)】→【Sphere(球体)】或点击图标，则进入如图 3－53 所示的 Sphere 对话框。

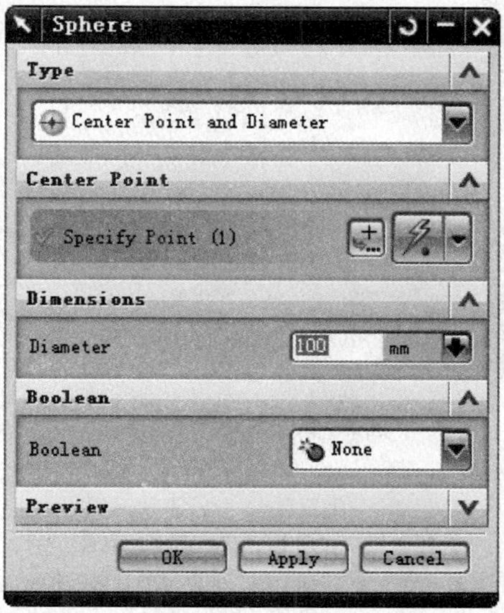

图 3－53 Sphere 对话框

图 3－53 中各项参数的意义如下：

(1) Diameter，Center：直径、中心。指定直径和中心点位置生成球体。

(2) Select Arc：选择圆弧。指定一个圆弧来生成球体，此时圆弧的直径为球体的直径，圆弧的圆心为球体的圆心。

1. Diameter，Center(直径、中心)

按指定的直径和中心点位置生成球体。在图 3－53Type 下拉菜单中选择 Diameter，Center 选项，如图 3－54，在视图范围内指定一个点作为球体的球心位置，在绘图区域指定一个点后，如果绘图区域没有其他实体，则按要求生成球体。

用 Diameter，Center 生成 Sphere，如图 3－55 所示，其步骤如下：

图 3－54 Sphere 输入框

图 3－55 用 Diameter，Center 生成 Sphere

◆在图 3－53Type 下拉菜单中选择 Diameter，Center 选项。

◆在图 3－53 中的输入框中输入 Diameter 值。

◆在绘图区域选取一个点作为球体球心的放置位置或在图中输入一个点坐标后按 OK。

◆在图 3－53 中选取一种布尔运算。

2. Select Arc（选择圆弧）

按指定的一个圆弧来生成球体。圆弧的直径为球体的直径，圆弧的圆心为球体的圆心。在图 3－56Type 下拉菜单中选择 Select Arc 选项，单击指定生成球体的圆弧，在绘图区域指定一个圆弧后，如果绘图区域没有其他实体，则按要求生成球体。如果绘图区域有其他实体，则进入 Boolean Operation（布尔运算）对话框，选择所需的布尔运算和选取与其运算的实体后，则按要求生成球体与所选取的实体进行布尔运算。

用 Select Arc 生成 Sphere 如图 3－57 所示，选取左侧的圆弧生成的球体如右图所示，其步骤如下：

图 3－56　Sphere 选择框

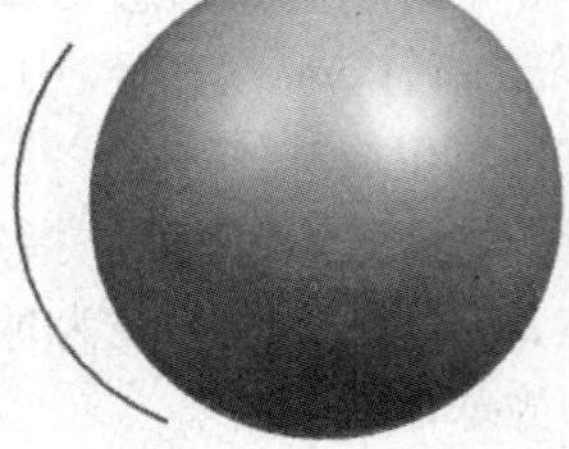

图 3－57　用 Select Arc 生成的球体

◆在图 3－53Type 下拉菜单中选择 Select Arc 选项。

◆在图 3－56 下，在绘图区域选取一个圆弧。

◆在图 3－53 中选取一种布尔运算点击 OK。

3.4　扫 描 特 征

扫描是一种界面沿导线运动生成几何体的方式。根据扫描方式不同常见的扫描形式包括 Extrude Body（拉伸实体）、Revolve Body（旋转实体）、Sweep along Guide（沿轨迹扫掠）、Tude（管道）。下面分别加以说明。

3.4.1　Extrude Body（拉伸实体）

通过拉伸截面线来生成实体或片体。

【Insert（插入）】→【Design Feature（设计特征）】→【Extrude Body（拉伸实体）】或点击图标，则进入如图 3－58 所示的 Extruded Body 对话框，用来选取拉伸的对象。拉伸对象是用于定义拉伸的截面曲线。选取拉伸对象时，既可以直接在绘图区域中选取要拉伸的对象，也可以在图 3－58 中指定拉伸对象的类型后，再在绘图区域中选取该类型的对象。如果模型简单且选取对象方便，则可以直接在绘图区域中选取要拉伸的对象，如果模型复杂且可选取的对象多，则在图 3－58 中指定拉伸对象的类型后，再在绘图区域中选取该类型的对象比较好。

图 3－58　对话框

图 3－58 中各项参数的意义如下：

(1) Select Curve：选择曲线。用于选取曲线作为拉伸对象。选择该选项时，只需选取需要拉伸曲线（线串），所有曲线选取完后在如图 3－59 的 Extruded Body 输入框中输入拉伸的长度，或在图 3－57 Limits 选项中输入相应的值亦可。

图 3－59　Extruded Body 输入框

(2) Solid：实体边缘。用于选取实体的边缘作为拉伸对象

(3) Sheet：片体。用于选取片体，使所选片体中的所有边缘都作为拉伸对象。

当选取的截面线段不连续或产生几个封闭区域时，需指定欲做拉伸实体的区域。选取完拉伸对象后，进入如图 3－60 所示的 Start/End 选项框，用来指定拉伸方式。

图 3－60 中各项参数的意义如下：

(1) Value：拉伸的长度有输入值确定。

(2) Until Select：修剪到指定的面/平面。按指定的方向拉伸所选取的对象到指定的面或基准平面。

(3) Until Next：修剪到下一面/体。按指定的方向在指定的两个面/基准平面之间拉伸所选取的对象，即把所选取的对象从一个面/基准平面拉伸到另一个面/基准平面。

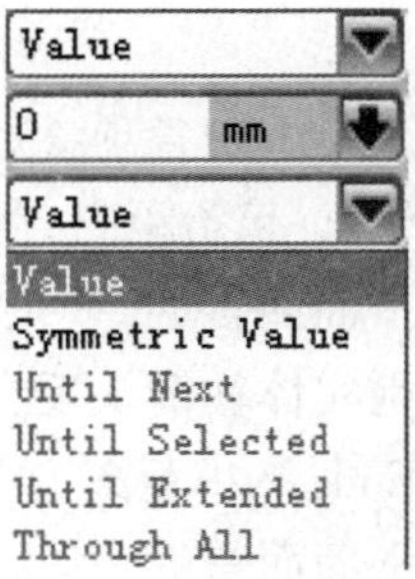

图 3－60　Start/End 选项框

(4) Through All：穿越所有实体。按指定的方向，在指定的多个实体上减去拉伸所得

到的特征。

下面对几种拉伸方式进行介绍：

(1) Value(值)

按指定的方向和距离拉伸所选取的对象。在图 3 - 60 中点击 Value 则进入如图 3 - 61所示的 Vector Constructor 对话框,用来构造一个矢量方向作为拉伸方向,在构造拉伸方向前,在绘图区域显示实线矢量方向箭头,表示系统缺省的拉伸方向。系统缺省的拉伸方向是这样确定的:若选取的拉伸对象是实体或片体表面,则矢量方向是沿该表面中心的法向;若选取的拉伸对象是封闭的实体边缘或平面曲线,则矢量方向显示在封闭曲线中心的法向;若选取的拉伸对象是不封闭的实体边缘或平面曲线,则矢量方向显示在第一条或最后一条边缘的中点处实体边缘或平面曲线的法向;或选取的拉伸对象是空间曲线、空间实体边缘或空间实体边缘与曲线的组合集,则系统不能推断其拉伸方向,绘图区域也不显示矢量方向箭头。

指定轴线方向矢量后,则进入如图 3 - 61 所示的 Extruded Body 对话框,同时在绘图区域显示虚线箭头表示偏置方向,在对话框中设置拉伸参数。

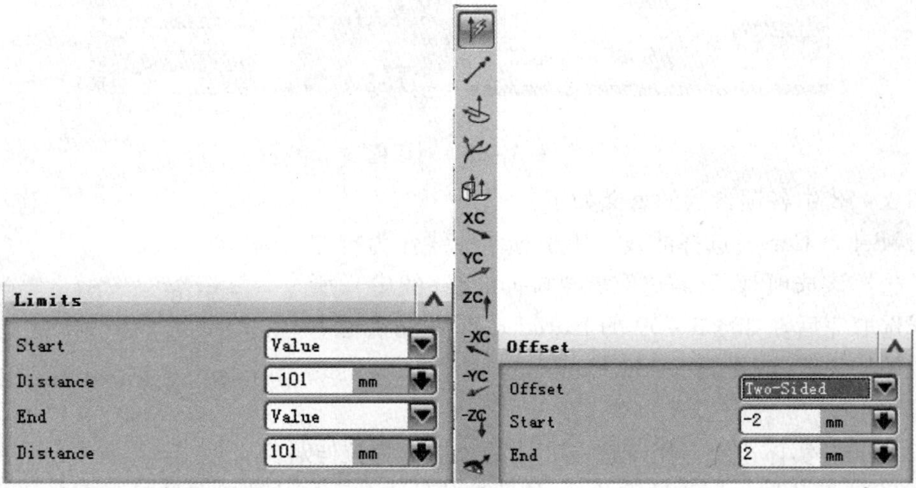

图 3 - 61　Extruded Body 对话框

图 3 - 61 中各项参数的意义如下:

①Start:起始距离,在输入框输入拉伸的起始位置值,其值的大小是相对于各拉伸对象所在平面而言的,其正负是相对于拉伸方向而言的。为正值则实体往箭头方向拉伸,为负值则实体往箭头反方向拉伸。

②End:终止距离,在输入框输入拉伸的终止位置值,其值的大小是相对于各拉伸对象所在平面而言的,其正负是相对于拉伸方向而言的。为正值则实体往箭头方向拉伸,为负值则实体往箭头反方向拉伸。End Distance 与 Start Distance 之差的绝对值为拉伸特征沿拉伸方向的高度。

③First Offset:第一偏置,在输入框输入截面曲线偏置的起始位置。其值的大小是相对于截面曲线而言的,其正负是相对于偏置方向(虚线箭头)而言的。正值则实体往箭头

方向偏置,为负值则实体往箭头反方向偏置。

④Second Offset:第二偏置,在输入框输入截面曲线偏置的终止位置。其值的大小是相对于截面曲线而言的,其正负是相对于偏置方向(虚线箭头)而言的。正值则实体往箭头方向偏置,为负值则实体往箭头反方向偏置。First Offset与Second Offset之差的绝对值为实体的厚度。若First Offset与Second Offset的输入值都为零时,则当拉伸截面曲线为封闭平面曲线时,拉伸特征是截面为拉伸截面曲线所围面域的实体;否则拉伸特征是截面为拉伸截面曲线的片体。当拉伸截面曲线包含内孔时,First Offset与Second Offset的输入值只能为零。使用偏置设置时,截面曲线必须是共平面。

⑤Draft Angle:拔锥角度,在输入框输入沿拉伸方向的拉伸角度,其绝对值必须小于90度,为母线与拉伸方向的夹角。Draft Angle大于0时,是沿拉伸方向向内拔锥,小于0时,是沿拉伸方向向外拔锥;若拉伸截面曲线包含内孔时,内孔的拔锥方向则刚好相反。如果拔锥角度过大或拉伸实体太长,则可能会使锥面产生交叉的情形,使拉伸实体无法生成。

⑥Draft Start:用于设置拉伸特征拔锥的起始位置,即在不移动截面曲线的情况下,决定拔锥由什么位置开始。

⑦At Defining String:在定义的线串,拉伸特征拔锥的起始位置为拉伸截面曲线处。

⑧At Start Distance:在起始距离处,拉伸特征拔锥的起始位置为拉伸的起始位置处。当Start Distance为0时,其拉伸效果与At Defining String选项相同,但当Start Distance不为0时,由于定义的拉伸截面曲线与拉伸的起始位置有一距离,其拉伸效果与At Defining String选项不相同。

在如图3-61中输入完毕后,如果绘图区域没有其他实体,则按要求拉伸成实体或片体。如果绘图区域有其他实体,则进入Boolean Operation(布尔运算)对话框,选择所需的布尔运算和选取与其运算的实体后,则按要求拉伸成实体或片体与所选取的实体进行布尔运算。

用Direction _Distance生成Extruded Body如图3-62所示,其步骤如下:

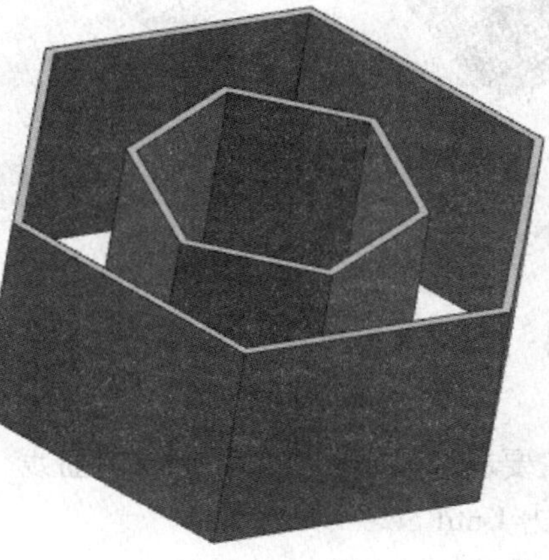

图3-62 用Direction _Distance生成Extruded Body

◆在如图3-58下,按要求选取用来拉伸的所有截面线。

◆在如图 3－60 中点击 Value。

◆在如图 3－61 下，构造一个矢量方向作为拉伸方向。

◆在如图 3－61 中输入拉伸参数值。

◆在图 3－58 中选取一种布尔运算。

(2) Until Select(修剪到指定的面/平面)

按指定的方向与实体厚度，拉伸所选取的对象到指定的实体表面或基准平面(必须在实体或片体上)。由该方法生成的拉伸特征起始于选取拉伸对象所在面，终止于指定的实体表面或基准平面。在图 3－58 中点击 Until Select，则进入 Vector Constructor 对话框，用来构造一个矢量方向作为拉伸方向，在构造拉伸方向前，在绘图区域显示实线矢量方向箭头，表示系统缺省的拉伸方向。指定轴线方向矢量后，则进入如图 3－63 所示的 Until Select 对话框，用来选取修剪面，修剪面是沿拉伸方向拉伸所选取对象的截止面。

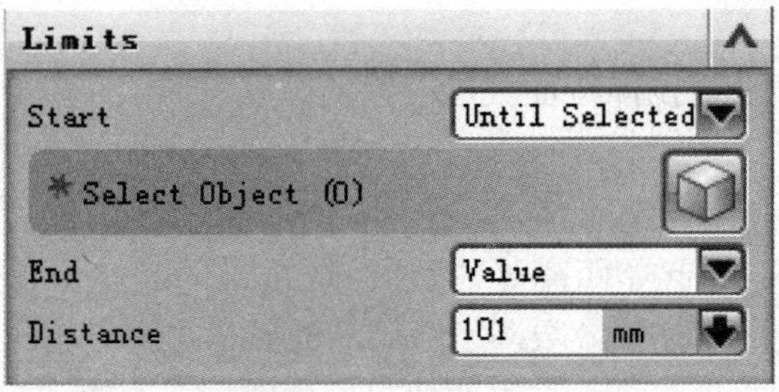

图 3－63　Until Select 对话框

用 Until Select 生成 Extruded Body，如图 3－64 所示，其步骤如下：

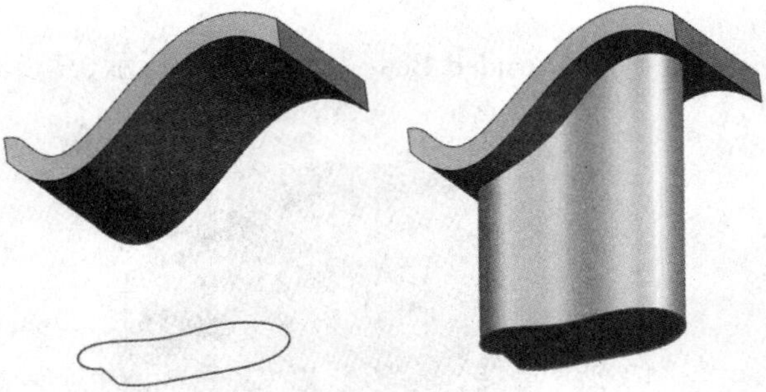

图 3－64　用 Until Select 生成 Extruded Body

◆在如图 3－58 下，按要求选取用来拉伸的所有截面线。

◆在如图 3－60 中点击 Until Select。

◆在如图 3－58 下，构造一个矢量方向作为拉伸方向。

◆在如图 3－58 中选取一种布尔运算。

(3) Until Next(修剪到下一面/体)

按指定的方向与实体厚度在指定的两个实体表面或基准平面(必须在实体或片体

上)之间拉伸所选取的对象。在图 3 - 60 中点击 Until Next,指定轴线方向矢量后则进入 Trimming Face 对话框,用来选取修剪面(选取的两修剪面必须是同一实体上的面),设置第一修剪面选项后,在绘图区域选取第一修剪面,然后按 OK,接着设置第二修剪面选项后,在绘图区域选取第二修剪面,然后按 OK。则进入 Boolean Operation(布尔运算)对话框,选择所需的布尔运算后,则按要求拉伸成实体或片体与实体或片体进行布尔运算。

用 Until Next 生成 Extruded Body,如图 3 - 65 所示,其步骤如下:

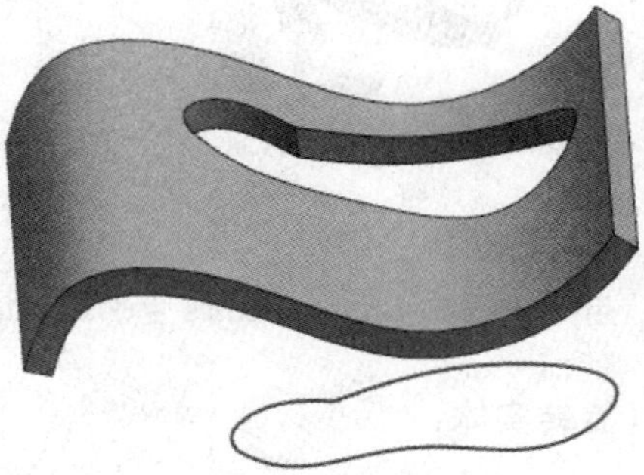

图 3 - 65 用 Trim Between Two Faces/Planes 生成 Extruded Body

◆在如图 3 - 65 下,按要求选取用来拉伸的所有截面线,并按 OK。

◆在如图 3 - 63 框中点击 Trim Between Two Faces/Planes。

◆在 Vector Constructor 对话框中,构造一个矢量方向作为拉伸方向。

◆在图 3 - 63 中设置好参数后,在绘图选取第一修剪面并在对话框中按 OK。

◆在图 3 - 63 中设置好参数后,在绘图选取第二修剪面并在对话框中按 OK。

◆在如图 3 - 61 所示的 Extruded Body 对话框中输入拉伸参数值后按 OK。

◆在图 3 - 58 中选取一种布尔运算。

(4)Through All(穿越所有实体)

按指定的方向与实体厚度,在指定的多个实体上减去拉伸所得到的特征。在图 3 - 58中点击 Through Multiple Bodies,则进入 Vector Constructor 对话框,用来构造一个矢量方向作为拉伸方向,在构造拉伸方向前,在绘图区域显示实线矢量方向箭头,表示系统缺省的拉伸方向。指定轴线方向矢量后,按 OK,则进入如图 3 - 59 所示的选取穿越实体对话框,用来选取要穿越的实体,当所有的要穿越的实体选取完后按 OK,则进入如图 3 - 59所示的 Extruded Body 对话框,同时在绘图区域显示虚线箭头表示偏置方向,在对话框中设置拉伸参数后按 OK。则按要求拉伸成实体或片体与要穿越的实体进行布尔减运算。

用 Through Multiple Bodies 生成 Extruded Body 如图 3 - 66 所示,其步骤如下:

◆在如图 3 - 66 下,按要求选取用来拉伸的所有截面线,并按 OK。

◆在如图 3 - 63 中点击 Through Multiple Bodies。

◆在 Vector Constructor 对话框中,构造一个矢量方向作为拉伸方向。

◆在如图 3 - 66 下选取所有要穿越的实体。

◆在如图 3 - 58 中输入拉伸参数值后按 OK。

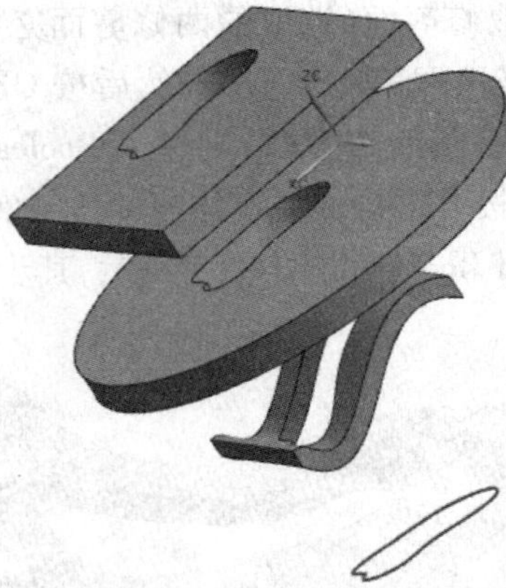

图 3 - 66　用 Through Multiple Bodies 生成 Extruded Body

3.4.2　Revolve Body(旋转实体)

通过截面线绕指定轴方向旋转一个角度而生成实体或片体。

【Insert(插入)】→【Design Feature(设计特征)】→【Revolve Body(旋转实体)】或点击图标,进入如图 3 - 67 所示的 Revolved Body 对话框,用来选取旋转的对象。

旋转对象是用于定义旋转的截面曲线。选取旋转对象时,既可以直接在绘图区域中选取要旋转的对象,也可以在图 3 - 67 中指定旋转对象的类型后,再在绘图区域中选取该类型的对象。如果模型简单且选取对象方便,则可以直接在绘图区域中选取要旋转的对象,如果模型复杂且可选取的对象多,则在图 3 - 67 中指定旋转对象的类型后,再在绘图区域中选取该类型的对象比较好。

图 3 - 67 中各项参数的意义与图 3 - 58 中所对应的参数的意义相同。

常见的 Revolved Body(旋转体)操作过程如下:

(1)【Insert(插入)】→【Design Feature(设计特征)】→【Revolve Body(旋转实体)】或点击图标,系统将弹出 Revolve Body 对话框。

(2)选择需要旋转的线或线串,点击中键确定。

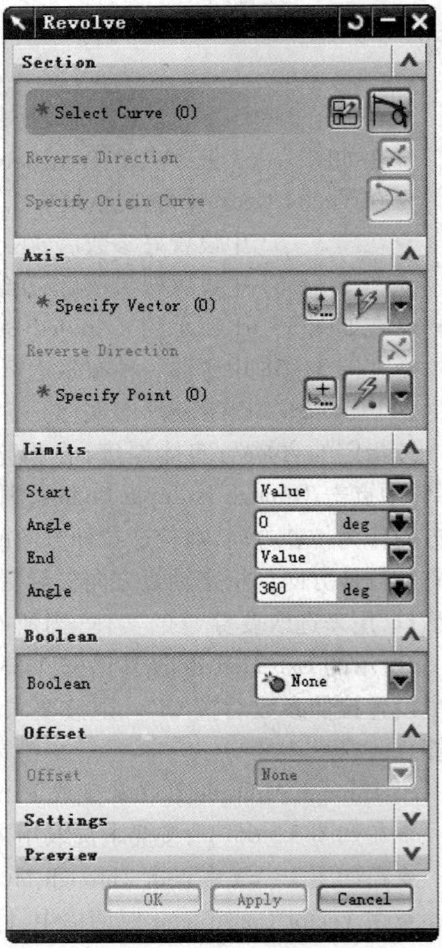

图 3 - 67　Revolved Body 对话框

(3)定义旋转轴。可通过点击选择,或者点击选择视图范围内存在的直线或向量。

(4)定义特殊点。单击选择存在点或点击进入点构造器定义特殊点。

(5)定义约束。定义旋转角度或选择 Until Select(旋转到选择目标),此处同拉伸实体。

(6)点击 OK,完成旋转操作,如图 3 - 68 所示。

图 3 - 68 Revolve Body 的应用

3.4.3 Sweep along Guide(沿轨迹扫掠)

截面线沿着一条连续或边缘线的引导线所扫掠成的实体或片体特征。任何类型的曲线都可以作为引导线,系统以扫掠的方式生成这一部分实体,扫掠的方向是线的方向,扫掠的距离是线的长度。当引导线为直线时,系统采用拉伸方式来生成沿轨迹扫掠特征,此时,从扫掠的截面曲线处开始拉伸,拉伸高度为直线的长度,拉伸方向是从开始拉伸处沿直线方向。当引导线为圆弧形状时,系统采用旋转的方式生成沿轨迹扫掠特征,旋转轴为圆弧的轴线,从扫掠的截面曲线处开始旋转,旋转的角度为圆弧的弧长。

生成沿轨迹扫掠的特征,与用 Axis _Angle 拉伸方式生成拉伸特征在实质上是相同的。只是用所选引导线,代替了拉伸中 Axis _Angle 拉伸方式下的拉伸方向,即引导线相当于拉伸方向。两者之间的区别在于:引导线可以是一空间的链接曲线,而拉伸方向只能是直线方向;沿轨迹扫掠特征是从截面线处开始扫掠,而拉伸特征可以从离截面曲线一定距离处开始拉伸;沿轨迹扫掠特征扫掠的长度为引导线的长度,而拉伸特征的高度为拉伸的终止距离减起始距离。

【Insert(插入)】→【Design Feature(设计特征)】→【Sweep along Guide(沿轨迹扫掠)】或点击图标,则进入如图 3 - 69 所示的 Sweep along Guide 对话框,用来对扫掠对象的选取。

图 3 - 69 中各项参数的意义与 Extruded Body(拉伸实体)对话框中所对应的参数的意义相同。选取完用来扫掠的截面曲线后,进入 Sweep along Guide 对话框,用来选取扫

掠用的引导线。选取完用来扫掠的引导曲线后，进入确认扫掠方向对话框，并在绘图区域显示系统默认的方向。选择扫掠方向后，则进入 Sweep along Guide 对话框，用来输入扫掠截面线的偏置。

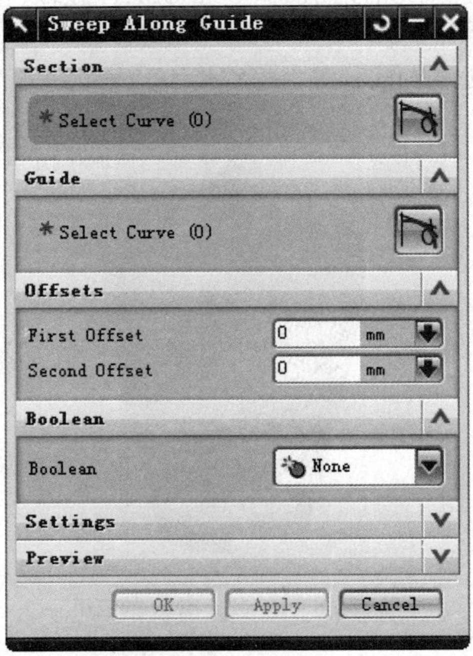

图 3－69　Sweep along Guide 对话框

在图 3－70 中输入偏置参数后按 OK，如果绘图区域没有其他实体，则按要求生成圆锥体。如果绘图区域有其他实体，则进入 Boolean Operation（布尔运算）对话框，选择所需的布尔运算和选取与其运算的实体后，则按要求扫掠特征与所选取的特征进行布尔运算。

图 3－70　Offsets（偏置）输入框

Sweep along Guide 的应用如图 3－71 所示，其步骤如下：

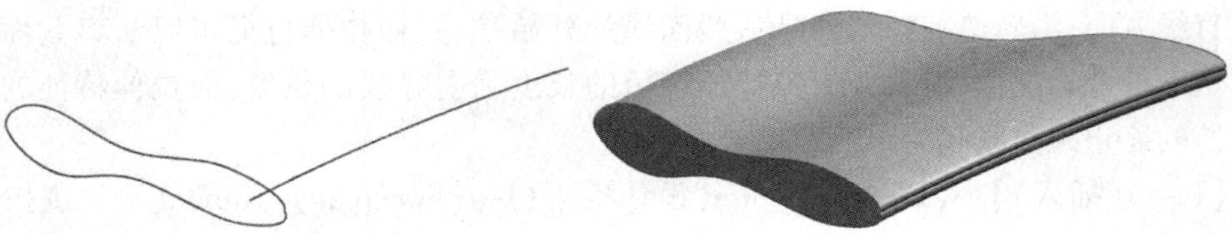

图 3－71　Sweep along Guide 的应用

（1）按要求选取用来扫掠的所有截面线。

(2)按要求选取用来扫掠的所有引导线。

(3)选择扫掠方向。

(4)在如图 3－70 中输入截面线的偏置参数值。

(5)选取一种布尔运算后按 OK。

3.4.4 Tube(管道)

按指定的轨迹扫掠同心圆环生成管道实体。

【Insert(插入)】→【Sweep(扫描)】→【Tube(管道)】或点击图标,则进入如图 3－72所示的 Tube 对话框,用来设置生成管道实体的参数。

图 3－72 中各项参数的意义如下:

(1) Outer Diameter:外径,用于设置管道实体的外径,其值必须大于 0。

(2) Inner Diameter:内径,用于设置管道实体的内径,其值必须大于等于 0,且 Inner Diameter值必须小于 Outer Diameter 值。

(3) Output Type:输出类型,用于设置管道实体面的类型,选定的类型不能在编辑中修改。

①Multiple Segment:多段,设置管道实体面为有多段面的复合表面。

②Single Segment:单段,设置管道实体面为一段或两段表面,且均为简单的 B－曲面,当 Inner Diameter 等于 0 时只有一段表面。

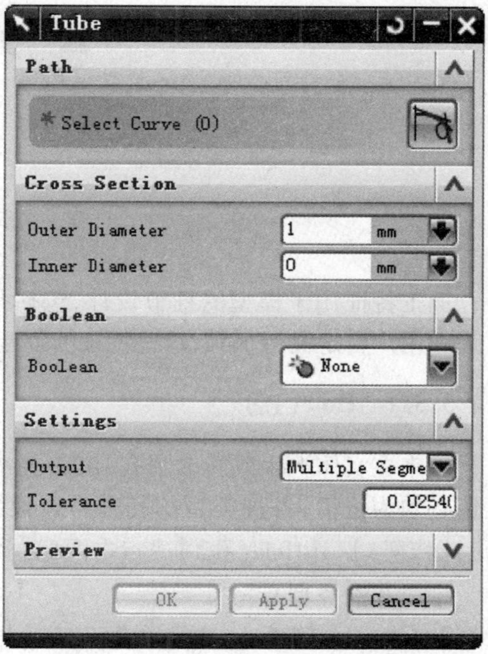

图 3－72 Tube 对话框

在图 3－72 中设置好管道实体的各参数后选取生成管道实体的引导线,且引导线串必须为光顺连接。选取完用来生成管道实体的引导线后,如果绘图区域没有其他实体,则按要求生成管道实体。如果绘图区域有其他实体,则进入 Boolean Operation (布尔运算)对话框,选择所需的布尔运算和选取与其运算的实体后,则按要求生成管道实体与所选取的特征进行布尔运算。

生成管道实体与沿轨迹扫掠特征是极为相似的,其操作只是用定义管道实体的内外直径,代替了沿轨迹扫掠中选取扫掠对象,且不能产生偏置。实际上,管道实体相当于选取扫掠对象为管道实体内外直径的两同心圆且无偏置时的轨迹扫掠特征。若生成的管道实体与某目标对象相关联时,在编辑该管道实体的引导线时,其相关性数据可能丢失,所以在这种情况下应尽可能使用沿轨迹扫掠。在选取引导线时,必须确保其定义的引导线是光顺的链接曲线。

Tube 的应用如图 3－73 所示,其步骤如下:

◆在如图 3－72 中,按要求输入管道实体的各项参数。

◆在如图 3－72 中,按要求选取用来生成管道实体的所有引导线。

◆在图 3－72 中选取一种布尔运算,并按 OK。

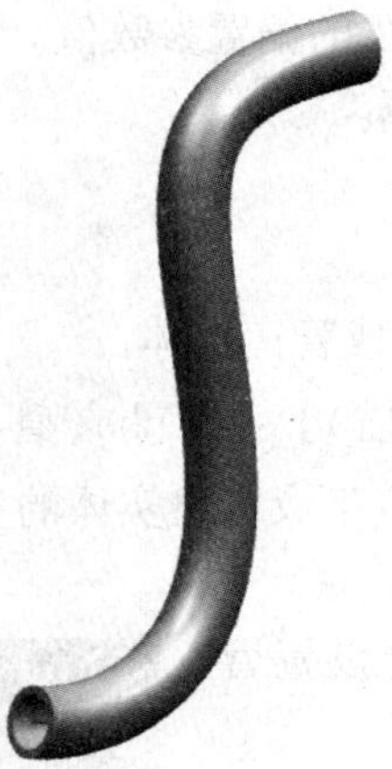

图 3－73　Tube 的应用

3.5　加 工 特 征

加工特征用于模型的细节设计,包括孔、凸台、腔体、垫块、凸起、偏置凸起、键槽、坡口焊和用户自定义特征等,这些特征的创建仿真零件粗加工工程。

3.5.1　Hole(孔)

用来在实体上生成简单圆孔、沉头孔或锥形沉孔。不管是哪种生成孔的类型,其深度值必须为正值,各种类型的孔都可以设置为通孔。【Insert(插入)】→【Design Feature(设计特征)】→【Hole(孔)】或点击图标,则进入如图 3－74 所示的 Hole 对话框。

生成孔的类型有:

(1)Simple:简单,生成简单孔。

(2)Counterbore:沉头,生成沉头孔。

(3)Countersink:锥形沉头,生成锥形沉头孔。

1. Simple(简单)

在图 3－74 所示的 Hole 对话框中选择 Simple(简单),就进入生成简单孔操作。

(1)Position:位置。制定需要加工孔的位置点击选择现有平面或草图制作一个平面放置孔。

(2)Diameter:直径。简单孔的直径。

(3)Depth:深度。简单孔的深度,即为 Diameter 部分的深度,不考虑 Tip Angle 部分的深度。当选取了 Thru Face 时无效,此时的深度由 Placement Face 和 Thru Face 决定。

(4)Tip Angle:尖角。孔下部形成圆锥体部分的尖角,其值必须大于等于 0,小于 180,当为 0 时为无尖角。当选取了 Thru Face 时无效,此时不存在尖角。

(5)Reverse Side:反侧。当选取的 Placement Face 或 Thru Face 为基准平面时,用来改变孔的生成方向。

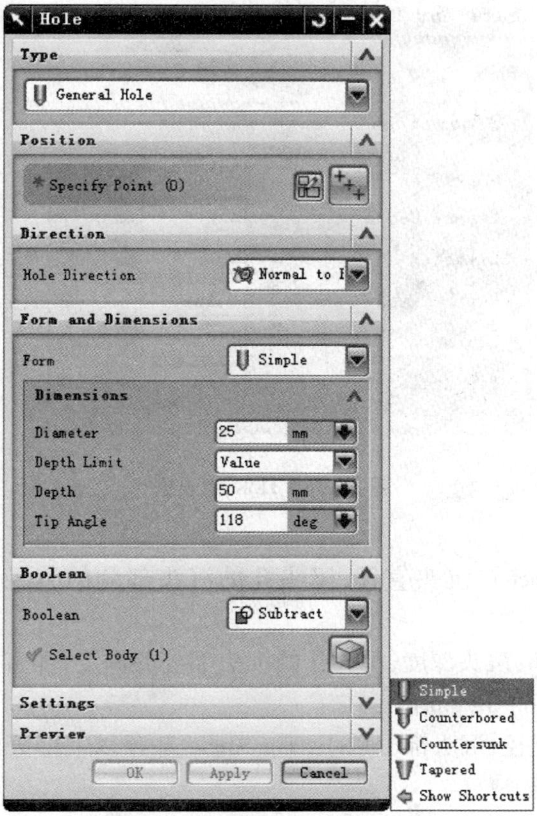

图 3 – 74　Hole 对话框

定位主要用于确定成型特征、草图相对于实体或基准的位置，在定位方式中，一般称要定位的特征或草图上的对象为工具实体，称要定位到的实体或基准为目标实体。

Simple Hole 的应用如图 3 – 75 所示，其中左边孔为通孔，其步骤如下：

①在图 3 – 74 中选择 Simple Hole 选项。

②在绘图区域选取简单孔的放置平面。

③若生成的简单孔为通过，则在绘图区域选取简单孔的贯穿平面，否则直接进行步骤 4。

④在图 3 – 74 中输入简单孔的参数。

⑤在图 3 – 74 中选择定位方式来指定简单孔的位置，点击 OK。

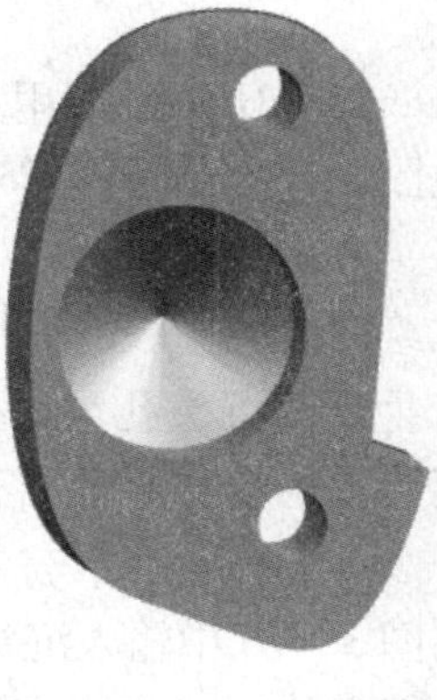

图 3 – 75　Simple Hole 的应用

2．Counterbored（沉头孔）

在图 3 – 74 中选择 Counterbored 选项，进入如图 3 – 76 所示的 Hole 输入框，用来生成沉头孔。

图 3 – 76 中除以下各项参数以外，其他的参数与图 3 – 74 中所对应的参数的意义相同。

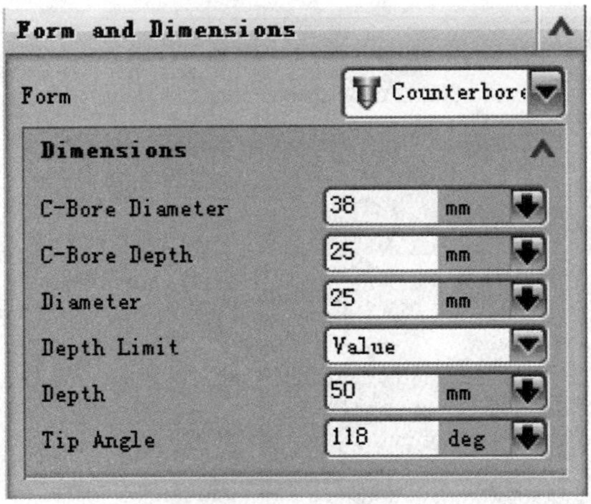

图 3－76　Hole 输入框

(1) C－Bore Diameter：沉头直径，沉头孔的沉头部分的直径，其值必须大于 Hole Diameter值。

(2) C－Bore Depth：沉头深度，沉头孔的沉头部分的深度，即直径为沉头直径部分的深度，其值必须小于 Hole Depth 值。

(3) Diameter：孔直径，沉头部分以下，Tip Angle 部分以上部分的直径。其值必须小于 C－Bore Diameter 值。

(4) Depth：孔深度，Tip Angle 部分以上部分的深度，即不考虑 Tip Angle 部分的深度，或直径为沉头直径部分的深度与直径为孔直径部分的深度之和，其值必须大于 C－Bore Depth 值。当选取了 Thru Face 时无效，此时的深度由 Placement Face 和 Thru Face 决定。

(5) Tip Angle：尖角，孔下部形成圆锥体部分的尖角，其值必须大于等于 0，小于 180，当为 0 时无尖角。当选取了 Thru Face 时无效，此时不存在尖角。

在图 3－76 中设置完参数后，进入 Positioning 对话框，用来对生成的沉头孔进行定位。

Counterbore Hole 的应用如图 3－77 所示，其中左边沉头孔为通孔，其步骤如下：

①在图 3－74 中选择 Counterbored Hole 选项。

②在绘图区域选取沉头孔的放置平面。

③若生成的沉头孔为通孔，则在绘图区域选取沉头孔的贯穿平面，否则直接进行步骤 4。

④在图 3－76 中输入沉头孔的参数。

⑤选择定位方式来指定沉头孔的位置，点 OK。

图 3－77　Counterbore Holed 的应用

3. Countersink（锥形沉头孔）

在图 3－74 中选择 Countersunk 选项，则

进入如图 3 – 78 所示的 Hole 对话框,用来生成锥形沉头孔。

图 3 – 78 中除以下各项参数以外,其他的参数与图 3 – 74 中所对应的参数的意义相同。

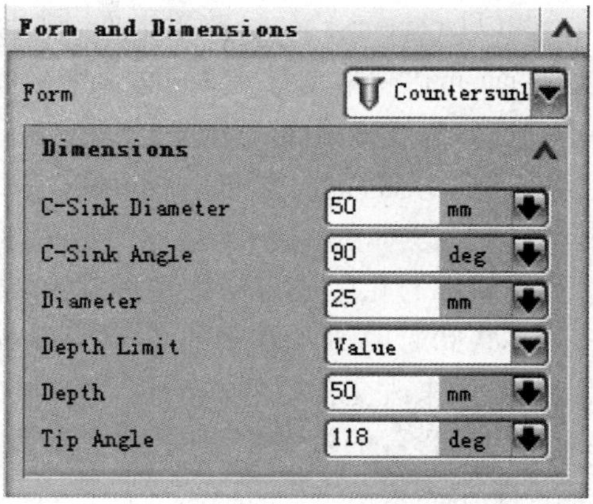

图 3 – 78 Hole 对话框

(1) C – Sink Diameter:锥形沉头直径,锥形沉头孔的锥形沉头起始部分的直径,即锥形沉头部分的最大直径,其值必须大于 Hole Diameter 值。

(2) C – Sink Angle:锥形沉头角度,锥形沉头孔的沉头部分形成圆台体部分的角度,其值必须大于 0,小于 180。

(3) Diameter:孔直径,锥形沉头部分以下,Tip Angle 部分以上部分的直径。其值必须小于 C – Bore Diameter 值。

(4) Depth:孔深度,Tip Angle 部分以上部分的深度,即不考虑 Tip Angle 部分的深度,或直径为锥形沉头直径部分的深度与直径为孔直径部分的深度之和,其值必须大于 C – Bore Depth 值。当选取了 Thru Face 时无效,此时的深度由 Placement Face 和 Thru Face 决定。

(5) Tip Angle:尖角,孔下部形成圆锥体部分的尖角,其值大于等于 0,小于 180,当为 0 时无尖角。当选取了 Thru Face 时无效,此时不存在尖角。

在图 3 – 78 中设置完参数后,Positioning 对话框,用来对生成的沉头孔进行定位。

Countersink Hole 的应用如图 3 – 79所示,其中左边锥形沉头孔为通孔,其步骤如下:

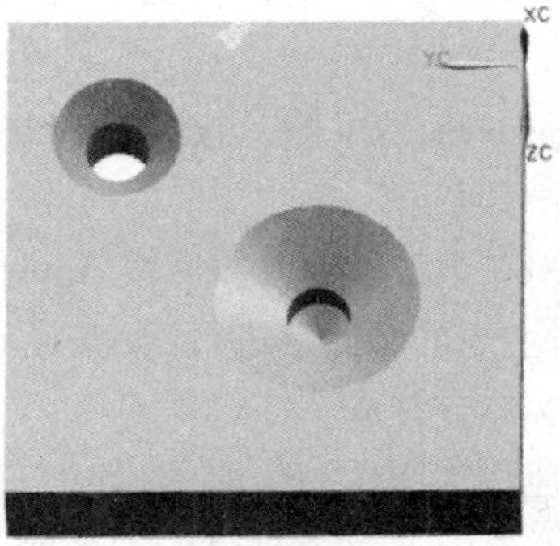

图 3 – 79 Countersink Hole 的应用

◆在图 3 – 74 中选择 Countersunk 选项。

◆在绘图区域选取锥形沉头孔的放置平面。

◆若生成的锥形沉头孔为通过,则在绘图区域选取锥形沉头孔的贯穿平面,否则直接进行步骤 4。

◆在图 3 – 78 中输入锥形沉头孔的参数。

◆在图中选择定位方式来指定沉头孔的位置,点 OK。

3.5.2 Boss(圆凸台)

用来在实体上生成圆凸台。

【Insert(插入)】→【Design Feature(设计特征)】→【Boss(圆凸台)】或点击图标,则进入如图 3 – 80 所示的 Boss 对话框。

图 3－80 中各项参数的意义如下：

（1）Selection Steps：选择步骤。

（Placement Face）：放置平面，圆凸台的起始平面，可以选取实体表面（必须为平面）或基准平面作为放置平面。当选取的是实体平面时，系统缺省孔的生成方向是沿该实体平面的法向，指向该实体的外部；当选取的是基准平面时，系统缺省的孔生成方向为选取基准平面的法线方向，此时图 3－80 中的 Reverse Side（反侧）高亮，用来改变孔的生成方向。当选取基准平面作为圆凸台的放置平面时，必须确保基准平面与某实体相交。

图 3－80　Boss 对话框

（2）Filter：过滤。

①Any：任意，为（2）与（3）的综合。

②Face：面，实体的表面，必须为平面。

③Datum Plane：基准平面。

（3）Diameter：直径，圆凸台的直径。即圆凸台在放置平面处的直径。

（4）Height：高度，整个圆凸台的高度，从 Placement Face 处开始计算。

（5）Draft Angle：拔锥角度，其绝对值必须小于 90 度，为母线与圆凸台轴线方向的夹角。Draft Angle 大于 0 时，是沿圆凸台轴线方向向内拔锥，小于 0 时，是沿圆凸台轴线方向向外拔锥。如果拔锥角度过大，则可能会使圆凸台面产生交叉的情形，使圆凸台无法生成。

（6）Reverse Side：反侧，当选取的 Placement Face 为基准平面时，用来改变圆凸台的生成方向。

在图 3－80 中设置完参数后按 Apply 或 OK，则进入如图 3－81 所示的 Positioning 对话框，用来对生成的圆凸台进行定位，其定位方式本书已详述，这里不作赘述。生成的圆凸台将与某实体合并成一体。

Boss 的应用如图 3－82 所示，其中左边圆凸台的 Draft Angle 小于 0，中间圆凸台的 Draft Angle 等于 0（即为圆柱体），右边圆凸台的 Draft Angle 大于 0，其步骤如下：

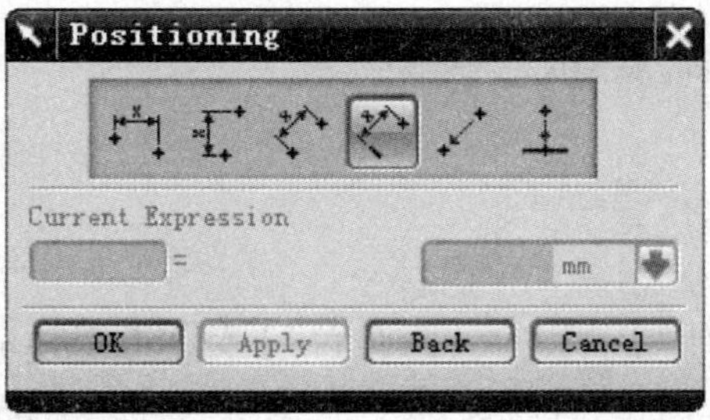

图 3－81　定位方式选择框

图 3－82　Boss 的应用

◆在绘图区域选取圆凸台的放置平面。

◆在图 3－80 中输入圆凸台的参数。

◆在图 3－81 中按 OK 或 Apply。

◆在图 3－81 中选择定位方式来指定圆凸台的位置，点 OK。

3.5.3 Pocket（腔体）

在一存在的实体或片体表面上挖一个袋形的型腔。

【Insert（插入）】→【Design Feature（设计特征）】→【Pocket（腔体）】或点击图标，则进入如图 3－83 所示的 Pocket 对话框。

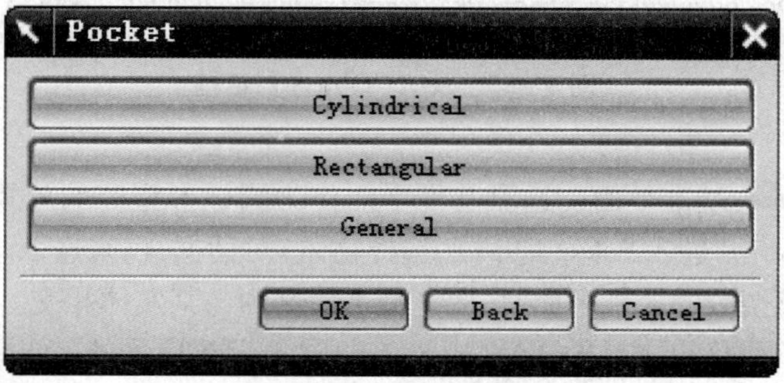

图 3－83 Pocket 对话框

图 3－83 中各项参数的意义如下：

（1）Cylindrical：圆柱形的。即生成圆柱形型腔。

（2）Rectangular：矩形的。即生成矩形型腔。

（3）General：通用的。即生成通用型腔。

1. Cylindrical（圆柱形型腔）

在如图 3－83 中点击 Cylindrical，则进入如图 3－84 所示的 Cylindrical Pocket（圆柱形型腔）对话框，用来选取圆柱形型腔的放置平面。放置平面的选取可以直接在绘图区域选取，也可以通过其子功能进行选取。

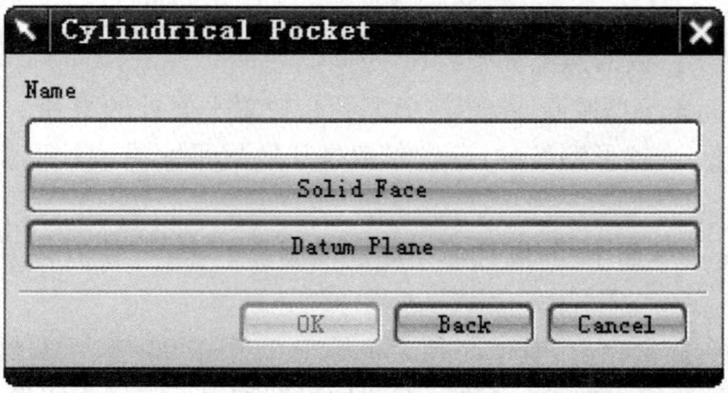

图 3－84 Cylindrical Pocket 对话框

图 3 - 84 中各项参数的意义如下：

(1) Solid Face：实体面。选取实体的表面作为圆柱形型腔的放置平面，此时选取的实体表面必须为平面。在对话框中点击 Solid Face，则进入如图 3 - 85 所示的 Select Object（选择物体）对话框，用来选取实体表面。

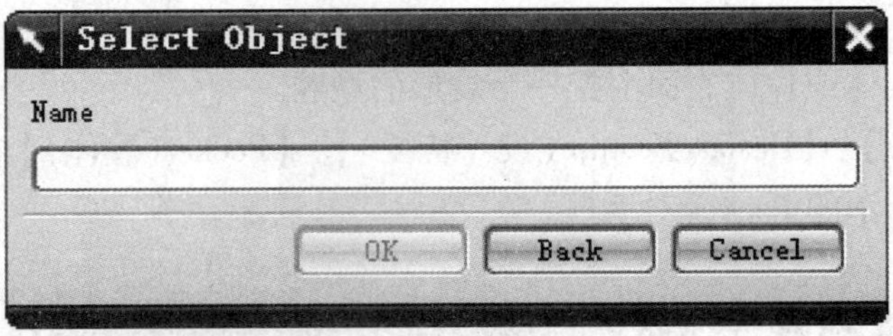

图 3 - 85 Select Object 对话框

(2) Datum Plane：基准平面。选取基准平面作为圆柱形型腔的放置平面。在对话框中点击 Datum Plane，则进入 Select Object（选择物体）对话框，用来选取基准平面。选取基准平面作为圆柱形型腔的放置平面时，此基准平面必须与某实体相交。

选取完圆柱形型腔的放置平面后，则进入如图 3 - 86 所示的 Cylindrical Pocket 对话框，用来设置圆柱形型腔的参数。

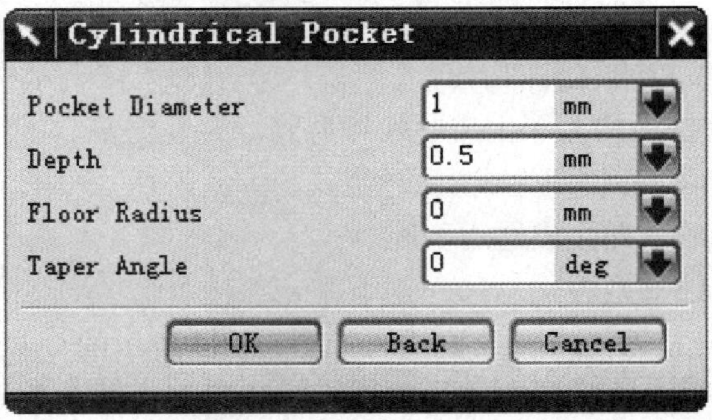

图 3 - 86 Cylindrical Pocket 对话框

图 3 - 86 中各项参数的意义如下：

(1) Pocket Diameter：型腔直径，圆柱形型腔在放置平面处的直径。

(2) Depth：深度，圆柱形型腔的深度，其值是从放置平面沿圆柱形型腔生成方向进行测量的。

(3) Floor Radius：底面半径，圆柱形型腔底面圆弧的半径，其值必须大于等于 0，且必须小于 Depth 值。

(4) Draft Angle：拔锥角度，其值必须大于等于 0，小于 90 度，为母线与圆柱形型腔轴线方向（或放置平面法线方向）的夹角。即圆柱形型腔底面直径小于等于 Pocket Diameter 值。

在图 3－86 中设置完参数后按 OK ，则进入如图 3－87 Positioning(定位)对话框，用来对生成的圆柱形型腔进行定位。

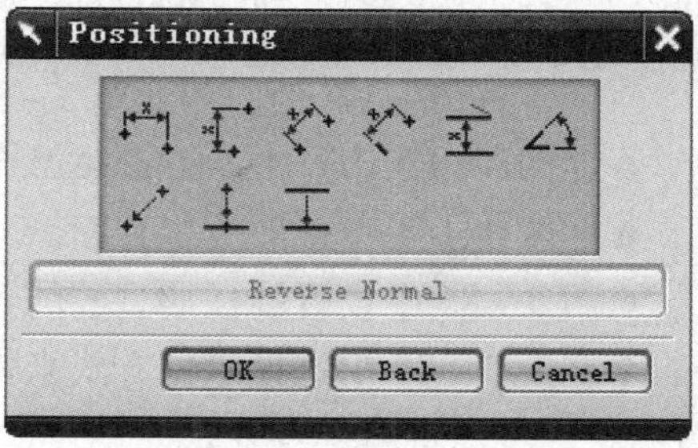

图 3－87 Positioning 对话框

图 3－87 中的定位方式与之前的定位方式大体上是相同的，其区别在于，在目标实体上指定一个基准点后，还需在工具实体上指定一个参考点，即此时工具实体上的参考点不能由系统默认。另外还有三种定位方式。

图 3－87 中与图 3－81 中不同的各项参数的意义如下：

(1)(Parallel at a Distance)：平行一定距离，该定位方式是通过在目标实体指定一个直边作为基准与工具实体上指定一个直边作为参考边，再以指定的距离平行进行定位。在目标实体和工具实体上分别指定直边后，弹出如图 3－88 所示尺寸对话框，在其中输入值即可，若给定的位置定义参数足够生成工具实体，则生成工具实体，否则返回到图 3－87，用来增加 Positioning 定义。平行一定距离定位尺寸指的是在放置平面上，从工具实体边至目标实体边的平行距离，只有在工具实体与目标实体都不是旋转特征形状时，才能用平行一定距离定位，即工具实体与目标实体上都必须存在直边。

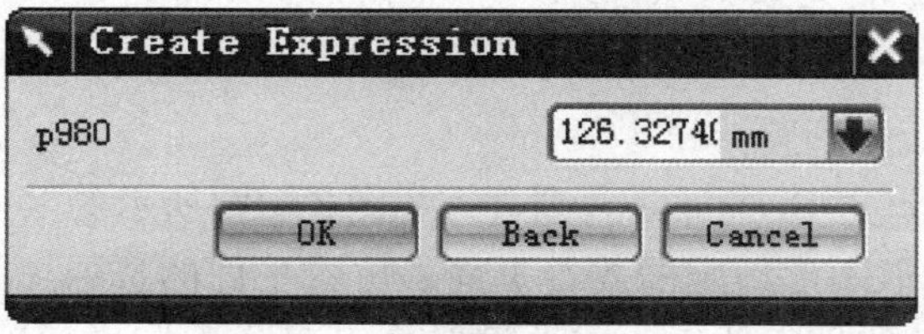

图 3－88 尺寸对话框

(2)(Angular)：角度，该定位方式是通过在目标实体指定一个直边作为基准与工具实体上指定一个直边作为参考边，再以指定的角度进行定位。在目标实体和工具实体上分别指定直边后，则在腔体参照位置与制定位置之间出现尺寸标注，双击尺寸并更改即可，若给定的位置定义参数足够生成工具实体，则生成工具实体，否则返回到图 3－87，用来增加 Positioning 定义。角度定位尺寸指的是在放置平面上，从工具实体边至目标实体边的角度，只有在工具实体与目标实体都不是旋转特征形状时，才能用角度定位，即工具实体与目标实体上都必须存在直边。

(3)(Line onto Line)：线在线上，该定位方式是通过在目标实体指定一个直边作为基准与工具实体上指定一个直边作为参考边，再以指定的两线重合进行定位。在目标实体和工具实体上分别指定直边后，若给定的位置定义参数足够生成工具实体，则生成工具实体，否则返回到图 3－87，用来增加 Positioning 定义。线在线上定位是平行一定距离定位的特例，即在平行一定距离定位中的距离为 0 时，就是两线重合。只有在工具实体与目标实体都不是旋转特征形状时，才能用线在线上定位，即工具实体与目标实体上都必须存在直边。

(4) Reverse Normal:反转法向。

Cylindrical Pocket 的应用如图 3－89 所示,其步骤如下:

◆在图 3－83 中点击 Cylindrical。

◆在图 3－84 下选取放置平面。

◆图 3－85 中设置圆柱形型腔的各项参数后按 OK。

◆在图 3－86 中选择定位方式来指定的圆柱形型腔位置。

图 3－89　Cylindrical Pocket 的应用

2. Rectangular(矩形型腔)

在如图 3－83 中点击 Rectangular,则进入如图 3－90 所示的 Rectangular Pocket(矩形型腔)对话框,用来选取矩形型腔的放置平面。放置平面的选取可以直接在绘图区域选取,也可以通过其子功能进行选取。当选取基准平面作为矩形型腔的放置平面时,此基准平面必须与某实体相交。

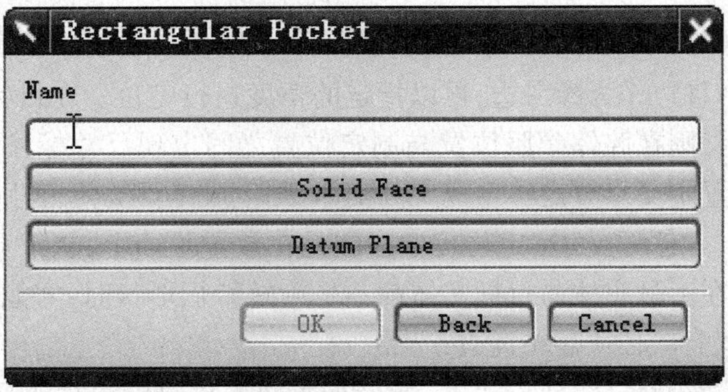

图 3－90　Rectangular Pocket 对话框

图 3－90 中各项参数的意义与圆形腔中所对应的各项参数的意义相同。

选取完矩形型腔的放置平面后,则进入 Horizontal Reference 对话框,用来设置矩形型腔的水平参考方向,矩形型腔的一条矩形边与水平参考方向平行。

定义完矩形型腔的水平参考方向后，则进入如图 3 – 91 所示的 Rectangular Pocket 对话框，用来设置矩形型腔的参数。

图 3 – 91 中各项参数的意义如下：

（1）Length：长，矩形型腔的长度，即矩形型腔在水平参考方向的长度，或矩形型腔在与垂直参考方向垂直方向的长度。

（2）Width：宽，矩形型腔的宽度，即矩形型腔在垂直参考方向的长度，或矩形型腔在与水平参考方向垂直方向的长度。

（3）Depth：深，矩形型腔的深度。

（4）Corner Radius：拐角半径，矩形型腔在深度方向直边处的拐角半径，其在底面处的值必须大于等于 0，且必须大于等于 Floor Radius 值。

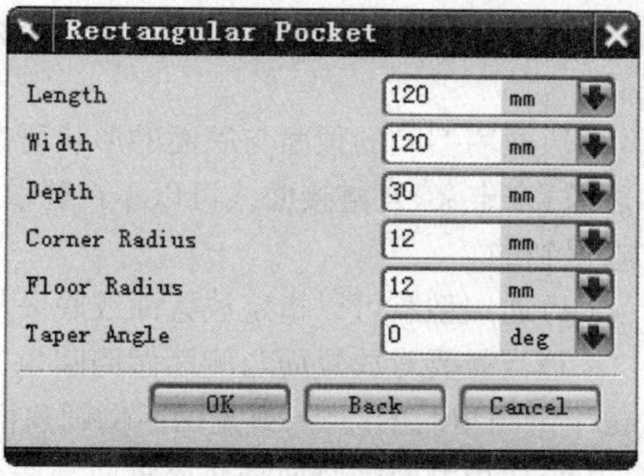

图 3 – 91　Rectangular Pocket 对话框

（5）Floor Radius：底面半径，矩形型腔底面周边的圆弧半径。其值必须大于等于 0，且必须小于等于 Corner Radius 值。

（6）Taper Angle：拔锥角度，其值必须大于等于 0，小于 90 度，为母线与矩形型腔放置平面法线方向的夹角。

在图 3 – 91 中设置完参数后按 OK，则进入 Positioning 对话框，用来对生成的矩形型腔进行定位。

Rectangular Pocket 的应用如图 3 – 92 所示，其步骤如下：

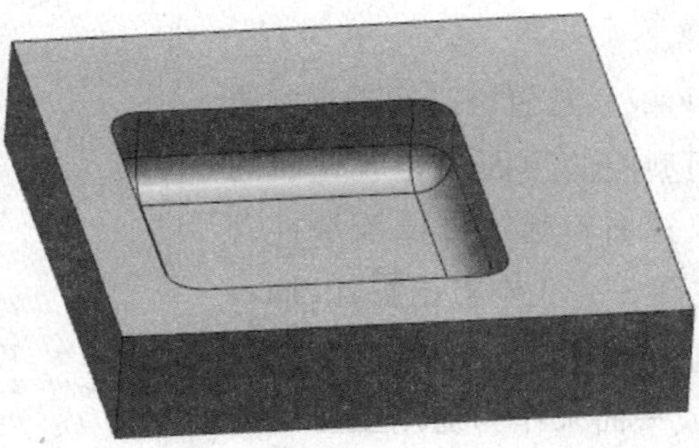

图 3 – 92　Rectangular Pocket 的应用

◆在图 3 – 83 中点击 Rectangular。

◆在图 3 – 84 下选取放置平面。

◆在图 3 – 85 下选取矩形型腔的水平参考方向，或通过其子功能设置矩形型腔的水平参考方向。

◆图 3 – 91 中设置矩形型腔的各项参数后按 OK。

◆在图 3 – 91 中选择定位方式来指定的矩形型腔位置。

3. General（通用型腔）

通用型腔比圆柱形型腔和矩形型腔在形状和控制方面更加灵活，具有更大的弹性，其表现在：

(1)通用型腔的放置面可以是自由曲面，而圆柱形型腔和矩形型腔的放置面必须是平面。

(2)通用型腔可以定义底面，并可以是自由曲面，而圆柱形型腔和矩形型腔不能定义底面。

(3)通用型腔的顶面与底面的形状可以由指定的链接曲线(链接曲线可以是包含实体边缘)来定义，且链接曲线可以不在选取的放置面上或底面上，而是通过指定一种投影方式得到的。

(4)通用型腔可以指定放置面或底面与其侧面的圆角半径。

(5)当需要对放置面与侧面做倒圆角，或底面与侧面做倒圆角时，可以指定外形轮廓线位于倒圆角后的边缘，或是两组倒圆角面的交线位置。

(6)通用型腔的侧面是在放置面与底面理论轮廓曲线间的规则表面，但是如果指定轮廓线是位于倒圆角的边缘，则系统内部会自动生成一条与放置面或底面相交的交线。

在如图 3－83 中点击 General，则进入如图 3－93 所示的 General Pocket(通用型腔)对话框，用来指定生成通用型腔的相关对象，对话框中部是可变显示区域，用于指定各相应步骤的控制方式，下部是相关选项区域，用于设置生成通用型腔的参数。

图 3－93 中各项参数的意义如下：

Selection Steps：选择步骤，共有 10 个图标，有些图标只有在特定的操作或控制选项下才能被激活。在生成某个具体的通用型腔时，并不要使用每个步骤图标，很多情况下只需要用到几个常用的图标，同时这些图标并不一定要按从前至后的顺序进行选择，可以交替进行选择。

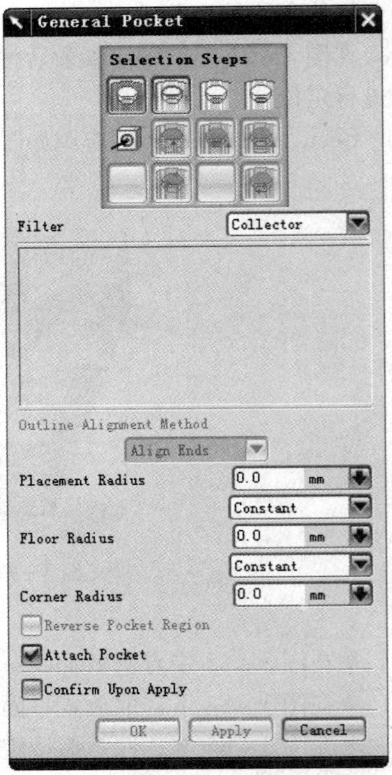

图 3－93　General Pocket 对话框

(1)(Placement Face)：放置面。用来选取通用型腔的放置面。通用型腔的顶面跟随放置面的轮廓，在必要情况下，放置面轮廓线可以按某种方式投影到放置面上。在图 3－93 中点击(Placement Face)图标，则可以在绘图区域选取一个或多个表面、一个基准平面或平面来作为通用型腔的放置面。至少应选取一个面作为放置面，当不指定目标实体时，放置面中第一个选取的表面或相对基准平面，应能确定放置通用型腔的实体或片体，其余选取面可以从模型中的任何体中选取。当放置面中第一个选取的面为固定基准平面时，则必须指定目标实体。

其中 Filter 下拉菜单如图 3－94 所示，图 3－94 中各参数的意义如下：

①Filter：过滤。选取放置面的过滤内容。

②Dutam Plane：基准平面。限制放置面的选取内容为基准平面。

③Plane：平面。限制放置面的选取内容为平面。

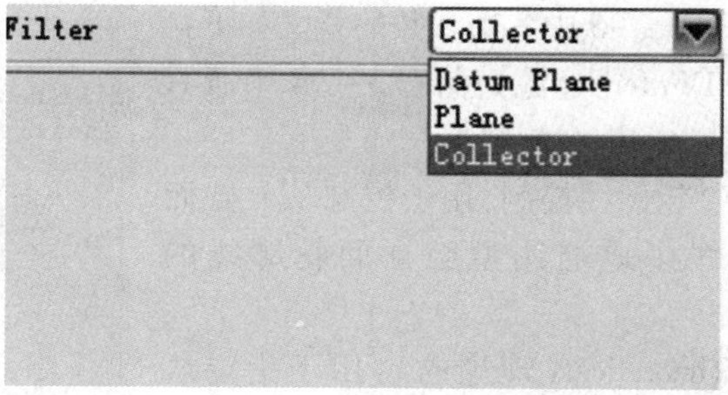

图 3－94 Placement Face 的中部可变区域对话框

(2)(Placement Outline)：放置轮廓线。用来定义放置面轮廓线，是描述通用型腔在放置面上顶面轮廓的曲线集，可以从模型中选取曲线或边缘定义放置面轮廓线，也可以用转换底面轮廓线的方式定义放置面轮廓线。放置面轮廓线必须是封闭且可投影的，即当轮廓线按投影方向投影到指定的面时，必须封闭，不能自交，选取放置面轮廓线后，则 Placement Outline Projection Vector 才能有效。在图 3－93 中点击(Placement Outline)图标，则可以通过转换底面轮廓线方式得到放置面轮廓线，也可以在绘图区域选取通用型腔的放置面轮廓线。

图 3－95 中各参数的意义如下：

①Filter（过滤）：选取放置面轮廓线的过滤内容，或 Ralative to 选项中选取对象的类型。

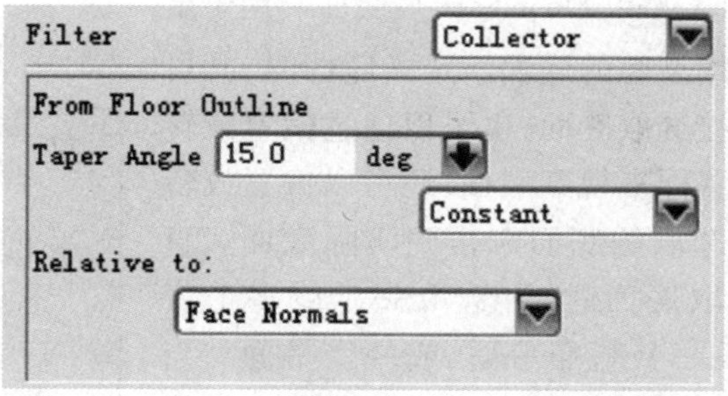

图 3－95 Placement Outline 的中部可变区域对话框

Curves：（曲线）：限制放置面轮廓线的选取内容为曲线。

Edges（边缘）：限制放置面轮廓线的选取内容为边缘。

Datum Axis（基准轴）：限制放置面轮廓线的选取内容为基准轴。

②From Floor Outline（来自底面轮廓线）：通过设置③至⑤的内容来从底面轮廓线得到放置面轮廓线。

③Draft Angle（拔锥角度）：用来设置拔锥底面轮廓线得到放置面轮廓线时的拔锥角度。Draft Angle 值必须大于等于 0 度，且小于等于 90 度，并必须确保可以拔锥，该输入框只有在拔锥控制下拉式列表框中选择 Constant 选项才能有效。

④Draft Control（拔锥控制）：用来控制放置面轮廓线从底面轮廓线拔锥的方式。

Constant（常数）：按固定角度常数拔锥，即按一固定角度拔锥底面轮廓线得到放置面轮廓线，此时可以在 Draft Angle 中的输入框中输入其拔锥的角度。

Law Controlled（规律控制）：按指定的规律拔锥底面轮廓线得到放置面轮廓线。

By Outline（按轮廓）：按底面轮廓线进行拔锥，即通过定义底面轮廓线中每条曲线的拔锥规律来得到放置面轮廓线。只有在底面轮廓线定义后才能选择 By Outline。

在 Placement Outline 选择步骤下，可以选取曲线或边缘作为放置面轮廓线，一旦选取一条曲线或边缘作为放置面轮廓线，则沿该曲线切向、并指向靠近选取点的端点，显示实线箭头，表示轮廓线的对齐方向，同时选择作为拔锥方向的基准轴自动取消，而且图 3－95的中部可变区域变为如图 3－96 所示，说明放置面轮廓线只能继续从模型中选择定义。

图3－96中各项参数的意义如下：

①Filter（过滤）：与图3－94中所对应的Filter内容相同。

②轮廓线控制，用于控制从放置面轮廓线生成通用型腔顶面轮廓线的方式。

Theoretical（理论的）：用于指定放置面与侧面的理论交线为顶面轮廓线，只有当Placement Radius（放置半径）中设置的值大于0才起作用。

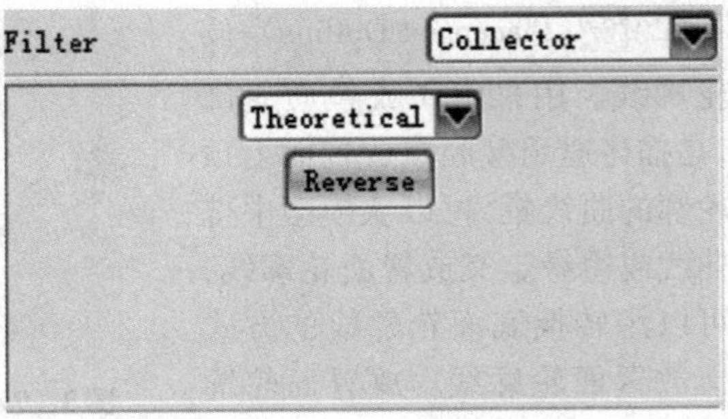

图3－96　Placement Outline的中部可变区域对话框

Tangent（相切的）：用于指定放置面与侧面所倒圆角的相切处的轮廓线为顶面轮廓线。只有当Placement Radius中设置的值大于0才起作用。

③Reverse（反向）：用于反转放置面轮廓线的对齐方向。选择该选项，则绘图区域中的实线箭头反转方向。

（3）（Floor Face）：底面。用于定义通用型腔的底面。定义底面时，既可以直接选取底面，也可以通过偏置或转换放置面来得到底面，还可以偏置或转换已选取的底面来得到实际底面。直接选取底面时，可选取一个或多个表面、或一个基准平面、或一个平面。当选多个面做底面时，各个面只能是实体或片体表面，而且必须邻接。在图3－93中点击（Floor Face）图标，则图3－93中的中部可变区域为如图3－97所示，并在绘图区域显示实线箭头。若以前没有定义底面，则箭头表示从放置面偏置或转换得到底面的缺省方向，否则箭头表示从已选取底面偏置或转换得到实际底面的缺省方向。

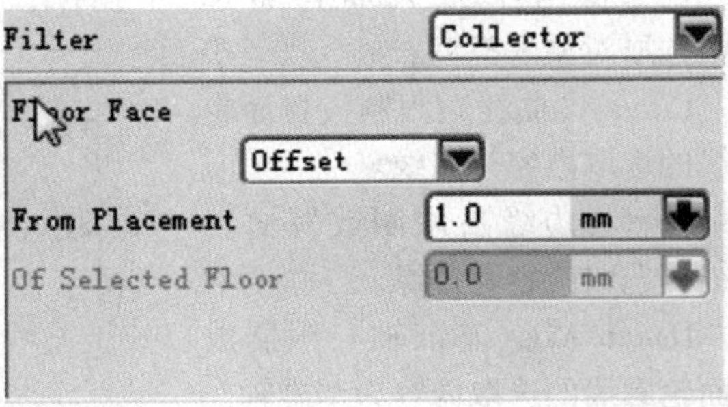

图3－97　Floor Face的中部可变区域对话框

图3－97中各项参数的意义如下：

①Filter（过滤）：选取底面的过滤内容。

Dutam Plane（基准平面）：限制底面的选取内容为基准平面。

Plane（平面）：限制底面的选取内容为平面。

Floor Face（底面）：设置底面的定义方式。

②From Placement（从放置面）：用来设置底面的偏置值，使所选放置面沿偏置方向偏置指定值得到底面，该选项只有在没有选取底面时才有效。

③Of Selected Floor（被选底面）：用来设置底面的偏置值，使所选底面沿偏置方向偏置指定值得到实际底面，该选项只有在选取底面时才有效。

（4）（Floor Outline底部轮廓线）：用来定义通用型腔的底面轮廓线，可以从模型中选取曲线或边缘定义底面轮廓线，也可以用转换放置面轮廓线的方式定义底面轮廓线。底面轮廓线必须是封闭且可投影的，即当轮廓线按投影方向投影到指定的面时，必须封闭，不能自交，选取底面轮廓线后，则 Floor Outline Projection Vector 才能有效。在图3－93中点击(Floor Outline)图标，则可以通过转换放置面轮廓线方式得到底面轮廓线，也可以在绘图区域选取通用型腔的底面轮廓线。此时图 3－94 中的中部可变区域为如图 3－98所示。

图 3－98 中各项参数的意义与图 3－94中所对应的参数的意义类似，只要把说明部分的放置面轮廓线调换成底面轮廓线即可。

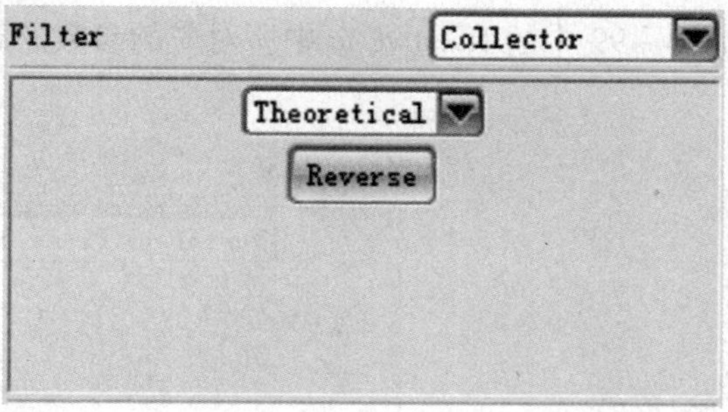

图 3－98　Floor Outline 的中部可变区域对话框

在 Floor Outline 选择步骤下，可以选取曲线或边缘作为底面轮廓线，一旦选取一条曲线或边缘作为底面轮廓线，则沿该曲线切向、并指向靠近选取点的端点，显示实线箭头，表示轮廓线的对齐方向，同时选择作为拔锥方向的基准轴自动取消，而且图 3－98 的中部可变区域变为如图 3－99 所示，说明底面轮廓线只能继续从模型中选择定义。

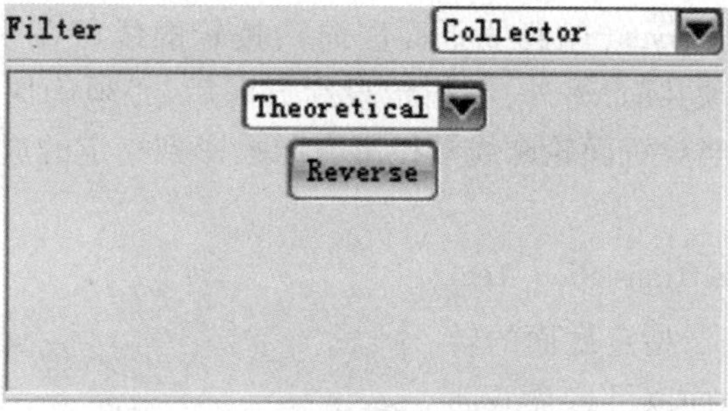

图 3－99　Floor Outline 的中部可变区域对话框

图 3－99 中各项参数的意义与图 3－94 中所对应的参数的意义类似，只要把说明部分的放置面轮廓线调换成底面轮廓线即可。

在选择放置面轮廓线与底面轮廓线后，两轮廓线必须能够生成通用型腔的规则侧面。另外，放置面轮廓线与底面轮廓线可用两种方式定义，即：两条轮廓线都可以直接从绘图区域中选取，或一条轮廓线直接从绘图区域中选取，而另一轮廓线用已定义好的轮廓线进行偏置或转换。

(5)(Target Body)：目标实体。当目标实体不是第一个放置面所在的实体或片体时，应选择该图标指定放置通用型腔的目标实体。当设定放置面时，如果选择的第一个面为基准平面，则必须指定目标实体。在图 3－93 中点击(Target Body)图标，则可以在模型中选取需要的一个实体或片体。此时图 3－99 中的中部可变区域为空白，即不需要进行设置。

(6)(Placement Outline Projection Vector):放置面轮廓线投影矢量。指定放置面轮廓线的投影方向。当放置面轮廓线不在放置面上时,应指定轮廓线向放置面投影的方向。该步骤只有在选取曲线作为放置面轮廓线后才有效。在图 3－93 中点击(Placement Outline Projection Vector)图标,则可以先选择投影方向的定义方法,再定义投影方向。此时,图 3－98 中的中部可变区域为如图 3－100 所示。

图 3－100 中各项参数的意义除 Normal to Plane of Curves 选项以外,其他参数的意义与图 3－99 中的 Ralative to 中所对应的参数的意义相同。

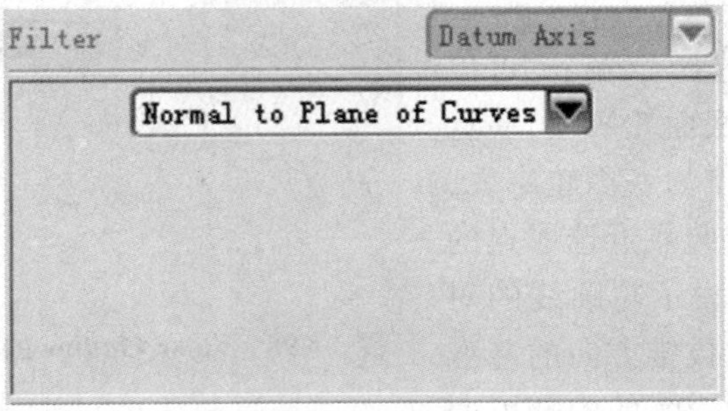

图 3－100　Placement Outline Projection Vector 的中部可变区域对话框

Normal to Plane of Curves(轮廓线平面法向):按轮廓线所在平面的法向进行投影。此时,放置面轮廓线必须共面,另外,在指定投影方向后,必须确保放置面轮廓线沿该投影方向是可投影的,即当放置面轮廓线沿投影方向投影到指定的放置面时,必须封闭,且不能自交。

(7)(Floor Face Translatlon Vector):底面转换矢量。用于指定底面的转换方向。当要转换放置面或已选择底面得到实际底面时,要指定其转换方向。该步骤只有在定义底面为一个转换时才有效,即在 Floor Face 步骤中,Floor Face 选项为 Translation 时才有效。在图 3－99 中点击(Floor Face Translatlon Vector)图标,则可以先选择投影方向的定义方法,再定义投影方向。这时,应确保底面轮廓线经投影后,可投影到转换得到的底面上。此时,图 3－91 对话框中的中部可变区域为如图 3－101 所示。

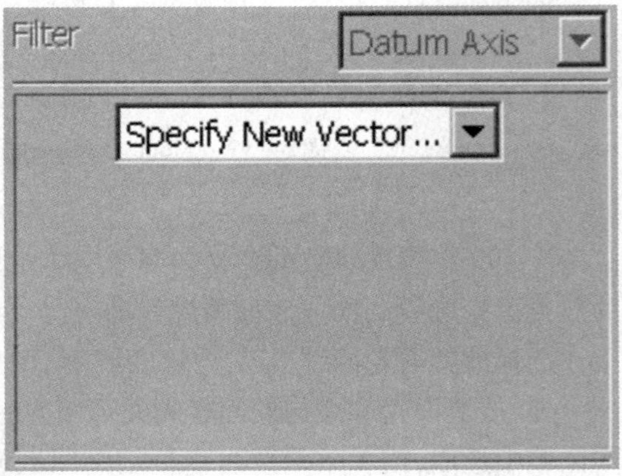

图 3－101　Floor Face Translatlon Vector 的中部可变区域对话框

图 3－101 中各项参数的意义与图 3－94 中的 Ralative to 中所对应的参数的意义相同。

(8)(Floor Outline Projection Vector):底面轮廓线投影矢量。指定底面轮廓线的

投影方向。当底面轮廓线不在底面上时,应指定轮廓线向底面投影的方向。该步骤只有在选取曲线作为底面轮廓线后才有效。在图 3 - 94 中点击(Floor Outline Projection Vector)图标,则可以先选择投影方向的定义方法,再定义投影方向。此时,图 3 - 98 对话框中的中部可变区域为如图 3 - 102 所示。

图 3 - 102 中各项参数的意义除 Normal to Plane of Curves 选项以外,其他参数的意义与图 3 - 94 中的 Ralative to 中所对应的参数的意义相同。

Normal to Plane of Curves:轮廓线平面法向。按轮廓线所在平面的法向进行投影。此时,底面轮廓线必须共面,另外,在指定投影方向后,必须确保底面轮廓线沿该投影方向是可投影的,即当底面轮廓线沿投影方向投影到指定的底面时,必须封闭,且不能自交。

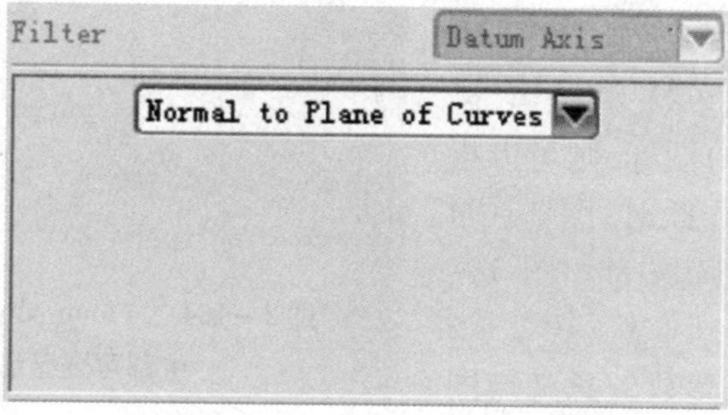

图 3 - 102 Floor Outline Projection Vector 的中部可变区域对话框

(9)(Placement Alignment Points):放置面对齐点。用于指定放置面轮廓线的对齐点,使之与底面轮廓线上相应对齐点对齐。该步骤只有在放置面轮廓线和底面轮廓线都是单独选择的曲线,且在 Outline Alignment Method(轮廓线对齐方法)选项中选择 Specify Points 选项时才有效。在图 3 - 93 中点击(Placement Alignment Points)图标,则可以指定轮廓线上的对齐点。此时,图 3 - 94 对话框中的中部可变区域为如图 3 - 103 所示。

图 3 - 103 中各项参数的意义如下:

①Filter(过滤):对选取轮廓线对齐点的内容进行限制。

Existing Point(存在点):限制选取轮廓线对齐点的内容为存在点。

End Point(端点):限制选取轮廓线对齐点的内容为端点。

Control Point(控制点)限制选取轮廓线对齐点的内容为控制点。

①Point Constructor(点构造器):用点构造器来构造点,点击 Point Constructor,则进入 Point Constructor 对话框来构造对齐点。

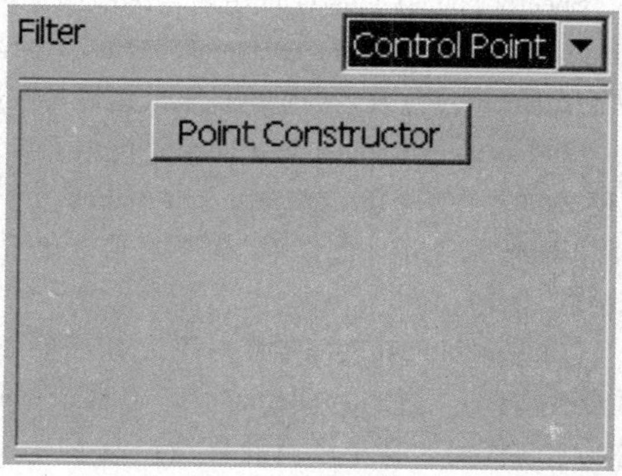

图 3 - 103 Placement Alignment Points 的中部可变区域对话框

选择对齐点的方法为：用点构造器在模型中选取一点；或在 Filter 中选择选点方式后，再选取需要的点。则轮廓线上与该点最靠近的点被指定为对齐点。选取对齐点后，在轮廓线上高亮度标记该点，并从 1 开始，按放置面轮廓线对齐方向顺序标出序号。

放置面轮廓线设置的对齐点数目应与底面轮廓线设置的对齐点数目相同，而且按两条轮廓线上相应标号的点对齐后，应能够生成通用型腔。

(10)(Floor Alignment Points)：底面对齐点。用于指定底面轮廓线的对齐点，使之与放置面轮廓线上相应对齐点对齐。该步骤只有在放置面轮廓线和底面轮廓线都是单独选择的曲线，且在 Outline Alignment Method(轮廓线对齐方法)选项中选择 Specify Points 选项时才有效。在图 3 – 94 中点击(Floor Alignment Points)图标，则可以指定轮廓线上的对齐点。此时，图 3 – 94 对话框中的中部可变区域为如图 3 – 104 所示。

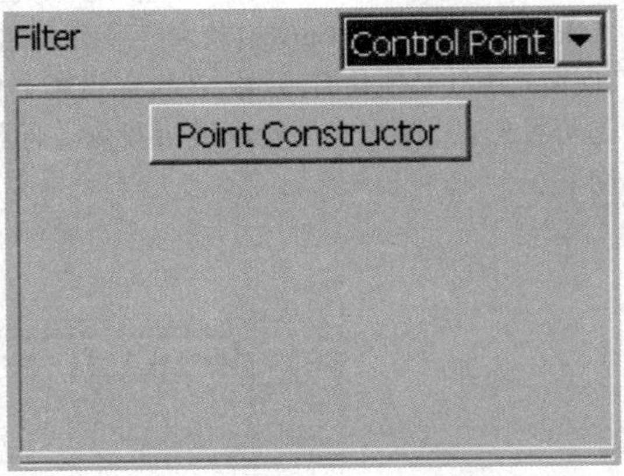

图 3 – 104　Floor Alignment Points 的中部可变区域对话框

图 3 – 104 中各项参数的意义与图 3 – 99 中所对应的参数的意义相同。

选择对齐点的方法与在放置面中选择对齐点的方法相同。

底面轮廓线设置的对齐点数目应与放置面轮廓线设置的对齐点数目相同，而且按两条轮廓线上相应标号的点对齐后，应能够生成通用型腔。

①Outline Alignment Method(轮廓线对齐方法)：用于指定放置面轮廓线和底面轮廓线的对齐方式。只有在放置面轮廓线与底面轮廓线都是单独选取的曲线时才有效。

Align Ends(端点对齐)：指定两条轮廓线用端点对齐。只有在两轮廓线包含的端点数目相同时才起作用。此时，对齐的起始点是表示两轮廓线方向的箭头位置。对齐顺序为沿各自的轮廓线对齐方向。

Specify Points(指定点)：用两轮廓线指定的对应点对齐。选择该选项，则 Placement Alignment Points 和 Floor Alignment Points 图标都有效，可指定两条轮廓线的对齐点。

Parametric(参数)：指定两轮廓线用等参数进行对齐。

②Placement Radius(放置面半径)：用于指定通用型腔的顶面与侧面间的圆角半径。其值必须大于等于 0。当 Placement Radius 大于 0 时，Placement Outline 步骤中的 Theoretical 和 Tangent 选项才起作用。其半径值变化情形有 Constant(常数)和 Law Controlled(规律控制)两种。

③Floor Radius(底面半径)：用于指定通用型腔的底面与侧面间的圆角半径。其值必须大于等于 0。当 Floor Radius 大于 0 时，Floor Outline 步骤中的 Theoretical 和 Tangent 选项才起作用。其半径值变化情形有 Constant(常数)和 Law Controlled(规律控制)两种。

④Corner Radius(拐角半径)：用于指定通用型腔侧面与侧面之间的圆角半径。

⑤Reverse Pocket Region:反向型腔区域。

⑥Attach Pocket(勾选该选项):若目标实体是片体,则生成的通用型腔为片体,并与目标片体缝补成一体;若目标实体是实体,则生成的通用型腔为实体,并从目标实体中减去通用型腔。不勾选该选项,则生成的通用型腔为一独立的实体。

⑦Confirm Upon Apply(应用前确认):用于在用 Apply 生成通用型腔前预览结果。如果勾选该选项,点击Apply后,在绘图区域生成其预览结果,如果不勾选该选项,点击Apply后,则直接生成通用型腔。

General Pocket 的应用如图 3-105 所示,其一般步骤如下:

◆选取放置面(Placement Face)。可选取一个或多个表面、或一个基准平面、或一个平面作为放置面。

◆定义放置面轮廓线(Placement Outline)。可直接从模型中选取曲线或边缘定义,也可用转换底面轮廓线定义。

◆若定义的放置面轮廓线不在选取的放置面上,则应指定放置面轮廓线投影方向(Placement Outline Projection Vector)。

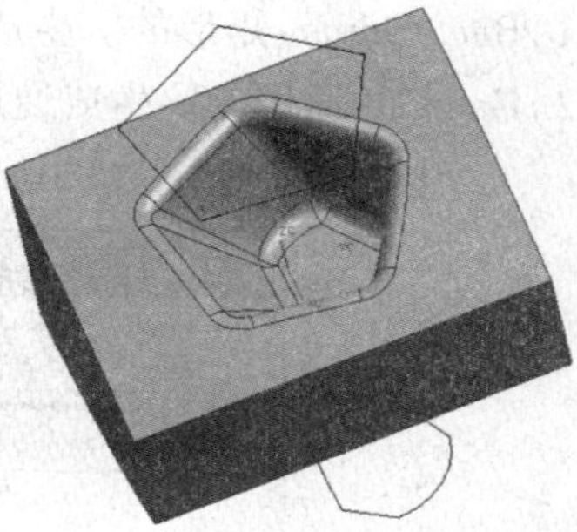

图 3-105 General Pocket 的应用

◆定义底面(Floor Face)。既可以选一个或多个表面、或一个基准平面、或一个平面作为底面;也可以通过偏置或转换放置面定义底面;还可以先选取底面,再偏置或转换已选取的底面定义实际底面。

◆定义底面轮廓线(Floor Outline)。可直接从模型中选取曲线或边缘定义,也可以通过转换放置面轮廓线来定义。

◆若底面轮廓线不在定义的底面上,应指定底面轮廓线投影方向(Floor Outline Projection Vector)。

◆若底面是通过转换放置面来定义的、或是转换已选取的底面来定义的,则应指定底面转换方向(Floor Face Translatlon Vector)。

◆若放置面轮廓线和底面轮廓线都是采用选取曲线或边缘定义的,则应指定轮廓对齐方式(Outline Alignment Method)。

◆若轮廓线对齐方式采用指定点对齐(Specify Points),则指定放置面轮廓线对齐点(Placement Alignment Points)和底面轮廓线对齐点(Floor Alignment Points)。此时,两轮廓线上的对齐点数目必须相同。

◆根据需要指定一个目标实体(Target Body)。

◆根据需要设置通用型腔顶面(Placement Radius)、底面(Floor Radius)和侧面(Corner Radius)处的圆角半径值。

◆勾选或不勾选连接通用型腔(Attach Pocket)选项。

◆根据需要勾选或不勾选生成前确认(Confirm Upon Apply)选项。

◆单击 OK 或 Apply,则生成通用型腔。

通用型腔的生成可根据需要,选择 10 个步骤图标中的某些图标,再选择图标需要的相应对象，并设置相应的控制参数，然后设置好其他选项中的参数后，单击 OK 或 Apply。一般情况下，选择放置面、定义放置面轮廓线、定义底面和定义底面轮廓线必须进行 4 个步骤，除最后一步外，其余步骤的顺序并不重要。

3.5.4 Pad(凸垫)

在实体或片体上生成矩形或通用形状的凸垫。

【Insert(插入)】→【Design Feature(设计特征)】→【Pad(凸垫)】或点击图标，则进入如图 3 - 106 所示的 Pad 对话框。

图 3 - 106 中各项参数的意义如下：

(1) Rectangular：矩形的。生成矩形凸垫。

(2) General：通用的。生成通用凸垫。

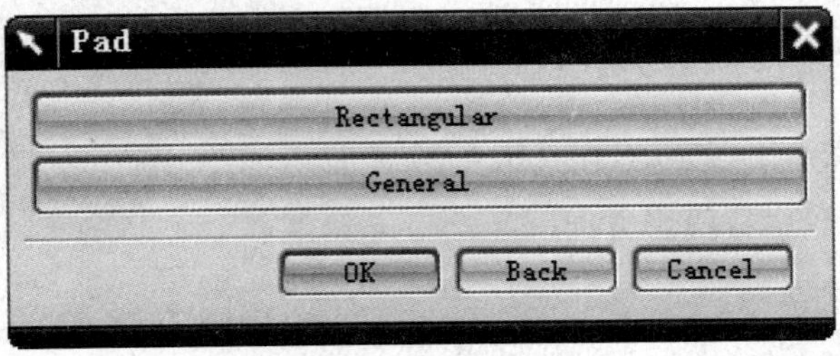

图 3 - 106 Pad 对话框

1. Rectangular(矩形凸垫)

在如图 3 - 106 中点击 Rectangular，则进入如图 3 - 107 所示的 Rectangular Pad(矩形凸垫)对话框，用来选取凸垫放置平面。放置平面的选取可以直接在绘图区域选取，也可以通过其子功能进行选取。可以选取实体表面或基准平面作为矩形凸垫的放置平面。

图 3 - 107 Rectangular Pad 对话框

图 3 - 107 中各项参数的意义与图 3 - 84 中所对应的参数的意义相同。

选择矩形凸垫的放置面后，则进入 Horizontal Reference 对话框，用来设置矩形凸垫的水平参考方向，矩形凸垫的一条矩形边与水平参考方向平行。

定义完矩形凸垫的水平参考方向后，则进入如图3-108所示的Rectangular Pad对话框，用来设置矩形凸垫的参数。

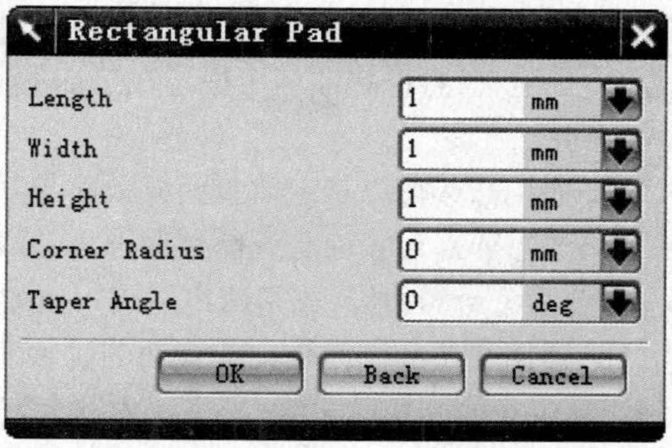

图3-108 Rectangular Pad 对话框

图3-108中各项参数的意义如下：

(1) Length(长度)：矩形凸垫的长度，即矩形凸垫在水平参考方向的长度，或矩形凸垫在与垂直参考方向垂直方向的长度。

(2) Width(宽度)：矩形凸垫的宽度，即矩形凸垫在垂直参考方向的长度，或矩形凸垫在与水平参考方向垂直方向的长度。

(3) Height(高度)：矩形凸垫的高度。

(4) Corner Radius(拐角半径)：矩形凸垫在高度方向直边(或侧边)处的拐角半径，其在顶面处的值必须大于等于0。

(5) Draft Angle(拔锥角度)：其值必须大于等于0，小于90度，为母线与矩形凸垫放置平面法线方向的夹角。

设置完参数后按OK，进入Positioning对话框，用来对生成的矩形凸垫进行定位。确定矩形凸垫的位置后，则可按指定参数生成矩形凸垫。

Rectangular Pad的应用如图3-109所示，其步骤如下：

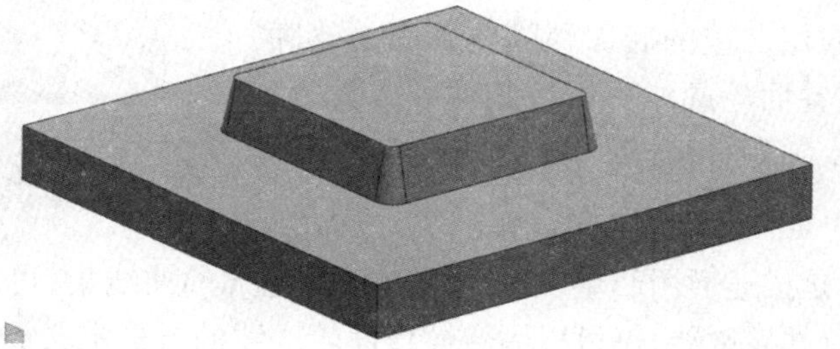

图3-109 Rectangular Pad 的应用

◆在图3-106中点击Rectangular。

◆在图3-107下选取放置平面。

◆在图3-108下选取矩形凸垫的水平参考方向，或通过其子功能设置矩形凸垫的水平参考方向。

◆在图3-108中设置矩形凸垫的各项参数后按OK。

◆在图3-109中选择定位方式来指定的矩形凸垫位置。

2. General(通用凸垫)

通用凸垫比矩形凸垫在形状和控制方面更加灵活，具有更大的弹性，其表现在：

(1)通用凸垫的放置面可以是自由曲面，而矩形型腔的放置面必须是平面。

(2)通用凸垫可以定义顶面,并可以是自由曲面,而矩形型腔不能定义顶面。

(3)通用凸垫的顶面与底面的形状可以由指定的链接曲线(链接曲线可以是包含实体边缘)来定义,且链接曲线可以不在选取的放置面上或顶面上,而是通过指定一种投影方式得到的。

(4)通用凸垫可以指定放置面或顶面与其侧面的圆角半径。

(5)当需要对放置面与侧面做倒圆角,或顶面与侧面做倒圆角时,可以指定外形轮廓线位于倒圆角后的边缘,或是两组倒圆角面的交线位置。

(6)通用凸垫的侧面是在放置面与顶面理论轮廓曲线间的规则表面,但是如果指定轮廓线是位于倒圆角的边缘,则系统内部会自动生成一条与放置面或顶面相交的交线。

在如图 3 - 106 中点击 General,则进入如图 3 - 110 所示的 General Pad(通用凸垫)对话框,用来指定生成通用凸垫的相关对象,对话框中部是可变显示区域,用于指定各相应步骤的控制方式,下部是相关选项区域,用于设置生成通用凸垫的参数。

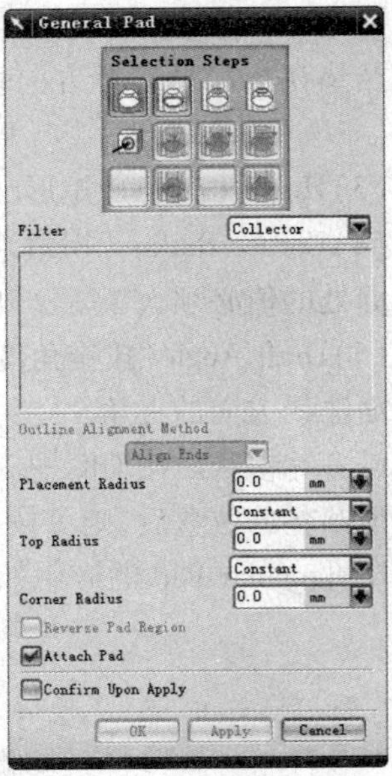

图 3 - 110　General Pad 对话框

图 3 - 110 中各项参数的意义如下:

(1) Selection Steps:选择步骤。共有 10 个图标,有些图标只有在特定的操作或控制选项下才能被激活。在生成某个具体的通用凸垫时,并不要使用每个步骤图标,很多情况下只需要用到几个常用的图标,同时这些图标并不一定要按从前至后的顺序进行选择,可以交替进行选择。

①(Placement Face):放置面。用来选取通用凸垫的放置面。通用凸垫的底面跟随放置面的轮廓,在必要情况下,放置面轮廓线可以按某种方式投影到放置面上。

②(Placement Outline):放置轮廓线。用来定义放置面轮廓线,是描述通用凸垫在放置面上底面轮廓的曲线集,可以从模型中选取曲线或边缘定义放置面轮廓线,也可以用转换顶面轮廓线的方式定义放置面轮廓线。放置面轮廓线必须是封闭且可投影的,即当轮廓线按投影方向投影到指定的面时,必须封闭,不能自交,选取放置面轮廓线后,则 Placement Outline Projection Vector 才能有效。其用法与 3.5.3 节通用型腔中的步骤(2)(Placement Outline)的用法相同,是 From Top Outline(来自顶面轮廓线)而不是 From Floor Outline(来自底面轮廓线)。

③(Top Face):顶面。用于定义通用凸垫的底面。定义顶面时,既可以直接选取顶面,也可以通过偏置或转换放置面来得到顶面,还可以偏置或转换已选取的顶面来得到实际顶面。直接选取顶面时,可选取一个或多个表面、或一个基准平面、或一个平面。当选多个面做顶面时,各个面只能是实体或片体表面,而且必须邻接。其用法与 3.5.3 节通用型腔中的步骤(3)(Floor Face)的用法相同,只是图 3 - 110 是 Top Face(顶面)而不是 Floor Face(底面)。在 Top Face 下选择 Translation(转换)时 Top Face Translation Vector 选项才有效,用来定义转换方向。

④(Top Outline):顶部轮廓线。用来定义通用凸垫的顶面轮廓线,可以从模型中选取曲线或边缘定义顶面轮廓线,也可以用转换放置面轮廓线的方式定义顶面轮廓线。顶面轮廓线必须是封闭且可投影的,即当轮廓线按投影方向投影到指定的面时,必须封闭,不能自交,选取顶面轮廓线后,则 Top Outline Projection Vector 才能有效。

⑤(Target Body):目标实体。当目标实体不是第一个放置面所在的实体或片体时,应选择该图标指定放置通用凸垫的目标实体。当设定放置面时,如果选择的第一个面为基准平面,则必须指定目标实体。

⑥(Placement Outline Projection Vector):放置面轮廓线投影矢量。指定放置面轮廓线的投影方向。当放置面轮廓线不在放置面上时,应指定轮廓线向放置面投影的方向。该步骤只有在选取曲线作为放置面轮廓线后才有效。

⑦(Top Face Translatlon Vector):顶面转换矢量。用于指定顶面的转换方向。当要转换放置面或已选择顶面得到实际顶面时,要指定其转换方向。该步骤只有在定义顶面为一个转换时才有效,即在 Top Face 步骤中,Top Face 选项为 Translation 时才有效。

⑧(Top Outline Projection Vector):顶面轮廓线投影矢量。指定顶面轮廓线的投影方向。当顶面轮廓线不在顶面上时,应指定轮廓线向顶面投影的方向。该步骤只有在选取曲线作为顶面轮廓线后才有效。

⑨(Placement Alignment Points):放置面对齐点。用于指定放置面轮廓线的对齐点,使之与顶面轮廓线上相应对齐点对齐。该步骤只有在放置面轮廓线和顶面轮廓线都是单独选择的曲线,且在 Outline Alignment Method(轮廓线对齐方法)选项中选择 Specify Points 选项时才有效。

选择对齐点的方法为:用点构造器在模型中选取一点;或在 Filter 中选择选点方式后,再选取需要的点。则轮廓线上与该点最靠近的点被指定为对齐点。选取对齐点后,在轮廓线上高亮度标记该点,并从1开始,按放置面轮廓线对齐方向顺序标出序号。

放置面轮廓线设置的对齐点数目应与顶面轮廓线设置的对齐点数目相同,而且按两条轮廓线上相应标号的点对齐后,应能够生成通用凸垫。

⑩(Top Alignment Points):顶面对齐点。用于指定顶面轮廓线的对齐点,使之与放置面轮廓线上相应对齐点对齐。该步骤只有在放置面轮廓线和顶面轮廓线都是单独选择的曲线,且在 Outline Alignment Method(轮廓线对齐方法)选项中选择 Specify Points 选项时才有效。

选择对齐点的方法与在放置面中选择对齐点的方法相同。

顶面轮廓线设置的对齐点数目应与放置面轮廓线设置的对齐点数目相同,而且按两条轮廓线上相应标号的点对齐后,应能够生成通用凸垫。

(2)Outline Alignment Method:轮廓线对齐方法。用于指定放置面轮廓线和顶面轮廓线的对齐方式。只有在放置面轮廓线与顶面轮廓线都是单独选取的曲线时才有效。其用法与图 3-93 通用型腔对话框中的 Outline Alignment Method 的用法相同。

(3)Placement Radius:放置面半径。用于指定通用凸垫的底面与侧面间的圆角半径。其值必须大于等于0。当 Placement Radius 大于0时,Placement Outline 步骤中的 Theoreti

和 Tangent 选项才起作用。其半径值变化情形有 Constant(常数)和 Law Controlled(规律控制)两种。

(4) Top Radius:顶面半径。用于指定通用凸垫的顶面与侧面间的圆角半径。其值必须大于等于0。当 Top Radius 大于0时,Top Outline 步骤中的 Theoretical 和 Tangent 选项才起作用。其半径值变化情形有 Constant(常数)和 Law Controlled(规律控制)两种。

(5) Corner Radius:拐角半径。用于指定通用凸垫侧面与侧面之间的圆角半径。

(6) Reverse Pad Region:反向凸垫区域。

(7) Attach Pocket:勾选该选项,则生成的通用凸垫为片体,并与目标片体缝补成一体;若目标实体是实体,则生成的通用凸垫为实体,并与目标实体合并为一体。不勾选该选项,则生成的通用型腔为一独立的实体。

(8) Confirm Upon Apply:应用前确认。用于在用 Apply 生成通用凸垫前预览结果。如果勾选该选项,点击 Apply 后,在绘图区域生成其预览结果,并出现如图3-110所示的 Confirm Upon Apply 对话框,选取相应选项,可接受、拒绝或分析其结果。如果不勾选该选项,点击 Apply 后,则直接生成通用凸垫。

General Pad 的应用如图3-111所示,其一般步骤如下:

◆选取放置面(Placement Face)。可选取一个或多个表面,或一个基准平面,或一个平面作为放置面。

◆定义放置面轮廓线(Placement Outline)。可直接从模型中选取曲线或边缘定义,也可用转换顶面轮廓线定义。

◆若定义的放置面轮廓线不在选取的放置面上,则应指定放置面轮廓线投影方向(Placement Outline Projection Vector)。

图3-111　General Pad 的应用

◆定义底面(Top Face)。既可以选一个或多个表面、或一个基准平面、或一个平面作为顶面;也可以通过偏置或转换放置面定义顶面;还可以先选取顶面,再偏置或转换已选取的顶面定义实际顶面。

◆定义顶面轮廓线(Top Outline)。可直接从模型中选取曲线或边缘定义,也可以通过转换放置面轮廓线来定义。

◆若顶面轮廓线不在定义的顶面上,应指定顶面轮廓线投影方向(Top Outline Projection Vector)。

◆若顶面是通过转换放置面来定义的或是转换已选取的顶面来定义的,则应指定顶面转换方向(Top Face Translatlon Vector)。

◆若放置面轮廓线和顶面轮廓线都是采用选取曲线或边缘定义的,则应指定轮廓对齐方式(Outline Alignment Method)。

◆若轮廓线对齐方式采用指定点对齐(Specify Points),则指定放置面轮廓线对齐点(Placement Alignment Points)和顶面轮廓线对齐点(Top Alignment Points)。此时,两轮廓线上的对齐点数目必须相同。

◆根据需要指定一个目标实体(Target Body)。

◆根据需要设置通用凸垫底面(Placement Radius)、顶面(Top Radius)和侧面(Corner Radius)处的圆角半径值。

◆勾选或不勾选连接通用凸垫(Attach Pad)选项。

◆根据需要勾选或不勾选生成前确认(Confirm Upon Apply)选项。

◆单击 OK 或 Apply,则生成通用凸垫。

通用凸垫的生成可根据需要,选择 10 个步骤图标中的某些图标,再选择图标需要的相应对象,并设置相应的控制参数,然后设置好其他选项中的参数后,单击 OK 或 Apply。一般情况下,选择放置面、定义放置面轮廓线、定义顶面和定义顶面轮廓线是必须进行的 4 个步骤,除最后一步外,其余步骤的顺序并不重要。

3.5.5 Slot(键槽)

在实体表面上开一个内凹的沟槽。

【Insert(插入)】→【Design Feature(设计特征)】→【Slot(键槽)】或点击图标,则进入如图 3-112 所示的 Slot 对话框。

图 3-112 中各参数的意义如下:

(1)Rectangular(矩型):生成矩型槽,即用槽轴线的法平面截槽,其形状为矩形。

(2)Ball-End(球端):生成球型槽,即用槽轴线的法平面截槽,其形状的底部为球形。

(3)U-Solt(U 型槽):生成 U 型槽,即用槽轴线的法平面截槽,其形状为 U 字形。

(4)T-Solt(T 型槽):生成 T 型槽,即用槽轴线的法平面截槽,其形状为倒 T 字形。

(5)Dove-Tail(燕尾):生成燕尾槽,即用槽轴线的法平面截槽,其形状为燕尾形。

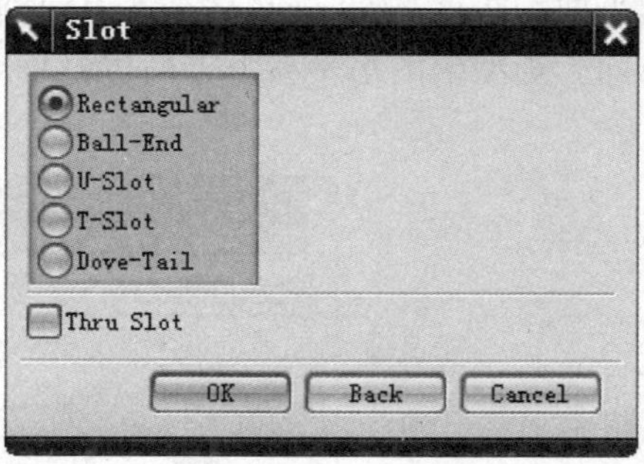

图 3-112 Slot 对话框

(6)Thru Slot(通槽):生成的槽在轴线方向是贯穿的。

1. Rectangular(矩型槽)

此功能为生成矩型槽。在图 3-112 中选择 Rectangular,则进入如图 3-113 所示的 Rectangular Slot 对话框,用来选取矩型槽的放置平面,其放置平面可以为实体平面,也可以为基准平面。放置平面的选取可以直接在绘图区域选取,也可以通过子功能限制类型后再选取。

图 3-113 Rectangular Slot 对话框

图 3-113 中各项参数的意义如下:

(1)Solid Face(实体面):选取实体平面作为放置平面。点击 Solid Face,则进入如图

3－113 所示的 Select Object（选择物体）对话框，用来在绘图区域选取实体平面。

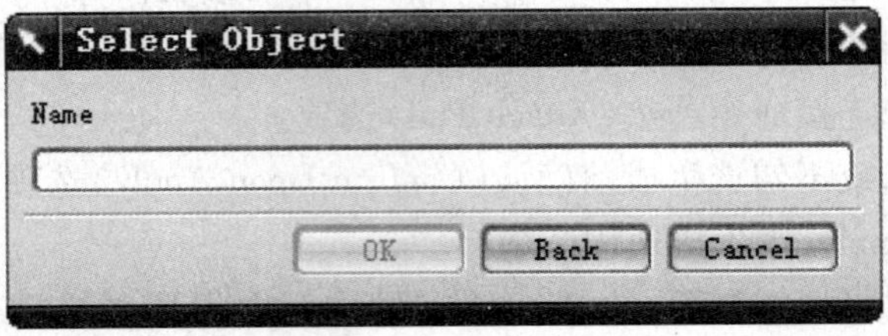

图 3－114　Select Object 对话框

（2）Datum Plane（基准平面）：选取基准平面作为放置平面。点击 Datum Plane，则进入 Select Object（选择对象）对话框，用来在绘图区域选取基准平面。

选取完放置平面后，若选取的放置平面为基准平面，则进入如图 3－115 所示的确定生成方向对话框，同时在绘图区域用实线箭头显示矩型槽的生成系统默认方向，其中 Accept Default Side 为接受系统默认方向，Flip Default Side 反向系统默认方向，确定生成方向后，则进入 Horizontal Reference 对话框，用来指定矩型槽的水平参考方向。若选取的放置平面为实体平面，则直接进入 Horizontal Reference 对话框，用来指定矩型槽的水平参考方向。矩型槽的水平参考方向也就是矩型槽的长度方向。

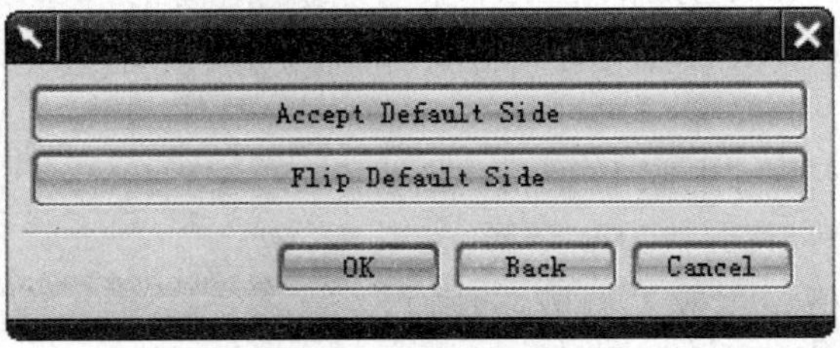

图 3－115　确定生成方向对话框

指定矩型槽的水平参考方向后，若在图 3－112 中勾选了 Thru Slot，则进入 Rectangular Slot 对话框，用来指定矩型槽的贯穿起始面和贯穿终止面，此时的贯穿面可以是实体表面（平面、曲面都可以），也可以为基准平面。

若在图 3－112 中没有勾选 Thru Slot，则指定矩型槽的水平参考方向后，直接进入如图 3－116 所示的 Rectangular Slot 对话框，用来设置矩型槽的参数。

图 3－116 中各项参数的意义如下：

（1）Width（宽度）：矩型槽的宽度，在垂直于水平参考方向测量。

（2）Depth（深度）：矩型槽的深度，从放置平面算起。

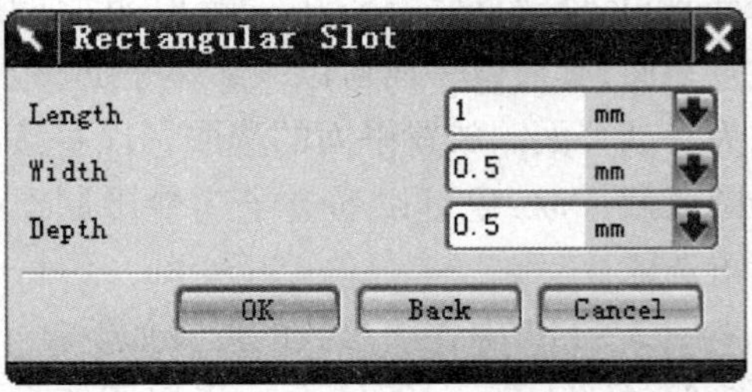

图 3－116　Rectangular Slot 对话框

(3) Length(长度):矩型槽的长度,在水平参考方向测量。

若在图 3 – 112 中勾选了 Thru Slot,则指定矩型槽的贯穿起始面和贯穿终止面后,进入如图 3 – 117 所示的 Rectangular Slot 对话框,用来设置矩型槽的参数。

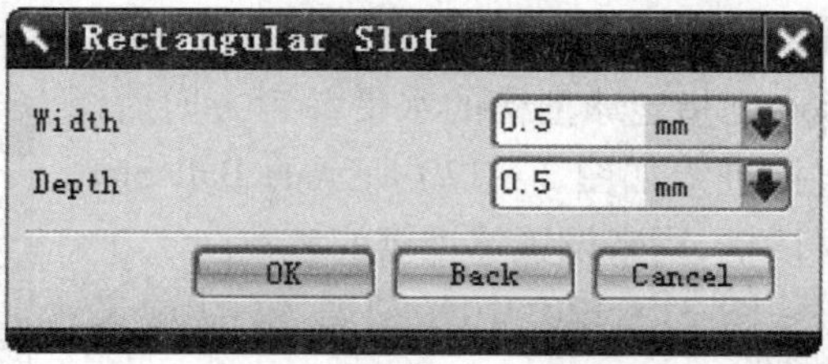

图 3 – 117 Rectangular Slot 对话框

图 3 – 117 中各项参数的意义与图 3 – 116中所对应参数的意义相同。

设置完矩型槽的参数后,在图 3 – 116 或图 3 – 117 中按 OK,则进入 Positioning 对话框,用来指定矩型槽的位置。指定完矩型槽的位置后,则按指定位置生成矩型槽。

Rectangular Slot 的应用如图 3 – 118 所示,其步骤如下:

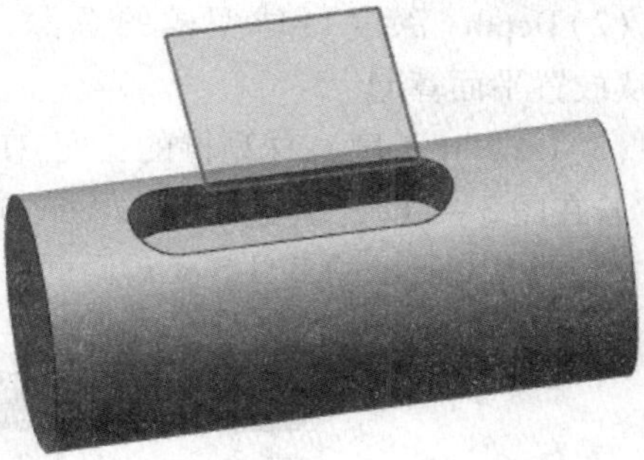

图 3 – 118 Rectangular Slot 的应用

◆在图 3 – 112 中选择 Rectangular。

◆在图 3 – 113 下,选取矩型槽的放置平面。

◆若放置平面为基准平面,则在图 3 – 114中选择矩型槽的生成方向。

◆在图 3 – 115 下,指定矩型槽的水平参考方向。

◆在图 3 – 117 中设置矩型槽的参数,设置完后按 OK。

◆指定矩型槽的位置。

2. Ball – End(球型槽)

此功能为生成球型槽。在图 3 – 112 中选择 Ball – End,则进入如图 3 – 119 所示的 Ball Slot 对话框,用来选取球型槽的放置平面,其放置平面可以为实体平面,也可以为基准平面。放置平面的选取可以直接在绘图区域选取,也可以通过子功能限制类型后再选取。

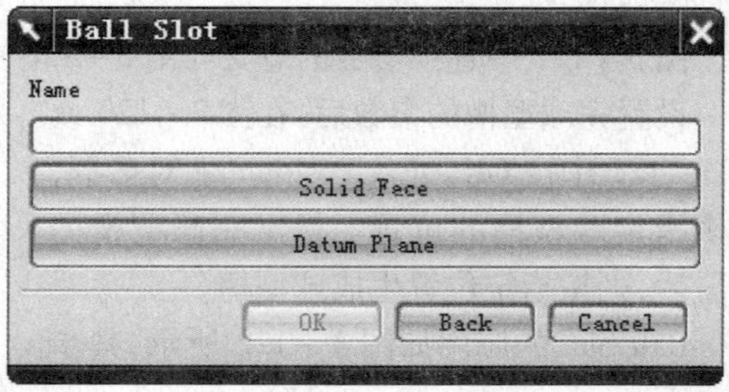

图 3 – 119 Ball Slot 对话框

图 3 – 119 中各项参数的意义与图 3 – 116 中所对应参数的意义相同。

选取完放置平面后,若选取的放置平面为基准平面,则进入如图 3 – 114 所示的确定生成方向对话框,同时在绘图区域用实线箭头显示球型槽的生成系统默认方向,确定生成方向后,则进入 Horizontal Reference 对话框,用来指定球型槽的水平参考方向。若选取的放置平面为实体平面,则直接进入 Horizontal Reference 对话框,用来指定球型槽的水平参考方向。球型槽的水平参考方向也就是球型槽的长度方向。

指定球型槽的水平参考方向后,若在图 3 – 112 中勾选了 Thru Slot,则进入如图 3 –

119 所示的 Ball Slot 对话框，用来指定球型槽的贯穿起始面和贯穿终止面，此时的贯穿面可以是实体表面（平面、曲面都可以），也可以为基准平面。

若在图 3－112 中没有勾选 Thru Slot，则指定球型槽的水平参考方向后，直接进入如图 3－120 所示的 Ball Slot 对话框，用来设置球型槽的参数。

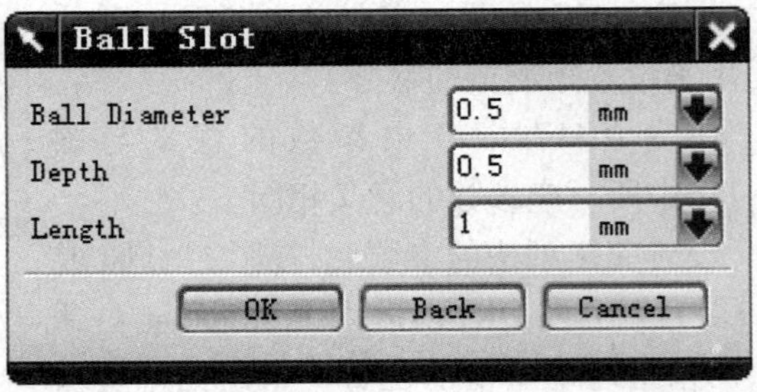

图 3－120　Ball Slot 对话框

图 3－120 中各项参数的意义如下：

（1）Ball Diameter（球直径）：球型槽球型部位的直径，也就是球型槽的宽度，在垂直于水平参考方向测量。

（2）Depth（深度）：球型槽的总深度，从放置平面算起。

（3）Length（长度）：球型槽的长度，在水平参考方向测量。

若在图 3－112 中勾选了 Thru Slot，则指定球型槽的贯穿起始面和贯穿终止面后，进入如图 3－121 所示的 Ball Slot 对话框，用来设置球型槽的参数。

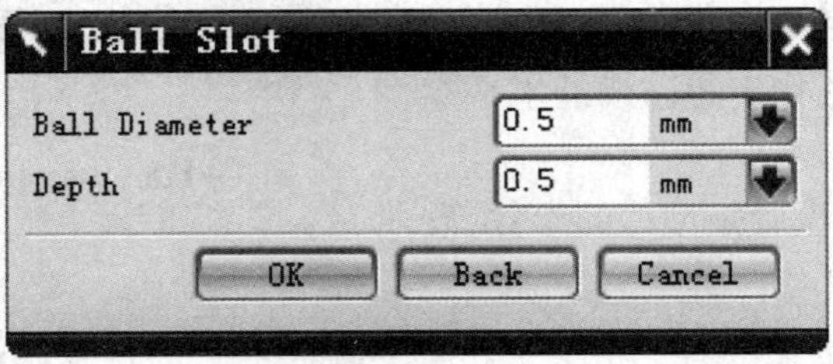

图 3－121　Ball Slot 对话框

图 3－121 中各项参数的意义与图 3－120 中所对应参数的意义相同。

设置完球型槽的参数后，在图 3－120 或图 3－121 中按 OK，进入 Positioning 对话框，用来指定球型槽的位置。指定完球型槽的位置后，则按指定位置生成球型槽。

Ball Slot 的应用如图 3－122 所示，其步骤如下：

◆在图 3－112 中选择 Ball－End。

◆在图 3－119 下，选取球型槽的放置平面。

◆若放置平面为基准平面，则在图 3－119 中选择球型槽的生成方向。

◆指定球型槽的水平参考方向。

◆若勾选了 Thru Slot，依次指定球型槽的贯穿起始面和贯穿终止面。

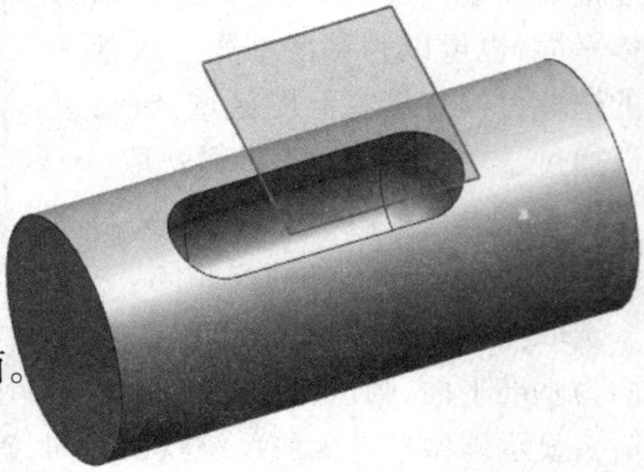

图 3－122　Ball Slot 的应用

◆在图3－121或图3－120中设置球型槽的参数，设置完后按OK。

◆指定球型槽的位置。

3. U－Slot（U型槽）

此功能为生成U型槽，相当于对矩型槽的底面倒圆角。在图3－112中选择U－Slot，则进入如图3－123所示的U Slot对话框，用来选取U型槽的放置平面，其放置平面可以为实体平面，也可以为基准平面。放置平面的选取可以直接在绘图区域选取，也可以通过子功能限制类型后再选取。

图3－123　U Slot对话框

图3－122中各项参数的意义与图3－113中所对应参数的意义相同。

选取完放置平面后，若选取的放置平面为基准平面，则进入如图3－124所示的确定生成方向对话框，同时在绘图区域用实线箭头显示U型槽的生成系统默认方向，确定生成方向后，则进入Horizontal Reference对话框，用来指定U型槽的水平参考方向。若选取的放置平面为实体平面，则直接进入Horizontal Reference对话框，用来指定U型槽的水平参考方向。U型槽的水平参考方向也就是U型槽的长度方向。

指定U型槽的水平参考方向后，若在图3－112中勾选了Thru Slot，则进入如图3－123所示的U Slot对话框，用来指定U型槽的贯穿起始面和贯穿终止面，此时的贯穿面可以是实体表面（平面、曲面都可以），也可以为基准平面。

若在图3－112中没有勾选Thru Slot，则指定U型槽的水平参考方向后，直接进入如图3－124所示的U Slot对话框，用来设置U型槽的参数。

图3－124中各项参数的意义如下：

（1）Width（宽度）：U型槽的宽度，在垂直于水平参考方向测量。

（2）Depth（深度）：U型槽的总深度，从放置平面算起。

（3）Corner Radius（拐角半径）：U型槽的底面与侧面的倒圆角半径。

（4）Length（长度）：U型槽的长度，在水平参考方向测量。

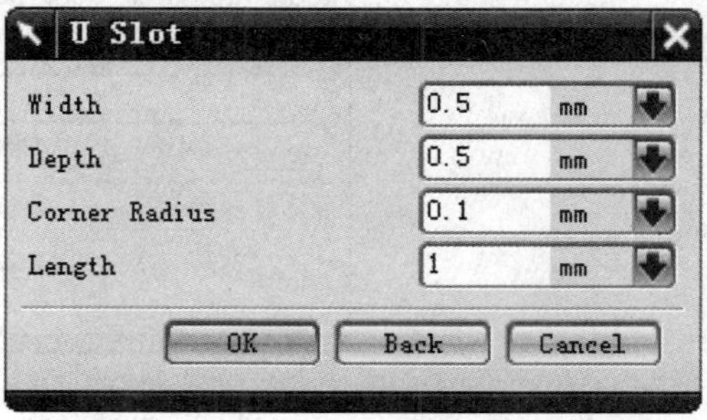

图3－124　U Slot对话框

若在图3－113中勾选了Thru Slot，则指定U型槽的贯穿起始面和贯穿终止面后，进入如图3－125所示的U Slot对话框，用来设置U型槽的参数。

图3－125中各项参数的意义与图3－124中所对应参数的意义相同。

设置完U型槽的参数后，在图3－124或图3－125中按OK，进入Positioning对话框，用来指定U型槽的位置。指定完U型槽的位置后，则按指定位置生成U型槽。

U Slot的应用如图3－126所示，其步骤如下：

◆在图3－112中选择U－Slot。

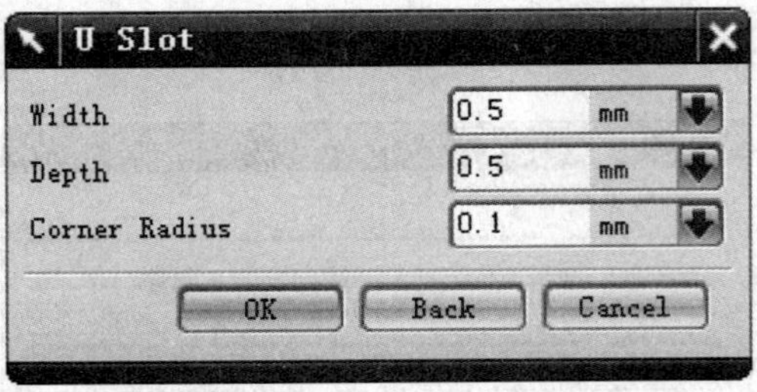

图 3－125　U Slot 对话框

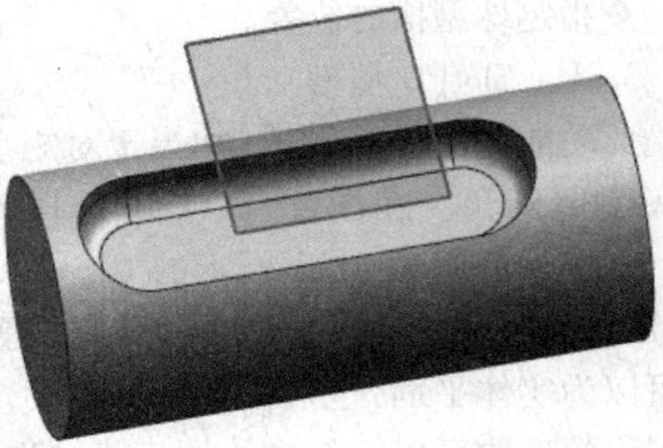

图 3－126　U Slot 的应用

◆在图 3－123 下，选取 U 型槽的放置平面。

◆若放置平面为基准平面，则在图 3－115 中选择 U 型槽的生成方向。

◆指定 U 型槽的水平参考方向。

◆若勾选了 Thru Slot，则在如图 3－123 下，依次指定 U 型槽的贯穿起始面和贯穿终止面。

◆在图 3－124 或图 3－125 中设置 U 型槽的参数，设置完后按 OK。

◆指定 U 型槽的位置。

4. T－Slot（T 型槽）

此功能为生成 T 型槽。在图 3－112 中选择 T－Slot，则进入如图 3－127 所示的 T Slot 对话框，用来选取 T 型槽的放置平面，其放置平面可以为实体平面，也可以为基准平面。放置平面的选取可以直接在绘图区域选取，也可以通过子功能限制类型后再选取。

图 3－127 中各项参数的意义与图 3－113 中所对应参数的意义相同。

图 3－127　T Slot 对话框

选取完放置平面后，若选取的放置平面为基准平面，则进入如图 3－115 所示的确定生成方向对话框，同时在绘图区域用实线箭头显示 T 型槽的生成系统默认方向，确定生成方向后，则进入 Horizontal Reference 对话框，用来指定 T 型槽的水平参考方向。若选取的放置平面为实体平面，则直接进入 Horizontal Reference 对话框，用来指定 T 型槽的水平参考方向。T 型槽的水平参考方向也就是 T 型槽的长度方向。

指定 T 型槽的水平参考方向后，若在图 3－112 中勾选了 Thru Slot，则进入 T Slot 对话框，用来指定 T 型槽的贯穿起始面和贯穿终止面，此时的贯穿面可以是实体表面（平面、曲面都可以),也可以为基准平面。

若在图 3 – 112 中没有勾选 Thru Slot,则指定 T 型槽的水平参考方向后,直接进入如图 3 – 128 所示的 T Slot 对话框,用来设置 T 型槽的参数。

图 3 – 128 中各项参数的意义如下:

(1) Top Width(顶部宽度):T 型槽的顶部宽度,其值小于等于 Bottom Width 值,等于 Bottom Width 值时为矩形槽,在垂直于水平参考方向测量。

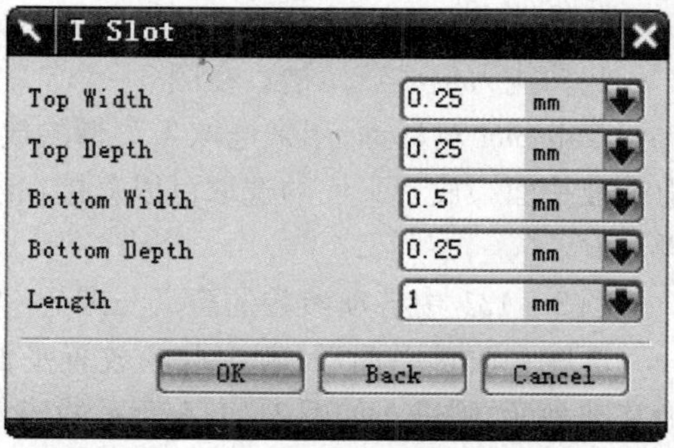

图 3 – 128　T Slot 对话框

(2) Top Depth(顶部深度):T 型槽的宽度为 Top Width 值时的深度,从放置平面算起。

(3) Bottom Width(底部宽度):T 型槽的底部宽度,其值大于等于 Top Width 值,等于 Top Width 值时为矩形槽,在垂直于水平参考方向测量。

(4) Bottom Depth(底部深度):T 型槽的宽度为 Bottom Width 值时的深度。

(5) Length(长度):T 型槽的长度,在水平参考方向测量。

若在图 3 – 112 中勾选了 Thru Slot,则指定 T 型槽的贯穿起始面和贯穿终止面后,进入如图 3 – 129 所示的 T Slot 对话框,用来设置 T 型槽的参数。

图 3 – 129 中各项参数的意义与图 3 – 128 中所对应参数的意义相同。

设置完 T 型槽的参数后,在图 3 – 128 或图 3 – 129 中按 OK,进入 Positioning 对话框,用来指定 T 型槽的位置。指定完 T 型槽的位置后,则按指定位置生成 T 型槽。

T Slot 的应用如图 3 – 130 所示,其步骤如下:

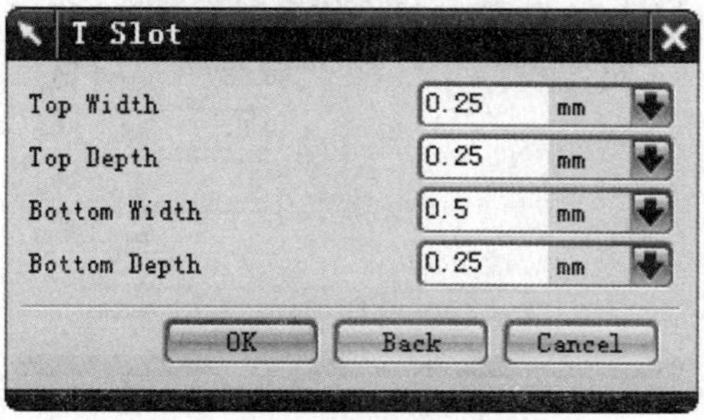

图 3 – 129　T Slot 对话框

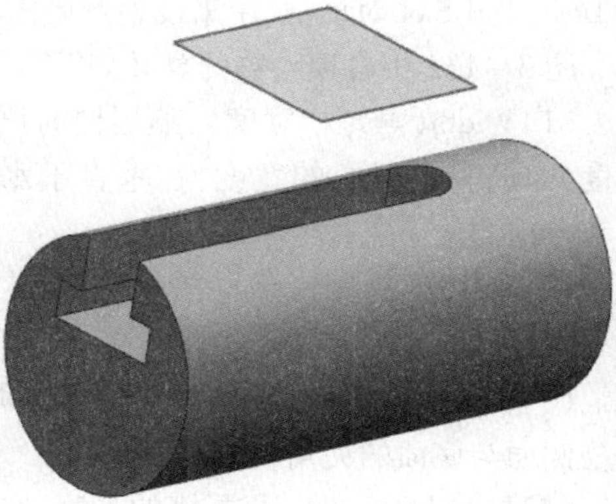

图 3 – 130　T Slot 的应用

◆在图 3 – 112 中选择 T – Slot。

◆在图 3 – 127 下,选取 T 型槽的放置平面。

◆若放置平面为基准平面,则在图 3 – 115 中选择 T 型槽的生成方向。

◆指定 T 型槽的水平参考方向。

◆若勾选了 Thru Slot,则在如图 3－127 下,依次指定 T 型槽的贯穿起始面和贯穿终止面。

◆在图 3－128 或图 3－129 中设置 T 型槽的参数,设置完后按 OK。

◆指定 T 型槽的位置。

5. Dove－Tail(燕尾槽)

此功能为生成燕尾槽。在图 3－112 中选择 Dove－Tail,则进入如图 3－131 所示的 Dove Tail Slot 对话框,用来选取 T 型槽的放置平面,其放置平面可以为实体平面,也可以为基准平面。放置平面的选取可以直接在绘图区域选取,也可以通过子功能限制类型后再选取。

图 3－131 中各项参数的意义与图 3－113 中所对应参数的意义相同。

选取完放置平面后,若选取的放置平面为基准平面,则进入如图 3－115 所示的确定生成方向对话框,同时在绘图区域用实线箭头显示燕尾槽的生成系统默认方向,确定生成方向后,则进入 Horizontal Reference 对话框,用来指定燕尾槽的水平参考方向。若选取的放置平面为实体平面,则直接进入 Horizontal Reference 对话框,用来指定燕尾槽的水平参考方向。燕尾槽的水平参考方向也就是燕尾槽的长度方向。

图 3－131　Dove Tail Slot 对话框

指定燕尾槽的水平参考方向后,若在图 3－112 中勾选了 Thru Slot,则进入如图 3－131 所示的 Dove Tail Slot 对话框,用来指定燕尾槽的贯穿起始面和贯穿终止面,此时的贯穿面可以是实体表面(平面、曲面都可以),也可以为基准平面。

若没有勾选 Thru Slot,则指定燕尾槽的水平参考方向后,直接进入如图 3－132 所示的 Dove Tail Slot 对话框,用来设置燕尾槽的参数。

图 3－132 中各项参数的意义如下:

(1) Width(燕尾槽宽度):燕尾槽的顶部宽度,即放置平面内的宽度,在垂直于水平参考方向测量。

(2) Depth(深度):燕尾槽的深度,从放置平面算起。

(3) Angle(角度):燕尾槽的角度,即燕尾槽侧面与底面的夹角。

(4) Length(长度):燕尾槽的长度,在水平参考方向测量。

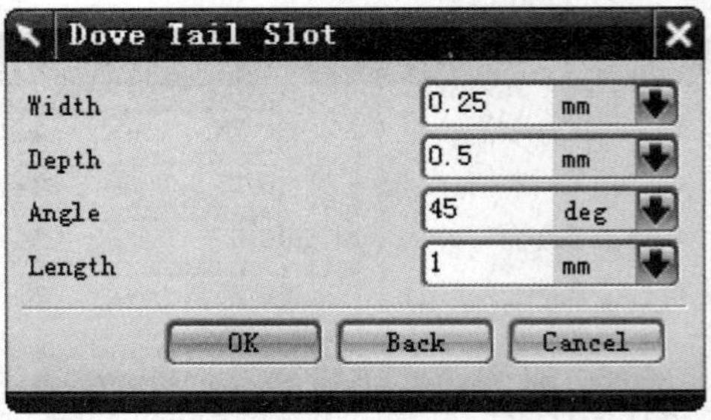

图 3－132　Dove Tail Slot 对话框

若在图 3－112 中勾选了 Thru Slot,则指定燕尾槽的贯穿起始面和贯穿终止面后,进入如图 3－133 所示的 Dove Tail Slot 对话框,用来设置燕尾槽的参数。

图 3－133 中各项参数的意义与图 3－132 中所对应参数的意义相同。

设置完燕尾槽的参数后,在图 3－132 或图 3－133 中按 OK,进入 Positioning 对话框,用来指定燕尾槽的位置。指定完燕尾槽的位置后,则按指定位置生成燕尾槽。

Dove Tail Slot 的应用如图 3 – 134 所示，其步骤如下：

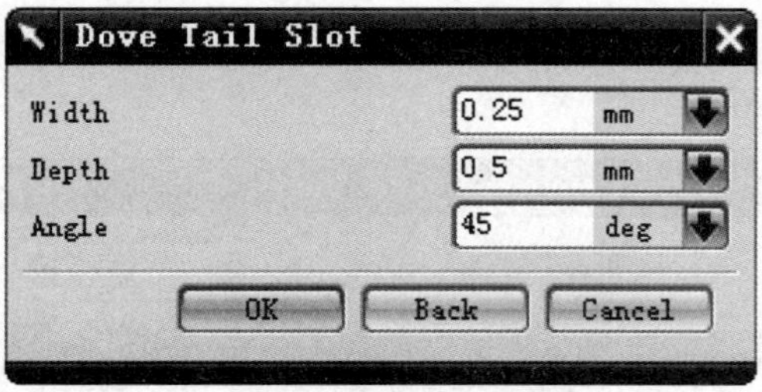

图 3 – 133　Dove Tail Slot 对话框

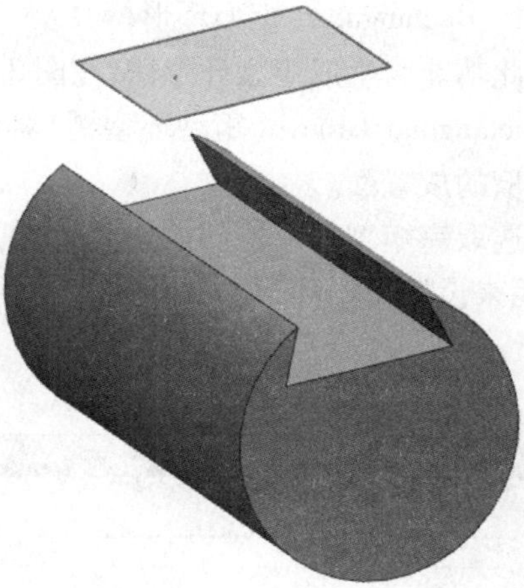

图 3 – 134　Dove Tail Slot 的应用

◆在图 3 – 112 中选择 Dove – Tail。

◆在图 3 – 131 下，选取燕尾槽的放置平面。

◆若放置平面为基准平面，则在图 3 – 115 中选择燕尾槽的生成方向。

◆指定燕尾槽的水平参考方向。

◆若勾选了 Thru Slot，则在如图 3 – 131 下，依次指定燕尾槽的贯穿起始面和贯穿终止面。

◆在图 3 – 132 或图 3 – 133 中设置燕尾槽的参数，设置完后按 OK。

◆指定燕尾槽的位置。

3.5.6　Groove（沟槽）

在圆柱体或圆锥体上生成环形槽，圆柱体或圆锥体的旋转轴为环形槽的轴心。环形槽生成在放置面指定点附近，而且自动与被取的面连接为一体，可以指定一个外径圆或内径圆做环形槽的放置面，生成的环形槽外形对称于旋转轴。

【Insert（插入）】→【Design Feature（设计特征）】→【Groove（沟槽）】或点击图标，则进入如图 3 – 135 所示的 Groove 对话框。

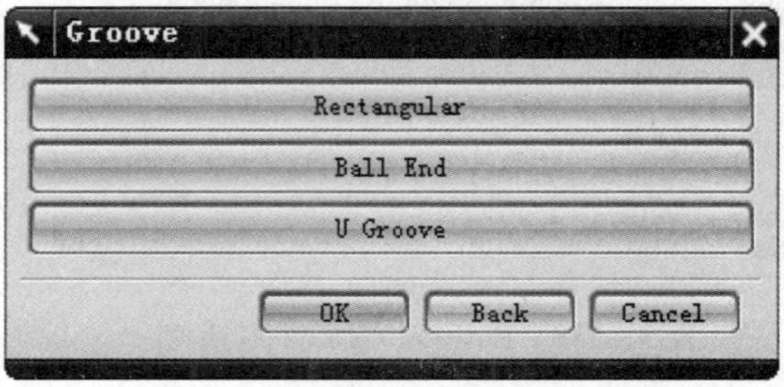

图 3 – 135　Groove 对话框

图 3 – 135 中各参数的意义如下：

（1）Rectangular（矩形的）：生成矩型环形槽，即用过环形槽轴线的平面截环形槽，其形状为矩形。

（2）Ball End（球端）：生成球型环形槽，即用过环形槽轴线的平面截环形槽，其形状的一侧为球形。

(3)U Groove(U 型环形槽):生成 U 型环形槽,即用过环形槽轴线的平面截环形槽,其形状为 U 字形。

1. Rectangular(矩型环形槽)

此功能为生成矩型环形槽,在图 3－135 中点击 Rectangular,则进入如图 3－136 所示的 Rectangular Groove(矩型环型槽)对话框,用来在实体上选取圆柱面或圆锥面作为矩型环形槽的放置面。

选取完矩型环形槽的放置面后,则进入如图 3－137 所示的 Rectangular Groove 对话框,用来设置矩型环形槽的参数。

图 3－136　Rectangular Groove 对话框

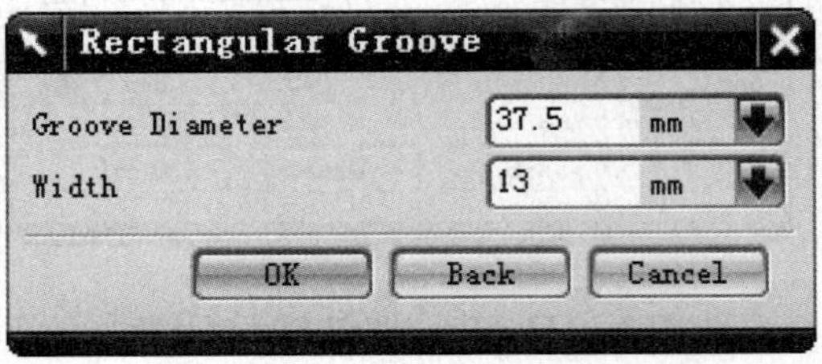

图 3－137　Rectangular Groove 对话框

图 3－137 中各项参数的意义如下:

(1)Groove Diameter(矩型环形槽直径):即生成矩型环形槽后,矩型环形槽底面处的直径值。若为外环形槽,则为最小处直径值;若为内环形槽,则为最大处直径值。

(2)Width(宽度):即生成矩型环形槽后,矩型环形槽的宽度,在轴线方向测量。

设置完矩型环形槽的参数后,在图 3－137 中按 OK,则进入如图 3－138 所示的 Position Groove(环形槽定位)对话框,用来对生成的矩型环形槽进行平行定位。先在目标实体(圆柱面或圆锥面)上选取一圆弧作为基准点位置,再在生成的工具实体(矩型环形槽)上选取一圆弧作为参考点后,则进入如图 3－139 所示的 Create Expression(创建表达式)对话框,在输入框中输入参考点与基准点的平行距离值后按 OK,则按要求生成矩型环形槽。

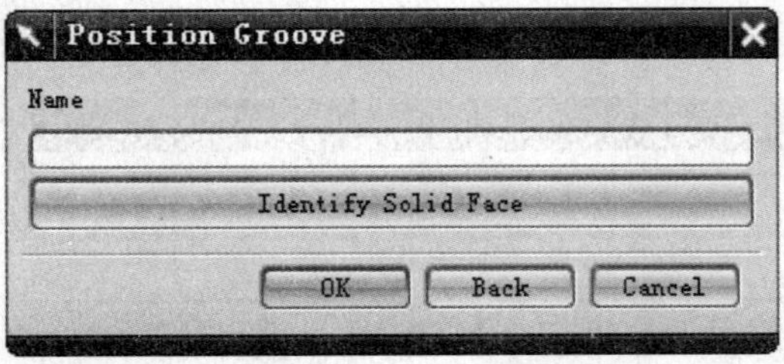

图 3－138　Position Groove 对话框

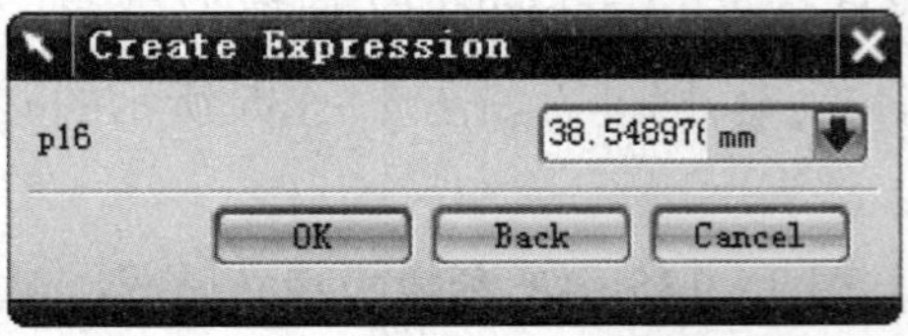

图 3－139　Create Expression 对话框

Rectangular Groove 的应用如图 3－140 所示,其步骤如下:

◆在图 3－135 中点击 Rectangular。

◆在图 3－136 下,在绘图区域选取矩型环形槽的放置面。

◆在图 3－137 中输入矩型环形槽的参数后按 OK。

◆在图 3－138 中依次指定目标实体上的基准点和工具实体上的参考点。

◆在图 3－139 中输入平行定位距离后按 OK。

图 3－140　Rectangular Groove 的应用

2. Ball End（球型环形槽）

此功能为生成球型环形槽，在图 3－135 中点击 Ball End，则进入如图 3－141 所示的 Ball End Groove（球型环形槽）对话框，用来在实体上选取圆柱面或圆锥面作为球型环形槽的放置面。

选取完球型环形槽的放置面后，则进入如图 3－142 所示的 Ball End Groove 对话框，用来设置球型环形槽的参数。

图 3－141　Ball End Groove 对话框

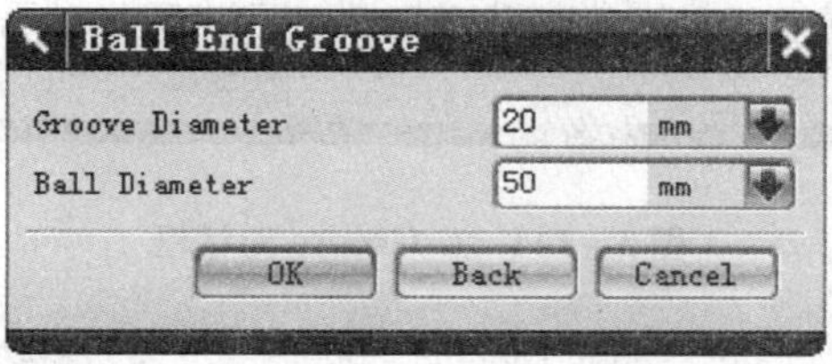

图 3－142　Ball End Groove 对话框

图 3－142 中各项参数的意义如下：

（1）Groove Diameter（球型环形槽直径）：即生成球型环形槽后，球型环形槽球面顶点处的直径值。若为外环形槽，则为最小处直径值；若为内环形槽，则为最大处直径值。

（2）Ball Diameter（球直径）：即生成球型环形槽后，球型环形槽的球型处的直径，也就是球型环形槽的宽度，在轴线方向测量。

设置完球型环形槽的参数后，在图 3－142 中按 OK，则进入如图 3－138 所示的 Position Groove（环形槽定位）对话框，用来对生成的球型环形槽进行平行定位。先在目标实体（圆柱面或圆锥面）上选取一圆弧作为基准点位置，再在生成的工具实体（球型环形槽）上选取一圆弧作为参考点后，则进入如图 3－139 所示的 Create Expression（创建表达式）对话框，在输入框中输入参考点与基准点的平行距离值后按 OK，则按要求生成球型环形槽。

Ball End Groove 的应用如图 3－143 所示，其步骤如下：

◆在图 3－135 中点击 Ball End。

◆在图 3－136 下，在绘图区域选取球型环形槽的放置面。

◆在图 3－137 中输入球型环形槽的参数后按 OK。

◆在图 3－138 下依次指定目标实体上的基准点和工具实体上的参考点。

◆在图 3－139 中输入平行定位距离后按 OK。

3. U Groove(U 型环形槽)

此功能为生成 U 型环形槽,相当于对矩型环形槽的底面倒圆角。在图 3－135 中点击 U Groove,则进入如图 3－144 所示的 U Groove(U 型环形槽)对话框,用来在实体上选取圆柱面或圆锥面作为 U 型环形槽的放置面。

图 3－143　Ball End Groove 的应用

选取完 U 型环形槽的放置面后,则进入如图 3－145 所示的 U Groove 对话框,用来设置 U 型环形槽的参数。

图 3－144　U Groove 对话框

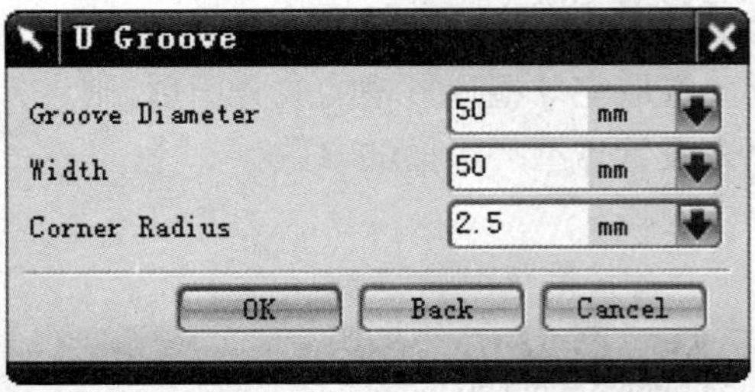

图 3－145　U Groove 对话框

图 3－145 中各项参数的意义如下:

(1) Groove Diameter(U 型环形槽直径):即生成 U 型环形槽后,U 型环形槽底面处的直径值。若为外环形槽,则为最小处直径值;若为内环形槽,则为最大处直径值。

(2) Width(宽度):即生成 U 型环形槽后,U 型环形槽的宽度,在轴线方向测量。

(3) Corner Radius(拐角半径):即生成 U 型环形槽后,U 型环形槽的底面与侧面的倒圆角半径。

设置完 U 型环形槽的参数后,在图 3－145 中按 OK,则进入 Position Groove(环形槽定位)对话框,用来对生成的 U 型环形槽进行平行定位。先在目标实体(圆柱面或圆锥面)上选取一圆弧作为基准点位置,再在生成的工具实体(U 型环形槽)上选取一圆弧作为参考点后,则进入如图 3－139 所示的 Create Expression(创建表达式)对话框,在输入框中输入参考点与基准点的平行距离值后按 OK,则按要求生成 U 型环形槽。

U Groove 的应用如图 3－146 所示,其步骤如下:

◆在图 3－135 中点击 U Groove。

◆在图 3－144 下,在绘图区域选取 U 型环形槽的放置面。

◆在图 3－135 中输入 U 型环形槽的参数后按 OK。

图 3－146　U Groove 生成的图

◆在图 3－136 下依次指定目标实体上的基准点和工具实体上的参考点。

◆在图 3－139 中输入平行定位距离后按 OK。

3.5.7 Thread(螺纹)

在有圆柱面的特征实体上生成螺纹符号或详细的螺纹形状。

【Insert(插入)】→【Design Feature(设计特征)】→【Thread(螺纹)】或点击图标，则进入如图 3－147 所示的 Thread 对话框。

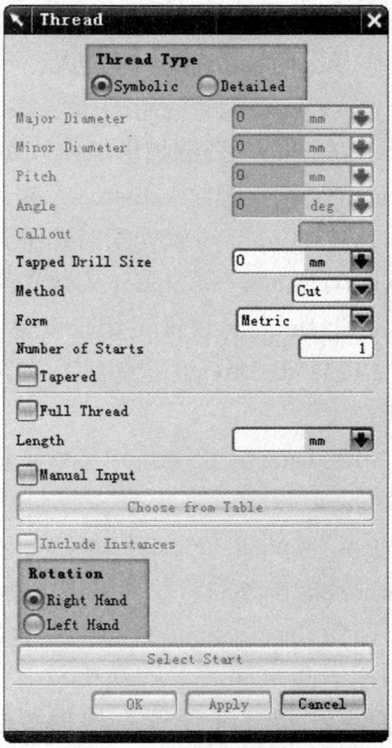

图 3－147 Thread 对话框

图 3－147 中各项参数的意义如下：

(1)Thread Type：螺纹类型。

①Symbolic(螺纹符号)：系统仅在选取的面上生成螺纹符号(用虚线圆表示)，不显示螺纹实体，在工程图中可用于表示螺纹和标注螺纹。这种螺纹由于只生成符号而不生成螺纹实体，因此生成螺纹速度快。

②Detailed(细节螺纹)：用于生成详细的螺纹形状，即生成螺纹的切除形状。这种螺纹看起来更真实，但由于螺纹几何形状的复杂性，使其生成和更新的速度减慢。选择此选项，则进入如图 3－148 所示的 Thread 对话框，其中各项参数的意义与图 3－147 中所对应参数的意义相同。

(2)Major Diameter(大径)：用于设置螺纹大径。其缺省值是根据选取圆柱面直径和内外螺纹的形式，查螺纹参数表取得。对于符号螺纹，当不勾选 Manual Input 选项时，Major Diameter 的值不能修改；对于细节螺纹，外螺纹的 Major Diameter 的值不能修改。

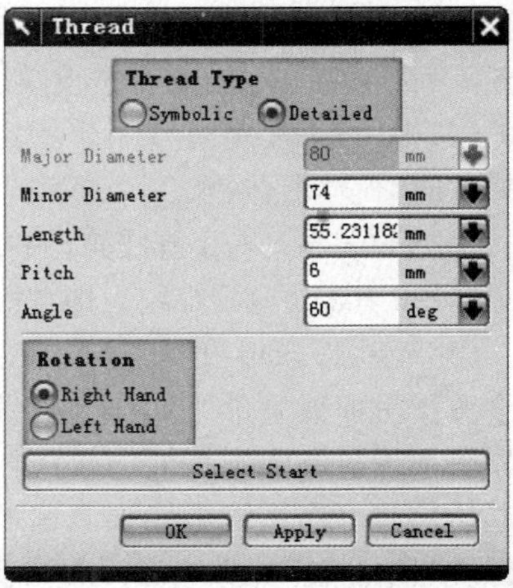

图 3－148 Thread 对话框

(3)Minor Diameter(小径)：用于设置螺纹小径。其缺省值是根据选取圆柱面直径和内外螺纹的形式，查螺纹参数表取得。对于符号螺纹，当不勾选 Manual Input 选项时，Minor Diameter 的值不能修改；对于细节螺纹，内螺纹的 Minor Diameter 的值不能修改。

(4)Pitch(螺距)：即螺纹间距。其缺省值是根据选取的圆柱面查螺纹参数表取得。对于符号螺纹，当不勾选 Manual Input 选项时，Pitch 的值不能修改。

(5)Angle(角度)：用于设置螺纹的牙型角。其缺省值为螺纹的标准角度 60°。对于符号螺纹，当不勾选 Manual Input 选项时，Angle 的值不能修改。

(6)Callout(标记)：用于使用螺纹规格表指定的规格标记螺纹。其缺省值根据选取的圆柱面查螺纹参数表取得。当勾选 Manual Input 选项时,该文本框灰显。

(7) Shaft Size/Tapped Drill Size(轴尺寸/钻孔尺寸):当选取的是外表面时为 Shaft Size,当选取的是内表面时为 Tapped Drill Size。用于设置外螺纹轴的尺寸或内螺纹的钻孔尺寸,其缺省值根据选取的圆柱面查螺纹参数表取得。

(8) Method(方法):用于指定螺纹的加工方法。有 Cut(车削)、Rolled(滚削)、Ground(磨削)和 Milled(铣削)4 种方法。

(9) Form(形式):用于指定螺纹标准。有 Metric(公制螺纹)、Unified(统一标准螺纹)、Trapezoidal(公制梯形螺纹)、Acme(英制梯形螺纹)、Stub Acme(粗短梯形螺纹)、Lowenherz(公制粗螺纹)、Buttress(锯齿螺纹)、Spark Plug(火花塞螺纹)、NPT(标准锥管螺纹)、Hose Coupling(软管配对螺纹)和 Fire Hose(消防接头螺纹)11 种标准螺纹。

(10) Number of Starts(头数):用于设置单头或多头螺纹的头数。

(11) Drafted(拔锥):用于设置螺纹是否为拔锥螺纹。

(12) Full Thread(全螺纹):在圆柱面上全部生成螺纹,当圆柱长度改变时,螺纹自动更新。

(13) Length(长度):用于设置螺纹的长度,其缺省值根据选取的圆柱面查螺纹参数表取得。

(14) Manual Input(手动输入):用于手动输入螺纹的基本参数。勾选该选项,则公共参数中不能修改的参数都可进行修改,且 Callout 与 Choose from Table 选项灰显。

(15) Choose from Table(从参数表中选择):用于指定螺纹参数从螺纹参数表中选择,此螺纹参数表可预先根据要求进行定制,当勾选 Manual Input 选项时,此选项灰显。点击此选项,进入如图 3-149 所示的 Thread 对话框,选择螺纹参数。

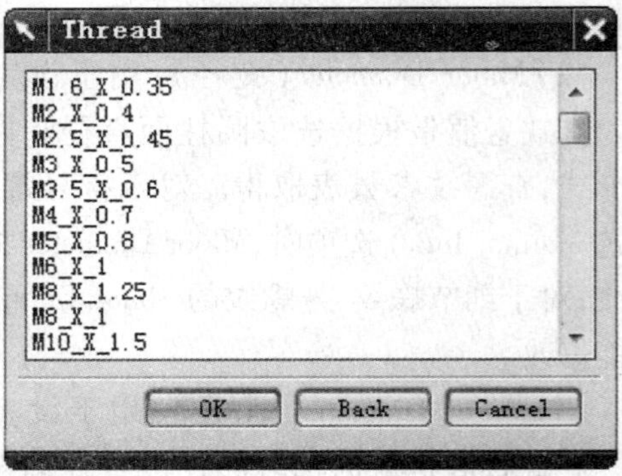

图 3-149　Thread 对话框

(16) Include Instances(包含阵列):勾选此选项,或选取了阵列特征中的一个成员,则此阵列中的所有成员全部被攻螺纹。

(17) Rotation(旋向):用于指定螺纹的旋转方向。

①Right Hand(右手螺纹):即右旋螺纹。

②Left Hand(左手螺纹):即左旋螺纹。

(18) Select Start:选择起始位置。指定一个实体平面或基准平面作为螺纹的起始位置。系统缺省为圆柱面的端面作为螺纹的起始位置。当系统不能推测选取圆柱面的螺纹起始位置时,必须选择此选项来指定螺纹的起始位置。点击此选项,则进入如图 3-150 所示的 Thread 对话框,选取实体表面或基准平面作为螺纹的起始位置后,则进入如图3-151所示的 Thread 对话框,用于设置起始面是否需要扩展,并可反转螺纹生成方向。

图 3-150　Thread 对话框

图 3－151 中各项参数的意义如下：

①Reverse Thread Axis（反转螺纹轴）：即反转螺纹的生成方向。

②Start Conditions：起始约束。

Extend Thru Start：拓展起始面。

Do Not Extend：不拓展起始面。

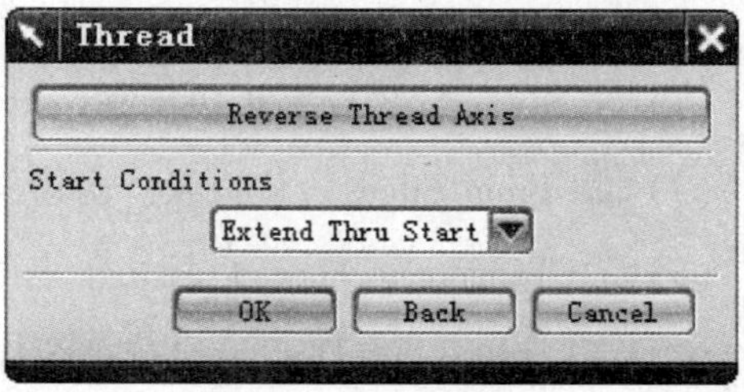

图 3－151　Thread 对话框

生成螺纹时，如果选取的圆柱面为外表面则生成外螺纹；如果选取的圆柱面为内表面时，则不生成内螺纹。另外，符号螺纹不能进行复制或阵列，且与选取圆柱面只部分关联。即当符号螺纹修改时，圆柱面自动更新，而当修改圆柱面时，符号螺纹并不更新。但细节螺纹可以进行复制或阵列，且与选取圆柱面完全关联。即当细节螺纹修改时，圆柱面自动更新，反之亦然。

Thread 的应用如图 3－152 所示，为对图中左侧圆柱面进行螺纹操作，其步骤如下：

◆在绘图区域选取要生成螺纹的圆柱面。

◆在图 3－147 或 3－148 中设置各项参数后按 < OK > 或 Apply 。

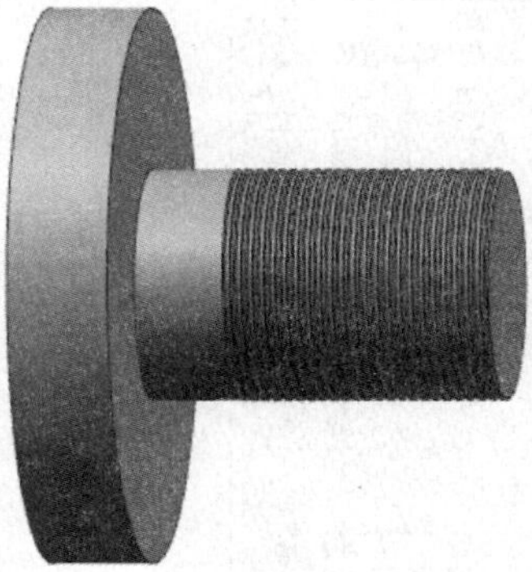

图 3－152　Thread 的应用

3.6　特征详细设计

特征详细设计是对存在实体或特征进行修改，通过特征详细设计可以用简单实体建立复杂的实体。包括实体拔锥、边倒圆、面倒圆、软倒圆、倒斜角、特征阵列、比例缩放、实体修剪、实体分割、缝合、螺纹、偏置表面、修补实体、简化实体、挖空、包裹实体以及布尔操作等。

3.6.1　Draft（拔锥）

使存在的特征实体、曲面或边缘向指定方向产生一倾斜的拔模造型。即对一个实体或特征的一个表面或多个表面、一个边缘或多个边缘按相对指定方向进行拔锥。

【Insert（插入）】→【Detail Feature（详细特征）】→【Draft（拔锥）】或点击图标，则进

入如图 3－153 所示的 Draft 对话框。

产生拔锥的方式有：

(1)(Faces)：表面。由表面来产生拔锥角度。

(2)(From Edges)：从边缘。由边缘来产生拔锥。

(3)(Tangent to Faces)：相切于表面。拔锥面相切于某个曲面。

(4)(Split－line Draft)：自分割线拔锥。由曲面的分割线开始产生拔锥角度。

1. (Faces)：表面

从参考点所在平面开始，与拔锥方向成拔锥角度，对指定的实体表面进行拔锥，为如图 3－153 所示，其包括 Faces to Draft，Draw Direction 与 Reference Point 三个选择步骤。

图 3－153 中各参数的意义如下：

(1)(Faces to Draft)：拔锥表面。用于选取一个或多个要进行拔锥的表面。图 3－153的中部可变显示区为点击(Faces to Draft)时的内容。

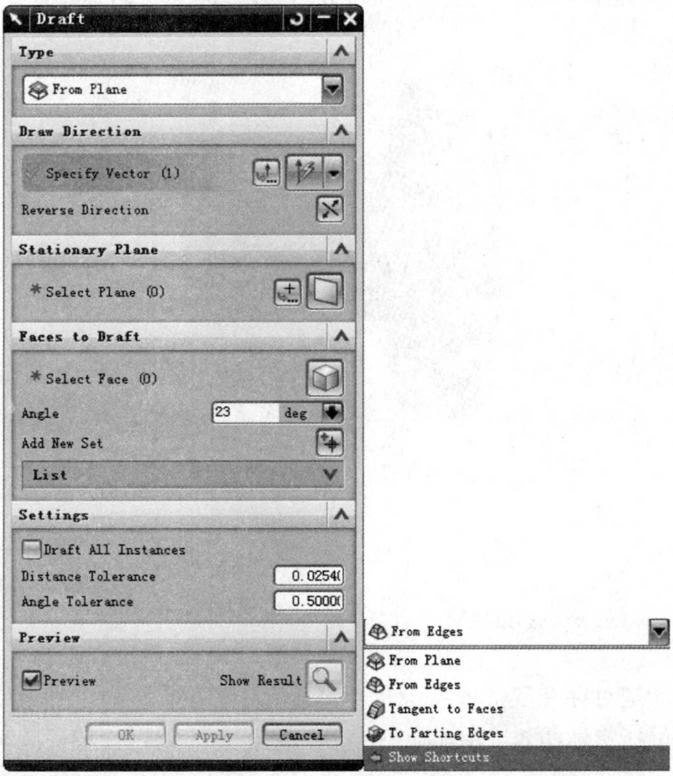

图 3－153　Draft 对话框

①Collector：收集者。收集所选取内容的表面。其限制的选取内容有：

Faces：表面。选取的内容为表面。

Region Faces：区域表面。选取的内容为在选取区域内的所有表面。

Tangent Faces：相切表面。选取的内容为所选取的表面与所选取表面的相切的表面。

Feature Face:特征表面。选取的内容为所选取的表面与通过所选取表面阵列特征得到的表面。

Body Faces:实体表面。选取的内容为所选取实体的所有表面。

More…:更多。进入包含以上 5 个选项的子对话框来进行选取相关表面。

②Preview Collected Faces:预览所收集的表面。点击后则在绘图区域高亮显示所收集的表面,同时此选项变为 Finish Preview(结束预览)。

(2)Draw Direction:拔锥方向。用于指定实体的拔锥方向,缺省的拔锥方向为 Z 轴正方向。点击 Draw Direction,通过 Vector Method(矢量方法)构造一矢量作为拔锥方向。

(3)Reference Point:参考点。用于指定实体拔锥的参考点。系统通过参考点定义一个垂直于拔锥方向的拔锥平面,在拔锥过程中,实体在拔锥平面上的截面曲线不发生变化。点击 Reference Point,通过 Point Method(点方法)构造一个点作为拔锥的参考点。

(4)Angle:角度。用来输入拔锥的角度。只有当用 From Edge 方式进行拔锥时,拔锥角度才能有下列两个选项,其他方式的拔锥角度为固定值。

①Isocline:等向。用于变化的拔锥角度。

②True Draft:准确拔锥。用于固定的拔锥角度。

(5)Draft All Instances:所有阵列体拔锥。勾选此选项,则所有通过阵列得到的特征所对应的表面也一起做相同的拔锥。

(6)Preview Faces to Draft:预览拔锥面。若是以选取边缘的方式进行拔锥,则在选完边缘后,按下此选项,可显示出所选取边缘包含的表面。

(7)Reverse Draft Direction:拔锥方向反向。将拔锥方向反向 180 度。

(8)Distance Tolerance:距离公差。

(9)Angle Tolerance:角度公差。

通过表面拔锥实体时,所选取的拔锥方向不能与任何拔锥表面的法向平行。拔锥后的特征与参考点是相关联的,当删除包含参考点的对象时,则系统自动以参考点所在的位置点作为参考点。当拔锥实体外表面时,若拔锥角度大于 0,则沿拔锥方向往内拔锥;否则,沿拔锥方向往外拔锥。当拔锥实体内表面时,情况刚好相反。

采用 Faces 方式进行 Draft 的应用如图 3－154 所示,对左图拔锥后如右图所示,其步骤如下:

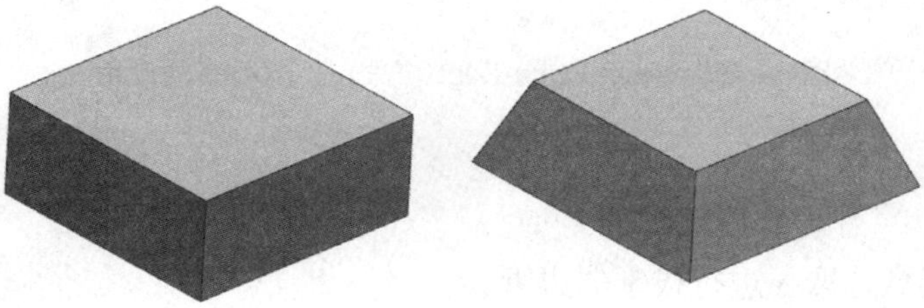

图 3－154　采用 Faces 方式进行 Draft 的应用

◆在图 3－153 中点击(Faces)。

◆在图 3－153 中点击(Faces to Draft)。

◆在绘图区域选取要进行拔锥的表面。

◆在图 3 - 153 中点击(Draw Direction)。

◆通过 Vector Method 构造一矢量作为拔锥方向。

◆在图 3 - 153 中设置其他参数值后,按 OK 或 Apply。

2. (From Edges):从边缘

从一系列实体边缘开始,与拔锥方向成拔锥角度,对指定的实体进行拔锥,此方式对边缘线不在同一个平面时非常适用。由于拔锥的开始位置是在选取的边缘上,所以每一点拔锥方向的长度不一样,会造成另一结束端的外形与拔锥边缘的外形不一样的现象。其包括 2 个必选步骤 Reference Edges 与 Draw Direction 和 1 个可选步骤 Variable Angle Point。

(1) Reference Edges:参考边缘。用于选取一条或多条实体边缘作为拔锥的参考边缘。

(2) Draw Direction:拔锥方向。其使用方法同 Faces。

(3) Variable Angle Point:可变角度点。用于在参考边缘上设置实体拔锥的控制点,再为各控制点处设置相应的角度,从而实现沿参考边缘对实体进行变角度的拔锥,此选项只有在选取了参考边缘和 Angle 下选择 Isocline 才有效。

选择的所有参考边缘在任意点处的切线与拔锥方向间的夹角,必须大于拔锥角度。可以不指定变角度控制点,此时沿参考边缘用 Angle 输入框设置的拔锥角度,对实体进行固定角度拔锥;否则以各控制点处的角度,沿参考边缘对实体进行变角度拔锥。当选择同一个表面上的多段边缘作为参考边缘时,在拔锥后此表面会变成多个表面。

采用 From Edges 方式进行 Draft 的应用如图 3 - 155 所示,对左图拔锥后如右图所示,其步骤如下:

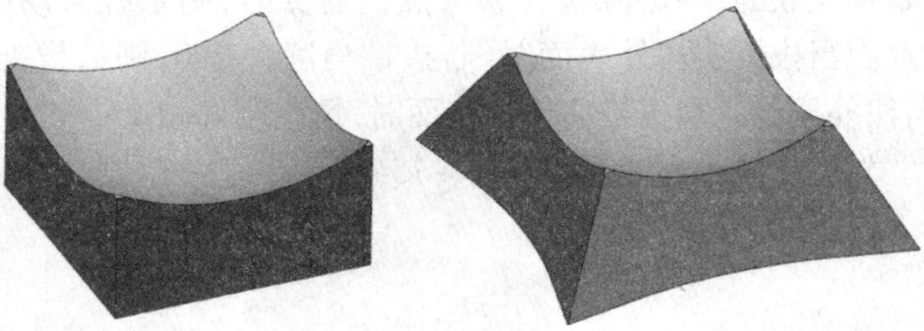

图 3 - 155　采用 From Edges 方式进行 Draft 的应用

◆在图 3 - 153 中点击(From Edges)。

◆在绘图区域选取要进行拔锥的边缘。

◆在图 3 - 153 中点击 Draw Direction。

◆通过 Vector Method 构造一矢量作为拔锥方向。

◆在图 3 - 153 中设置可变角度值。

◆在图 3 - 153 中设置其他参数值后,按 OK 或 Apply。

3. (Tangent to Faces):相切于表面

用于与拔锥方向成拔锥角度，对实体进行拔锥，使拔锥面相切于指定的实体表面。此方式适用于相切表面拔锥后要求仍然保持相切的情况。其包括 Faces to Draft，Draw Direction 两个选择步骤。

(1) Faces to Draft：拔锥表面。其使用方法同 Faces。用于选取一个表面或多个相切表面作为拔锥的表面，此时若只选取一个表面时，则不能为平面。

(2) Draw Direction：拔锥方向。其使用方法同 Faces。

用通过相切表面拔锥实体类型时，拔锥后的实体只能添加实体材料，而不能去除实体材料。选取的拔锥表面中，邻接表面必须相切，非邻接表面经拔锥后必须有一部分存在。

采用 Tangent to Faces 方式进行 Draft 的应用如图 3－156 所示，对左图进行拔锥后如右图所示，其步骤如下：

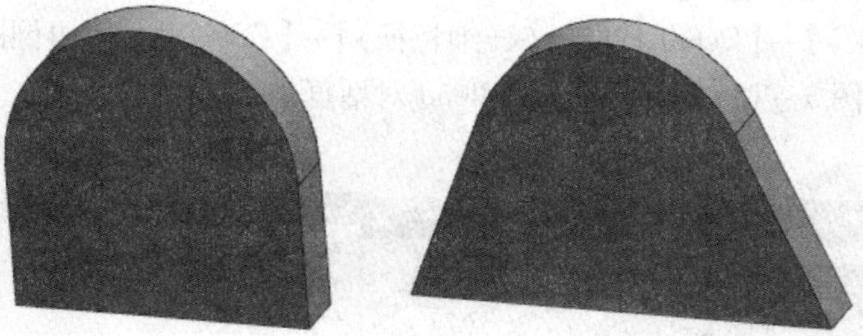

图 3－156　采用 Tangent to Faces 方式进行 Draft 的应用

◆在图 3－153 中点击 (Tangent to Faces)。

◆在绘图区域选取要进行拔锥的表面。

◆在图 3－153 中点击 Draw Direction。

◆通过 Vector Method 构造一矢量作为拔锥方向。

◆在图 3－153 中设置其他参数值后，按 OK 或 Apply。

4. (To Parting Edges)：自分割线拔锥

用于从参考点所在平面开始，与拔锥方向成拔锥角度，沿指定的分割边缘对实体进行拔锥。此方式可使拔锥实体在分割边缘处具有分割边缘的形状，适用于实体中部具有特殊形状的情况。其包括 Reference Edges，Draw Direction 和 Reference Point 三个选择步骤。

(1) Draw Direction：拔锥方向。其使用方法同 Faces。

(2) Reference Point：参考点。其使用方法同 Faces。

通过分割边缘拔锥实体时，先要生成分割边缘。生成分割边缘的方法是，首先在要拔锥的实体面上绘制曲线，再选择 Edit→Face→Subdivide Face 然后用曲线分割实体面生成分割边缘。在拔锥实体后，分割线总位于实体的表面上。如果在拔锥时，分割边缘不能位于拔锥后的实体表面上，则系统自动创建新的表面，使其总可位于实体的表面上。

采用 To Parting Edges 方式进行 Draft 的应用如图 3－157 所示，对左图进行拔锥后如右图所示，其步骤如下：

◆在图 3－153 中点击 (To Parting Edges)。

◆在绘图区域选取要进行拔锥的分割边缘。

◆在图 3－153 中点击 Draw Direction。

◆通过 Vector Method 构造一矢量作为拔锥方向。

◆在图 3－153 中点击 Reference Point。

◆通过 Point Method 构造一个点作为拔锥参考点。

◆在图 3－153 中设置其他参数值后，按 OK 或 Apply。

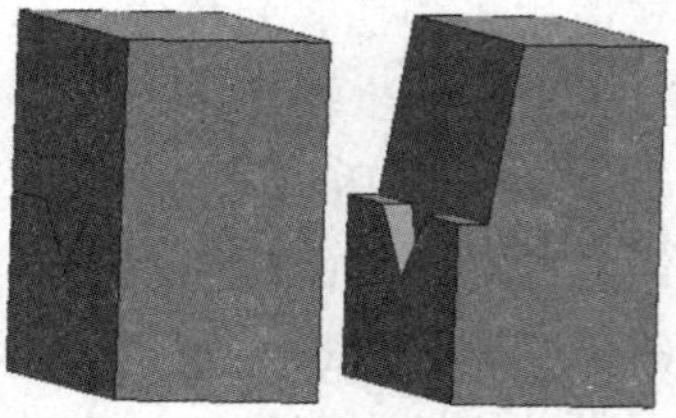

图 3－157　Draft 的应用

3.6.2　Edge Blend(边倒圆角)

用于在实体边缘产生倒圆角。

【Insert(插入)】→【Detail Feature(详细特征)】→【Edge Blend(边倒圆角)】或点击图标，则进入如图 3－158 所示的 Edge Blend 对话框。

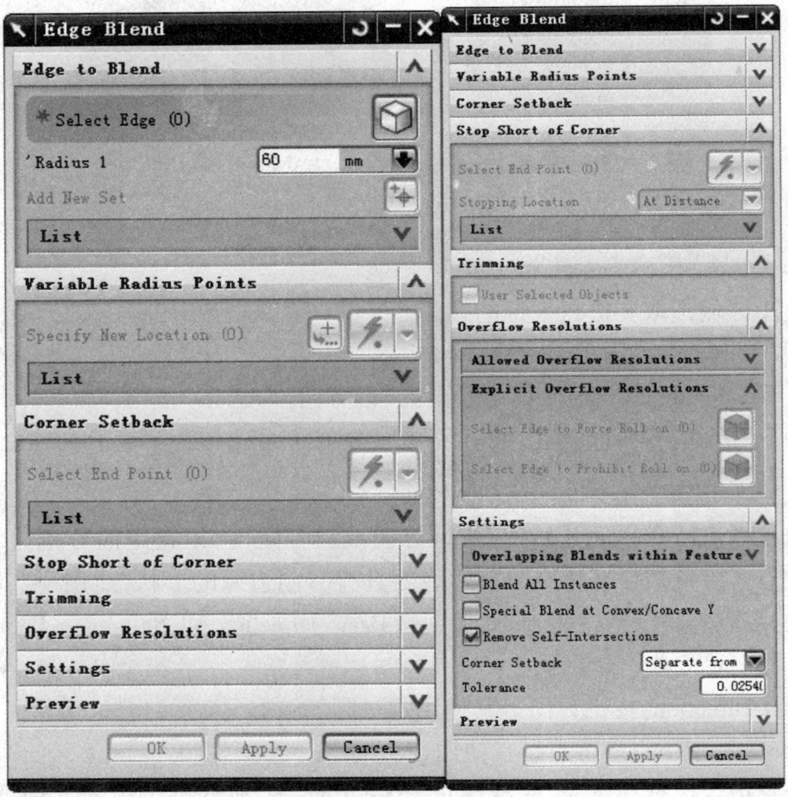

图 3－158　Edge Blend 对话框

图 3－158 中各项参数的意义如下：

(1)Blend Type：倒圆类型。

①Edge：边缘。即一般倒圆方法。指沿选取的边缘，用固定半径或变半径对实体或

片体进行倒圆,使倒圆面相切于选取边缘的邻接面。当在倒圆边缘上没有指定控制点,或仅仅指定了一个控制点时,系统用固定半径,即缺省的半径或控制点处半径进行倒圆,否则采用变半径倒圆。在用固定半径倒圆时,对同一倒圆半径的边缘,建议同时进行倒圆,而且尽量不要同时选取一个顶点的凸边缘和凹边缘进行倒圆,对多个片体进行边倒圆时,必须先把多个片体缝合成一个片体。

②Cliff Edge:陡峭边缘。指沿选取的边缘,用固定半径对实体或片体进行倒圆,使倒圆面通过指定的陡峭边缘,并与倒圆边缘邻接的一面相切。采用陡峭边缘方法倒圆时,倒圆半径必须大于陡峭边缘与倒圆边缘间的距离,通常用于陡峭边缘宽度小于倒圆半径值的情况下。

(2)Filter:过滤。对选取边缘方法进行限制。只有当 Blend Type 为 Edge 时才有效。

①All:所有。即对所选取的内容不限制,为②至③的综合。

②Edge:边缘。限制所选取的内容只能为边缘。

③)Face:面。限制所选取的内容只能为面,此时面的所有边缘为倒圆边缘。

④Body:体。限制所选取的内容只能为体,此时体的所有边缘为倒圆边缘。

(3)Default Radius:缺省半径。提供给固定半径及变化半径倒圆角时未设置倒圆半径值的地方。

(4)Add Tangent Edges:增加相切边缘。只有当 Blend Type 为 Edge 时才有效。勾选此选项时,系统自动选取所有与其相切的边缘,但所选边缘邻接的表面必须是光顺过渡的。

(5)Blend All Instances:所有阵列倒圆。勾选此选项,则当选取阵列特征中的一个成员进行倒圆时,其他成员自动按相同的方式进行倒圆。

(6)Angle Tolerance:角度公差。用于控制可变半径倒圆时的倒圆圆角误差。

(7)Overflow Resolutions:溢流选项。用于控制边缘倒圆时的溢出方式,即在边缘倒圆时,出现溢出时的处理方法。倒圆溢流发生在倒圆后曲面边界超出两个面的范围时。点击此选项,进入如图 3－159 所示的 Overflow Options 对话框。

图 3－159 中各项参数的意义如下:

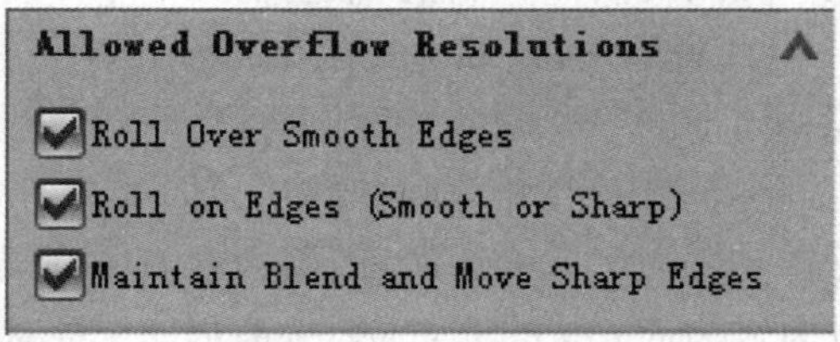

图 3－159　Overflow Options 对话框

①Roll Over Smooth Edges:允许光顺溢流,即在溢流区域是光顺的。如图3－160的左图所示,两倒圆面相切。

②Roll On Edges(Smooth or Sharp):允许悬崖边溢流。即允许在溢流区域存在锐边。如图 3－160 的中图所示,两倒圆面不相切。

③Maintain Blend and Move Sharp Edges:允许刻痕溢流。即保留相切倒圆表面,相当于在特征前添加了一倒圆面。如图 3－160 的右图所示,圆柱面自动延伸。

一般只需将溢流选项全部打开,当有溢流时,系统会根据前三个选项自动选择溢流方式,其顺序为:先打开 Allow Smooth Overflows 选项,然后打开 Allow Cliff Edge Overflows 选项,最后打开 Allow Notch Overflows 选项。

(8)Enable Blend Preview:使倒圆预览。勾选此选项,则在选取倒圆边缘时,会显示倒圆后的形状,否则不显示。

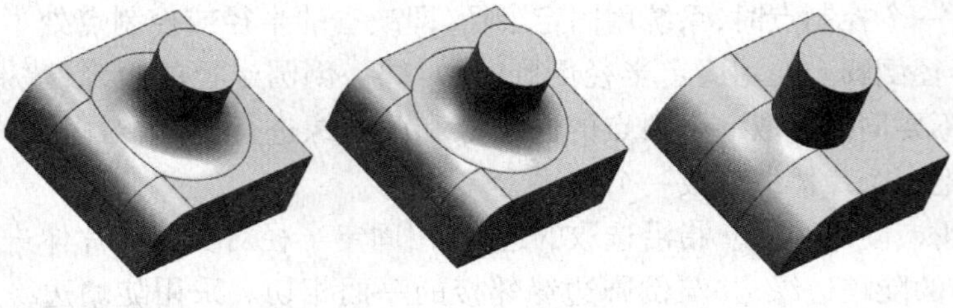

图 3－160　Overflow Options 的应用

Edge Blend 的应用如图 3－161 所示,左图的 Blend Type 为 Edge,右图的 Blend Type 为 Cliff Edge,其步骤如下:

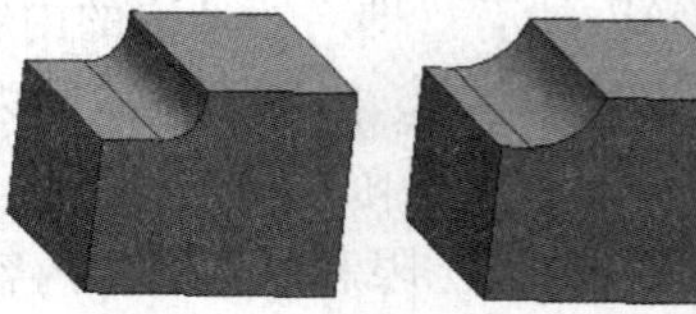

图 3－161　Edge Blend 的应用

◆在图 3－158 中选择 Blend Type。

◆在绘图区域选取倒圆边缘。

◆若为 Cliff Edge,则在绘图区域选取悬崖边缘。

◆在图 3－158 中设置其他参数后按 OK 或 Apply。

3.6.3 Face Blend(面倒圆)

在两选取面之间做相切的倒圆角,修剪选项可指定是否修剪两选取面及倒圆角,此功能可在实体或片体之间做倒圆。

【Insert(插入)】→【Detail Feature(详细特征)】→【Face Blend(面倒圆)】或点击图标,则进入如图 3－162 所示的 Face Blend 对话框。

图 3－162 中各项参数的意义如下:

(1)Selection Steps:选择步骤。一般情况下,只需用到前 2 个步骤就可完成两个选择面集之间的倒圆,只有在某些情况下才需用到后 2 个步骤。

①Select Face Chain 1:第一个面集。用于选取面倒圆中的第一个面集,可选取实体或片体上的一个或多个面作为第一个面集。选取第一个面集后,图形区域显示一矢量箭头,此箭头应指向倒圆面的中心轴,如果方向不对,可通过 Reverse Normal(反转法向)来反转其方向。其 Filter(过滤)内容有 All(所有的,为其他过滤内容的综合)、Faces(面,选取内容为面)和 Bodies(体,选取内容为实体或片体,其上的所有面作为选取内容)。

②Select Face Chain 2:第二个面集。用于选取面倒圆中的第二个面集,其使用方法同 Select Face Chain 1。

③Tangency Curves:切线。通过限制倒圆边界线,使倒圆角避过某个区域,通常适用于曲面空间受限制的倒圆场合。用于选择相切控制曲线,使沿着指定的相切控制曲线,保持倒圆表面和选择面集相切,从控制倒圆球的半径或二次曲线的偏置值。此选项只有在 Blend Type 为 Sphere 或 Conic 时有效。其 Filter(过滤)内容有 Faces(面,选取内容为面,即为面与面集的交线为相切控制线)、Edges(边缘,选取内容为边缘)、Curves(曲线,选取内容为曲线)和 Datum Planes(基准平面,选取内容为基准平面,即为基准平面与面集的交线为相切控制线)。

(2) End Tangent Overflow:边界相切溢流。勾选此选项,当指定的最后倒圆面的倒圆边界超出相邻面的边界线时,可指定相切的溢流处修剪面,使最后倒圆面的边缘不溢流。

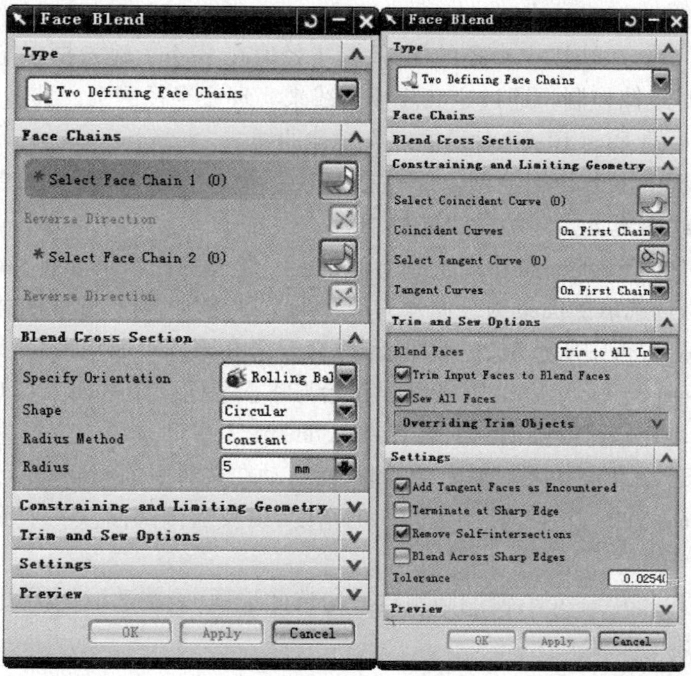

图 3-162 Face Blend 对话框

(3) Attachment Method:附着方式。用于控制倒圆时的修剪和附着方式。

①Trim & Attach All:全部修剪并附着。修剪倒圆面及两组面并互相附着。通常是使用在实体倒圆时,因为构成实体的面,其相邻面之间必定是修剪过而有共同的边缘,且面与面之间接合在一起。

②Trim Long & Attach All:长圆角修剪并全部附着。在两组面之间用可倒圆的最长范围内修剪倒圆面,且两组面互相附着。

③No Trim & Attach All:不修剪并全部附着。不修剪倒圆面或由指定限制平面修剪倒圆面,且两组面互相附着。

④Trim All:全部修剪。修剪倒圆及两组面,且两组面互相不附着,即修剪后的两组面与倒圆面各自独立。

⑤Trim Blend:修剪倒圆面。仅修剪圆角面至两组面的限制边缘或到指定的限制平面,且两组面互相不附着。

⑥Trim Blend Short:短圆角修剪。在两组面之间可倒圆的最短范围内修剪倒圆面,且两组面互相不附着。

⑦Trim Blend Long:长圆角修剪。在两组面之间可倒圆的最长范围内修剪倒圆面,且两组面互相不附着。

⑧No Trim:不修剪。不修剪倒圆面或由指定限制平面修剪倒圆面,且两组面互相不附着。

(4) Blend Type:倒圆类型。用于控制倒圆面的类型。

Sphere:球。用一个指定半径的假想球与选取的两个面集相切进行倒圆,如同一球沿倒角边线滚动所形成的倒圆,其横截面是躺在两组选取面的垂直平面上,其 Radius Method(倒圆半径方式)有:

Constant:常数。生成固定半径的倒圆,其半径值在 Radius 输入框中输入。

Law Control:规律控制。通过定义规律曲线来实现变半径倒圆。选择此选项,则进入如图 3-163 所示的 Face Blend 对话框定义规律曲线。

Tangency Controlled:相切控制。通过指定在一个选择面集上的曲线来控制倒圆半径,使倒圆面与此面集上指定的曲线处相切。

(5) Project On First Set:投影在第一个面集上。此设置在 Selection Steps 中使用(Tangency Control)时且选取的面集为片体才有效。勾选此选项,则所选取的相切控制线会投影在第一个面集上,否则所选取的相切控制线会投影在第二个面集上。

(6) Limit Start 与 Limit End:限制倒圆起始与终止平面。用平面工具对话框定义一平面,在起始或终止处修剪倒圆面。只有在 Attachment Method 选项中选择 Trim Blend 或 No Trim 时才有效,若没有定义限制平面,则倒圆面自动在选择平面间修剪。

(7) Tolerance:公差。用于控制倒圆面的精度,以及当倒圆面从一个面向另一个面转化时的光顺度。

(8) Enable Blend Preview:使倒圆预览。勾选此选项,则在选取倒圆边缘时,会显示倒圆后的形状,否则不显示。

Face Blend 的应用如图 3-163 所示,右图为对左图用相切控制进行倒圆,其步骤如下:

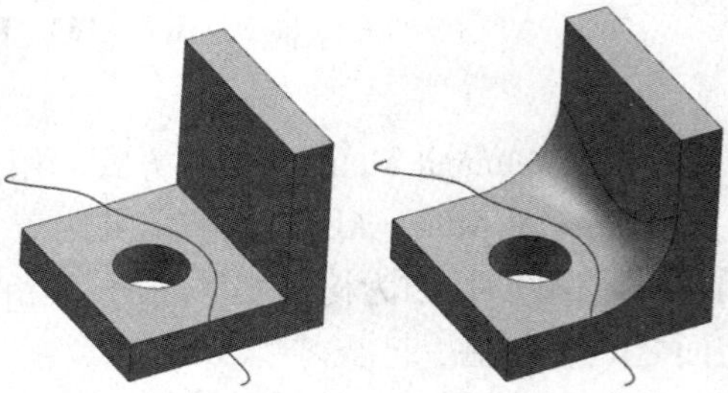

图 3-163　Face Blend 的应用

◆在图 3-162 中指定倒圆型。

◆在图 3-162 中点击(First Set),在绘图区域选择一个或多个表面作为第一个面集,必要时可用 Reverse Normal 选项反向。

◆在图 3-162 中点击(Second Set),在绘图区域选择一个或多个表面作为第二个面集,必要时可用 Reverse Normal 选项反向。

◆在图 3-162 中根据需要点击(Cliff Edges),在绘图区域指定悬崖边。

◆在图 3-162 中根据需要点击(Tangency Control),在绘图区域选取曲线或边缘作为相切控制曲线。

◆在图 3-162 中设置其他参数后按 < OK > 或 Apply。

3.6.4　Soft Blend(软倒圆)

用于生成一个更光滑的倒圆面的功能,使倒圆面沿着相切控制曲线相切于所指定的面,生成的倒圆面的横截面并不是圆弧形,所以可以避免圆弧倒圆面僵硬的感觉,同时可以对横截面外形有更多的控制,可产生一个更令人满意的设计,这在工业造型设计上是非常重要的,通过对倒圆形状的调整,可使设计的产品更轻或具有更好的流阻特性。

【Insert(插入)】→【Detail Feature(详细特征)】→【Soft Blend(软倒圆)】或点击图标，则进入如图 3－164 所示的 Soft Blend 对话框。

图 3－164 中各项参数的意义如下：

(1)Selection Steps：选择步骤。

①(First Set)：第一个面集。用于选取面倒圆中的第一个面集，其使用方法同 Face Blend 中的(First Set)。

②(Second Set)：第二个面集。用于选取面倒圆中的第二个面集，其使用方法同 Face Blend 中的(Second Set)。

③(First Tangency Curve)：第一相切曲线。用于在第一个面集上选取相切曲线，使之成为倒圆面的边缘，即倒圆面沿指定的曲线与第一个面集相切。其 Filter(过滤)内容有 Edges(边缘，即边缘线作为相切曲线)和 Curves(曲线，即曲线作为相切曲线)。

④(Second Tangency Curve)：第二相切曲线。用于在第二个面集上选取相切曲线。其使用方法同(First Tangency Curve)。

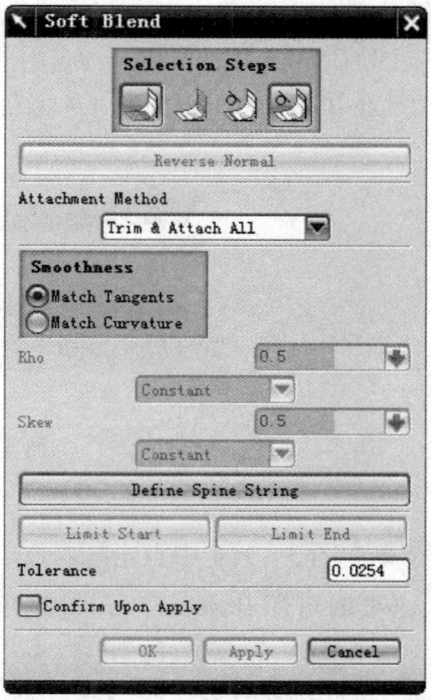

图 3－164 Soft Blend 对话框

(2) Attachment Method：附着方式。其使用方法同 Face Blend 中的 Attachment Method。

(3)Smoothness：平滑度。用于指定软倒圆面与两个面集之间的顺接方式，来控制软倒圆的截面形状。实际上，软倒圆可看成是由位于脊线法平面上无穷多簇截面曲线组成的。

①Match Tangents：相切匹配。使软倒圆面与两个面集之间以相切连续的方式顺接。此时软倒圆面的截面形状为椭圆曲线。

②Match Curvature：曲率匹配。使软倒圆面与两个面集之间以曲率连续的方式顺接。此时可以用 Rho 和 Skew 两个参数来控制软倒圆的横截面形状。

(4)Rho：投射判别式。用来设置拱高与弦高之比，其值必须大于 0 且小于 1，若 Rho 越接近 0，则软倒圆面越趋平坦，否则越趋尖锐。其值的设置有 Constant(固定)和 Law Controlled(规律控制)两种方式。

(5)Skew：倾斜度。用于设置倒圆顶端的倾斜度，其值必须大于 0 且小于 1，若 Skew 越接近 0，则软倒圆面的顶端越接近于第一个面集，否则越接近于第二个面集。其值的设置有 Constant(固定)和 Law Controlled(规律控制)两种方式。

在大多数情况下，不必关心 Rho 和 Skew 的精确含义，只要知道它们的控制趋势即可。

(6)Define Spine String：定义脊柱线串。其使用方法同 Face Blend 的 Blend Type 为 Conic 时的 Define Spine String。

(7)Limit Start 与 Limit End:限制倒圆起始与终止平面。其使用方法同 Face Blend 中的 Limit Start 与 Limit End。

(8)Tolerance:公差。用于控制软倒圆面的精度,以及当软倒圆面从一个面向另一个面转化时的光顺度。

(9)Confirm Upon Apply:应用前确认。

Soft Blend 的应用如图 3-165 所示,右图为对左图进行的软倒圆,其步骤如下:

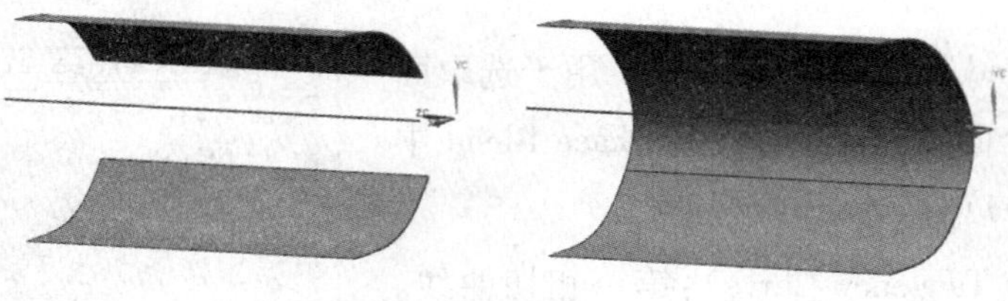

图 3-165　Soft Blend 的应用

◆在图 3-164 中点击(First Set),在绘图区域选择一个或多个表面作为第一个面集,必要时可用 Reverse Normal 选项反向。

◆在图 3-164 中点击(Second Set),在绘图区域选择一个或多个表面作为第二个面集,必要时可用 Reverse Normal 选项反向。

◆在图 3-164 中点击(First Tangency Curve),在第一个面集上选取相切曲线。

◆在图 3-164 中点击(Second Tangency Curve),在第二个面集上选取相切曲线。

◆在图 3-164 中点击 Define Spine String,选取曲线作为脊线。

◆在图 3-164 中设置其他参数后按 < OK > 或 Apply 。

3.6.5　Chamfer(倒斜角)

通过指定的倒斜角尺寸,将实体边缘截成斜角。

【Insert(插入)】→【Detail Feature(详细特征)】→【Chamfer(倒斜角)】或点击图标,则进入如图 3-166 所示的 Chamfer 对话框。

图 3-166　Chamfer 对话框

图 3-166 中各项参数的意义如下:

(1) Symmetric(单偏置):选取倒斜角边缘邻接的两个面采用同一个偏置值来进行倒斜角。

(2)Asymmetric(双偏置):选取倒斜角边缘邻接的两个面采用不同偏置值来进行倒斜角。

(3)Offset Angle(偏置、角度):选取倒斜角边缘邻接的两个面采用一个偏置值和一个角度来进行倒斜角。

1. Symmetric(单偏置)

按与倒斜角边缘邻接的两个面采用同一个偏置值方式来生成倒斜角。在图 3-166

中点击 Symmetric,选取倒斜角的边缘,所选取的倒斜角边缘必须是同一实体或片体上的边缘。

选取完同一实体或片体上的用来倒斜角的边缘后,进入 Chamfer 对话框,在对话框中的 Offset(偏置)输入框中输入偏置值,其偏置值是从边缘开始沿表面进行测量的值,然后按 OK,则对所选取的边缘进行倒斜角,并返回到图 3－166。

Symmetric 进行 Chamfer 的应用如图 3－167 所示,右图为对左图上表面的边缘进行倒斜角,其步骤如下:

◆在图 3－166 中选择 Symmetric。

◆在图 3－167 下,选取所需要进行倒斜角的边缘点击中键。

◆在图 3－166 中输入偏置值后按 < OK >。

(a)　　(b)

图 3－167　Symmetric 进行 Chamfer 的应用

2. Asymmetric(双偏置)

按与倒斜角边缘邻接的两个面分别采用不同偏置值方式进行倒斜角,在图 3－166 中点击 Asymmetric,则进入 Chamfer 对话框。用来选取倒斜角的边缘,所选取的倒斜角边缘必须是同一实体或片体上的边缘。

选取完同一实体或片体上的用来倒斜角的边缘后,进入如图 3－168 所示的 Chamfer 对话框,在对话框中输入偏置值,则对所选取的边缘进行倒斜角,并返回到图 3－166。当倒斜角的方向与所需要的方向相反时,可在点击图 3－166 中的 Flip Last Chamfer 对方向进行反转。

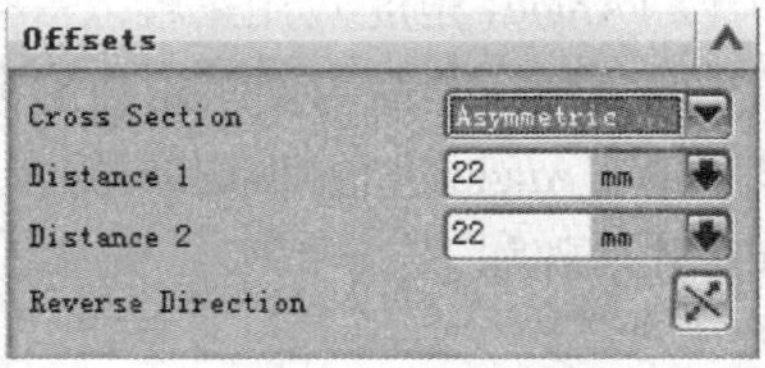

图 3－168　Chamfer 对话框

图 3－168 中各参数的意义如下:

(1) Distance1:第一偏置。用来输入边缘相邻接一个面的偏置值。

(2) Distance2:第二偏置。用来输入边缘相邻接另一个面的偏置值。

Double Offset 进行 Chamfer 的应用如图 3－169 所示,右图为对左图上表面的边缘进行倒斜角,其步骤如下:

◆在图 3－166 中选择 Asymmetric。

◆选取所需要进行倒斜角的边缘后按中键。

◆在图 3－168 中输入偏置值后按 < OK >。

◆若倒斜角的方向与需要的方向相反，则在图 3－166 中点击 Flip Last Chamfer。

图 3－169 Asymmetric 进行 Chamfer 的应用

3. Offset Angle（偏置、角度）

由一个偏置值和一个角度值来进行倒斜角。在图 3－166 中点击 Offset Angle，Chamfer 对话框。用来选取倒斜角的边缘，所选取的倒斜角边缘必须是同一实体或片体上的边缘。

选取完同一实体或片体上的用来倒斜角的边缘后，点击中键，进入如图 3－170 所示的 Chamfer 对话框，在对话框中输入偏置值后点击中键，则对所选取的边缘进行倒斜角，并返回到图 3－166。当倒斜角的方向与所需要的方向相反时，可在点击图 3－166 中的 Flip Last Chamfer 对方向进行反转。

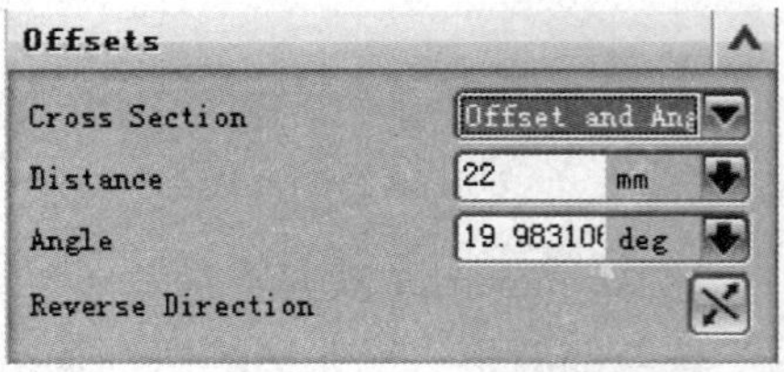

图 3－170 Chamfer 对话框

图 3－170 中各参数的意义如下：

（1）Distance（偏置）：用来输入边缘相邻接一个面的偏置值。

（2）Angle（角度）：用来输入一个大于 0，小于 90 的角度值，其值是从另一个面进行测量的，即为另一个面与倒斜角面的夹角。

Offset Angle 进行 Chamfer 的应用如图 3－171 所示，右图为对左图内孔的边缘进行倒斜角，其步骤如下：

图 3－171 Offset Angle 进行 Chamfer 的应用

◆在图 3－166 中点击 Offset Angle。

◆在图 3 – 167 下，选取所需要进行倒斜角的边缘后按 OK。

◆在图 3 – 170 中输入偏置值后按 OK。

◆若倒斜角的方向与需要的方向相反，则在图 3 – 166 中点击 Flip Last Chamfer。

3.6.6 Shell（挖空）

根据指定的厚度值生成一个挖空实体。

【Insert（插入）】→【Offset /Scale】→【Shell（挖空）】或点击图标，则进入如图 3 – 172 所示的 Shell 对话框。其挖空 Type（类型）有：

（1）Remove Faces，Then Shell：移除面后挖空。穿透表面挖空实体。

（2）Shell All Faces：挖空所有面。

1. Remove Faces，Then Shell：移除面后挖空

通过穿透选取的实体表面按指定的厚度挖空实体，实体上的任何表面都可以作为穿透面，其他表面可通过偏置指定不同的壁厚，如图 3 – 171 所示。

在输入框输入的 Default Thickness 值或 Alternate Thickness 值可正可负，但其绝对值必须大于 Shell Tolerance 值，否则出错。如果输入的厚度值为正，则所选表面向内偏置指定的厚度值，否则向外偏置指定的厚度值。

Shell Tolerance：挖空公差。即壁厚的误差大小。

Show Failure Data：显示失败数据。在操作失败的情况下，用于显示引起挖空操作失败的可能表面。

Confirm Upon Apply：应用前确认。

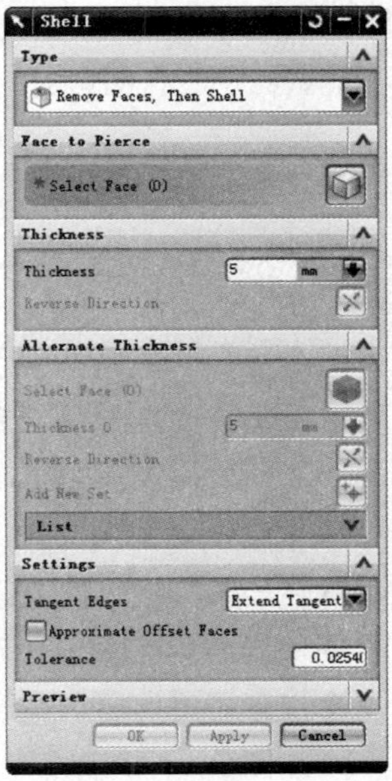

图 3 – 172　Shell 对话框

◆在图 3 – 172 中选择 Remove Faces，Then Shell 选项。

◆在绘图区域选取要穿透的表面。

◆根据需要在图 3 – 172 中定义 Offset Face。

◆在图 3 – 172 中设置其他参数后，按 < OK > 或 Apply。

◆图 3 – 173 是 Type 为 Face 时的 Shell 应用生成的图。

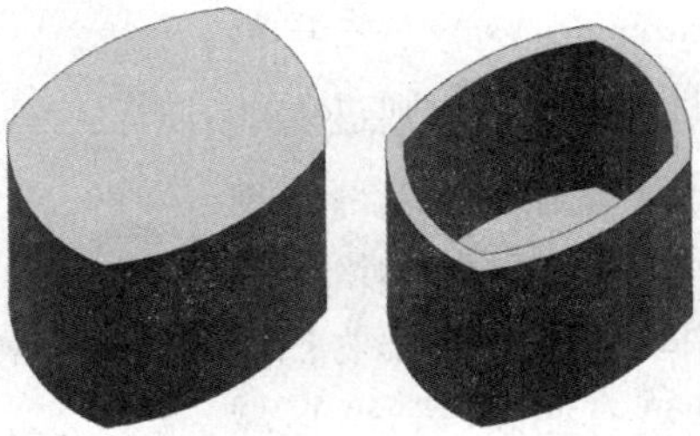

图 3 – 173　Type 为 Face 时的 Shell 应用

2. Shell All Faces：挖空所有面

不穿透实体表面,按指定的厚度对实体进行挖空,形成中空的实体,挖空时可以通过偏置为各表面指定不同的壁厚。

一次只能挖空一个实体,挖空结果是一个中空实体,指定不同壁厚的表面必须在挖空实体上选取。

Type 为 Body 时的 Shell 应用如图 3－174 所示,右图为对左图进行挖空操作,其步骤如下:

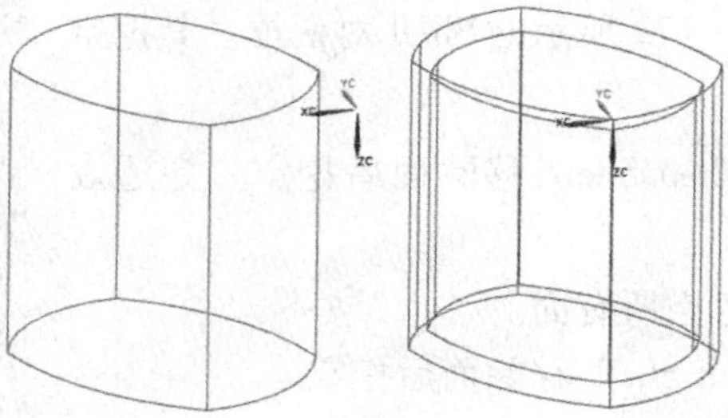

图 3－174　Type 为 Body 时的 Shell 应用

◆在图 3－172 中选择 Shell All Faces 选项。

◆在绘图区域选取要进行挖空的实体。

◆根据需要在图 3－172 中设置 Offset face。

◆根据需要选取偏置表面,并指定其壁厚值。

◆在图 3－172 中设置其他参数后,按 < OK > 或 Apply 。

3.6.7　Extract(抽取)

从一实体上抽取曲线、曲面、指定区域的曲面或实体,或者是抽取缝合后的壳体(因为缝合后的曲面是连接在一起的)。若抽取的是一个面或一个区域,则生成的是片体;若抽取的是实体,则生成的是与原对象相同的实体或片体;若抽取的是曲线,则生成一个 EXTRACTED_CURVE(抽取曲线)特征。

【Insert(插入)】→【Associate Copy(关联复制)】→【Extract(抽取)】或点击图标,则进入如图 3－175 所示的 Extract 对话框,对话框上部选项是用于选择抽取几何对象的类型,中部显示区将随所选择类型的变化而显示不同的参数,下部为控制选项。可抽取的几何对象类型有曲线、表面、区域和体。

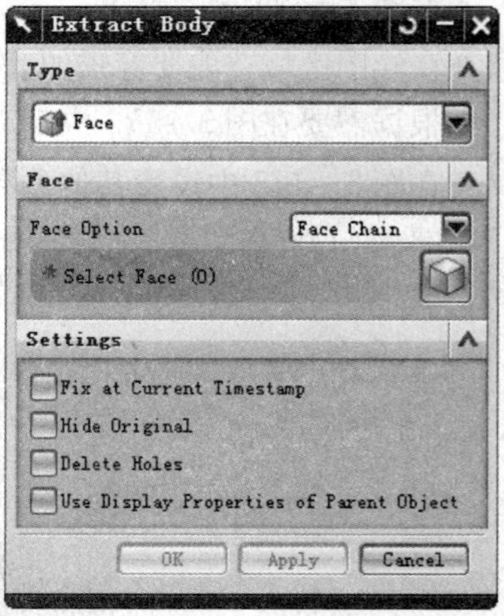

图 3－175　Extract 对话框

图 3－175 中各项参数的意义如下:

(Curve):曲线。从曲线或实体边缘上抽取曲线。

(Face)：面。从实体或片体上抽取表面。

(Region)：区域。从选择的表面集区域中抽取一个片体。

(Body)：体。用于对实体或片体进行复制。

At Timestamp：时间标记。勾选该选项，则生成的抽取特征不随原几何体增加后续特征而变化；不勾选该选项，则生成的抽取特征随原几何体增加后续特征而变化，其时间顺序总是在模型中其他特征之后。

Blank Original：隐藏原始的。选该选项，若原几何体是一个完整的对象，或生成的是一个抽取区域特征，则原几何体在抽取特征生成后被隐藏，否则原几何体在抽取特征生成后不被隐藏，如曲线可被隐藏，但实体边缘不能被隐藏；不选该选项，则原几何体不被隐藏。

1. (Curve)：曲线

从曲线、曲面或实体边缘上抽取曲线，抽取得到的曲线为 EXTRACTED_CURVE 特征，并可以进行编辑。图 3－175 即为点击(Curve)后的对话框，在绘图区域选取要抽取的曲线或曲面的边缘或实体的边缘后，在图 3－175 中设置其他参数后按 OK 或 Apply，则生成抽取曲线。

Curve Extract 的应用如图 3－176 所示，右图为选取左图实体上的所有边缘后抽取的曲线，其步骤如下：

步骤 1：在图 3－175 中点击(Curve)。

步骤 2：在绘图区域选取所有要抽取的线、面的边缘、实体的边缘。

步骤 3：在图 3－175 中设置其他参数后按 OK 或 Apply。

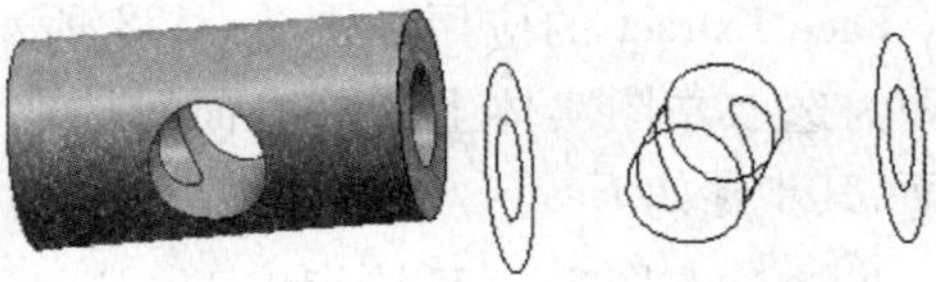

图 3－176　Curve Extract 的应用

2. (Face)：面

从实体或片体中抽取表面，抽取的表面是一个片体。此功能可以把片体类型转化成 B 表面类型，这是非常有用的，因为 B 表面的数据可以转化到其他系统(如 ICAD 或 PATRAN 等系统)中，而且可以改变其标准(如 IGES)。

在图 3－175 中点击(Face)，则其中部显示区变为如图 3－177 所示。

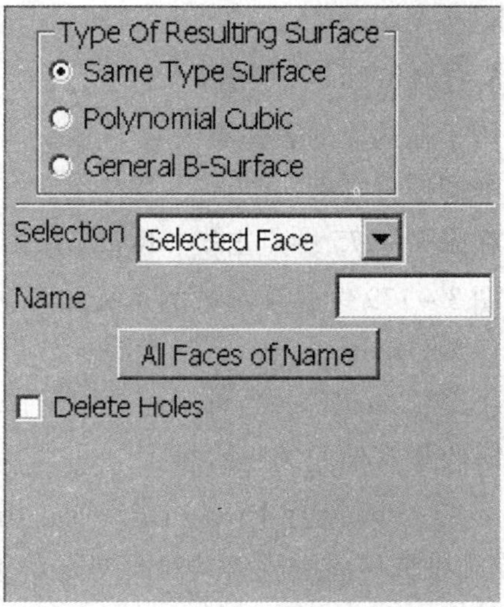

图 3－177　Face Extract 中部显示区对话框

图 3－177 中各项参数的意义如下：

(1) Type Of Resulting Surface：生成表面的类型。用于控制抽取后得到表面的类型。

①Same Type Surface：与曲面类型相同。使抽取后得到表面的类型与抽取前所选取的表面的类型相同。

②Polynomial Cubic：三次多项式。使抽取表面的类型转化成三次多项式 B 表面类型。这种抽取后得到表面与抽取前所选取的表面很接近，但不是抽取前所选取的表面的精确复制。由于三次多项式 B 表面类型片体实际上是由许多参数化的三次面修补在一起的，因此这种抽取后得到表面能够转换到其他 CAD、CAM 和 CAE 应用中。

③General B－Surface：一般 B 表面。使抽取表面的类型转化成一般 B 表面类型。这种抽取后得到表面的类型可能不是多项式（即使是多项式，也可能不是三次）表面，因此更加合理，可认为是抽取前表面的精确复制。但这种抽取得到的表面很难转换到其他系统中。

（2）Selection：选择。即选择表面的方式。

①Selected Face：选择表面。仅抽取所选取的表面。

②Adjacent to Face：相邻表面。不仅抽取所选取的表面，而且还抽取所选取表面所有的相邻表面。

③All in Body：实体上所有的。抽取所选取实体上的所有表面。

（3）Name：名称。通过输入名称还抽取表面。

（4）All Faces of Name：名称上的所有表面。抽取输入名称上的所有表面。

（5）Delete Hole：删除孔。当勾选此选项时，则在抽取表面上的所有孔特征将全被忽略，仅抽取出一个素面。

Face Extract 的应用如图 3－178 所示，右图为选取左图实体上的外表面后抽取的表面，其步骤如下：

步骤 1：在图 3－175 中点击（Face）。

步骤 2：在绘图区域选取所有要抽取的表面。

步骤 3：在图 3－175 中设置其他参数后按 OK 或 Apply。

图 3－178　Face Extract 的应用

3. （Region）：区域

用于在选取的表面集区域中抽取一个片体，该片体中的面是相对于种子面，并由边界面限制而得到的。

在图 3－175 中点击（Region），则其中部显示区变为如图 3－179 所示。

图 3－179 中各项参数的意义如下：

（1）Selection Steps：选择步骤。

①（Seed Face）：种子面。用于指定抽取区域的种子面。即指定一个面作为抽取区域时收集其他面的起始面。

②（Boundary Faces）：边界面。用于指定抽取区域的边界面。即选取一个或多个面，作为抽取区域时收集其他面的边界，使从种子面开始至边界面终止，所经过的所有面形成抽取区域。

（2）Tangential Edge Angle：相切边角度。此选项用于 UG 的加工模块中。

（3）Angle Tol.（Deg）：角度公差。此选项用于 UG 的加工模块中。

（4）Traverse Interior Edges：横越内部边缘。使系统自动收集选取表面集中的内部面。

勾选此选项，则对选取表面集中的每一个面，系统自动收集其内部面。这些内部面的边缘必须形成部分或全部的完整内环。即从种子面到边界面之间区域所抽取的面，如果其中具有内部循环边缘时，横越内部边缘选项是用来决定是否要通过此循环继续搜集抽取面。

(5) Delete All Openings：删除所有缺口。勾选此选项，则删除所选取面中所有内孔。当 Traverse Interior Edges 勾选上时，Delete All Openings 功能无效。

(6) Preview Region：预览抽取区域。用于查看抽取的区域是否符合要求。

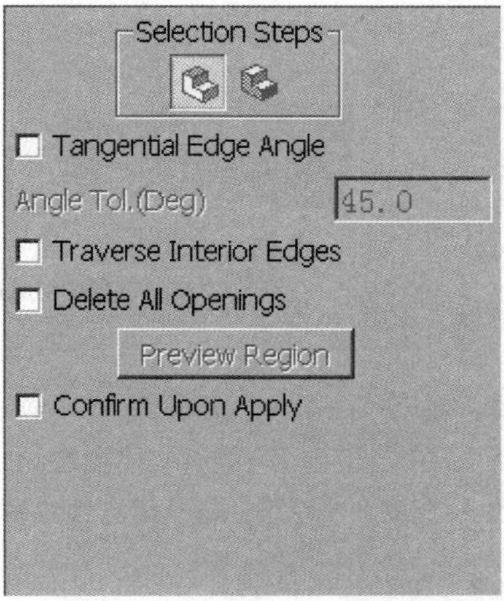

图 3－179　Region Extract 中部显示区对话框

(7) Confirm Upon Apply：应用前确认。

Region Extract 的应用如图 3－180 所示，右图为选取左图实体上的外表面作种子面，两端面作边界面，勾选 Traverse Interior Edges 后抽取的表面，其步骤如下：

图 3－180　Region Extract 的应用

步骤 1：在图 3－175 中点击 (Region)。

步骤 2：在图 3－179 中点击 (Seed Face)。

步骤 3：在绘图区域选取所有要抽取表面中的种子面。

步骤 4：在图 3－179 中点击 (Boundary Faces)。

步骤 5：在绘图区域选取所有要抽取表面的边界面。

步骤 6：在图 3－175 中设置其他参数后按 OK 或 Apply。

4. (Body)：体

用于对实体或片体进行复制，其复制的实体或片体与原实体或片体是相关的。此功能在同时要用两个同样的实体或片体时，是很方便的。

在图 3－175 中点击 (Body)，则其中部显示区与为 (Curve) 时的中部显示区一样。在绘图区域选取实体或片体后，按 OK 或 Apply，则完成对实体或片体的抽取。

Body Extract 的应用如图 3－181 所示，右图为选取左图实体进行抽取得到的实体，其步骤如下：

图 3－181　Body Extract 的应用

步骤 1：在图 3－175 中点击（Body）。

步骤 2：在绘图区域选取所有要抽取的实体。

步骤 3：在图 3－175 中设置其他参数后按 OK 或 Apply。

3.6.8　Instance（阵列）

在一存在特征或实体中进行成组复制或镜像，一次可以生成 一个或多个实体，因为特征实体的实体是有关联性的，如果改变了特征实体的参数，所有的实体也会跟着改变。

【Insert（插入）】→【Associate Copy（关联复制）】→【Instance（阵列）】或点击图标，则进入如图 3－182 所示的 Instance 对话框。

图 3－182 中各项参数的意义如下：

（1）Rectangular Array：矩形数组。用于生成矩形阵列。

（2）Circular Array：圆形数组。用于生成圆形阵列。

（3）Pattern Face：模型面。用于对指定的种子面与边界面之间的所有特征按给定的方向进行特征阵列。

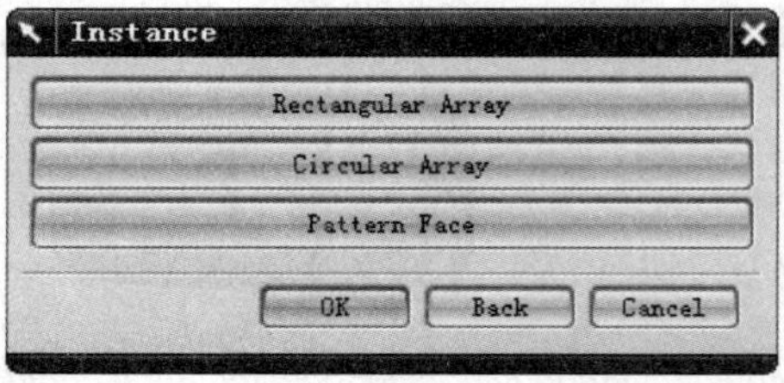

图 3－182　Instance 对话框

1. Rectangular Array（矩形数组）

此阵列方式使阵列后的特征成矩形（行数×列数）排列。在图 3－182 中点击 Rectangular Array，则进入 Instance 对话框，用来选取要进行阵列的特征。在绘图区域选取完要进行阵列的特征后，则进入如图 3－183 所示的 Enter parameters（输入参数）对话框，用来输入矩形阵列的参数。输入完参数后按 OK，则进入如图 3－184 所示的 Create instances（生成阵列）对话框，在对话框中按 Yes，则生成阵列特征；在对话框中按 No，则取消生成阵列特征。

图 3－183 中各项参数的意义如下：

（1）Method：方式。即生成阵列特征的方式。

①General：一般/通用。是比较常用的生成方式，生成时允许与目标实体有相交情形，即其阵列可以和一表面的边缘相交，也可以从一个面贯穿到另一个面。并对所有的几何特征进行合法性验证。

②Simple：简易。与 General 类似，但不进行合法性验证和数据优化操作，因此其生成速度更快。如果生成的特征实体与目标实体有相交或相切时将无法生成特征实体，并出

现错误信息。

③Identical：相同。以最快速生成特征实体的方式，但系统不检验实体的有效性，也不执行布尔运算操作，只是简单地执行主要实体面与边缘的复制与位移。因此每一个阵列的成员都是原始特征的一个精确复制，在阵列特征较多，以及能确定它们完全相同的情况下可以用此选项。

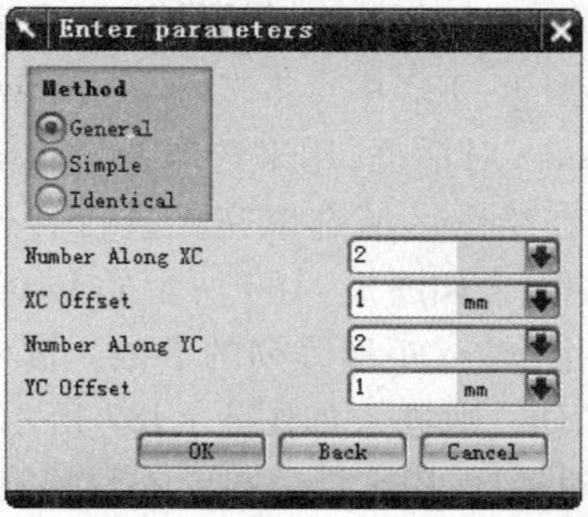

图 3－183　Enter parameters 对话框

(2) Number Along XC：沿 *XC* 向数量。沿 *X* 方向复制的数量。

(3) XC Offset：*XC* 向偏置。沿 *X* 方向复制的距离，是从一个成员至下一个成员的相同点测量的。

(4) Number Along YC：沿 *YC* 向数量。沿 *Y* 方向复制的数量。

(5) YC Offset：*YC* 向偏置。沿 *Y* 方向复制的距离，是从一个成员至下一个成员的相同点测量的。

可对一个或一组特征进行矩形阵列，被阵列的特征称为范例，阵列后得到的特征称为阵列成员，范例与成员、成员与成员是相互关联的，因此对其中一个范例或成员的参数进行编辑后，会影响其阵列中的所有成员与范例。所以在阵列操作时，必须确保阵列后的所有成员都能与范例所有的实体接触。

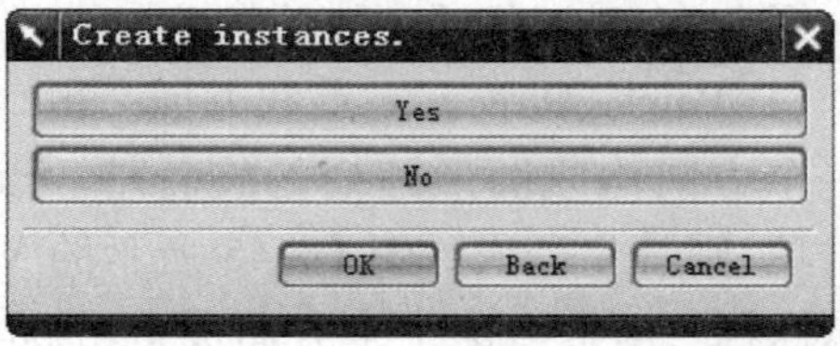

图 3－184　Create instances. 对话框

Rectangular Array 进行 Instance 的应用如图 3－185 所示，右图为对左图的键槽进行矩形阵列，其步骤如下：

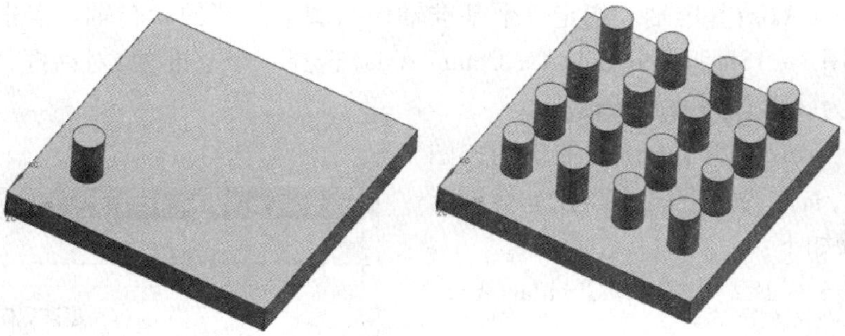

图 3－185　Rectangular Array 进行 Instance 的应用

◆在图 3－182 中点击 Rectangular Array。

◆在绘图区域选取要进行阵列的特征。

◆在图 3－183 中设置矩形阵列的各项参数后按 OK。

◆在图 3－184 中按 Yes。

2. Circular Array(圆形数组)

此阵列方式使阵列后的特征成圆形排列。在图 3 – 182 中点击 Circular Array,则进入 Instance 对话框,用来选取要进行阵列的特征。在绘图区域选取完要进行阵列的特征后,则进入如图 3 – 186 所示的 Instance 对话框,用来输入矩形阵列的参数。输入完参数后按 OK,则进入如图 3 – 187 所示的 Instance 对话框,用来指定圆形阵列的旋转轴。指定旋转轴后按 OK,则进入如图 3 – 183 所示的 Create instances(生成阵列)对话框,在对话框中按 Yes,则生成阵列特征;在对话框中按 No,则取消生成阵列特征。

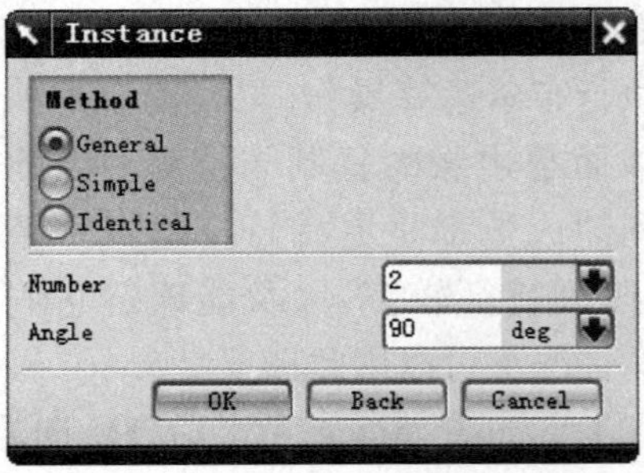

图 3 – 186　Instance 对话框

图 3 – 186 中各项参数的意义如下:

(1) Method:方式。与图 3 – 183 中的 Method 用法相同。

(2) Number:数量。生成圆形阵列的特征数量。

(3) Angle:角度。生成的两相邻特征实体相对于旋转轴的夹角。

图 3 – 187 中各项参数的意义如下:

(1) Point _Direction:点和方向。由一点和一个方向构成圆形阵列的旋转轴。点击此选项,则首先进入如图 1 – 45 所示的 Vector 对话框,用来指定一个方向矢量,指定方向后按 OK,则进入如图 1 – 23 所示的 Point 对话框,用来指定一个点,指定一个点后按 OK,则由所指定方向和点构成圆形阵列的旋转轴。

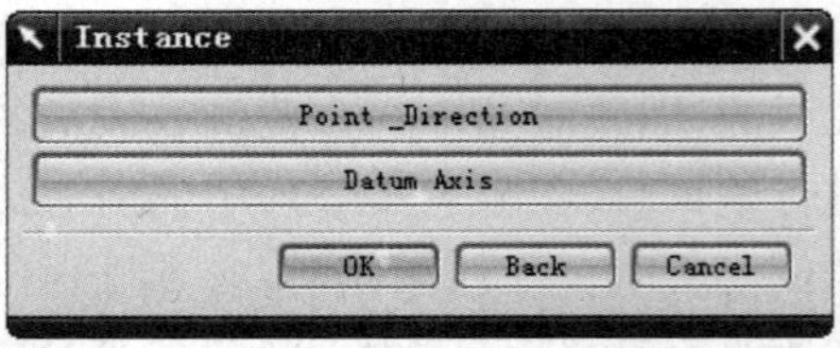

图 3 – 187　Instance 对话框

(2) Datum Axis:基准轴。指定一个基准轴作为圆形阵列的旋转轴。点击此选项,则首先进入如图 3 – 188 所示的 Select a Datum Axis(选择一个基准轴)对话框,用来选取一个基准轴作为圆形阵列的旋转轴。

Circular Array 进行 Instance 的应用如图 3 – 189 所示,右图为对左图的圆孔进行圆形阵列,其步骤如下:

◆在图 3 – 182 中选择 Circular Array 选项。

◆在绘图区域选取要进行阵列的特征。

◆在图 3 – 186 中设置圆形阵列的各项参数后按 OK。

图 3 – 188　Select a Datum Axis 对话框

◆在图 3 – 187 中选择指定圆形阵列的旋转轴的方法,并指定旋转轴。

◆在图 3 – 184 中按 Yes。

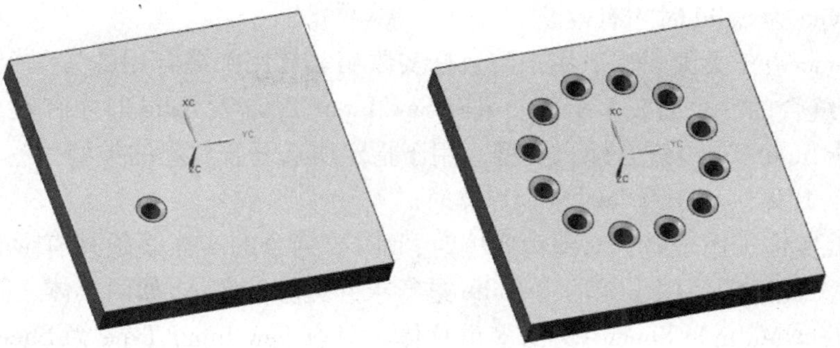

图 3－189　Circular Array 进行 Instance 的应用

3.6.9　Sew(缝合)

连接两个或多个片体来生成单一的片体。如果缝合的片体形成封闭的容积,则构成一个实体,当想把一个或多个片体转换成具有体积的实体模型时,此功能非常有效。把一个或多个片体缝合起来后,可用作修剪面或分割面。此功能也可用于缝合两实体,但这两个实体必须有一个或多个共同的面。

【Insert(插入)】→【Combine(联合)】→【Sew(缝合)】或点击图标,则进入如图 3－190所示的 Sew 对话框。在缝合实体或片体时,先指定缝合对象的类型,然后按选择步骤选取缝合对象,并设置缝合参数后按 OK 或 Apply,则对所选取的对象进行缝合。

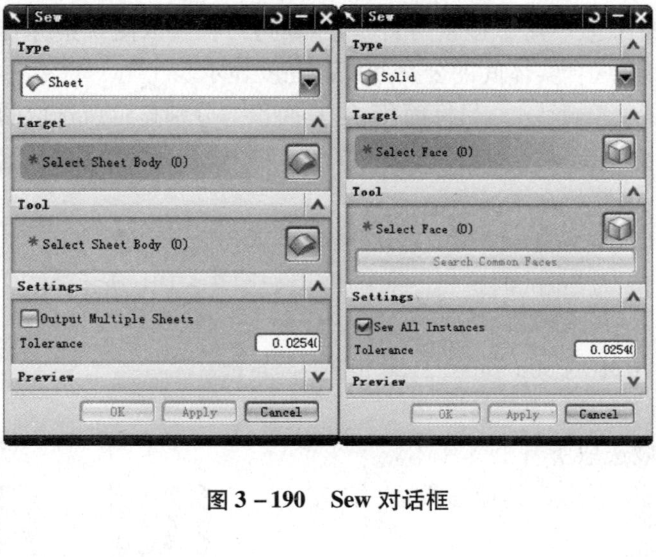

图 3－190　Sew 对话框

图 3－190 中各项参数的意义如下:

(1)Selection Steps:选择步骤。

①Target sheet:目标片体。选取用来缝合用的一个片体。只有 Sew Input Type 为 Sheet 时才有效。

②Tool sheets:工具片体。选取用来与目标片体相邻且用来缝合用的一个或多个片体。只有 Sew Input Type 为 Sheet 时才有效。

③Target faces：目标面。选取用来缝合用的一个实体中的一个面或多个面。只有 Sew Input Type 为 Solid 时才有效。

④Tool faces：工具面。选取用来与目标实体相邻且用来缝合用的另一个实体中的与工具面进行缝合的一个面或多个面。只有 Sew Input Type 为 Solid 时才有效。

（2）Sew Input Type：缝合输入类型。用于指定所选缝合对象的类型。

①Sheet：片体。用于缝合对象为片体时。

②Solid：实体。用于缝合对象为实体时，此时要缝合的实体必须具有形状相同、面积相近的表面。此选项适用于无法用 Unite 进行求并运算的实体，如两实体之间有一间隙。

（3）Output Multiple Sheets：输出多重片体。只有 Sew Input Type 为 Sheet 时才有效。此选项在缝合面后将生成多个片体，这是因为缝合的所有面中有某一区域的面与另一区域的面之间的间隙超过设置的缝合公差，某一区域的面缝合成一片体而另一区域的面缝合成另一片体，所以要设置输出多重片体。此功能经常用在使用 IGES 接口转入其他系统的面时将面再缝合成一片体。

（4）Sew All Instances：缝合所有阵列。只有 Sew Input Type 为 Solid 时才有效。用于缝合阵列特征中的所有成员，勾选此选项，如果选取阵列中某个成员进行缝合，则阵列中所有成员都被缝合。

（5）Sew Tolerance：缝合公差。用于控制被缝合片体或实体边缘间的最大距离。在缝合片体或实体时，若边缘间的距离小于 Sew Tolerance 值，则不论是间隙还是重叠，边缘将缝合在一起；否则不能缝合成功。同时，Sew Tolerance 值不能大于被缝合片体或实体的最短边缘，否则，可能生成不可预料的结果。

（6）Search common faces：搜索公共面。只有 Sew Input Type 为 Solid 时，且目标面与工具面都选好了才有效。用于搜索两实体之间的公共面，以便观察缝合实体间的缝合区域。勾选此选项，则缝合实体间的公共面以高亮度显示。

（7）Target Area，Tool Area：目标面积、工具面积。分别显示所选取的目标面和工具面的总面积。只有 Sew Input Type 为 Solid 时才有效。只有在两个面积接近时，两个实体才可能缝合。

（8）Confirm Upon Apply：应用前确认。

Sew Input Type 为 Sheet 时进行 Sew 的应用如图 3－191 所示，右图为对左图两片体进行缝合后的结果，其步骤如下：

◆在图 3－190 中的 Sew Input Type 设置为 Sheet。

◆在绘图区域选取一个目标片体。

◆在绘图区域选取所有工具片体。

◆在图 3－190 中设置其他参数后，按 OK 或 Apply。

Sew Input Type 为 Solid 时进行 Sew 的应用如图 3－192 所示，右图为对左图两实体进行缝合后的结果，其步骤如下：

◆在图 3－190 中的 Sew Input Type 设置为 Solid。

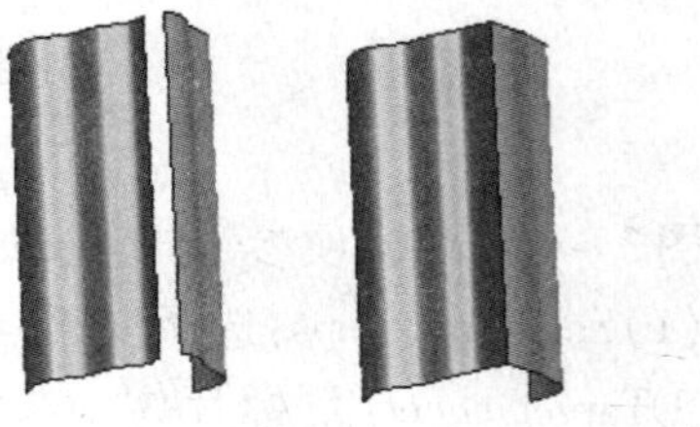

图 3－191　Sew Input Type 为 Sheet 时进行 Sew 的应用

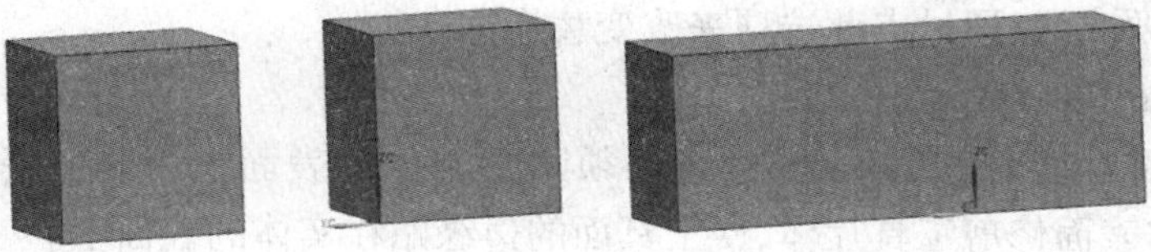

图 3-192　Sew Input Type 为 Solid 时进行 Sew 的应用

◆在绘图区域选取所有目标面。

◆在绘图区域选取所有工具面。

◆在图 3-190 中设置其他参数后，按 OK 或 Apply。

3.6.10　Patch(修补)

用一个片体(曲面)来替换实体上的一个或多个面，或用一个片体修补另一个片体。此功能在某些情况下是非常有用的，如可用一个事先做好的面来修补一些不光滑的曲面。另外在实体操作中，偶尔会残留一些不想要的凸块，这些对整个实体而言是一个不干净的区域，也可以使用此功能，先根据不干净区域相邻的边界生成一曲面，而后使用此曲面来修补不干净区域。

【Insert(插入)】→【Combine(联合)】→【Path(修补)】或点击图标，则进入如图 3-193 所示的 Patch 对话框。

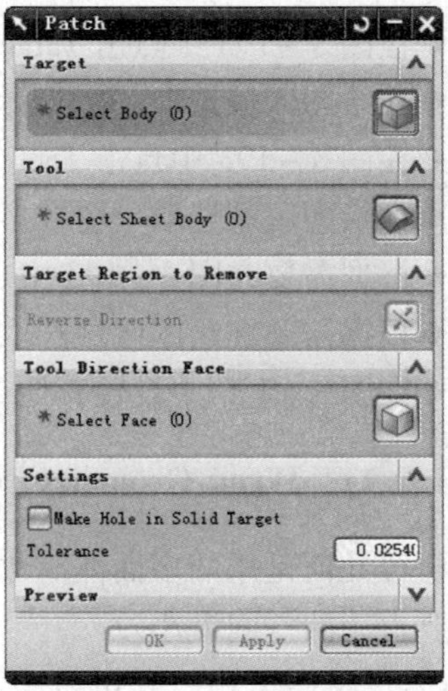

图 3-193　Patch 对话框

图 3-193 中各项参数的意义如下：

(1) Selection Steps：选择步骤。

①Target Body：目标体。用于选取要修补的目标体，可以是实体，也可以是片体。

②Tool Sheet：工具片体。用于选取修补目标体的工具片体。工具片体可以是一个或多个片体，此时，工具片体上显示实线箭头，表示工具片体将替换哪个方向的目标体表面。即修补时，在箭头方向一侧的目标体上的表面被工具片体替换，如果缺省的方向不合要求，可点击 Reverse Removal Direction 选项来反转方向。

③Tool Face：工具面。用于在有多个表面的工具片体中选取一个表面作为工具面，此工具面的法向作为替换目标体的方向。此时，替换目标体的缺省方向为指定的工具面法向，并以实线箭头显示在工具面上，如果缺省的方向不合要求，可点击 Reverse Removal Direction 选项来反转方向。当勾选 Create Hole Patch 时，此选项无效。

(2) Create Hole Patch：创建孔型修补。使用一个封闭的片体来修补目标实体，在目标实体中生成封闭片体的孔型。即在目标实体上创建一个孔，这个孔是工具实体所包围的部分，利用此选项，可以在实体上生成不规律的孔。方法是先建立一个不规律孔的片体，片体的两端应位于实体的表面上，然后再用此片体修补实体。

(3) Reverse Removal Direction:反转移动方向。当工具片体将替换系统缺省方向的目标体表面不合要求时,通过点此选项来改变替换方向。

(4) Confirm Upon Apply:应用前确认。

在使用修补功能时,工具面的边缘必须贴在实体的表面上,因此,一般在进行修补前,先用目标体表面修剪工具片体,使工具面的边缘贴在实体的表面上。

Patch 的应用如图 3 – 194 所示,右图为用左图片体对实体进行修补后的结果,其步骤如下:

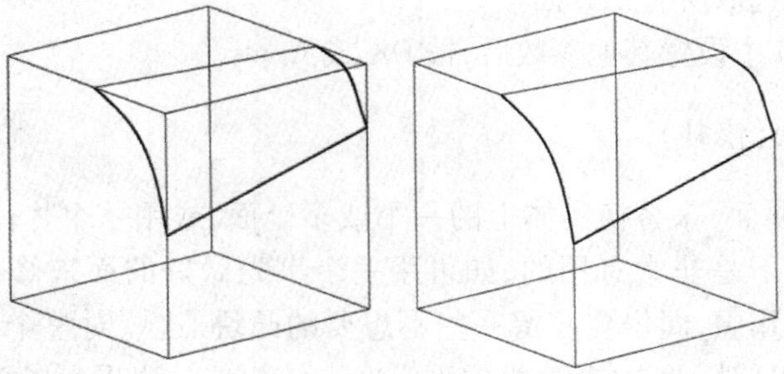

图 3 – 194　Patch 的应用

◆在图 3 – 193 中点击 Target Body。

◆在绘图区域选取一个目标体。

◆在图 3 – 193 中点击 Tool Sheet。

◆在绘图区域选取一个或多个工具片体。

◆根据需要在图 3 – 193 中点击 Tool Face。

◆根据需要在绘图区域选取一个工具面。

◆在图 3 – 193 中设置其他参数后,按 OK 或 Apply。

3.6.11　Wrap Geometry(包覆几何)

包覆几何是用凸多面体简化复杂模型的外形,用于确定零部件的包装尺寸和安装时所需要占用的空间大小。

【Insert(插入)】→【Offset/Scale】→【Wrap Geometry(包覆几何)】或点击图标,则进入如图 3 – 195 所示的 Wrap Geometry 对话框。

图 3 – 195 中各项参数的意义如下:

(1) Selection Steps:选择步骤。

①(Geometry to Wrap):包覆的几何体。用于选取需要包覆的几何形体,可以选取多个实体、片体、曲线和点作为包覆的几何体。在包覆时,系统将选取的几何体转换成包覆点,然后用平面进行包络,形成一个由平面构成的简单实体。可在 Close Gaps 选项中选择一种间隙封闭方法,使包覆表面在原有基础上稍微向外偏置,以便生成的包覆多面体包围所有选取的几何体。

②Close Gaps:用于指定包覆表面间存在间隙的封闭方法。

Sharp:尖锐。为延伸各包覆表面使彼此相接来封闭间隙。此封闭间隙方法会形成尖角。主要用于当间隙小于 Distance Tolerance 的场合。

Beveled:斜面。为在包覆表面间隙位置创建一个斜面来封闭间隙。创建的斜面不会比指定的 Distance Tolerance 窄,因此不会在包覆时形成很小的斜面。在间隙小于 Distance Tolerance 的地方,采用与 Sharp 相同的方法来封闭间隙。

No Offset:无偏置。为使包覆表面不偏置。此包覆方法操作速度较快,包覆的结果不一定能全部包覆原几何体。

③Distance Tolerance:距离公差。用于设置包覆的距离公差。包覆距离公差确定包覆多面体与原几何体的接近程度。包覆距离公差值越小,产生的包覆点越多,包覆多面体就越接近原几何体,但执行包覆的时间就越长。包覆距离公差值,对曲线指的是最大拱高;对实体指的是最大拱平面。它的缺省值是部件距离公差的 100 倍。

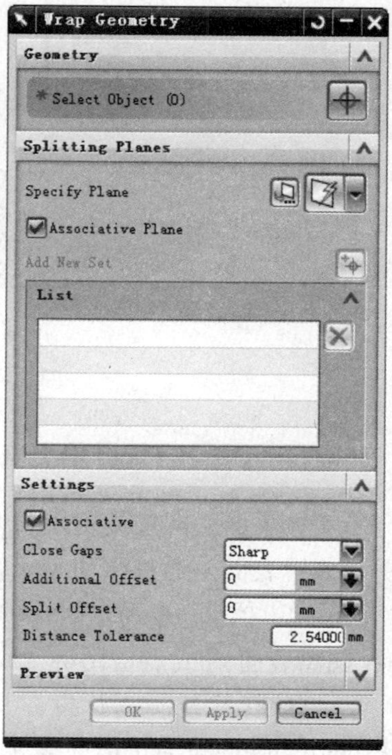

图 3 – 195　Wrap Geometry 对话框

④Additional Offset:附加偏置。用于设置包覆表面的附加偏置值。使包覆实体表面的实际偏置,比系统缺省的偏置值大。选择包覆对象后,如果不要求生成的包覆精确接近原几何体,可直接按 OK 或 Apply,生成包覆。由于包覆操作的结果为实体,所以选取的几何体不能共面。另外,生成包覆后,原几何体仍然存在,且不会改变。

定义的各分割平面应能切到所选取的几何体,使实体分割后能相互接触,并能合并成一个简单的实体,否则将出现错误信息。若分割平面为多个非平行平面,则各平面可相互细分所选几何体成多个部分。如果要确定一个装配部件的包装尺寸,或者要确定一个子装配在装配部件中的空间占有位置,或者确定一个子装配在装入的过程中是否与其他部件相碰,这些都需要对装配部件进行包覆。但在 UG 中不能直接对一个部件进行包覆,在包覆前,先要用提升实体的方法,将部件中的实体提升到装配中,然后再进行包覆操作。

(2)Confirm Upon Apply:应用前确认。

Wrap Geometry 的应用如图 3 – 196 所示,右图为对左图进行包覆的结果,如果用线框显示,可以看到包覆后的多面体中的所选包覆几何体,其步骤如下:

◆在图 3 – 195 中点击 Geometry to Wrap。

◆在绘图区域选取包覆几何体。

◆在图 3 – 195 中设置其他参数。

◆在图 3 – 196 中通过 Define 选项定义分割平面,或在绘图区域选取分割平面。

◆在图 3 – 196 中设置其他参数。

◆在图 3 – 195 中按 OK 或 Apply。

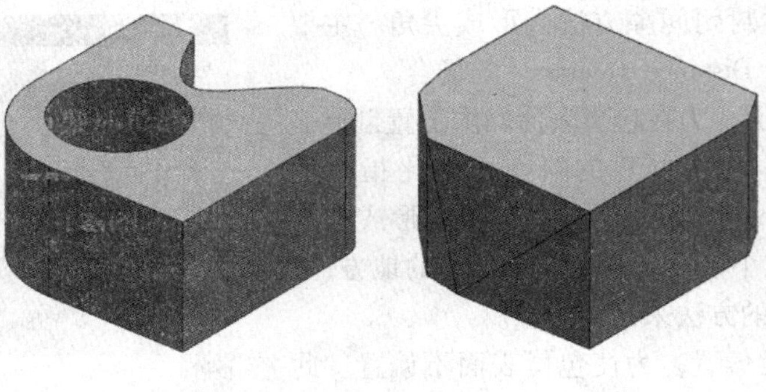

图 3 - 196　Wrap Geometry 的应用

3.6.12　Offset Face(偏离表面)

沿实体表面法向按指定距离偏置一个或多个表面,常用来做实体长度的延伸或外形变更。偏置表面是通过移动实体表面,使整个实体发生变化。

【Insert(插入)】→【Offset/Scale】→【Offset Face(偏离表面)】或点击图标,则进入如图 3 - 197 所示的 Offset Face 对话框。其 Offset Value(偏置值)可正可负,当为正值时表示沿实体表面法向向外偏置指定的距离,为负值时表示沿实体表面法向向内偏置指定的距离。

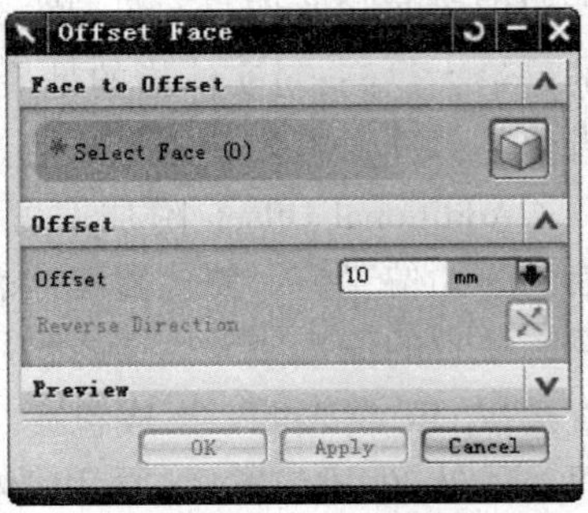

图 3 - 197　Offset Face 对话框

图 3 - 197 中各项参数的意义如下:

Offset Face:偏置表面。用于偏置选取的实体表面。点击此选项,则进入如图 3 - 196 所示的 Offset Face 对话框,用来选取偏置表面,表面的选取可以直接在绘图区域选取,也可以在对话框中指定一种选择表面的方式,再选取表面。图 3 - 196 中各项参数的意义与用法和所示的 All Edges in Face 对话框中所对应的参数的意义与用法相同。选取要偏置的一个或多个表面后,按 OK,则选取的表面沿其法向按指定的偏置值偏置。

当在偏置后的实体表面数量减少使实体的拓扑运算发生改变,或者在偏置后的实体表面产生自我相交时,是无法做偏置的。另外,当使用偏置后的实体来生成实体拷贝时,只能拷贝原始未偏置前的实体。

Offset Face 的应用如图 3 - 198 所示,右图为对左图最外圈的 10 个表面进行偏置后的结果,其步骤如下:

◆在图 3 - 197 中输入偏置值后按 OK。

◆在图 3 - 197 中选择一种偏置方式。

◆按各自的偏置方式选取要偏置的内容后按 OK。

3.6.13　Scale Body(比例体)

对所选取的实体或片体进行规则或不规则的比例缩放。

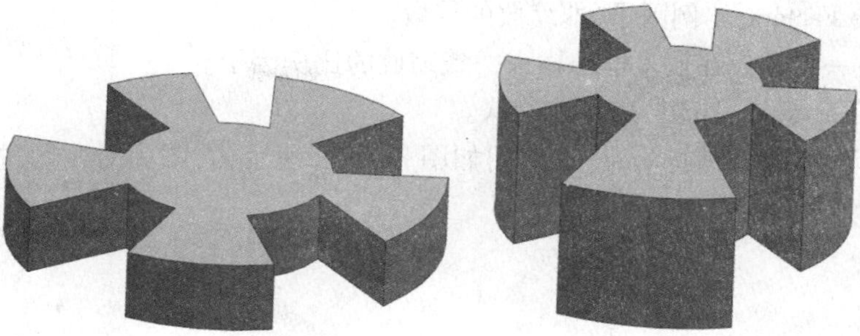

图 3－198　Offset Face 的应用

【Insert(插入)】→【Offset/Scale】→【Scale Body(比例体)】或点击图标，进入如图 3－199 所示的 Scale 对话框。其 Type(类型)有：

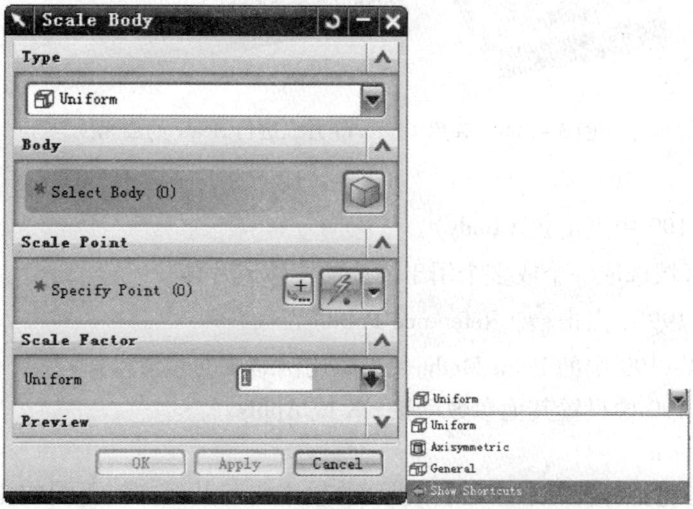

图 3－199　Scale 对话框

(1) Uniform：一致的。即各向的缩放比例一样。

(2) Axisymmetric：轴对称的。即与轴向垂直的所有方向的缩放比例一样。

(3) General：通用的。即各向的缩放比例不一样。

1. Uniform

把指定的参考点作为缩放中心，用同一比例沿 X,Y,Z 方向缩放选取的实体或片体，点击此选项，如图 3－199 所示。

为 Uniform 时，所对应参数的意义如下：

(1) Selection Steps：选择步骤。

①Select Body：体。用于选取一个或多个实体或片体进行比例缩放。

②Specify Point：参考点。用于指定一个参考点作为比例缩放的中心。可用 Point Method(点方法)来指定一点作为比例缩放的参考点，系统缺省的参考点是工作坐标系的

原点。

(2)Scale Factors:比例因子,即缩放的倍数。

Uniform:一致的。在输入框中输入一致缩放的比例因子。

(3)Confirm Upon Apply:应用前确认。

采用 Uniform 方式进行 Scale 的应用如图 3－200 所示,右图为对左图进行缩放后的结果,其步骤如下:

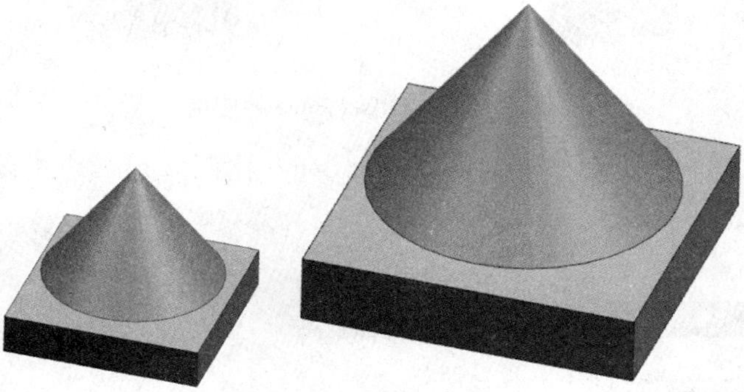

图 3－200　采用 Uniform 方式进行 Scale 的应用

◆在图 3－199 中点击(Body)。

◆在绘图区域选取一个或多个用于缩放的实体或片体。

◆在图 3－199 中点击(Reference Point)。

◆通过图 3－199 中的 Point Method,指定比例缩放的参考点。

◆在图 3－199 中设置其他参数后按 OK 或 Apply。

2. Axisymmetric

把指定的参考点作为缩放中心,用沿对称轴方向与其他方向不同的比例缩放选取的实体或片体,在图 3－199 中点击此选项,则其 Scale Factors 显示区变为如图 3－201 所示。其所对应的参数有:

为 Axisymmetric 时,所对应参数的意义如下:

(1)Scale Factors:比例因子,即缩放的倍数。

①Along Axis:沿轴向。在输入框中输入沿轴向缩放的比例因子。

②Other Directions:其他方向。在输入框中输入其他方向缩放的比例因子。

(2)Confirm Upon Apply:应用前确认。

采用 Axisymmetric 方式进行 Scale 的应用如图 3－202 所示,右图为对左图进行缩放后的结果,其步骤如下:

◆在图 3－199 中点击 Body。

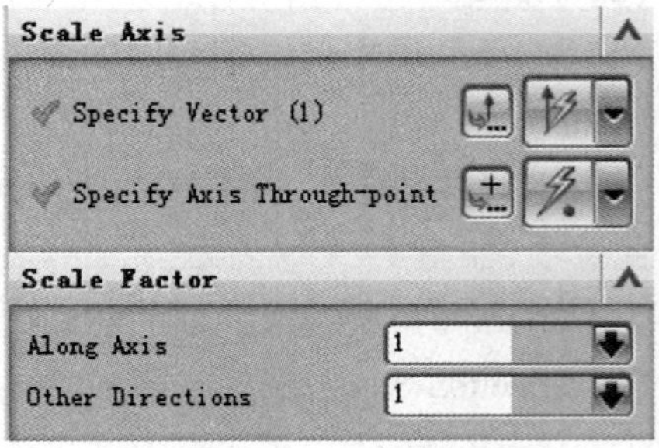

图 3－201　Axisymmetric 时的 Scale Factors 显示区

◆在绘图区域选取一个或多个用于缩放的实体或片体。

◆通过图 3 - 199 中的 Point Method，指定比例缩放的参考点。

◆通过图 3 - 201 中的 Vector Method，指定比例缩放的参考轴。

◆在图 3 - 199 和图 3 - 201 中设置其他参数后按 OK 或 Apply。

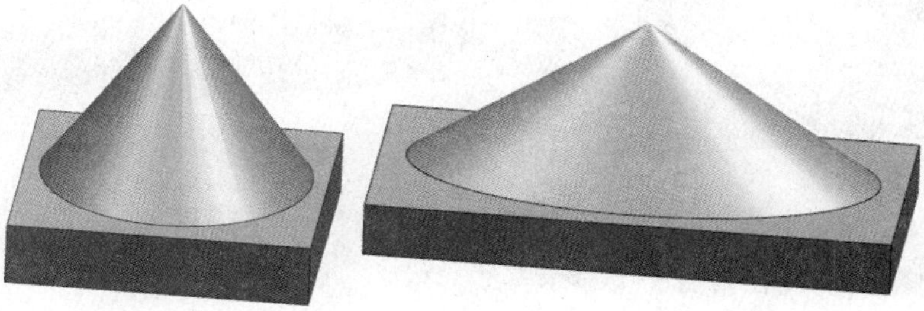

图 3 - 202　采用 Axisymmetric 方式进行 Scale 的应用

3. General

沿指定参考坐标系的 X，Y，Z 轴方向，以不同的比例缩放选取的实体或片体。在图 3 - 201中点击此选项，则其 Scale Factors 显示区变为如图 3 - 203 所示。其所对应的参数有：

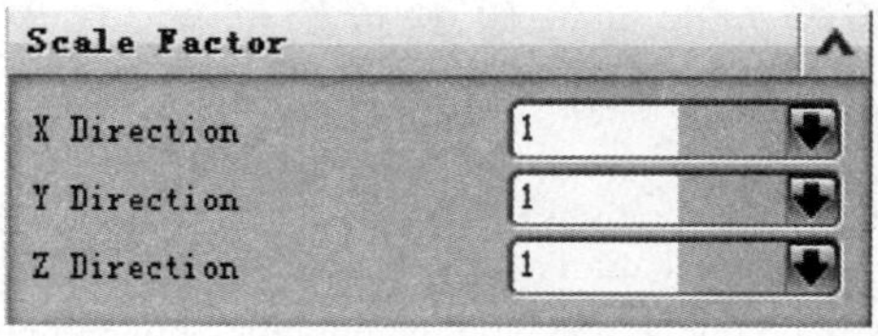

图 3 - 203　General 时的 Scale Factors 显示区

为 General 时，所对应参数的意义如下：

(1) Scale Factors：比例因子，即缩放的倍数。

①X Direction：X 方向。在输入框中输入 X 方向缩放的比例因子。

②Y Direction：Y 方向。在输入框中输入 Y 方向缩放的比例因子。

③Z Direction：Z 方向。在输入框中输入 Z 方向缩放的比例因子。

(2) Confirm Upon Apply：应用前确认。

采用 General 方式进行 Scale 的应用如图 3 - 204 所示，右图为对左图进行缩放后的结果，其步骤如下：

◆在图 3 - 199 中点击 Body。

◆在绘图区域选取一个或多个用于缩放的实体或片体。

◆在图 3 - 199 中点击 CSYS Method 来构造参考坐标系。

◆在图 3 - 199 中设置其他参数后按 OK 或 Apply。

3.6.14　Trim Body（修剪实体）

使用面、基准平面或片体修剪一个或多个目标实体，修剪后的实体仍为参数化实体。点击图标，则进入如图 3 - 205 所示的 Trim Body 对话框。

在 Target 下选取要进行修剪的实体后点击鼠标中轮或选择 Select Face or Plane 选项，进而修剪面。

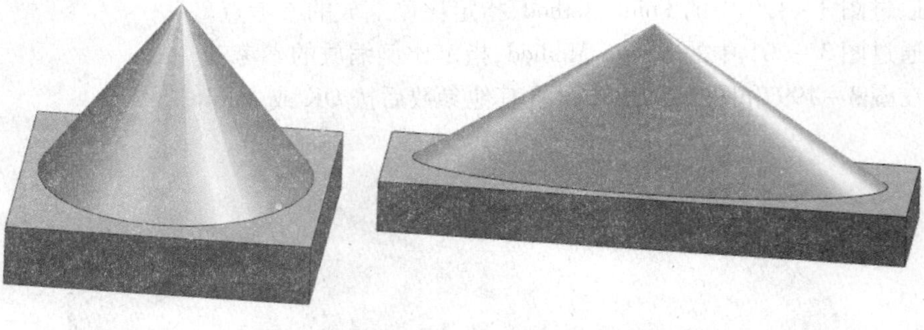

图 3－204　采用 General 方式进行 Scale 的应用

指定完修剪面后，在修剪面上显示实线箭头来表示修剪面法向。其法向所指的实体部分将被切除，而相反方向的实体部分将被保留。点击 Reverse Direction（反转缺省方向）选项，则切除相反部分的实体。

Trim Body 的应用如图 3－206 所示，右图为对左图进行修剪后的结果，其步骤如下：

（1）在 Target 下选择一个或多个要被修剪的目标实体。

（2）在 Tool 下选择选取一个修剪面。

（3）在 Reverse Direction 中控制要修剪的方向。

（4）在 Settings 中设置好相关参数后点击 OK 或者 Apply 完成修剪操作。

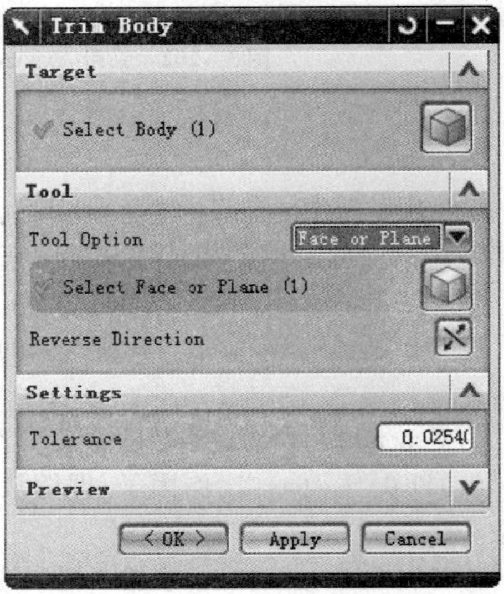

图 3－205　Trim Body 的对话框

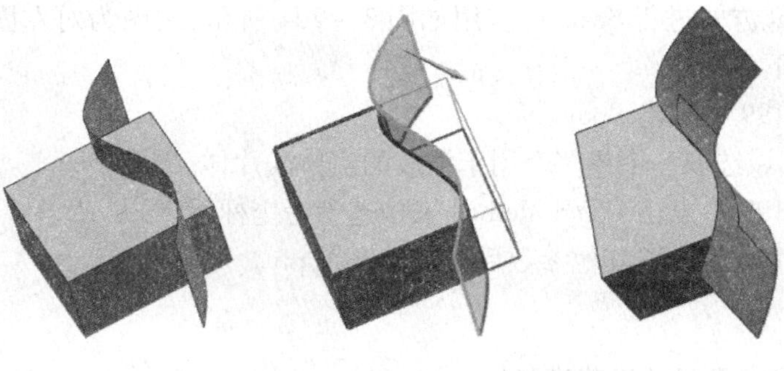

图 3－206　Trim Body 的应用

3.6.15　Split Body（分割实体）

使用面、基准平面或其他几何元素来分

割一个或多个目标实体，被分割的目标实体的参数全部被删除，属非参数化实体。

【Insert（插入）】→【Trim（修剪）】→【Split Body（分割实体）】或点击图标，则进入 Split Body 对话框，用来选取要进行分割的目标实体。选取需要进行分割的实体后，点击中键，选取分割面，指定分割面或在绘图区域选取分割面后，则可完成分割实体的操作。

Split Body 的应用如图 3－207 所示，右图为对左图进行分割后的结果，为两个实体，其步骤如下：

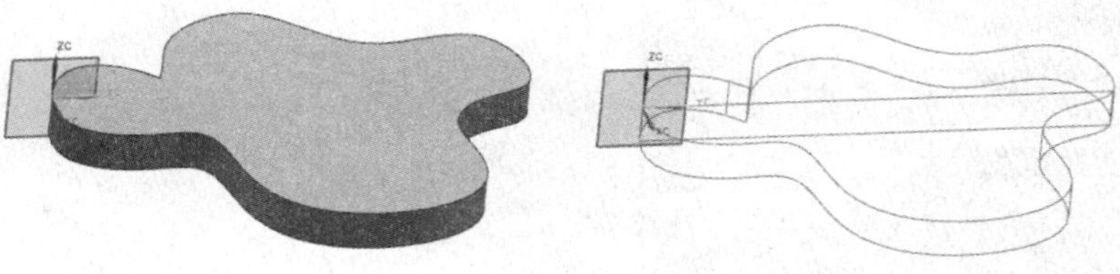

图 3－207　Split Body 的应用

（1）在绘图区域选取一个或多个要被分割的目标实体。

（2）在绘图区域选取一个分割面或在图 3－205 中选择一种定义方法后再指定一个分割面。

（3）在图 3－205 中按 OK。

3.6.16　Sheets from Curve（曲线构面）

通过选取的曲线来生成曲面，曲线构面只能生成规则面，所选取的线串必须封闭。用封闭平面曲线可以生成边界平面；由两同轴中心点的圆或椭圆可以生成圆柱面或椭圆柱面；由两同轴中心点不同半径的圆可以生成圆锥面；由两条相同的二次曲线和一条平面脊柱线可以生成拉伸面。

【Insert（插入）】→【Surface（表面）】→【Sheets from Curve（曲线构面）】或点击图标，则进入如图 3－208 所示的 Sheets from Curve 对话框。

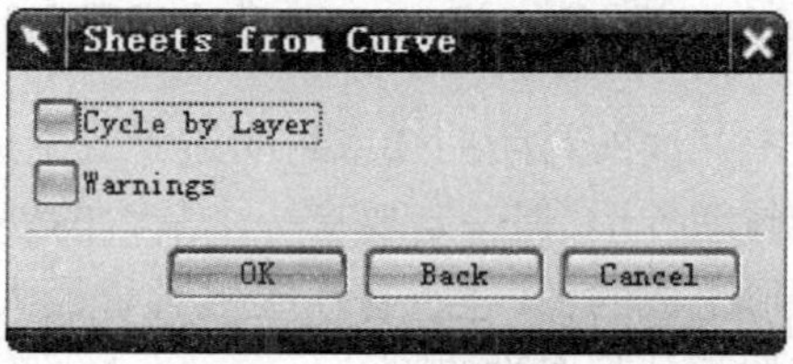

图 3－208　Sheets from Curve 对话框

图 3－208 中各项参数的意义如下：

（1）Cycle by Layer：根据图层循环。勾选此选项，则系统一次处理一层上的所有选取曲线，即一次根据一个图层的架构线来生成曲面。勾选此选项可以加快生成的速度，减少处理时间和占用的内存。

（2）Warnings：警告。勾选此选项，则在生成曲面时，如有错误，将会出现警告信息，如曲线无法构成封闭循环或边界非共平面等。不勾选此选项，则生成曲线时，如有错误，将不显示任何警告信息。

在图 3－208 中设置完后按 OK，则进入如图 3－209 所示的 Class Selection 对话框，在绘图区域选取要构面的所有曲线后按 OK，则生成曲面。

Sheets from Curve 的应用如图 3－210 所示，下图为对上方曲线进行构面（构造的是

曲面即片体,不是实体),其步骤如下:

步骤1:在图3-208中设置参数后按OK。

步骤2:通过类选择器或直接在绘图区域选取要构面的所有曲线后按OK。

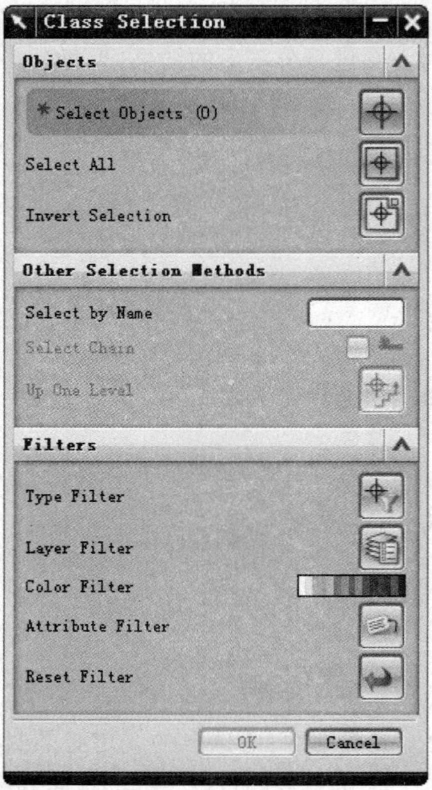

图3-209 Class Selection对话框

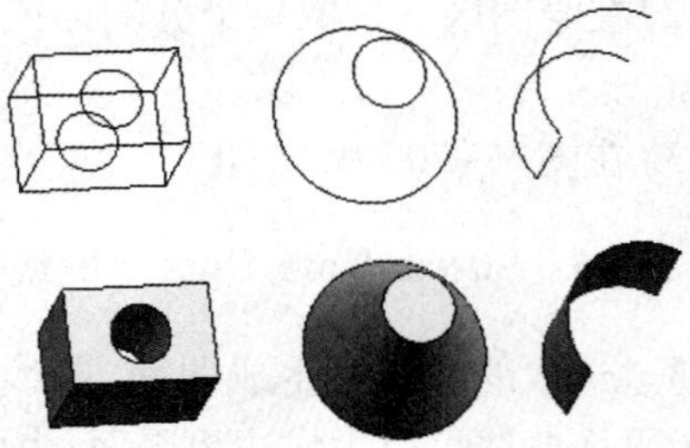

图3-210 Sheets from Curve的应用

3.6.17 Bounded Plane(边界平面)

由共面的封闭曲线或封闭边界线生成一平面壳体,即边界平面片体。可以一次选取几个封闭外形,但一定要有一个最大的外形可以涵盖其他所有外形。边界平面是根据最大外形生成的,其他所有外形相对于最大外形来说是它的孔,因此生成的边界平面在这些孔的部分都会被修剪掉。

【Insert(插入)】→【Surface(表面)】→【Bounded Plane(边界平面)】或点击图标,则进入如图3-211所示的Bounded Plane对话框,可以直接在绘图区域选取要形成边界平面的封闭曲线或边界线,也可以通过其子功能为限制选取的内容。

图3-211中各参数的意义与图3-209中所对应的参数的意义相同。

Bounded Plane的应用如图3-212所示,右图为左侧封闭曲线生成的边界平面,其步骤如下:

在图3-211下,通过其子功能或直接在绘图区域选取要生成边界平面的封闭曲线,然后按< OK >。

3.6.18 Thicken Sheet(增厚片体)

根据偏移量及片体的法线方向使片体增厚成实体。

【Insert(插入)】→【Surface(表面)】→【Thicken Sheet(增厚片体)】或点击图标，则进入如图 3-213 所示的 Thicken Sheet 对话框，用来设置增厚片体的参数。

图 3-213 中各项参数的意义如下：

(1)Selection Steps：选择步骤。

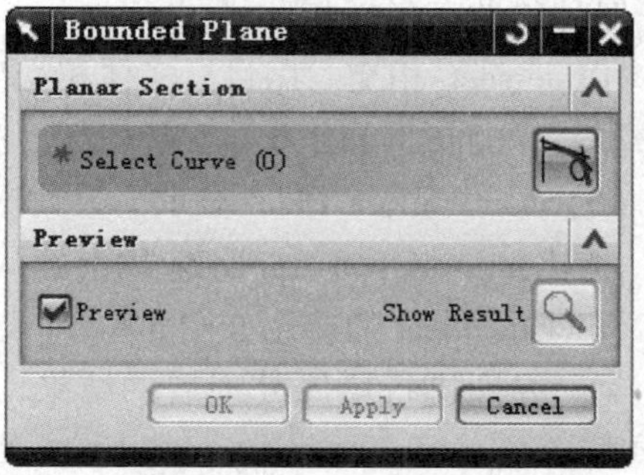

图 3-211　Bounded Plane 对话框

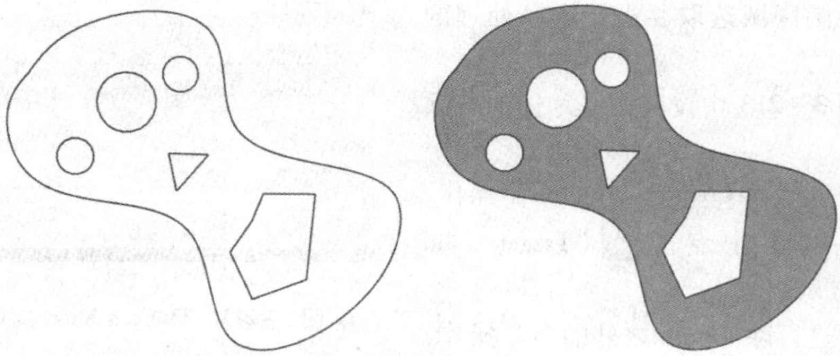

图 3-212　Bounded Plane 的应用

①Input Sheet Body：输入片体。用于选取要增厚的片体，选取片体后，则在被选取的片体上显示箭头表示片体的法向，也就是偏置方向，其偏移量以箭头方向为正。

②Target Solid Body：目标实体。用于选取需要与增厚的片体进行布尔操作的目标实体。此选项只有在 Action 选项中不选 Create 选项才有效，此时，当绘图区域只有一个实体时，则系统默认已经选取了此实体，当绘图区域有两个或两个实体以上时，则通过此选项来选取进行布尔操作的目标实体。

(2)First Offset：第一偏置。用于设置增厚片体的起始位置，其值的大小是从选取片体的表面开始测量，沿箭头方向(片体的法向)为正，否则为负，其值在输入框中输入。Second Offset 输入值与 First Offset 输入值之差为增厚片体的厚度。

(3)Second Offset：第二偏置。用于设置增厚片体的终止位置，其值的大小是从选取片体的表面开始测量，沿箭头方向(片体的法向)为正，否则为负，其值在输入框中输入。Second Offset 输入值与 First Offset 输入值之差为增厚片体的厚度。

(4)Tolerance：公差。用于设置生成增厚片体的厚度误差范围，其值应小于厚度的 1/10。

(5)Action：动作。用于设置与目标实体的布尔操作选项。

①Create：创建。生成增厚片体。

②Unite：合并。用目标实体合并生成的增厚片体的布尔操作。

③Subtract:相减。用目标实体减去生成的增厚片体的布尔操作。

④Intersect:相交。用目标实体相交生成的增厚片体的布尔操作。

(6)Show Failure Data:显示失败数据。

(7)Confirm Upon Apply:应用前确认。

Thicken Sheet 的应用如图 3 - 214 所示,右图为对左图进行增厚处理后的结果,其步骤如下:

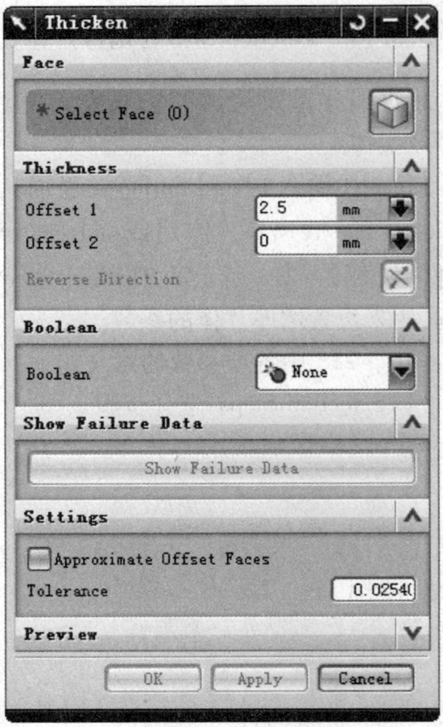

图 3 - 213　Thicken Sheet 对话框

◆在图 3 - 213 中点击 (Input Sheet Body)。

◆在绘图区域选取要进行增厚处理的一个片体。

◆在图 3 - 213 中设置增厚片体的各项参数。

◆若要进行除 Create 之外的布尔操作,则在图 3 - 213 中点击 (Target Solid Body)。

◆若要进行除 Create 之外的布尔操作,则在绘图区域选取要进行布尔操作的目标实体。

图 3 - 214　Thicken Sheet 的应用

◆在图 3 - 213 中按 OK 或 Apply。

3.6.19　Sheets to Solid Assistant(片体增厚助理)

Sheets to Solid Assistant 为 Thicken Sheet 的延伸功能,Thicken Sheet 只能针对单一片体进行增厚的操作,而 Sheets to Solid Assistant 除了可以对单一片体进行增厚的操作外,还增强其功能,即在片体增厚之间,会先进行曲面缝合的操作,使其更富弹性。Sheets to

Solid Assistant 可以一次对数个未经缝合的片体进行增厚成实体。系统首先检查输入的数据是否有效后，才进行片体缝合与增厚的操作。点击图标，则进入如图 3－215 所示的 Sheets to Solid Assistant 对话框。

图 3－215 中各项参数的意义如下：

(1) Selection Steps：选择步骤。

①(Target Sheet)：目标片体。用来选取增厚处理的一个片体，将用 Tool Sheet 与其缝合在一起后，再进行增厚，当不选 Tool Sheet 时，则只对 Target Sheet 进行增厚，相当于 Thicken Sheet 操作。

②(Tool Sheet)：工具片体。用来选取与 Target Sheet 进行缝合的片体。

(2) First Offset：第一偏置。用于设置增厚片体的起始位置，其值的大小是从选取 Target Sheet 的表面开始测量，沿箭头方向 (Target Sheet 的法向) 为正，否则为负，其值在输入框中输入。Second Offset 输入值与 First Offset 输入值之差为增厚片体的厚度。

(3) Second Offset：第二偏置。用于设置增厚片体的终止位置，其值的大小是从选取 Target Sheet 的表面开始测量，沿箭头方向 (Target Sheet 的法向) 为正，否则为负，其值在输入框中输入。Second Offset 输入值与 First Offset 输入值之差为增厚片体的厚度。

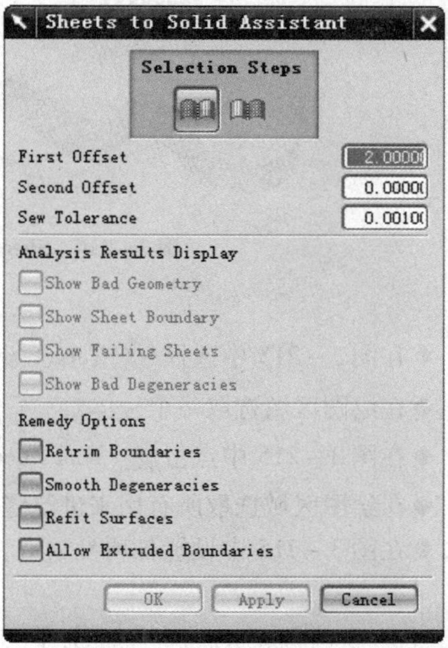

图 3－215　Sheets to Solid Assistant 对话框

(4) Sew Tolerance：缝合公差。用于设置片体边界缝合的公差值，即最大距离误差，其值在输入框中输入。

(5) Analysis Results Display：显示分析结果。

①Show Bad Geometry：以高亮度显示错误的特征。

②Show Sheet Boundary：显示片体边界。可以用来检查片体边界的误差情形，并通过更改缝合误差完成增厚操作。

③Show Failing Sheets：显示缺陷片体。显示无法正确完成表面偏置的片体。

④Show Bad Degeneracies：显示具有收敛区域，无法偏置的片体。用户可以重新创建这些片体，或使用 Smooth Degeneracies 选项进行改善。

(5) Remedy Options：修补选项。

①Retrim Boundaries：修补边界信息遗漏的片体。对于不同格式的图形文件转换成的 CAD 图形，常会有边界信息遗漏的情形，选择此选项，系统会加以处理。

②Smooth Degeneracies：收敛域平滑化。对显示为 Show Bad Degeneracies 的片体进行修补，并进行局部平滑处理。

③Refit Surface：信息简化。将曲面信息简化，从而产生数据量少、显示快捷又方便携带的曲面信息。

④Allow Extruded Boundaries：允许延伸边界。这个修补选项采用类似延伸实体的方式，不用 Thicken Sheet 而用 Hollow 的方法来生成增厚片体。

Sheets to Solid Assistant 的应用如图 3－216 所示，右图为对左图二片体进行增厚处理后的结果，其步骤如下：

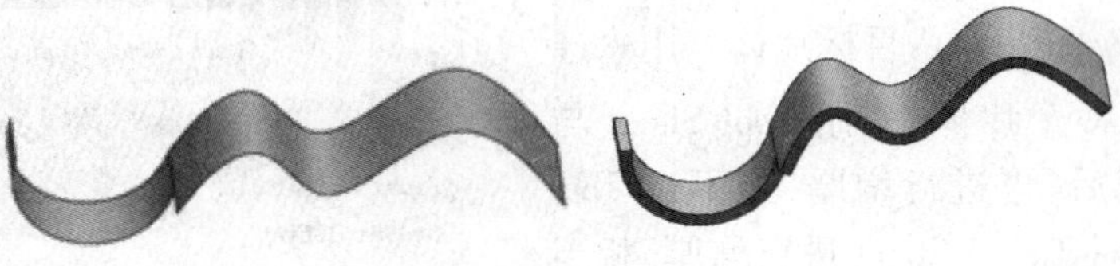

图 3－216　Sheets to Solid Assistant 的应用

◆在图 3－215 中选择(Target Sheet)。

◆在绘图区域选取一个片体。

◆在图 3－215 中点击(Tool Sheet)。

◆在绘图区域选取所有用来进行缝合的片体。

◆在图 3－215 中设置各项参数后，按 OK 或 Apply。

3.7　特 征 操 作

特征操作是对存在实体或特征进行修改，通过特征操作可以用简单实体建立复杂的实体。包括实体拔锥、边倒圆、面倒圆、软倒圆、倒斜角、特征阵列、比例缩放、实体修剪、实体分割、缝合、螺纹、偏置表面、修补实体、简化实体、挖空、包裹实体以及布尔操作等。

3.7.1　Unite（并集）

将两个以上的实体合并成一个实体。点击图标，则进入如图 3－217 所示的 Unite 对话框。

图 3－217 中各项参数的意义如下：

(1) Target（目标）：用于选取需要与其他体进行并集操作的一个目标体。

(2) Tool（工具）：用于选取需要与目标体进行并集操作的所有工具体。

所选取的工具体必须与目标体接触，否则，在进行并集操作时会产生出错信息。

(3) Keep Tool（保留工具）：即在进行并集操作后保留工具体。

(4) Keep Target（保留目标）：即在进行并集操作后保留目标体。

Unite 的应用如图 3－218 所示，右图为对左图进行并集操作后的结果，其步骤如下：

◆在 Target 下选择一个目标体。

◆在 Tool 下选择另一个目标体。

◆在图 3－217 中设置其他参数后按 OK 或 Apply。

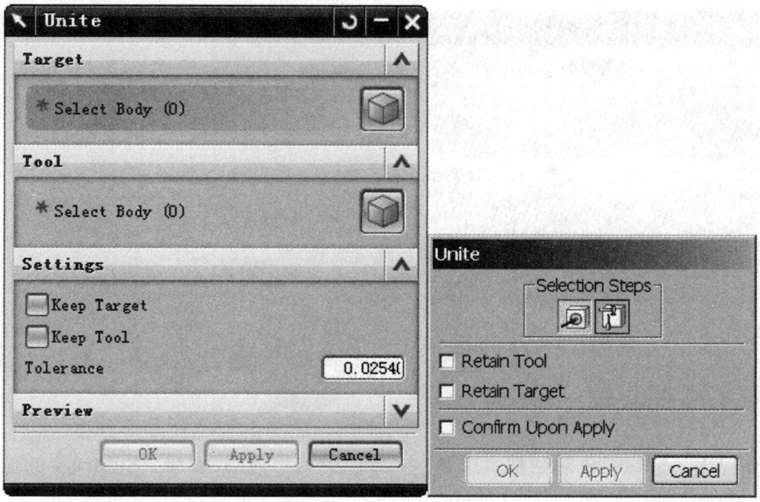

图 3－217　Unite 对话框

3.7.2　Subtract(差集)

从一个实体或片体中减除一个或多个与之相交的实体或片体。点击图标，则进入如图 3－219 所示对话框。

所选取的工具体必须与目标体相交，否则，在进行差集操作时会产生出错信息。另外，当目标体为片体时，工具体即可以为片体，也可以为实体；但当目标体为实体时，工具体只能为实体，不能为片体。如果所选择的工具体将目标体分割成两部分时，将产生出错信息。

Subtract 的应用如图 3－220 所示，右图为对左图进行差集操作后的结果，其步骤如下：

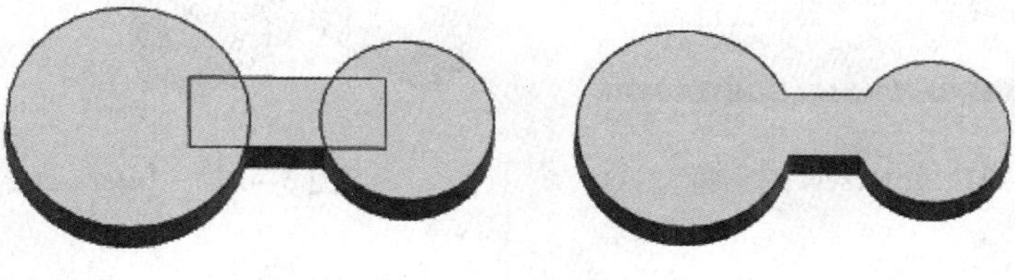

图 3－218　Unite 的应用

(1)在 Target 下选择一个目标体。
(2)在 Tool 下选择另一个目标体。
(3)设置其他参数后按 OK 或 Apply。

3.7.3　Intersect(交集)

用一个实体或片体与一个或多个实体或片体的公共部分生成一个新的实体或片体。点击图标，则进入如图 3－221 所示的 Intersect 对话框。

图 3－219 Subtract 对话框

图 3－220 Subtract 的应用

所选取的工具体必须与目标体相交，否则，在进行交集操作时会产生出错信息。另外，实体与片体不能进行交集操作。

Intersect 的应用如图 3－222 所示，右图为对左图进行交集操作后的结果，其步骤如下：

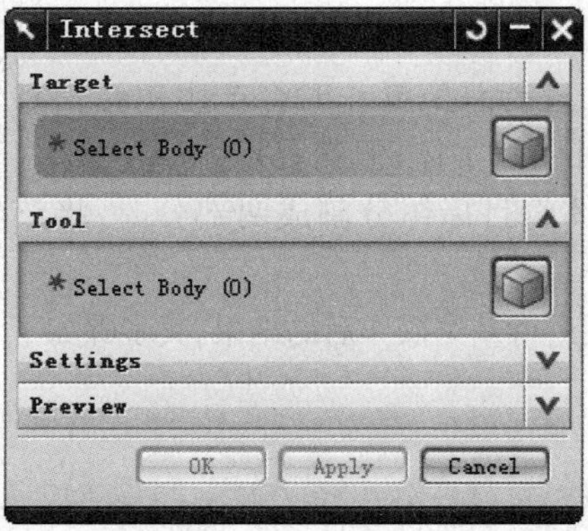

图 3－221 Intersect 对话框

图 3－222 Intersect 的应用

（1）在 Target 下选择一个目标体。

（2）在 Tool 下选择另一个目标体。

（3）设置其他参数后按 OK 或 Apply。

3.8 编 辑 特 征

编辑特征是针对当前正在创建或已创建完毕的实体特征加以修改，即在不重新创建物体的情况下直接修改实体特征。

如图 3－223 所示为 Edit Feature 工具条。

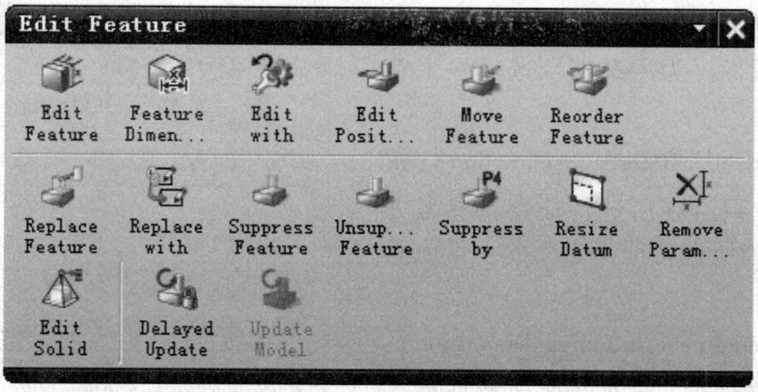

图 3 – 223　**Edit Feature** 工具条

3.8.1　Edit Feature Parameters(编辑特征参数)

创建实体特征时所输入的参数,大都可以利用编辑特征参数功能来修改。编辑特征参数时,显示的对话框大多数与创建此实体特征时的对话框是相同的。点击图标,则进入如图 3 – 224 所示的 Edit Parameters(编辑参数)对话框。在对话框的特征列表框中选择要进行编辑参数的特征名称,或在绘图区域直接选择要进行编辑参数的特征后按 OK,则进入编辑参数对话框,同时在图形中显示此特征的当前参数,随选择特征的不同,进入的编辑参数对话框形式也不一样。根据编辑各特征参数对话框的相似性,可将编辑特征参数分为:一般实体特征参数的编辑、扫掠特征参数的编辑、阵列特征参数的编辑、倒斜角与偏置表面特征参数的编辑和其他特征参数的编辑等 5 类。

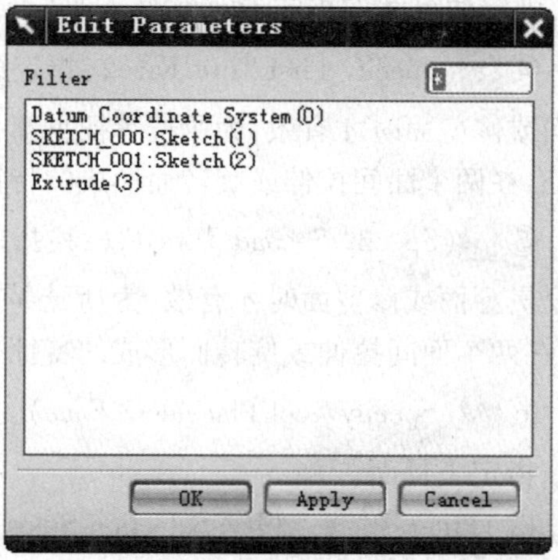

图 3 – 224　**Edit Parameters** 对话框

1. 一般实体特征参数的编辑

一般实体是指基本体素、成型特征与用户自定义特征等,包括 Block(矩形体)、Cylinder(圆柱体)、Cone(圆锥体)、Sphere(球体)、Tube(管道)、Hole(孔)、Slot(键槽)、Groove(环形槽)、Pocket(型腔)、Boss(圆凸台)、Pad(凸垫)、User Defined Feature(用户自定义特征)等。

在编辑参数对话框中单击图标(Reattach 重新附着:用于重新指定所选特征的方向和位置。可以用此选项把一个表面上的特征移到另一个表面上)。进入如图 3 – 225 所示的 Reattach 对话框。在此对话框中,根据选择特征的不同,其需要的图标和选项才有效。

图 3 – 225 中各项参数的意义如下:

(1)Selection Steps:选择步骤。

①(Specify Target Placement Face):指定目标放置面。为所选特征选择一个新的放置面。

②(Specify Reference Direction):指定参考方向。只有在所选特征存在参考方向时才有效,为所选特征指定新的水平或垂直参考方向。

③(Redefine Positioning Dimension):重新定义定位尺寸。只有在所选特征具有定位尺寸时才有效,为所选特征重新定义一个定位尺寸。选择此选项,则在绘图区域选择一个定位尺寸后,进入此定位尺寸对应的定位方式对话框,重新指定目标体上的一点与所选特征上的一点,并设置其距离值后按OK,则定位尺寸按指定参数修改。

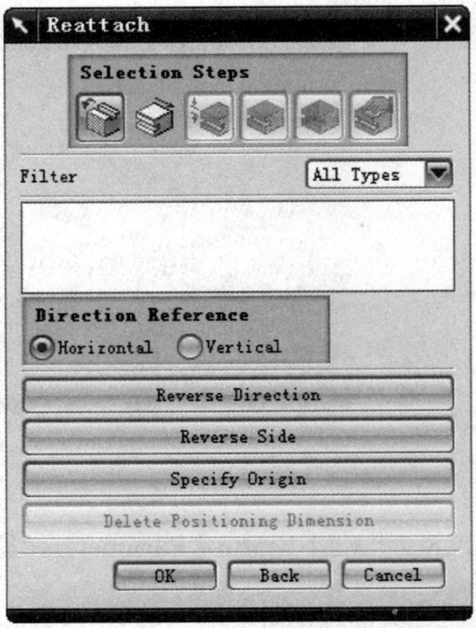

图3-225 Reattach对话框

④(Specify First Thru Face):指定第一个贯穿面或修剪面。只有在所选特征有贯穿面或修剪面时才有效,为所选特征重新指定第一个贯穿面或修剪面,如通孔特征,通槽特征,在两个面间拉伸或旋转而形成的特征等。

⑤(Specify Second Thru Face):指定第二个贯穿面或修剪面。只有在所选特征有两个贯穿面或修剪面时才有效,为所选特征重新指定第二个贯穿面或修剪面,如通槽特征,在两个面间拉伸或旋转而形成的特征等。

⑥(Specify Tool Placement Face):指定工具放置面。为所选择的用户自定义特征重新指定工具面。

(2)Filter:过滤。根据Selection Steps的不同而不同,为其选择内容提供方便。

(3)定位尺寸列表框:用于显示所选特征定位尺寸的类型。在此列表框中点击某一尺寸类型,则在绘图区域高亮显示其可用参考与定位尺寸值。若双击此列表框中某一尺寸类型,则进入此定位尺寸类型所对应的定位方式对话框。重新指定目标体上一点与所选特征上一点,并设置其距离值后按OK,则可重新定义该尺寸类型。

(4)Direction Reference:参考方向。为所选特征重新指定参考方向。

①Horizontal:水平。选择此选项,则重新指定水平参考方向。

②Vertical:垂直。选择此选项,则重新指定垂直参考方向。

(5)Reverse Direction:反转方向。只有在所选特征有参考方向时才有效,用于反转所选特征的参考方向。

(6)Reverse Side:反转法向。只有在所选特征的放置面为基准平面时才有效,用于反转放置面为基准平面的法向。

(7)Specify Origin:指定原点。用于指定新的原点使特征快速定位。

(8)Delete Positioning Dimension:删除定位尺寸。只有当所选特征有定位尺寸时才有效,用于删除选择的定位尺寸。

3.8.2 Edit Positioning(编辑定位尺寸)

通过编辑实体特征的定位方式或定位尺寸来改变实体特征的空间位置,可以修改实体特征的尺寸位置,或添加/删除某一指定的定位尺寸,主要用于修改孔、槽等成形特征的位置。点击图标,则进入如图 3－226 所示的 Edit Positioning 对话框。在对话框的特征列表框中选择要进行编辑参数的特征名称,或在绘图区域直接选择要进行编辑参数的特征后按 OK,则进入如图 3－227 所示的 Edit Positioning 对话框,同时在图形中显示此特征的定位尺寸。

图 3－227 中各项参数的意义如下:

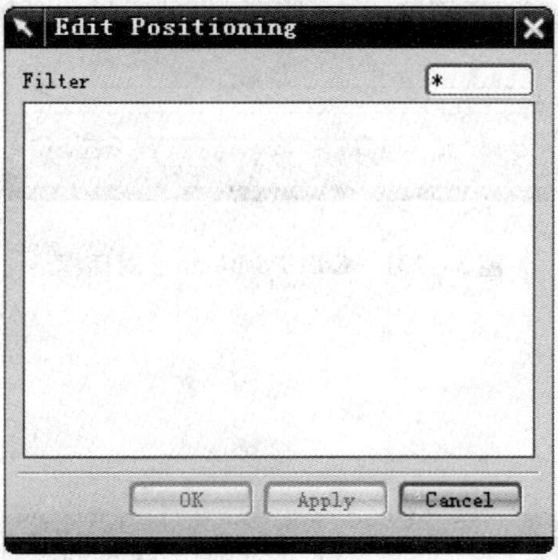

图 3－226　Edit Positioning 对话框

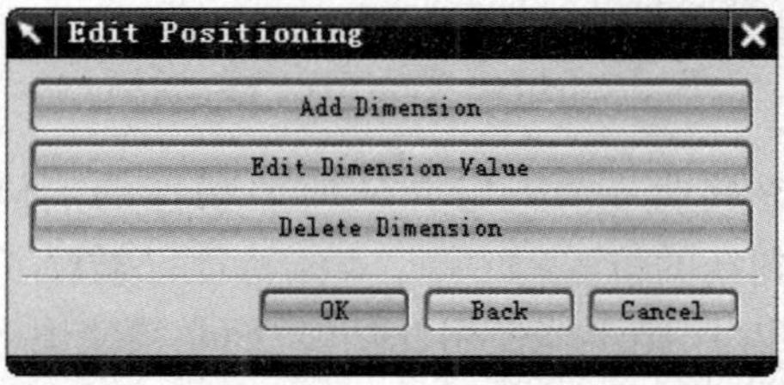

图 3－227　Edit Positioning 对话框

(1) Add Dimension:添加尺寸。用于为所选择的特征添加定位尺寸,即加入一个新的定位方式及尺寸给选取的实体特征。选择此选项,则进入如图 3－228 所示的 Positioning 对话框,选择合适的定位方式后,可选择目标体上的对象定义基准点,再选择所选择特征的对象定义参考点,然后输入基准点与参考点间的距离,则可添加定位尺寸。

(2) Edit Dimension Value:编辑尺寸值。用于编辑所选择特征的定位尺寸数值。选择此选项,则进入如图 3－229 所示的选择定位尺寸对话框。在绘图区域选取要修改的定位尺寸后,进入如图 3－230 所示的 Edit Expression(编辑表达式)对话框。在输入框中输入新的定位尺寸值后按 OK,即可修改所选择的定位尺寸数值。

(3) Delete Dimension:删除尺寸。用于删除所选择特征指定的定位尺寸,即删除实体特征的定位方式与尺寸。选择此选项,则进入如图 3－231 所示的 Remove Positioning 对话框,用于选择删除的定位尺寸。在绘图区域选取要删除的定位尺寸后按 OK,即可将所选择的定位尺寸删除。尺寸删除后,实体特征的位置与方向并不发生改变,只是删除当前尺寸的限制条件,以便加入添加新的尺寸限制条件。

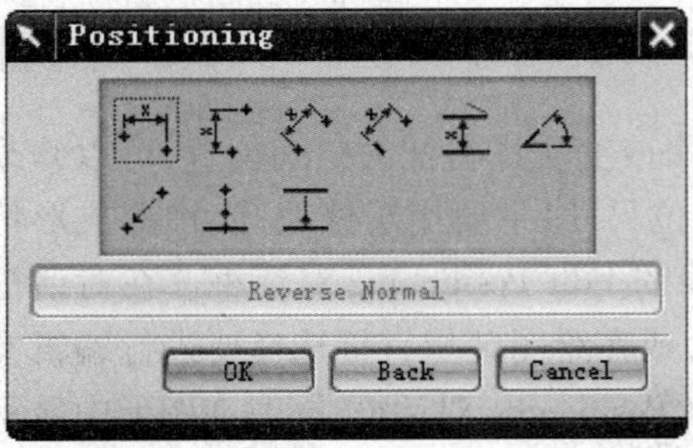

图 3－228　Positioning 对话框

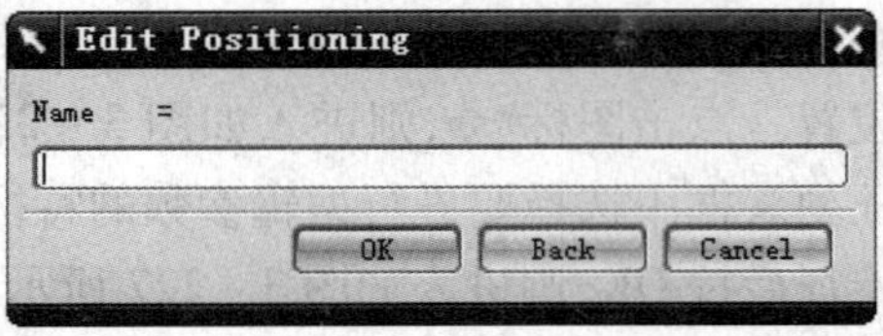

图 3－229　选择定位尺寸对话框

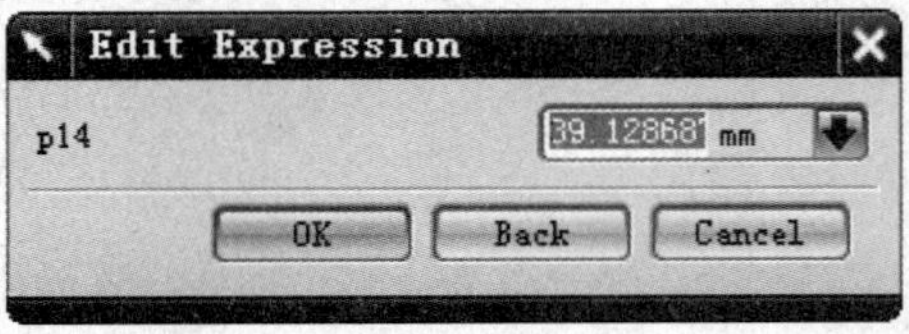

图 3－230　Edit Expression 对话框

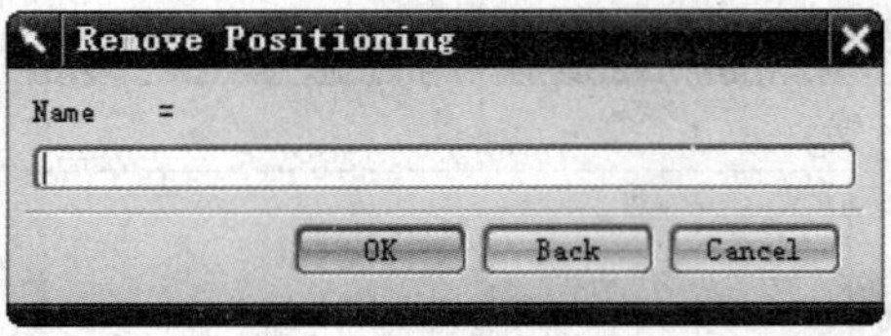

图 3－231　Edit Positioning 对话框

3.8.3　Move Feature(移动特征)

移动一个未定义任何关联性的实体特征到新的位置,如果此实体特征已被赋予定位尺寸,则不能使用此功能,而必须使用 Edit Positioning 功能才能改变实体特征的位置,或者先删除定位尺寸,再使用此功能。点击图标,则进入如图 3－232 所示的 Move Feature 对话框。在对话框的特征列表框中选择要进行编辑参数的非关联特征名称,或在绘图区域直接选择要进行编辑参数的非关联特征后按 OK,则进入如图 3－233 所示的 Move Feature 对话框。

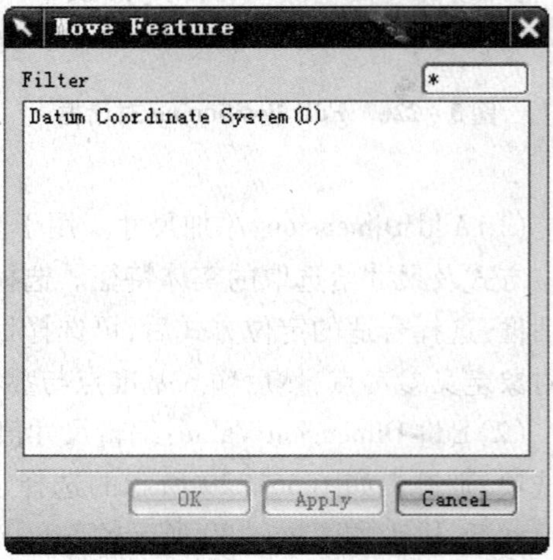

图 3－232　Move Feature 对话框

图 3－233 中各项参数的意义如下:

(1) DXC, DYC 与 DZC:增量坐标。此 3 个参数分别使用位置增量方式移动所选择的特征,从原始位置沿指定的 X,Y,Z 方向移动的增量值。

(2) To a Point:至一点。将所选择的实体特征从一个指定点(参考点)移动到另一个指定点(目标点),即按从参考点到目标点所确定的方向与距离,移动所选择的特征从原始位置到目标位置。选择此选项,则进入 Point 构选器对话框,先指定参考点的位置,再指定目标点的位置。

(3) Rotate Between Two Axes:在两轴之间旋转。将所选择的实体特征按从参考轴到目标轴的角度，绕指定点旋转到新的位置。选择此选项，则进入如图 1－23 所示的 Point 对话框。指定一点后，则进入如图 1－45 所示的 Vector 对话框，先构造一矢量作为参考轴，再构造另一矢量作为目标轴。

(4) Csys to Csys：参考坐标系到参考坐标系。将所选择的特征，从参考坐标系中的相对位置转到目标坐标系中的同一位置，以改变实体特征的方位。选择此选项，则进入 Csys 构造器对话框，先构造一坐标系作为参考坐标系，再构造另一坐标系作为目标坐标系。

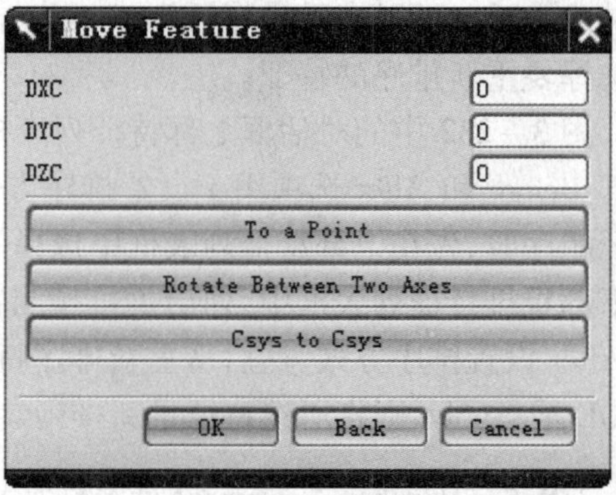

图 3－233　Move Feature 对话框

在指定移动特征位置的方法后，多次按 OK，则所选择的特征按指定位置更新。但以上 4 种移动特征的方法，不能移动用定位尺寸约束的特征。

3.8.4　Reorder Feature（特征重排序）

用于所选特征在实体中的创建先后顺序，特征实体的造型会根据特征创建的先后顺序不同而产生不一样的结果。点击图标，则进入如图 3－234 所示的 Reorder Feature 对话框。

图 3－234 中各项参数的意义如下：

(1) Reference Feature：参考特征。此参考特征列表框显示实体中满足过滤（Filter）条件的所有特征。可以在此列表框中选择需要的特征名称作为参考特征，也可在绘图区域选择需要的特征作为参考特征。

(2) Choose Method：选择方法。用于指定特征排序的方法。

①Before：在……之前。用于指定需要重新排序的特征位于参考特征之前。当选择此选项时，则只有在选择的参考特征之后的特征才能排到参考特征之前，因此才能在 Reposition Features 列表框中显示。

②After：在……之后。用于指定需要重新排序的特征位于参考特征之后。当选择此选项时，则只有在选择的参考特征之前的特征才能排到参考特征之后，因此才能在 Reposition Features 列表框中显示。

(3) Reposition Features：重新排序的特征。此重新排序的特征列表框中显示的特征，是在选择参考特征后，系统根据设置的

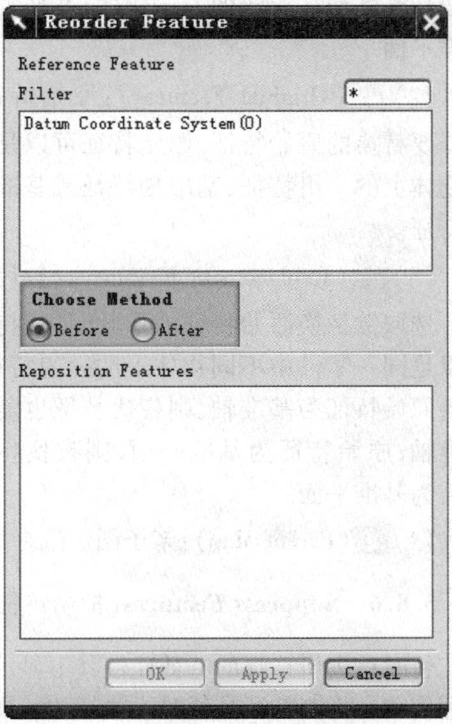

图 3－234　Reorder Feature 对话框

重排方式(Before 或 After)自动推理的。即只有这些特征才可以排在所选择的参考特征之前或之后。可以在重排特征列表框中,单击要重新排序的特征名称,也可以在绘图区域选择要重新排序的特征。

图 3－232 中的对话框上部特征列表框中,列出了模型中满足过滤条件的所有特征,中部 Before 和 After 选项用于设置排序方式,下部为可调整顺序的特征列表框。在编排特征顺序时,先在上部特征列表框中选择一个特征,作为特征重新排序的参考特征,此时在下部重排特征列表框中,列出了可按当前排序方式所调整顺序的特征。再选择 Before 或 After 设置排序方式,然后从重新排序特征列表框中,选择一个要重新排序特征, 最后按 OK 或 Apply,则将所选特征重新排到参考特征之前或之后。

3.8.5 Replace Features(替换特征)

对所设计的基本几何模型的特征做改变,而不需要重新建立模型的特征,此功能可以更换物体与基准的特征,并提供用户快速找到要编辑的步骤来提高模型创建的效率。点击图标,则进入如图 3－235 所示的 Replace Features 对话框。

图 3－235 中的 Selection Steps(选择步骤)为:

(1)(Body/Datum):物体/基准。选取要替换某特征形状的原始物体、基准轴或基准平面。

(2)(Original Features):原始特征。选择要替换的原始特征,原始特征可以是相同物体上的一组特征、基准轴特征或基准平面特征。

(3)(Replacement Features):替代特征。选取欲替换原始特征的形状,替代特征可以是同一零件中不同物体上的一组特征,如果原始特征为基准轴,则替代特征也需为基准轴;原始特征为基准平面,则替代特征也需为基准平面。

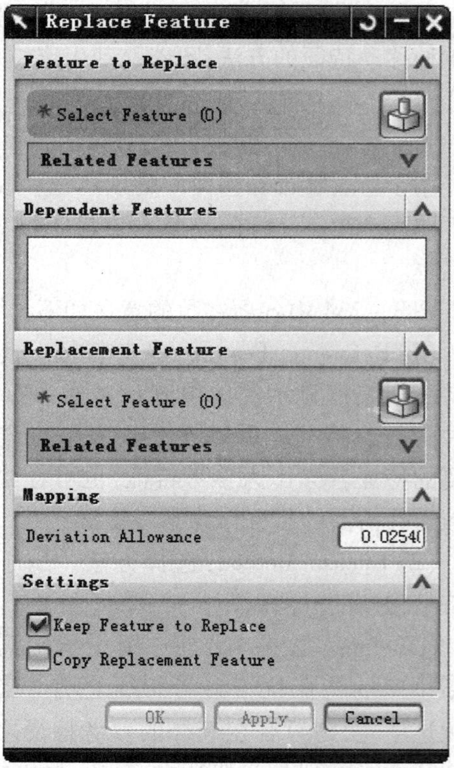

图 3－235 Replace Features 对话框

(4)(Parent Map):亲子图。选择替换后新的亲子关系。

3.8.6 Suppress Features(抑制特征)

暂时移去所选择的特征而使其不显示,此功能与 Unsuppress Feature(解抑特征)一起搭配使用。抑制特征是暂时不执行此特征运算,但是此特征仍然存在于特征实体的数据库中,随时可以使用解抑特征功能,宣告解除抑制的状态,而执行此特征运算。点击图标,则进入如图 3－236 所示的 Suppress Feature 对话框。对话框上部的特征列表框中,列出了模型中满足过滤条件的所有特征。当要抑制某特征时，可以在上部特征列表框中选择需要抑制的特征名称，也可以在绘图区域直接选择要抑制的特征。选择要抑制的特征后，则所选择的特征显示在对话框下部的 Selected Features（已选择的特征）列表框中，按 OK 或 Apply，则所选择的特征从当前显示中移去，所选择特征占据的空间则用创建该特征前的形状填充。

抑制特征不同于删除特征，已抑制的特征，不在实体中显示，也不在工程图中显示，但其数据仍然存在，可通过解除抑制恢复。通过抑制可提高模型和视图的创建和更新速度。在抑制一个特征时，如果有与所选择特征有关联的子特征，则所有关联子特征一起被抑制。

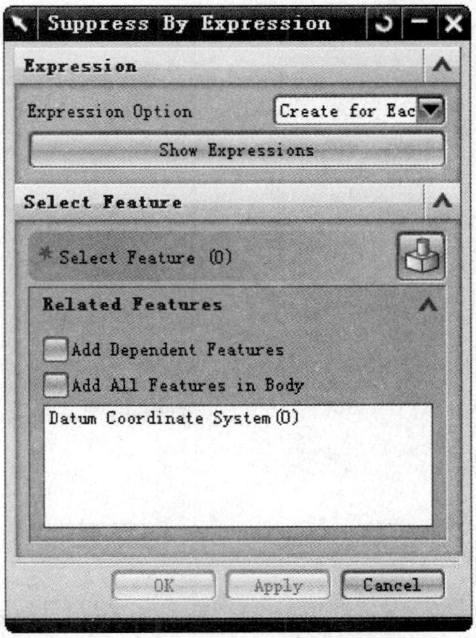

图 3－236　Suppress Feature 对话框

抑制特征通常用在以下场合：

（1）为减少实体运算的时间，特别是当创建物体的文件十分庞大时，可先行抑制某些不重要特征的运算与显示，以提高后续创建设计的速度。

（2）在模型分析工作中，删除一些不需要分析的特征，如小的孔以及倒圆角等。

（3）实体特征创建的位置有互相冲突的几何元素存在时，如要使用一个边缘作为基准来创建某一实体特征，但是此边缘已经倒圆角，此时可先抑制此倒圆角，等创建完新的实体特征后再解抑此倒圆角即可。

3.8.7　Unsuppress Features（解抑特征）

解除已经抑制特征的抑制，与 Suppress Feature（抑制特征）一起搭配使用。如果没有抑制的特征，则解抑特征的对话框中不会显示任何特征数据。点击图标，则进入如图 3－237 所示的 Unsuppress Feature 对话框。对话框上部的特征列表框中，列出了模型中满足过滤条件的所有已抑制的特征，当要对已抑制的特征进行解除抑制时，在上部特征列表框中选择需要解除抑制的特征名称，则所选择的特征显示在对话框下部的 Selected Features（已选择的特征）列表框中，单击 OK 或 Apply，则所选择的特征重新显示在绘图区域。

3.8.8　Suppress by Expression（用表达式抑制）

为所选特征建立抑制表达式，即利用表达式表示法来抑制实体特征的方法，并通过设置表达式的值为 0 或 1，来控制特征的抑制状态，这种方法比 Suppress Feature（抑制特征）功能更为灵活。点击图标，则进入如图 3－238 所示的 Suppress by Expression 对话框。此功能需与 Tools（工具）→Expression（表达式）配合使用。此功能可用有产品设计的初期，如希望在一个物体上做不同造型设计，则可把此物体设置为 Create for each，然后每设计一种造型设计，就把此造型设计中的特征设置为 Create shared，再使用 Tools→Expression 设置此表达式的值为 0；0 表示此表达式为抑制状态，1 表示此表达式为解抑制状态。利用这种抑制方式，可以控制选择输出不同造型的特征样式。单击 Expression Option选项会出现如图 3－238 所示菜单。

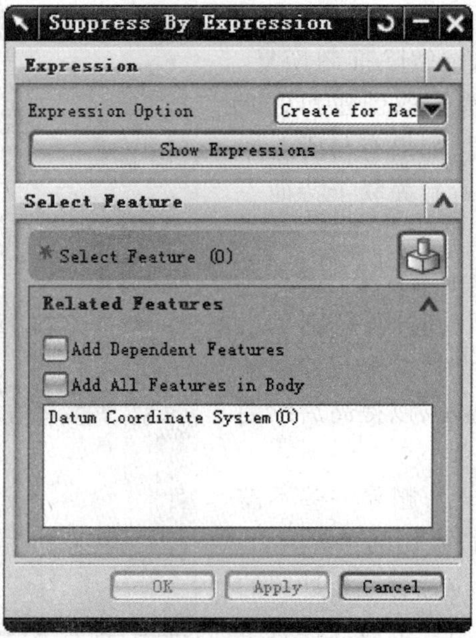

图 3－237　Unsuppress Feature 对话框

图 3－238 中各项参数的意义如下：

(1) Create for each：建立单个表达式。为所选择的特征分别建立单个抑制表达式，各特征的抑制状态，由相应的抑制表达式控制。选择此选项，在特征列表框中或在绘图区域选择要建立单个抑制表达式的所有特征后，按 OK 或 Apply，则建立所选择特征的单个抑制表达式。

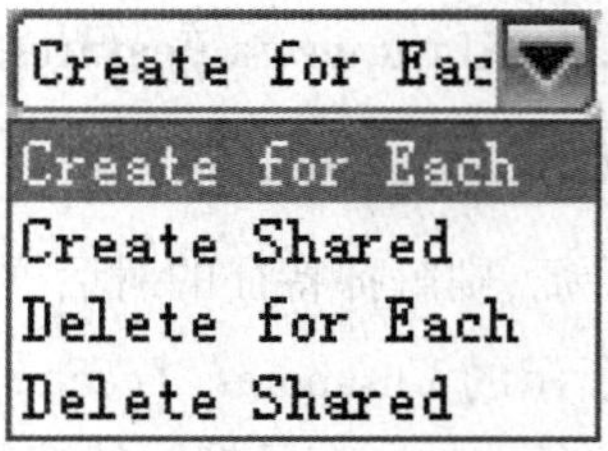

图 3－238　Suppress by Expression 对话框

(2) Create shared：建立共享表达式。为所选择的多个特征建立共享抑制表达式，各特征的抑制状态由同一个抑制表达式控制。在选择多个特征产生共享抑制表达式时，所选择特征的抑制状态必须相同，也就是说所选择的特征要么都是用 Suppress 抑制的特征，要么都是没被 Suppress 抑制的特征。选择此选项，在特征列表框中或在绘图区域选择要建立共享抑制表达式的所有特征后，按 OK 或 Apply，则建立所选择特征的共享抑制表达式。

(3) Delete for each：删除单个表达式。用于删除已建立的单个抑制表达式。选择此选项，就在特征列表框中列出了已建立的单个抑制表达式的所有特征，选择要删除单个抑制表达式的特征后按 OK 或 Apply,则删除所选择特征的单个抑制表达式。

(4) Delete shared 删除共享表达式。用于删除已建立的共享抑制表达式。选择此选项,就在特征列表框中列出了具有共享抑制表达式的所有特征。若选择其中一个特征,则列表框中具有同一共享表达式的其他特征都被选上。选择要删除的共享抑制表达式的特征后按 OK 或 Apply,则删除所选择特征的共享抑制表达式。

(5) 特征列表框:用于列出满足 Filter(过滤)条件的,可用于建立或删除抑制表达式的特征名称,包括用 Suppress 抑制的特征。

建立抑制表达式后,所选择特征的抑制状态并未改变。如果要抑制特征,则需要使抑制表达式的值为 0。此时,可选择 Tools→Expression 进入 Expression 对话框,在对话框的表达式列表框中,找到已建立的抑制表达式,并将表达式的值修改为 0 按 OK 或 Apply,则此表达式所对应的特征被抑制;如果要解除抑制,可将抑制表达式的值改为 1。

在抑制过程中,若子特征有自身的抑制表达式,则按自身的表达式抑制;否则按父特征的表达式抑制。

3.8.9 Remove Parameters(移去参数)

移去一个或多个实体的所有参数,即删除所选择实体上的所有参数。参数被移去后,创建此实体的特征数据不再具有关联性,且实体特征的尺寸不能再被修改。点击图标,则进入如图 3-239 所示的 Remove Parameters 对话框,用来选择要移去参数的实体。

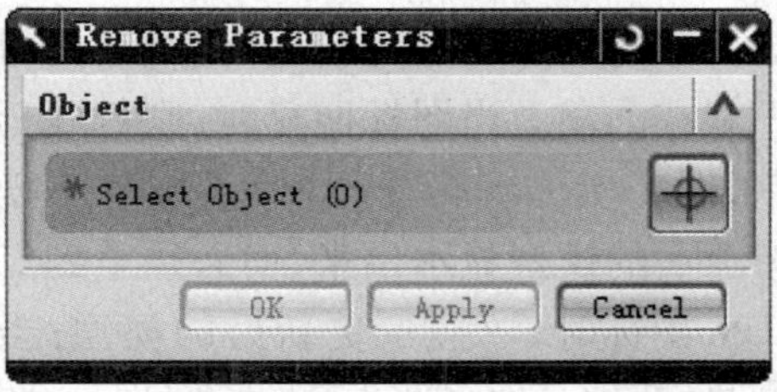

图 3-239 Remove Parameters 对话框

选择要移去参数的实体后按 OK,则出现如图 3-240 所示的 Remove Parameters 对话框,显示警告信息"选取物体的参数将被删除,是否继续",若按 OK,则移去所选择实体的全部特征参数;若按 Cancel,则取消移去所选择实体的特征参数的操作。参数删除后,可以使用编辑参数等选项检查删除的参数是否仍然存在。

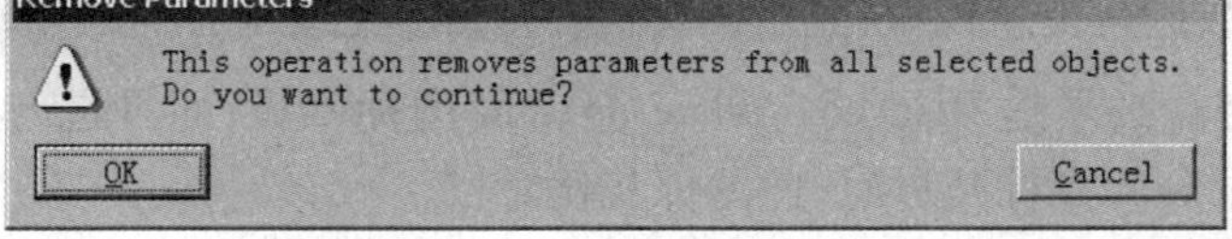

图 3-240 Remove Parameters 对话框

3.8.10 Edit Solid Density(编辑实体密度)

用于改变物体的密度及密度单位,并可以利用 Analysis(分析)→Mass Using Solids…(质量使用实体)功能来计算出产品的重量。点击图标则进入如图 3-241 所示的 Edit Solid Density 对话框,在对话框中设置完按 OK 则可。

图 3－241 中各项参数的意义如下：

(1) Solid Density：实体密度。用于在输入框中输入实体的密度值，系统默认的密度为 Fe（钢和铁）的密度。

(2) Units：改变单位。用于改变实体密度的单位，选择此选项，则进入如图 3－242 所示的 Edit Solid Density 菜单。

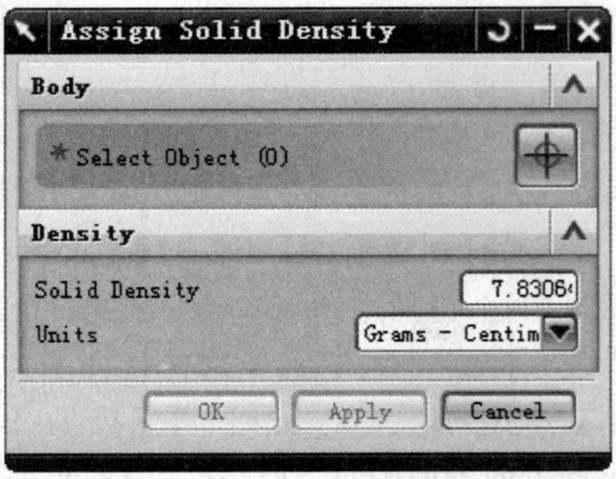

图 3－241　Edit Solid Density 对话框

图 3－242 中各项参数的意义如下：

①Lbs－Inches：磅每立方英寸。

②Lbs－Feet：磅每立方英尺。

③Grams－Centimeters：克每立方厘米。

④Kilograms－Meters：千克每立方米。

3.8.11　Delayed Update on Edit（延迟更新）

暂时不更新特征，与 Update（更新）功能一起搭配使用。点击图标，则在打开延迟更新与关闭延迟更新之间切换，此时图标凹显或凸显。当图标凹显时，则打开延迟更新，做完实体编辑操作时，系统并不立即将修改后的模型显示出来，而必须直到点击 Update 图标时，才显示更新后的模型；当图标凸显时，则关闭延迟更新，每做完一次修改就会立即显示修改后的模型。当打开延迟更新时，Replace Features（替换特征）、Suppress Features（抑制特征）、Unsuppress Features（解抑特征）、Suppress by Expression（用表达式抑特）和 Remove Parameters（移去参数）等功能均不能使用。

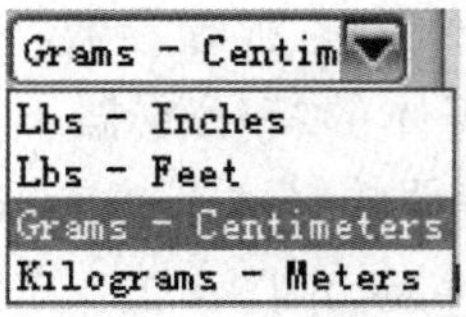

图 3－242　Edit Solid Density 对话框

3.8.12　Update（更新）

更新模型，与 Delayed Update on Edit（延迟更新）功能一起搭配使用，用在对延迟更新状态下修改的参数进行更新模型，点击图标，则对延迟更新状态下修改的参数进行更新。在用此功能前，必须是 Delayed Update on Edit 图标凹显，而且进行过特征编辑。在 Delayed Update on Edit 图标凸显时，此图标灰显。

3.8.13　Feature Playback（特征回放）

用于观看模型的生成过程，并可以在观察过程中修改特征参数。点击图标，则回放模型的第一个特征后，进入如图 3－243 所示的 Edit during Update（在更新时编辑）对话框，应用对话框中的图标和选项，可以逐步观察模型的生成过程，并可编辑各特征参数和删除、抑制特征。在特征回放的过程中，可以编辑模型，可以前后移动到任何特征进行尺寸和位置参数的编辑。

图 3－243 中各项参数的意义如下：

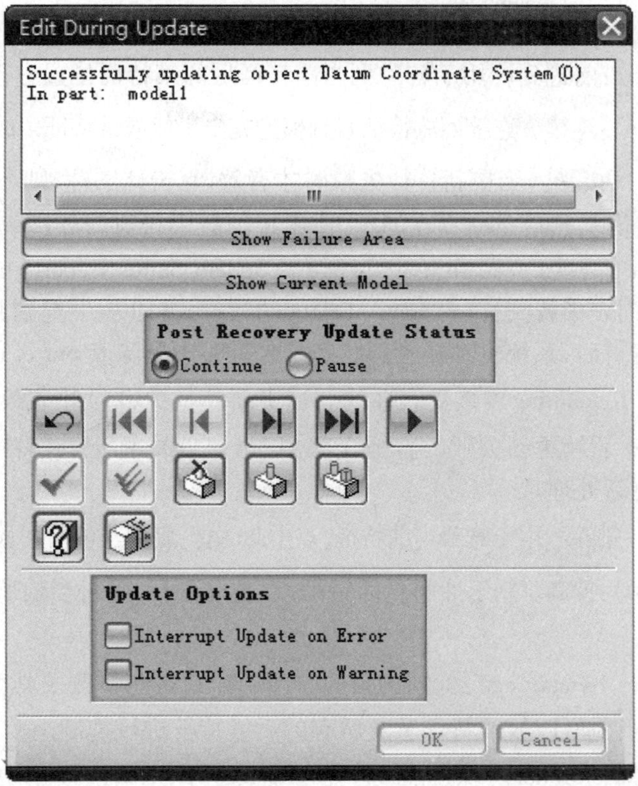

图 3－243 Edit during Update 对话框

(1)信息显示框:在回放模型生成的过程中,显示更新当前特征的成功信息、失败信息及警告信息等可用信息。

(2)Show Failure Area:显示失败区域。用于显示更新失败的特征,选择此选项,则更新失败的特征在绘图区域以高亮显示。

(3)Show Current Model:显示当前模型。用于显示当前模型,当 Go Back To(返回到)某个位置和 Step Back(后退一步)位置时,如果出现显示错乱,则可以用此选项更新显示。

(4)Post Recovery Update Status:恢复更新状态。

①Continue:继续。

②Pause:暂停。

(5)图标区域。

①(Undo):撤销。用于取消在更新开始前的最后一次修改,点击此图标,则退出特征回放。

②(Go Back To):返回到。用于返回到前面某特征位置进行回放。点击此图标,则进入 Update Selection(更新选择)对话框。在其特征列表框中,列出了当前特征前面的所有特征,可以从列表框中选择一个特征后按 OK,则返回到指定特征位置重新进行回放,中间已回放的特征则被撤销,这时可能会出现显示错乱现象,如果这样,则可以选择 Show Current Model 选项来显示当前模型。

③(Step Back):后退一步。用于返回到前一个特征位置进行回放,这时可能会出现显示错乱现象,如果这样,则可以选择 Show Current Model 选项来显示当前模型。

④(Step):前进一步。用于回放下一个特征。

⑤(Step To):前进到。用于转跳到当前特征后的某特征位置进行回放。

⑥(Continue):连续。连续回放特征直到模型完全生成或某特征生成失败为止。

⑦(Accept):接受。当更新特征失败时才有效,点击此图标,则在特征上作出一个 out of date(过期)标记,然后忽略存在问题,使系统继续进行更新处理。在更新处理完成后,选择 Information(信息)→Feature…(特征)→Update Status Report(更新状态报告)选项,则可以在信息列表中找到标记为 out of date 的特征,并可从中查到其失败的原因,对失败的特征重新编辑后,系统自动从更新状态报告列表中删除其 out of date 标志。

⑧(Accept Remaining):接受剩余的。当更新特征失败时才有效,点击此图标,则从当前特征起,所有后续更新失败的特征全部用 out of date 标记,并忽略所有存在问题,使系统继续进行更新处理。

⑨(Delete):删除。用于删除当前特征,点击此图标,则把当前所回放的特征删除掉。

⑩(Suppress):抑制。用于抑制当前特征,点击此图标,则对当前所回放的特征进行抑制。

⑪(Suppress Remaining):抑制剩余的。用于抑制当前特征及其所有的后续特征,点击此图标,则对当前所回放的特征及其所有的后续特征进行抑制。

⑫(Review the Model):观察模型。用于观察模型,只有对模型中已重建成功的特征才有效。点击此图标,则进入如图 3-244 所示的 EXTRUDED(此标题名称与所进行的特征操作有关,不是固定不变的)对话框,可以通过菜单、图标来平移、旋转和缩放模型,并且可以查询有关对象的信息,但不能编辑模型,在图 3-244 中按 OK、Back 或 Cancel 均可返回到图 3-243 中。

⑬(Edit):编辑。对当前特征进行编辑,点击此图标,则进入如图 3-245 所示的 Edit during Update 对话框。

图 3-245 中各项参数的意义如下:

(1)(Edit Parameter):编辑参数。用于修改当前特征的参数,其操作方法与 Edit Feature Parameters(编辑特征参数)相同。

(2)(Remove Parameter):移去参数。用于删除当前特征的参数,其操作方法与 Remove Parameters(移去特征参数)相同。

(3)(Edit Position):编辑位置。用于编辑当前特征的定位尺寸。其操作方法与 Edit Positioning(编辑位置)相同。

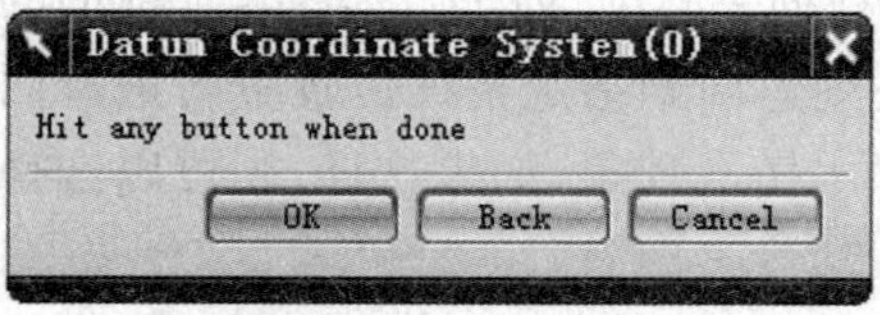

图 3-244 Extruded 对话框

图 3-245 Edit during Update 对话框

3.9 实 用 例 题

例 1

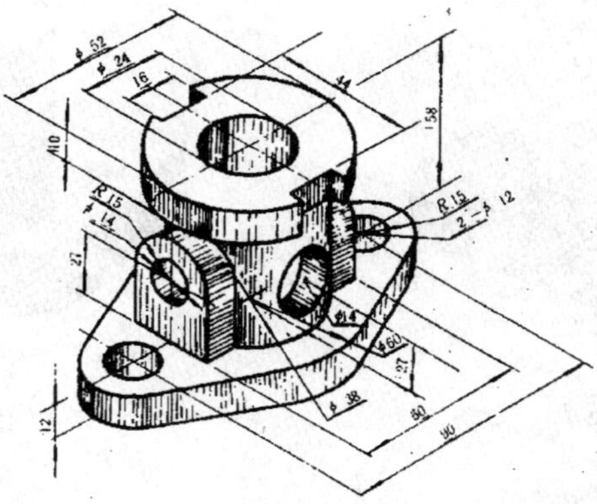

图 3－246

(1)启动 UG NX8.0,选择【Insert】→【Design Feature】→【Extrude】命令或单击工具栏上的按钮,系统弹出 Extrude 对话框,单击对话框中的按钮,选择 XC－YC 作为基准平面建立草图,并绘制如图 3－247 所示的轮廓轨迹。

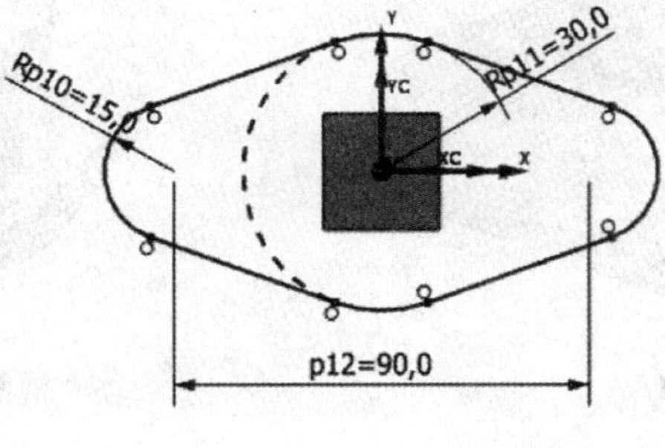

图 3－247

(2)在 Extrude 对话框中的 Limit 选项中,分别在起始距离和终止距离文本框中输入 0 和 12 后单击 Apply 按钮后,即可生成如图 3－248 所示的图形。

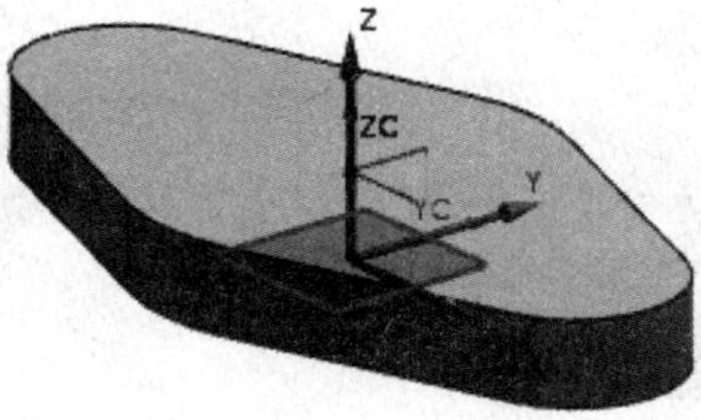

图 3－248

(3)同步骤(1),选择上一步骤生成的体的上表面作为草图平面,绘制如图 3-249 所示的圆弧,直径为 38,单击 Finish Sketch 按钮,返回到 Extrude 对话框中,设置拉伸起始距离分别为 0 和 48,即可生成如图 3-250 所示的实体。

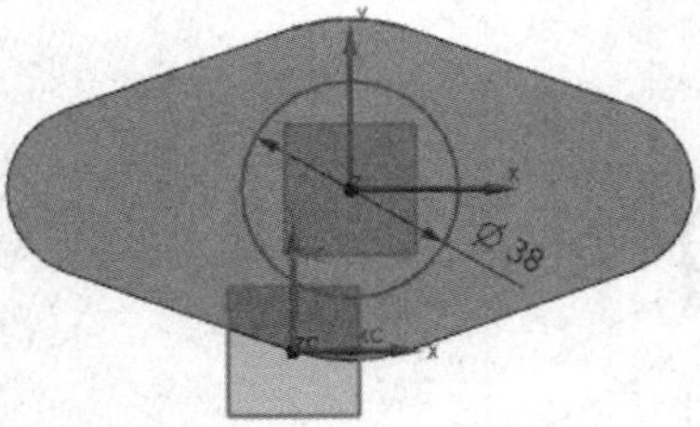

图 3-249

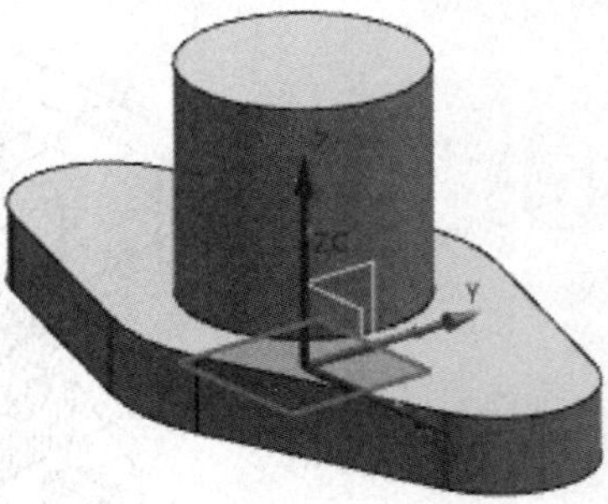

图 3-250

(4)同步骤(3),选择上一步骤生成的圆柱体的上表面作为草图平面,绘制如图 3-251 所示的截面轮廓,单击 Finish Sketch 按钮,返回到 Extrude 对话框中,设置拉伸起始距离分别为 0 和 10,即可生成如图 3-252 所示的实体。

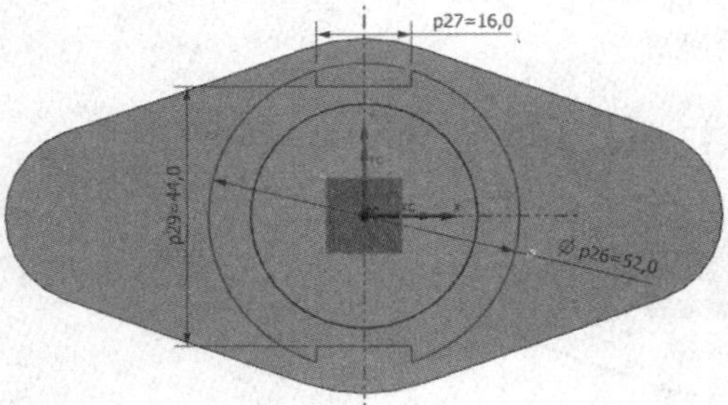

图 3-251

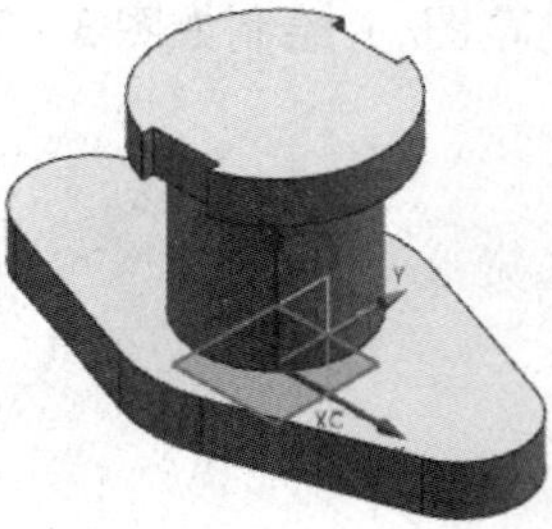

图 3-252

(5)同步骤(4),选择平面 YC-ZC 作为草图平面,绘制如图 3-253 所示的截面轮廓,单击 Finish Sketch 按钮,返回到 Extrude 对话框中,在 Limit 选项中设置拉伸方式为 Symmetric Value 方式,在 Distance 文本框中输入 30,即可生成如图 3-254 所示的实体。

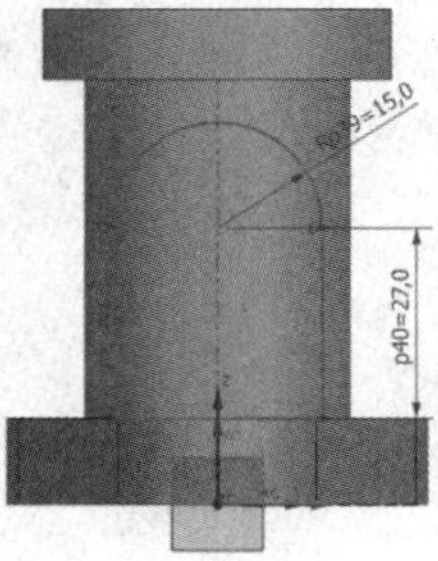

图 3-253

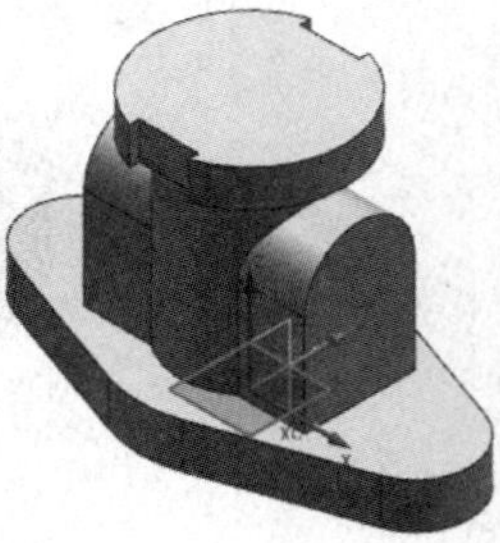

图 3-254

（6）选择【Insert】→【Design Feature】→【Hole】命令或单击工具栏上的按钮，系统弹出 Hole 对话框，设置孔的类型为 General Hole 形式，单击 Position 下的按钮，进入到草图环境下，定义孔的圆心位置，或者单击按钮，捕捉圆心位置后，返回到 Hole 对话框下，设置孔的直径为 24，即可生成如图 3－255 所示的图形。

（7）同步骤（6），采用相同的方法，相继生成直径分别为 14 和 12 的孔，即可得如图 3－256所示的图形。

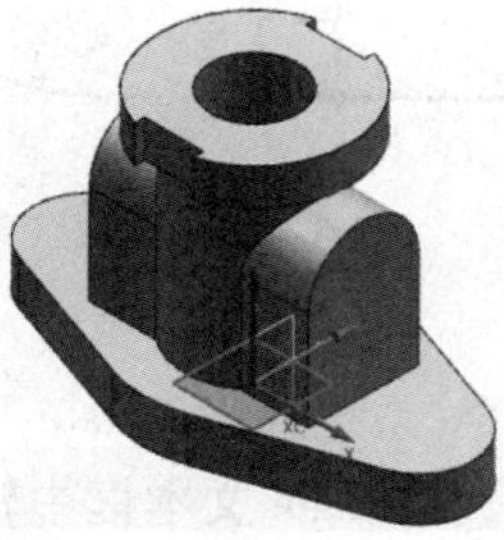

图 3－255

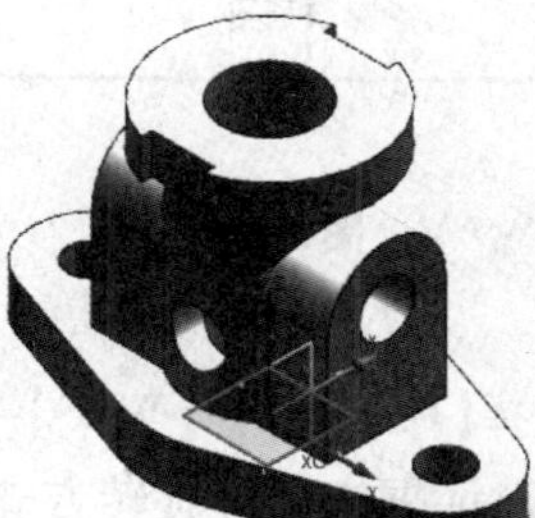

图 3－256

例 2

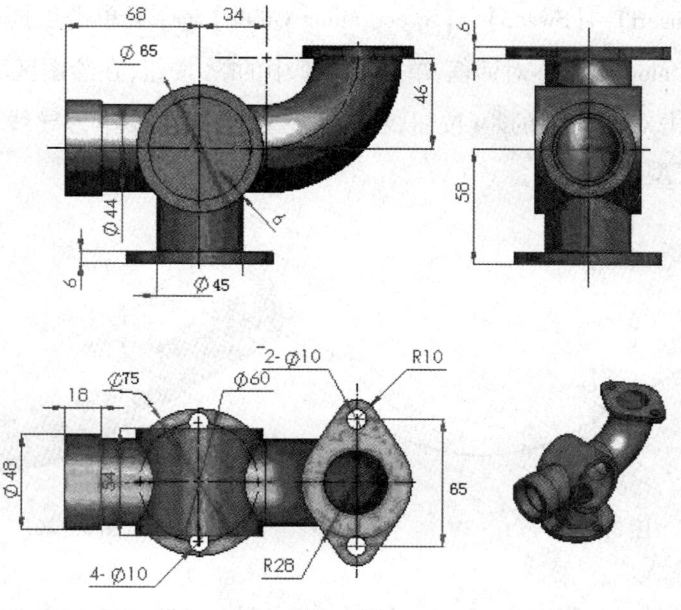

图 3－257

（1）启动 UG NX8.0，选择【Insert】→【Curve】→【Basic Curves】命令或单击工具栏上的按钮，系统弹出 Basic Curves 对话框，单击对话框中的，分别在 Tracking Bar 中输入直线的起点坐标为（－50，0，0），终点坐标为（130，0，0），生成第一条直线，然后再以上一条直线的终点作为起点，通过定义下一条直线的长度和角度分别为 46 和 90 生成下一条直线,可得到如图 3－258 所示的曲线。

(2)在 Basic Curves 对话框中单击按钮,在 Radius 文本框中输入半径值 46 后,在两条直线的内侧单击鼠标中键,即可生成如图 3－259 所示的图形。

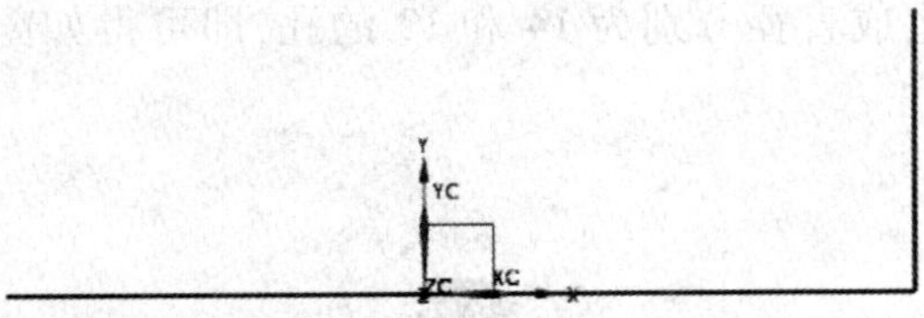

图 3－258

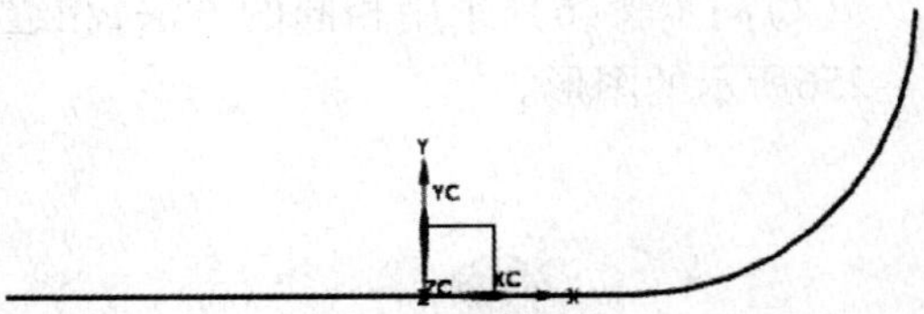

图 3－259

(3)选择【Format】→【WCS】→【Rotate WCS about】命令,系统弹出 Rotate WCS about 对话框,在对话框中选择旋转方式为 + YC － axis:ZC→YC,在 Angle 文本框中输入 －90,将坐标轴进行旋转。

(4)选择【Insert】→【Curve】→【Basic Curves】命令或单击工具栏上的按钮,系统弹出 Basic Curves 对话框,单击对话框中的按钮,选择直线的端点作为圆弧的中心位置,然后在 Tracking Bar 中输入圆弧的直径 44,生成如图 3－260 所示的曲线。

(5)选择【Insert】→【Sweep】→【Sweep along Guide】命令或单击工具栏上的按钮,系统弹出 Sweep along Guide 对话框,单击对话框中的按钮,在绘图区域选择圆作为扫掠截面区线,单击对话框中的按钮,在绘图区域选择曲线作为导线,即可生成如图 3－261的实体模型。

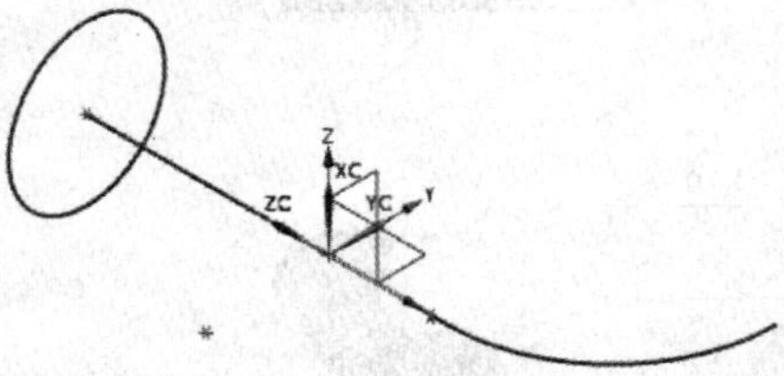

图 3－260

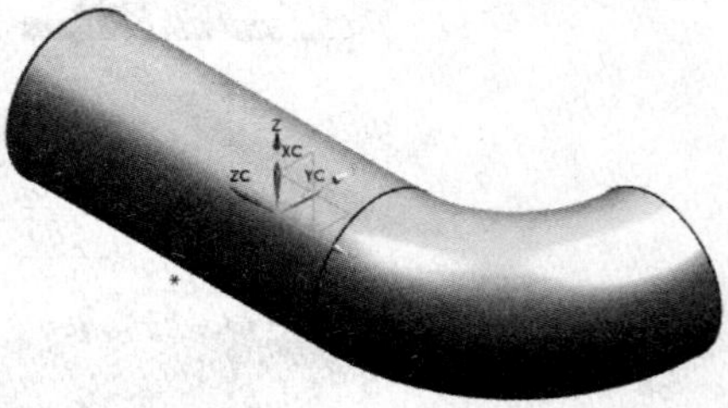

图 3－261

(6)选择【Insert】→【Design Feature】→【Boss】命令或单击工具栏上的按钮,系统弹出 Boss 对话框,在 Diameter 和 Height 文本框中分别输入 48 和 18,单击步骤(5)生成的实体模型的端面,单击 OK 按钮,即可得到如图 3－262 所示实体模型,同时系统弹出 Position 对话框,在对话框中单击按钮,再次单击原实体模型的端面边界,系统弹出 Set Arc Position 对话框,在对话框中选择 Arc Center 命令,即可生成如图 3－263 所示的实体模型。

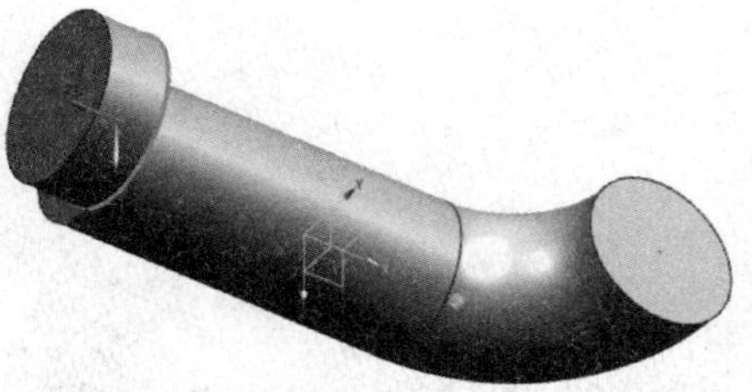

图 3 – 262

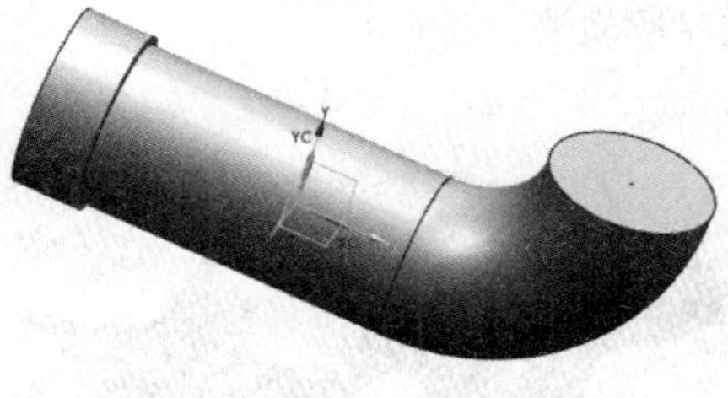

图 3 – 263

（7）选择【Insert】→【Design Feature】→【Extrude】命令或单击工具栏上的按钮，系统弹出 Extrude 对话框，单击对话框中的按钮，选择实体模型的另一端面圆弧作为建立草图，并绘制如图 3 – 264 所示的轮廓轨迹。

（8）返回 Extrude 对话框，在对话框中设置拉伸的起始位置和终止位置为 0 和 6，即可得到如图 3 – 265 所示的实体模型。

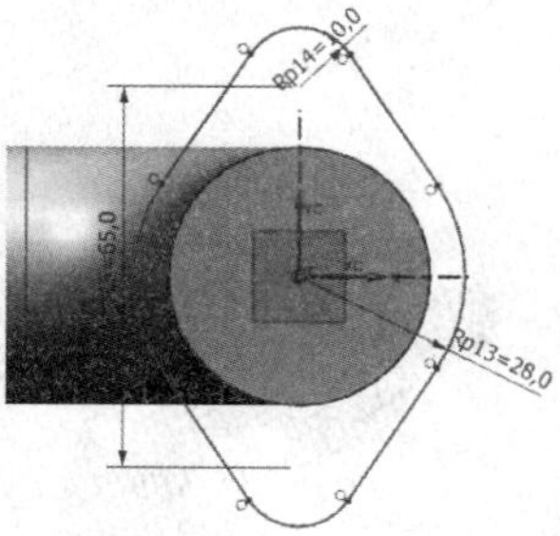

图 3 – 264

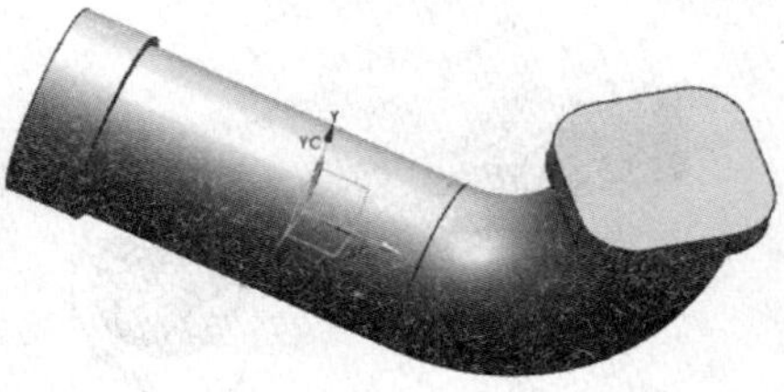

图 3 – 265

（9）同步骤（7），选择 XC – YC 作为草图平面，在草图环境下，绘制如图 3 – 266 所示的轮廓轨迹，单击 Finish Sketch 按钮，返回到 Extrude 对话框中，在对话框中的 Limit 选项下，设置拉伸方式为 Symmetric Value，在文本框中输入数值 27，即可生成如图 3 – 267 所示的实体模型。

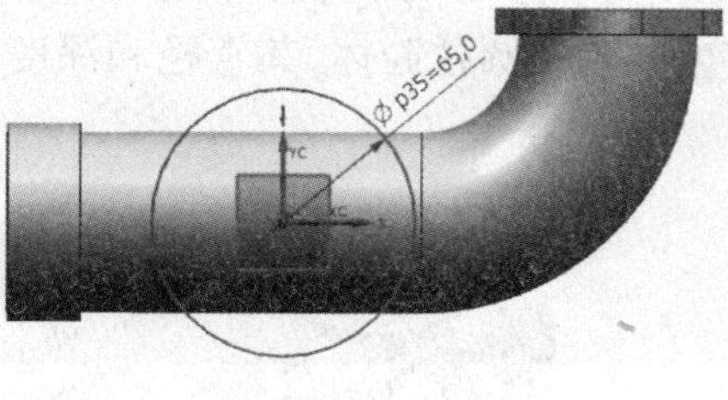

图 3 – 266

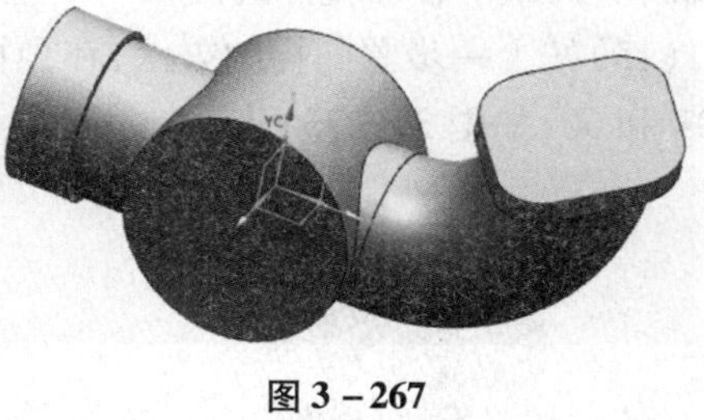

图 3 – 267

（10）选择【Insert】→【Datum/Point】→【Datum Plane】命令或单击工具栏上的按钮，系统弹出 Datum Plane 对话框，在对话框中的 Type 选项下选择 XC – ZC 平面，在 Distance 文本框中输入 – 52，即可生成如图 3 – 268 所示的基准平面。

(11)重复步骤(7),选择上一步骤生成基准平面作为草图平面,绘制如图 3 – 269 所示的轮廓轨迹。

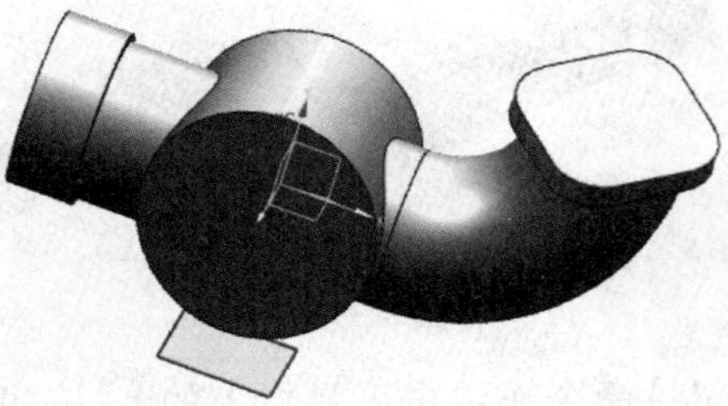

图 3 – 268

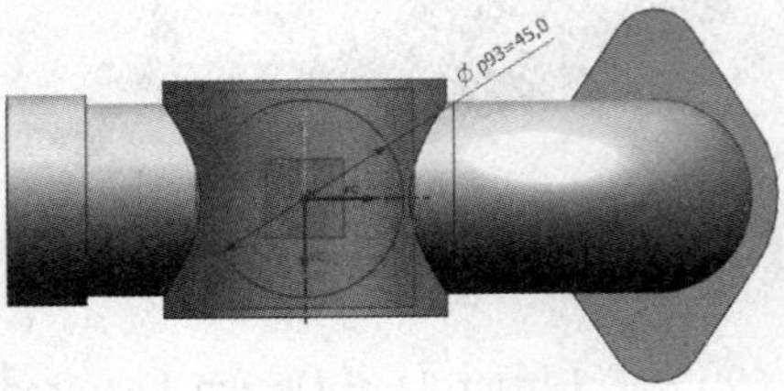

图 3 – 269

(12)返回到 Extrude 对话框中,在对话框中的 Limit 选项下,设置拉伸起始距离和终止距离分别为 0 和 30,即可生成如图 3 – 270 所示的实体模型。

(13)重复步骤(6),在上一步骤绘制的拉伸体的端面上绘制如图 3 – 271 所示的凸台,其直径和高度分别为 75 和 6。

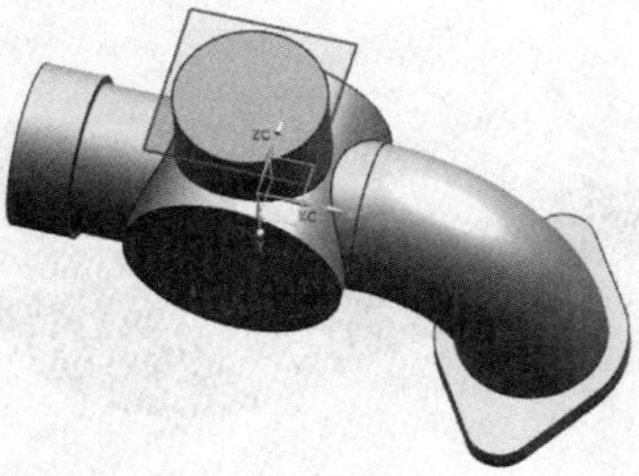

图 3 – 270

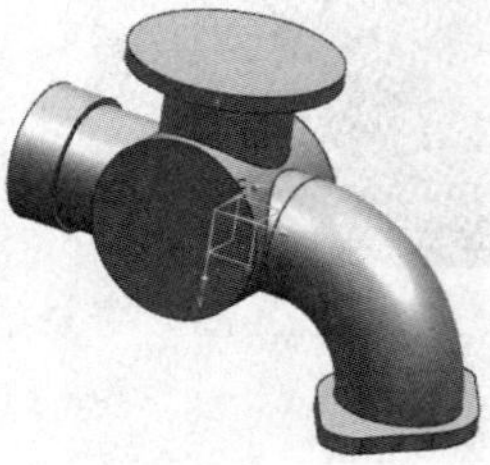

图 3 – 271

(14)选择【Insert】→【Design Feature】→【Pocket】命令或单击工具栏上的按钮,系统弹出 Pocket 对话框,在对话框中,选择 Cylindrical 选项,系统弹出 Cylindrical Pocket 对话框,在绘图区域选择侧面的圆柱体端面,在弹出的窗口中输入腔体的直径和深度分别为 53 和 54,系统弹出 Positioning 对话框,在对话框中单击选项,分别定义端面的圆弧中心和块体的圆弧中心重合,得到如图 3 – 272 所示的实体模型。

(15)按上一步骤同样的方法,在顶面凸台上生成一个圆柱腔体,其直径和深度分别为 33 和 50,如图 3 – 273 所示。

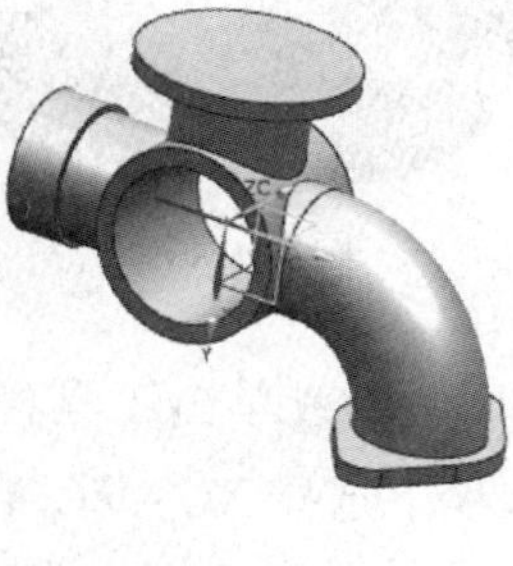

图 3 – 272

图 3 – 273

(16)选择【Insert】→【Design Feature】→【Hole】命令或单击工具栏上的按钮,系统弹出 Hole 对话框,在视图区域单击端盖的顶面后,以该顶面为草图平面,在直径为 60 的圆上绘制如图 3-274 所示的四个点,返回到 Hole 对话框,在对话框中设置孔的直径为 10,深度为 6,即可生成如图 3-275 所示的图形。

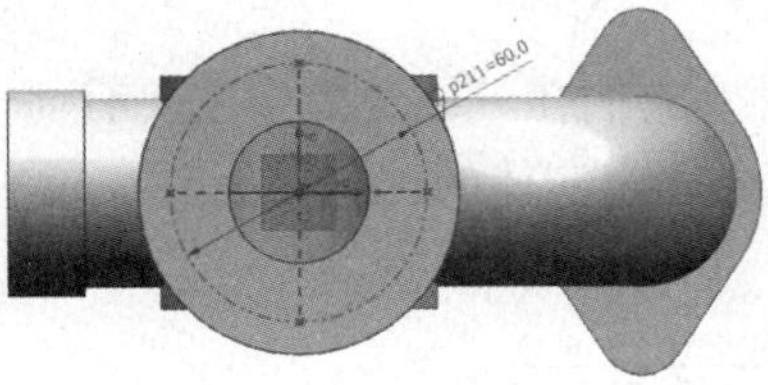

图 3-274

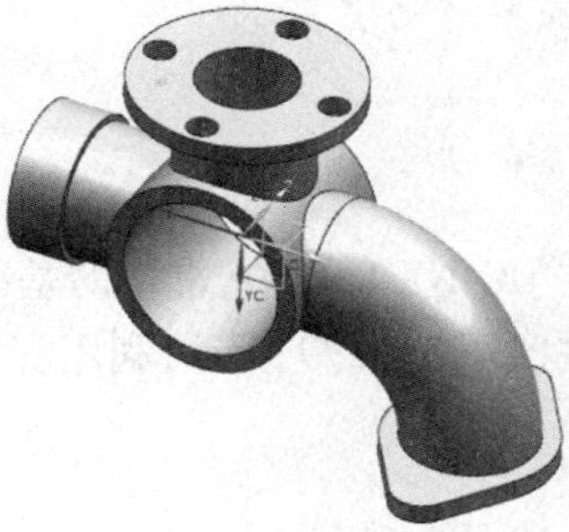

图 3-275

(17)选择【Insert】→【Curve from Curves】→【Offset Curve】命令或单击工具栏上的按钮,系统弹出 Offset Curve 对话框,在绘图区域选取左侧外圆弧,设置偏置距离为 5,可得到如图 3-276 所示的曲线。

(18)重复步骤(5),选择上一步骤所绘制的圆弧作为扫掠截面曲线,选择步骤(3)所绘制的曲线为扫掠引导线,在 Sweep 对话框中设置布尔操作为 Subtract 方式,即可得到如图 3-277 所示的实体模型。

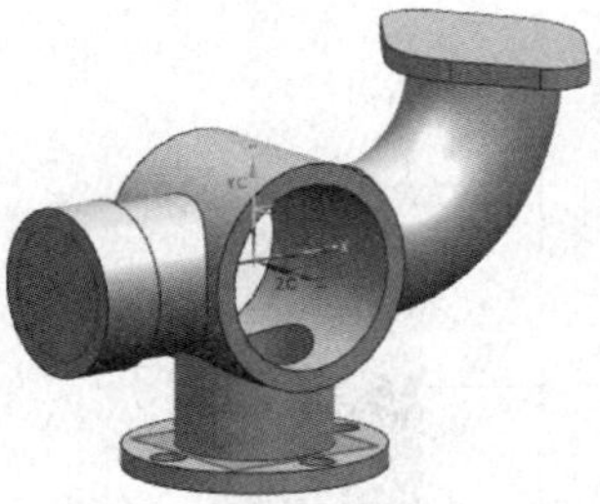

图 3-276

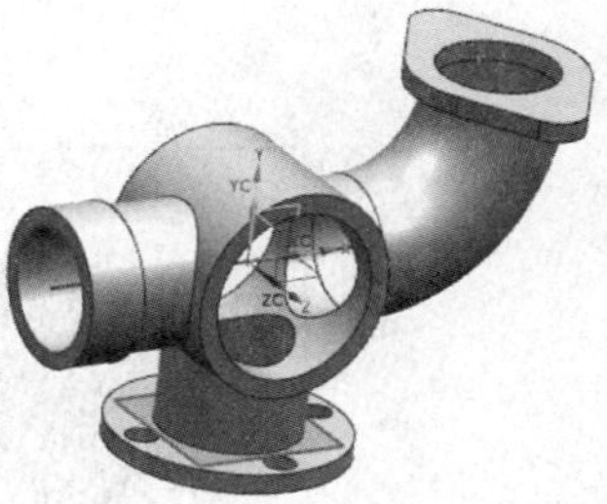

图 3-277

(19)重复步骤(16),在右侧上表面绘制两个直径为 20 的孔,再将曲线进行隐藏后即可得到如图 3-278 所示的实体模型。

习　题

1. 创建拉伸特征时,有哪几种深度定义形式,在应用上有何区别?
2. 建立扫描特征时,其属性的定义与扫描轨迹线间有何关系?

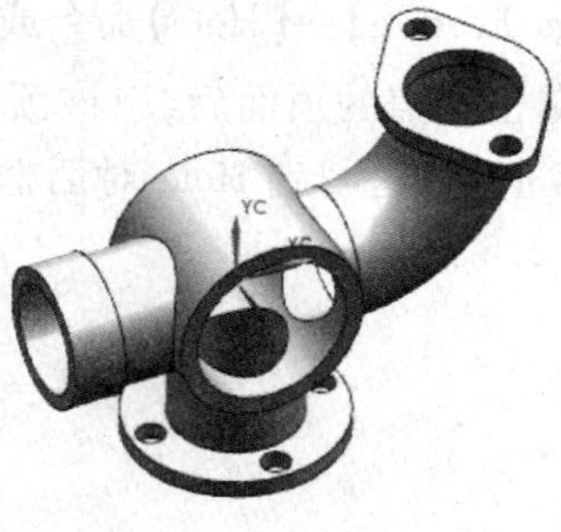

图 3－278

3. 在 UG NX 8.0 中,常用的基准特征有哪几种？它们在三维建模中主要有何作用？

4. 按照图 3－279 所示,利用实体建模功能,完成底座实体的创建。

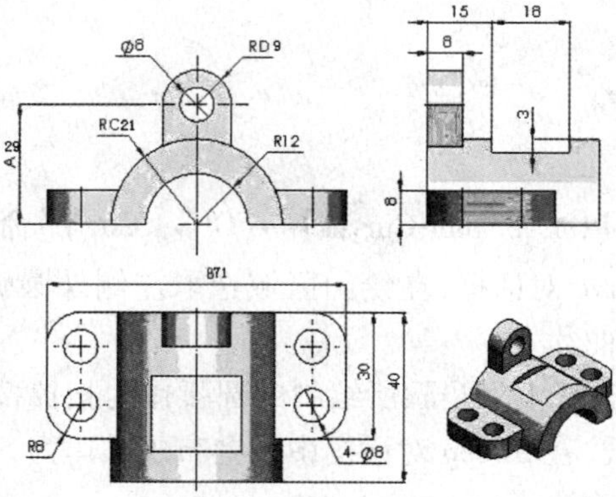

图 3－279　底座

5. 按照图 3－280 所示,利用实体建模功能,完成联通器实体的创建。

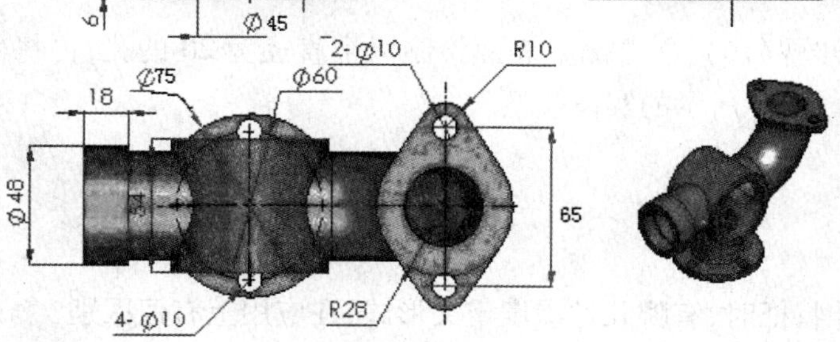

图 3－280　联通器

6. 按照图 3－281 所示，利用实体建模功能，完成实体的创建。

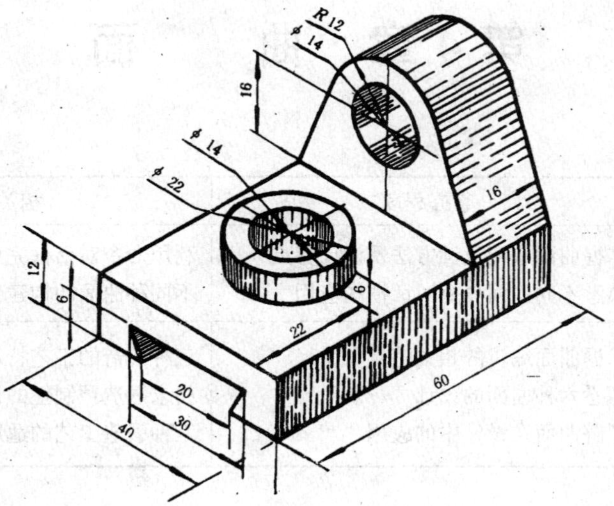

图 3－281 实体模型

第 4 章　曲　　面

【本章教学要点】

知识要点	掌握程度	相关知识
曲面造型设计的类型	掌握曲面造型设计方法及设计特点 熟悉不同曲面命令对话框的应用	利用命令对话框完成曲面的设计 不同种曲面的构建
曲面编辑	掌握曲面编辑的相关特点 熟悉六种曲面的设计 了解曲面在设计中的应用	三种锻造的工艺特征及模具结构 粉末锻造预制坯的设计 三种锻造工艺的适用领域

4.1　UG NX 8.0 曲面造型概述

自由形状特征用于构造用标准特征建模方法所无法创建的复杂形状,它既能生成曲面,也能生成实体。定义自由形状特征可以采用点、线、片体或实体的边界和表面,也可以采用工具条命令。自由形状特征功能在曲面的两个方向都是封闭,和曲面的一个方向封闭另一个方向为共平面时,将产生实体。

曲面的横断面线方向称为 U 方向,曲面的纵方向、扫掠方向或引导线方向称为 V 方向,V 方向大约垂直于 U 方向。

阶数:阶数即曲面参数方程的阶数。UG 的每一个曲面定义了 U 及 V 方向的阶数,阶数在 1 ~ 24 之间,即最多为 24 次方的高阶曲面,由于三次曲面已足以表达一般的曲面造型,阶数过高会大幅提高计算时间,使得模型运算与显示的效率大幅降低,因此通常建议使用 3 次方来创建曲面。

嵌合面:嵌合面是构成自由曲面的片段嵌合曲面,即看到是一大块曲面,其实是由许多嵌合曲面所构成的。只要能达到曲面创建功能的要求,原则上嵌合面的数量越少越好。

本章主要讲述曲面造型部分,曲面造型和编辑曲面的工具条如图 4 – 1 和图 4 – 2 所示。

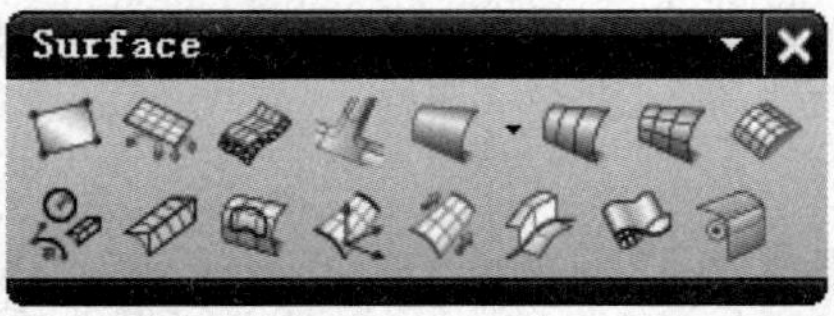

图 4 – 1　Surface 工具栏

图 4 – 2　Edit Surface 工具栏

4.2 曲面造型设计

4.2.1 Through Points(通过点)

通过一群矩形数组分布数据点产生曲面,所创建的曲面完全通过指定的数据点,且数据点位置及数量会影响整体曲面的平滑度。选择【Insert(插入)】→【Surface(曲面)】→【Through Points...(通过点)】或点击图标,则进入如图 4-3 所示的 Through Points 对话框。

图 4-3 中各项参数的意义如下:

(1)Patch Type:嵌合面类型。

①Single(单一):产生单一嵌合面的高阶曲面,即行方向的阶数为行方向的点数减 1,列方向的阶数为列方向的点数减 1。

②Multiple(多段):产生多段式嵌合面的曲面,此时的阶数分别为 Row Degree 和 Column Degree 中所输入的数值。

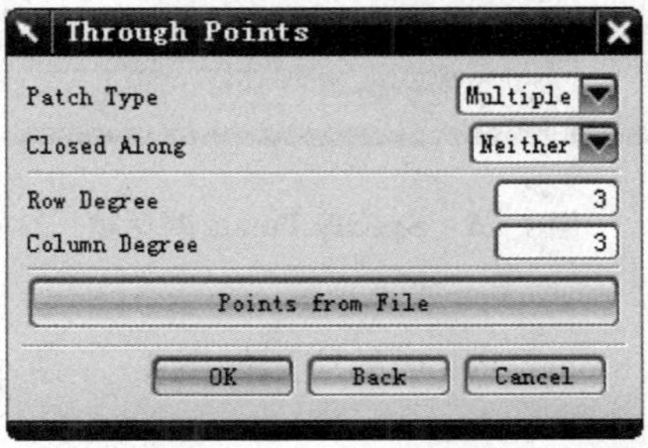

图 4-3 Through Points 对话框

(2)Closed Along:封闭方向。

①Neither(两者都不):行和列方向皆不封闭。

②Rows(行):行方向封闭,此时行方向所选取的第一点同时作为最后一点,以便构成行方向封闭。

③Columns(列):列方向封闭,此时列方向所选取的第一点同时作为最后一点,以便构成列方向封闭。

④Both(两者):行和列方向都封闭。

(3)Row Degree(行阶数):曲面行方向的阶数。所指定行方向的阶数必须比行方向的点数至少少 1,否则系统会因为点数不足而出现错误信息,警告指定的点数不足。

(4)Column Degree(列阶数):曲面列方向的阶数。所指定列方向的阶数必须比列方向的点数至少少 1,如果点数不足,系统会要求继续选取,如果点数已经足够,系统会询问是否选取点完毕或指定选取另一行点。

(5)Points From File(点来自文件):即从文件中读取点数据来创建曲面,点击此按钮,则指定数据文件名则可按以上设置的参数创建曲面。数据文件必须 *.dat 的格式,点数据必须为三坐标形式(即 X 值、Y 值、Z 值),每一点的坐标值占据一行,两坐标值之间用空格隔开,每一行数据点前加一行,并标志为 ROW。

图 4-4 Through Points 对话框

在图 4-3 中设置完各项参数后按 OK,

则进入如图 4 - 4 所示的 Through Points 对话框,用来选择指定第一行点的方法。当采用前三种方法选取点时,会依次提示指定每一行的起始点与终止点;当采用 Point Constructor 方法选取点时,当指定完一行的点后按 OK,则会进入如图 4 - 5 所示的 Specify Points (指定点)对话框,询问此行的点是否指定完,若指定完则按 Yes,接着指定下一行的数据点;否则按 No,接着指定此行的数据点。当指定的行数达到可以满足创建曲面时,在图 4 - 5中按 Yes,则进入如图 4 - 6 所示的 Through Points 对话框,若创建曲面的所有点已经选取完,则按 All Points Specified(所有点指定完)创建曲面否则按 Specify Another Row(指定另一行)接着指定一行数据点。

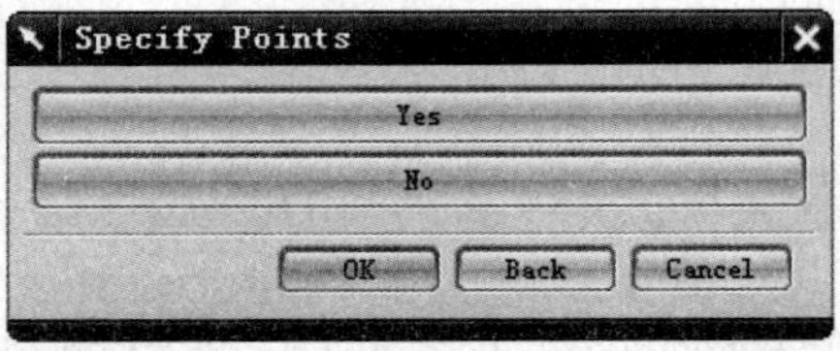

图 4 - 5 Specify Points 对话框

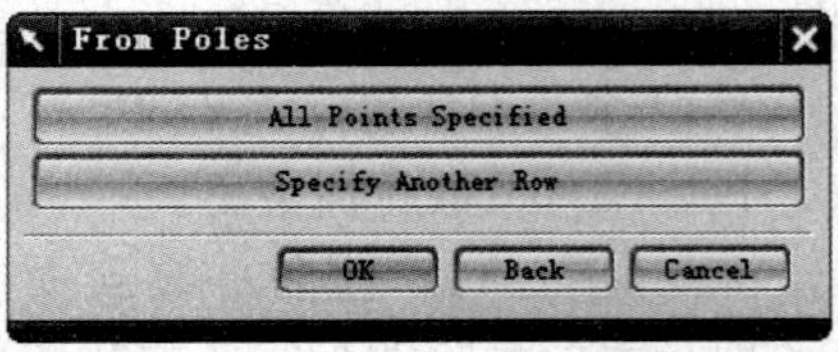

图 4 - 6 Through Points 对话框

Through Points 的应用如图 4 - 7 所示,其步骤如下:

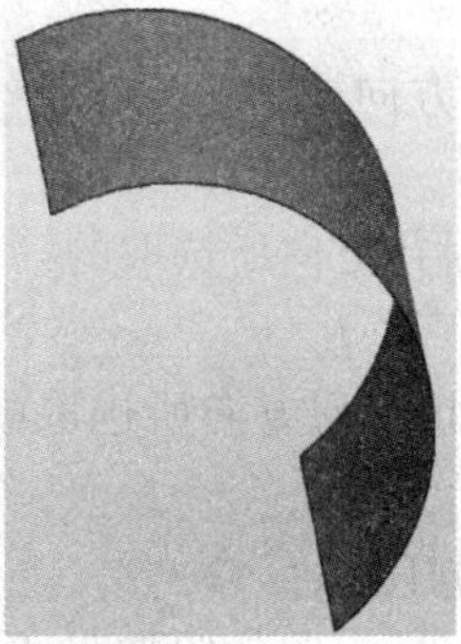

图 4 - 7 Through Points 的应用

◆在图 4 - 3 中设置完曲面参数后按 OK。
◆在图 4 - 4 中选择选取点的方法。
◆每指定完一行数据点后在图 4 - 5 中按 Yes。
◆指定完所有的数据点后,在图 4 - 6 中按 All Points Specified 则创建曲面。

4.2.2 From Poles(从控制点)

此曲面的创建步骤及功能与 Through Points 类似,两者的差异在于,Through Points 创建曲面时会通过所选取的点,而 From Poles 创建曲面时不通过所有的选取点。选择【Insert(插入)】→【Surface(曲面)】→【Through Poles...(通过极点)】或点击图标,则进入如图 4 - 8 所示的 From Poles 对话框。图 4 - 8 中各项参数的意义和用法与图 4 - 3 中所对应的参数的意义和用法相同。

From Poles 的应用如图 4-9 所示，其点数据与图 4-7 中的点数据一样，步骤如下：

(1) 在图 4-8 中设置完曲面参数后按 OK。

(2) 在图 4-4 中选择选取点的方法。

(3) 每指定完一行数据点后在图 4-5 中按 Yes。

(4) 指定完所有的数据点后，在图 4-6 中按 All Points Specified 则创建曲面。

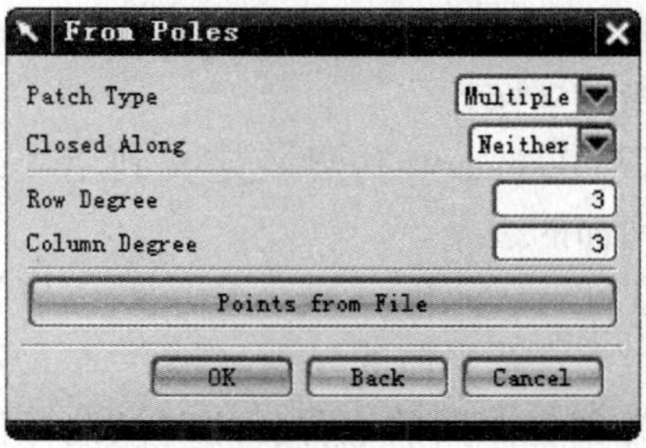

图 4-8 From Poles 对话框

4.2.3 From Point Cloud(从点云)

此曲面的创建功能为读取选中范围内的一大块点数据来创建曲面，这些点数据通常来自扫描或为数字取点。使用此功能创建的曲面不完全通过选取的点，但比使用通过点生成的曲面平滑。选择【Insert(插入)】→【Surface(曲面)】→【From Point Cloud...(从点云)】或点击图标，则进入如图 4-10所示的 From Point Cloud 对话框。

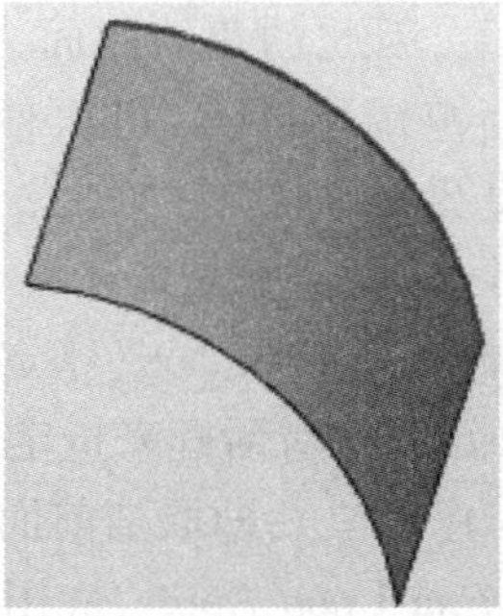

图 4-9 From Poles 的应用

图 4-10 中各项参数的意义如下：

(1) Points From File(点来自文件)：即从文件中读取用来创建曲面的点数据，但此时不生成曲面。

(2) U Degree(*U* 阶数)：即 *U* 方向的曲面阶数。

(3) V Degree(*V* 阶数)：即 *V* 方向的曲面阶数。

(4) U Patches(*U* 嵌合数)：即 *U* 方向的嵌合面数量。

(5) V Patches(*V* 嵌合数)：即 *V* 方向的嵌合面数量。

对 *U* 或 *V* 方向，改变曲面阶数与嵌合面数量的组合方式，可以控制生成的曲面与原始点数据之间的误差量。嵌合面数量的选用，并没有一个绝对的法则或依据，它是根据曲面 *U* 或 *V* 方向阶数的设置及容许造型变化的程度，做一个适度的设置。

(6) Coordinate System(坐标系统)：为要求云点数据框选的投影平面与投影方向，此时云点数据框选线会往投影方向找到范围内的数据点，并生成拟合的曲面。坐标系统的垂直向量并不需要非常准确，但是必须近似垂直于要生成的曲面。

①View of Selection(选择视图)：为默认视图的视角，如上视图或俯视图构成坐标系，其 *Z* 轴作为框选数据点的投影方向。

②WCS(工作坐标系)：使用工作坐标系的 *Z* 轴作为框选数据点的投影方向。

③Current View(当前视图)：以当前屏幕平面的垂直方向作为框选数据点投影方向。

④Specified CSYS(指定坐标系)：指定一个存在的坐标系，其 *Z* 轴作为框选数据点的投影方向，进入 CSYS Constructor 对话框来指定坐标系。

⑤Specified New CSYS(指定新坐标系):指定一个新的坐标系,其 Z 轴作为框选数据点的投影方向,进入 CSYS Constructor 对话框来指定坐标系。

(7) Boundary(边界):定义利用从云点创建曲面的边界。

①Minimum Box(最小盒):系统根据选取的数据点及当前的视角,产生一个最小矩形作为创建曲面的边界。此时在此范围内的角落通常没有数据点,在创建曲面的角落处常有不正常的变形。

②Specify Boundary(指定边界):通过指定 4 个点作为曲面的边界,此时指定的边界点落在云点包含的区域中,曲面能够完全投影到数据点上,因此创建的曲面为较准确的曲面,若曲面范围不够大,可再使用延伸或编辑曲面边界的方法来加大。点击进入 Point Constructor 对话框来指定 4 个边界点。

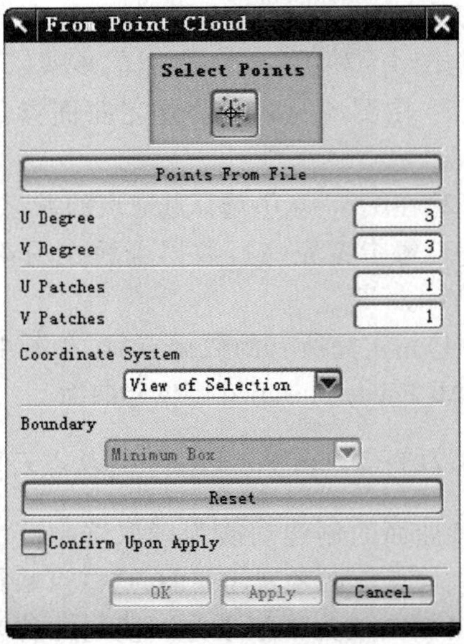

图 4-10　From Point Cloud 对话框

③Specify New Boundary(指定新边界):通过指定 4 个点作为曲面的新边界,点击进入 Point Constructor 对话框来指定 4 个边界点。

(8) Reset(复位):即取消前面所进行的操作,复位到刚开始的状态。

(9) Confirm Upon Apply:应用前确认。

在图 4-10 中设置完后按 OK 或 Apply,则系统生成创建曲面,同时会显示 Fit Information(吻合信息)窗口,显示创建曲面与数据点之间距离的平均偏差与最大偏差。

From Point Cloud 的应用如图 4-11 所示,其步骤如下:

◆在屏幕上选中要创建曲面的点(可用 MB1 键框选),或在图 4-10 中按 Points From File 读取点数据文件。

◆在图 4-10 中设置曲面 U,V 方向的阶数和嵌合面数。

◆在图 4-10 中指定曲面的坐标系统。

◆在图 4-10 中指定创建曲面的边界。

◆在图 4-10 中按 OK 或 Apply。

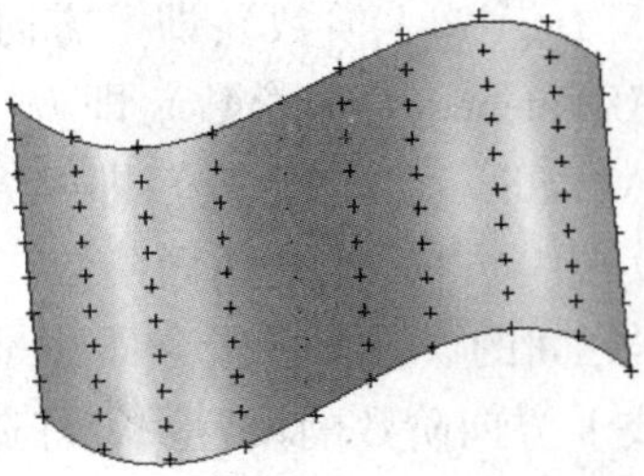

图 4-11　From Point Cloud 的应用

4.2.4　Ruled(直纹)

直纹曲面为通过两条截面线串而生成的规则曲面,可视为 Through Curves(通过曲线)的特例,其区别在于 Ruled 只使用 2 条截面线串,而 Through Curves 最多可使用 150 条截面线串。每条截面线串可以由多条连续的曲线、体边界或多个体表面组成,甚至可指定一个点或曲线端点作为收敛的截面线。选择【Insert(插入)】→【Mesh Surface(网格曲面)】→【Ruled...(直纹)】或点击图标,则进入如图 4－12 所示的 Ruled 对话框,用来选取截面线串,截面线串可以直接在绘图区域选取,也可通过其子功能限制后选取。

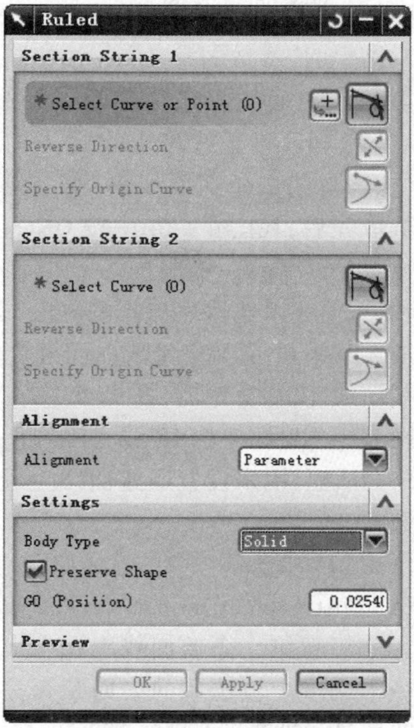

图 4－12 Ruled 对话框

图 4－12 中各项参数的意义如下:

(1)Alignment(对齐):用于控制 2 条截面线串的对齐方式,生成曲面时,2 条截面线串和等参数曲线建立连接点,对齐方式决定这些连接点在截面线串上的分布和间隔方式,从而在一定的范围内控制曲面的形状。其对齐方式有:Parameter(参数)、Arclength(弧长)、By Points(依点)、Distance(距离)、Angles(角度)和 Spine Curve(脊线)等 6 种。

(2)Tolerance(公差):即距离容许误差。

Ruled 的应用如图 4－13 所示,采用 Arclength对齐方式,右图为对左图进行 Ruled 操作后的结果,其步骤如下:

◆在图 4－12 下,选取第一条截面线串后,按 OK 至出现方向箭头。

◆在图 4－12 下,选取第二条截面线串后,按 OK 至出现方向箭头。

◆在图 4－12 中设置各项参数后按 OK。

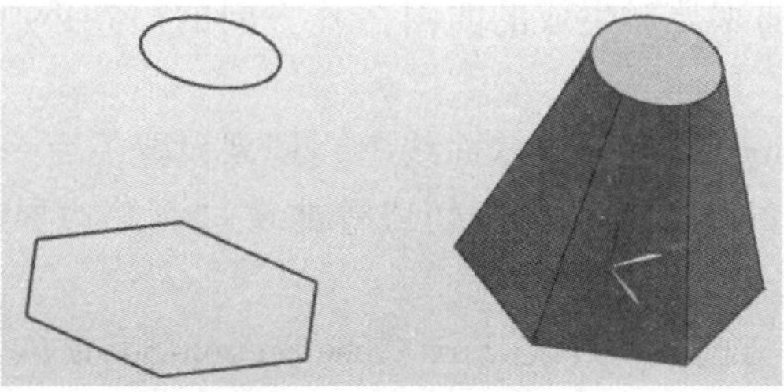

图 4－13 Ruled 的应用

4.2.5 Through Curves(通过曲线)

通过曲线为通过一系列大致在同一方向的轮廓曲线生成曲面的方法。轮廓曲线即为曲面的截面线串,截面线串定义曲面的 U 方向,可以由单一或多个曲线元素组成,曲线元素可以是一条曲线、实体边缘或曲面边缘。选择【Insert(插入)】→【Mesh Surface(网格曲面)】→【Through Curves...(通过曲线)】或点击图标,则进入如图 4－14 所示的 Through Curves 对话框,用来选取截面线串,其截面线串最多可为 150 条。截面线串可以直接在绘图区域选取,也可通过其子功能限制后选取。

图 4－14 中各项参数的意义和用法与图 4－12 中所对应参数的意义和用法相同。

第一条截面线串选取完后,必须在图 4－14中按 OK,直至线串上出现方向箭头后,才能选取第二条截面线串,第二条截面线串选取完后,在图 4－14 中按 OK 直至线串上出现方向箭头,依次向后选取截面线串,所有截面线串选取后出现的方向箭头的方向应大致相同,否则会造成曲面扭曲。

截面线串选取完后,在图 4－14 中按 OK,则进入如图 4－15 所示的 Through Curves 对话框,用来设置通过曲线生成曲面的参数。

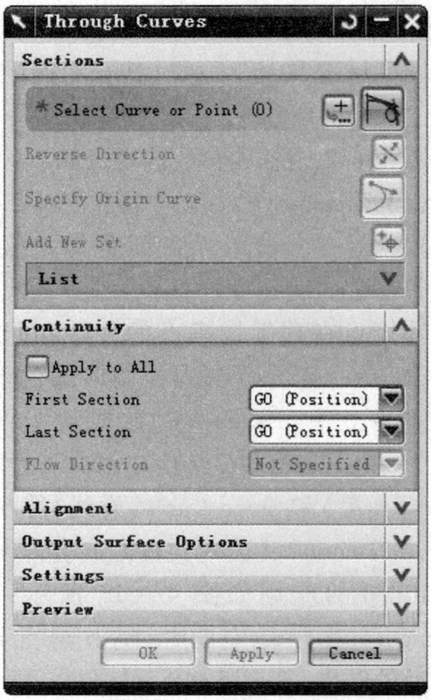

图 4－14　Through Curves 对话框

图 4－15 中各项参数的意义如下:

(1) First Section String(第一条截面线串):用来设置第一条截面线串在生成曲面时与一个或多个被选取的表面是否为相切或等曲率过渡等边界约束情况。

①G0(Position):无约束。对生成的曲面在 U 方向的边界(即第一条截面线串)没有约束。

②G1(Tangency):相切。对生成的曲面在 U 方向的边界必须与相邻的曲面相切连续过渡。

③G2(Curvature):曲率。对生成的曲面在 U 方向的边界必须与相邻的曲面曲率连续过渡。

(2) Last Section String(最后一条截面线串):用来设置最后一条截面线串在生成曲面时与一个或多个被选取的表面是否为相切或等曲率过渡等边界约束情况。其设置与用法同 First Section String。

(3) Flow Direction(方向):用于当 First/Last Section String 的约束为 Tangency/Curvature 时的连续过渡方向。

①Not Specified(不指定):由系统默认连续过渡方向。

②Isoparametric(等参数):按边界参数相同的方向连续过渡。

③Normal(法线):按边界法线相同的方向连续过渡。

(4) Alignment:对齐。用于控制截面线串的对齐方式,生成曲面时,截面线串和等参数曲线建立连接点,对齐方式决定这些连接点在截面线串上的分布和间隔方式,从而在一定的范围内控制曲面的形状。

①Parameter:参数。即采用等参数的对齐方式。等参数曲线与截面线串所形成的间隔点,是根据相等的参数间隔方式建立的,在整个截面线串上若包含直线和曲线,则各线段上点的间隔是不同的,直线为根据等弧长方式取间隔点,而曲线为根据等角度方式取

间隔点。

②By Points(依点):即采用指定点的对齐方式。可用于不同形状或具有棱线的截面线串的对齐,当截面线串具有尖角和有不同形状截面时,最好采用点对齐方式。因为尖角和截面线边数不同时,若不采用点对齐尖点,系统就把尖角拟合成带微小曲率半径的光顺圆角,甚至造成后续操作的失败。使用依点对齐的方式时,在图 4-15 中输入各项参数后,系统会提示选择对齐点,此时依次选择每条截面线串相应的对齐点,系统根据选择点显示一组相同的数字,在生成曲面时,这些相同数字的点自动对齐。选择点时要按照同一方向和次序进行选择,并且在所有截面线串上都有相应的对齐点。起始点和终止点不能用于对齐点,系统会自动对齐。另外必须保证每条截面线串上除了起始点和终止点外,还有其他点用来选择作为对齐点。此对齐方式可以使用零公差,表明点与点之间精确对齐。

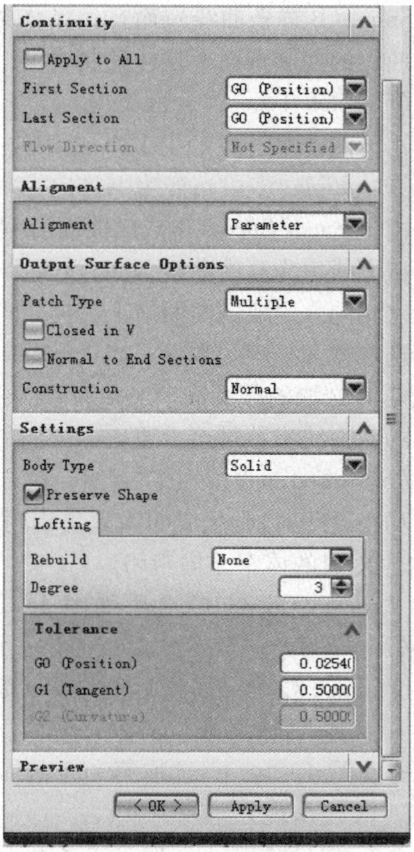

图 4-15 Through Curves 对话框

③Distance(距离):即依某方向距离相等的方式对齐。沿每条截面线串,按指定的方向等距离间隔点对齐。此时用指定方向在所有等距离间隔点处作法平面,每个平面与所有截面线串的所有交点在生成曲面时对齐,生成曲面在 V 方向的起始和终止边界都包含所有截面线串上的点,因此某些线串两端在曲面边界外存在不能生成曲面的部分。另外指定方向的法平面与每条截面线串只能有一个交点,即生成的曲面只能包含某些截面线串的端点。

④Angles(角度):即依绕某轴线角度相等的方式对齐。沿每条截面线串,绕指定的轴线等角度间隔点对齐。此时用绕指定轴线所有等角度间隔处作射向平面,每个射向平面与所有截面线串的所有交点在生成曲面时对齐,生成曲面在 V 方向的起始和终止边界都包含所有截面线串上的点,因此某些线串两端在曲面边界外存在不能生成曲面的部分。另外指定轴线的等角度间隔射向平面与每条截面线串只能有一个交点,即生成的曲面只能包含某些截面线串的端点。

⑤Spine Curve(脊线):即脊线方向对齐。沿每条截面线串,按指定的脊线方向法平面点对齐。此时用脊线上的各点作法平面,每个法平面与所有截面线串的所有交点在生成曲面时对齐,生成曲面在 V 方向的起始和终止边界都包含所有截面线串上的点且其所在平面必为脊线上某点的法平面,即若所有截面线串的端点都在脊线上某端点的法平面之外,则其生成曲面的某边界由脊线的端点决定,否则由截面线串决定。

⑥Spline Points(样条点):即采用截面线串的样条点对齐。沿每条截面线串,按指定

的样条控制点进行对齐。此时的所有截面线串必须为 By Poles(依控制)点所生成的单条 B－Spline(B 样条曲线),而且每条样条曲线具有相同数量的控制点。生成的曲面通过样条曲线的控制点而不是样条曲线,且为光顺曲面。

(5)Patch Type:嵌合面类型。

①Single(单一):产生 *V* 方向为单一嵌合面的高阶曲面。

②Multiple(多段):产生 *V* 方向为多段式嵌合面的曲面。

由 Through Curves 生成的曲面沿 *U* 方向(即截面线串方向)的阶次一般为 3 次。只有当截面线串为高次曲线,同时设置公差很小时,*U* 方向的阶次才与所选取的截面线串的阶次相同。生成的曲面沿 *V* 方向(即垂直于截面线串方向)的阶次取决于嵌合面类型和所选取截面线串的数量。当为 Single 时,系统自动计算 *V* 方向的阶次,为截面线串数量减 1,且选取的截面线串最多为 25 条;当为 Multiple 时,可以自己定义 *V* 方向的阶次,且选取的截面线串数量至少要比 *V* 方向的阶次多 1。

(6)Closed in V(*V* 方向封闭):*U* 方向的封闭取决于截面线串是否封闭,当所有截面线串均为封闭时,则生成的体 *U* 方向封闭。*V* 方向的封闭取决 Closed in V,当勾选 Closed in V,则生成的体 *V* 方向封闭。

Through Curves 的应用如图 4－16 所示,采用 Arclength 对齐方式,右图为对左图进行 Through Curves 操作后的结果,其步骤如下:

◆在图 4－14 下,选取第一条截面线串后,按 OK 至出现方向箭头。

◆在图 4－14 下,选取第二条截面线串后,按 OK 至出现方向箭头。依同样的方法选取完其他所有截面线串。

◆在图 4－14 中按 OK,进入图 4－15。

◆在图 4－15 中设置各项参数后按 OK。

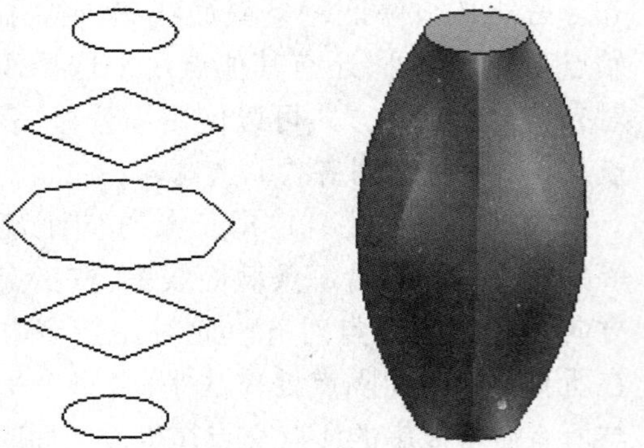

图 4－16　Through Curves 的应用

◆在图 4－15 中若选择了采用 By Points 对齐方式,则依次在所有截面线串上指定相对应的对齐点;若选择了采用 Distance 对齐方式,则指定一个方向;若选择了采用 Angles 对齐方式,则指定一个轴线;若选择了采用 Spine Curve 对齐方式,则指定一条脊线。

◆在图 4－15 中若设置了第一条截面线串的约束情况,则选择与其具有边界约束的曲面,选择完后按 OK。

◆在图 4－15 中若设置了最后一条截面线串的约束情况,则选择与其具有边界约束的曲面,选择完后按 OK。

4.2.6　Swept(扫掠)

扫掠为通过轮廓曲线沿空间特定路径扫掠出一个曲面,其中空间特定路径称为引导线串(Guide Strings),而轮廓曲线称为截面线串(Section Strings)。每一条引导线串或截面线串都可以是单一线段或是连续的多段曲线,引导线串控制曲面在 V 方向的造型变化,它可以是一条曲线、实体或曲面边缘线。引导线串上的线必须连续且光滑(即具有一阶导数连续），而截面线串不需要一定光滑。一个扫掠曲面的引导线串数量为 1 ~ 3，截面线串数量为 1 ~ 400。如果引导线串是封闭的，则可以指定第一条截面线串作为最后一条截面线串，以生成一个封闭的曲面。

扫掠曲面时的两个重要环节为确定任何一点的扫掠方向（即动态坐标系）与确定尺寸大小的变化（即比例缩放关系）。当为一条引导线串时，则需要进一步控制截面线串在沿引导线串扫掠时的方向和尺寸小的变化；当为两条引导线串时，则截面线串在沿引导线串扫掠时的方向趋势已经完全确定，但其尺寸将会被缩放，以保证截面线串与两条引导线串始终接触，这时其方向是由两条引导线串各对应点之间的连线方向平控制（好像用两条线作一个直纹面）；当为三条引导线串时，则截面线串在沿引导线串扫掠时的方向趋势和尺寸变化已经完全确定，无需另外指定。

扫掠特征线串的一般规律有：

（1）截面线串和引导线串不一定是平面曲线。

（2）截面线串和引导线串可以是任意类型的曲线，但不可以使用点。

（3）截面线串不一定要求与引导线串相连接，但最好相连接。

（4）扫掠时至少需要一条截面线串，最多可以使用 400 条截面线串。

（5）使用脊线可以进一步控制截面线串的扫掠方向。

下面对几种典型的扫掠曲面方式进行介绍。

1. 一条引导线串和一条截面线串的情况

当采用一条引导线串和一条截面线串进行扫掠时，其扫掠方向和尺寸大小的变化都无法确定，因此需要对扫掠方向和尺寸大小的变化进行控制。

选择【Insert（插入）】→【Sweep（扫掠）】→【Swept…（扫掠）】命令或单击工具栏上的按钮，系统弹出如图 4 – 17 所示的 Swept 对话框。

图 4 – 17 中各项参数的意义与用法和图 4 – 14 中所对应参数的意义与用法相同，但是不出现方向箭头。

选取完一条引导线串后，在图 4 – 17 中按 OK，则提示选择第二条引导线串，此时不选取第二条引导线串，直接在图 4 – 17 中再按 OK，则进入与图 4 – 17 一样的对话框，用来选择截面线串。

选取完一条截面线串后，在图 4 – 17 中

图 4 – 17 Swept 对话框

按 OK,则提示选择第二条截面线串,直接在图 4－17 中再按 OK,则进入如图 4－18 所示的 Swept 对话框,用来设置生成扫掠曲面在截面线串上的对齐方式等参数。

图 4－18 中各项参数的意义如下:

(1)Section Location(截面位置):扫掠时控制生成的扫掠曲面的两端截面位置,包括以下两种定义方式。

①Ends of guides(引导线串的两端点):即生成的扫掠曲面在扫掠方向的起始与终止位置为引导线串的两端点。

②Anywhere along guides(沿引导线串上任何位置):生成的扫掠曲面在扫掠方向的起始与终止位置由截面线串的位置来确定。

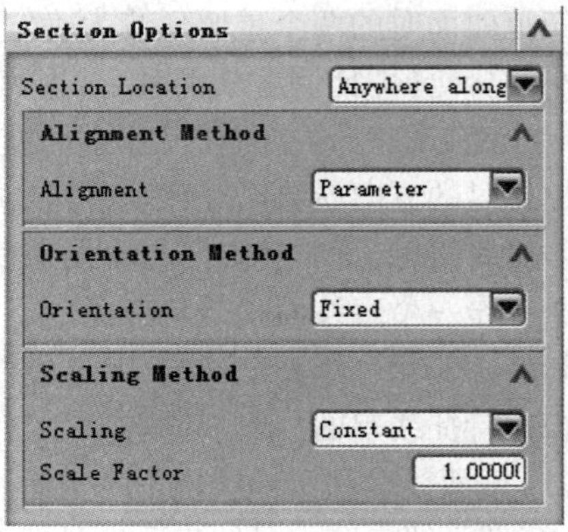

图 4－18　Swept 对话框

(2)Alignment Method(对齐方式):设置截面线串在进行扫掠时的对齐关系,包括以下两种方式。

①Parameter(参数):即采用等参数的对齐方式。等参数曲线是根据相等的参数间隔方式建立的,截面线串在所对应的间隔点处对齐。

②Arclength(弧长):即采用等弧长的对齐方式。等参数曲线是根据相等的弧长间隔方式建立的,即以弧长百分比相同的对齐方式,截面线串在所对应的间隔点处对齐。

(3)Orientation Method(定义方向):用来指定一个控制方向,因为当只使用一条引导线串时,截面线串在被扫掠过程中,其方向(动态坐标系)还不能完全得到确定,截面线串在沿着引导线串扫掠时可以是简单的平移,也可以在平移的同时进行转动,因此需要进一步的约束条件来进行控制,即还需要控制截面线在扫掠时的第二个方向(两个方向才能构成一个动态坐标系),主要包括以下几种方式。

①Fixed(固定方向):无需指明任何方向,截面线串保持固定的方向沿引导线串平移扫掠。这时,如果截面线串处于引导线串的法平面内,当缩放比例为 1 时,在扫掠过程中,截面线串总是处于引导线串的法平面内,当遇到小曲率引导线串时,由于法平面过渡非常剧烈引起扫掠曲面自相交,因此不能生成扫掠曲面,当缩放比例大于 1 时,在扫掠过程中,截面线串只沿引导线串作平移扫掠;如果截面线串与引导线串的法平面具有一定的角度,则当缩放比例为 1 时,在扫掠过程中,截面线串逐渐向引导线串的法平面靠近,在扫掠结束时处于引导线串的法平面内,当缩放比例大于 1 时,在扫掠过程中,截面线串只沿引导线串作平移扫掠。

②Face Normals(面法向):截面线串沿引导线串扫掠时的第二个方向与所选择面的法向相同。

③Vector Direction(矢量方向):扫掠时截面线串变化的第二个方向与所选矢量方向相同,并且所选矢量不能与引导线串相切。如果选择基准轴来定义矢量,则当扫掠曲面生成后,可以通过编基准轴的方向来改变截面线串的扫掠方向,从而改变扫掠曲面的形状。这时,如果截面线串处于引导线串的法平面内,则在扫掠过程中,截面线串总是处于引导线串的法平面内;如果截面线串与引导线串的法平面具有一定的角度,则在扫掠过程中,截面线串总是与引导线串的法平面保持此角度不变。

④Another Curve(另一条曲线):用另一条曲线、实体的边或曲面的边来控制截面线串的方向,扫掠时截面线串变化的第二个方向由引导线串与另一条曲线各对应点之间的连线的方向来控制,好像用两条线作了一个直纹面。

⑤A Point(一点):此方法与 Another Curve 相似,相当于曲线收敛于一点,这时两条曲线之间的直纹面被引导线串与点之间的直纹面所替代。此方法适合生成三边扫掠曲面的情况,这时截面线串的一个端点占据一固定位置,另一个端点沿引导线串滑行。

⑥Angular Law(角度规律):此选项只适用于一条截面线串的情况,截面线串可以开口,也可以封闭。为利用规律子功能来控制扫掠曲面时截面线串的转动。

⑦Forced Direction(强迫方向):扫掠时截面线串变化的第二个方向与所选矢量方向相同,截面线串在一系列平行平面内沿引导线串扫掠,相当于沿引导线以平行堆砌而成,此选项可以在小曲率的引导线串扫掠时防止自相交。如果选择基准轴来定义矢量,则当扫掠曲面完成后,可以通过编辑基准轴的方向来改变截面线的扫掠方向,从而改变扫掠曲面的形状。

(4)Scaling Method(比例方法):对截面曲线在扫掠过程中的缩放比例进行控制,截面线串在沿着引导线串扫掠时的尺寸可以放大,也可以缩小,或者根据一定的规律进行变化,主要包括以下几种方式:

①Constant(常数):扫掠特征沿着整个引导线串采用相同的比例放大或缩小,截面线串在 进行扫掠前在相对于引导线串的起始点进行缩放后,再进行扫掠。选择此选项时,在 Scale Factor 文本框中输入缩放比例。

②Blending Function(混合函数):使用线性或三次方变化来指定截面线串在扫掠过程中的大小比例变化。选择该选项后可设置在扫掠过程中截面线串大小变化的规律。包括有 Linear(线性)和 Cubic(三次方)两个选项。选择 Linear(线性),则按线性变化;选择 Cubic(三次方),则按三次方变化。

选择完截面线串的变化的规律后,在 Start Scale(起始比例)输入框中输入起始点处的缩放比例,在 End Scale(终止比例)输入框中输入终止点处的缩放比例。输入完缩放比例后按 OK,如果选择方向控制时没有选择 Another Curve,则直接生成扫掠曲面。

③Another Curve(另一条曲线):类似方向控制的另一条曲线功能,但这里为截面线串的比例是根据引导线串与另一条曲线之间的距离的变化来确定的。选择一条曲线作为截面线串比例缩放曲线。选择完一条曲线后按 OK,则还处于图 4-17 状态,提示选择一条脊线,脊线可以选择,也可以不选择。选择完脊线后按 OK,则生成扫掠曲面。

④A Point(一点):与 Another Curve 方法类似,只是用一点来代替一条曲线。此功能通常与指定一点作为方向控制时搭配使用,来建立三角面(即只有三个边缘的曲面)。

⑤Area Law(面积规律):使用规律子功能控制扫掠体的截面面积变化的规律,此时截面线串必须为封闭形状。用来设置面积变化的规律。设置完面积变化规律后,如果选择方向控制时没有选择 Another Curve,则直接生成扫掠曲面。

⑥Perimeter Law(周长规律):与 Area Law 类似,只是扫掠特征的截面线串的周长按一定的规律变化,且截面线串可以不封闭。此功能可用于脚踏车支架端,当弯管的截面由圆形变化为椭圆形时,利用周长规律,可令截面的周长为常数。设置完周长变化规律后,如果选择方向控制时没有选择 Another Curve,则直接生成扫掠曲面。

(5)Tolerance(公差):扫掠曲面与原始定义几何体之间的最大距离。使用零公差时可以生成精确的拟合曲面，特别是当截面线串包含有尖角，同时生成的曲面又想保留尖角边界时，就应该使用零公差。

Swept 的应用（一条引导线串和一条截面线串）如图 4－19 所示，下图为对上图进行 Swept 后的结果，其步骤如下：

◆在绘图区域选择一条引导线串后按 OK。

◆再按一次 OK，结束引导线串的选择。

◆选择一条截面线串后按 OK。

◆再按一次 OK，结束截面线串的选择。

◆设置扫掠时对齐方式等参数后按 OK。

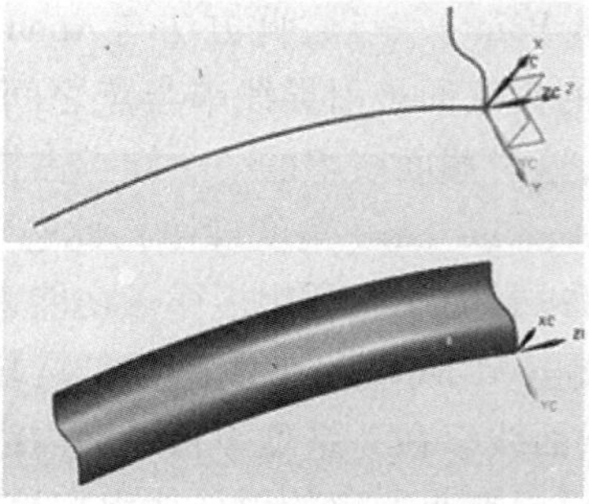

图 4－19　Swept 的应用

◆选择扫掠时另一个方向的控制方式。

◆选择扫掠时截面线串缩放比例的控制方式。

◆如果在选择了 Another Curve 控制方式，则选择脊线后按 OK 生成扫掠曲面，或不选择脊线，直接按 OK 生成扫掠曲面。

2. 一条引导线串和两条及两条以上截面线串的情况

当采用一条引导线串和两条及两条以上截面线串进行扫掠时，其扫掠方向和尺寸大小的变化都无法确定，因此需要对扫掠方向和尺寸大小的变化进行控制。其与采用一条引导线串和一条截面线串进行扫掠的区别在于：当采用一条截面线串时，生成的扫掠曲面的过渡形状只与截面线串相同且只能为 1 的线性；而采用两条及两条以上截面线串时，生成的扫掠曲面的过渡形状由所有截面线串来控制且可以为线性，也可以为三次方。

Swept 的应用（一条引导线串和两条及两条以上截面线串）如图 4－20 所示，下图为对上图进行 Swept 后的结果，其步骤如下：

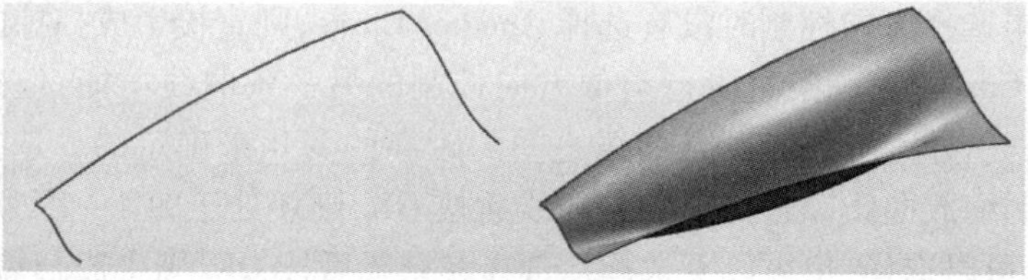

图 4－20　Swept 的应用

◆选择一条引导线串后按 OK。

◆再按一次 OK，结束引导线串的选择。

◆选择一条截面线串后按 OK。

◆按步骤 3 的方法，依次选择其他截面线串。

◆再按一次 OK，结束截面线串的选择。

◆设置扫掠时在相邻截面线串之间生成扫掠曲面时的过渡形状。

◆设置扫掠时对齐方式等参数后按 OK。

◆选择扫掠时另一个方向的控制方式。

◆选择扫掠时截面线串缩放比例的控制方式。

◆如果选择了 Another Curve 控制方式，则在图中选择脊线后按 OK 生成扫掠曲面，或不选择脊线，直接按 OK 生成扫掠曲面。

3. 二条引导线串和一条截面线串的情况

当采用两条引导线串和一条截面线串进行扫掠时，其扫掠方向已经完全确定，但尺寸大小将会被缩放。

Swept 的应用（两条引导线串和一条截面线串）如图 4 - 21 所示，下图为对上图进行 Swept 后的结果，其步骤如下：

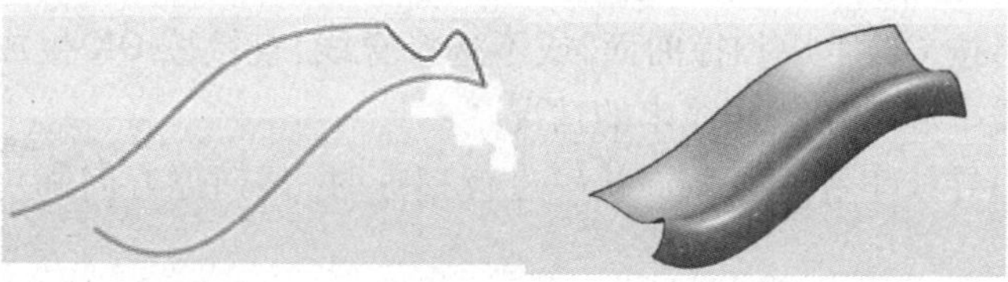

图 4 - 21　Swept 的应用

◆选择一条引导线串后按 OK。

◆选择第二条引导线串后按 OK。

◆再按一次 OK，结束引导线串的选择。

◆选择一条截面线串后按 OK。

◆再按一次 OK，结束截面线串的选择。

◆设置扫掠时对齐方式等参数后按 OK。

◆选择扫掠时截面线串的缩放比例方式。

◆选择脊线后按 OK 生成扫掠曲面，或不选择脊线，直接按 OK 生成扫掠曲面。

4. 两条引导线串和两条及两条以上截面线串的情况

当采用两条引导线串和一条截面线串进行扫掠时，其扫掠方向已经完全确定，但尺寸大小将会被缩放。其与采用两条引导线串和一条截面线串进行扫掠的区别在于：当采用一条截面线串时，若不考虑截面线串的比例缩放方式时，生成的扫掠曲面的过渡形状只与截面线串相同且只能为 1 的线性；而采用两条及两条以上截面线串时，生成的扫掠曲面的过渡形状由所有截面线串来控制且可以为线性，也可以为三次方。

Swept 的应用（两条引导线串和两条及两条以上截面线串）如图 4 - 22 所示，下图为对上图进行 Swept 后的结果，其步骤如下：

◆选择一条引导线串后按 OK。

◆选择第二条引导线串后按 OK。

◆再按一次 OK，结束引导线串的选择。

◆选择一条截面线串后按 OK。

◆依次选择其他截面线串。

◆再按一次 OK，结束截面线串的选择。

◆设置扫掠时在相邻截面线串之间生成扫掠曲面时的过渡形状。

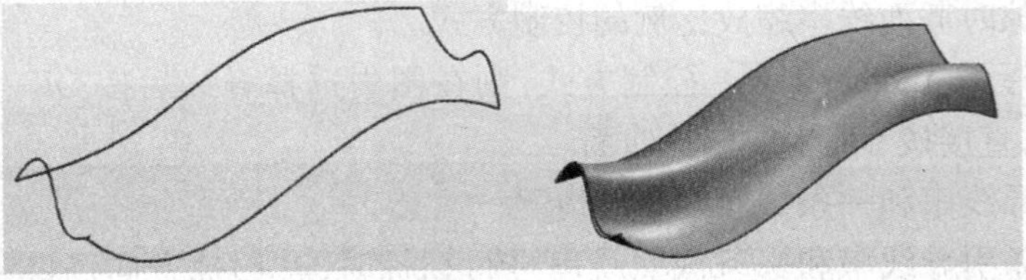

图 4-22 Swept 的应用

◆设置扫掠时对齐方式等参数后按 OK。

◆选择扫掠时截面线串的缩放比例方式。

◆选择脊线后按 OK 生成扫掠曲面,或不选择脊线,直接按 OK 生成扫掠曲面。

5. 三条引导线串和一条截面线串的情况

当采用三条引导线串和一条截面线串进行扫掠时,其扫掠方向和尺寸大小的变化已经完全确定。

Swept 的应用(三条引导线串和一条截面线串)如图 4-23 所示,下图为对上图进行 Swept 后的结果,其步骤如下:

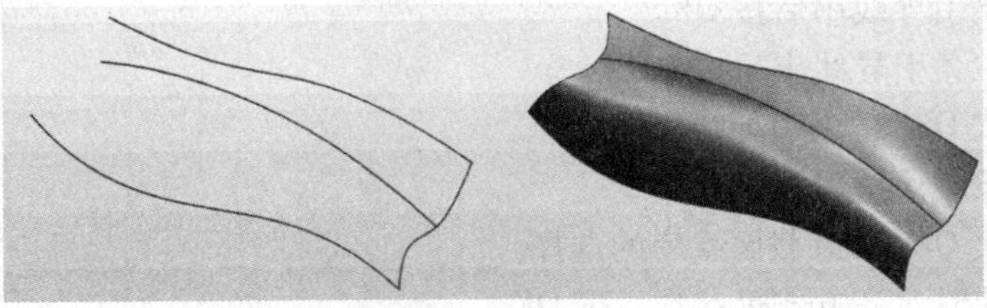

图 4-23 Swept 的应用

◆选择一条引导线串后按 OK。

◆选择第二条引导线串后按 OK。

◆选择第三条引导线串后按 OK。

◆选择一条截面线串后按 OK。

◆再按一次 OK,结束截面线串的选择。

◆设置扫掠时对齐方式等参数后按 OK。

◆选择脊线后按 OK 生成扫掠曲面,或不选择脊线,直接按 OK 生成扫掠曲面。

6. 三条引导线串和两条及两条以上截面线串的情况

采用三条引导线串和一条截面线串进行扫掠时,其扫掠方向和尺寸大小的变化已经完全确定。其与采用三条引导线串和一条截面线串进行扫掠的区别在于:当采用一条截面线串时,若不考虑截面线串由引导线串确定的比例缩放方式时,生成的扫掠曲面的过渡形状只与截面线串相同且只能为 1 的线性;而采用两条及两条以上截面线串时,生成的扫掠曲面的过渡形状由所有截面线串来控制且可以为线性,也可以为三次方。点击图标,则进入 Swept 对话框,用来选择引导线串。

选取完一条引导线串后，按 OK，则提示选择第二条引导线串；接着选取第二条引导线串，选完后按 OK，则提示选择第三条引导线串，接着选取第三条引导线串，选完后按 OK，则返回对话框，用来选择截面线串。

选取完一条截面线串后，按 OK，则提示选择第二条截面线串，依次下去直到所有的截面线串选取完后，提示选择下一条截面线串时，直接按 OK，则进入 Swept 对话框，用来设置扫掠时在相邻截面线串之间生成扫掠曲面时的过渡形状。

设置完扫掠曲面时的过渡形状后，则进入 Swept 对话框，用来设置截面线串在生成扫掠曲面时的对齐方式等参数。

设置完各项参数后按 OK，则进入 Swept 对话框，用来选择一条脊线，脊线可以选择，也可以不选择。选择完脊线后按 OK，则生成扫掠曲面。

Swept 的应用（三条引导线串和两条及两条以上截面线串）如图 4－24 所示，右图为对左图进行 Swept 后的结果，其步骤如下：

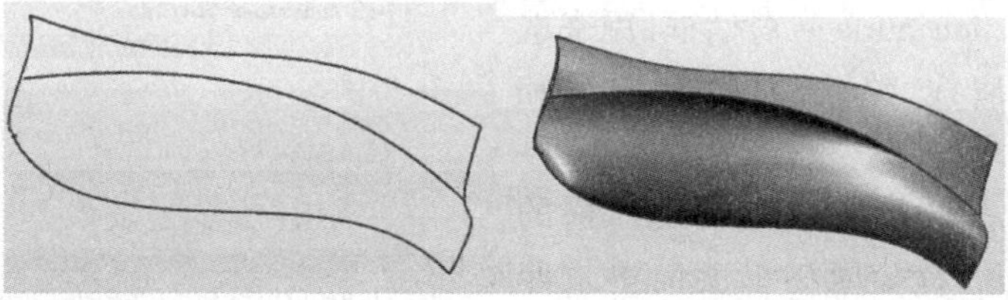

图 4－24　Swept 的应用

◆选择一条引导线串后按 OK。
◆选择第二条引导线串后按 OK。
◆选择第三条引导线串后按 OK。
◆选择一条截面线串后按 OK。
◆依次选择其他截面线串。
◆再按一次 OK，结束截面线串的选择。
◆设置扫掠时在相邻截面线串之间生成扫掠曲面时的过渡形状。
◆设置扫掠时对齐方式等参数后按 OK。
◆选择脊线后按 OK 生成扫掠曲面，或不选择脊线，直接按 OK 生成扫掠曲面。

4.2.8　Section Body（截面体）

截面曲面利用曲面是由无限多条曲线堆砌而成的原理，由指定的圆锥截面曲线，沿指定的起始边缘线、肩线和终止边缘线的轨迹线横扫，而形成的由无限多条曲线堆砌而成的曲面。截面曲面的特点是在垂直于脊线的每一个横截面内均匀为精确的二次（三次或五次）曲线，截面曲面典型应用在飞机机身和汽车车身覆盖件。点击图标，则进入如图 4－25 所示的 Section 对话框。

1. ends－apex－shoulder（边缘线－顶线－肩线）

由起始边缘线、肩线、终止边缘线、顶线和脊线来生成一个通过起始边缘线、肩线及

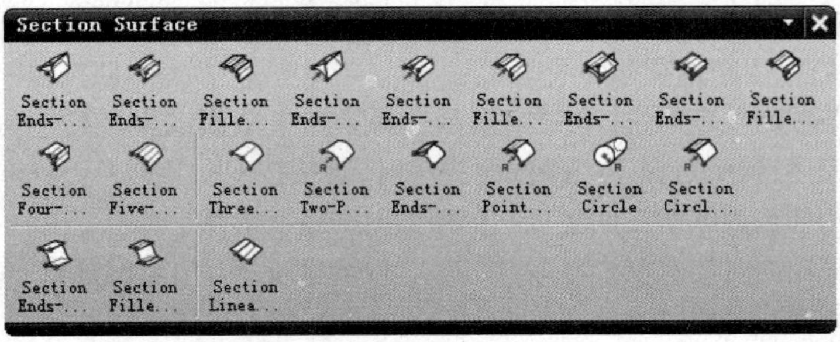

图 4－25　Section 对话框

终止边缘线的圆锥曲面。曲面两端的斜率分别由顶线向起始边缘线及顶线向终止边缘线的方向斜率决定。点击 ，则进入如图 4－26 所示的 Section Surface 对话框，用来选择起始边缘线、肩线、终止边缘线、顶线和脊线。

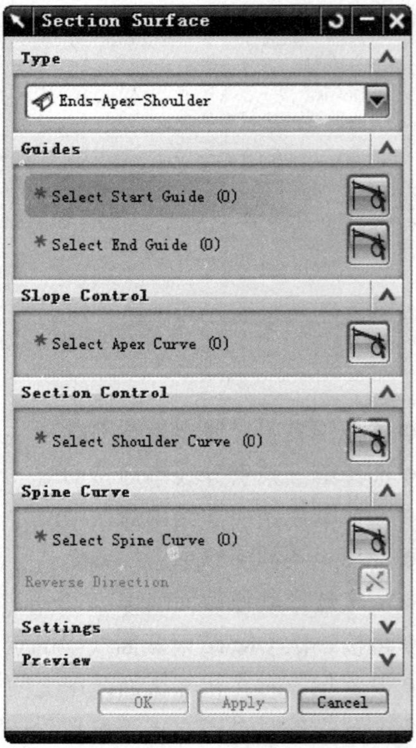

图 4－26　Section 对话框

对所选择脊线的形状没有特别严格的要求，一般情况下，脊线应尽可能简单且非常光顺，因为复杂的脊线会造成截面曲面的复杂化。生成曲面时，系统在脊线各个点上构造一个截平面，截平面与脊线上该点的切线垂直，然后系统求出平面与控制线一系列交点和斜率控制矢量，从而构造出二次截面线。脊线也可以是控制线当中的一条。

截面曲面沿脊线方向的长度，由控制线和脊线共同确定，如果控制线终点超过脊线，此时截面曲面长度由脊线限制，如果脊线比所有控制线长，则截面曲面的长度由最短控制线决定。

ends－apex－shoulder 的应用如图 4－27 所示，右图为对左图进行 Section 后的结果，其步骤如下：

◆点击图标 。

◆选择起始边缘线后按 OK。

◆选择终止边缘线后按 OK。

◆选择顶线后按 OK。

◆选择肩线后按 OK。

◆选择脊线后按 OK。

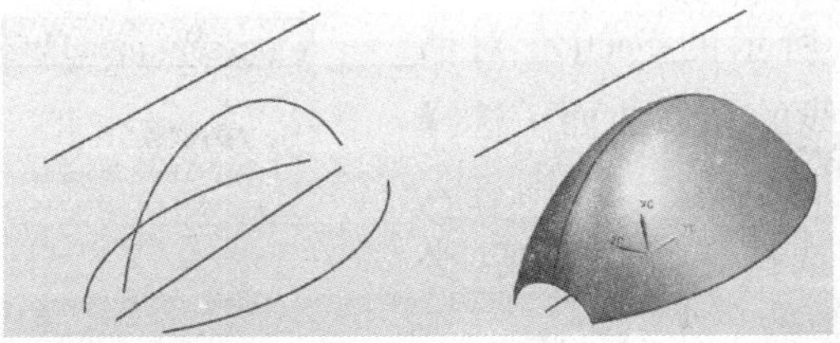

图 4－27　ends－apex－shoulder 的应用

2. ends － slopes － shoulder（边缘线－斜率－肩线）

由起始边缘线、肩线、终止边缘线、起始边缘线的斜率控制线、终止边缘线的斜率控制线和脊线来生成一个通过起始边缘线、肩线及终止边缘线的圆锥曲面。点击进入如图 4－28 所示对话框，用来选择起始边缘线、终止边缘线、起始边缘线的斜率控制线、终止边缘线的斜率控制线、肩线和脊线。

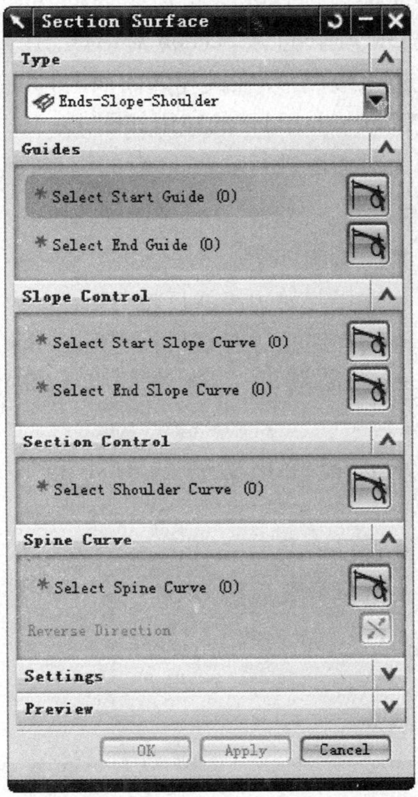

图 4－28　Section Surface 对话框

ends － slopes － shoulder 的应用如图 4－29所示，右图为对左图进行 Section 后的结果，其步骤如下：

◆点击图标。

◆选择起始边缘线后按 OK。

◆选择终止边缘线后按 OK。

◆选择起始边缘线的斜率控制线后按 OK。

◆选择终止边缘线的斜率控制线后按 OK。

◆选择肩线后按 OK。

◆选择脊线后按 OK。

图 4－29　ends－slopes－shoulder 的应用

3. fillet－shoulder（圆角－肩线）

由起始边缘线、肩线、终止边缘线、起始边缘线的相邻曲面、终止边缘线的相邻曲面和脊线来生成一个通过起始边缘线、肩线及终止边缘线且与起始边缘线的相邻曲面和终止边缘线的相邻曲面相切的圆锥曲面。点击进入如图 4－30 所示的 Section 对话框，用来选择起始边缘线的相邻曲面。选择完起始边缘线的相邻曲面后按 OK，则进入如图所示对话框，用来选择起始边缘线（必须在其相邻曲面上）和肩线。

选择完肩线后按 OK，进入如图 4－30 所示的 Section 对话框，用来选择终止边缘线的相邻曲面。选择完终止边缘线的相邻曲面后按 OK，则再进入 Section 对话框，用来选择终止边缘线（必须在其相邻曲面上）和脊线。

fillet－shoulder 的应用如图 4－31 所示，右图为对左图进行 Section 后的结果，其步骤如下：

◆点击图标。

◆选择起始边缘线后按 OK。

◆选择终止边缘线后按 OK。

◆选择起始边缘线的相邻曲面后按 OK。

◆选择终止边缘线的相邻曲面后按 OK。

◆选择肩线后按 OK。

◆选择脊线后按 OK。

图 4－30　Section 对话框

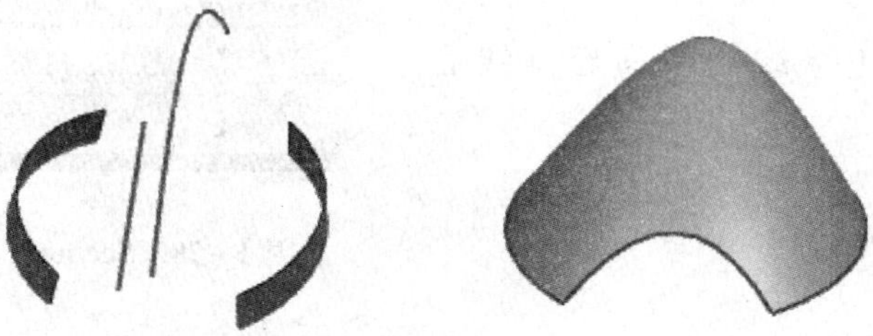

图 4－31　fillet－shoulder 的应用

4. three－points－arc（三线－圆弧）

由起始边缘线、内部线（在生成的圆锥曲面上）、终止边缘线和脊线来生成一个通过起始边缘线、内部线及终止边缘线的圆锥曲面。此方法与三点画弧一样，脊线上每一点的法平面是控制圆弧产生的空间平面。在点击，进入如图 4－32 所示的 Section Surface 对话框，用来选择起始边缘线、终止边缘线、内部线和脊线。

图 4 – 32　Section Surface 对话框

three – points – arc 的应用如图 4 – 33 所示，右图为对左图进行 Section 后的结果，其步骤如下：

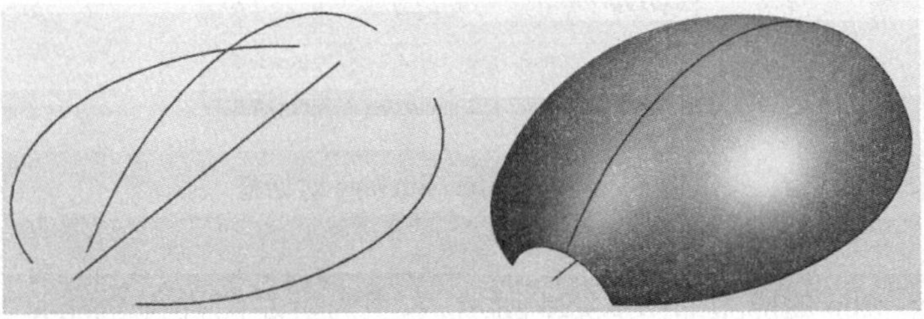

图 4 – 33　three – points – arc 的应用

◆点击图标。
◆选择起始边缘线后按 OK。
◆选择终止边缘线后按 OK。
◆选择内部线后按 OK。
◆选择脊线后按 OK。

5. ends – apex – rho（边缘线 – 顶线 – rho）

由起始边缘线、顶线、终止边缘线、Rho 和脊线来生成一个通过起始边缘线及终止边缘线的圆锥曲面。曲面两端的斜率分别由顶线向起始边缘线及顶线向终止边缘线的方向斜率决定。点击进入如图 4 – 34 所示的 Section Surface 对话框，用来选择起始边缘线、终止边缘线、顶线和脊线。选择完脊线后按 OK 在对话框中设置 Rho 值,其中 Rho 值是控制圆锥截面曲面弯曲程度的例值。

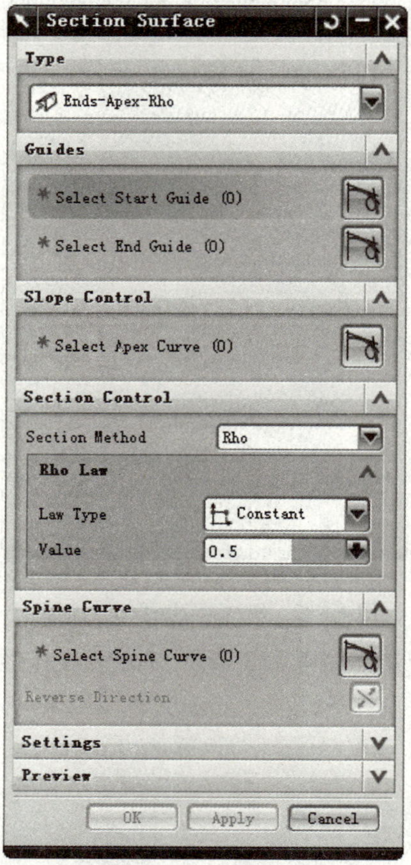

图 4-34　Section Surface 对话框

ends-apex-rho 的应用如图 4-35 所示,右图为对左图进行 Section 后的结果,其步骤如下:

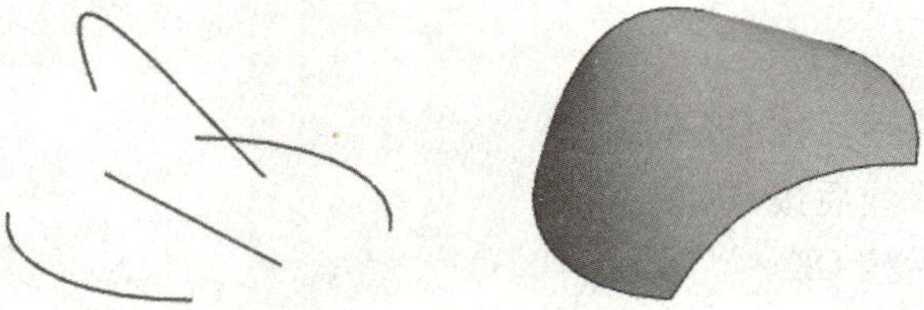

图 4-35　ends-apex-rho 的应用

◆点击图标。

◆选择起始边缘线后按 OK。

◆选择终止边缘线后按 OK。

◆选择顶线后按 OK。

◆选择脊线后按 OK。

◆选择 Rho 的定义方式，并设置 Rho 值后按 OK。

6. ends – slopes – rho（边缘线 – 斜率 – rho）

由起始边缘线、终止边缘线、起始边缘线的斜率控制线、终止边缘线的斜率控制线、Rho 和脊线来生成一个通过起始边缘线和终止边缘线的圆锥曲面。点击进入如图 4 – 36所示的 Section 对话框，用来选择起始边缘线、终止边缘线、起始边缘线的斜率控制线、终止边缘线的斜率控制线和脊线。

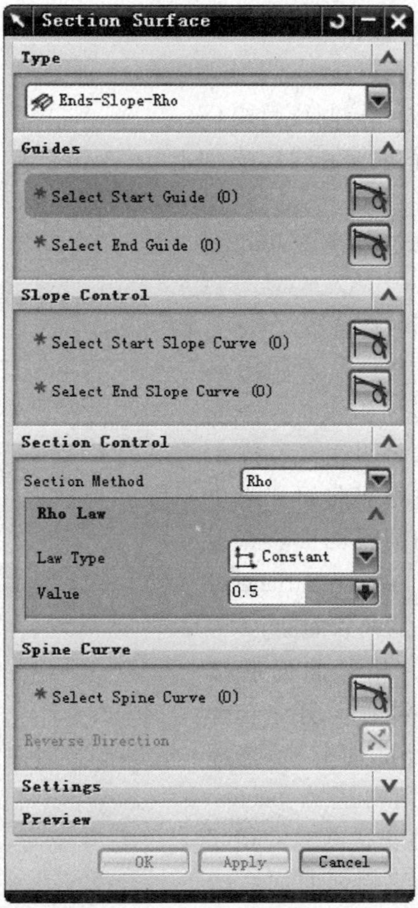

图 4 – 36　Section Surface 对话框

ends – slopes – rho 的应用如图 4 – 37 所示，右图为对左图进行 Section 后的结果，其步骤如下：

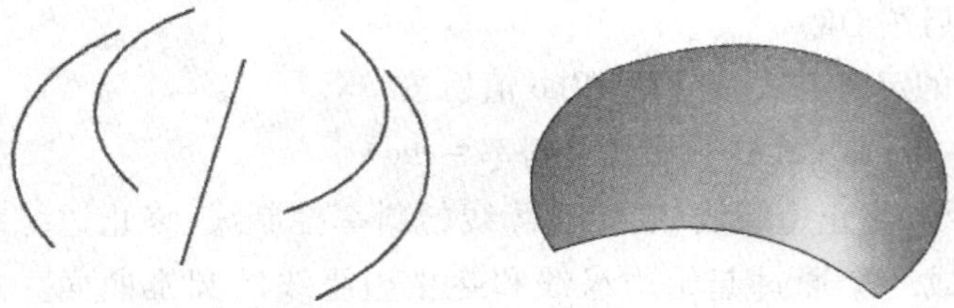

图 4－37　ends－slopes－rho 的应用

◆点击图标。

◆选择起始边缘线后按 OK。

◆选择终止边缘线后按 OK。

◆选择起始边缘线的斜率控制线后按 OK。

◆选择终止边缘线的斜率控制线后按 OK。

◆选择脊线后按 OK。

◆选择 Rho 的定义方式，并设置 Rho 值后按 OK。

7. fillet－rho（圆角－rho）

由起始边缘线、终止边缘线、起始边缘线的相邻曲面、终止边缘线的相邻曲面、Rho 和脊线来生成一个通过起始边缘线及终止边缘线且与起始边缘线的相邻曲面和终止边缘线的相邻曲面相切的圆锥曲面。点击进入如图 4－38 所示的 Section Surface 对话框，用来选择起始边缘线的相邻曲面。

选择完起始边缘线的相邻曲面后按 OK，返回到 Section Surface 对话框，用来选择起始边缘线（必须在其相邻曲面上）。选择完起始边缘线后按 OK，则再进入 Section Surface 对话框，用来选择终止边缘线的相邻曲面。选择完终止边缘线的相邻曲面后按 OK，选择终止边缘线（必须在其相邻曲面上）和脊线。

fillet－rho 的应用如图 4－39 所示，右图为对左图进行 Section 后的结果，其步骤如下：

◆点击图标。

◆选择起始边缘线后按 OK。

◆选择终止边缘线后按 OK。

◆选择起始边缘线的相邻曲面后按 OK。

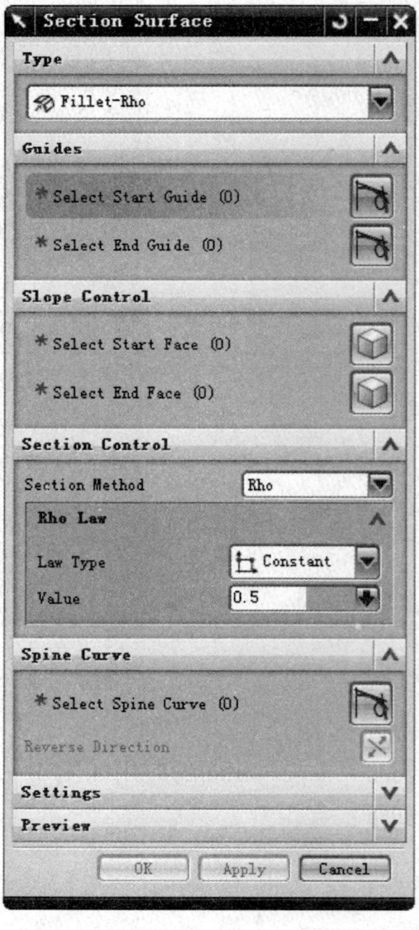

图 4－38　Section Surface 对话框

◆选择终止边缘线的相邻曲面后按 OK。

◆选择脊线后按 OK。

◆选择 Rho 的定义方式,并设置 Rho 值后按 OK。

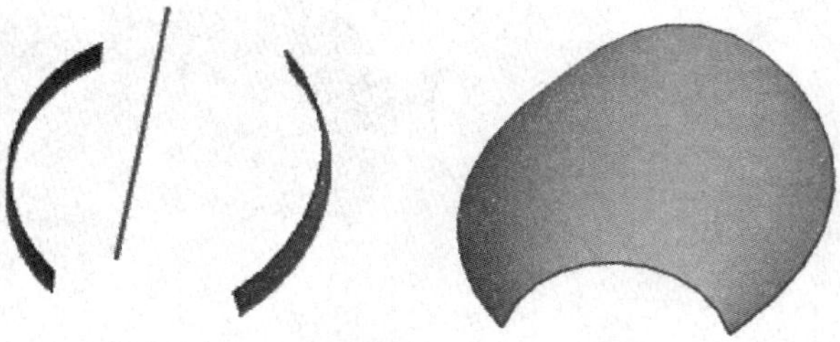

图 4 – 39 fillet – rho 的应用

8. two – points – radius(两线 – 半径)

由起始边缘线、终止边缘线、指定半径和脊线来生成一个通过起始边缘线及终止边缘线的圆锥曲面。此方法与两点—半径值画弧一样,脊线上每一点的法平面是控制圆弧产生的空间平面。选取边缘线时必须依逆时针方向选取,指定的倒圆半径值必须大于起始边缘线与终止边缘线间最大距离的 1/2。点击进入如图 4 – 40 所示的 Section Surface 对话框,用来选择起始边缘线、终止边缘线和脊线。选择完脊线后,在对话框中设置半径值。半径值的设置在 Value 输入框中输入一个固定的半径值,也可以通过半径规律子功能来设置。

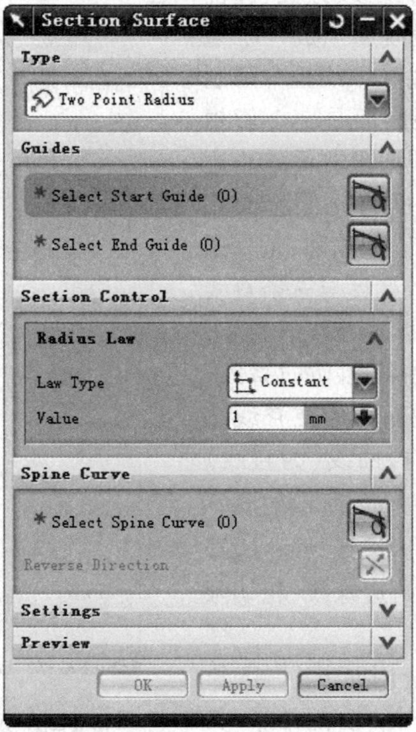

图 4 – 40 Section Surface 对话框

two – points – radius 的应用如图 4 – 41 所示，右图为对左图进行 Section 后的结果，其步骤如下：

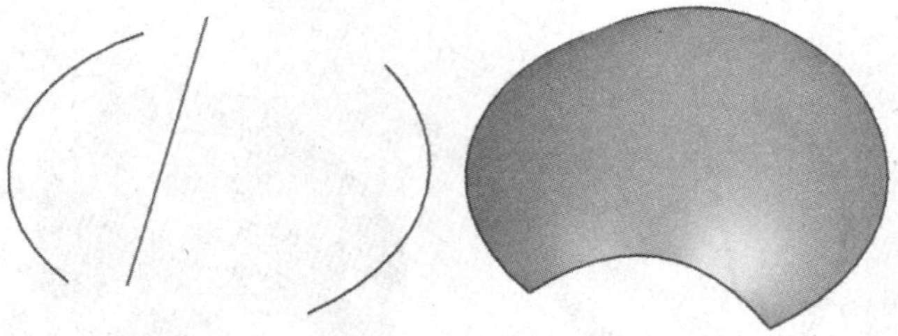

图 4 – 41　two – points – radius 的应用

◆点击图标。
◆选择起始边缘线后按 OK。
◆选择终止边缘线后按 OK。
◆选择脊线后按 OK。
◆设置半径值后按 OK。

9. ends – apex – hilite（边缘线 – 顶线 – 相切线）

由起始边缘线、终止边缘线、顶线、圆锥截面曲面的相切限制和脊线来生成一个通过起始边缘线、终止边缘线和顶线且与限制面相切的圆锥曲面。此限制面是一个假想面，是由限制面起始边缘线与限制面终止边缘线所定义，圆锥截面曲面与此假想面相切。Hilite 是 Highlight Conic 的缩写，是一条二次曲线，此曲线通过两个点且与三条直线相切，因此需要指定点和曲线端点的斜率，然后再定义一条与二次曲线相切的直线。采用此方法生成的圆锥截面曲面在脊线法平面内截面线与假想面的截面线（为直线）相切。点击进入如图 4 – 42 所示的 Section 对话框，用来选择起始边缘线、终止边缘线、顶线、相切限制面的起始边缘线、相切限制面的终止边缘线和脊线。

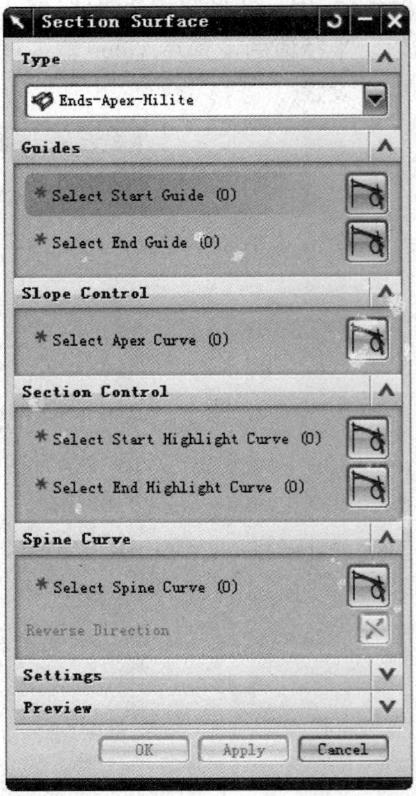

图 4 – 42　Section Surface 对话框

ends – apex – hilite 的应用如图 4 – 43 所示，右图为对左图进行 Section 后的结果，其步骤如下：

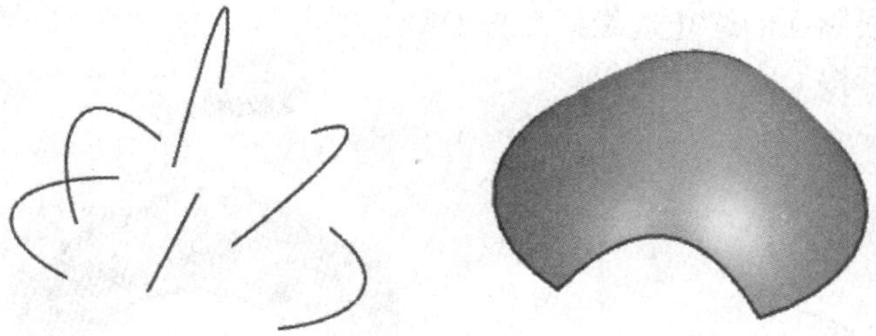

图 4 - 43 ends - apex - hilite 的应用

◆点击图标。

◆选择起始边缘线后按 OK。

◆选择终止边缘线后按 OK。

◆选择顶线后按 OK。

◆选择相切限制面的起始边缘线后按 OK。

◆选择相切限制面的终止边缘线后按 OK。

◆选择脊线后按 OK。

10. ends - slopes - hilite(边缘线 - 斜率 - 相切线)

由起始边缘线、终止边缘线、起始边缘线的斜率控制线、终止边缘线的斜率控制线、圆锥截面曲面的相切限制和脊线来生成一个通过起始边缘线和终止边缘线且与限制面相切的圆锥曲面。点击则进入如图 4 - 44 所示的 Section Surface 对话框,用来选择起始边缘线、起始边缘线的斜率控制线、终止边缘线、终止边缘线的斜率控制线、相切限制面的起始边缘线、相切限制面的终止边缘线和脊线。

ends - slopes - hilite 的应用如图 4 - 45 所示,右图为对左图进行 Section 后的结果,其步骤如下:

◆点击图标。

◆选择起始边缘线后按 OK。

◆选择终止边缘线后按 OK。

◆选择起始边缘线的斜率控制线后按 OK。

◆选择终止边缘线的斜率控制线后按 OK。

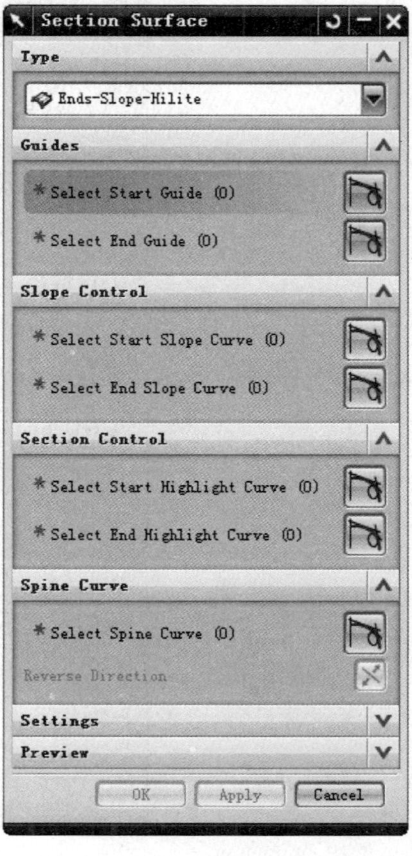

图 4 - 44 Section Surface 对话框

◆选择相切限制面的起始边缘线后按 OK。
◆选择相切限制面的终止边缘线后按 OK。
◆选择脊线后按 OK。

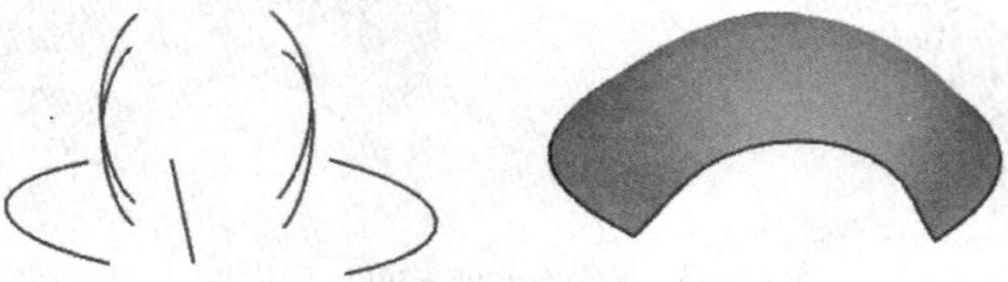

图 4 – 45　ends – slopes – hilite 的应用

11. fillet – hilite(圆角 – 相切线)

由起始边缘线、终止边缘线、起始边缘线的相邻曲面、终止边缘线的相邻曲面、圆锥截面曲面的相切限制和脊线来生成一个通过起始边缘线和终止边缘线且与起始边缘线的相邻曲面、终止边缘线的相邻曲面和相切限制面相切的圆锥曲面。点击进入如图 4 – 46所示的 Section 对话框,用来选择起始边缘线的相邻曲面。

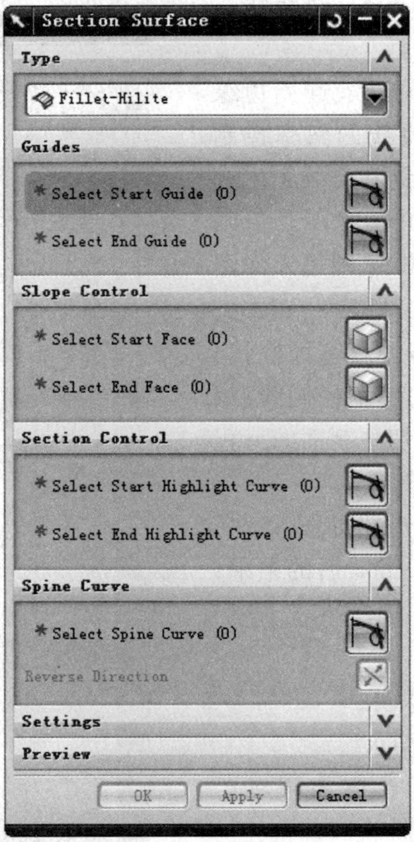

图 4 – 46　Section Surface 对话框

选择完起始边缘线的相邻曲面后按 OK，返回对话框，选择起始边缘线（必须在其相邻曲面上）。选择完起始边缘线后按 OK，返回对话框，选择终止边缘线的相邻曲面。选择完终止边缘线的相邻曲面后按 OK，选择终止边缘线（必须在其相邻曲面上）、相切限制面的起始边缘线、相切限制面的终止边缘线和脊线。

fillet－hilite 的应用如图 4－47 所示，右图为对左图进行 Section 后的结果，其步骤如下：

图 4－47 fillet－hilite 的应用

◆点击图标。
◆选择起始边缘线后按 OK。
◆选择终止边缘线后按 OK。
◆选择起始边缘线的相邻曲面后按 OK。
◆选择终止边缘线的相邻曲面后按 OK。
◆选择相切限制面的起始边缘线后按 OK。
◆选择相切限制面的终止边缘线后按 OK。
◆选择脊线后按 OK。

12. ends－slope－arc（边缘线－斜率－圆弧）

由起始边缘线、终止边缘线、起始边缘线的斜率控制线和脊线来生成一个通过起始边缘线及终止边缘线的圆锥曲面。此方法生成截面曲面在脊线法平面内的截面是一个圆弧截面。点击进入如图 4－48 所示的 Section 对话框，用来选择起始边缘线、起始边缘线的斜率控制线、终止边缘线和脊线。

图 4－48 Section Surface 对话框

ends－slope－arc 的应用如图 4－49 所示，右图为对左图进行 Section 后的结果，其步骤如下：

◆点击图标。
◆选择起始边缘线后按 OK。

◆选择终止边缘线后按 OK。

◆选择起始边缘线的斜率控制线后按 OK。

◆选择脊线后按 OK。

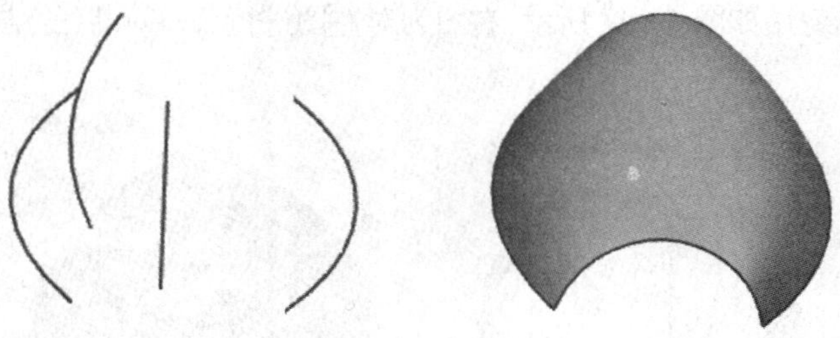

图 4－49　ends－slope－arc 的应用

13. four－points－slope(四线－斜率)

由起始边缘线、两条内部线(在生成的圆锥曲面上)、终止边缘线、起始边缘线的斜率控制线和脊线来生成一个通过起始边缘线、两条内部线及终止边缘线的圆锥曲面。点击 则进入如图 4－50 所示的 Section Surface 对话框,用来选择起始边缘线、起始边缘线的斜率控制线、第一条内部线、第二条内部线、终止边缘线和脊线。

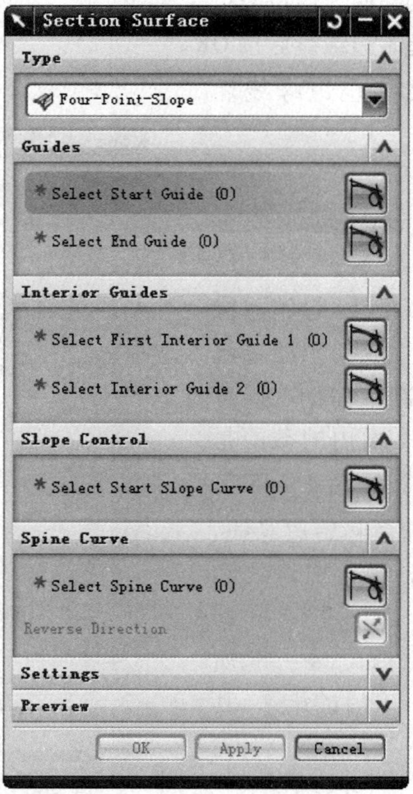

图 4－50　Section Surface 对话框

four - points - slop 的应用如图 4 - 51 所示，右图为对左图进行 Section 后的结果，其步骤如下：

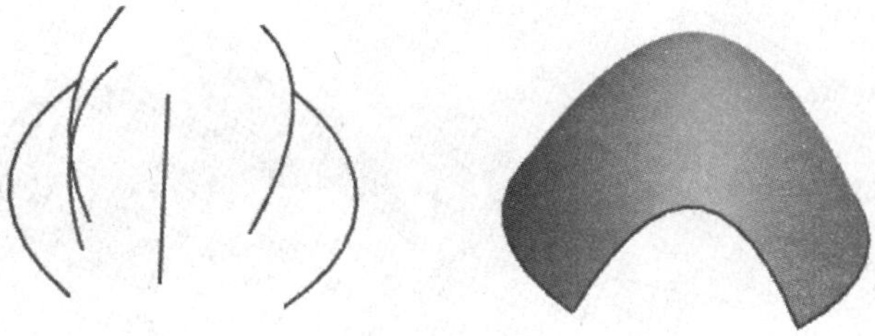

图 4 - 51　four - points - slop 的应用

◆点击图标。

◆选择起始边缘线后按 OK。

◆选择终止边缘线后按 OK。

◆选择第一条内部线后按 OK。

◆选择第二条内部线后按 OK。

◆选择起始边缘线的斜率控制线后按 OK。

◆选择脊线后按 OK。

14. ends - slopes - cubic（边缘线 - 斜率 - 三次方）

由起始边缘线、终止边缘线、起始边缘线的斜率控制线、终止边缘线的斜率控制线和脊线来生成一个通过起始边缘线和终止边缘线的曲面。此曲面为在选取的两条边缘线之间的一个 S 型滑顺三阶截面曲面。点击进入如图 4 - 52 所示的 Section Surface 对话框，用来选择起始边缘线、起始边缘线的斜率控制线、终止边缘线、终止边缘线的斜率控制线和脊线。

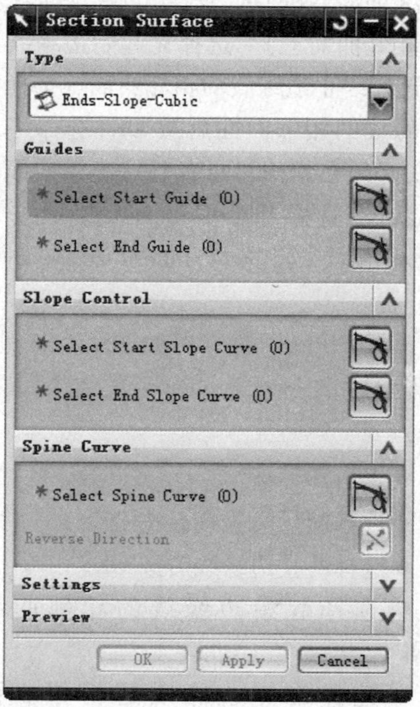

图 4 - 52　Section Surface 对话框

ends - slopes - cubic 的应用如图 4 - 53 所示，右图为对左图进行 Section 后的结果，其步骤如下：

◆点击图标。

◆选择起始边缘线后按 OK。

◆选择终止边缘线后按 OK。

◆选择起始边缘线的斜率控制线后按 OK。

◆选择终止边缘线的斜率控制线后

按 OK。

◆选择脊线后按 OK。

图 4 – 53　ends – slopes – cubic 的应用

15. fillet – bridge(圆角 – 桥接)

由起始边缘线、终止边缘线、起始边缘线的相邻曲面、终止边缘线的相邻曲面和脊线来生成一个通过起始边缘线和终止边缘线的曲面。此曲面为 B – 样条曲面,其在脊线法平面内的截面线为样条曲线。点击进入如图 4 – 54 所示的 Bridge Section 对话框,用来设置生成桥接曲面的形状。

选择完生成桥接曲面的形状后,选择起始边缘线的相邻曲面。选择完起始边缘线的相邻曲面后按 OK,选择起始边缘线(必须在其相邻曲面上)。选择完起始边缘线后按 OK,选择终止边缘线的相邻曲面。选择完终止边缘线的相邻曲面后按 OK,选择终止边缘线(必须在其相邻曲面上)、起始截面的继承形状(当选择 Inherit Shape 时)、终止截面的继承形状(当选择 Inherit Shape 时)和脊线。

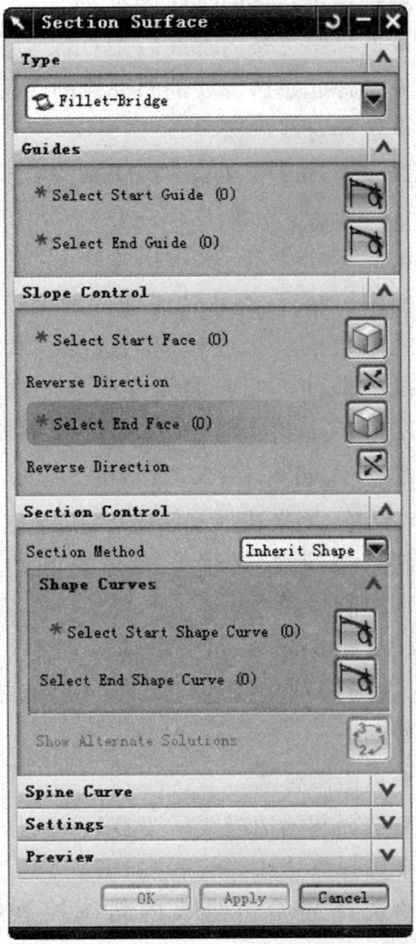

图 4 – 54　Section Surface 对话框

fillet – bridge 的应用如图 4 – 55 所示,右图为对左图进行 Section 后的结果,其步骤如下:

◆点击图标。

◆选择起始边缘线后按 OK。

◆选择终止边缘线后按 OK。

◆选择起始边缘线的相邻曲面后按 OK。

◆选择终止边缘线的相邻曲面后按 OK。

◆选择桥接曲面的形状。

◆当选择了 Inherit Shape 时,则选择起始截面的继承形状后按 OK。

◆选择了 Inherit Shape 时，则选择终止截面的继承形状后按 OK。

◆选择脊线后按 OK。

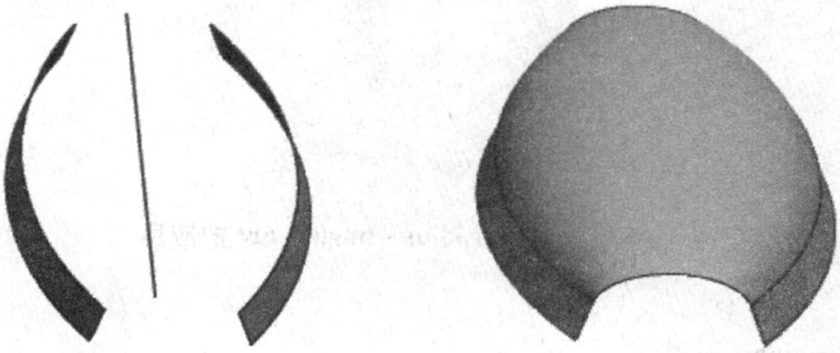

图 4 - 55　**fillet - bridge 的应用**

16. point - radius - angle - arc（线 - 半径 - 角度 - 圆弧）

由起始边缘线、起始边缘线的相邻曲面、曲率半径、圆弧角度和脊线来生成一个通过起始边缘线的圆弧截面曲面。圆弧角度范围为 - 180° ~ 0 或 0 ~ 180°，半径值必须大于 0，且可以切换倒圆位置为切面的相反方向。点击进入如图 4 - 56 所示的 Section 对话框，用来选择起始边缘线的相邻曲面。

选择完起始边缘线的相邻曲面后，用来选择起始边缘线（必须在其相邻曲面上）和脊线。选择完脊线后，在对话框中设置曲率半径和圆弧角度等参数。

point - radius - angle - arc 的应用如图 4 - 57所示，右图为对左图进行 Section 后的结果，其步骤如下：

◆点击图标。

◆选择起始边缘线后按 OK。

◆选择起始边缘线的相邻曲面后按 OK。

◆选择脊线后按 OK。

◆在对话框中设置各项参数后按 OK。

图 4 - 56　**Section Surface 对话框**

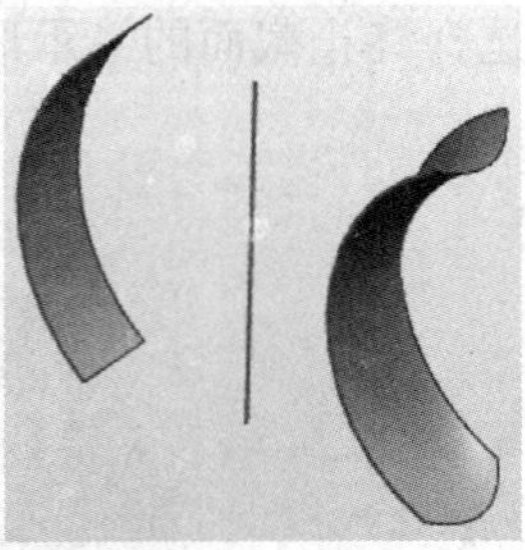

图 4 - 57　point - radius - angle - arc 的应用

17. five - points（五线）

由起始边缘线、三条内部线（在生成的圆锥曲面上）、终止边缘线和脊线来生成一个通过起始边缘线、三条内部线及终止边缘线的圆锥曲面。点击进入如图 4 - 58 所示的 Section Surface 对话框，用来选择起始边缘线、第一条内部线、第二条内部线、第三条内部线、终止边缘线和脊线。

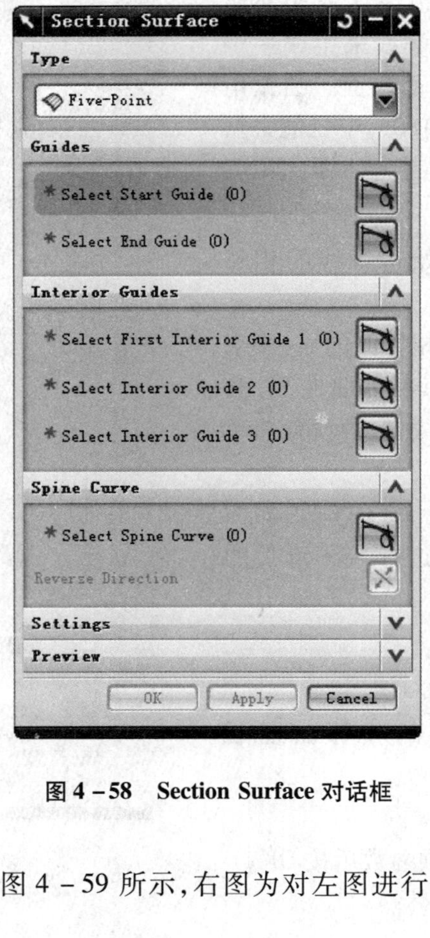

图 4 - 58　Section Surface 对话框

five - points 的应用如图 4 - 59 所示，右图为对左图进行 Section 后的结果，其步骤如下：

图 4-59　five - points 的应用

◆点击图标。

◆选择起始边缘线后按 OK。

◆选择终止边缘线后按 OK。

◆选择第一条内部线后按 OK。

◆选择第二条内部线后按 OK。

◆选择第三条内部线后按 OK。

◆选择脊线后按 OK。

18. linear - tangent(线性 - 相切)

由起始边缘线、相切曲面和脊线来生成一个通过起始边缘线且与相切曲面相切的线性截面曲面。当生成线性截面曲面的范围大于相切曲面时,则在选取相切曲面时,相邻的表面也需要选取作为相切曲面。采用此功能还可以生成与相切曲面相切的线性截面曲面成固定或变化的角度的线性截面曲面,即为生成的线性截面曲面在脊线法平面内的截面线绕起始边缘线旋转固定或变化的角度所形成的曲面。点击进入如图 4 - 60 所示的 Section Surface 对话框,用来选择相切曲面。

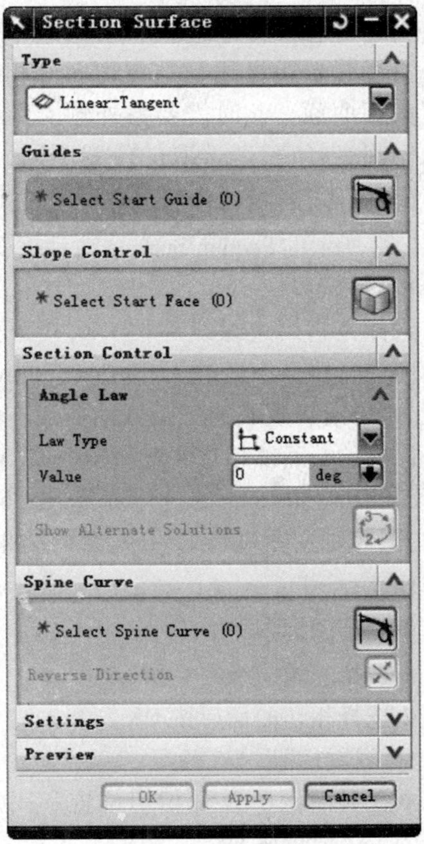

图 4 - 60　Section Surface 对话框

选择完相切曲面后按 OK,选择起始边缘线和脊线。选择脊线后按 OK,在对话框中设置生成的线性截面曲面在脊线法平面内的截面线从与相切曲面相切处绕起始边缘线旋转固定或变化的角度值,当 Angle 恒为 0 时,则为与相切曲面相切的线性截面曲面。

linear - tangent 的应用如图 4 - 61 所示,右图为对左图进行 Section 后的结果,其步骤如下:

◆点击图标。

◆选择起始边缘线后按 OK。

◆选择相切曲面后按 OK。

◆选择脊线后按 OK。

◆在对话框中设置截面线从与相切曲面相切处绕起始边缘线旋转固定或变化的角度值后按 OK。

图 4－61　linear－tangent 的应用

19. circular－tangent（圆形－相切）

由起始边缘线、相切曲面和脊线来生成一个通过起始边缘线且与相切曲面相切的圆弧截面曲面。此时需要另外输入圆弧截面的倒圆半径值，若选取的位置不同，则会生成两种不同的相切位置。点击进入如图 4－62 所示的 Section Surface 对话框，用来选择相切曲面。

选择完起始边缘线后按 OK，接着选择切曲面和脊线。最后进入 Section Control 对话框，用来设置生成的圆弧截面曲面在脊线法平面内的截面线相切位置和半径值。

circular－tangent 的应用如图 4－63 所示，右图为对左图进行 Section 后的结果，其步骤如下：

◆点击图标。

◆选择起始边缘线后按 OK。

◆选择相切曲面后按 OK。

◆选择脊线后按 OK。

◆在对话框中设置相切位置和固定或变化的半径值后按 OK。

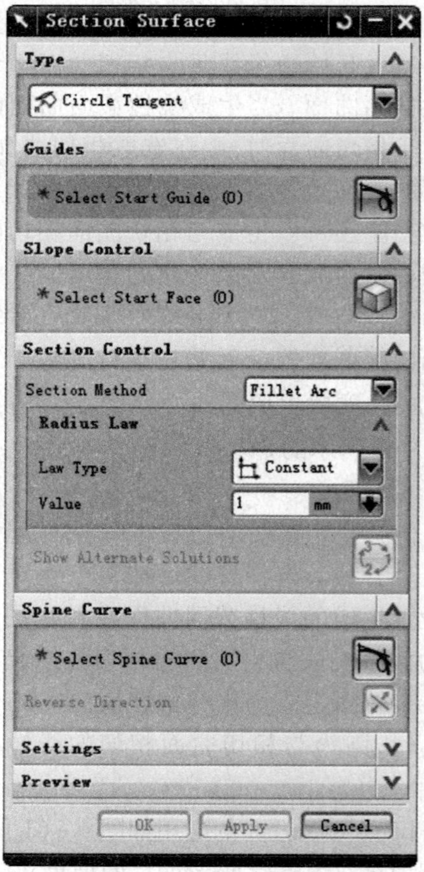

图 4－62　Section Surface 对话框

20. circle（圆）

由一条引导线、一条方向控制线和一条

图 4 – 63 circular – tangent 的应用

脊线，然后定义圆弧半径来生成一个在脊线法平面内的截面线为整圆的截面曲面。此方法相当于截面线为整圆沿一条引导线和一条方向控制线进行 Swept 操作。点击进入如图 4 – 64 所示的 Section Surface 对话框，用来选择引导线、方向控制线和脊线。选择完脊线后进入 Section Radius Data 对话框，用来在设置固定的半径值或可变化的半径值。

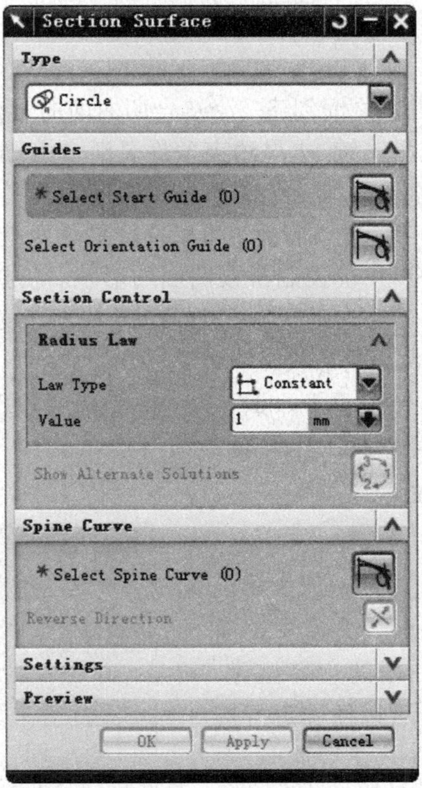

图 4 – 64 Section Surface 对话框

circle 的应用如图 4 – 65 所示，右图为对左图进行 Section 后的结果，其步骤如下：

◆点击图标。

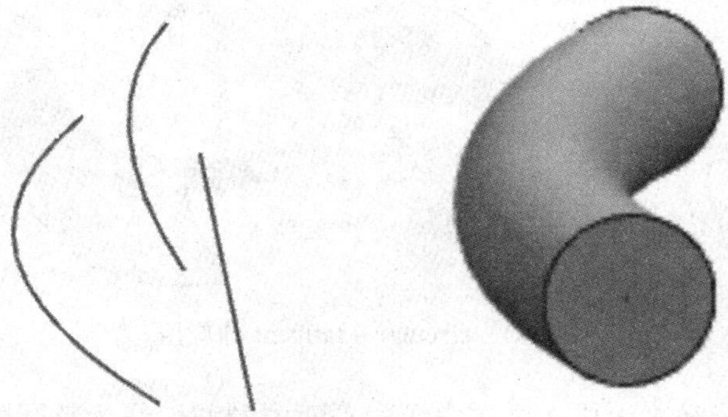

图 4－65　circle 的应用

◆选择引导线后按 OK。

◆选择方向控制线后按 OK。

◆选择脊线后按 OK。

◆在对话框中设置固定或变化的半径值后按 OK。

4.2.9　Bridge（桥接）

桥接曲面用于在两个曲面之间创建一个接合两曲面的过渡曲面，即桥接曲面。桥接曲面使用方便，连接过渡光滑连续，边界约束条件灵活自由，形状编辑便于控制，是曲面过渡连接的常用方法。桥接曲面与两个曲面之间的连接方式可以采用相切连续或曲率连续两种，其构造的曲面为 B－样条曲面。可以选择另外两组曲面或两组曲线作为曲面的侧面边界条件，以便进一步精确控制桥接曲面的形状。桥接曲面与边界相关联，当边界曲面编辑修改后，桥接曲面会自动更新。如果没有选择曲面的侧面边界条件，可以使用 Drag（拖曳）来控制桥接曲面的形状。

选择【Insert（插入）】→【Detail Feature（实体特征）】→【 Bridge（桥接）】或点击图标，则进入如图 4－66 所示的 Bridge 对话框。

图 4－66 中各项参数的意义如下：

（1）Selection steps：选择步骤。

①Primary Faces（主要面）：用于选择生成桥接曲面的两个主要面。选择主要面时，光标位置应靠近生成曲面的边界位置，并且要求靠近边界线的端点，以便确定桥接曲面的正确方向。每选择一个主要面时，系统会显示一个方向矢量箭头，当两个主要面选完后，两个方向矢量箭头的方向应一致，否则会造成曲面扭曲。

图 4－66　Bridge 对话框

②Side Faces（侧面）：用于确定桥接曲面的侧面边界条件，可以选择一个或两个侧面，但单一侧面不能由两个或两个以上的曲面组合而成，即每个侧面只能是一个曲面。

③ First Side String(第一边界线串):用于选择第一边界线串来控制桥接曲面的侧面形状。

④ Second Side String(第二边界线串):用于选择第二边界线串来控制桥接曲面的侧面形状。

侧面与第一边界线串、第二边界线串选项可以根据实际需要,进行选择性的搭配选取。

(2)Continuity type(连续类型):用于设置主要面与桥接曲面之间的连接方式。

①Tangent(相切连续):主要面与桥接曲面在连接处相切连续,即切线斜率一样。

②Curvature(曲率连续):主要面与桥接曲面在连接处曲率连续,即以相等的曲率过渡连接。曲率连续必定相切连续,但相切连续不一定曲率连续。

(3)Drag(拖曳):如果没有选择侧面或线串来作为曲面的侧面边界条件,则可以使用 Drag 来动态拖曳和编辑桥接曲面的形状。当选择完两个主要面之后,在图 4 - 66 中按 Apply,则 Drag 有效,此时点击 Drag 按钮,则进入如图 4 - 67 所示的 Drag bridge surface (拖曳桥接曲面)对话框,用来对桥接曲面进行拖曳操作。在图 4 - 67 下,使光标靠近桥接曲面的边界,按鼠标左键,则系统在此边界临时显示一系列箭头矢量,此时可以按住鼠标左键不放,动态地进行拖曳来编辑桥接曲面的形状。若对编辑后的形状不满意,则可以点击 Reset,返回到原来的形状,重新进行拖曳编辑。当完成桥接曲面编辑后,可以点击 OK 来确认编辑,并返回到图 4 - 66;点击 Back 来取消编辑,并返回到图 4 - 66;点击 Back 来取消编辑,并退出。

桥接曲面功能中,主要面是必须选择的,侧面与边界线串可以选择,也可以不选择,还可以混合选择和部分选择(如只有一个侧面与一条边界线串的情况)。

Bridge 的应用如图 4 - 68 所示,右图为对左图进行 Bridge 后的结果,其步骤如下:

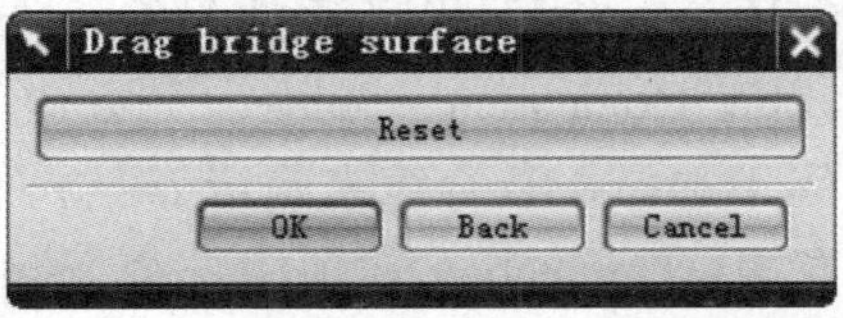

图 4 - 67 Drag bridge surface 对话框

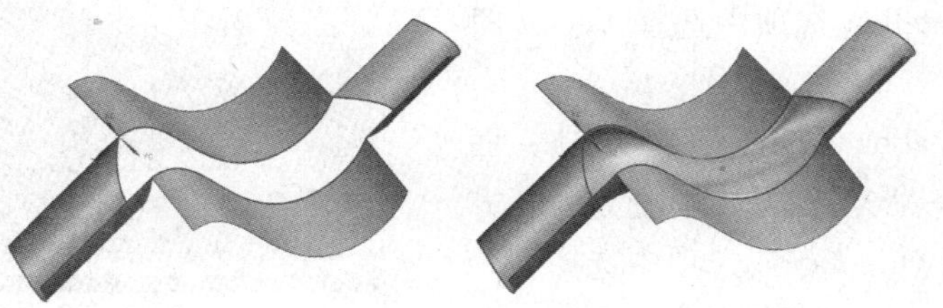

图 4 - 68 Bridge 的应用

◆在图 4 - 66 中选择连续类型。

◆选择桥接的两个主要面。

◆根据需要选择一组或两组侧面(或线串)来控制桥接曲面的侧面形状。

◆在图 4 - 66 中按 OK 或 Apply,若要用 Drag 对桥接曲面进行编辑,则只能按 Apply。

◆若没有使用侧面边界条件，可以在图 4－66 中点击 Drag 来控制和编辑桥接曲面的形状。

4.2.10 N－Sided Surface（多边曲面）

多边曲面用来在多个边界线围成的封闭区域生成曲面，是 Bridge 功能的延伸。选择【Insert（插入）】→【Mesh Surface】→【N－Sided Surface（多边曲面）】或点击图标，则进入如图 4－69 所示的 N－Sided Surface 对话框。

图 4－69 中各项参数的意义如下：

（1）Type（类型）：生成多边曲面的类型。

①Trimmed Single Sheet（修剪成单一曲面）：生成单个高阶曲面。

②Multiple Triangular Patches（复合三角形嵌合面）：生成的曲面由简单的三角形嵌合面复合而成。

（2）Selection Steps：选择步骤。

①Outer Loop（边界曲线）：用于选择形成多边曲面的边界曲线，所选择的所有边界曲线必须形成封闭区域。

②Constraint Faces（边界面）：用于对边界曲线形成的多边曲面的边界加以限制，所选择的所有边界面可以不形成封闭区域。

③UV Orientation－Spine（*UV* 方向－脊线）：用于选择一条脊线来确定 *UV* 方向，只有当在 UV Orientation 选项中选择 Spine 时才有效。

④UV Orientation－Vector（*UV* 方向－矢量）：用于选择一个矢量来确定 *UV* 方向，只有当在 UV Orientation 选项中选择 Vector 时才有效。

⑤UV Orientation－Area（*UV* 方向－面积）：用于选择一个矩形区域来确定 *UV* 方向，只有当在 UV Orientation 选项中选择 Area 时才有效。

图 4－69　N－Sided Surface 对话框

（3）Filter（过滤）：用于方便选取，有 Any，Curve，Edge，Face，Sketch 选项。

（4）UV Orientation（*UV* 方向）：用于确定 *UV* 方向。

①Spine（脊线）：*UV* 方向由脊线方向确定。

②Vector（矢量）：*UV* 方向由矢量方向确定。

③Area（面积）：*UV* 方向由矩形区域确定。

（5）Trim to Boundary（修剪到边界）：用边界对生成的多边曲面进行修剪。

多边曲面功能中边界曲线是必须选择的,其他选项可以不选择。当生成的多边曲面为修剪成单一曲面且 *UV* 方向设置为脊线或矢量时,如果只选择了边界曲线,而没有选择边界面、脊线或矢量,则在图 4－69 中按 OK 或 Apply,另外通过调节 Center Flat(中心平坦)调节杆来调整生成曲面的中心平坦度。

当生成的多边曲面为复合三角形嵌合面时,如果只选择了边界曲线,而没有选择边界面,则在图 4－69 中按 OK 或 Apply,另外通过 Center Control 选项调节杆来调整 *X*,*Y*,*Z* 与中心平坦的位置。

N－Sided Surface 的应用如图 4－70 所示,其右图为对左图进行 N－Sided Surface 操作后的结果,步骤如下:

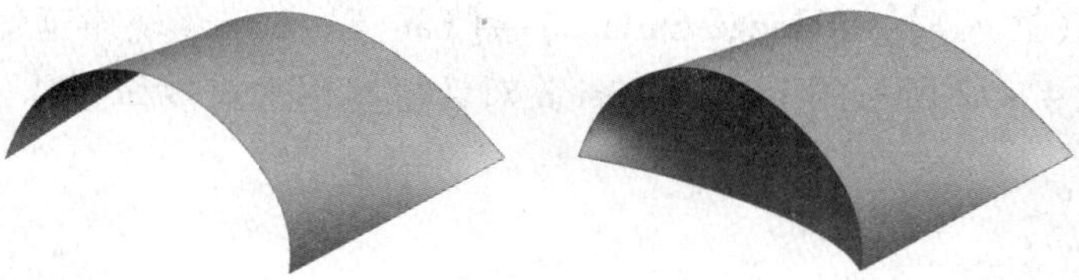

图 4－70　N－Sided Surface 的应用

◆在图 4－69 中选择生成多边曲面的类型。

◆若为修剪成单一曲面类型时,则在图 4－69 中选择确定 *UV* 方向的方法。

◆点击,选择边界曲线。

◆根据需要点击,选择边界面。

◆根据需要选择 *UV* 方向。

◆在图 4－69 中按 OK 或 Apply。

◆若只选择边界曲线,则在图 4－70 中动态调节生成的多边曲面。

4.2.11　Extension(延伸)

延伸主要用于扩大曲面,是从一个存在的曲面上产生与此曲面相切、垂直、夹某一角度或圆弧延伸的曲面。延伸通常生成近似的曲面。但是假如原始曲面是 B－曲面,则延伸结果可能是精确的 B－曲面;角度延伸和曲面法向延伸则不管原始曲面是否是 B－曲面,总是生成近似曲面。

选择【Insert(插入)】→【Flange Surface】→【Extension(延伸)】或点击图标,则进入如图 4－71 所示的 Extension 对话框,用于选择延伸方法。

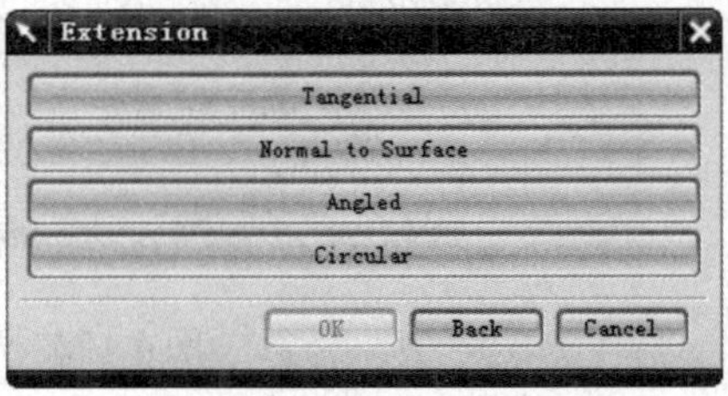

图 4－71　Extension 对话框

图 4－71 中各项参数的意义如下:

(1) Tangential(相切):即相切延伸,从存在曲面的边缘开始,向外生成一个相切延伸曲面。

(2) Normal to Surface(曲面法向):即曲面法向延伸,从曲面上的一条曲线开始,沿曲面的法线方向生成一个延伸曲面。

(3) Angled(角度):即角度延伸,从曲面上的一条曲线开始,沿与此曲面成某一夹角的方向生成一个延伸曲面。

(4) Circular(圆弧):即圆弧延伸,从存在曲面的边缘开始,按照固定曲率半径,向外生成一个圆弧状的延伸曲面。

4.2.12 Law Extension(规律延伸)

规律延伸可以同时利用长度规律和角度规律,从曲面边缘或曲面上的曲线开始,生成长度和角度都变化的延伸曲面,其结合了长度延伸和角度延伸的功能。规律延伸功能生成的曲面是非参数特征,同时也能对修剪过的边界进行延伸。

选择【Insert(插入)】→【Flange Surface】→【Law Extension(规律延伸)】或点击图标,则进入如图4-72所示的Law Extension对话框。用来对规律延伸的各项参数进行设置。

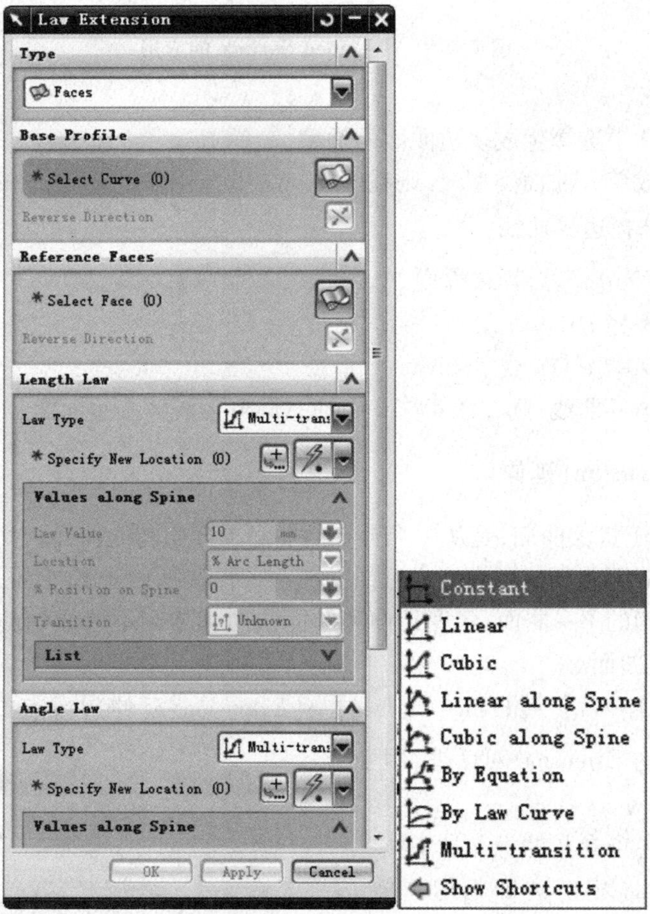

图4-72 Law Extension 对话框

图4-72中各项参数的意义如下:

(1) Types:类型。

① Curve String(线串):用于选择需要延伸的边缘线串或基本面上的线串。

② Base Face(基本面):用于选择一个或多个曲面作为延伸的参考方向,此时在曲面上会显示法向箭头(其角度值为 90 度)与切向箭头(其角度值为 0 度)。此选项只有当 Reference Method 设置为 Faces 时才有效。

③Vector(矢量):用于选择一个矢量作为延伸的参考方向,此时在曲面上会显示矢量箭头(其角度值为 90 度)和与矢量垂直方向的箭头(其角度值为 0 度)。此选项只有当 Reference Method 设置为 Vector 时才有效。

④ Spine String(脊线串):用于选择一条光顺的脊线串,角度规律则在脊线串的法平面内测量。脊线串可以选择,也可以不选择。若不选择脊线串,则角度规律在延伸线串的法平面内测量。

(2) Filter(过滤):用于方便选择,只有当 Selection Steps 为(Curve String)或(Spine String)时才有效,两者过滤内容都一样,为 Any(任意)、Curve(曲线)、Edge(边缘)、Face(面)和 Sketch(草图)。

(3) Vector Method(矢量方向):只有当 Types 为 Vector 时才有效,用来选择一个选择矢量的方法,这样便于矢量的选择。

(4) Reference Method(参考方法):确定延伸角度计算时的参考方向是采用 Faces(面)的法向还是 Vector(矢量)。当为 Faces 时,Selection Steps 中的(Base Face)有效;当为 Vector 时,Selection Steps 中的 Vector 有效。

(5) Length Law(长度规律):用于设置延伸长度的变化规律。

①Constant(常数):即延伸长度为一个固定值,此时在下方的 Law Value(规律值)输入框中输入一个固定的长度值。

②Linear(线性):即延伸长度为在起始位置与终止位置之间采用线性变化,此时在下方的 Start Value(起始值)和 End Value(终止值)输入框中输入一个起始长度值和一个终止长度值。

③Cubic(三次方):即延伸长度为在起始位置与终止位置之间采用三次方变化,此时在下方的 Start Value 和 End Value 输入框中输入一个起始长度值和一个终止长度值。

(6) Angle Law(角度规律):用于设置延伸角度的变化规律,其使用与 Length Law 类似。

Law Extension 的应用如图 4 – 73 所示,右图为对左图进行 Law Extension 后的结果,其步骤如下:

◆在图 4 – 72 中点击图标(Curve String)后,在绘图区域选择要延伸的线串。

◆在图 4 – 72 中设置 Reference Method。

◆在图 4 – 72 中点击图标(Base Face)或选择 Vector 后,在绘图区域选择基本面或矢量。

◆在图 4 – 72 中点击图标(Spine String)后,在绘图区域选择脊线串,也可以不选择脊线。

◆在图 4 – 72 中选择 Length Law 的方法,并设置相应的数值。

◆在图 4－72 中选择 Angle Law 的方法，并设置相应的数值。

◆在图 4－72 中设置其他参数后按 OK 或 Apply。

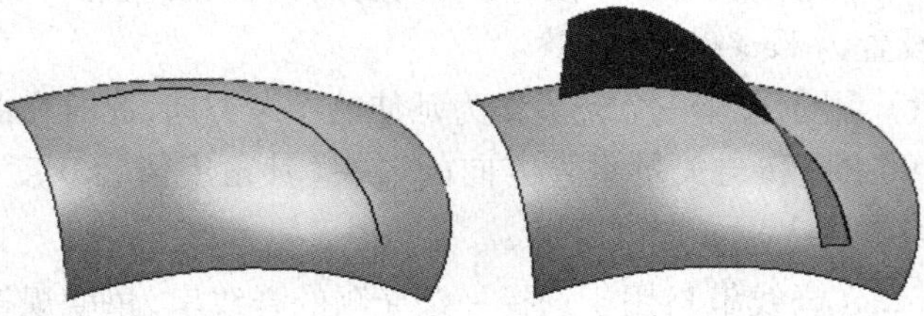

图 4－73　Law Extension 的应用

4.2.13　Enlarge（扩大）

扩大功能是用来改变未经过修剪的曲面的大小，生成一个长度拉伸或缩短的新曲面，生成的新曲面与原始曲面具有关联性，且与原始曲面重叠在一起。选择【Edit（编辑）】→【Surface（表面）】→【Enlarge（扩大）】或点击图标，则进入如图 4－74 所示的 Enlarge 对话框。

图 4－74 中各项参数的意义如下：

（1）Setting：设置。

①Linear（线性）：即在曲面的边缘以线性的方式，单一方向延伸曲面的长度，而不能反向缩短曲面的长度。

②Natural（自然）：即以曲面的曲率，自然地延伸或缩短曲面的长度。

③Edit a Copy：编辑复制。

（2）All（全部）：在曲面拉伸或缩短时，切换是否四个边缘一起拉伸或缩短，若勾选此选项，则 U/V－Max/Min 四个滚动条同时移动。

（3）U/V－Max/Min（*U/V*－最大/最小）：按百分比方式来改变曲面的大小，通过移动其滚动条或输入百分比数值来动态拉伸或缩短曲面，其范围为－100～100。

（4）Reset（恢复）：点击此按钮，则滚动条回到最原始的位置，所有曲面长度的修改都取消。

Enlarge 的应用如图 4－75 所示，右图为对左图进行 Enlarge 后的结果，其步骤如下：

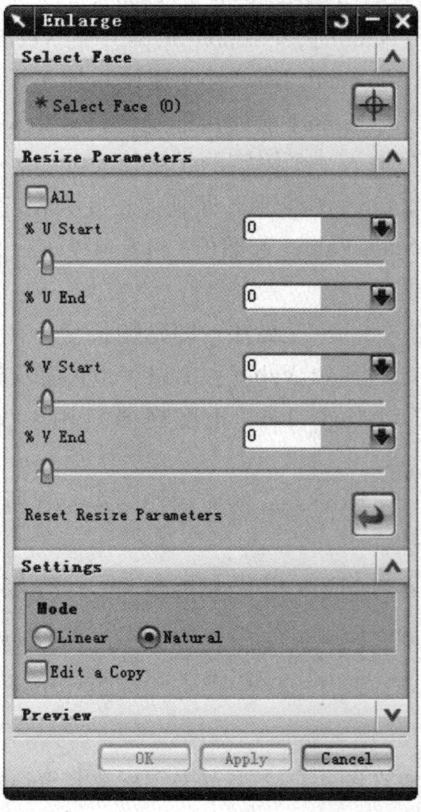

图 4－74　Enlarge 对话框

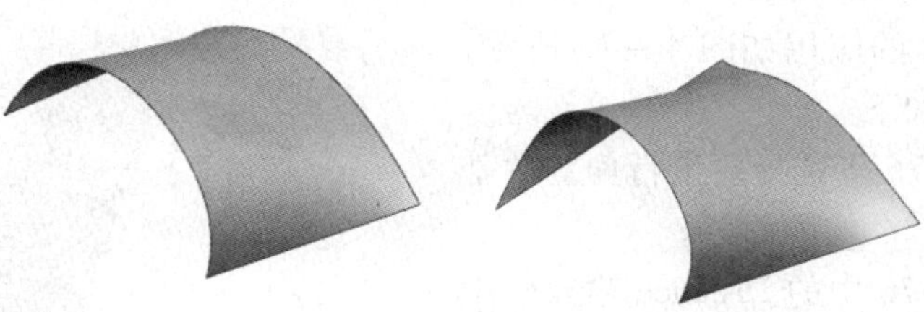

图 4－75 Enlarge 的应用

◆选择要进行扩大的曲面。

◆在图 4－74 中选择扩大的类型。

◆在图 4－74 中调整 *U/V* 方向的最大/最小滚动条来改变曲面的长度。

◆在图 4－74 中按 OK 或 Apply，生成新的曲面。

4.2.14 Offset Surface（偏置曲面）

用于在实体表面或曲面上按指定的偏置距离生成一个偏置曲面。偏置距离有固定距离和变化距离两种，变化距离偏置需要在曲面上定义四个角落点，并且分别输入四个不同的距离参数。系统通过法线方向偏置一定的距离来生成偏置曲面，输入的距离参数称为偏置距离，偏置所选择的面称为基本面，基本面的类型不限，甚至可以选择一个球面。当选择基本面进行偏置时，系统会显示一个代表曲面法向方向的箭头，此箭头的方向不能改变，若需要反向偏置，可以输入一个负的偏置距离。

生成偏置曲面有一定的条件，即输入的偏置距离不能使用生成的偏置曲面产生自相交，因为产生自相交将不能生成偏置曲面。

生成的偏置曲面与基本面之间具有关联性，对基本面进行编辑会引起偏置曲面跟着改变；当对基本面进行修剪时，则偏置曲面不会发生变化，除非进行特征重排序，把偏置曲面特征置于修剪特征之后；当对基本面进行删除时，偏置曲面不会被删除，但是偏置曲面将变成非参数化特征；当对基本面进行移动时，偏置曲面将会跟着一起移动。

选择【Insert（插入）】→【Offset/Scale（偏置/缩放）】→【Offset Surface（偏置曲面）】或点击图标，则进入如图 4－76 所示的 Offset Surface 对话框，用来选取要进行偏置的实体表面或曲面，即基本面。选择完基本面后对如图 4－76 所示的 Offset Surface 对话框

图 4－76 Offset Surface 对话框

设置各项参数,按 OK。

Offset Surface 的应用如图 4－77 所示,其具体操作步骤如下:

(1)在图 4－76 下选择要进行偏置的基本面后按 OK。

(2)在图 4－76 中的 Distance 输入框中输入固定偏置距离值后按 OK;或点击 Variable 按钮进入 Point Constructor 和图 4－76 中依次指定四个角落点和输入对应的偏置距离值后按 OK。

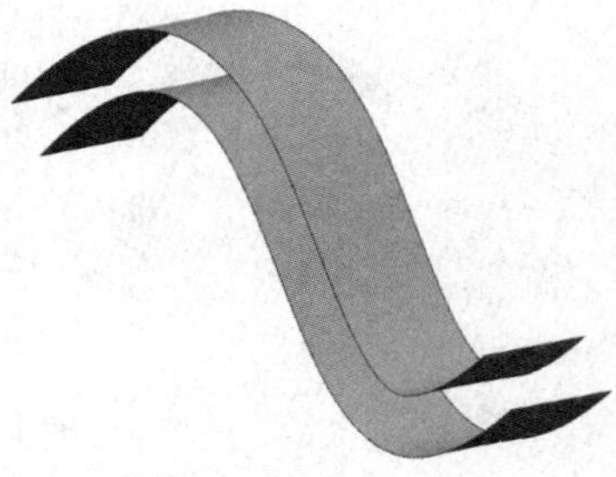

图 4－77　Offset Surface 的应用

4.2.15　Rough Offset(粗糙偏置)

粗糙偏置是从选择的曲面上按一定的间隔方法采集大量的数点,再把这些点按指定的方向和距离产生偏置,最后把这些偏置点再按一定曲面生成方法拟合成曲面。采集数据点的密度由 Offset Deviation 和 Stepover Distance 中输入的数值决定,数值越小,则越密。偏置后的数据点可以通过依云点的方法或通过曲线的方法生成偏置曲面。采用这种方法对曲面进行偏置,可以解决用 Offset Surface 方法进行偏置曲面时,沿曲面的凹面方向偏置,要求偏置距离不能太大,以防使生成的偏置曲面产生自相交,而不能生成偏置曲面的缺陷。采用这种方法偏置得到的曲面精度与采集点的密度有关。

选择【Insert(插入)】→【Offset/Scale(偏置/缩放)】→【Rough Offset(粗糙偏置)】或点击图标,则进入如图 4－78 所示的 Rough Offset 对话框。

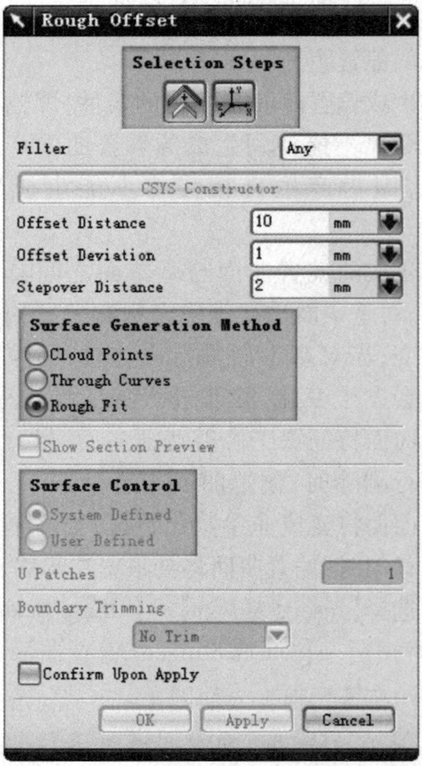

图 4－78　Rough Offset 对话框

图 4－78 中各项参数的意义如下:

(1)Selection Steps:选择步骤。

① Offset Face/Sheet(偏置面/曲面):选择用来偏置的实体表面或曲面。

② Offset CSYS(偏置参考坐标系):可以定义一个参考坐标系,其 Z 轴为偏置方向;或者不定义,直接采用工作坐标系作为参考坐标系。

(2)Filter(过滤):当 Selection Steps 为(Offset Face/Sheet)才有效,为了便于选择实体面或曲面。其过滤内容有 Any(任意)、Face(面)和 Sheet Body(片体,即曲面)。

(3)CSYS Constructor(参考坐标系构造器):当 Selection Steps 为(Offset CSYS)才有效,用来指定一个参考坐标系。点击此选项，则进入 CSYS Constructor 对话框。

(4) Offset Distance（偏置距离）：用来输入偏距离，正值为按 Z 轴正向偏置，负值为按 Z 轴负向偏置。

(5) Offset Deviation（偏置偏差）：用来设置生成偏置曲面，采集数据时一个方向的间隔值。

(6) Stepover Distance（跨越距离）：用来设置生成偏置曲面，采集数据时另一个方向的间隔值。

(7) Surface Generation Method：曲面产生的方法。

①Cloud Points（云点）：通过按 Offset Deviation 与 Stepover Distance 采集到的点进行偏置后，再依云点的方法生成曲面。

②Through Curves（通过曲线）：通过按 Offset Deviation 与 Stepover Distance 采集到的点进行偏置后，Offset Deviation 方向点生成曲线，tepover Distance 方向点也生成曲线，再按通过曲线的方法生成曲面。

(8) Surface Control（曲面控制）：只有当 Surface Generation Method 为 Cloud Points 时才有效。

①System Defined（系统定义）：生成曲面的参数由系统定义。

②Use Defined（用户定义）：生成曲面的参数由用户定义。

(9) U Patches（*U* 方向嵌合面）：用来设置 *U* 方向的嵌合面数量，只有当 Surface Generation Method 为 Cloud Points，且 Surface Control 为 Use Defined 时才有效。

(10) Boundary Trimming（边界修剪）：确定对生成的偏置曲面是否进行修剪，只有当 Surface Generation Method 为 Cloud Points 时才有效。

①No Trim（不修剪）：对生成的偏置曲面不进行修剪。

②Trim（修剪）：对生成的偏置曲面由系统进行修剪。

③Boundary Curve（边界曲线）：对生成的偏置曲面由边界曲线进行修剪。

(11) Confirm Upon Apply：应用前确认。

Rough Offset 的应用如图 4－79 所示，下图为对上图进行 Rough Offset 后的结果，其步骤如下：

◆在图 4－78 中点击（Offset Face/Sheet）后，在绘图区域选择要进行偏置的实体表面或曲面。

◆在图 4－78 中点击（Offset CSYS）后，通过 CSYS Constructor 子功能构造参考坐标系，或直接采用系统默认的工作坐标系。

◆在图 4－78 中设置其他各项参数后按 OK 或 Apply。

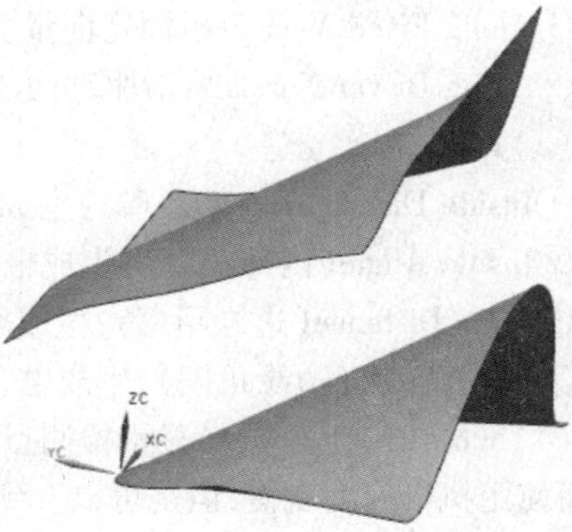

图 4－79 Rough Offset 的应用

4.2.16 Quit(融合)

将数个面结合成单一曲面。系统一个四边界线的平面(驱动面),将位于其上的数个曲面(目标面),通过投影、修剪与结合,形成单一的近似 *B* – 曲面,当所有的目标面在驱动面中的投影所占比例比较小时,则无法生成融合曲面,或生成的融合曲面不够理想。

选择【Insert(插入)】→【Combine(联合)】→【Quilt(融合)】或点击图标,则进入如图 4 – 80 所示的 Quilt 对话框。

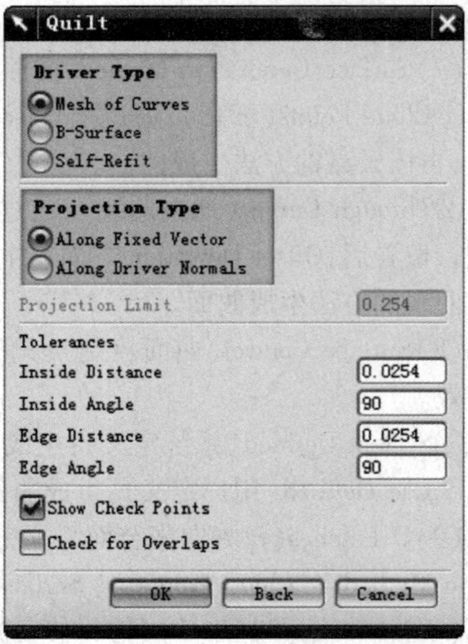

图 4 – 80 Quilt 对话框

图 4 – 80 中各项参数的意义如下:

(1) Driver Type(驱动类型):可选择存在的 *B* – 曲面作为驱动面,也可由曲线网格驱动。就功能的内在意义而言,驱动面通常是 *B* – 曲面。

①Mesh of Curves(曲线网格):即采用曲线网格驱动。由选择的曲线网格来生成一个 *B* – 曲面来作为驱动面。利用曲线网格以指定驱动的方式,必须先选择一组主要线(一般选两个截面的主要线就可以),再按 OK;然后选择一组横越线(一般选两个截面的横越线就可以),再按 OK;选取的方式与生成编织曲面一样。

②B – Surface(*B* – 曲面):选择创建好的 *B* – 曲面来作为驱动面。

③Self – Refit(自我修理):以较低阶的 B – 曲面来重新计算,替代原来的高阶 B – 曲面。

(2) Projection Type:投影类型。

①Along Fixed Vector:沿固定向量。

②Along Driver Normals:沿驱动面法向。

(3) Tolerances:公差。

①Inside Distance(内部距离):生成融合曲面内部的距离公差。

②Inside Angle(内部角度):生成融合曲面内部的角度公差。

③Edge Distance(边缘距离):生成融合曲面边缘的距离公差。

④Edge Angle(边缘角度):生成融合曲面边缘的角度公差。

(4) Show Check Points(显示检测点):勾选此选项,则在进行融合时,投影点会显示出来,而使用执行速度变慢,但是可以看到可能产生问题点的区域。

(5) Check for Overlaps(检查重叠):勾选此选项,则在进行融合时,系统会检查重叠的目标面中是否有重叠的曲面并处理它,使其只产生最上面的投影点;如果不勾选此选项,则在进行融合时,当有重叠的曲面时,投影点会同时产生在两曲面上,而造成错误,进而无法生成融合面。

当 Driver Type 为 Mesh of Curves 时,在图 4 – 80 中按 OK,则进入如图 4 – 81 所示的

Select Primary Curves(选择主要线)对话框,用来选择一组主要线(一般为两个截面的主要线)。选择完一组主要线后按 OK,则进入如图 4 - 82 所示的 Select Cross Curves(选择横越线)对话框,用来选择一组横越线(一般为两个截面的横越线)。选择完一组横越线后按 OK,如果 Projection Type 为 Along Fixed Vector,则进入 Vector Constructor 对话框,用来指定投影矢量;指定投影矢量后,则进入 Class Selection 对话框,否则直接进入 Class Selection 对话框,用来选择目标面。选择完目标面后按 OK,则生成融合面。

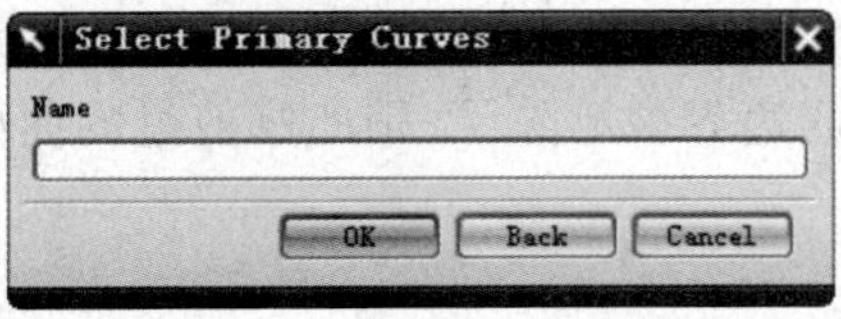

图 4 - 81　Select Primary Curves 对话框

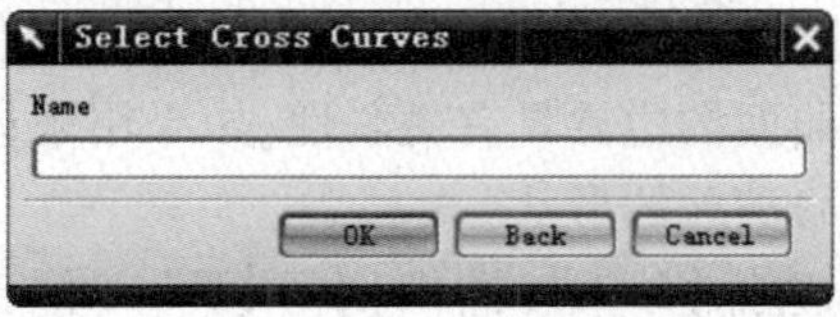

图 4 - 82　Select Cross Curves 对话框

当 Driver Type 为 B - Surface 时,在图 4 - 80 中按 OK,则进入如图 4 - 83 所示的 Select Driver B - Surface(选择驱动的 *B* - 曲面)对话框,用来选择一个 *B* - 曲面作为驱动面。选择完驱动面后,如果 Projection Type 为 Along Fixed Vector,则进入 Vector Constructor对话框,用来指定投影矢量;指定投影矢量后,则进入 Class Selection 对话框,否则直接进入 Class Selection 对话框,用来选择目标面。选择完目标面后按 OK,则生成融合面。

当 Driver Type 为 Self - Refit 时,在图 4 - 81中按 OK,则进入如图 4 - 83 所示的 Select Driver B - Surface对话框,用来选择一个高阶 B - 曲面作为驱动面。选择完 *B* - 曲面后,则直接生成较低阶的 *B* - 曲面。

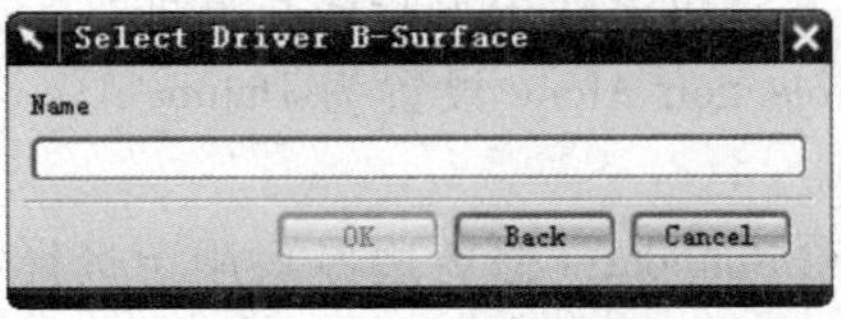

图 4 - 83　Select Driver B - Surface 对话框

Quilt 的应用如图 4 - 84 所示,右图为对左图进行 Quilt 后的结果,其步骤如下:

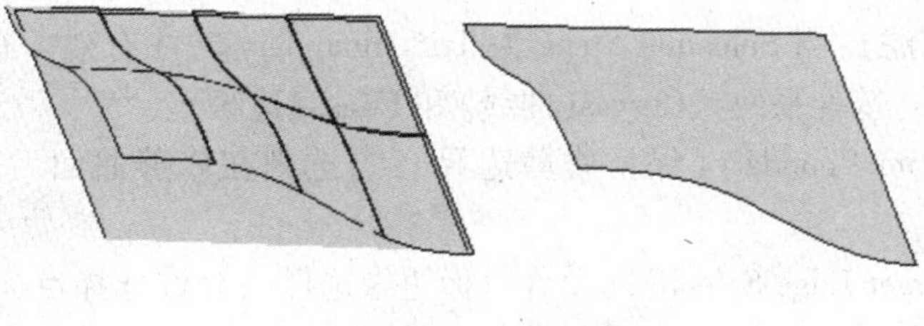

图 4 - 84　Quilt 的应用

Driver Type 为 Mesh of Curves 时的步骤:

◆在图 4 - 81 中,设置各项参数后按 OK。

◆在图 4 - 82 下,选择完一组主要线后按 OK。

◆在图 4 - 83 下,选择完一组横越线后按 OK。

◆如果 Projection Type 为 Along Fixed Vector，则在矢量构造器中指定一个投影矢量，否则跳过此步骤。

◆选择所有的目标面后按 OK。

4.2.17 Trimmed Sheet（修剪曲面）

修剪曲面为利用将几何边界通过投影边界轮廓线来对曲面进行修剪，以生成修剪曲面。系统根据指定的投影方向，将一边界（可以是曲线、实体或曲面的边界、实体或曲面的表面、基准平面等）投影到目标曲面上，修剪出相应的轮廓形状。修剪后的曲面与用来修剪曲面的边界具有关联性，如果用来修剪曲面的边界被删除了，则此修剪过的曲面会恢复修剪前的形状。

选择【Insert（插入）】→【Trim（修剪）】→【Trimmed Sheet（修剪曲面）】，或点击图标，则进入如图 4－85 所示的 Trimmed Sheet 对话框。

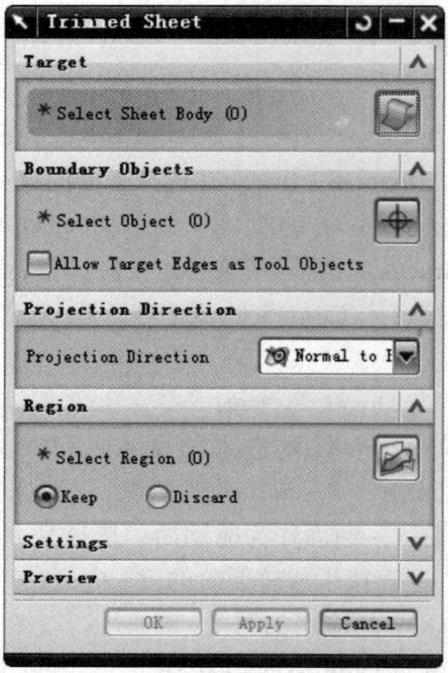

图 4－85 Trimmed Sheet 对话框

图 4－85 中各项参数的意义如下：

（1）Selection Steps：选择步骤。

①Target（目标曲面）：用于选择需要修剪的曲面。

②Projection Direction（投影方向）：用于选取一个基准轴作为修剪边界的投影方向，投影方向应该从边界指向目标曲面。只有当 Projection Along 设置为 Datum Axis 时才有效。

③Boundary（修剪边界）：用于选择用来修剪目标曲面的边界（可为面、边缘、曲线或基准平面）。

④Region（区域）：用于选择需要保留或删除的区域。

（2）Filter（过滤）：当 Selection Steps 为 Trim Boundary 时才有效。有 AnyFaces（任意面）、Datum Planes（基准平面）、Curves（曲线）和 Edges（边缘）。

（3）Retain Trim Boundary（保留修剪边界）：勾选则在修剪曲面后保留用来修剪的边界。

（4）Allow Target Edge Selection（允许目标边缘选择）：允许选择目标曲面的边缘作为修剪边界。只有当 Projection Along 设置为 Face Normals 时才有效。

（5）Projection Along（投影方向）：用于确定边界投影的方向，如果选择 Face Normals 或 Datum Axis 作为投影方向，则当对定义方向矢量的几何体进行编辑后，修剪的曲面会随之更新，其他选项的矢量方向都是固定的。

①Face Normals（面法向）：沿曲面的法线方向投影。

②Datum Axis（基准轴）：沿指定的基准轴方向投影。

③ZC－axis（*ZC* 轴）：沿 *Z* 轴方向投影。

④YC - axis(*YC* 轴):沿 *Y* 轴方向投影。

⑤XC - axis(*XC* 轴):沿 *X* 轴方向投影。

⑥Vector Constructor(矢量构造器):进入 Vector Constructor 构造器,指定一个投影方向。

(6)Regions will be(区域处理):用来决定所选取的区域是保留还是删除。在目标曲面上选择定义保留或删除区域的每个点是固定在空间的,如果移动了目标曲面,这些点不会移动,为了避免意外结果,在目标曲面移动后,应该最好重新定义区域。在选择区域时,目标曲面修剪的结果是不能一分为二的,即保留后的区域不能是两个或两个以上的曲面。

①Kept(保留):用于选择修剪时需要保留的区域。

②Discarded(删除):用于选择修剪时需要删除的区域。

(7)Tolerance(公差):用于设置修剪曲面的边界最大误差。

(8)Output Exact Geometry:输出精确几何体。

(9)Show Unimprinted Objects:显示无特征对象。

(10)Confirm Upon Apply:应用前确认。

Trimmed Sheet 的应用如图 4 - 86 所示,右图为对左图进行 Trimmed Sheet 后的结果,其步骤如下:

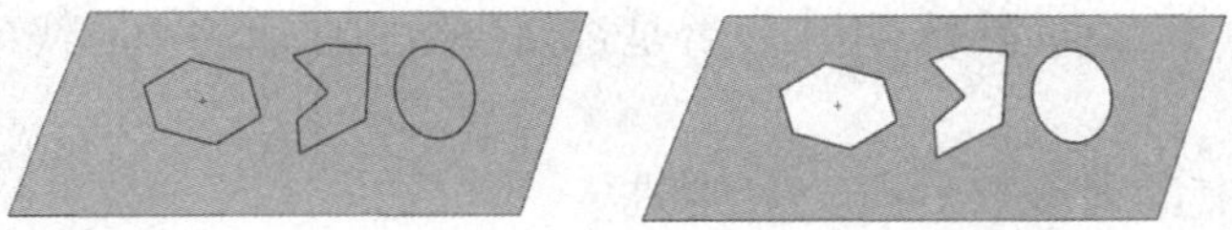

图 4 - 86 Trimmed Sheet 的应用

◆在图 4 - 85 中设置各项修剪参数。

◆在图 4 - 85 中点击(Target Sheet Body)后,在绘图区域选择修剪曲面。

◆在 Projection Direction 下拉菜单选择或在绘图区域指定投影矢量。

◆在图 4 - 85 中点击(Trim Boundary)后,在绘图区域选择修剪边界。

◆在图 4 - 85 中点击(Region)区域后,在绘图区域指定需要保留或删除的区域。

4.2.19 Fillet Surface(倒圆曲面)

该命令在两曲面之间生成一个固定或变化半径的倒圆曲面。选择【Insert(插入)】→【Detail Feature(实体特征)】→【Fillet Surface(倒圆曲面)】或点击图标,则进入如图 4 - 87所示 Fillet 对话框,用来选择第一个倒圆曲面。

选择完第一个倒圆曲面后,则进入如图 4 - 88 所示的倒圆正交方向确认对话框,用来确认方向,同时在曲面出现方向箭头。方向箭头应朝向圆弧内侧,若方向正确按 Yes,方向不正确按 No 进行反方向。

确认方向后,则进入图 4 - 87 中,用来选择第二个倒圆曲面。选择完第二个倒圆曲面后,则进入如图 4 - 88 中,用来确认方向。方向确认后,则进入如图 4 - 87 所示 Fillet 对话框,用来选择一条脊线。

图 4－87　Fillet 对话框

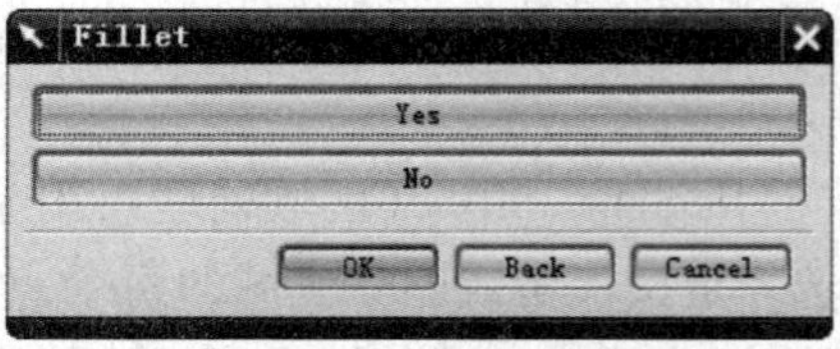

图 4－88　倒圆正交方向确认对话框

倒圆截面的类型是在脊线的法平面内测量的,脊线可选也可不选。选择完脊线或不选脊线直接在图 4－87 中按 OK,则进入如图 4－89 所示的创建内容设置对话框。

图 4－89　创建内容设置对话框

图 4－89 中各项参数的意义如下:

(1)Create Fillet － Yes/No(创建倒圆－是/否):点击此按钮在 Create Fillet － Yes 与 Create Fillet － No 之间转换,用来设置是否创建倒圆曲面。

(2)Create Curve － Yes/No(创建曲线－是/否):点击此按钮在 Create Curve － Yes 与 Create Curve － No 之间转换,用来设置是否创建倒圆曲面的中心线(倒圆曲面圆心所连成的线)。

在图 4－89 中设置参数后按 OK,则进入如图 4－90 所示的 Fillet 对话框,用来指定倒圆截面的类型。

图 4－90　Fillet 对话框

图 4－90 中各项参数的意义如下:

(1)Circular(圆形):倒圆截面为圆形。

(2)Conic(圆锥形):倒圆截面为圆锥形。

指定完倒圆截面的类型后,如果未选择脊线,则进入如图 4－91 所示的 Fillet 对话框,如果选择了脊线,接下来设置倒圆曲面截面的变化方式。

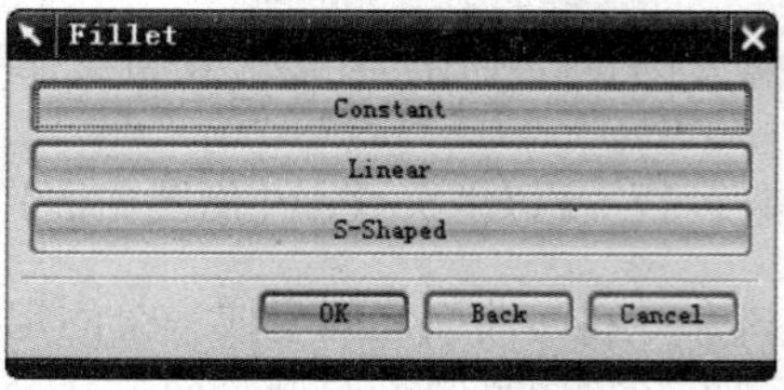

图 4－91　Fillet 对话框

图 4－91 中各项参数的意义如下:

(1)Constant(常数):倒圆半径为一个固定不变的常数。

当在图 4－90 中指定倒圆截面为 Circular(圆形)时,则在图 4－91 中点击 Constant,进入如图 4－92 所示的指定点方法对话框,用来指定倒圆曲面的起始点位置。

图 4－92 中各项参数的意义如下:

①Limit Point(限制点):指定一个点作为倒圆曲面的限制位置。点击此按钮,则进入如图 1－23 所示的 Point 对话框,用来指定一个点,来作为倒圆曲面的限制位置。

②Limit Face(限制面):指定一个面作为倒圆曲面的限制位置。点击此按钮,则进入如图 4 - 93 所示的面选择对话框,用来选择一个面,来作为倒圆曲面的限制位置。

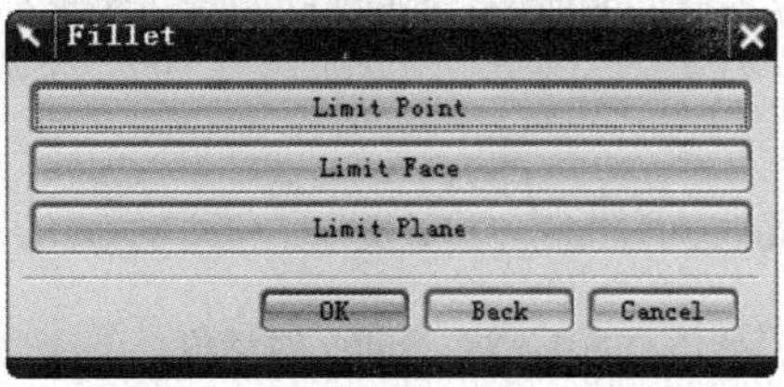

图 4 - 92 指定点方法对话框

图 4 - 93 面选择对话框

③Limit Plane(限制平面):指定一个面作为倒圆曲面的限制位置。点击此按钮,则进入 Plane 对话框,用来创建一个面,作为倒圆曲面的限制位置。

指定完倒圆曲面的起始点位置后,则进入如图 4 - 94 所示的 Fillet 对话框,用来指定倒圆曲面在起始点处的倒圆截面半径。在 Radius(半径)输入框中输入半径值后按 OK,则进入如图 4 - 95 所示的倒圆确认对话框,同时在倒圆曲面的起始点处出现倒圆方向箭头,若接受倒圆方向则按 Yes,若要倒圆反方向则按 No。指定倒圆方向后,则进入如图 4 - 92所示的指定点方法对话框,用来指定倒圆曲面的终止点位置。指定完倒圆曲面的终止点位置后,则进入如图 4 - 95 所示的倒圆确认对话框,若接受倒圆终止点位置则按 Yes 生成倒圆曲面,否则按 No 返回图 4 - 92 中重新指定倒圆曲面的终止点位置。

图 4 - 94 Fillet 对话框

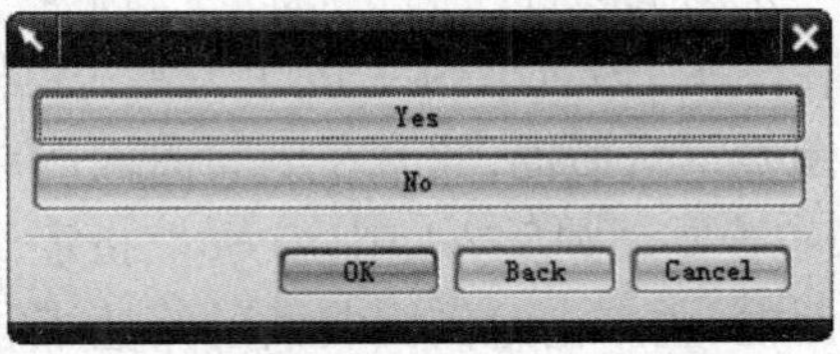

图 4 - 95 倒圆确认对话框

(2)当在图 4 - 90 中指定倒圆截面为 Conic(圆锥形)时,则在图 4 - 91 中点击 Constant,进入如图 4 - 96 所示的 Fillet 对话框,用来指定 Rho 值的设置方式。

图 4 - 96 中各项参数的意义如下:

①Same as Fillet Type(和倒圆类型类似):Rho 的变化方式与倒圆截面的变化方式一样。

②Least Tension(最小张力):系统根据选取的元素,计算出最小张力的圆锥曲线。

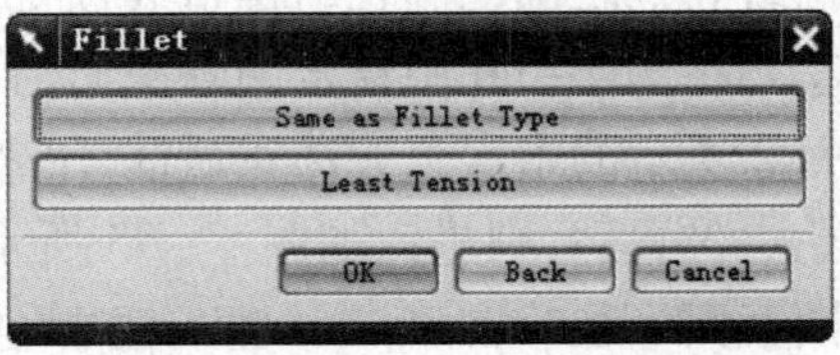

图 4 - 96 Fillet 对话框

指定完 Rho 值的设置方式后,则进入如图 4 - 92 所示的指定点方法对话框,用来指定倒圆曲面的起始点位置。指定完倒圆曲面的起始点位置后,如果 Rho 值的设置方式为 Same as Fillet Type 则进入如图 4 - 97 所示的 Fillet 对话框,如果 Rho 值的设置方式为 Least Tension 则进入如图 4 - 98 所示的 Fillet 对话框,用来设置倒圆曲面的参数值。

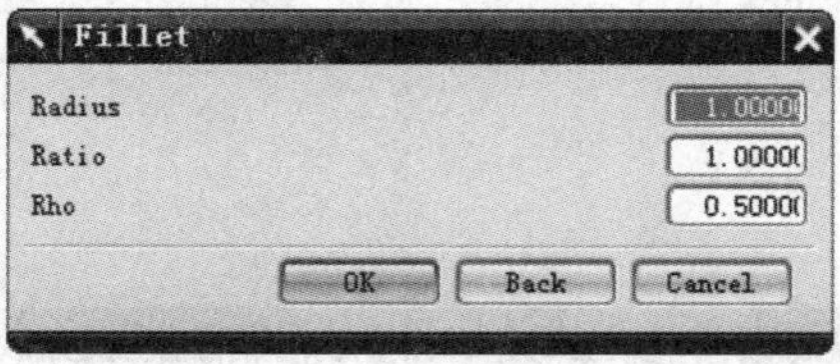

图 4 - 97　Fillet 对话框

图 4 - 98　Fillet 对话框

图 4 - 97 和图 4 - 98 中各项参数的意义如下:

①Radius(半径):第一个倒圆曲面的补正距离,即图 4 - 99 中的 R1。

②Ratio(比例):用来计算第二个倒圆曲面的半径(补正距离),是从选取的曲面到补相交点的距离的比值,即 Ratio = R2/R1,如图 4 - 99 所示。

③Rho(Rho 值):用来决定每一个圆锥截面的弯曲程度,范围从 0.001 到 0.999。Rho 值越小生成的圆锥越平坦,Rho 值越大生成的圆锥越尖锐。Rho 值决定圆锥倒圆截面的形状,Rho = 0.5 表示一条抛物线,0 < Rho < 0.5 表示一条椭圆线,0.5 < Rho < 1.0 表示一条双曲线。

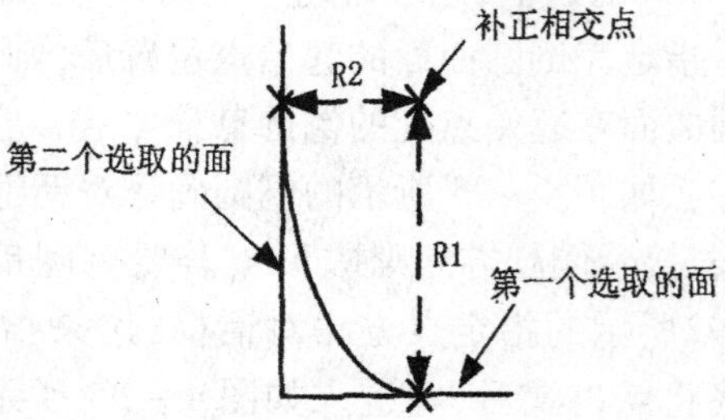

图 4 - 99　圆锥形圆角的形状关系

在图 4 - 97 或图 4 - 98 中设置完倒圆曲面的参数值后按 OK,则进入如图 4 - 95 所示的倒圆确认对话框,同时在倒圆曲面的起始点处出现倒圆方向箭头,若接受倒圆方向则按 Yes,若要倒圆反方向则按 No。指定倒圆方向后,则进入如图 4 - 92 所示的指定点方法对话框,用来指定倒圆曲面的终止点位置。指定完倒圆曲面的终止点位置后,则进入如图 4 - 95 所示的倒圆确认对话框,若接受倒圆终止点位置则按 Yes 生成倒圆曲面,否则按 No 返回图 4 - 92 中重新指定倒圆曲面的终止点位置。

(2)Linear(线性):倒圆半径线性变化。需要指定倒圆起始点及终止点的半径值,起始点与终止点之间的半径值是依线性变化。

①当在图 4 - 90 中指定倒圆截面为 Circular 时,则在图 4 - 91 中点击 Linear,进入如图 4 - 92 所示的指定点方法对话框,用来指定倒圆曲面的起始点位置。指定完倒圆曲面的起始点位置后,则进入如图 4 - 95 所示的 Fillet 对话框,用来指定倒圆曲面在起始点处的倒圆截面半径。在 Radius 输入框中输入起始点的半径值后按 OK,则进入如图 4 - 96 所示的倒圆确认对话框,同时在倒圆曲面的起始点处出现倒圆方向箭头,若接受倒圆方向则按 Yes,若要倒圆反方向则按 No。指定倒圆方向后,则进入如图 4 - 92 所示的指定点方法对话框,用来指定倒圆曲面的终止点位置。指定完倒圆曲面的终止点位置后,则进入如图 4 - 95 所示的 Fillet 对话框,用来指定倒圆曲面在终止点处的倒圆截面半径。在 Radius 输入框中输入终止点的半径值后按 OK,则进入如图 4 - 96 所示的倒圆确认对话框,若接受倒圆终止点半径值则按 Yes 生成倒圆曲面,否则按 No 返回图 4 - 95 中重新

输入终止点的半径值。

②当在图 4－90 中指定倒圆截面为 Conic 时，则在图 4－91 中点击 Linear，进入如图 4－98 所示的 Fillet 对话框，用来指定 Rho 值的设置方式。指定完 Rho 值的设置方式后，则进入如图 4－92 所示的指定点方法对话框，用来指定倒圆曲面的起始点位置。指定完倒圆曲面的起始点位置后，则进入 Fillet 对话框，用来设置倒圆曲面起始点的参数值。在图 4－97 或图 4－98 中设置完倒圆曲面起始点的参数值后按 OK，则进入如图 4－95 所示的倒圆确认对话框，同时在倒圆曲面的起始点处出现倒圆方向箭头，若接受倒圆方向则按 Yes，若要倒圆反方向则按 No。指定倒圆方向后，则进入如图 4－92 所示的指定点方法对话框，用来指定倒圆曲面的终止点位置。指定完倒圆曲面的终止点位置后，则进入如图 4－97 或图 4－98 所示的 Fillet 对话框，用来设置倒圆曲面终止点的参数值。在图 4－97或图 4－98 中设置完倒圆曲面终止点的参数值后按 OK，则进入如图 4－95 所示的倒圆确认对话框，若接受倒圆终止点位置的参数值则按 Yes 生成倒圆曲面，否则按 No 返回图 4－97 或图 4－98 中重新设置倒圆曲面终止点的参数值。

(3) S－Shaped（S 型）：倒圆半径 S 型变化。需要指定倒圆起始点及终止点的半径值，起始点与终止点之间的半径值是依 S 型变化。其用法与 Linear 类似。

Fillet Surface 的应用如图 4－100 所示，右图为对左图进行 Fillet Surface 后的结果，其步骤如下：

◆在图 4－87 下，选择第一个倒圆曲面。

◆在图 4－88 中，选择第一个倒圆曲面倒圆的正交方向。

◆在图 4－87 下，选择第二个倒圆曲面。

◆在图 4－87 中，选择第二个倒圆曲面倒圆的正交方向。

◆在图 4－88 下，选择一条脊线或不选择脊线直接在图 4－85 中按 OK。

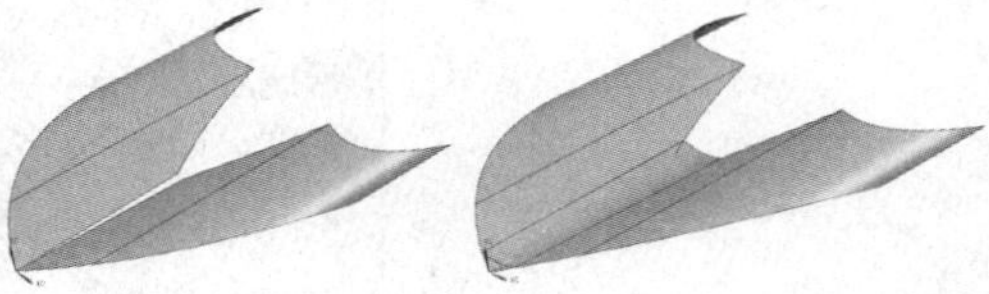

图 4－100　Fillet Surface 的应用

◆在图 4－89 中，指定创建内容后按 OK。

◆在图 4－90 中，指定倒圆截面的类型。

◆在图 4－91 或图 4－92 中，指定倒圆曲面截面的变化方式。

◆若倒圆截面的类型为 Conic，则在图 4－96 中指定 Rho 值的设置方式。

◆在图 4－92 指定倒圆起始点。

◆在图 4－94、图 4－97 或图 4－98 中，设置倒圆起始点的相关参数值后按 OK。

◆在图 4－95 中，选择倒圆方向。

◆若倒圆曲面截面的变化方式为 General，指定脊线上其他点及在图 4－94、图 4－97 或图 4－98 中设置对应点的相关参数值后按 OK。

◆在图 4－92 下，指定倒圆终止点。

◆若倒圆曲面截面的变化方式不为 Constant，则在图 4－94、图 4－97 或图 4－98 中，设置倒圆终止点的相关参数值后按 OK。

◆若倒圆曲面截面的变化方式不为 General，则在图 4－95 中按 Yes 生成倒圆曲面；若倒圆曲面截面的变化方式为 General，在弹出的对话框中按 OK 或重复指定终止点生成倒圆曲面。

4.3 曲面编辑

大多数自由形状特征是参数化特征,通过编辑特征参数,或者改变生成曲面或实体的原始几何体,则可以非常方便地参数化编辑自由形状的特征,同时还可以使用其他非参数编辑方法。

1. 参数化编辑方法

采用 Edit Feature(编辑特征)中的子选项 Edit Feature Parameters(编辑特征参数)方法编辑曲面或实体是参数化的编辑方法,系统保留所有建立特征的参数,即特征编辑后,曲面或实体与构造曲面或实体的原始曲线或边、面等相关联。

2. 非参数化编辑方法

采用 Edit Free Form Feature 子选项可以编辑参数化特征,也可以用于编辑非参数化的特征。这些编辑方法大多数是非参数化的编辑方法(除 Reverse Normal 外)。当特征编辑后,将导致参数丢失,即特征编辑后,曲面或实体与构造曲面或实体的原始曲线或边、面等不相关。

Edit Surface Feature 工具条如图 4-101 所示。

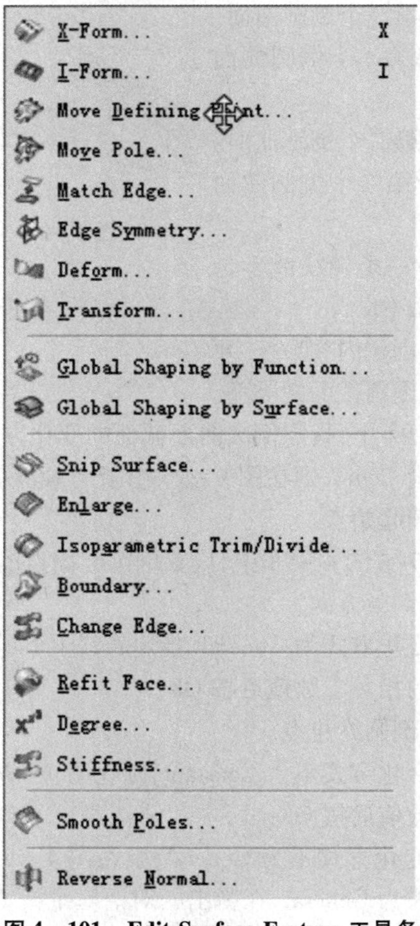

图 4-101 Edit Surface Feature 工具条

4.3.1 Edit Defining Point(移动定义点)

移动定义点用于移动曲面上的点,采用此方法可以移动定义点和极点,但移动极点时建议使用 Move Pole(移动极点)方法代替,因为 Move Pole 方法具有更好的灵活性,更加适合移动极点,如果使用此方法编辑一系列点时,系统无法将这些点转换成极点,此时,系统显示如下错误信息:Could Not Edit Body(不能编辑体)。

选择【Edit(编辑)】→【Surface(表面)】→【Move Defining Point(移动定义点)】或点击图标,则进入如图 4 – 102 所示的 Move Defining Point 对话框,用于选择要编辑的曲面。

图 4 – 102 中各项参数的意义如下:

(1) Name(名称):用于输入曲面的名称,名称输入后,则所有的编辑修改都在此曲面上进行。

(2) Edit Original Sheet(编辑原始曲面):原始曲面在编辑后,曲面造型随着改变,但参数丢失,只有在没有存盘前才能使用 Undo 恢复,一旦存盘,则参数将无法恢复。

图 4 – 102　Move Defining Point 对话框

(3) Edit a Copy(编辑复制曲面):编辑并生成新的复制曲面,编辑后原始曲面不改变,而新增一个编辑造型曲面,且新增的编辑造型曲面与原始曲面不存在关联性。

选择编辑曲面后,如果在图 4 – 102 中选择的是 Edit Original Sheet,则会出现如图 4 – 103所示的 Confirmation(确认)对话框,显示警告信息。此操作将删除曲面的参数,此时需要选择 OK 或 Cancel 来确认是否继续操作,按 OK 则进入如图 4 – 104 所示的 Move Point 对话框;如果在图 4 – 102 中选择的是 Edit a Copy,则直接进入如图 4 – 104 所示的 Move Point 对话框,用来设置移动点的方式,此时曲面上显示可以移动的所有点。

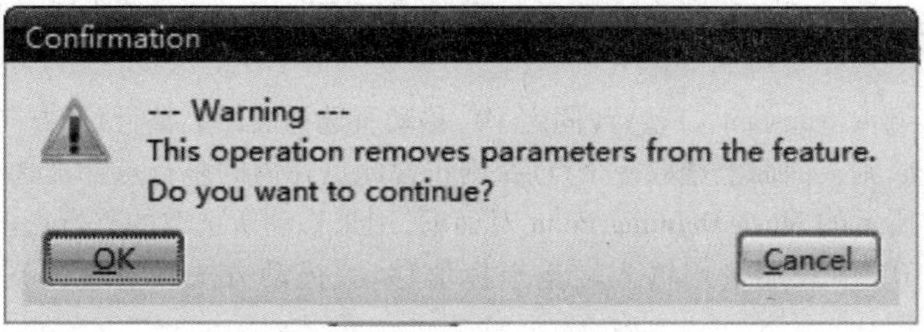

图 4 – 103　Confirmation 对话框

图 4 – 104 中各项参数的意义如下:

(1) Points to Move(移动点):用来选择点移动的方式。

①Single Point(单个点):移动曲面上的一个点。若采用此选项,则在曲面上选取一个点后,进入如图 4 – 105 所示的 Move Defining Point 对话框,用来移动所选取的点。

图 4 – 105 中各项参数的意义如下:

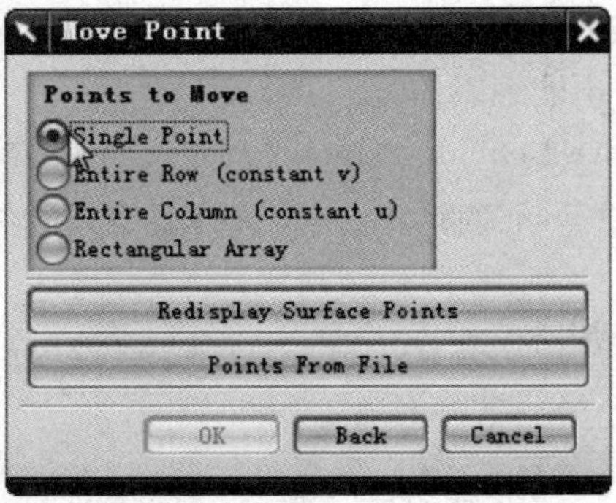

图 4 – 104　Move Point 对话框

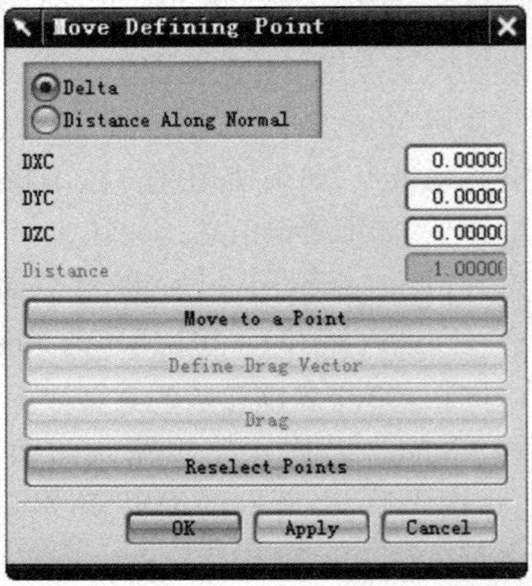

图 4 – 105　Move Defining Point 对话框

Delta(增量):选择此选项,则使用增量坐标移动点,此时可以在 DXC(*X* 方向增量)、DYC(*Y* 方向增量)和 DZC(*Z* 方向增量)输入框中输入所选择点的增量值。

Distance Along Normal(沿法向距离):选择此选项,则使用沿曲面法向移动点,此时可以在 Distance(距离)输入框中输入所选择点沿曲面法线方向的距离值。

Move to a Point(移动到点):将所选择的点移动到指定的一个目标点处,选择此选项,则进入 Point Constructor 对话框,用来指定一个目标点。

Define Drag Vector(定义拖动矢量):用于定义拖动方法的方向矢量,选择此选项,则进入 Vector Constructor 对话框,用来指定一个方向矢量。此选项对点不能使用,与 Drag 搭配使用。

Drag(拖动):使用拖动方式在屏幕上移动极点的位置,但不能用于移动点。

Reselect Points(重新选择点):选择此选项,则返回到图 4 – 104 中重新选择点,相当于 Back。

②Entire Row(constant v)整行(固定 *V*):移动所选择曲面上整行(*V* 方向)所有的点。若采用此选项,则在曲面上选取一个点后,则包含此点在内的整行点都被选上,同时进入如图 4 – 105 所示的 Move Defining Point 对话框,用来移动所选取的整行点。要移动整行点,在图 4 – 105 中只能采用输入增量坐标值移动,拖动方式只有在移动极点时才能使用。

③Entire Column(constant u)整列(固定 *U*):移动所选择曲面上整列(*U* 方向)所有的点。若采用此选项,在曲面上选取一个点后,则包含此点在内的整列点都被选上,同时进入如图 4 – 105 所示的 Move Defining Point 对话框,用来移动所选取的整列点。要移动整列点,在图 4 – 105 中只能采用输入增量坐标值移动,拖动方式只有在移动极点时才能使用。

④Rectangular Array(矩形数组):移动所选择曲面上在一个矩形范围内的点。若采用此选项,则在曲面上选取一个点后,进入如图 4 – 106 所示的指定矩形对角点对话框,在曲面上选取矩形的另一个对角点后,则此两点所形成矩形内的所有点都被选上,同时进

入如图 4－105 所示的 Move Defining Point 对话框，用来移动所选取的矩形数组点。要移动矩形数组点，在图 4－106 中只能采用输入增量坐标值移动，拖动方式只有在移动极点时才能使用。

（2）Redisplay Surface Points（重新显示曲面点）：用于重新在绘图区域显示允许移动的点。

图 4－106 指定矩形对角点对话框

（3）Points From File（点来自文件）：从一个文件输入点数据，用于替代曲面上的原始点。

当使用移动一个定义点来编辑单嵌合面曲面时，整个曲面的形状会发生改变，而此点附近形状变化很大，如果仅需要改变曲面的一小部分区域时，则可以使用 Isoparametric Trim/Divide（等参数修剪/分割）功能将此区域分割成为一个单独的曲面。当移动多嵌合面曲面上的一个点时，整个曲面的形状也会发生改变，但移动此曲面上的一个极点时只影响一小部分区域，这一区域的大小取决于曲面的阶次，阶次越高，影响的区域范围将越大。

4.3.2 Move Pole（移动极点）

用于移动曲面上的极点，移动极点在曲面艺术造型交互设计中非常有用，如对消费品的造型设计和汽车车身设计，可以通过移动极点功能编辑曲面的形状来改进外观效果。另外，拖动极点可以沿着曲面法向矢量，或沿着与曲面相切的平面拖动极点，也可采用拖动整行或整列的方法保证边界曲率或相切条件不变。

选择【Edit（编辑）】→【Surface（表面）】→【Move Pole（移动极点）】或点击图标，则进入如图 4－107 所示的 Move Pole 对话框。用于选择要编辑的曲面。

图 4－107 中各项参数的意义与用法和图 4－102 中所对应参数的意义与用法相同。

图 4－107 Move Pole 对话框

选择编辑曲面后，如果在图 4－107 中选择的是 Edit Original Sheet，则会出现如图 4－103所示的 Confirmation 对话框，显示警告信息。此操作将删除曲面的参数，此时需要选择 OK 或 Cancel 来确认是否继续操作，按 OK 则进入如图 4－108 所示的 Move Pole 对话框；如果在图 4－107 中选择的是 Edit a Copy，则直接进入如图 4－108 所示的 Move Pole 对话框，用来设置移动控制点的方式，此时曲面上显示可以移动的所有控制点。

图 4－108 中各项参数的意义如下：

（1）Pole to Move（移动控制点）：用来选择控制点移动的方式。

①Single Pole（单个控制点）：移动曲面上的一个控制点。若采用此选项，则在曲面上选取一个控制点后，进入如图 4－109 所示的 Move Defining Pole（移动定义控制点）对话框，用来移动所选取的控制点。

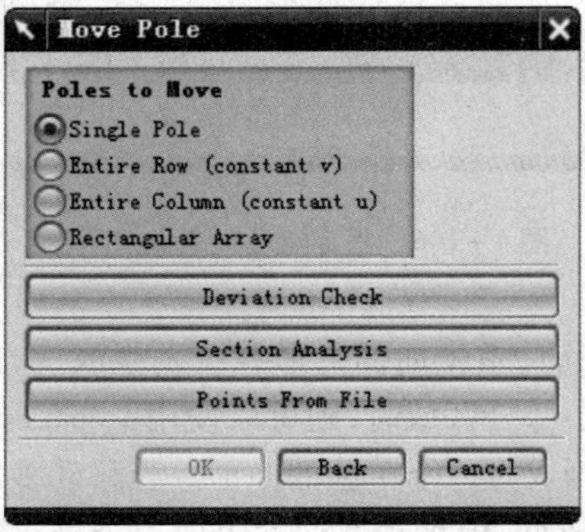

图 4－108　Move Pole 对话框

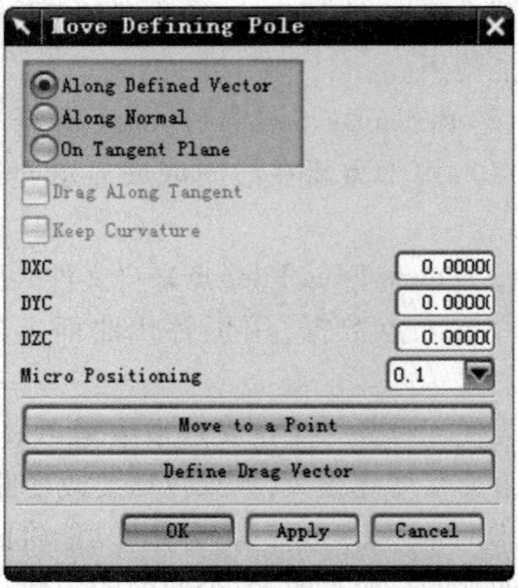

图 4－109　Move Defining Pole 对话框

图 4－109 中各项参数的意义如下：

Along Defined Vector（沿定义矢量）：沿着当前定义的矢量方向，使用拖动方式来移动所选择的极点，其默认方向为 Z 轴方向，若要定义一个新的矢量方向，则可以选择 Define Drag Vector 进入 Vector Constructor 对话框，用来指定一个方向矢量。选择此选项，则可以使用鼠标在绘图区域拖动极点沿定义矢量方向移动。

Along Normal（沿法向）：沿着极点到曲面的法线方向，使用拖动方式来移动所选择的极点，选择此选项，则可以使用鼠标在绘图区域拖动极点沿极点到曲面的法线方向移动。

On Tangent Plane（在相切平面上）：在所选择极点沿曲面法线方向投射点处的曲面相切平面上拖动极点，选择此选项，则可以使用鼠标在绘图区域拖动极点沿极点投射点的曲面切平面内移动。

Drag Along Tangent（沿切线拖动）：在保持相应边缘相切条件下拖动整行或整列，即拖动过程中始终与相应边缘相切。

Keep Curvature（保持曲率）：在保持边缘曲率条件下拖动整行或整列，即拖动过程中始终保持边缘处的曲率不变。

DXC，DYC 和 DZC（X 方向增量、Y 方向增量和 Z 方向增量）：通过在输入框中输入所选择极点移动后的相对增量坐标值。

Micro Positioning（微移）：用于定义灵敏度或移动的精细度，灵敏度等级有 0.1，0.01，0.001 和 0.000 1，小数点位数愈多，当拖动极点时，则可以获得的移动精细度愈高。

Move to a Point（移动到点）：将所选择的点移动到指定的一个目标点处，选择此选项，则进入 Point Constructor 对话框，用来指定一个目标点。

Define Drag Vector（定义拖动矢量）：用于定义拖动方法的方向矢量，选择此选项，则进入 Vector Constructor 对话框，用来指定一个方向矢量。

②Entire Row（constant v）：整行（固定 V）。移动所选择曲面上整行（V 方向）所有的极点。若采用此选项，则在曲面上选取一个极点后，则包含此极点在内的整行极点都被选上，同时进入如图 4－109 所示的 Move Defining Pole 对话框，用来移动所选取的整行

极点。

③Entire Column(constant u):整列(固定 U)。移动所选择曲面上整列(U 方向)所有的极点。若采用此选项,则在曲面上选取一个极点后,则包含此极点在内的整列极点都被选上,同时进入如图 4－109 所示的 Move Defining Pole 对话框,用来移动所选取的整列极点。

④Rectangular Array(矩形数组):移动所选择曲面上在一个矩形范围内的极点。若采用此选项,则在曲面上选取一个极点后,进入如图 4－106 所示的指定矩形对角点对话框,在曲面上选取矩形的另一个对角极点后,则此两极点所形成矩形内的所有极点都被选上,同时进入如图 4－109 所示的 Move Defining Pole 对话框,用来移动所选取的矩形数组极点。

(2)Deviation Check(偏差检查):选择此选项,则进入偏差检查对话框,动态地生成图形和数字形式的偏差数据。

(3)Section Analysis(截面分析):选择此选项,则进入截面分析对话框,动态地分析指定截面的曲率。

(4)Points From File(点来自文件):从一个文件输入点数据,用于替代曲面上的原始极点。

4.3.3 Isoparametric Trim/Divide(等参数值修剪/分割)

用于在 U 或 V 等参数方向,采用百分比参数方法来对指定的 B－曲面进行修剪或分割。当百分比参数在 0% ~100% 之间时为修剪曲面,小于 0% 或大于 100% 时则为延伸。在修剪或分割曲面时,其修剪或分割位置的形状是根据曲面上的等参数曲线的位置而定的,而等参数曲线的分布是由构造曲面的对齐方式决定的,对齐方式的不同,则等参数曲线的分布也是不同的,因此在修剪或分割时,相同百分比修剪或分割的边界结果是不同的。

选择【Edit(编辑)】→【Surface(表面)】→【Isoparametric Trim/Divide(等参数值修剪/分割)】或点击图标,则进入如图 4－110 所示的 Trim/Divide(修剪/分割)对话框,用于选择等参数类型。

图 4－110 中各项参数的意义如下:

(1)Isoparametric Trim(等参数修剪):用于增大或缩小曲面。

(2)Isoparametric Divide(等参数分割):用于分割曲面。在图 4－110 中选择 Isoparametric Trim 选项,则进入如图 4－111 所示的 Trim/Divide 对话框,用于选择要编辑的曲面。

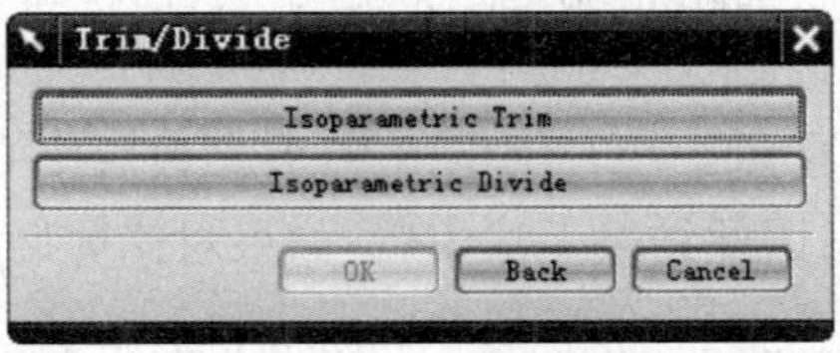

图 4－110 Trim/Divide 对话框

图 4－111 中各项参数的意义与用法和图 4－102 中所对应参数的意义与用法相同。

选择编辑曲面后,如果在图 4－111 中选择的是 Edit Original Sheet,则会出现如图 4－103所示的 Confirmation 对话框,显示警告信息。此操作将删除曲面的参数,此时需要选择 OK 或 Cancel 来确认是否继续操作,按 OK 则进入如图 4－112 所示的 Isoparametric Trim 对话框;如果在图 4－111 中选择的是 Edit a Copy,则直接进入如图 4－112 所示的

Isoparametric Trim 对话框，用来设置等参数修剪的参数，同时在曲面上显示两个带有 *U*，*V* 字母的方向箭头，用于指明曲面的 *U*，*V* 方向。

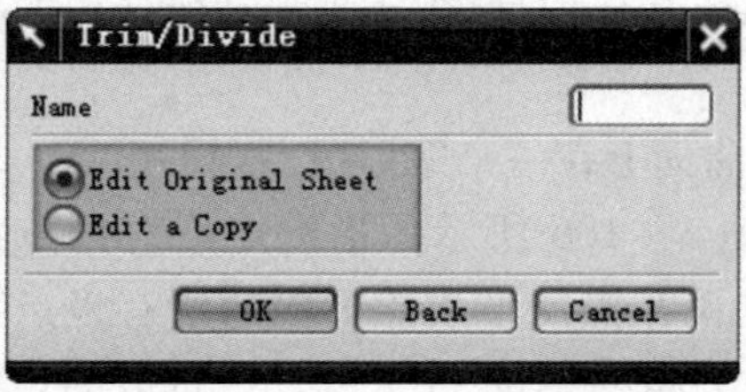

图 4 – 111　Trim/Divide 对话框

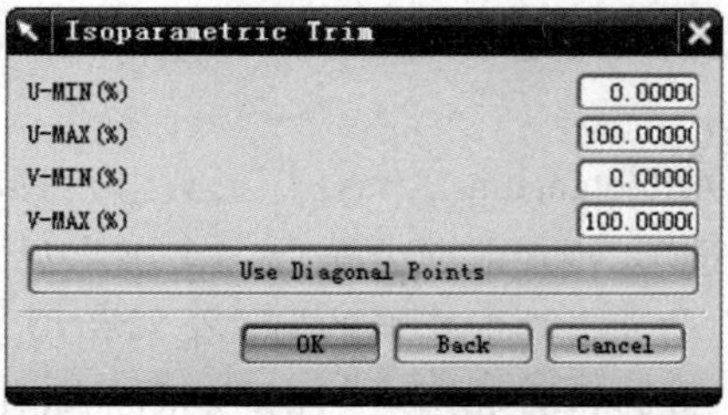

图 4 – 112　Isoparametric Trim 对话框

图 4 – 110 中各项参数的意义如下：

(1) U – Min(%)(*U* 方向最小)：用于指定曲面上沿 *U* 方向修剪的最小百分比值，相当于修剪曲面 U 方向的起始位置，正值为修剪，负值为延伸。

(2) U – Max(%)(*U* 方向最大)：用于指定曲面上沿 *U* 方向修剪的最大百分比值，相当于修剪曲面 U 方向的终止位置，小于 100% 为修剪，大于 100% 为延伸。

(3) V – Min(%)(*V* 方向最小)：用于指定曲面上沿 *V* 方向修剪的最小百分比值，相当于修剪曲面 V 方向的起始位置，正值为修剪，负值为延伸。

(4) V – Max(%)(*V* 方向最大)：用于指定曲面上沿 *V* 方向修剪的最大百分比值，相当于修剪曲面 *V* 方向的终止位置，小于 100% 为修剪，大于 100% 为延伸。

(5) Use Diagonal Points(使用对角点)：使用屏幕点或点子功能选择两个点作为定义矩形的两个对角点，系统将此两点投影到曲面上，作为 *U*，*V* 两个方向修剪或延伸的范围，修剪后曲面在此矩形范围内。选择此选项，则进入如图 4 – 113 所示的 Diagonal Points(对角点)对话框，直接在绘图区域指定两个对角点或通过点击子功能 Point Constructor 进入 Point Constructor 来指定两个对角点。

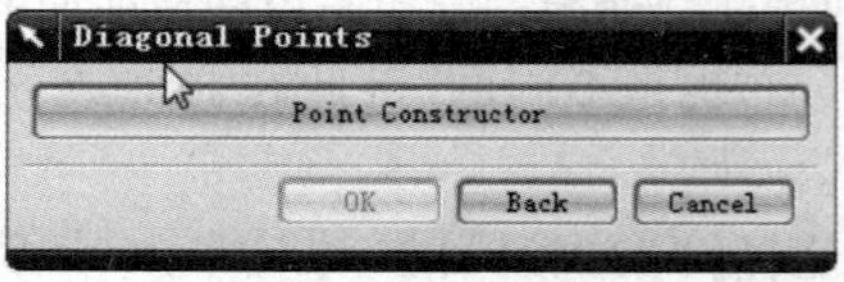

图 4 – 113　Diagonal Points 对话框

在图 4 – 112 中输入修剪参数后按 OK，则对所选择的曲面进行修剪。由于是非参数操作，因此结果无法编辑，如果对修剪后的结果不满意，则只能重新修剪。

4.3.4　Sheet Boundry(曲面边界)

用于修改或替换一个曲面的边界，既可以删除曲面的原始修剪特征或曲面上的孔，使曲面恢复原先的创建的形状，也可以延伸曲面的边界(此时的曲面必须是单一曲面)。

选择【Edit(编辑)】→【Surface(表面)】→【Sheet Boundry(曲面边界)】或点击图标，则进入如图 4 – 114 所示的 Edit Sheet Boundary 对话框，用于选择要编辑的曲面。

图 4 – 114 中各项参数的意义与用法和图 4 – 102 中所对应参数的意义与用法相同。

选择编辑曲面后，则进入如图 4 – 115 所示的 Edit Sheet Boundary 对话框，用于选择编辑曲面的方式。

图 4－114 Edit Sheet Boundary 对话框

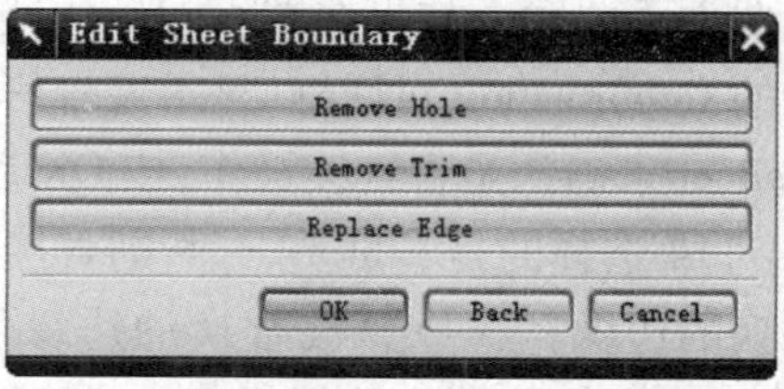

图 4－115 Edit Sheet Boundary 对话框

图 4－115 中各项参数的意义如下：

(1) Remove Hole(移去孔)：用于移去修剪曲面上的一个孔。如果修剪的特征参数还存在，且在图 4－114 中选择的是 Edit Original Sheet，则会出现如图 4－103 所示的 Confirmation 对话框，显示警告信息。此操作将删除曲面的参数，此时需要选择 OK 或 Cancel 来确认是否继续操作。按 OK 后，则自动把孔删除，并返回到图 4－115。如果在图 4－114 选择的是 Edit a Copy，则进入如图 4－116 所示的 Information(信息)对话框，系统提示使用 Edit Feature(编辑特征)→Delete(删除)特征的方式来删除孔，即不能采用 Edit Sheet Boundary 方法来删除孔，按 OK 则返回到图 4－115。

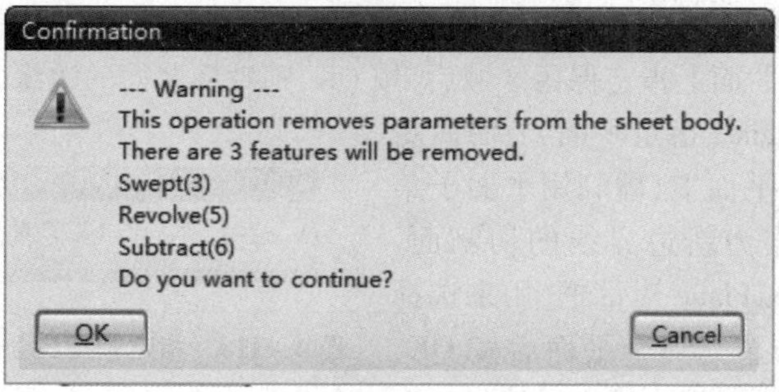

图 4－116 Information(信息)对话框

(2) Remove Trim(移去修剪)：用于移去曲面上所有的修剪操作，如边界和孔修剪，并且使曲面恢复到原来创建的形状，此选项只对修剪过的曲面才有效，无法选择没有修剪过的曲面。如果修剪的特征参数还存在，且在图 4－114 中选择的是 Edit Original Sheet，则会出现如图 4－103 所示的 Confirmation 对话框，显示警告信息。此操作将删除曲面的参数，此时需要选择 OK 或 Cancel 来确认是否继续操作。按 OK 后，则进入如图 4－116所示的 Information(信息)对话框，系统提示使用 Edit Feature(编辑特征)→Delete(删除)特征的方式来删除修剪，即不能采用 Edit Sheet Boundary 方法来删除修剪，按 OK 则返回到图 4－114。如果在图 4－114 选择的是 Edit a Copy，则自动删除曲面的所有修剪操作，并返回到图 4－114。

(3) Replace Edge(替换边缘)：使用一条新的边缘线来替换曲面上单一或连续的边缘线，新的边缘位置可以是在曲面内或曲面外。替换后的曲面将延伸，如果可能的话，曲面延伸到新的几何体边缘。此选项只能用于单一的曲面,因此,在操作前可能需要使用 Edit→Face→Join Face 功能来连接曲面。此选项是非参数操作,因此编辑后的曲面边界与原始曲面不关联。如果在图 4 – 114 中选择的是 Edit Original Sheet,则会出现如图 4 – 103 所示的 Confirmation 对话框,显示警告信息,此操作将删除曲面的参数,此时需要选择 OK 或 Cancel 来确认是否继续操作,按 OK 后,则进入 Class Selection(类选择)对话框;如果在图 4 – 114 选择的是 Edit a Copy,则直接进入 Class Selection 对话框,用来在曲面上选择要被替换的边缘。选择要被替换的边缘后按 OK,则进入如图 4 – 117 所示的 Edit Sheet Boundary 对话框,用来选择指定边缘位置的方式。

图 4 – 117 中各项参数的意义如下:

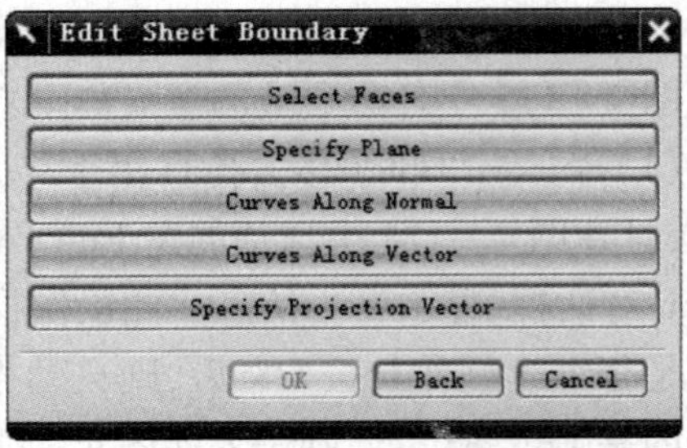

图 4 – 117　Edit Sheet Boundary 对话框

(1) Select Faces(选取表面):曲面新的边缘位于所选取的表面上。选取某个存在物体(实体或曲面)的表面作为曲面延伸(或修剪)后的边界。选择此选项,则进入如图 4 – 117所示的 Edit Sheet Boundary 对话框,用来选择表面。选择完表面后按 OK,则返回到图 4 – 117 中,用来指定另外附加边缘位置的方式和选择边界对象。若边界对象都指定完,则在图 4 – 117 中按 OK 返回到 Class Selection 对话框中,用来指定其他需要替换的边缘。若所有需要替换的边缘都指定完,则在 Class Selection 对话框中按 OK,进入如图 4 – 118 所示的指定基础曲面的保留区域对话框。在基础曲面上指定保留区域后,按 OK,则替换曲面的边缘。

图 4 – 118　指定基础曲面的保留区域对话框

(2) Specify Plane(指定平面):曲面新的边缘位于指定的平面上,即利用平面子菜单指定某个平面作为新边界线的切割面。选择此选项,则进入 Plane 对话框,用来选择构造一个平面。构造完一个平面后按 OK,则返回到图 4 – 117 中,用来指定另外附加边缘位置的方式和选择边界对象。若边界对象都指定完,则在图 4 – 117 中按 OK 返回到 Class Selection 对话框中,用来指定其他需要替换的边缘。若所有需要替换的边缘都指定完,则在 Class Selection 对话框中按 OK,进入如图 4 – 118 所示的指定基础曲面的保留区域对话框。在基础曲面上指定保留区域后,按 OK,则替换曲面的边缘。

(3) Curves Along Normal(曲线沿正交方向):选取曲线,使其正交投影至编辑曲面上,则曲面的边界延伸(或修剪)到投影线上。选择此选项,则进入 Class Selection 对话框,用来选择曲线。选择完曲线后按 OK,则返回到图 4 – 117 中,用来指定另外附加边缘位置的方式和选择边界对象。若边界对象都指定完,则在图 4 – 117 中按 OK 返回到 Class Selection 对话框中,用来指定其他需要替换的边缘。若所有需要替换的边缘都指定完,则在 Class Selection 对话框中按 OK,进入如图 4 – 118 所示的指定基础曲面的保留区域对话框。在基础曲面上指定保留区域后,按 OK,则替换曲面的边缘。

(4) Curves Along Vector(曲线沿指定矢量):选取曲线,并使用矢量子菜单指定投影矢量,使其投影到编辑曲面上,则曲面边界延伸(或修剪)到此投影线上。选择此选项,则进入 Vector Constructor 对话框，用来指定一个投影矢量。指定完投影矢量后，则进入 Class Selection 对话框，用来选择一条曲线。选择完曲线后按 OK，则返回到图 4 – 117 中，用来指定另外附加边缘位置的方式和选择边界对象。若边界对象都指定完，则在图 4 – 117中按 OK 返回到 Class Selection 对话框中，用来指定其他需要替换的边缘。若所有需要替换的边缘都指定完，则在 Class Selection 对话框中按 OK，进入如图 4 – 118 所示的指定基础曲面的保留区域对话框。在基础曲面上指定保留区域后，按 OK，则替换曲面的边缘。

(5) Specify Projection Vector(指定投影矢量)：提供完成指定曲线投影方向的功能，不过只提供指定矢量的功能，并没有更换边缘的作用。选择此选项，则进入 Vector Constructor对话框，用来指定一个投影矢量。指定完投影矢量后，则返回到图 4 – 117 中。

一般情况下，延伸方向与曲面的参数方向不重合，因此曲面将沿着两个方向延伸以保证曲面有足够大的延伸，形成封闭的新边界高亮度显示，此时再要求选择一个需要保留的区域，即图 4 – 118，指定需要保留的基础曲面的部分后按 OK。

4.3.5 Change Degree(改变阶次)

用于改变 B – 曲面的阶次。对于多嵌合面曲面和封闭性曲面，则只能增加阶次，但并不改变嵌合面的数量，也不改变曲面的形状。

增加阶次曲面的阶次时，不改变曲面的形状，但会增加曲面的极点数；降低阶次曲面的阶次会试图保留曲面的形状，且只能用于单嵌合面曲面。

降低阶次的算法为：如果增加了曲面的阶次，然后再降低阶次，曲面的结果与开始时相同。采用这种算法是因为降低阶次有时会导致曲面形状极大的变化，如果对变化的结果不满意，可以恢复到原来的形状，然而，这种在形状上过大的变化结果可以通过预测来避免。

一般情况下，如果低阶次的曲面没有过多的曲率反向，并且其控制多边形与原来曲面的控制多边形相似，则编辑后的曲面不会产生过大的变化。如将具有两个曲率反向点的控制多边形的曲面的阶次降低为三次后，很可能造成形状发生过大的变化，因为降为三次的控制多边形只有一个曲率反向点。

选择【Edit(编辑)】→【Surface(表面)】→【Change Degree(改变阶次)】或点击图标 X^{z^3}，则进入如图 4 – 119 所示的 Change Degree 对话框，用于选择要编辑的曲面。

图 4 – 119 中各项参数的意义与用法和图 4 – 102 中所对应参数的意义与用法相同。

图 4 – 119 Change Degree 对话框

选择编辑曲面后，如果在图 4 – 119 中选择的是 Edit Original Sheet，则会出现如图 4 – 103所示的 Confirmation 对话框，显示警告信息，此操作将删除曲面的参数，此时需要选择 OK 或 Cancel 来确认是否继续操作，按 OK 后，则进入如图 4 – 120 所示的 Change Degree 对话框；如果在图 4 – 119 中选择的是 Edit a Copy，则直接进入如图 4 – 120 所示的 Change Degree 对话框，用来输入编辑后曲面的阶次，同时系统在曲面上显示两个代表 U 和 V 方向的方向矢量。输入 U 和 V 方向的阶次后按 OK,则改变阶次。

图 4－120 中各项参数的意义如下：

(1) U Degree(*U* 方向阶次)：用来在输入框中输入 *U* 方向的阶次,阶次必须在 1～24 之间。

(2) V Degree(*V* 方向阶次)：用来在输入框中输入 *V* 方向的阶次,阶次必须在 1～24 之间。

图 4－120 Change Degree 对话框

4.3.6 Change Stiffness(改变刚度)

通过改变曲面的阶次,不改变极点数来编辑曲面的形状,类似于 Change Degree 的方式来修改曲面的外形。降低阶次会减小曲面的刚度和提高嵌合面的数量,从而使曲面的形状与控制多边形更加相似;增加阶次会增加曲面的刚度和减小嵌合面的数量,会造成曲面形状变硬,即不易弯曲或修改。不管是增加还是减小曲面的阶次,都会改变曲面的弯曲形状。对增加阶次来说,Change Stiffness 与 Change Degree 的结果正好相反,即增加阶次后 Change Degree 的形状与嵌合面数不变,但极点数改变;而增加阶次后 Change Stiffness 形状与嵌合面数改变,但极点数不变。另外,输入的阶次不能小于 2,也不能大于此曲面所允许的最大值;针对封闭曲面不能改变刚度。

选择【Edit(编辑)】→【Surface(表面)】→【Change Stiffness(改变刚度)】或点击图标 ,则进入如图 4－121 所示的 Change Stiffness 对话框,用于选择要编辑的曲面。

图 4－121 中各项参数的意义与用法和图 4－102 中所对应参数的意义与用法相同。

选择编辑曲面后,如果在图 4－121 中选择的是 Edit Original Sheet,则会出现如图 4－103所示的 Confirmation 对话框,显示警告信息,此操作将删除曲面的参数,此时需要选择 OK 或 Cancel 来确认是否继续操作,按 OK 后,则进入如图 4－122 所示的 Change Stiffness 对话框;如果在图 4－121 选择的是 Edit a Copy,则直接进入如图 4－122 所示的 Change Stiffness 对话框,用来输入编辑后曲面的阶次,同时系统在曲面上显示两个代表 U 和 V 方向的方向矢量。输入 *U* 和 *V* 方向的阶次后按 OK,则改变刚度。

图 4－121 Change Stiffness 对话框

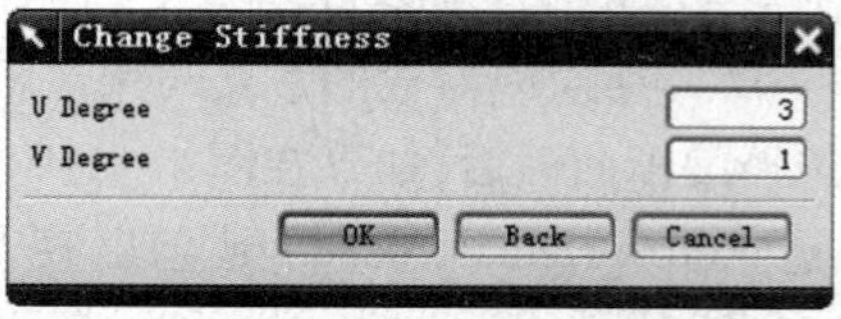

图 4－122 Change Stiffness 对话框

图 4－122 中各项参数的意义与用法和图 4－120 中所对应参数的意义与用法相同。

4.3.7 Change Edge(改变边缘)

使用各种方法来编辑 B - 曲面的边缘。可以使曲面的边缘与一曲线(或边缘)重合进行边缘匹配,或者使曲面的边缘位于一个平面内,也可以变形曲面的一条边缘,使得该边缘的横向切线与另一实体的边缘相匹配,或者使横向切线位于一个指定的平面内。此外还可以匹配边缘的法向或曲率。

在将曲面缝合成实体时,必须保证两个曲面的边缘完全一致。修剪产生的曲面和没有边缘的曲面(如球面)无法选择和编辑。

把需要编辑的曲面称为从物体(Subject),把从物体要匹配到的目标物体称为主物体(Master)。主物体是用于编辑从物体的依据,通常是曲线、实体的边缘或一个平面。如果主物体的边缘比从物体的长,则系统将从物体边缘的端点投射到主物体上,且从物体的边缘变形到主物体的投射点位置;如果主物体的边缘比从物体短,则系统无法将从物体边缘的端点投射到主物体,此时系统显示出错信息,无法完成边缘编辑,此时必须编辑主或从物体的边缘长度,延长主物体,或者缩短从物体,以满足主物体长,从物体短的要求。

选择【Edit(编辑)】→【Surface(表面)】→【Change Edge(改变边缘)】或点击图标,则进入如图 4 - 123 所示的 Change Edge 对话框,用于选择要编辑的曲面。

图 4 - 123 中各项参数的意义与用法和图 4 - 102 中所对应参数的意义与用法相同。

图 4 - 123 Change Edge 对话框

选择编辑曲面后,如果在图 4 - 123 中选择的是 Edit Original Sheet,则会出现如图 4 - 103所示的 Confirmation 对话框,显示警告信息,此操作将删除曲面的参数,此时需要选择 OK 或 Cancel 来确认是否继续操作,按 OK 后,则进入如图 4 - 124 所示的 Change Edge 对话框;如果在图 4 - 123 中选择的是 Edit a Copy,则直接进入如图 4 - 124 所示的 Change Edge 对话框,用来选择要改变的边缘。

选择边缘后,则进入如图 4 - 125 所示的 Change Edge 对话框,用来选择修改边缘的方式。

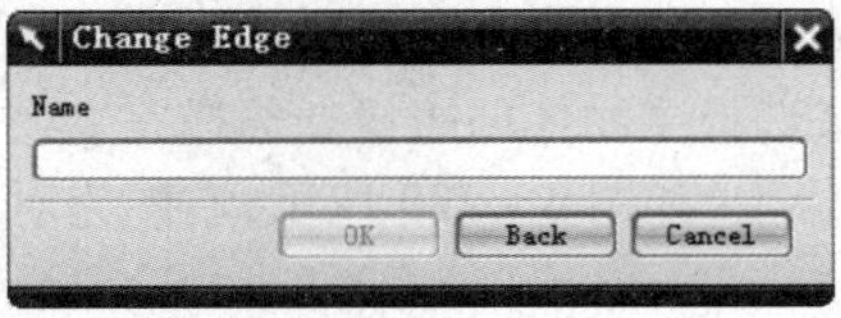

图 4 - 124 Change Edge 对话框

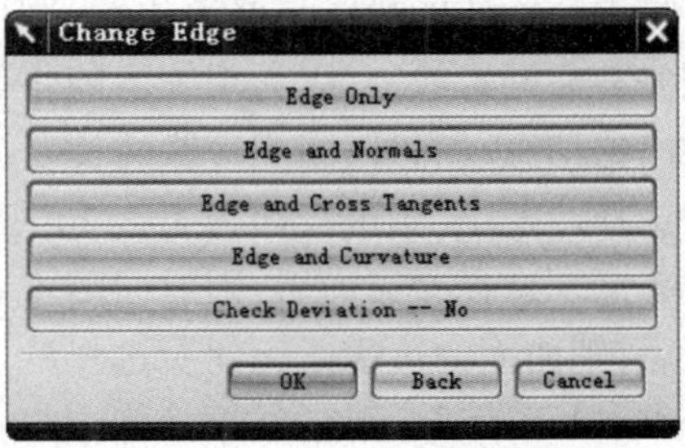

图 4 - 125 Change Edge 对话框

1. Edge Only(仅边缘)

在图 4－125 中选择 Edge Only 选项,则进入如图 4－126 所示的 Change Edge 对话框,用来选择编辑边缘的匹配方式。

(1)Match To Curve(匹配到曲线):将曲面的边缘匹配到所选择的曲线上,选择此选项,则进入如图 4－127 所示的 Change Edge 对话框,用来选择曲线。选择完曲线后,则曲面的边缘匹配到所选择的曲线上,如图 4－128 所示,右图为对左图进行 Match To Curve 后的结果。

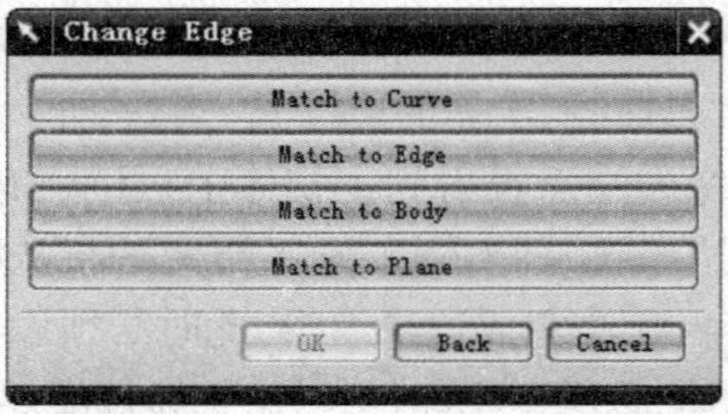

图 4－126　Change Edge 对话框

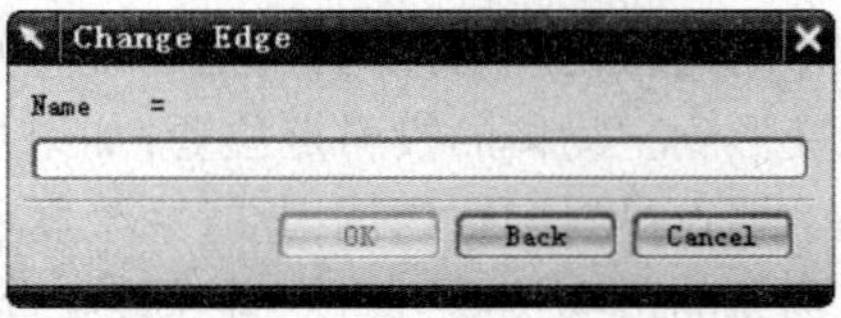

图 4－127　Change Edge 对话框

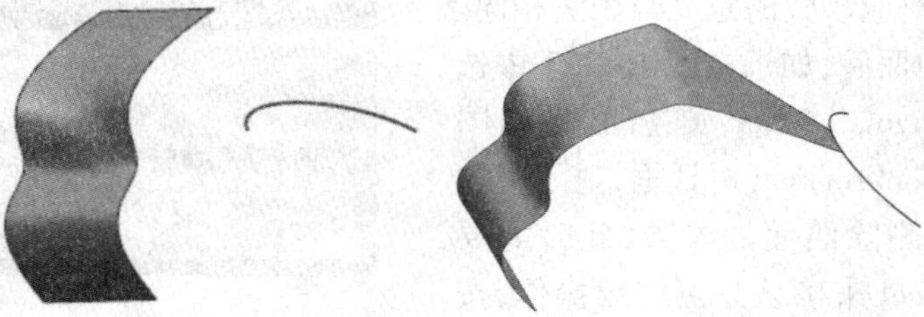

图 4－128　Match To Curve 应用

(2)Match To Edge(匹配到边缘):根据所选择的主物体边缘位置和形状来改变曲面边缘,使曲面边缘与主物体的边缘完全匹配常用于将曲面缝合成实体时,可以保证曲面边缘的完全重合,因缝合时,面与面之间的间隙必须降低到容许误差范围内,使其被系统认定为共同的边界。

如果主物体的边缘是修剪边缘,则此边缘不能用于匹配,即不能将从物体的边缘匹配到修剪后的边缘上,因为系统不能将修剪过的边缘精确地转换为样条曲线,此时系统显示出错信息。另外,匹配边缘的长度关系必须保证。

选择此选项,则进入如图 4－126 所示的 Change Edge 对话框,用来选择主物体边缘所在表面。选择完表面后,则返回图 4－126,用来选择主物体的边缘。选择完主物体的边缘后,则曲面的边缘匹配到所选择的主物体边缘上,如图 4－129 所示,右图为对左图进行 Match To Edge 后的结果。

(3)Match To Body(匹配到体):用于将所选择曲面的边缘匹配到主物体的表面上,选择此选项,则进入如图 4－126 所示的 Change Edge 对话框,用来选择主物体的表面。选择完表面后,则曲面的边缘匹配到所选择的主物体表面上。

(4) Match To Plane(匹配到平面):将所选择曲面的边缘匹配到一个指定的平面上,选择此选项,则进入 Plane 对话框,用来指定一个平面。指定完平面后,则曲面的边缘匹配到所选择的平面上,如图 4-130 所示,右图为对左图进行 Match To Plane 后的结果。

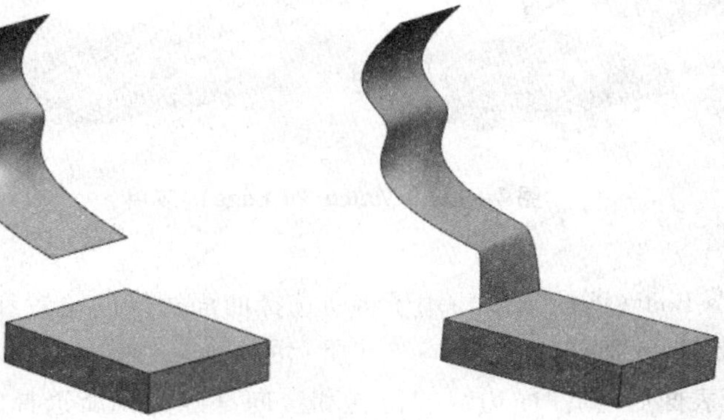

图 4-129 Match To Edge 应用

图 4-130 Match To Plane 应用

2. Edge and Normals(边缘_法向)

使曲面的边缘匹配到主物体上,并与主物体成正交关系。在图 4-125 中选择 Edge and Normals 选项,则进入如图 4-131 所示的 Change Edge 对话框,用来选择编辑边缘的匹配方式。

图 4-131 中各项参数的意义如下:

图 4-131 Change Edge 对话框

(1) Match To Edge(匹配到边缘):根据所选择的主物体的边缘条件来匹配所需编辑曲面的边缘,曲面边界在变形时,其位置和法向同时改变,即曲面边缘的位置和法向都匹配到主物体表面的边缘上。选择此选项,则进入如图 4-126 所示的 Change Edge 对话框,用来选择主物体边缘所在表面。选择完表面后,则还为图 4-126,用来选择主物体的边缘。选择完主物体的边缘后,则曲面的边缘按位置和法向都匹配到所选择的主物体边缘上，如图 4 - 132 所示，右图为对左图进行 Match To Edge 后的结果。

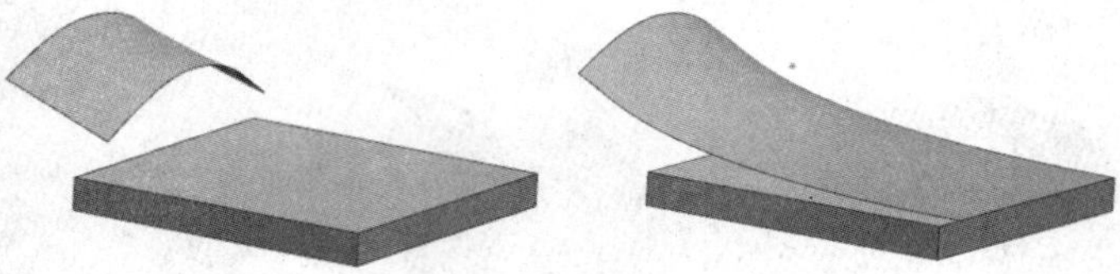

图 4 - 132　Match To Edge 的应用

（2）Match To Body（匹配到体）：用于将所选择曲面边缘的位置和法向匹配到主物体的表面上，选择此选项，则进入如图 4 - 126 所示的 Change Edge 对话框，用来选择主物体的表面。选择完表面后，则曲面边缘的位置和法向都匹配到所选择的主物体表面上，如图 4 - 133 所示，右图为对左图进行 Match To Body 后的结果。

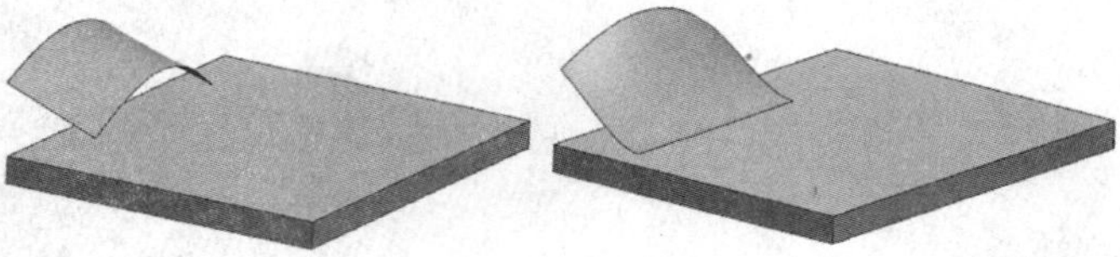

图 4 - 133　Match To Body 的应用

（3）Match To Plane（匹配到平面）：将所选择曲面的边缘和法向匹配到一个指定的平面上，选择此选项，则进入 Plane 对话框，用来指定一个平面。指定完平面后，则曲面的边缘和法向都匹配到所选择的平面上，如图 4 - 134 所示，右图为对左图进行 Match To Plane 后的结果。

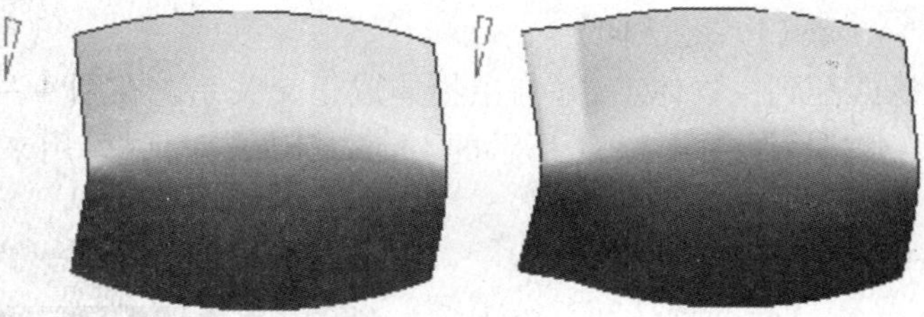

图 4 - 134　Match To Plane 的应用

3. Edge and Cross Tangents（边缘_横向相切）

用于将一个所选择曲面的边缘和此边缘的横向切线与各种实体相匹配，边缘的横向切线是指曲面上等参数曲线端点（与边界的交点）处的切线。在图 4 - 125 中选择 Edge and Cross Tangents 选项，则进入如图 4 - 135 所示的 Change Edge 对话框，用来选择编辑边缘的匹配方式。

图 4 – 135 中各项参数的意义如下：

(1)Aim at Point(瞄准点)：用于改变曲面边缘的形状，曲面编辑后，沿着所选择曲面边缘方向，等参数曲线与横向切线的每个交点通过指定的一个点，即都指向某指定的点。曲面沿着所选择边缘方向的形状采用一般的圆锥，曲面边缘的横向切矢量呈现往指定点收敛的趋势，但横向切线处边缘的形状不变。选择此选项，则进入 Point Constructor 对话框，用来指定一个点。指定完点后，则曲面边缘的横向切线方向都指向所指定的点，如图 4 – 136 所示，右图为对左图进行 Aim at Point 后的结果。

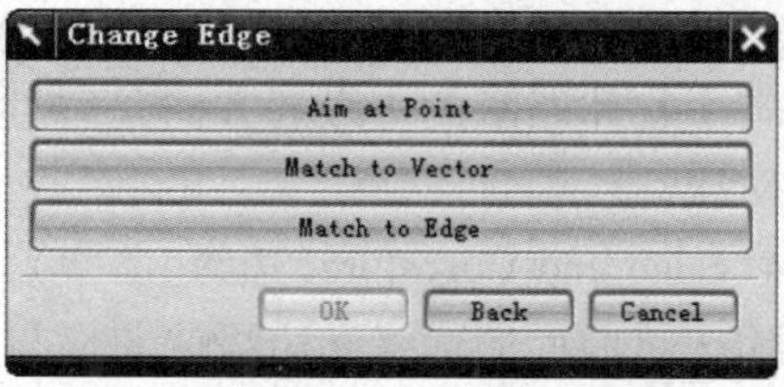

图 4 – 135　Change Edge 对话框

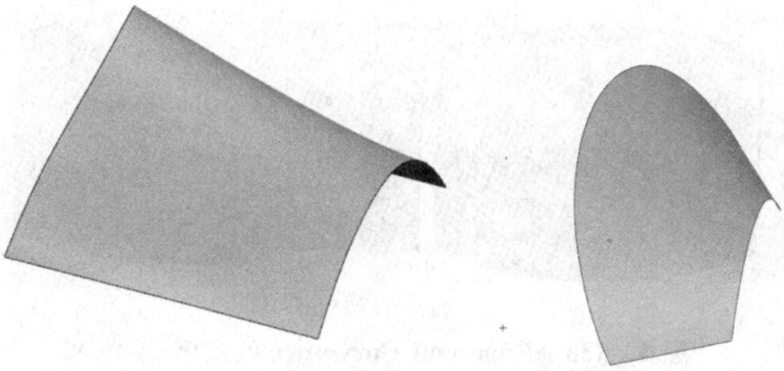

图 4 – 136　Aim at Point 的应用

(2)Match to Vector(匹配到矢量)：用于改变曲面边缘的形状。曲面上沿着所选择边缘方向的等参数曲线，在与横向切线交点处的斜率均平行于指定的矢量，横向切线处的形状采用一般圆柱，曲面修剪后，横向切线处边缘的形状不变。选择此选项，则进入 Vector Constructor 对话框，用来指定一个矢量。指定完矢量后，则曲面边缘的横向切线方向都平行于所指定的矢量，如图 4 – 137 所示，右图为对左图进行 Match to Vector 后的结果。

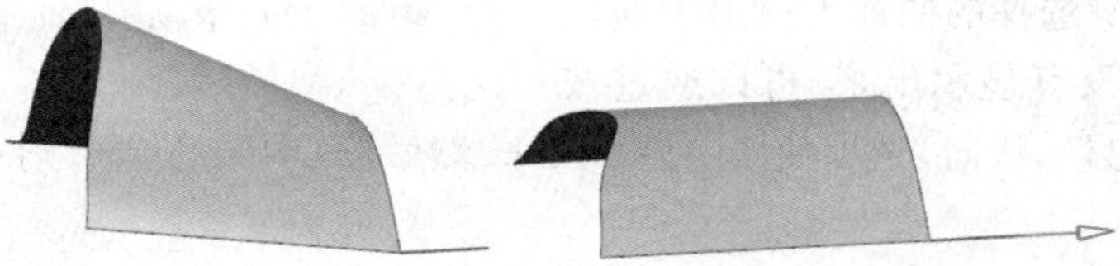

图 4 – 137　Match to Vector 的应用

(3)Match To Edge(匹配到边缘)：将所选择曲面的边缘与主物体上的边缘同时采用位置和横向切线相匹配，即使要修改的边缘匹配到主物体上，并与主物体表面平行，使修改后的边缘与主物体平滑地(连续相切)融合在一起。匹配的结果在两个体之间形成光滑的圆角，主物体上的边缘必须是原始(等参数)边界，不能采用修剪过的边缘。选择此选项，则进入如图 4 – 126 所示的 Change Edge 对话框，用来选择主物体边缘所在表面。

选择完表面后，则还为图 4 - 126，用来选择主物体的边缘。选择完主物体的边缘后，则曲面边缘的位置和横向切线都匹配到所选择的主物体边缘上。如果要编辑的曲面在垂直于要与主物体匹配的边缘的方向是线性的，则为了保证曲面的光顺，应增加曲面线性方向的阶次。

4. Edge and Curvature(边缘_曲率)

用于将曲面的边缘和边缘的曲率与另一个曲面上指定边缘和边缘的曲率相匹配，这在要求从曲面到曲面曲率连续过渡时非常有用，此方法比 Edge _Cross Tangents 方法具有更高的匹配程度。选择此选项，则进入如图 4 - 126 所示的 Change Edge 对话框，用来选择主物体边缘所在表面。选择完表面后，则还为图 4 - 126，用来选择主物体的边缘。选择完主物体的边缘后，则曲面边缘的位置和曲率都匹配到所选择的主物体边缘上，如图 4 - 138所示，右图为对左图进行 Edge and Curvature 后的结果。

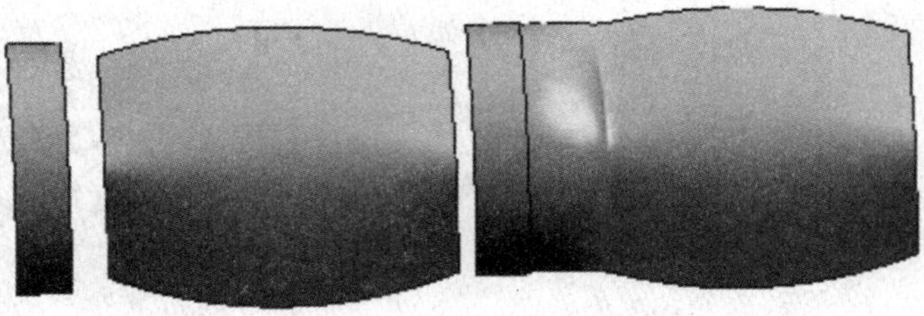

图 4 - 138　Edge and Curvature 的应用

4.3.8　Reverse Normal(反向法向)

用于反向所选择曲面的法线方向，选择【Edit(编辑)】→【Surface(表面)】→【Reverse Normal(反向法向)】或点击图标，则进入如图 4 - 139 所示的 Reverse Normal 对话框，用来选择需要进行反向法向的曲面。选择完曲面后，所选择的曲面上就显示曲面的法向，若法向没有显示出来，可以通过按 Display Normal(显示法向)选项使法向显示出来，然后按 OK 或 Apply，则对所选择的曲面法向反向。

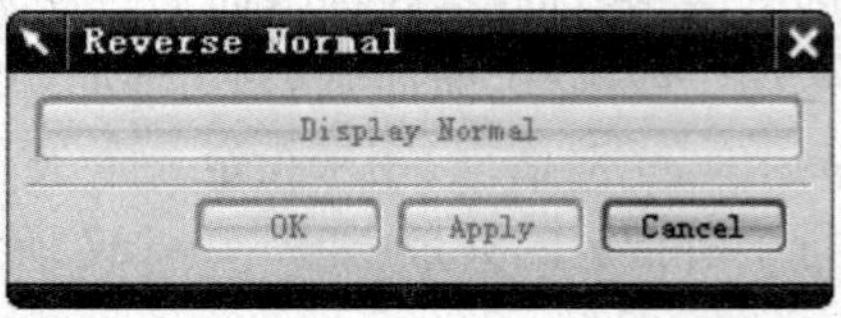

图 4 - 139　Reverse Normal 对话框

4.4　实用例题

例 1　手柄

(1)启动 UG NX 8.0，选择【File】→【New】命令，在弹出的新建文件对话框中选择 Model，并在 Name 中输入部件的名称为 shoubing，并设置文件的存储路径。

(2)单击菜单栏中的【Insert】→【Cure】→【Ellipse】命令，或单击工具栏中的按钮，弹出 Ellipse 对话框，如图 4 - 140 所示。

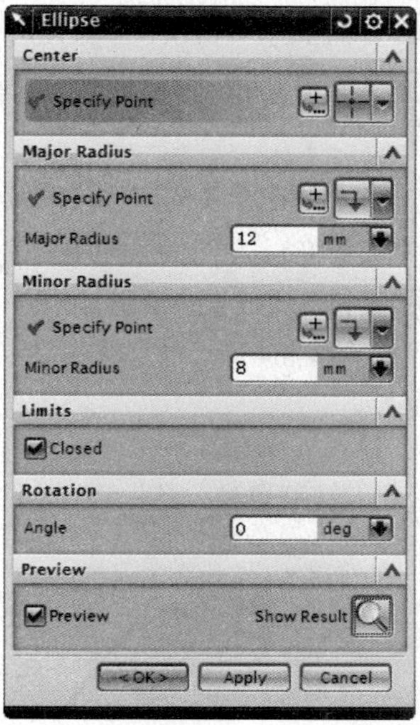

图 4 - 140 Ellipse 对话框

(3)单击按钮 OK ,完成椭圆曲线的绘制,生成的椭圆如图 4 - 141 所示。

(4)单击菜单栏中的【Format】→【WCS】→【Orient WCS】命令,或单击实用工具栏中的按钮,弹出 CSYS 对话框。

(5)在其坐标文本框中分别输入“20”“0”“ - 90”,单击 OK 按钮,完成新坐标原点的设定。

(6)单击菜单栏中的【Insert】→【Cure】→【Basic Cure】命令,或单击工具栏中的按钮,弹出 Basic Curves 对话框,如图 4 - 142 所示。

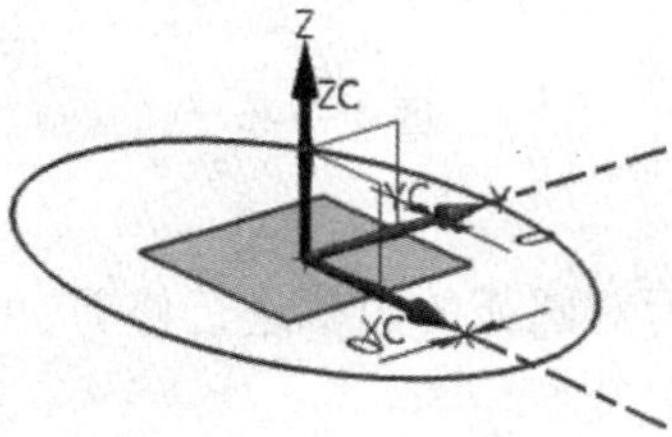

图 4 - 141

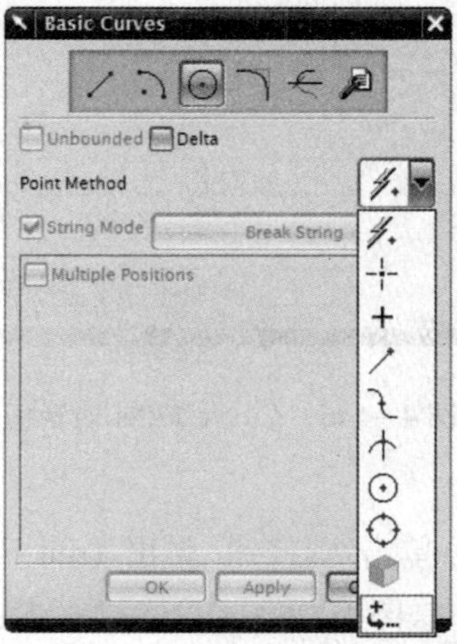

图 4 - 142 Basic Curves 对话框

(7)单击按钮，在下拉列表中单击按钮，弹出 Point 对话框，根据系统提示输入圆心坐标(0,0,0)，单击 OK 按钮。系统提示输入圆上一点坐标(5,0,0)，单击 OK 按钮，完成圆的绘制。

(8)单击按钮，在下拉列表中单击按钮，弹出 Point 对话框，根据系统提示输入圆心坐标(－20，－12.5，0)，单击 OK 按钮。输入直线终点坐标(－20,12.5,0)，单击 OK 按钮。完成直线绘制，如图 4－143 所示。

(9)以直线的起点为起点画直线相切圆，以直线的终点为起点画直线相切圆，如图 4－144所示。

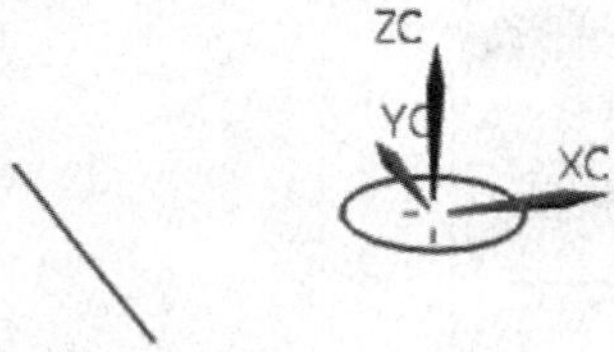

图 4－143

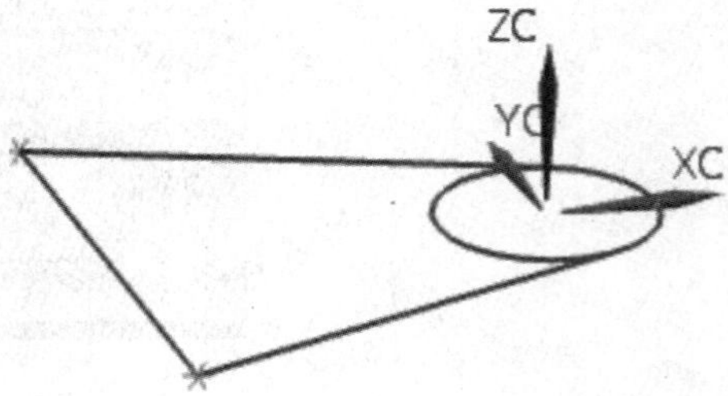

图 4－144

(10)单击按钮，弹出【Curve Fillet】对话框，倒圆角的图形如图 4－145 所示。分别单击两个尖角点，可以生成如图 4－146 所示的图形。

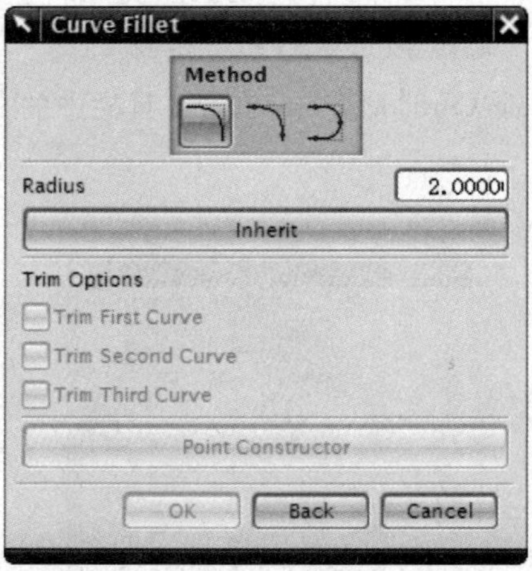

图 4－145　Curve Fillet 对话框

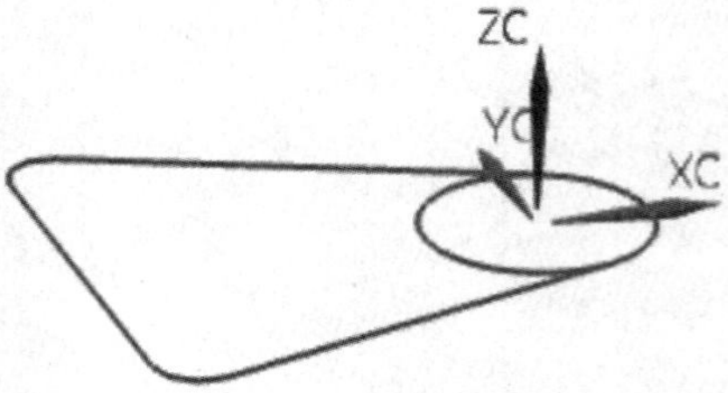

图 4－146

(11)单击按钮，弹出 Trim Curve 对话框，然后对圆弧的内侧进行修剪，可得如图 4－147所示图形。

(12)单击菜单栏中的【Format】→【WCS】→【Rotate WCS】命令，或单击实用工具栏中的按钮，弹出 Rotate WCS about 对话框，如图 4－148 所示。在视图区域中选择 YC－ZC 区域，在 Angle 文本框中输入 90，单击 OK 按钮，完成坐标转换的创建。

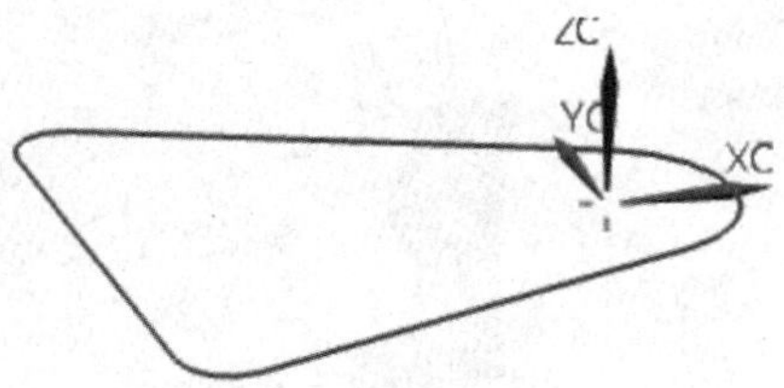

图 4－147

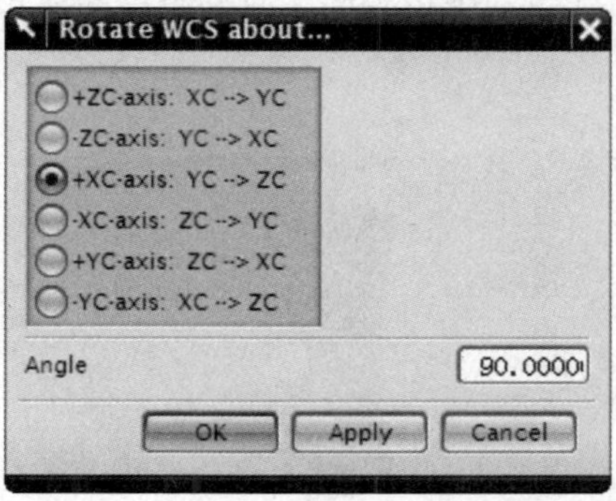

图 4－148　Rotate WCS about 对话框

（13）单击菜单栏中的【Insert】→【Cure】→【Studio Spline】命令，或单击工具栏中的按钮，弹出 Studio Spline 对话框，在对话框中设置通过艺术样条完成曲线的创建，如图 4－149 所示。

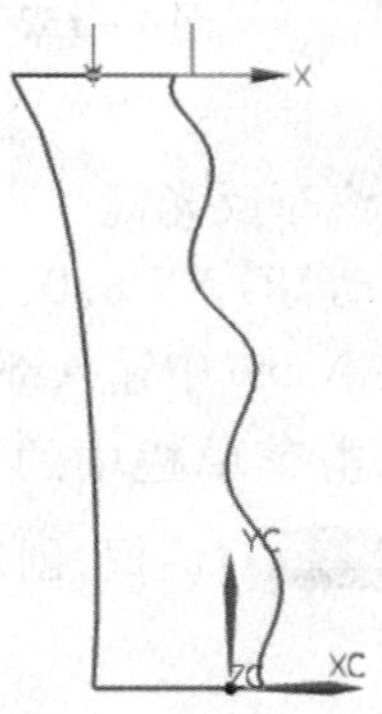

图 4－149

（14）单击菜单栏中的【Insert】→【Sweep】→【Swept】命令，或单击工具栏中的按钮，弹出 Swept 对话框。在绘图区选择椭圆曲线作为截面线串 1，单击鼠标中键完成截面 1 的选择。在绘图区选择由直线和圆组成的封闭曲线作为截面线串 2（截面线串上箭头方向应保持一致，符合右手法则），单击鼠标中键完成截面 2 的选择，如图4－150 所示。然后单击引导线按钮，选择引导线，单击按钮，完成扫掠的创建如图 4－151 所示。

图 4－150

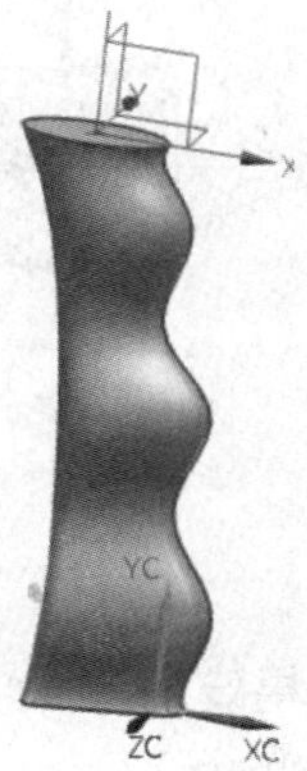

图 4－151

(15)单击菜单栏中的【Insert】→【Desgin Feature】→【Extrude】命令,或单击工具栏中的按钮,弹出 Extrude 对话框,选择顶面的椭圆弧曲线作为拉伸截面曲线,再设置拉伸高度为 10,即可生成如图 4－152 所示的图形。

(16)分别将截面曲线和引导曲线进行隐藏后,即可得到如图 4－153 所示的手柄。

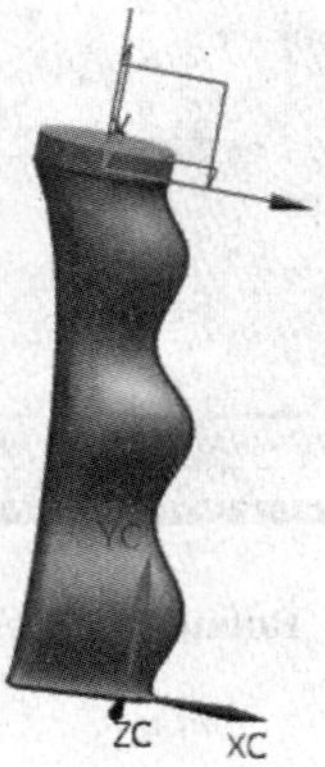

图 4－152

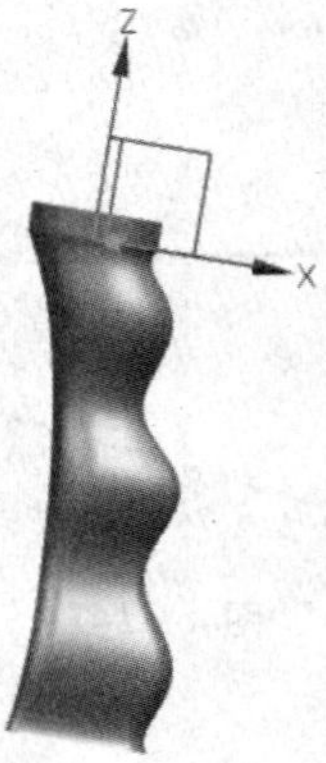

图 4－153 手柄

例 2 汽车反光镜

(1)启动 UG NX 8.0,选择【File】→【New】命令,在弹出的新建文件对话框中选择 Model,并在 Name 中输入部件的名称为 shoubing,并设置文件的存储路径。

(2)单击菜单栏中的【Insert】→【Sketch】命令,或单击工具栏中的按钮,弹出 Create Sketch 对话框,创建如图 4－154 所示的截面曲线。

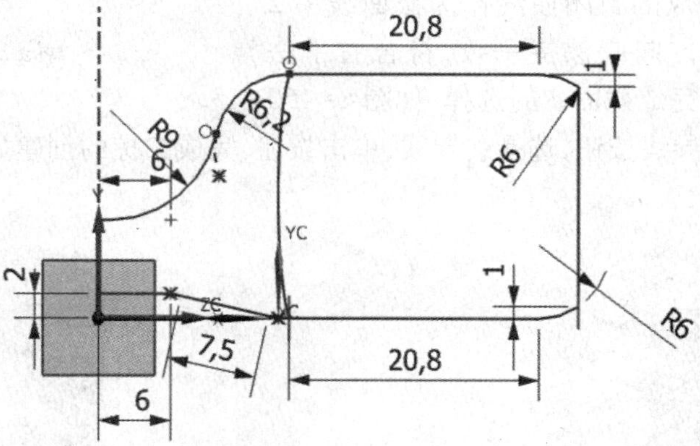

图 4－154

(3)单击菜单栏中的【Insert】→【Datum/Point】→【Datum Plane】命令,或单击工具栏中的按钮,弹出 Datum Plane 对话框,定义 3 个基准平面并作 R4,R10,R10 的三个圆弧,如图 4－155 所示。

(4)单击菜单栏中的【Insert】→【Mesh Surface】→【Through Curve Mesh】命令,或单击

工具栏中的按钮，定义三条圆弧作为曲线主线串，如图 4－156 所示。

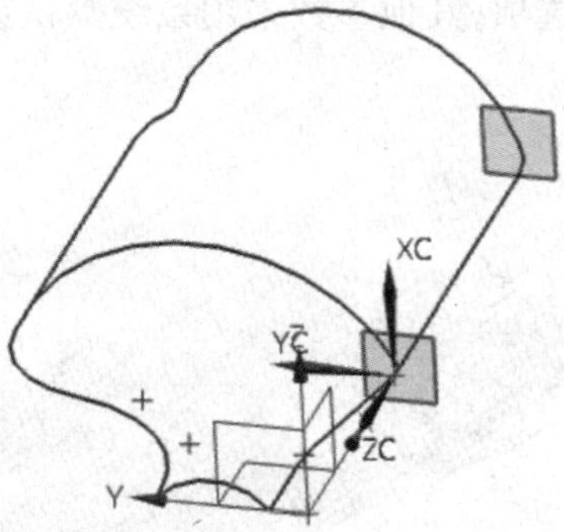

图 4－155

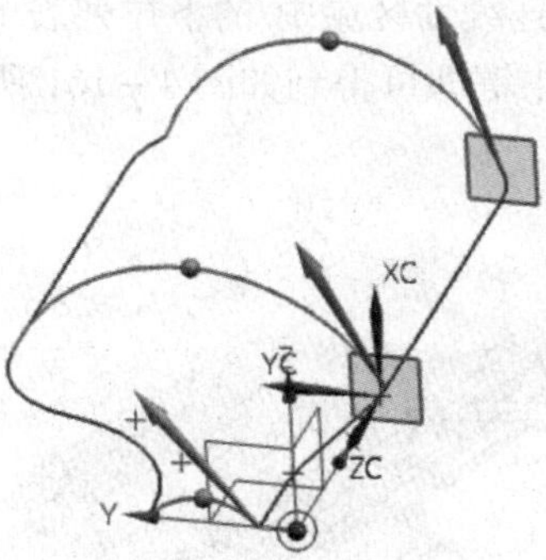

图 4－156

（5）选择如图 4－156 所示的左侧曲线，在单击曲线 1 后单击鼠标中键后选取曲线 2，单击鼠标中键选取曲线 3，单击鼠标中键确认，再次单击中键后，选取右侧的曲线，选取如图所示的曲线 4，单击鼠标中键后选取曲线 5，单击中键确认，如图 4－157 所示。单击鼠标中键完成曲面特征的创建，生成如图 4－158 所示的曲面。

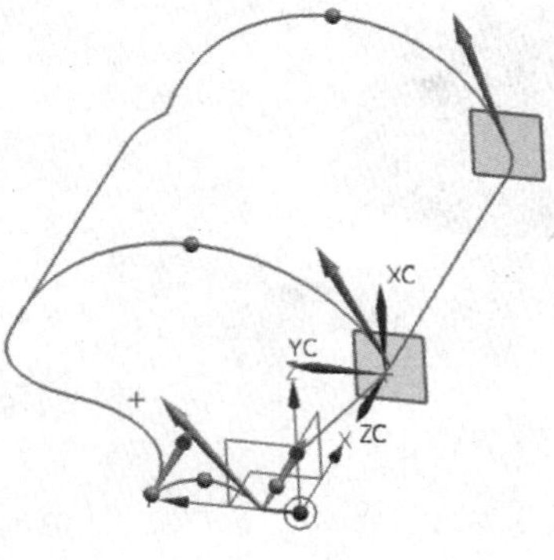

图 4－157

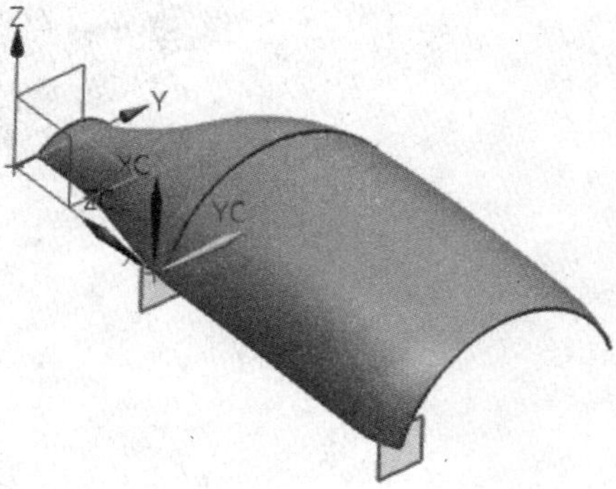

图 4－158

（6）选取草图命令，以 XC－YC 为草图平面建立草图，如图 4－159 所示。

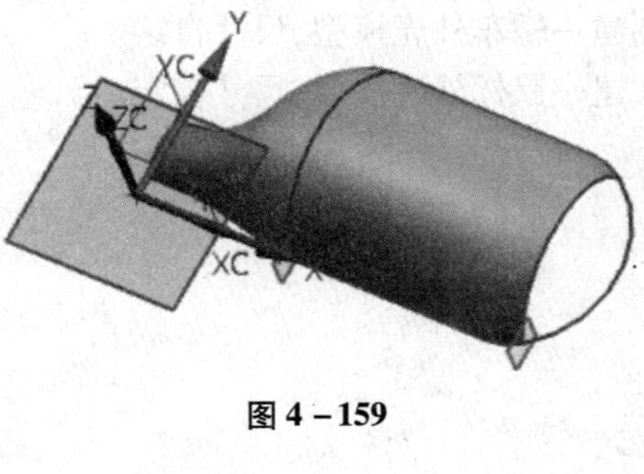

图 4－159

(7)单击菜单栏中的【Insert】→【Mesh Surface】→【Through Curves】命令,或单击工具栏中的 按钮,定义曲线线串,如图 4－160 所示曲线 1,单击鼠标 First Section 中键选取曲线 2,在连续性区域中 的下拉列表中选择 G1 (Tangent) 选项,其他参数采用系统默认设置,单击鼠标中键即可得到如图 4－161 所示的曲面。

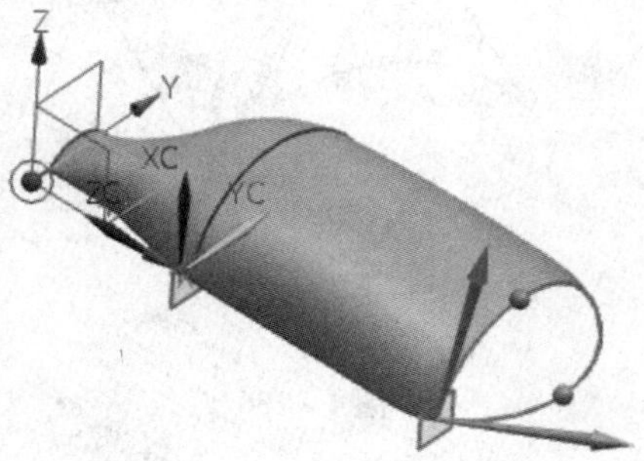

图 4－160

图 4－161

(8)将曲线隐藏后,即可得到如图 4－162 所示的图形。

图 4－162

习　　题

1. 修剪体偏偏和修剪的片体偏偏有什么不同?
2. 使用面倒圆制作曲线圆角的操作步骤是什么?
3. 试利用曲面功能创建一饮料瓶,尺寸自定。
4. 试利用曲面功能创建一轿车外壳模型,尺寸自定。
5. 试利用曲线功能创建一鼠标外壳模型,尺寸自定。

第5章　草图绘制

【本章教学要点】

知识要点	掌握程度	相关知识
草图绘制	掌握草图绘制的建立及特点 熟悉草图绘制的要求	利用对话框完成草图绘制 草图绘制的作用
绘制草图工具、草图编辑	掌握绘制草图工具的应用及特点 熟悉各种绘制草图工具的对话框命令	圆弧、角、直线、轮廓等相关基础画法偏置曲线、镜像曲线等相关命令
草图约束操作	熟悉草图约束的条件及作用方式 了解草图约束操作及应用	草图的尺寸和几何约束特点及形式 草图约束操作的应用

草图模块是UG NX 8.0软件中建立参数化模型的一个重要工具,用户可以在草图模块中徒手绘制与实体模型相关联的二维近似曲线轮廓,在添加约束精确定义后,可以完整地表达设计意图。建立的草图可以用于建模工具进行拉伸、旋转等操作,生成与草图相关联的实体模型,修改草图时,相关联的实体模型可以自动更新。

5.1　草图的概述与作用

草图模式是参数式绘图的方式之一,当完成二维草图创建后,加以尺寸约束,则这些标示的尺寸就形成了二维参数化草图的参考资料,可以用实体造型工具生成各种不同的特征,如拉伸、旋转和扫掠等。以草图模式进行产品创建与设计时具有以下特点:

(1)绘出大略形状后,再以几何及尺寸约束就可以正确地限制曲线的各个部位。

(2)可以制作参数表来快速更新零件的尺寸。

(3)可以动态地显示草图的尺寸更改。

(4)可以利用拖曳功能将曲线迅速绘出。

(5)可以将由应用模块/曲线功能所绘出的曲线加入到草图模式中。

(6)当草图尺寸更改后,所属的三维零件模型也会跟着改变。

利用草图功能所绘制的图形与利用曲线功能所绘制的图形的最大的区别在于:草图中添加了“草图约束”,通过修改“草图约束”即可改变草图曲线中的图形。

构建的草图要尽量简单,只是表达基本的轮廓特征即可,细节性的特征,如孔、倒角,可通过后续介绍的特征完成,如果使用复杂详细的草图进行建模,后期修改容易导致参数冲突,破坏后期特征的拓扑,从而导致建模失败。

5.2　草图建立

在进行草图操作时,所有的操作功能必须依附于草图平面,然后在该草图平面上建立草图几何对象。如果当前部件中存在草图需对其进行相应的修改时，则双击该草图即可激活草图并进行相关的草图操作；若用户当前还没有建立任何草图，或是要在新的实体表面、片体表面或基准平面上建立其他草图，则应创建新草图。建立草图工作包括选择草图工作平面和在草图中添加几何对象。

草图工作平面是绘制草图对象的平面，在一个草图中创建的所有草图几何对象(点或曲线)都依附在该草图工作平面上，它是用一个基准平面和两根基准轴表示的，基准平面代表几何图形所在平面，用方框表示，两根基准轴分别代表该平面的横轴和纵轴方向，用箭头表示。草图平面可以建立在坐标平面、基准平面、实体表面或片体表面上。

选择【Insert】→【Sketch】命令或【Direct Sketch】工具栏上的按钮，弹出如图 5－1 所示的 Create Sketch(创建草图)对话框进行相应的操作，当完成草图创建并在草图平面中创建完几何对象后点击 Finish Sketch(完成草图)即可完成草图绘制。创建草图主要有以下两种方式 On Plane(在平面上)和 On Path(在轨迹上)。

图 5－1　Create Sketch 对话框

5.3　绘制草图工具

草图对象是指草图中的曲线和点，建立草图平面后，可以在草图平面上建立草图对象，草图对象的建立方法有多种，既可以在草图中直接绘制草图曲线或点，也可以添加绘图区域中存在的曲线或点到草图中，还可以从实体或片体上抽取边缘到草图中。这一节介绍怎样在草图中直接绘制草图曲线或点，草图曲线的工具条如图 5－2 所示。

图 5－2　Sketch Curve 工具条

5.3.1 轮廓(Profile)

该功能用于绘制由直线和圆弧组成的线串,每一线段或圆弧段的终点为下一线段或圆弧段的起点。点击图标,则进入如图 5-3 所示的 Profile 对话框,用来绘制线串。每绘制完一条线串后可以按鼠标中键来结束线串的绘制;也可以再点击图标来结束线串的绘制,同时退出 Profile 对话框。绘制完所有的线串后按鼠标中键或点击图标来退出 Profile 对话框。

图 5-3 中各项参数的意义如下:

(1) Line(直线):用来绘制线串的直线段,点击此图标(为系统默认的选项,也可以不点击),则下一段将绘制线串的直线段。

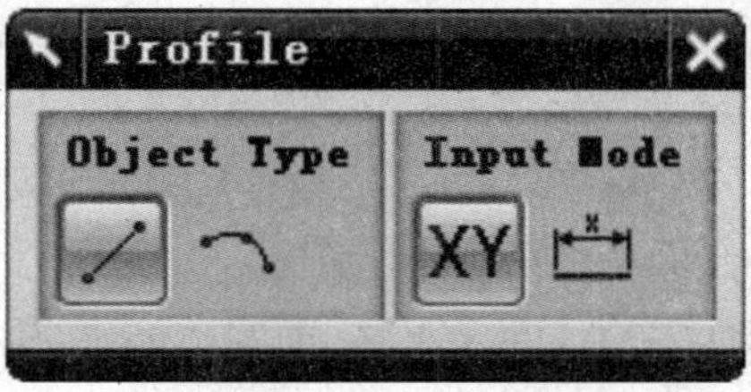

图 5-3 Profile 对话框

(2) Arc(圆弧):用来绘制线串的圆弧段,点击此图标,则下一段将绘制线串的圆弧段,绘制完圆弧段后自动跳入直线段的绘制,若接着还是圆弧段,则必须再点击此图标。若线串的起始段为圆弧段,则采用三点画弧功能绘制圆弧段;若不是起始段画弧,则只需指定终点则可,绘制的圆弧过上一段的终点且与其相切。

(3) XY(*XC*,*YC* 坐标):用来显示光标所在位置处的 *XC*,*YC* 坐标值,点击此图标,则光标右下角显示光标点处的 *XC*,*YC* 坐标值。

(4) Parameters(参数):显示正要绘制段的参数值,若为直线段,则显示其 Length(长度,即线段的长度)和 Angle(角度,即线段与草图坐标系中 *XC* 轴的夹角);若为圆弧段,则显示 Radius(半径,即圆弧的半径)和 Sweep Angle(摆动角度,即圆弧所对应的圆弧角)。点击此图标,则光标右下角显示以上参数值。

5.3.2 直线(Line)

该功能用于绘制直线,点击图标,则进入如图 5-4 所示的 Line 对话框,各项参数的意义与用法和图 5-3 中所对应参数的意义与用法类似,不同的是图 5-4 中不管采用哪种方式,当绘制直线的起始点前,光标右下角总是显示光标点处的 *XC*,*YC* 坐标值。绘制完所有的直线后按鼠标中键或点击图标来退出 Line 对话框,其中 *XY* 表示点的坐标,表示直线的长度。当绘制直线的起始点前,光标右下角总是显示光标点处的 *XC*,*YC* 坐标值。

图 5-4 Line 对话框

5.3.3 圆弧(Arc)

该功能用于绘制圆弧,点击图标,则进入如图 5-5 所示的 Arc 对话框,用来绘制圆弧。

图 5－5 中各项参数的意义如下：

(1) Arc by 3 Points(三点画圆弧)：分别指定圆弧的起始点、终止点和圆弧上的一点来绘制圆弧。

(2) Arc by Center and Endpoints(圆心和端点画圆弧)：分别指定圆弧的圆心点、起始点和终止点来绘制圆弧。

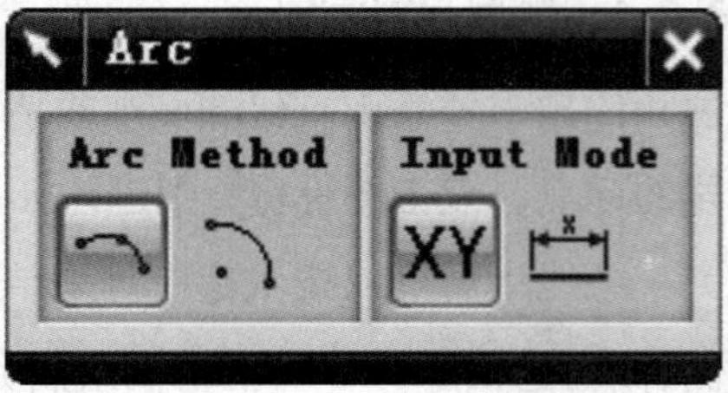

图 5－5 Arc 对话框

(3) XY(*XC*,*YC* 坐标)：用来显示光标所在位置处的 *XC*,*YC* 坐标值，点击此图标，则光标右下角显示光标点处的 *XC*,*YC* 坐标值。

(4) Parameters(参数)：显示正要绘制段的参数值，若为直线段，则显示其 Length(长度，即线段的长度)和 Angle(角度，即线段与草图坐标系中 *XC* 轴的夹角)；若为圆弧段，则显示 Radius(半径，即圆弧的半径)和 Sweep Angle(摆动角度，即圆弧所对应的圆弧角)。点击此图标，则光标右下角显示以上参数值。

5.3.4 圆(Circle)

该功能用于绘制圆，点击图标○，则进入如图 5－6 所示的 Circle 对话框。

(1) Circle by Center and Diameter(圆心和直径画圆)：分别指定圆心点和圆上一点来绘制圆。

(2) Circle by 3 Points(三点画圆)：分别指定圆上的三点画圆。

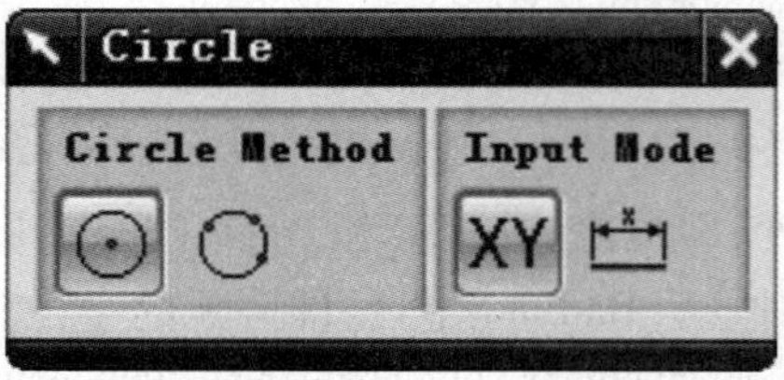

图 5－6 Circle 对话框

(3) 其他两项参数的意义与用法和图 5－3中所对应参数的意义与用法类似，不同的是图5－6 中不管采用哪种方式，当绘制圆的第一点前，光标右下角总是显示光标点处的 XC、YC 坐标值，参数显示为 Diameter(直径)参数。

5.3.5 派生线条(Derived Line)

该功能用于在两条平行直线之间创建一条与另一直线平行的直线，或在两相交直线间创建一条平分线。点击图标，则可以通过一些已知直线导出其他直线，如选择一条已知直线可以导出与其平行一定距离的直线，选择两条平行直线可以导出它们的平行等分线，选择两条相交直线可以导出它们的角平分线等。

5.3.6 矩形(Rectangle)

(Rectangle)：矩形。用来绘制矩形，点击图标，则进入如图 5－7 所示对话框，依次指定矩形的两对角点，则绘制矩形。

(1) By 2 Points(通过两点)：通过两点创建矩形，所选两点分别为矩形的两对角点。

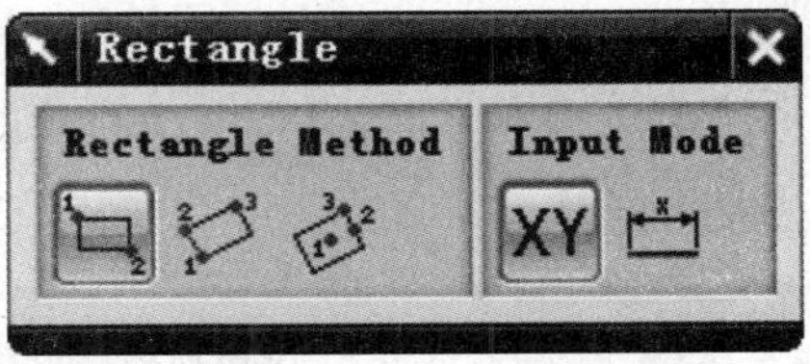

图 5-7 Circle 对话框

(2) By 3 Points(通过三点):通过三点创建矩形,第一点到第二点的距离为矩形的一条边,第二点到第三点的距离为矩形的另一条边。

(3) From Center(从中心):通过中心创建矩形,第一点为矩形的中心,第一点到第二点之间的距离为矩形的一边长的一半,第二点到第三点之间的距离为矩形的另一边边长的一半。

5.3.7 多边形(Polygon)

该功能用于创建多边形,在 Sketch Tools 工具栏上单击按钮后,系统弹出如图5-8所示的 Polygon 对话框,对话框中的主要参数意义如下:

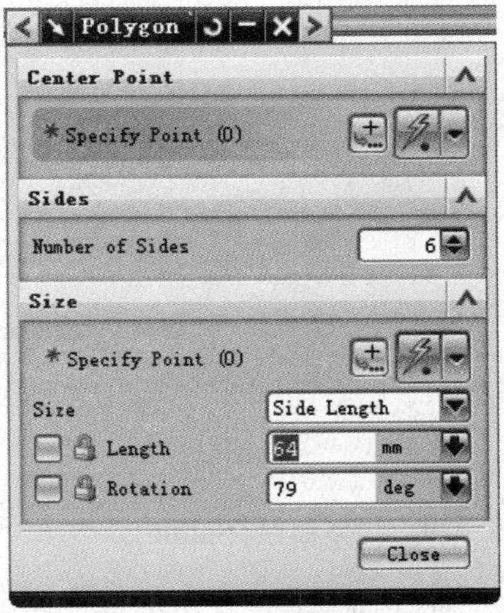

图 5-8 Polygon 对话框

(1) Center Point(中心点):用于定义多边形的中心,可以通过点构造器来定义。

(2) Sides(边数):在 Number of Sides(边数)文本框中输入边的数目以定义多边形的边数。

(3) Size(大小):用于进一步确定多边形的形状,主要选项有:

①Side Length(边长):通过边长来定义多边形的形状,选择该选项后,可在后面的 Length(边长)和 Rotation(旋转角度)中分别输入多边形的边长和旋转角度。

②Inscribe Radius(内切圆半径):通过多边形的内切圆半径来定义多边形,选择该选项后,可以 Radius(半径)和 Rotation(旋转角度)文本框中输入多边形的内切圆半径和旋转角度。

③Circumscribe Radius(外接圆半径):通过多边形的外接圆半径来定义多边形,选择该选项后,可以 Radius(半径)和 Rotation(旋转角度)文本框中输入多边形的外接圆半径和旋转角度。

5.3.8 椭圆(Ellipse)

该功能用于通过中心点和尺寸定义椭圆,在 Sketch Tools 工具栏上单击按钮后,系统弹出如图 5-9 所示的 Ellipse 对话框,对话框中的主要参数意义如下:

(1) Center(中心):用于定义椭圆的中心,可以通过点构造器来指定。

(2) Major Radius(长轴半径):用于定义长轴半径的长度,可以直接在 Major Radius 文本框中直接输入数值,也可以通过点构造器定义长轴上的点,此时长轴的半径为圆心到指定点的长度。

(3)Minor Radius(短轴半径):用于定义短轴半径的长度,可以直接在 Minor Radius 文本框中直接输入数值,也可以通过点构造器定义长轴上的点,此时短轴的半径为圆心到指定点的长度。

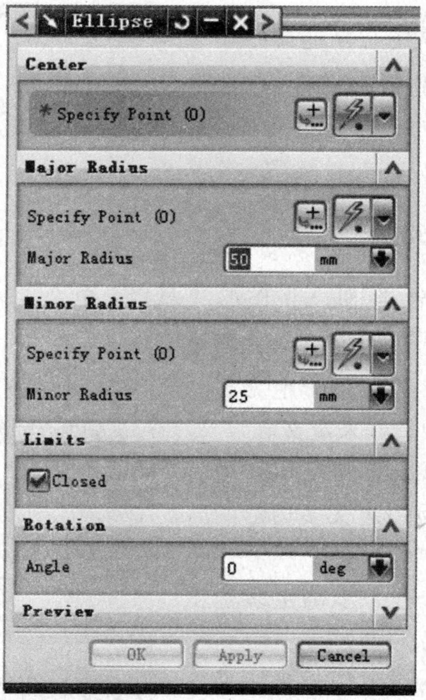

图 5－9　Ellipse 对话框

5.3.9　样条曲线(Spline)

该功能用来绘制样条曲线,点击图标,则进入如图 5－10 所示的 Spline 对话框,

该对话框提供了 4 种绘制样条曲线的方法,现已通过极点的方式构建样条曲线为例进行介绍。其余方式读者自行尝试。

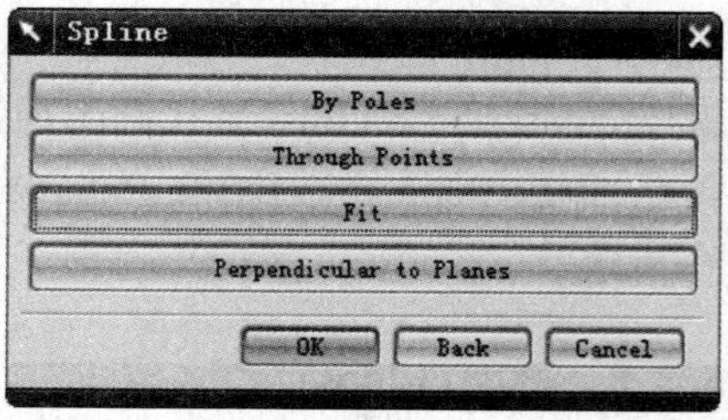

图 5－10　Spline 对话框

通过根据极点的方式来限定一条样条曲线(极点可由点构造器来构造)。

(1)在图 5－10 中单击 By Poles 按钮,弹出如图 5－11 所示的 Spline By Poles 对话框。

(2)单击 OK 按钮,弹出 Point 对话框,依次指定若干控制点后单击 OK 按钮,弹出如图 5－12 所示的 Specify Points 对话框。

(3)单击 OK 按钮,生成对应的样条曲线。

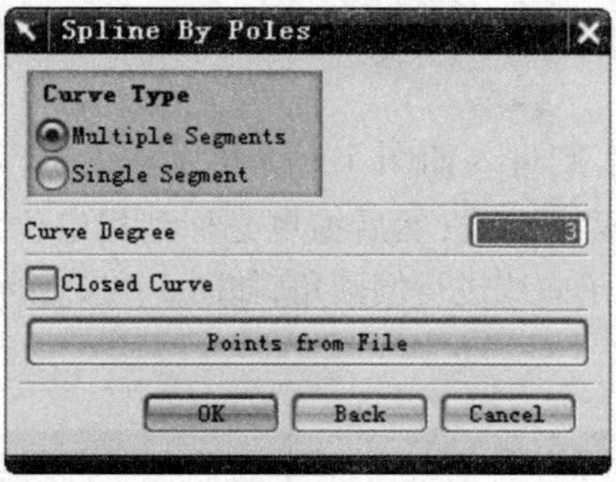

图 5－11 Spline By Poles 对话框

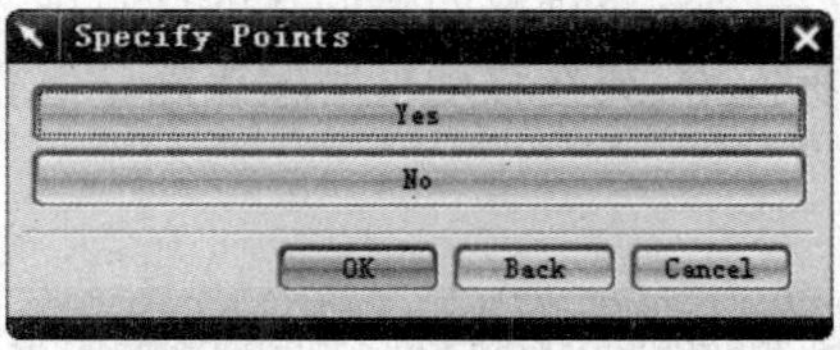

图 5－12 Specify Points 对话框

5.4 草 图 编 辑

草图编辑为对草图对象进行修剪延伸、倒角、偏置、镜像以及投影等操作。

5.4.1 修剪与延伸(Trim and Extend)

1. Quick Trim(快速修剪)

点击图标，则可以对曲线进行快速修剪，把光标放到曲线要修剪掉的部位后点击鼠标左键则可。如图 5－13 所示。

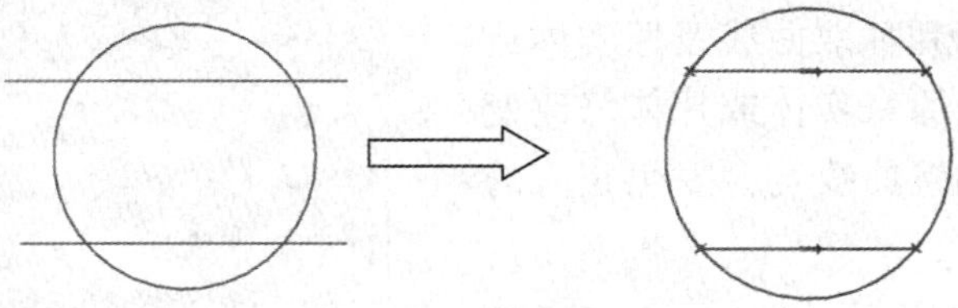

图 5－13 Quick Trim 的应用

2. Quick Extend(快速延伸)

点击图标，则可以对曲线进行快速延伸到最近的曲线处，把光标放到曲线要延伸的那端后点击鼠标左键则可，若由于中间有其他曲线，一次不能延伸到满意的位置，则可以对其进行多次延伸，直到达到满意位置为止。

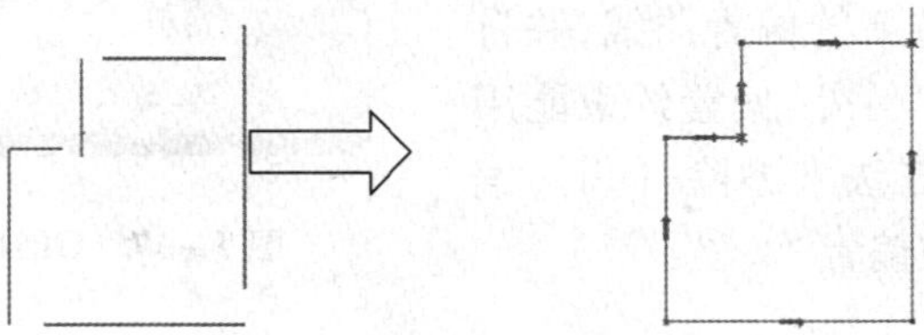

图 5－14 Quick Extend 的应用

5.4.2　倒角(Chamfer and Fillet)

该功能用于对曲线进行倒圆角,点击图标,则进入如图 5 - 15 所示的 Fillet 对话框,在绘图区域选取两条曲线的交点或依次选取两条曲线,然后拖曳光标到指定位置后按鼠标左键,或在移动框中输入确定值,则对此两条曲线进行倒圆角,如图 5 - 16 所示。

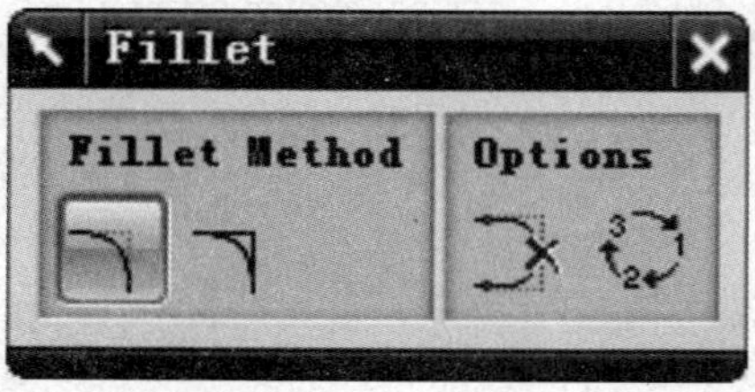

图 5 - 15　Fillet 对话框

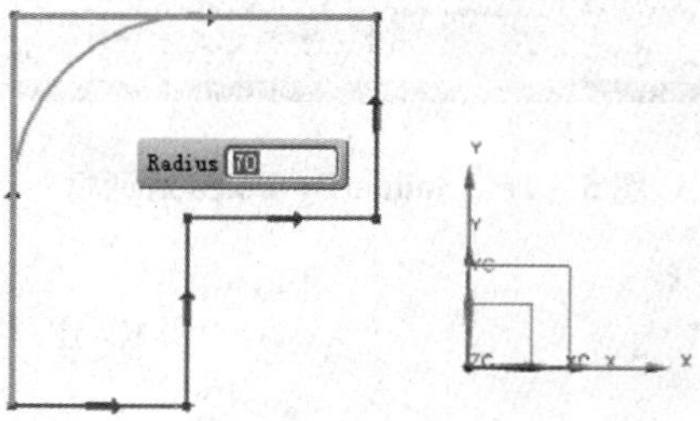

图 5 - 16　Fillet 的应用

5.4.3　偏置曲线(Offset Curve)

偏置曲线总是一条单个样条曲线,并被几何约束。偏置抽取曲线是将从实体或片体上抽取的曲线沿指定方向偏置一定距离而产生的一条新曲线,并在草图中产生一个偏置约束,偏置曲线和抽取曲线及原实体或片体保持关联性,当原来实体或片体修改变化时,抽取曲线和偏置曲线均会发生相应的变化。

点击图标,则进入如图 5 - 17 所示的 Offset Curve 对话框。偏置抽取曲线时,先在绘图区域选择已经抽取的曲线,此时选取的曲线上显示偏置方向,如果偏置的方向不符合要求,可点击 Reverse Direction 右侧的按钮进行反向,然后设置 Offset(偏置方式),输入 Distance(偏置距离)、指定 Tolerance(逼近公差)等,最后按 OK 或 Apply,则按照用户要求产生一条新的偏置曲线,并自动建立一个偏置约束。另外,偏置约束能用删除其他几何约束的方法来删除,同时,偏置产生的曲线不能再被偏置。

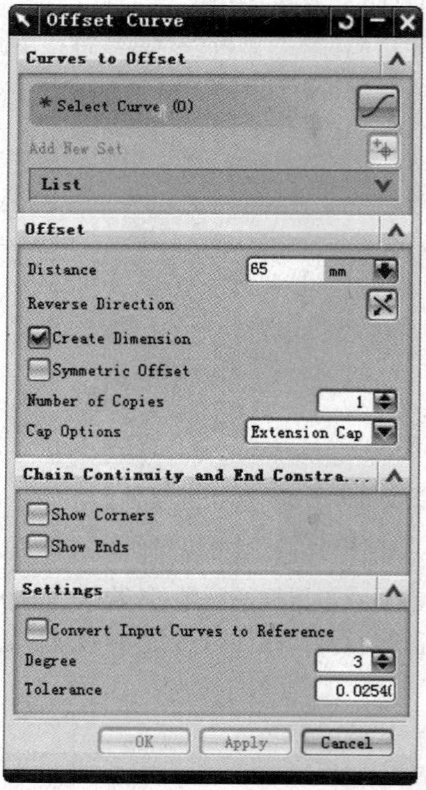

图 5 - 17　Offset Curve 对话框

5.4.4 镜像曲线(Mirror Curve)

该功能用来对所选取的对象关于中心线进行镜像而得到无关联性的镜像对象,且原几何保持不变。单击图标,进入如图 5 - 18所示的 Mirror Curve 对话框。

图 5 - 18 中各项参数的意义如下:

(1)Select Object(选择对象):用于设置需镜像的曲线。

(2)Centerline(中心线):用于选择镜像中心线。

(3)Settings(设置):用于是否将中心线转为参考线进行设置。

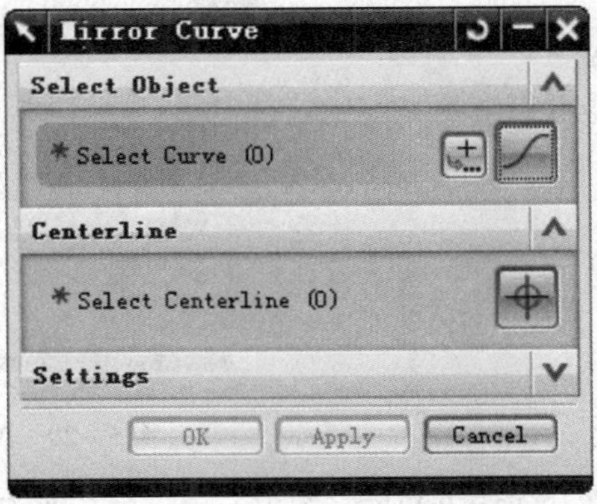

图 5 - 18 Mirror Curve 对话框

5.4.5 投影曲线(Project Curve)

投影曲线是将草图外部的曲线、边或点沿草图平面的法线方向投影到草图上,通过选择草图外部的对象建立的曲线或线串。对投影有效的对象有曲线、边缘、表面和点。

单击图标进入如图 5 - 19 所示的 Project Curve 对话框。

图 5 - 19 对话框中 Output Curve Type 下有 3 个选项,分别为:

(1)Original(原先的):曲线用原始曲线类型表示。

(2)Spline Segment (样条的):曲线用多段样条表示。

(3)Single Spline(单个样条):曲线用单段样条表示。

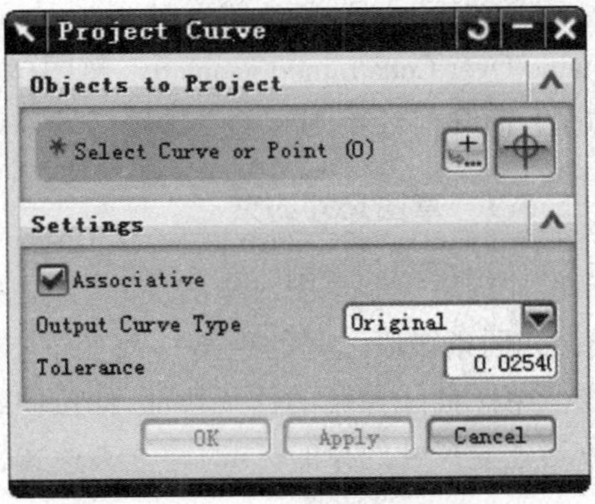

图 5 - 19 Project Curve 对话框

被投影的对象必须有一个遭遇激活草图的实践戳记。投影的曲线是被固定的曲线,一个草图不能同时含有定位尺寸和投影的对象。

5.4.6 添加现有曲线(Add Existing Curve)

该功能用于将绘图区域中存在的曲线或点添加到草图中,点击图标,则进入类似如图 5 - 20 所示的 Add Curve 对话框,在绘图区域选取要添加到当前草图的曲线或点后按OK,则所选取的曲线或点添加到草图中,添加进来的曲线不具有任何约束。

5.5 草 图 约 束

建立草图几何对象后,需要对草图对象进行精确约束,草图约束是限制草图的形状,

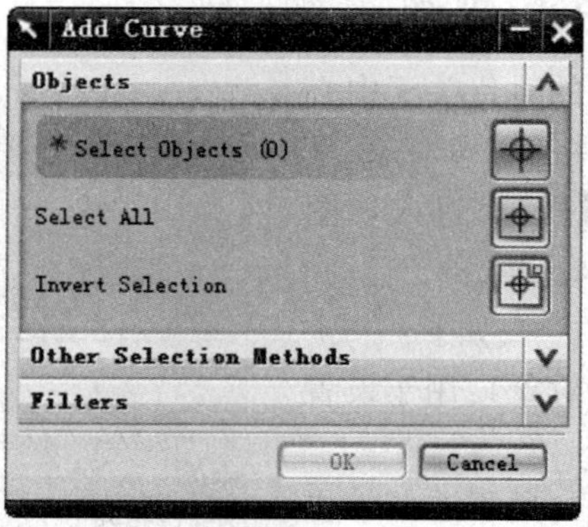

图 5－20　Add Curve 对话框

包括几何约束和尺寸约束。当进行几何约束或尺寸约束时，各草图对象在其顶点上显示自由度符号（即黄色箭头），表明当前存在哪些自由度没有限制，随着几何约束和尺寸约束的添加，自由度符号逐步减少，直到当草图对象全部约束以后，自由度符号才全部消失。当草图上尚有自由度符号存在时，状态行显示“Needs N Constraints（需要 N 个约束）”；当草图上已经没有自由度符号存在时，状态行显示“Sketch is full Constraints（草图已经完全约束）”；当多余约束被添加时，草图曲线和尺寸变成黄色，状态行显示“Sketch contains Over Constrained geometry（草图包含过多的约束几何）”。尺寸约束在绘图区域是可见的，而几何约束则有些在绘图区域是可见的，有些在绘图区域是不可见的。

5.5.1　草图尺寸约束

尺寸约束控制草图对象的尺寸（如一条线段的长度，圆弧的半径等）或两个对象间的关系（如两条线段之间的距离），改变草图尺寸值可以改变草图对象的形状或尺寸，也可以改变草图曲线控制的任一特征，如拉伸或旋转特征。

当建立尺寸约束时，同时建立表达式，它的名字和值都显示在文本框中。如图 5－21 所示。

图 5－21 对话框中各图标意义及用法如下：

（1）Horizontal（水平）：此标注方式为水平标注方式，为对所选择对象进行水平方向（即平行于草图工作平面的 XC 轴）的尺寸约束，选择此方式进行标注时，在绘图区域选取同一对象或不同对象的两个控制点，则用两点的连线在水平方向的投影长度标注尺寸。

（2）Vertical（垂直）：此标注方式为垂直标注方式，为对所选择对象进行垂直方向（即平行于草图工作平面的 YC 轴）的尺寸约束，选择此方式进行标注时，在绘图区域中选取同一对象或不同对象的两个控制点，则用两点的连线在垂直方向的投影长度标注尺寸。

（3）Parallel（平行）：此标注方式为垂直标注方式，为对所选择对象进行平行于对象的尺寸约束，选择此方式进行标注时，在绘图区域中选取同一对象或不同对象的两个控制点，则用两点连线的长度标注尺寸，尺寸线平行于两点连线方向。

(4) Perpendicular(正交):此标注方式为正交标注方式,为对点到直线的距离进行尺寸约束,选择此方式进行标注时,在绘图区域中先选取一直线再选一控制点,则用点到直线的垂直距离标注尺寸,尺寸线垂直于所选择的直线。

(5) Diameter(直径):此标注方式为直径标注方式,为对圆或圆弧的直径进行尺寸约束,选择此方式进行标注时,在绘图区域中选择圆或圆弧,则直接标注圆或圆弧的直径尺寸。

(6) Radius(半径):此标注方式为半径标注方式,为对圆或圆弧的半径进行尺寸约束,选择此方式进行标注时,在绘图区域中选择圆或圆弧,则直接标注圆或圆弧的半径尺寸。

(7) Angular(角度):此标注方式为角度标注方式,为对所选择的两条直线之间的夹角进行尺寸约束,选择此方式进行标注时,在绘图区域中远离交点的位置按逆时针方式选择两直线,则标注这两直线之间的夹角。如果选取直线时鼠标靠近两直线的交点,则标注的角度是对顶角。

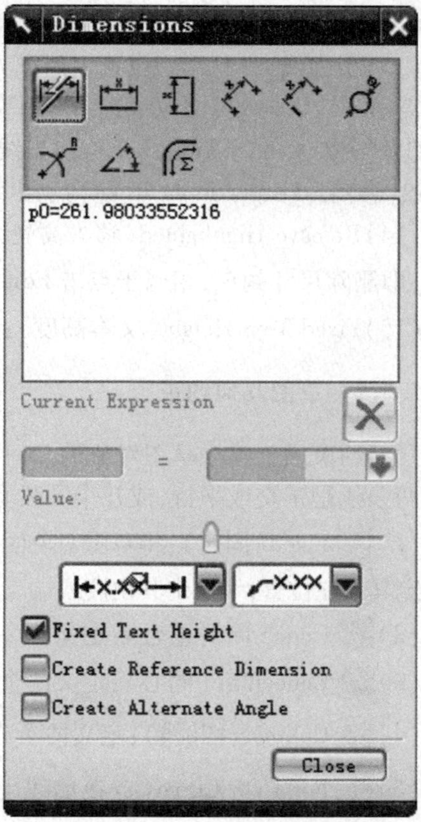

图 5-21 Dimensions 对话框

(8) Perimeter(周长):此标注方式为周长标注方式,为对所选择的一条或多条曲线的总周长进行尺寸约束,选择此方式进行标注时,在绘图区域中选择一条或多条曲线,则标注所选择的一条或多条曲线的总周长。

(9)尺寸表达式列表框:为标注方式图标下方的列表框,用来显示已经标注的尺寸表达式。

(10)Current Expression:当前表达式。为显示当前所选择的尺寸表达式。在此选项中显示从表达式列表框中选取的尺寸表达式,其左下方为表达式名称输入框,右下方为表达式值输入框。在表达式名称输入框中可修改当前表达式的名称;在表达式值输入框中可修改当前表达式的值,修改后按 Enter(回车)键则可。

(11)Value(值):此滑块用于调整当前尺寸表达式的值。

(12)尺寸文本的放置方式:用于设置文本放置方式,有 3 种放置方式,可以在其下拉列表框中选取所需的文本放置方式。

① Auto Placement(自动放置):由系统根据尺寸标注的位置自动放置尺寸文本是在尺寸界线内还是在尺寸界线外。

② Manual Placement, Arrows In(手动放置,箭头在内):尺寸文本总是在尺寸界线内。

③ Manual Placement, Arrows Out（手动放置，箭头在外）：尺寸文本总是在尺寸界线外。

（13）引出线方向：用于设置引出线方向，有2种引出方式，可以在其下拉列表框中选取所需引出线方向的引出方式。

①（Leader From Left）：引出线在左侧。

②（Leader From Right）：引出线在右侧。

（14）Remove Highlighted（移去高亮）：用来删除在尺寸表达式列表框被选取的尺寸表达式，即删除尺寸约束，相当于点击 Edit→Delete…或图标

（15）Fixed Text Height（文本高度）：用于设置尺寸文本的高度。

5.5.2 草图几何约束

几何约束用于建立草图对象的几何特征或两个或更多的草图对象间的关系类型，如要求两条线是正交或平行，或几个圆弧有相同的半径等。几何约束的类型如下：

（1） Fixed（固定）：将草图对象固定在某个位置，不同几何对象有不同的固定方法，点固定其所在位置；线固定其角度或端点；圆和椭圆固定其圆心；圆弧固定其圆心或端点。

（2） Coincident（重合）：定义两个或多个点重合。

（3） Concentric（同心）：定义两个或多个圆弧或椭圆弧有同一中心。

（4） Collinear（共线）：定义两条或多条直线共线，即位于或通过同一直线。

（5） Point On Curve（点在曲线上）：定义点在曲线上，即一个位于一曲线上的点位置。

（6） Point On String（点在线串上）：定义点在抽取的线串上，即一个位于一抽取的线串上的点位置（这是可以作用到一抽取线串上的唯一约束）。

（7） Midpoint（中点）：定义点在直线的中点或圆弧的中点上，即一个等距离于一直线或一圆弧的两端点的点位置。

（8） Horizontal（水平）：定义直线为水平线，即平行于 XC 轴。

（9） Vertical（垂直）：定义直线为垂直线，即平行于 YC 轴。

（10） Parallel（平行）：定义两条或多条直线互相平行。

（11） Perpendicular（正交）：定义两条直线互相垂直。

（12） Tangent（相切）：定义两个对象相切。

（13） Equal Length（等长）：定义两条或多条直线等长。

（14） Equal Radius（等半径）：定义两个或多个圆弧等半径。

（15） Constant Length（恒长度）：定义一条或多条直线为固定长度。

（16） Constant Angle（恒角度）：定义一条或多条直线为固定角度。

（17） Mirror（镜像）：定义两对象彼此是镜像的图像。

（18） Slope of Curve（曲线斜率）：定义样条曲线在选择点处的斜率线与另一曲线相切。

(19) Uniform Scale(均匀比例):定义样条曲线的两端点移动时,保持样条曲线的形状不变,即当改变在两个端点间建立的水平约束值时,样条曲线将均匀地缩放以保持它的原来形状。

(20) Non - Uniform Scale(非均匀比例):定义样条曲线的两端点移动时,样条曲线的形状改变,即当改变在两个端点间建立的水平约束值时,样条曲线将在水平方向缩放,而保持在垂直方向它的原来尺寸,样条曲线看起来被拉伸。

5.6 草图约束操作

5.6.1 显示或移除约束(Show/Remove Constraints)

1. Show All Constraints:显示所有约束

即在绘图区域显示所有草图对象的几何约束,点击图标,则在绘图区域显示所有草图对象的几何约束,同时此图标下凹,再点击一下图标,则在绘图区域取消显示所有草图对象的几何约束,同时此图标上凸。

2. Show No Constraints:不显示约束

有些几何约束在绘图区域是可见的(如 Coincident, Concentric, Point On Curve, Midpoint, Tangent 等约束),通过此选项可以使添加的这些约束在绘图区域不显示出来,点击图标,则在绘图区域不显示所有草图对象的几何约束,同时此图标下凹,再点击一下图标,则在绘图区域显示所有草图对象中可见的几何约束,同时此图标上凸。

3. Show/Remove Constraints:显示/移去约束

用于显示所选择的草图中几何体相关的几何约束,也可以删除草图中的指定的几何约束,或者列出关于所有几何约束的信息,点击图标,则进入如图 5 - 22 所示的 Show/Remove Constraints 对话框。显示范围是由 List Constraints For 选项控制的,如果选择 Selected Object 选项,则显示一个选项对象的约束信息,选择此选项时,需要在绘图区域中选择草图的一个对象;如果选择 Selected Objects 选项,则显示一个或多个选项对象的约束信息,选择此选项时,需要在绘图区域中选择草图中的一个或多个对象;如果选择 All In Active Sketch 选项,则显示所有草图对象的几何约束信息。在设置显示范围后,再在 Constraint Type 选项中设置要查看的约束类型,约束类型有多种,如果选择 All,则显示所有类型的约束,否则,只显示指定类型的约束。最后在列表方式选项中选择 Include 或 Exclude,如果打开 Include 选项,则列出指定的约束类型;如果打开 Exclude 选项,则列出其他约束类型。完成以上设置后,如果设置的显示范围是 All In Active Sketch,则在约束列表框中显示所有草图对象指定类型的几何约束;如果设置的显示范围是 Selected Object 或 Selected Objects,则在绘图区域中选择对象后,约束列表框中显示所选择草图对象的约束信息。若选择的草图对象不包括指定类型的约束,则约束列表框不显示任何约束信息。如果要删除存在的几何约束,可以在约束列表框中选择要删除的约束,然后按 Remove Highlighted选项,则所选择的约束自动删除。

图 5 - 22 中各项参数的意义如下:

(1) List Constraints For(列出约束范围):用于设置显示草图对象的范围。

①Selected Object(选择对象):显示所选择草图中单个对象的几何约束,选择此选项时,应在绘图区域中选择一个几何对象。

②Selected Objects(选择对象):显示所选择草图对象的几何约束,选择此选项时,应在绘图区域中选择一个或多个几何对象。

③All In Active Sketch(所有在激活草图中):显示当前草图中所有草图对象的指定约束信息。

(2)Constraint Type(约束类型):用来设置要显示的约束类型,有 Fixed(显示固定的约束)、Horizontal(显示水平的约束)、Vertical(显示垂直的约束)、Parallel(显示平行的约束)、Perpendicular(显示正交的约束)、Collinear(显示共线的约束)、Coincident(显示重合的约束)、Concentric(显示同心的约束)、Tangent(显示相切的约束)、Point On Curve(显示点在曲线上的约束)、Midpoint(显示点在曲线的中点上的约束)、Equal Length(显示等长度约束)、Equal Radius(显示等半径约束)、Constant Length(显示固定长度的约束)、Constant Angle(显示固定角度的约束)、Mirror(显示镜像约束)、Point On String(显示点在抽取线串上的约束)、Slope of Curve(显示样条曲线过一点与另一曲线相切的约束)、Uniform Scale(显示样条曲线的两端点移动时保持样条曲线的形状不变的约束)、Non - Uniform Scale(显示样条曲线的两端点移动时,样条曲线的形状改变的约束)、Associative Trim(显示关联修剪约束)、Associative Offset(显示关联偏置约束)和 All(显示所有约束类型)等 23 种类型。

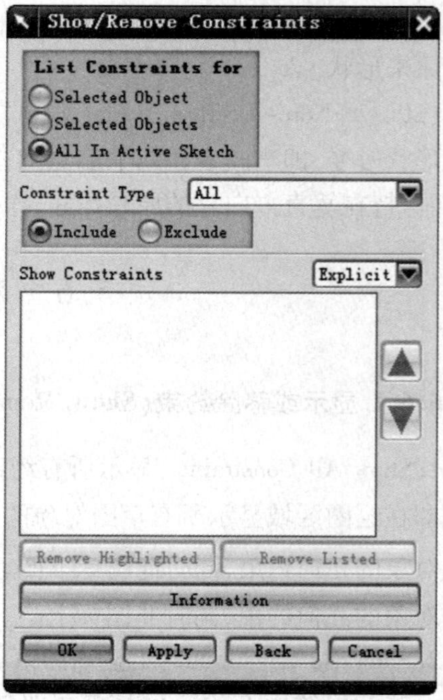

图 5-22 Show/Remove Constraints 对话框

(3)列表方式:用来设置是显示指定类型的约束,还是显示指定类型以外的所有其他约束。

①Include(包括):选择此选项,则显示指定的类型约束。

②Exclude(排除):选择此选项,则显示指定类型以外的所有其他约束。

(4)Show Constraints(显示约束):用来控制约束列表框中显示的内容。有 Explicit(明确,即显示在草图中建立的非常明确的几何约束)、Inferred(推断,即显示由非草图中加入到草图中的对象,可以推断出它们具有的某些几何约束)和 Both(两者,即以上两种情况的内容都显示)等 3 种选项。

(5)约束列表框:用于显示在当前草图中所选择对象指定类型的约束。当在此列表框中选择某约束时,约束对应的草图对象在绘图区域中以高亮显示,并在对象旁显示草图对象的名称,也可用列表框右边的上下箭头按顺序选择约束。

(6)Remove Highlighted(移去高亮):用于删除在约束列表框中所选择的一个或多个几何约束。

(7)Remove Listed(移去列表):用于删除在约束列表框中所列出的所有几何约束。

(8) Information(信息):用于查询约束信息,选择此选项,则出现信息对话框,显示所有草图对象之间的几何约束关系。

5.6.2 备选解(Alternative Solution)

用于对同一约束从一种解法转换为另一种解法。当约束一个草图对象时,同一约束可能存在多种解决方法,采用替换解法可以从一种解法转换为另一种解法。如当定义两个圆为相切几何约束时,这两个圆可以为外切方式,也可以为内切方式,且这两种相切方式都是有效的,如果要从一种相切方式转换为另一种相切方式,则可以用替换解法功能来实现;如对一曲线进行水平尺寸约束时,可以采用替换解法功能使其形状和位置发生改变,即由草图对象上的一个尺寸端点关于另一个尺寸端点在尺寸方向镜像。点击图标,则进入如图 5-23 所示的 Alternate Solution 对话框,系统提示选择转换对象,此时可以在绘图区域选取转换的对象。选择转换的对象后,则所选择的对象直接转换为同一约束的另一种解法,并可以继续选择其他对象进行转换,如果要结束替换解法操作,则按 OK 即可。

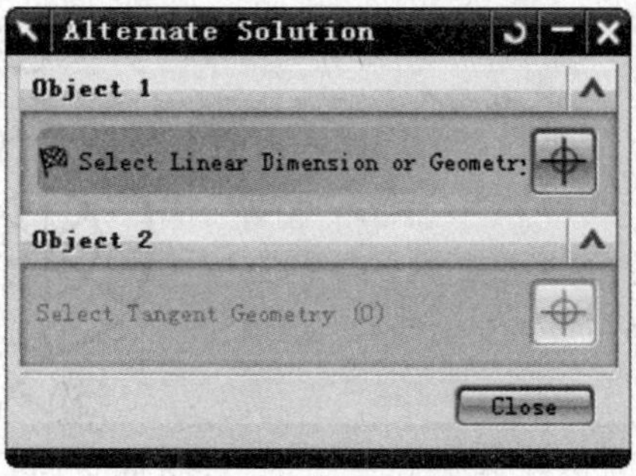

图 5-23 Alternate Solution 对话框

5.6.3 转换至/自参考(Convert To/From Reference)

该功能用于将草图曲线或尺寸转换为参考对象,或将参考对象转换为正常的草图对象。当为草图几何对象添加几何约束和尺寸约束的过程中,有些草图几何对象和尺寸可能引起约束冲突,这时可以用转换为参考对象的方式来解决冲突问题。点击图标,则进入如图 5-24 所示的 Convert To/From Reference 对话框。当要将草图中的曲线或尺寸转换为参考对象时,先在绘图区域中选择要转换的曲线或尺寸,然后在图 5-24 中选择 Reference 选项,最后按 OK 或 Apply,则将所选择的对象转换为参考对象。如果选择的对象是曲线,则在它转换成参考对象后,用浅色双点划线显示,在实体拉伸和旋转操作中它不起作用;如果选择的对象是一个尺寸,则在它转换成参考对象后,它仍然在草图中显示,并可以更新,但其尺寸表达式在表达式列表框中消失,即它不再约束几何对象。当要将参考对象转换为草图中的曲线或尺寸时,先在绘图区域中选择已经转换成参考对象的曲线或尺寸,然后在图 5-24 中选择 Active 选项,最后按 OK 或 Apply,则将所选择的曲线或尺寸激活,在草图中正常显示,而且对于尺寸来说,它的尺寸表达式又会出现在尺寸表达式列表框中,可以修改其尺寸

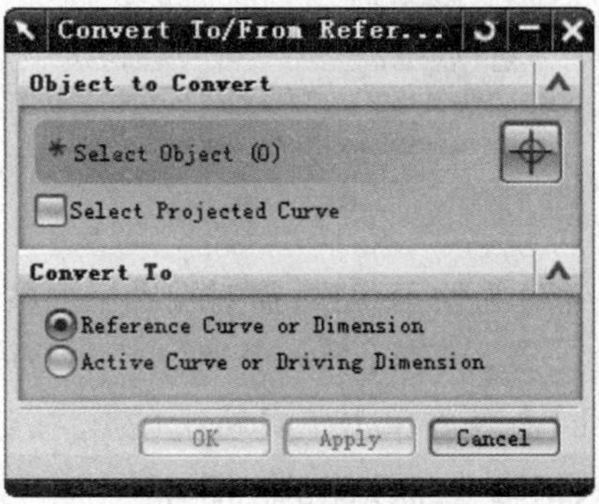

图 5-24 Convert To/From Reference 对话框

表达式的值,改变草图对象的尺寸。

5.7 实用例题

例1 绘制如图5-25所示的草图,步骤如下:

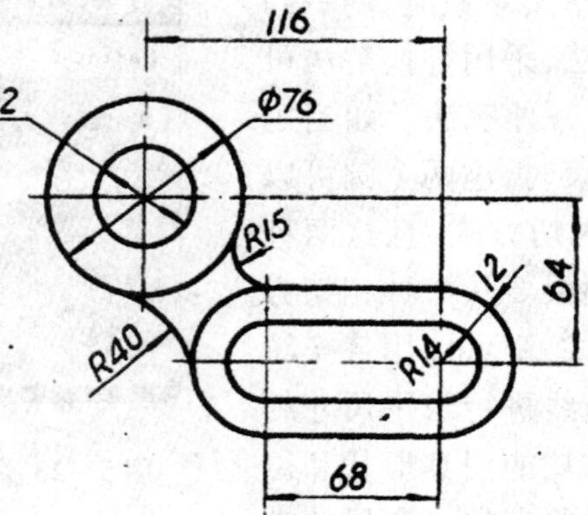

图5-25

(1)启动UG NX 8.0,选择【File】→【New】命令,在弹出的新建文件对话框中选择Model,并在Name中输入部件的名称为caotu1,并设置文件的存储路径。

(2)选择【Insert】→【Sketch…】命令或单击工具栏上的按钮,系统弹出如图5-26所示的Create Sketch对话框,系统提示选择草图平面,在视图区域选择YC-ZC平面,如图5-27所示,YC-ZC平面高度显示时,单击OK按钮。

图5-26

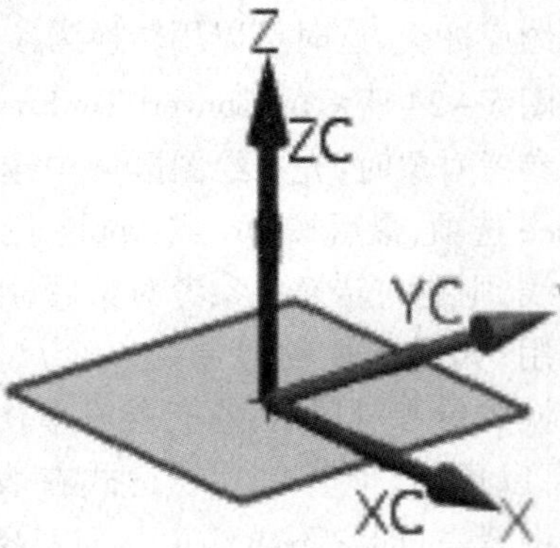

图5-27

(3)为便于观察,需对视图平面的方向进行设置,选择【View】→【Orient View to Sketch】命令或单击工具栏上的按钮,进入到如图5-28所示的视图方位。

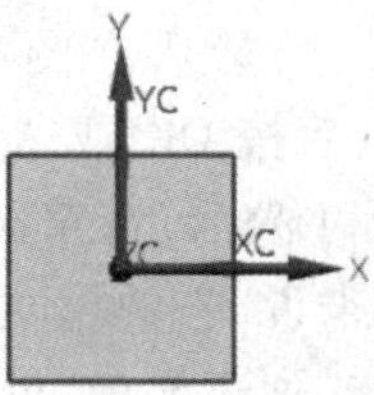

图5-28

(4)选择【Insert】→【Sketch Curve】→

【Circle…】命令或单击工具栏上的○按钮，系统弹出 Circle 工具条，单击工具条上的⊙按钮，弹出 Circle 对话框，如图 5－29 所示，以原点为圆心，绘制直径 42 和 76 的圆，如图 5－30 所示。

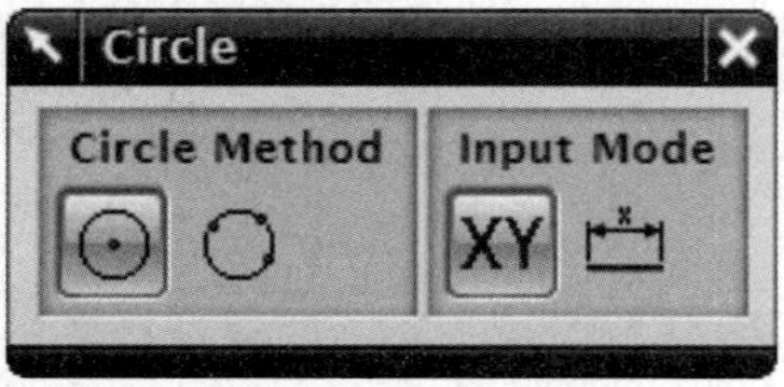

图 5－29

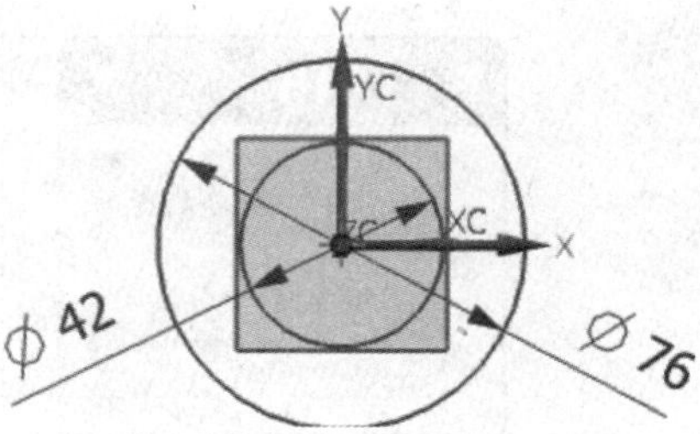

图 5－30

（5）选择【Insert】→【Sketch Curve】→【Point】命令或单击工具栏上的＋按钮，系统弹出如图 5－31 所示的 Point 对话框，创建点 *A*，*B*，分别输入坐标 *A*(48，－64，0)，*B*(116，－64，0)，如图 5－32 所示。

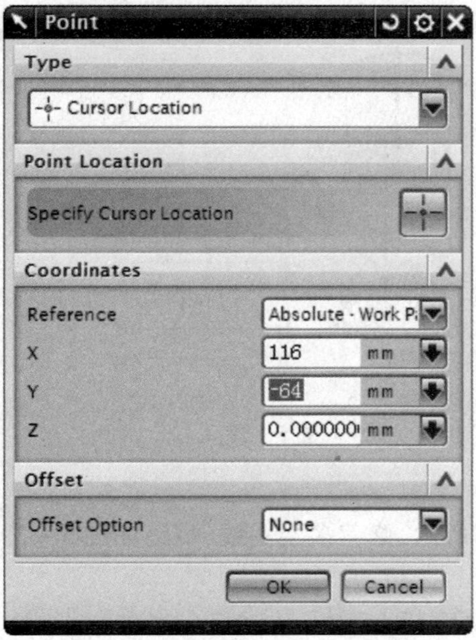

图 5－31

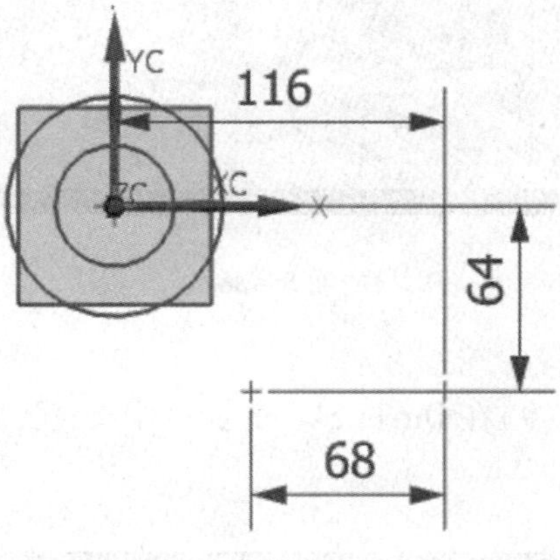

图 5－32

（6）用（4）的方法，以 *A*，*B* 为圆心，分别绘制半径 14 和 26 的圆，如图 5－33 所示。

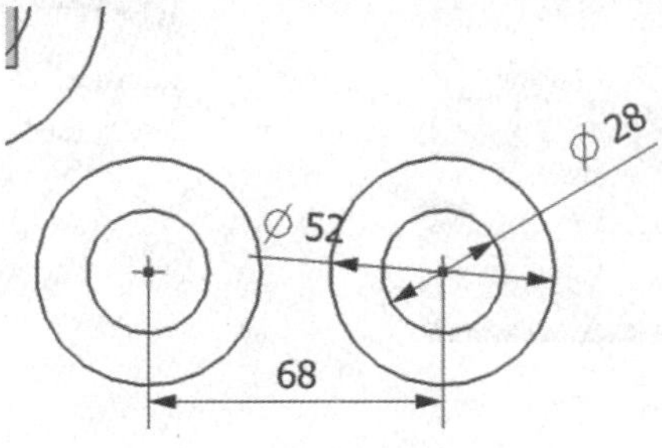

图 5－33

(7)选择【Insert】→【Sketch Curve】→【Line】命令或单击工具栏上的／按钮，系统弹出如图5－34所示的Line对话框，做两个圆的四条相切线，如图5－35所示。

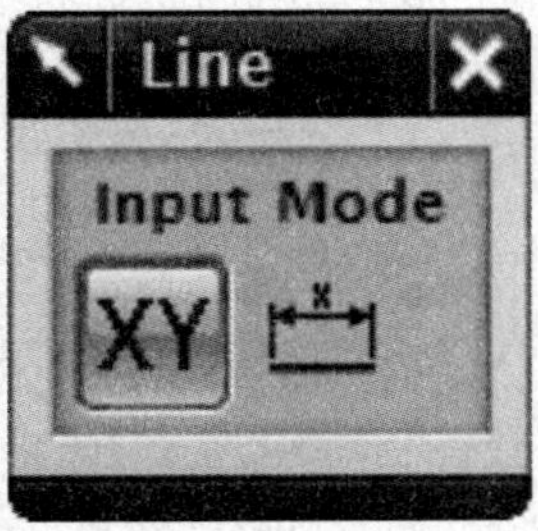

图5－34

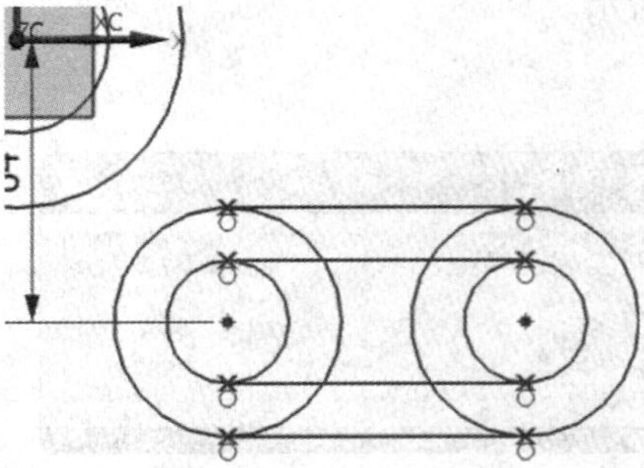

图5－35

(8)选择【Insert】→【Sketch Curve】→【Fillet】命令或单击工具栏上的按钮，系统弹出如图5－36所示的Fillet对话框，分别绘制半径40和15的两个圆弧，如图5－37所示。

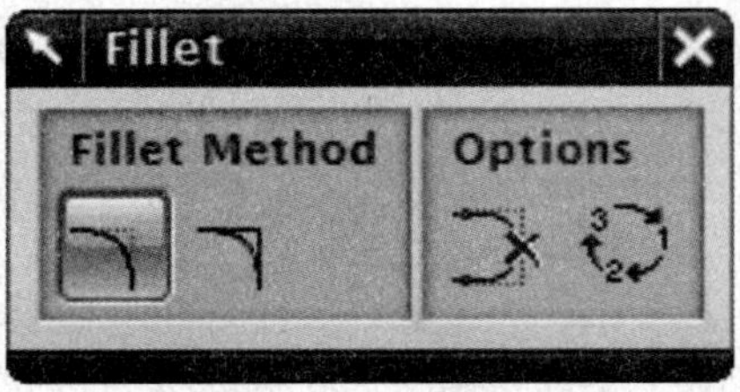

图5－36

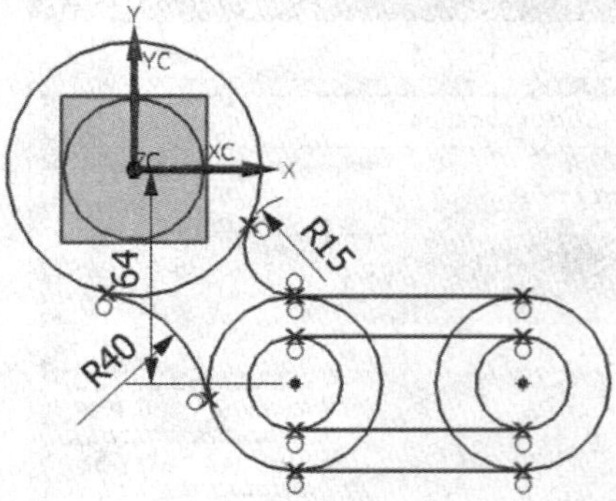

图5－37

(9)在Direct Sketch命令中按，如图5－38所示，修剪多余曲线，最终如图5－39所示。

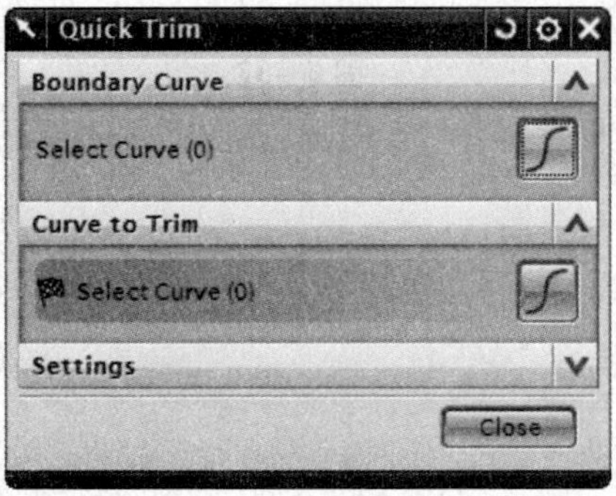

图5－38

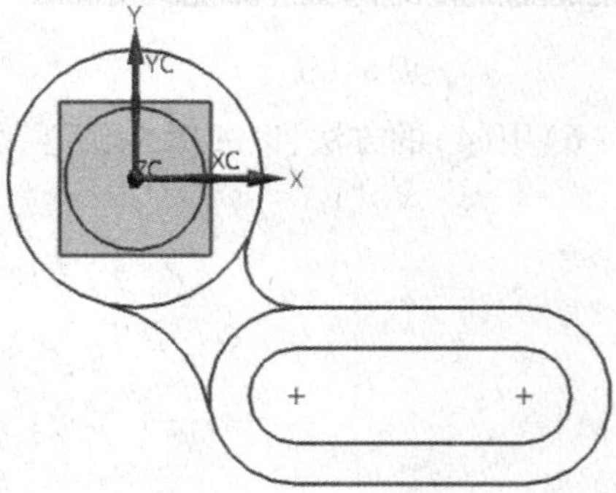

图5－39

例 2 绘制如图 5－40 所示图形的轮廓,其步骤如下:

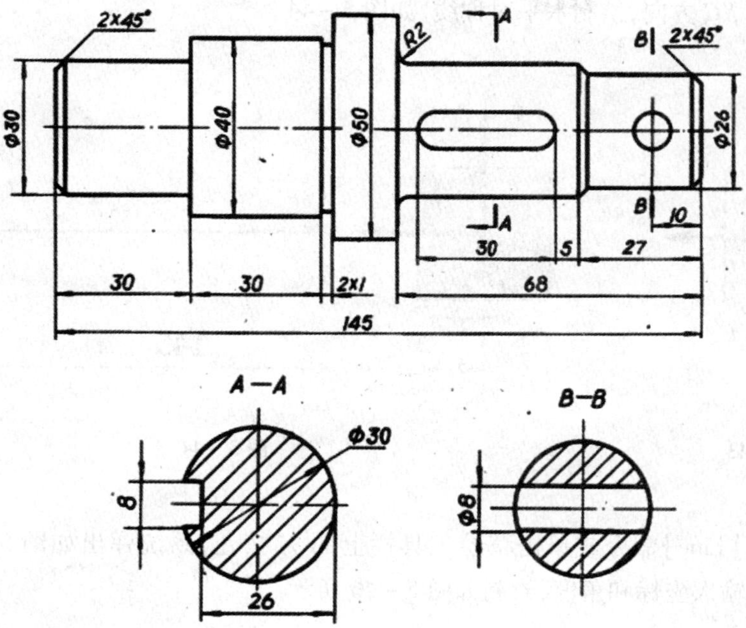

图 5－40

(1)启动 UG NX 8.0,选择【File】→【New】命令,在弹出的新建文件对话框中选择 Model,并在 Name 中输入部件的名称为 zhou,并设置文件的存储路径。

(2)选择【Insert】→【Sketch…】命令或单击工具栏上的按钮,系统弹出如图 5－41 所示的 Create Sketch 对话框,系统提示选择草图平面,在视图区域选择 *YC*－*ZC* 平面,如图 5－42 所示,*YC*－*ZC* 平面高度显示时,单击 OK 按钮。

图 5－41

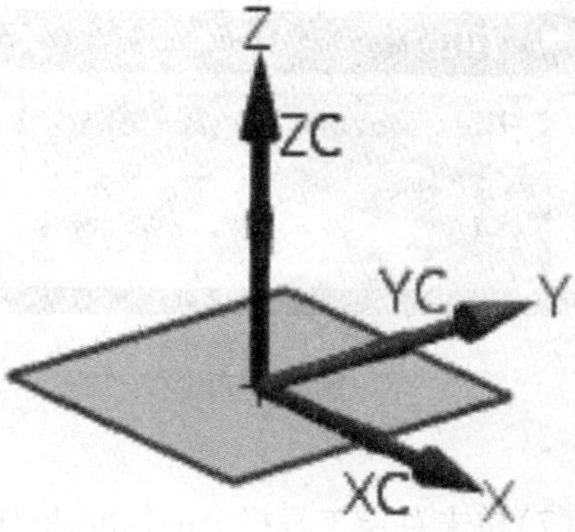

图 5－42

(3)为便于观察,需对视图平面的方向进行设置,选择【View】→【Orient View to Sketch】命令或单击工具栏上的按钮,进入到如图 5 - 43 所示的视图方位。

(4)沿着 *XC* 方向,绘制水平对称线,如图 5 - 44。

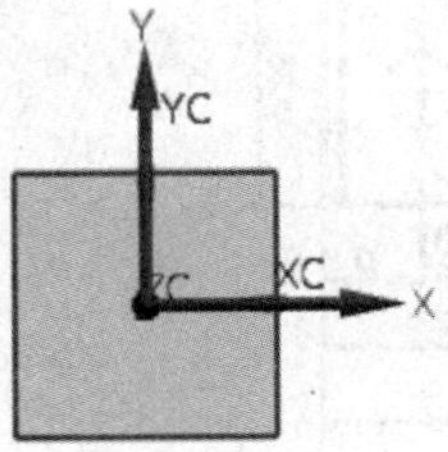

图 5 - 43

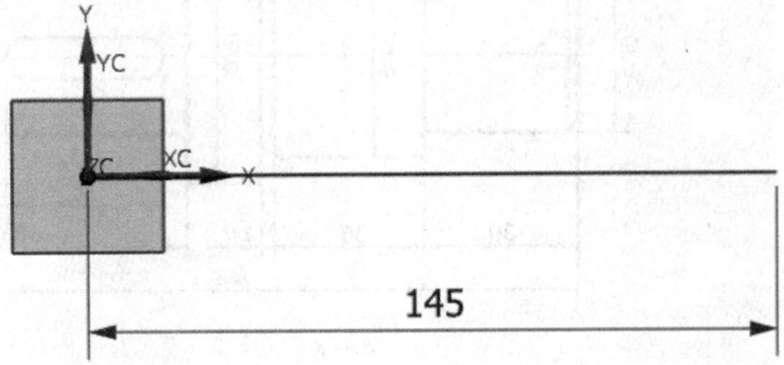

图 5 - 44

(5)选择【Line】命令或单击草绘工具栏上的按钮,系统弹出如图 5 - 45 所示的 Line 对话框,输入坐标和角度,绘制如图 5 - 46 所示。

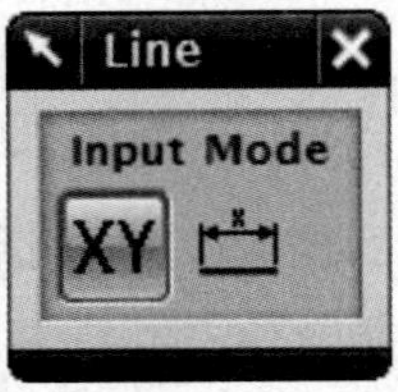

图 5 - 45

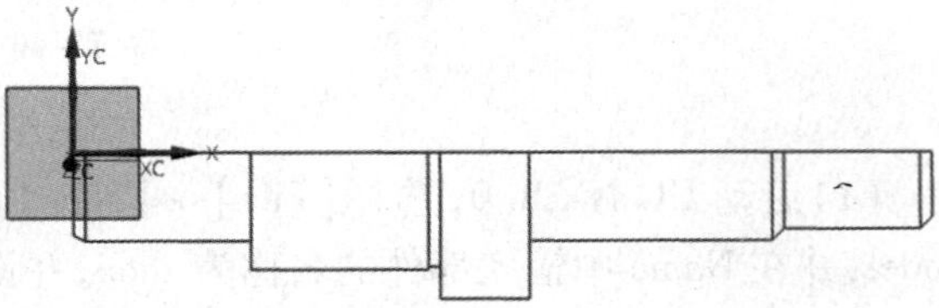

图 5 - 46

(6)单击草绘工具栏上的按钮,如图 5 - 47 所示,绘制半径为 2 的圆弧,如图5 - 48 所示。

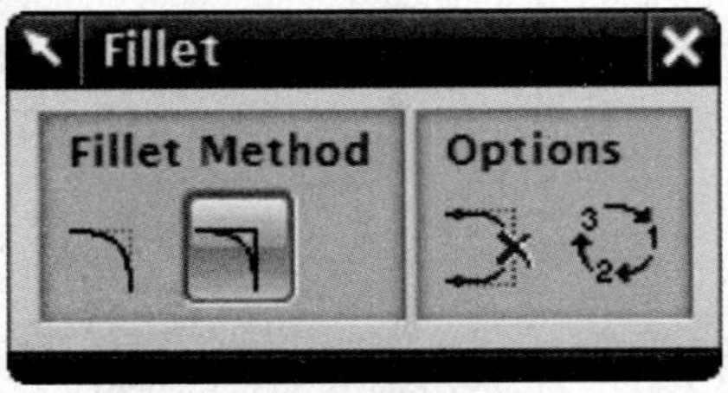

图 5 - 47

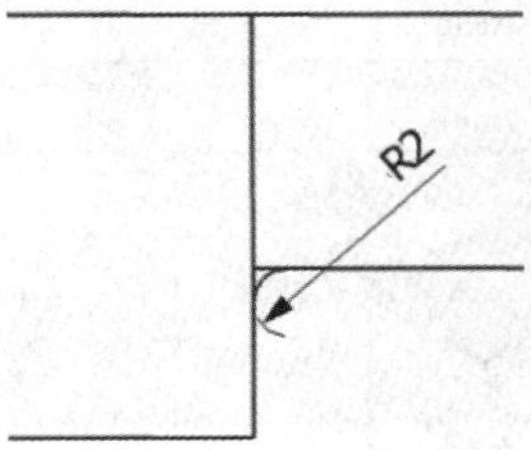

图 5 - 48

(7)单击草绘工具栏上的【Quick Trim】按钮,如图 5 - 49 所示,擦去多余的曲线。

(8)先选择要镜像的下半部分,选择草绘工具栏中【Offset Curve】变换按钮【Mirror

第 6 章　综 合 实 例

【本章教学要点】

知识要点	掌握程度	相关知识
泵阀的三维实体建模	掌握泵阀的三维实体建模的流程及相关操作命令	泵阀的三维实体建模的结构及设计特点,运用不同的命令对话框完成设计
淋浴喷头的三维实体建模	掌握淋浴喷头的三维实体建模的流程及相关操作命令	淋浴喷头的三维实体建模结构及设计特点,运用不同的命令对话框完成设计

通过前面的学习,本章主要通过泵阀和淋浴喷头进行三维建模,以巩固前面的命令。

6.1　泵阀的三维实体建模

创建如图 6 - 1 所示的泵阀三维实体模型,其建模步骤如下:

图 6 - 1　泵阀

(1)启动 UG NX 8.0,选择【File】→【New】命令,在弹出的新建文件对话框中选择 Model,并在 Name 中输入部件的名称为 bengfa,并设置文件的存储路径。

(2)创建圆柱体,选择【Insert】→【Design Feature】→【Cylinder…】命令或单击工具栏上的按钮,系统弹出如图 6 - 2 所示的 Cylinder 对话框,在视图区域选择 ZC 轴作为生成圆柱体的轴线方向,分别在对话框中的 Diameter 和 Height 对话框中各输入 36 和 40,单击 OK 按钮，生成如图 6－3 所示的圆柱体。

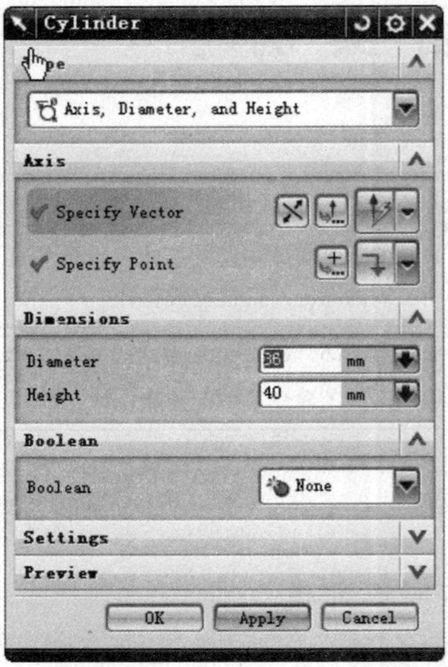

图 6－2　Cylinder 对话框

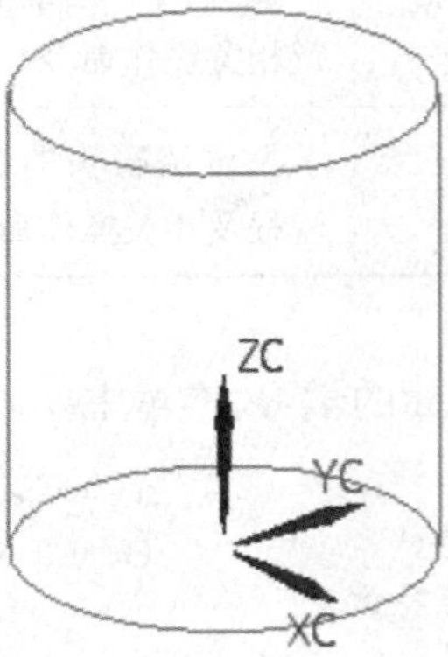

图 6－3　圆柱体

（3）选择【Insert】→【Design Feature】→【Boss…】命令或单击工具栏上的按钮，系统弹出如图 6－4 所示的 Boss 对话框，在视图区域选择 ZC 轴作为生成圆柱体的轴线方向，分别在 Diameter 和 Height 对话框中各输入 30 和 30，Taper Angle 为 0，单击按钮，系统弹出如图 6－5 所示的 Positioning 对话框，在该对话框中利用 Point onto Point 中的 Arc Center 选项对凸台进行定位，生成如图 6－6 所示的大凸台。

图 6－4　Boss 对话框

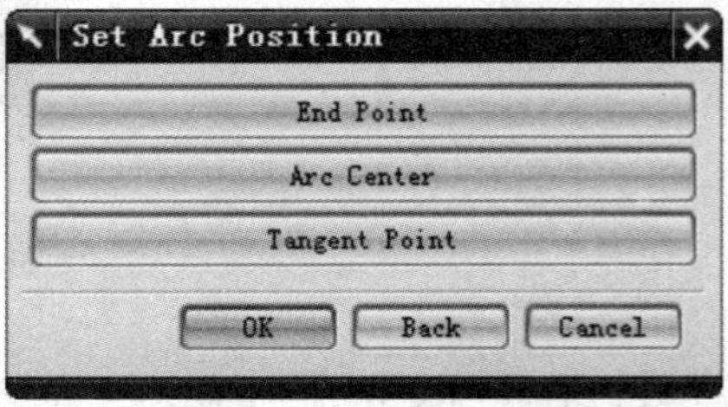

图 6－5　Positioning 对话框

（4）选择【Insert】→【Design Feature】→【Boss…】命令或单击工具栏上的按钮，重复上一步创建凸台的方法，创建另一个凸台。凸台的安装平面为大凸台的上表面，设置小凸台的 Diameter 和 Height 分别为 20 和 20，Taper Angle 为 0，单击 OK 按钮，生成如图 6－7 所示的凸台。

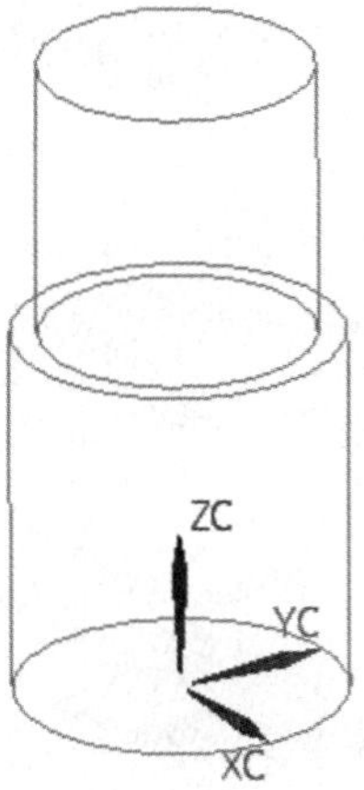

图 6－6 创建凸台

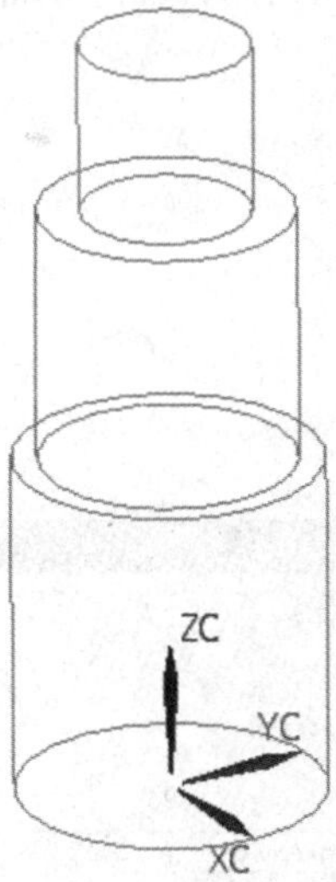

图 6－7 创建凸台

（5）创建基准平面，选择【Insert】→【Datum/Point】→【Datum Plane…】命令或单击工具栏上的按钮，系统弹出 Datum Plane 对话框，在 Type 选项下选择 XC－YC Plane 选项，在视图区域内将 Distance 文本框中输入 0，单击 OK 按钮可得到基准平面，如图 6－8所示。创建 *XOY*，*YOZ*，*XOZ* 基准平面，如图 6－9 如示。

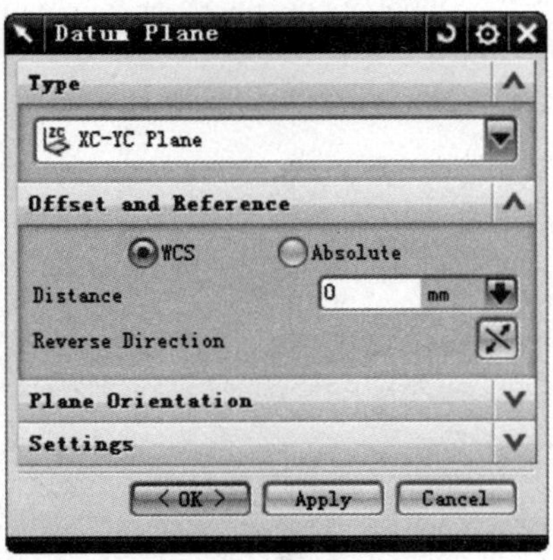

图 6－8 Datum Plane 对话框

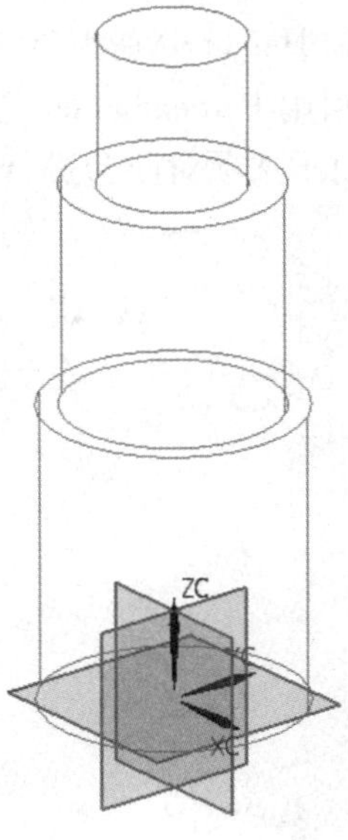

图 6－9 创建基准平面

(6)重复上面创建凸台的方法,选择 *YOZ* 基准平面为凸台安装平面,设定凸台的 Diameter和 Height 分别为 20 和 40,Taper Angle 为 0。系统弹出 Positioning 对话框,在该对话框中利用 Positioning 选项对凸台进行定位,如图 6 - 10 使凸台中心轴线与 *XOZ* 基准平面的距离为 0,与 *XOY* 基准平面的距离为 24 mm,结果如图 6 - 11 所示。

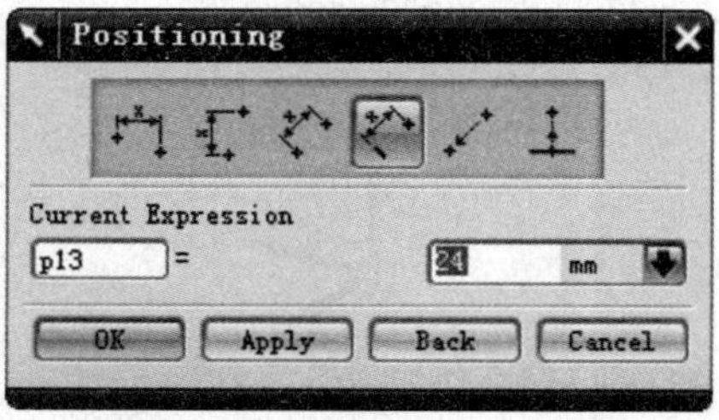

图 6 - 10　Positioning 对话框

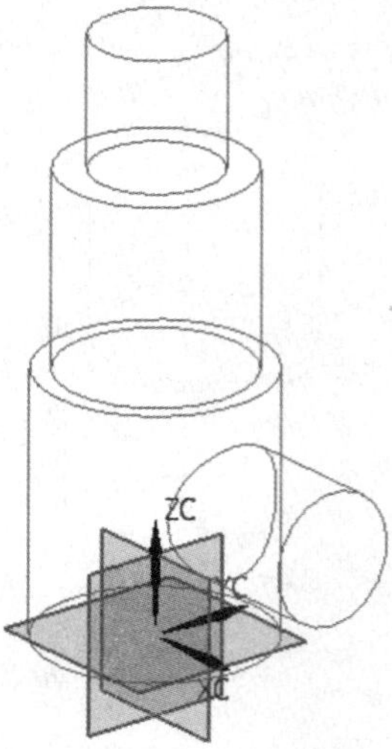

图 6 - 11　创建凸台

(7)重复上面创建凸台的方法,选择 *XOZ* 基准平面为凸台安装平面,设定凸台的 Diameter和 Height 分别为 24 和 24,Taper Angle 为 0。系统弹出 Positioning 对话框,在该对话框中利用 Perpendicular 选项对凸台进行定位,使凸台中心轴线与 *YOZ* 基准平面的距离为 0,与 *XOY* 基准平面的距离为 44 mm,结果如图 6 - 12 所示。

(8)重复上面创建凸台的方法,选择 *XOZ* 基准平面为凸台表面作为新凸台的安装平面,设定凸台尺寸参数,大凸台 Diameter 和 Height 分别为 30 和 3,Taper Angle 为 0。;小凸台 Diameter 和 Height 分别为 20 和 20,Taper Angle 为 0。系统弹出 Positioning 对话框,在该对话框中利用 Perpendicular 选项对凸台进行定位,在该对话框中利用 Point onto Point 中的 Arc Center 选项对凸台进行定位,生成如图 6 - 13 所示。

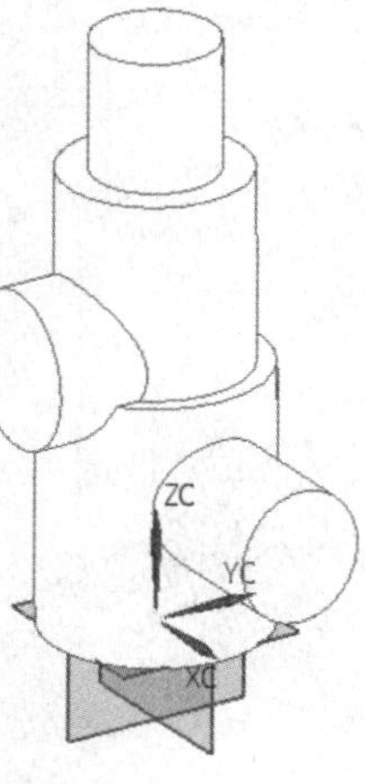

图 6 - 12　创建凸台

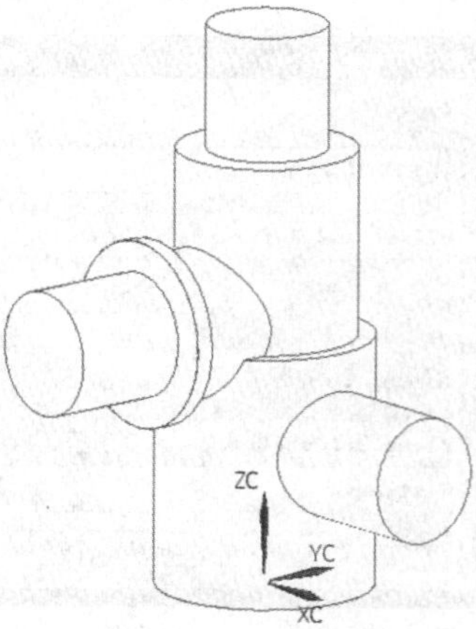

图 6 - 13　创建凸台

(9)创建阀体下方深头孔,选择【Insert】→【Design Feature】→【Hole…】命令或单击工具栏上的按钮,弹出 Hole 对话框。在 Form 下拉列表中选择 Counterbored 形式,设置 C－Bore Diameter 为 28,C－Bore Depth 为 35,Diameter 为 18,Depth 为 64,Tip Angle 为 0。如图 6－14 所示。在绘图区捕捉阀体主体底面圆心作为孔放置位置,使沉头孔中心轴线与阀体中心轴线重合,结果如图 6－15 所示。

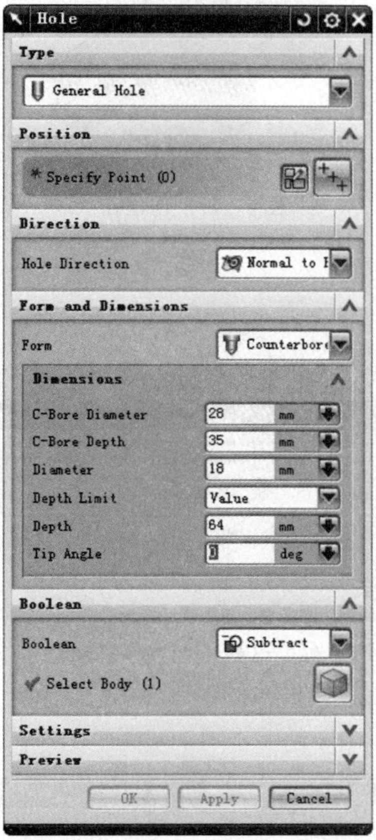

图 6－14 Hole 对话框

图 6－15 孔参数设置

(10)创建阀体上方通孔,重复上一步创建孔的操作,选择 Simple 孔的形式,设置简单孔的 Diameter 为 12,Depth 为 30,Tip Angle 为 0。如图 6－15 所示。在绘图区选择主体上表面圆心作为圆心作为孔放置位置,该简单孔的中心轴线重合,结果如图 6－16 所示。

(11)创建阀体侧面凸台通孔,重复创建孔的操作,选择 Simple 孔形式,设置简单孔的 Diameter 为 12,Depth 为 50,Tip Angle 为 0。分别捕捉阀体侧面两个凸台表面圆心作为孔放置位置,使简单孔的中心轴线与阀体凸台中心轴线重合,结果如图 6－17 所示。

(12)创建阀体左侧面凸台槽,单击【Imsert】→【Design Feature】→【groove…】命令或单击工具栏上按钮,弹出 Groove 对话框,如图 6－19 所示。单击 Rectangular 按钮,弹出 Rectangular Groove 放置面选择对话框,如图 6－20 所示。

图 6－16　创建孔

图 6－17　创建孔

图 6－18　创建孔

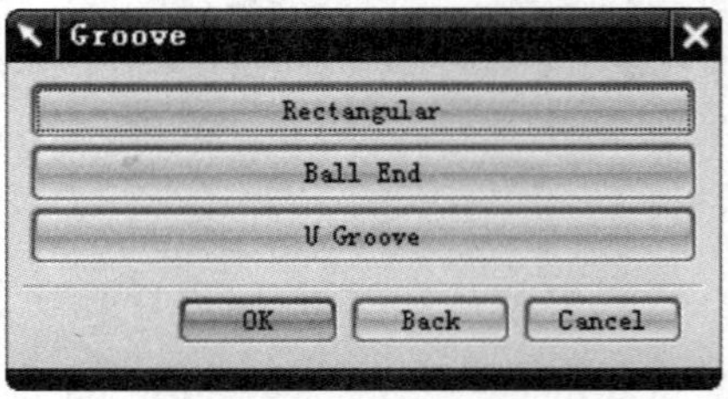

图 6－19　Groove 对话框

（13）选择阀体左侧面凸台的外环面作为槽放置面，弹出 Rectangular Groove 参数设置对话框，设置 Groove Diameter 为 18，Width 为 2，如图 6－21 所示。选择左侧面凸台的端面，再选择槽的左侧面，弹出 Create Expression 对话框，设置定位距离为 18 mm，如图 6－22 所示，单击按钮，完成槽的创建，结果如图 6－23 所示。

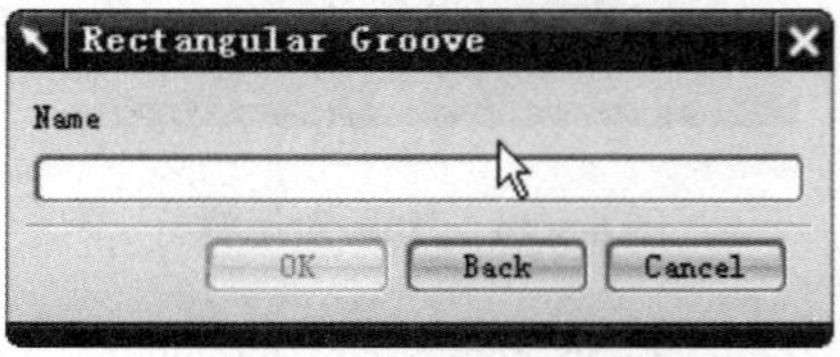

图 6－20　rectangular groove 对话框

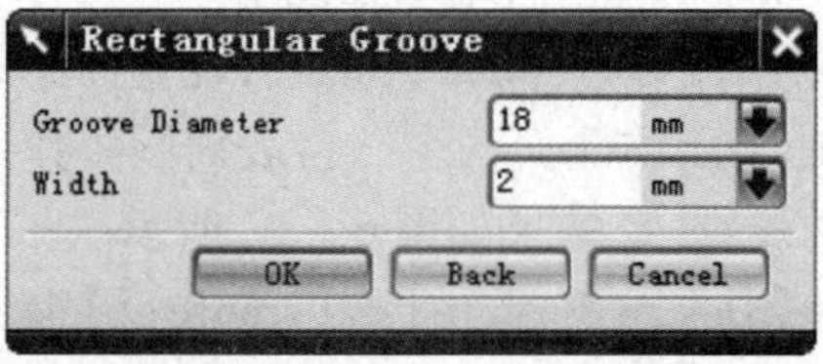

图 6－21　Rectangular Groove 对话框

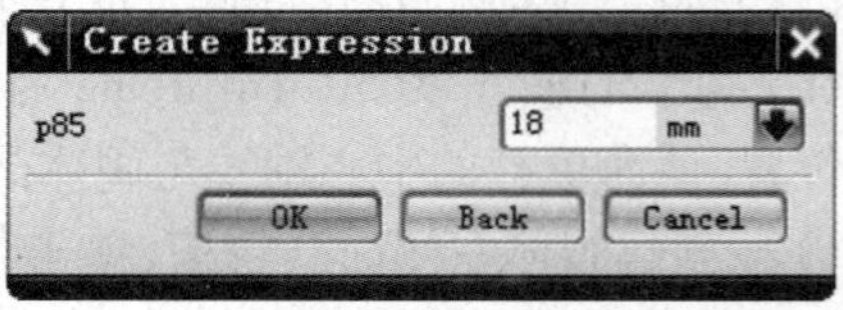

图 6－22　Create Expression 对话框

（14）创建阀体右侧凸台槽，重复上一步创建沟槽的方法，采用 Rectangular 槽模式创建槽，选择阀体右侧面凸台的外表面作为槽安装面，设定槽尺寸，Groove Diameter 为 18，Width 为 2。选择右侧面凸台的端面，再选择槽的右侧面，弹出 Create Expression 对话框，设置定位距离为 18 mm，单击 OK 按钮，完成槽的创建，结果如图 6－24 所示。

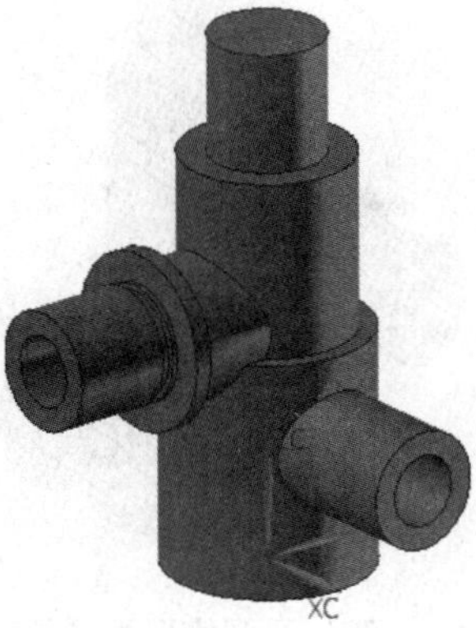

图 6－23　创建退刀槽

图 6－24　创建退刀槽

(15)创建内螺纹，选择【Insert】→【Design Feature】→【Thread…】命令或单击工具栏上的按钮，弹出 Thread 对话框。在 Thread Type 下拉列表点选 Datailed 单选钮，选择阀体下方沉头孔的内壁，系统会自动匹配内螺纹的尺寸参数，设置 Major Diameter 为 30，Length 为 15，Pitch 为 2，Angle 为 60，在 Rotataion 选项组中点选 Right Hand 单选钮，如图 6－25 所示。设置螺纹方向，如图 6－25 单击 OK 按钮，完成内螺纹的创建，结果如图 6－26 所示。

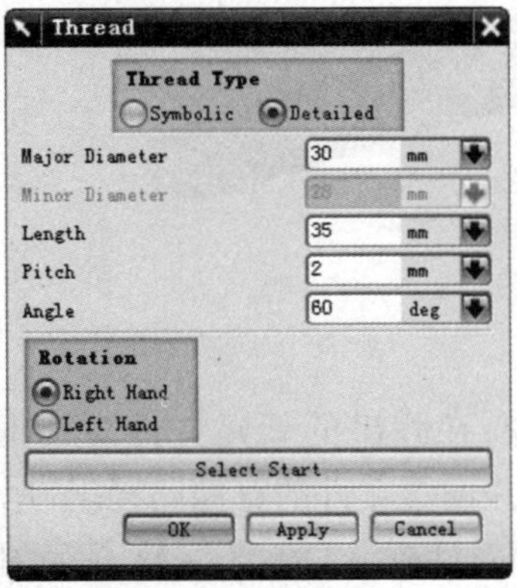

图 6－25　Thread 对话框

图 6－26　创建螺纹

(16)创建外螺纹，重复上一步创建螺纹操作，在 Thread Type 下拉列表点选 Datailed 单选钮，在绘图区选择左侧面凸台的外环面，系统会自动匹配外螺纹的尺寸参数，设置 Minor Diameter 为 17.5、Length 为 18、Pitch 为 2.5、Angle 为 60，在 Rotataion 选项组中点选 Right Hand 单选钮，如图 6－27 所示 。

(17)重复上一步创建螺纹操作，创建右侧面凸台的外螺纹，设置 Minor Diameter 为

17.5,Length 为 18,Pitch 为 2.5,Angle 为 60,单击 按钮,完成右侧面凸台外螺纹的创建,最后生成的泵阀模型如图 6－28 所示。

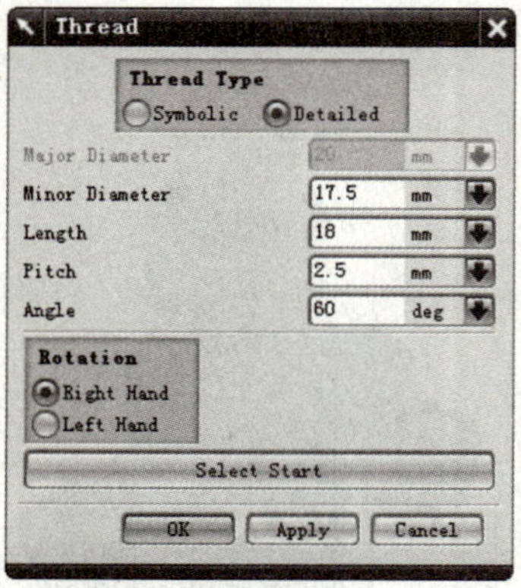

图 6－27　Thread 对话框

图 6－28　泵阀模型最终效果

6.2　淋浴喷头的三维实体建模

创建如图 6－29 所示的淋浴喷头的三维实体模型,其建模步骤如下:

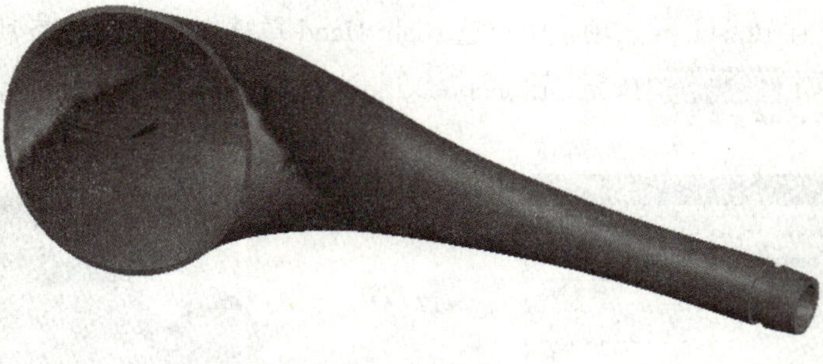

图 6－29　淋浴喷头

(1)启动 UG NX 8.0,选择【File】→【New】命令,在弹出的新建文件对话框中选择 Model,并在 Name 中输入部件的名称为 linyupentou,并设置文件的存储路径。

(2)选择【Insert】→【Sketch】命令,系统弹出草图对话框,选择 *XC－YC* 平面建立草图平面。

(3)选择 命令,绘制图 6－30 所示的草图。单击 命令,退出草图环境。

(4)选择【Insert】→【Datum/Point】→【Datum Plane】命令或单击 命令按钮,系统弹出 如图 6－31 所示的 Datum Plane 对话框。

(5)在绘图区选择 *YC－ZC* 基准平面,在偏置区域的距离文本框中输入 225,并单击 按钮,定义 *XC* 基准轴的负方向为参照方向。

(6)在 Datum Plane 对话框中单击 按钮,完成基准平面 1 的创建。

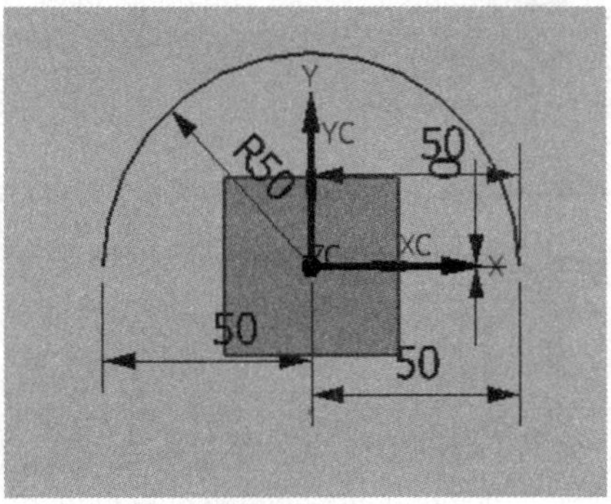

图 6－30 创建草图

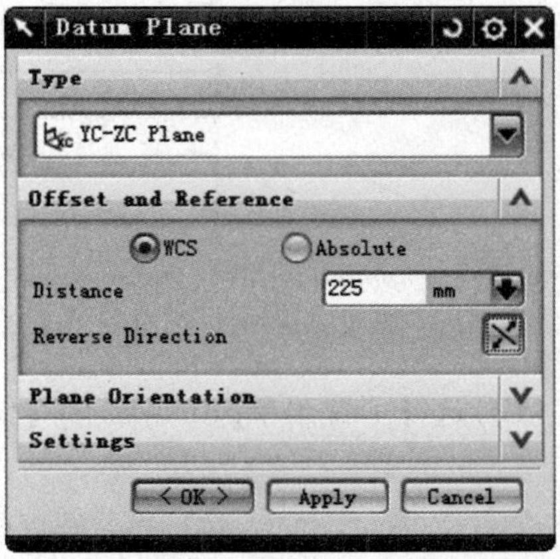

图 6－31 Datum Plane 对话框

（7）选择【Insert】→【Sketch】命令，系统弹出草图对话框，选取基准平面 1 为草图平面，绘制图 6－32 所示的草图 2。单击 Finish Sketch 命令，退出草图环境。

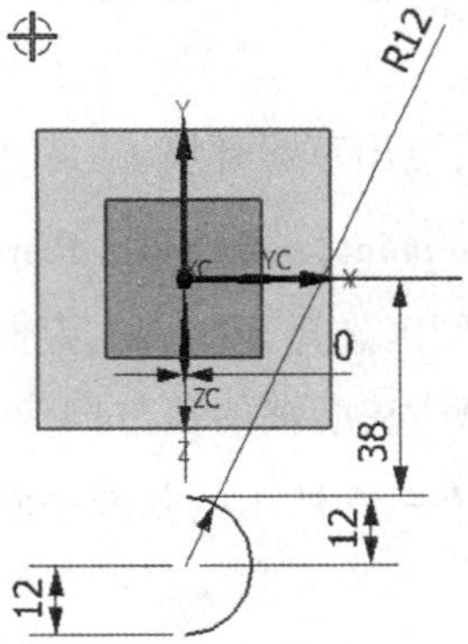

图 6－32 草图 2

（8）选择【Insert】→【Sketch】命令，系统弹出草图对话框，选取 *ZC－XC* 基准平面为草图平面，单击 < OK > 按钮。

（9）进入草图环境，选择【Insert】→【Curve】→【Studio Spline】命令或单击命令按钮，系统弹出“Studio Spline”对话框。

（10）在“Studio Spline”对话框中的方法区域中单击“By Poles”按钮选项。绘制图 1－3所示的样条曲线，在“Studio Spline”对话框中单击 < OK > 按钮。

（11）双击图 1－3 所示的样条曲线。选择下拉菜单【Analysis】→【Curve】→【Combs】命令，在图形区显示草图曲线的曲率梳。拖动草图曲线控制点，使其曲率梳呈现图 6－34 所示的光滑形状。在“Studio Spline”对话框中单击 < OK > 按钮。

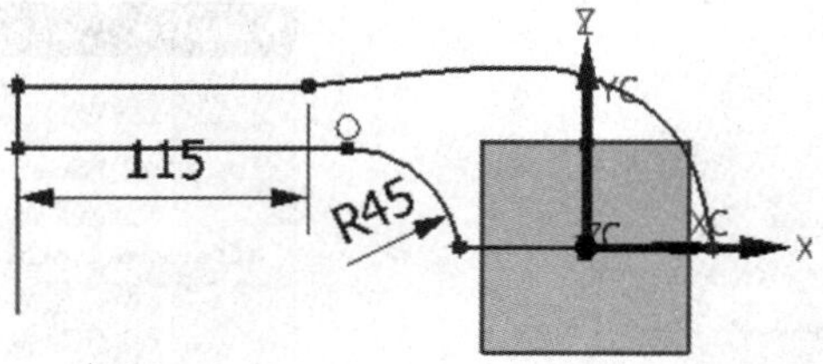

图 6-33 草图 3

(12)选择下拉菜单【Analysis】→【Curve】→【Combs】命令,取消曲率梳的显示。

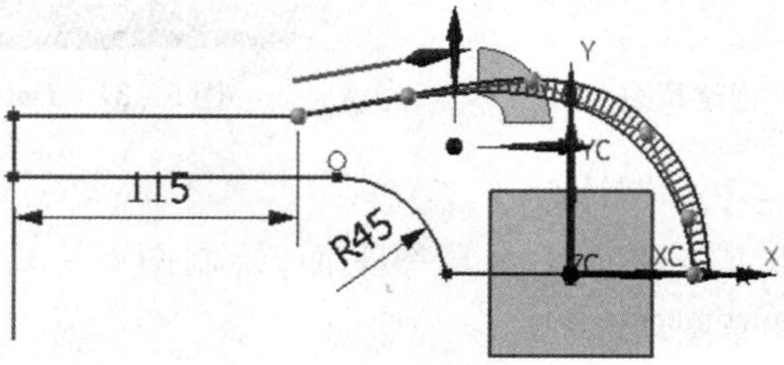

图 6-34 曲率分析

(13)单击 Finish Sketch 命令,退出草图环境。

(14)选择【Insert】→【Datum/point】→【Datum Plane】命令或单击 命令按钮,系统弹出 Datum Plane 对话框。在绘图区选择 *YC-ZC* 基准平面,在偏置区域的距离文本框中输入 175,并单击 按钮,定义 *XC* 基准轴的负方向为参照方向。在"基准平面"对话框中单击 < OK > 按钮,完成如图 6-35 所示的基准平面 2 的创建。

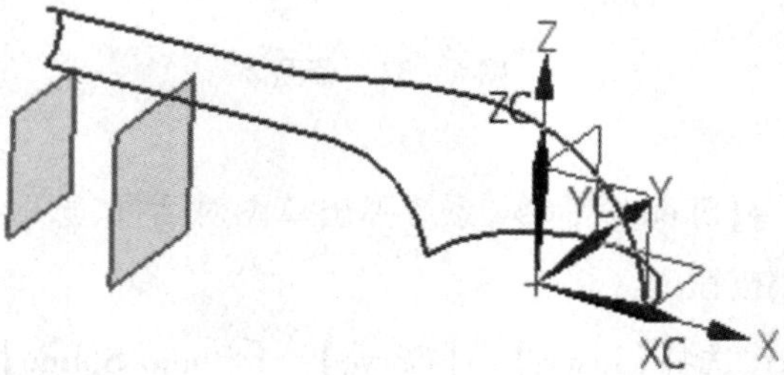

图 6-35 创建基准平面

(15)选择【Insert】→【Sketch】命令,系统弹出草图对话框,选取基准平面 2 为草图平面,绘制图 6-36 所示的草图 4。单击 Finish Sketch 命令,退出草图环境。

(16)选择【Insert】→【Design Feature】→【Extrude】命令或单击 命令按钮,系统弹出 Extrude 对话框对话框,在对话框中定义拉伸特征值 25,单击 < OK > 按钮,完成拉伸特征的创建，如图 6－37 所示。

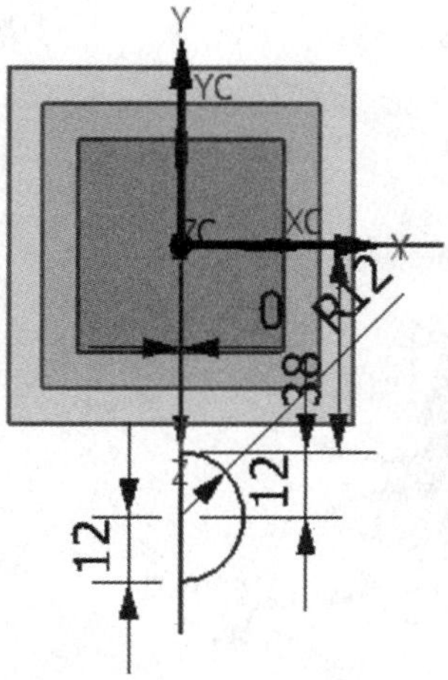

图 6－36 创建草图

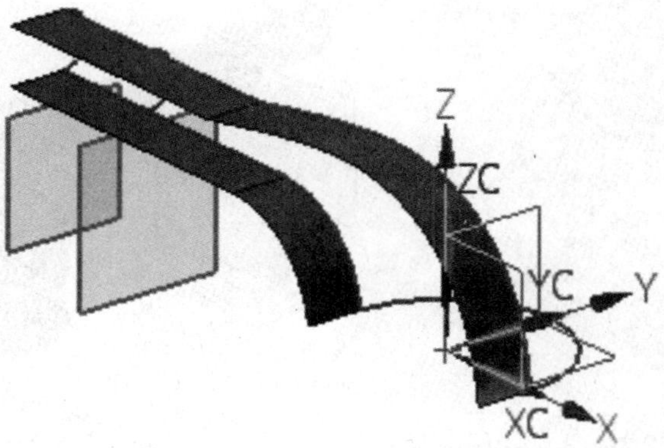

图 6－37 拉伸操作

（17）选择下拉菜单【Insert】→【Mesh Surface】→【Through Curve Mesh】命令或单击命令按钮，系统弹出 Through Curve Mesh 对话框。分别定义主曲线和交叉曲线后单击鼠标中键确认，并在 **Continuity** 区域中 First Primary 的下拉列表中选择 G1 (Tangent)，并单击按钮，选取图 6－38 所示的垂直基准面，在 Last Primary 的下拉列表中选择 G1 (Tangent)，并单击按钮，选取图 6－38 所示的面水平基准面，其他参数采用系统默认设置。单击 < OK > 按钮，完成网络曲面特征的创建。

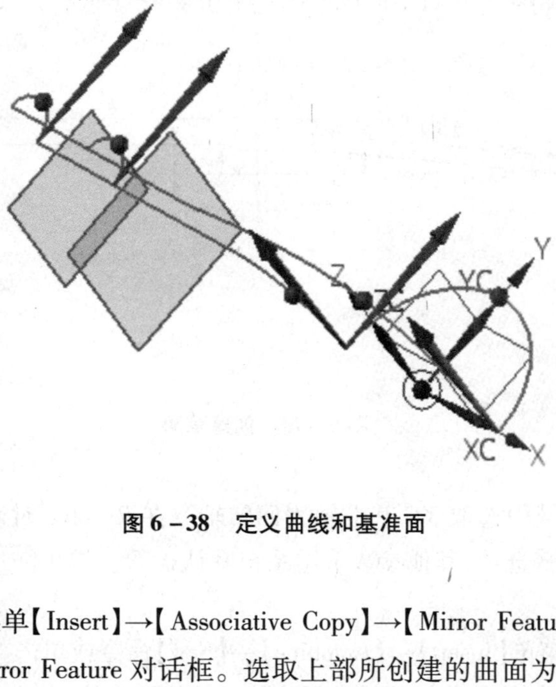

图 6－38 定义曲线和基准面

（18）选择下拉菜单【Insert】→【Associative Copy】→【Mirror Feature】命令或单击命令按钮，系统弹出 Mirror Feature 对话框。选取上部所创建的曲面为镜像特征，在镜像平面区域中单击按钮，选取 *ZC－XC* 基准平面为镜像平面。单击< OK >按钮，完成镜像特征的创建，如图 6－39 所示。

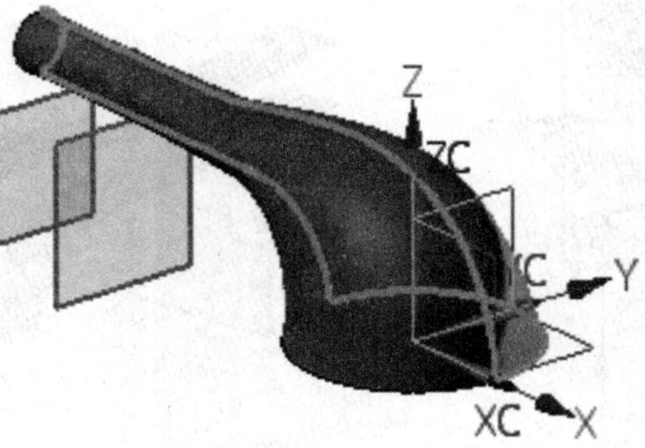

图 6－39　创建曲面

(19)选择下拉菜单【Insert】→【Combine】→【Sew】命令或单击命令按钮，系统弹出 Sew 对话框。选取创建的曲线网格特征为缝合的目标片体；单击中键，选取镜像特征为缝合工具片体。单击< OK >按钮，完成缝合特征的创建。

(20)选择下拉菜单【Insert】→【Design Feature】→【Revolve】命令或单击命令按钮，系统弹出 Revolve 对话框。单击"Select Curve"区域中的按钮，系统弹出"Create Sketch"对话框。进入草图平面，选取 *ZC－XC* 基准平面为草图平面，单击< OK >按钮。进入草图环境，绘制图 6－40 所示的截面图。单击Finish Sketch命令，退出草图环境。

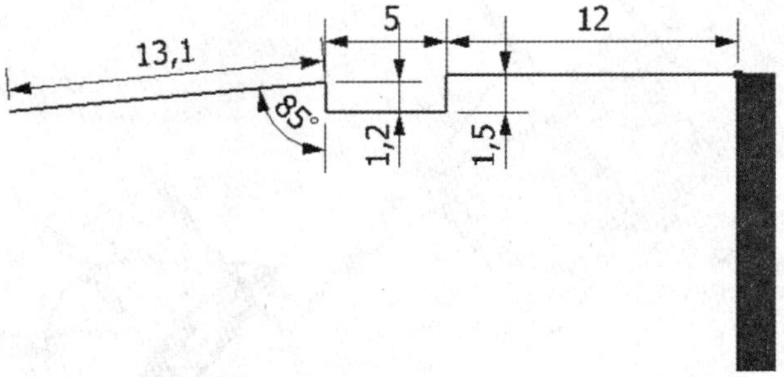

图 6－40　创建草图

(21)在绘图区域中选取 *XC* 基准轴为回转轴。在 Revolve 对话框的 Settings 下拉列表中选择Sheet选项，其他参数采用系统默认设置。单击< OK >按钮，完成回转特征的创建。

(22)选择下拉菜单【Insert】→【Combine】→【Sew】命令或单击命令按钮，系统弹出"Sew"对话框。选取创建的曲线网格特征为缝合的目标片体；单击中键，选取回转特征为缝合工具片体。单击按钮,完成缝合特征的创建。

(23)选择下拉菜单【Insert】→【Offset/Scale】→【Thicken】命令或单击命令按钮,系统弹出“Thicken”对话框。在对话框中的“Offset 1”文本框中输入 2.5,且方向朝内。单击按钮,完成加厚特征。

(24)选择下拉菜单【Edit】→【Show and Hide】→【Hide】命令或单击命令按钮,系统弹出“Hide”对话框。选择隐藏对象。单击片体和曲线,单击按钮,完成对设置对象的隐藏,如图 6-41 所示。

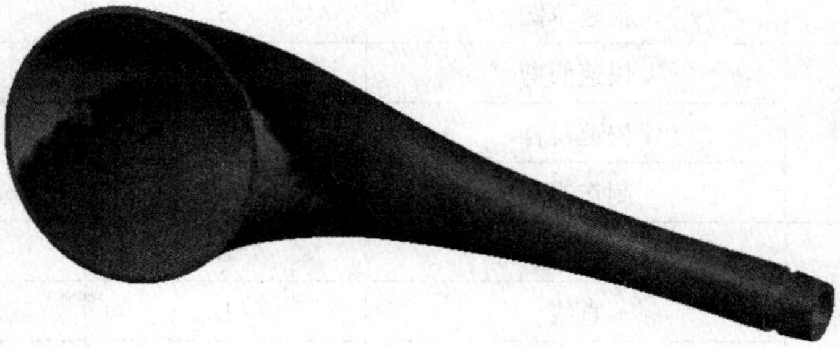

图 6-41 沐浴喷头模型最终效果

附录1 UG NX 8.0 常用快捷键

文件	新建	Ctrl + N	全局
	打开	Ctrl + O	全局
	保存	Ctrl + S	全局
	新建草图	S	全局
编辑曲线	快速修剪	T	仅应用模块
	快速延伸	J	仅应用模块
	制作拐角	G	仅应用模块
插入曲线	轮廓	Z	仅应用模块
	直线	L	仅应用模块
	圆弧	A	仅应用模块
	圆	C	仅应用模块
	圆角	F	仅应用模块
	倒斜角	H	仅应用模块
	矩形	R	仅应用模块
	多边形	U	仅应用模块
	艺术样条	S	仅应用模块
来自曲线集的曲线	偏置曲线	B	仅应用模块
	阵列曲线	N	仅应用模块
	镜像曲线	M	仅应用模块
	添加现有曲线	Y	仅应用模块
	相交曲线	9	仅应用模块
	投影曲线	6	仅应用模块
	派生直线	V	仅应用模块
约束	尺寸 - 自动判断	D	仅应用模块
	约束	X	仅应用模块
	显示/移除约束	W	仅应用模块
编辑	撤销	Ctrl + Z	全局
	复制	Ctrl + C	全局
	粘贴	Ctrl + V	全局

（续）

编辑	删除	Delete	全局
		Ctrl + D	
	最高选择优先级 - 特征	Shift + F	全局
	最高选择优先级 - 面	Shift + G	全局
	最高选择优先级 - 体	Shift + B	全局
	最高选择优先级 - 边	Shift + E	全局
	最高选择优先级 - 组件	Shift + C	全局
	全选	Ctrl + A	全局
	编辑对象显示	Ctrl + J	全局
	显示和隐藏	Ctrl + W	全局
	显示	Alt + W	全局
	全部显示	Shift + W	全局
	隐藏	Ctrl + B	全局
	反转显示和隐藏	Alt + B	全局
	变换	Ctrl + T	全局
	移动对象	Shift + T	全局
	实例几何体	Ctrl + T	全局
	移除参数	K	仅应用模块
	曲线长度	4	仅应用模块
插入	直线	L	仅应用模块
	圆弧	C	仅应用模块
	多边形	U	仅应用模块
	基本曲线	1	仅应用模块
	面上的曲线	Alt + 1	仅应用模块
	偏置曲线	I	仅应用模块
	面中的偏执曲线	Alt + I	仅应用模块
	艺术样条	2	仅应用模块
	样条	Alt + 2	仅应用模块
	桥接曲线	3	仅应用模块
	简化曲线	Alt + 3	仅应用模块
	连接曲线	Ctrl + 3	仅应用模块
	分割曲线	Shift + 3	仅应用模块
	投影曲线	6	仅应用模块

（续）

插入	组合投影曲线	Alt + 6	仅应用模块
	缠绕/展开曲线	7	仅应用模块
	镜像曲线	8	仅应用模块
	相交曲线	9	仅应用模块
	截面曲线	Alt + 9	仅应用模块
	抽取体	E	仅应用模块
	抽取曲线	Alt + E	仅应用模块
	抽取等参数曲线	Ctrl + E	仅应用模块
	拉伸体	X	仅应用模块
	回转体	R	仅应用模块
	扫掠	V	仅应用模块
	边倒圆	Ctrl + Y	仅应用模块
	软倒圆	Alt + Y	仅应用模块
	倒斜角	Shift + Y	仅应用模块
	求和	Ctrl + X	仅应用模块
	求差	Shift + X	仅应用模块
	求交	Alt + X	仅应用模块
	缝合	F	仅应用模块
	取消缝合	Alt + F	仅应用模块
	修剪片体	T	仅应用模块
	修剪体	H	仅应用模块
	拆分体	J	仅应用模块
	偏置面	O	仅应用模块
	偏置曲面	Alt + O	仅应用模块
	拔模	↑	仅应用模块
	四点曲面	M	仅应用模块
	有界平面	B	仅应用模块
	修补开口	P	仅应用模块
	N 边曲面	N	仅应用模块
	扩大曲面	0(零)	仅应用模块
	延伸曲面	G	仅应用模块
	规律延伸	Alt + G	仅应用模块

（续）

格式	图层设置	Ctrl + L	全局
	移动至图层	Ctrl + ↑	仅应用模块
	复制至图层	Ctrl + ↓	仅应用模块
	WCS 定向	F9	全局
加工	程序	Z	仅应用模块
	刀具	X	仅应用模块
	几何体	C	仅应用模块
	方法	V	仅应用模块
	工序	B	仅应用模块
	程序顺序视图	Shift + Z	全局
	加工方法视图	Shift + V	全局
	几何视图	Shift + C	全局
	机床刀具视图	Shift + X	全局
	剪切对象	T	仅应用模块
	复制对象	Y	仅应用模块
	粘贴对象	U	仅应用模块
	删除对象	D	仅应用模块
	对象重命名	R	仅应用模块
	设置进给率	F	仅应用模块
	重播刀路	G	仅应用模块

参考文献

[1]李西兵,郭建华. UG NX 模型设计实用教程[M]. 北京:国防工业出版社,2006.

[2]王泽鹏,胡仁喜. UG NX 7.0 中文版曲线造型从入门到精通[M]. 北京:机械工业出版社,2010.

[3]麓山科技. UG NX 7.0 中文版曲面设计实例精讲[M]. 北京:机械工业出版社,2010.

[4]雷松丽. UG NX 7.0 中文版机械产品造型设计实例精讲[M]. 北京:机械工业出版社,2010.

[5]朱凯. UG NX 5.0 中文版机械设计[M]. 北京:人民邮电出版社,2008.

[6]张云杰,李超,蔺鑫峰. UG NX 3.0 中文版机械设计[M]. 北京:中国林业出版社,2006.

[7]杨波. UG NX 7.5 曲面造型与典型范例[M]. 北京:电子工业出版社,2011.

[8]张晓辉. UG NX 6.0 三维机械设计[M]. 哈尔滨:哈尔滨工业大学出版社,2010.

[9]钟日铭. UG NX 7.5 完全自学手册[M]. 北京:机械工业出版社,2011.

[10]张瑞萍. UG NX 7 中文版标准教程[M]. 北京:清华大学出版社,2011.